环保公益性行业科研专项经费项目系列丛书

加拿大第二次环境污染物 生物监测报告

加拿大卫生部　编

胡国成　于云江　张丽娟　曹兆进

王　强　周可新　刘新会　柯　屾　译

中国环境出版社·北京

图书在版编目（CIP）数据

加拿大第 2 次环境污染物生物监测报告/加拿大卫生部
编；胡国成等译. —北京：中国环境出版社，2015.7
ISBN 978-7-5111-2253-7

Ⅰ．①加…　Ⅱ．①加…②胡…　Ⅲ．①人体—污染—
环境监测—加拿大—2009～2011　Ⅳ．①X838

中国版本图书馆 CIP 数据核字（2015）第 032942 号

出 版 人　王新程
责任编辑　李卫民
责任校对　尹　芳
封面设计　宋　瑞

出版发行　**中国环境出版社**
　　　　　（100062　北京市东城区广渠门内大街 16 号）
　　　　　网　　址：http://www.cesp.com.cn
　　　　　电子邮箱：bjgl@cesp.com.cn
　　　　　联系电话：010-67112765（编辑管理部）
　　　　　　　　　　010-67112735（环评与监察图书分社）
　　　　　发行热线：010-67125803，010-67113405（传真）
印　　刷　北京中科印刷有限公司
经　　销　各地新华书店
版　　次　2015 年 7 月第 1 版
印　　次　2015 年 7 月第 1 次印刷
开　　本　787×1092　1/16
印　　张　33.5
字　　数　800 千字
定　　价　80.00 元

技术执行单位

环境保护部华南环境科学研究所
中国疾病预防控制中心环境与健康相关产品安全所
环境保护部南京环境科学研究所
北京师范大学
北京交通大学

其他翻译人员（按拼音排序）

蔡嘉旖	陈棉彪	成喜雨	韩倩	侯静	黄楚珊	郭庶
李浩	李良忠	刘冠男	罗惠方	穆少杰	齐剑英	彭晓武
任明忠	王娟	王丽	王小娇	向明灯	叶秀	余乐洹
玉琳	张洁莹	赵胜男	赵学敏	郑晶		

序　言

我国作为一个发展中的人口大国，资源环境问题是长期制约经济社会可持续发展的重大问题。党中央、国务院高度重视环境保护工作，提出了建设生态文明、建设资源节约型与环境友好型社会、推进环境保护历史性转变、让江河湖泊休养生息、节能减排是转方式调结构的重要抓手、环境保护是重大民生问题、探索中国环保新道路等一系列新理念新举措。在科学发展观的指导下，"十一五"环境保护工作成效显著，在经济增长超过预期的情况下，主要污染物减排任务超额完成，环境质量持续改善。

随着当前经济的高速增长，资源环境约束进一步强化，环境保护正处于负重爬坡的艰难阶段。治污减排的压力有增无减，环境质量改善的压力不断加大，防范环境风险的压力持续增加，确保核与辐射安全的压力继续加大，应对全球环境问题的压力急剧加大。要破解发展经济与保护环境的难点，解决影响可持续发展和群众健康的突出环境问题，确保环保工作不断上台阶出亮点，必须充分依靠科技创新和科技进步，构建强大坚实的科技支撑体系。

2006 年，我国发布了《国家中长期科学和技术发展规划纲要（2006—2020年）》（以下简称《规划纲要》），提出了建设创新型国家战略，科技事业进入了发展的快车道，环保科技也迎来了蓬勃发展的春天。为适应环境保护历史性转变和创新型国家建设的要求，原国家环境保护总局于 2006 年召开了第一次全国环保科技大会，出台了《关于增强环境科技创新能力的若干意见》，确立了科技兴环保战略，建设了环境科技创新体系、环境标准体系、环境技术管理体系三大工程。五年来，在广大环境科技工作者的努力下，水体污染控制与治理科技重大专项启动实施，科技投入持续增加，科技创新能力显著增强；发布了 502项新标准，现行国家标准达 1 263 项，环境标准体系建设实现了跨越式发展；完成了 100 余项环保技术文件的制/修订工作，初步建成以重点行业污染防治技术政策、技术指南和工程技术规范为主要内容的国家环境技术管理体系。环境科技为全面完成"十一五"环保规划的各项任务起到了重要的引领和支撑作用。

为优化中央财政科技投入结构，支持市场机制不能有效配置资源的社会公益研究活动，"十一五"期间国家设立了公益性行业科研专项经费。根据财政部、科技部的总体部署，环保公益性行业科研专项紧密围绕《规划纲要》和《国家环境保护"十一五"科技发展规划》确定的重点领域和优先主题，立足环境管理中的科技需求，积极开展应急性、培育性、基础性科学研究。"十一五"期间，环境保护部组织实施了公益性行业科研专项项目234项，涉及大气、水、生态、土壤、固废、核与辐射等领域，共有包括中央级科研院所、高等院校、地方环保科研单位和企业等几百家单位参与，逐步形成了优势互补、团结协作、良性竞争、共同发展的环保科技"统一战线"。目前，专项取得了重要研究成果，提出了一系列控制污染和改善环境质量技术方案，形成一批环境监测预警和监督管理技术体系，研发出一批与生态环境保护、国际履约、核与辐射安全相关的关键技术，提出了一系列环境标准、指南和技术规范建议，为解决我国环境保护和环境管理中急需的成套技术和政策制定提供了重要的科技支撑。

为广泛共享"十一五"期间环保公益性行业科研专项项目研究成果，及时总结项目组织管理经验，环境保护部科技标准司组织出版"十一五"环保公益性行业科研专项经费项目系列丛书。该丛书汇集了一批专项研究的代表性成果，具有较强的学术性和实用性，可以说是环境领域不可多得的资料文献。丛书的组织出版，在科技管理上也是一次很好的尝试，我们希望通过这一尝试，能够进一步活跃环保科技的学术氛围，促进科技成果的转化与应用，为探索中国环保新道路提供有力的科技支撑。

中华人民共和国环境保护部副部长

吴晓青

2011 年 10 月

前　言

随着我国经济社会的快速发展，城市急剧扩张，环境污染形势十分严峻。环境与健康问题越来越受到关注，公众的健康及环境保护意识不断提升。改革开放以来，粗放式的经济发展导致环境中残留了大量污染物，包括重金属和微量元素、有机物、内分泌干扰物、抗生素等，对公众健康产生了不利影响。环境污染导致的人群健康影响问题势必推动环境与健康调查研究的新方法、新技术迅速发展。人体生物样本（如血液、尿液）监测是环境与健康风险评估体系的重要组成部分。生物监测方法具有时效性、综合性和敏感性，能反映整个暴露时期环境因素改变的情况，以及各环境因素变化的协同和拮抗作用的结果。

我国人群生物样本监测起步较晚，虽然开展了一些研究工作，但是尚未形成系统化、标准化、定量化的生物监测指标体系，还有待进一步发展和完善。面对生物监测的困境和挑战，要充分借鉴欧美发达国家和国际组织在生物监测方面的经验和作法，以加快我国人体生物监测工作的开展。

在国家环保公益性行业科研专项"重金属健康风险评价体系生物监测指标筛选方法"（编号：201309049）的资助下，环境保护部华南环境科学研究所、中国疾病预防控制中心环境与健康相关产品安全所、环境保护部南京环境科学研究所、北京师范大学和北京交通大学的科研人员结合国家环保公益性行业专项的研究内容，翻译出版了《加拿大第二次环境污染物生物监测报告》。本译著为加拿大第二次居民健康调查的部分研究成果，根据现代流行病学调查方法，采用现代仪器分析技术，分析了大样本量人群生物材料中多种环境污染物及其代谢物的负荷水平，获取了人群生物监测统计学基础数据，如人体体液中近万种环境污染物及其代谢物的基线浓度值。本译著的出版对于我国环境与健康调查研究、人群生物监测及暴露风险评价等具有重要的参考意义。

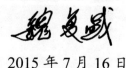

2015 年 7 月 16 日

译者序

随着社会经济的快速发展，我国环境污染形势愈来愈严峻，建立环境与健康风险评估体系已经纳入国家的议事日程。生物监测是环境与健康风险评估体系的重要组成部分。目前，生物监测方法包括生态环境领域的生物监测和公共卫生领域的人体生物监测。生态环境领域的生物监测指利用生物个体、种群或群落对环境污染或变化所产生的反应阐明环境污染状况，从生物学角度为环境质量的监测和评价提供依据；人体生物监测指定期、系统和连续地检测人体生物材料（血、尿和呼出气等）中化学物质和（或）其代谢物的含量或由它们所致的生物易感或效应水平，以评价人体接触化学物质的程度及其对健康产生的潜在影响。生物监测方法具有时效性、综合性和敏感性，能反映整个时期环境因素改变的情况，以及各环境因素变化的协同和拮抗作用的结果。

我国生物监测起步较晚，虽然开展了一些研究工作，但是尚未形成系统化、标准化、定量化的生物监测指标体系，还有待进一步发展和完善。生物监测相关的标准、规范与国外还有一定差距；相关的标准涵盖的内容及涉及的介质还比较单一，不能系统、全面地表征环境污染特征及人群健康情况。而随着科学技术的迅速发展，利用生物监测技术预测与评价环境污染的健康风险必将成为一种有效工具。从环境健康风险评估体系的现实需求出发，开展生物监测对于实行环境健康风险管理具有重要的现实意义。如何利用环保部门的生物监测技术预警环境污染物对人群健康的影响及其健康风险，还有待进一步研究和探索。

加拿大卫生部、统计局等部门自2007年开始连续两次组织实施居民健康调查，其中2007—2009年为第一阶段居民健康调查；2009—2011年为第二阶段居民健康调查。加拿大居民健康调查涉及的环境污染物覆盖范围广，样本量抽样方法科学合理，人群样本具有代表性、典型性，调查结果准确翔实，对于开展环境与健康调查研究具有重要意义。因此，我们组织有关专家翻译了《加拿大第二次环境污染物生物监测报告》。

《加拿大第二次环境污染物生物监测报告》（2009—2011）在国家环保公益性行业科研专项"重金属健康风险评价体系生物监测指标筛选方法"（编号：201309049）（2013—2015）的资助下出版。本书系统介绍了加拿大第二次健康调查的方案设计、环境污染物筛选、实验室分析方法及质量控制、样本量选择、数据统计分析方法及普通居民生物样本（血液、尿液）中环境污染物的浓度水平，旨在为环境卫生管理者及科学家提供人群健康调查基本思路及生物监测基础数据，从而帮助环境与健康管理者及科学家评估环境污染物的健康风险及暴露途径，进一步完善法规，减少环境污染物的暴露途径，保护人群健康。

本书共分16章，第1～7章主要介绍了加拿大第二次健康调查的背景、调查目的、调查方案设计、现场调查实施、实验室分析方法及数据统计分析等内容；第8～16章详细介绍了19种无机元素（重金属）及8类有机物的理化特性与用途、污染来源与分布、人体暴露途径、代谢规律及加拿大成人和儿童生物材料（血液、尿液）中的负荷水平。其中第8章涉及的无机元素（重金属）包括锑、砷、镉、铯、钴、铜、氟化物、铅、锰、汞、钼、镍、硒、银、铊、钨、铀、钒、锌等；第9～16章涉及的有机物及其代谢物包括苯的代谢物、氯酚类化合物、酚类和三氯卡班、尼古丁代谢物、全氟化合物、农药、邻苯二甲酸酯代谢物、多环芳烃代谢物等。

本书可作为环境健康、环境科学、公共卫生、生物监测等领域科研人员、技术人员和管理者的参考书，也可作为环境卫生学教学和使用的参考书。

感谢国家环保公益性行业科研专项的资助，感谢翻译组全体成员的共同努力，感谢对本书提供了指导和帮助的各位专家和领导。

由于翻译人员水平有限，时间仓促，本书误译、疏漏甚至错误之处在所难免，敬请各位读者批评指正。

本书翻译组

2015 年 7 月 6 日

目　录

1 导言

《加拿大第二次环境污染物生物监测报告》（2009—2011）提供了加拿大全国范围内人体生物样本中的环境污染物浓度数据。这些数据来源于正在进行的全国性健康调查，即加拿大健康调查（CHMS）。加拿大统计局、加拿大卫生部及加拿大公共卫生署于2007年联合组织实施居民健康调查，收集加拿大具有代表性、典型性的健康数据和人体生物样本。这些人体生物样本可反映人体健康状况、慢性病及传染病状况、营养状况、环境污染物的累积剂量。

加拿大健康调查生物监测主要检测调查对象的血液、尿液中各种环境污染物及其代谢物的浓度水平。基于此目的，本报告中环境污染物定义为人为工业活动生产的或者天然存在于环境中的化学物质，这些物质存在于环境中，这些化学物质通过空气、水、土壤、灰尘及消费品等途径暴露于人体。

《加拿大第一次环境污染物生物监测报告》（2007—2009）于2010年8月出版，涵盖81种环境污染物的基础数据（Health Canada，2010）。加拿大第一次健康调查于2007年3月开始，2009年2月结束，历时2年。该调查收集了加拿大全国范围内15个调查点约5 600名6～79岁的人群生物监测数据。

《加拿大第二次环境污染物生物监测报告》（2009—2011）调查时间为2009年8月至2011年11月，调查范围为全国范围内18个调查点约6 400名3～79岁的人群。本次调查涵盖91种环境污染物，其中42种在第一次健康调查中进行了检测。加拿大第一次和第二次健康调查中的环境污染物概况如表1-1所示。第二次调查中分析的环境污染物概况如表3-4-1所示。加拿大第三次健康调查中的人体生物样品采集开始于2012年1月，计划于2013年年底完成。详细的调查方案正在制定中。

本报告描述了加拿大健康调查总体设计思路及实施方案，重点强调人体生物样本检测。该部分对每种环境污染物的化学特性、用途、环境分布、人群潜在暴露来源、体内毒理动力学、健康效应、环境监管状况及已有的生物监测数据等进行了系统概括。

数据表中对每种化合物都做了相应的总结，表格内容按照调查对象的年龄和性别进行了分类，包含调查对象血液或者尿液中环境污染物浓度描述性统计学变量。对于第二次健康调查中49种新的环境污染物，数据表中列出了加拿大调查人群测得的相关基础数据。对于第一次和第二次调查都检测的环境污染物，两次调查的数据列在一起便于比较。仅在第一次调查中获得的数据可在《加拿大第一次环境污染物生物监测报告》（2007—2009）中获得（Health Canada，2010）。

表 1-1　加拿大第一次（2007—2009）和第二次（2009—2011）健康调查环境污染物比较

第一次调查（2007—2009）	第二次调查（2009—2011）
有机氯农药（OCPs）	苯系物代谢物
溴代阻燃剂（BFRs）	多环芳烃代谢物
多氯联苯（PCBs）	
金属和微量元素	
氯酚	
苯酚和三氯卡班	
尼古丁代谢物	
全氟化合物	
农药	
邻苯二甲酸酯代谢物	
苯系物代谢物	
多环芳烃代谢物	

参考文献

[1]　Health Canada. 2010. *Report on human biomonitoring of environmental chemicals in Canada：Results of the Canadian Health Measures Survey Cycle 1*（2007-2009）. Minister of Health，Ottawa，ON. Retrieved September 1，2011，from www.hc-sc.gc.ca/ewh-semt/pubs/contaminants/chms-ecms/index-eng.php.

2 调查目的

本次调查的目的在于为环境卫生管理者及科学家提供生物监测基础数据,从而帮助他们评估环境污染物的暴露水平,完善法规,减少有毒有害污染物暴露途径,保护人群健康。

本次调查的具体目标如下:

- 建立加拿大人体生物材料中环境污染物的基线浓度,以便与加拿大其他人群及世界其他国家的人群进行比较;
- 建立加拿大人体生物材料中环境污染物的基线浓度,追踪其在人体内的长期变化趋势;
- 为建立优先响应机制,采取有关措施,保护加拿大居民健康和保护加拿大居民免受环境污染物暴露提供基础数据;
- 评估环境与健康风险管理措施的效率,减少特征污染物暴露导致的健康风险;
- 为进一步研究环境污染物暴露与健康效应之间的潜在关系提供基础;
- 为进一步开展环境污染物的全球性监测项目提供技术支持,例如《关于持久性有机污染物的斯德哥尔摩公约》规定的持久性有机污染物。

3 调查设计

本次调查是为解决加拿大人群生物监测基础数据缺失和不足开展的一项横断面调查。本次调查最主要的目的是收集全国性人群健康状况基础数据，包括相关环境污染物质暴露情况。这些基础数据对于了解暴露风险因素、掌握风险因素和暴露情况变化趋势、加强加拿大卫生监督与研究等具有重要意义。本次调查的原则、方案设计、采样方法、移动检查中心（MEC）的操作流程、医学伦理、法律及社会问题等已公开发布（Giroux et al.，2013；Statistics Canada，2013）。

3.1 调查对象

本次调查人群主要来自加拿大国内 10 个省及 3 个地区的 3～79 岁的常住居民。居住在保护区或者其他省的土著居民、全职军人、生活在某些偏远地区及人口密度低的地区的人群除外。

3.2 样本量

为了满足调查对象在全国范围内具有可靠性和代表性的要求，按照调查对象年龄和性别分组，本次调查要求最小样本量为 5 700 人。调查对象按照年龄划分为 6 个年龄组：3～5 岁、6～11 岁、12～19 岁、20～39 岁、40～59 岁和 60～79 岁；按照性别划分共计 11 组，其中 3～5 岁年龄组不考虑性别。

3.3 抽样方法

为了满足加拿大健康调查的要求，本次调查中采用多级分层抽样方法。

3.3.1 采样点

加拿大健康调查方案中要求调查对象到移动检测中心（MEC）报到，且能够科学合理安排时间前往该中心开展有关调查。本次调查采用加拿大劳动力调查抽样框（Statistics Canada，2008）在全国范围内创建了 257 个采样点。采样点设置要求所在地区至少涵盖 10 000 人，调查对象活动范围的最大距离不超过 100 km（城市为 50 km，农村为 100 km）。不符合上述标准的地区不能设置采样点，虽然如此，本次调查中，3～79 岁的调查对象覆盖率仍达到了 96.3%（Statistics Canada，2013）。

大量的采样点有助于提高评估的精确性。然而，受移动检测中心（MEC）后勤和成本方面的限制，本次调查采样点仅设置了 18 个。该 18 个区域位于加拿大统计局使用的 5 个标准区域边界内（包括亚特兰大省、魁北克省、安大略省、草原三省及不列颠哥伦比亚省）。采样点按照人口比例确定。尽管并不是每个省份和地区都有采样点，但是选择的采样点考虑了从东到西的地理分布及不同地理区域人口密度大小等因素，具有一定代表性。加拿大第二次健康调查采样点如表 3-3-1-1 所示。

表 3-3-1-1　加拿大第二次健康调查采样点分布情况（2009—2011）

亚特兰大省	魁北克省	安大略省	草原三省	不列颠哥伦比亚省
圣约翰； 科尔切斯特及皮克图	拉瓦勒； 南蒙泰雷吉； 加斯佩； 蒙特利尔北部	渥太华中部、东部； 布兰特福德南部； 多伦多西南部； 多伦多东部； 金斯顿； 奥克维尔	埃德蒙顿，阿尔伯塔省； 温尼伯，马尼托巴省； 卡尔加里，阿尔伯塔省	里士满； 库特尼中部和东部； 高贵林市

3.3.2　调查对象采样

将 2006 年加拿大人口普查作为本次调查的基本抽样框架。在每个调查点，利用政府文件提供的最新家庭信息，结合 2006 年人口普查时调查家庭的人口组成情况，本次调查按照年龄分为 6 组，分别为 3～5 岁、6～11 岁、12～19 岁、20～39 岁、40～59 岁和 60～79 岁。每个采样点的每个年龄组随机选择一户，通过询问的方式掌握家庭所有成员的名单，从该名单中选择调查对象。根据每个家庭成员的组成情况，选择 1 人或者 2 人作为调查对象。

3.4　环境污染物的选择

为了确定加拿大第二次健康调查的特征污染物清单，加拿大卫生部自 2008 年 5—6 月，在全国范围内开展了与环境污染物相关的专家咨询。咨询方式主要是给环境污染物人体生物监测方面的专家或感兴趣者分发调查问卷。目的是确定加拿大普通人群的血液和尿液样品中的环境污染物。这些核心参与者包括加拿大卫生部内部机构管理人员、项目组成员及外部团体，例如其他联邦部门、省或者地区的环境与卫生部门、工业协会、环境与健康非政府组织及学术团体等。通过问卷调查咨询，加拿大卫生部提出 310 多种环境污染物及其代谢物。

基于环境污染物的健康风险、人群暴露特征、现有的数据差异、国内和国际公约、实验室标准分析方法以及当前和将来的卫生防护政策和措施，加拿大卫生部按照如下原则甄别和筛选环境污染物：

- 该物质具有严重的已知或疑似健康效应；
- 该物质的公共卫生行动的需要程度；
- 公众关注的暴露剂量及可能的健康效应；
- 加拿大普通居民暴露于该物质的证据；

- 全国性调查中生物样品收集的可行性及调查对象的压力；
- 实验室分析方法的效率和可获得性；
- 生物材料检测环境污染物的测试成本；
- 优先选择与其他国家和国际的相关调查与研究一致的污染物。

　　另外，加拿大第一次健康调查中的环境污染物优先纳入第二次调查清单中。由于调查对象用来做化学分析的生物样本有限，因此进一步减少了环境污染物种类。一般情况下，调查对象采血量有限，而且要用于慢性疾病、传染性疾病及营养性疾病的生物标志物分析。因此，血液中检测的环境污染物的种类要少于尿液样品。

　　有些污染物的分析过程，无须或者仅仅增加少量生物样本，就可以同时检测另外的化学物质。比如金属的分析过程，就可以同时检测保持人体健康所必需的营养元素，如铜、钼、硒、锌。第二次健康调查中检测的环境污染物种类如表 3-4-1 所示。

表 3-4-1　加拿大第一次（2007—2009）和第二次（2009—2011）健康调查污染物种类比较

第一次调查（2007—2009）	第二次调查（2009—2011）
金属和微量元素：锑、总砷、镉、铜、铅、汞、镁、钼、镍、硒、铀、钒、锌	
	砷化合物：砷酸盐、亚砷酸盐、砷胆碱和砷甜菜碱、二甲基胂酸（DMA）、甲基胂酸（MMA）、铯、钴、氟化物、银、铊、钨
氯酚：2,4-二氯苯酚（2,4-DCP）	
	2,5-二氯苯酚（2,5-DCP）、2,4,5-三氯苯酚（2,4,5-TCP）、2,4,6-三氯苯酚（2,4,6-TCP）、五氯苯酚（PCP）
环境中酚类和三氯卡班：双酚 A（BPA）	
	三氯卡班、三氯生
尼古丁代谢物	
可铁宁	
全氟化合物：全氟己烷磺酸（PFHxS）、全氟辛酸（PFOA）、全氟辛烷磺酸（PFOS）	
	全氟丁酸（PFBA）、全氟丁基磺酸（PFBS）、全氟癸酸（PFDA）、全氟己酸（PFHxA）、全氟壬酸（PFNA）、全氟十一烷酸（PFUnDA）
农药：	
2,4-二氯苯氧乙酸（2,4-D）	
有机磷农药代谢物：二乙基二硫代磷酸酯（DEDTP）、磷酸二乙酯（DEP）、二乙基硫代磷酸酯（DETP）、二甲基二硫代磷酸酯（DMDTP）、磷酸二甲酯（DMP）、二甲基硫代磷酸酯（DMTP）	
拟除虫菊酯类农药代谢物：顺式-3-（2,2-二溴乙烯基）-2,2-二甲基环丙烷羧酸（cis-DBCA）、顺式-3-（2,2-二氯乙烯基）-2,2-二甲基环丙烷羧酸（cis-DCCA）、反式-（2,2-二氯乙烯基）-2,2-二甲基环丙烷羧酸（trans-DCCA）、4-氟-3-苯氧基苯甲酸（4-F-3-PBA）、3-苯氧基苯甲酸（3-PBA）	
	阿特拉津代谢物：阿特拉津硫醚氨酸盐（AM）、二丁基阿特拉津（DEA）、二氨基氯三嗪（DACT）； 氨基甲酸酯代谢物：克百威、2-异丙氧基苯酚
邻苯二甲酸酯代谢物：	
邻苯二甲酸单苄酯（MBzP）、邻苯二甲酸单丁酯（MnBP）、邻苯二甲酸单-（3-羧基丙基）酯（MCPP）、邻苯二甲酸单环己酯（MCHP）、邻苯二甲酸单-（2-乙基环己基）酯（MEHP）、邻苯二甲酸单-（2-乙基-5-羟基己基）酯（MEHHP）、邻苯二甲酸单-（2-乙基-5-氧己基）酯（MEOHP）、邻苯二甲酸单乙酯（MEP）、邻苯二甲酸单异壬酯（MiNP）、邻苯二甲酸单甲酯（MMP）、邻苯二甲酸单辛酯（MOP）	

第一次调查（2007—2009）	第二次调查（2009—2011）
	邻苯二甲酸异丁酯（MiBP）
苯的代谢物：	
	反式,反式-黏康酸（*trans，trans*-MA）、苯酚、苯巯基尿酸（S-PMA）
多环芳烃代谢物：	
	苯并[*a*]芘代谢物：3-羟基苯并[*a*]芘； 菌代谢物：2-羟基菌、3-羟基菌、4-羟基菌、6-羟基菌； 荧蒽代谢物：3-羟基荧蒽； 芴代谢物：2-羟基芴、3-羟基芴、9-羟基芴； 萘代谢物：1-羟基萘、2-羟基萘； 菲代谢物：1-羟基菲、2-羟基菲、3-羟基菲、4-羟基菲、9-羟基菲； 芘代谢物：1-羟基芘

　　由于实验室分析的成本较高，有些环境污染物没有对所有调查对象检测。对于所有生物样本，分 2 个子样本进行环境污染物检测：一个检测 12～79 岁调查人群血清中的全氟化合物（PFCs）；另一个检测 3～79 岁调查人群尿液中的几种环境污染物，如表 3-4-2 所示。更加详细的样品分类情况可参考加拿大健康调查（CHMS）数据应用指南（第二次）及 Giroux 等发表的有关采样方法的综述性文献（Statistics Canada，2013；Giroux et al.，2013）。

表 3-4-2　加拿大第二次（2009—2011）健康调查不同年龄组生物样本中的环境污染物检测表

环境污染物	生物材料	样本量	年龄（岁）					
			2～5	6～11	12～19	20～39	40～59	60～79
金属和微量元素	血液、尿液	5 700	■	■	■	■	■	■
砷及其化合物	尿液	2 500	■	■	■	■	■	■
氟化物	尿液	2 500	■	■	■	■	■	■
苯的代谢物	尿液	2 500			■	■	■	■
氯酚类	尿液	2 500	■	■	■	■	■	■
环境中酚类和三氯卡班	尿液	2 500	■	■	■	■	■	■
尼古丁代谢物	尿液	5 700	■	■	■	■	■	■
全氟化合物	血液	1 500	—	—	■	■	■	■
阿特拉津代谢物	尿液	2 500	■	■	■	■	■	■
氨基甲酸酯类农药代谢物	尿液	2 500	■	■	■	■	■	■
2,4-二氯苯氧乙酸	尿液	2 500	■	■	■	■	■	■
有机磷农药代谢产物	尿液	2 500	■	■	■	■	■	■
拟除虫菊酯类农药代谢物	尿液	2 500	■	■	■	■	■	■
邻苯二甲酸酯代谢物	尿液	2 500	■	■	■	■	■	■
多环芳烃代谢物	尿液	2 500	■	■	■	■	■	■

3.5   医学伦理审查

通过本次调查获取的个人信息受加拿大联邦政府《统计法》（Canada，1970-71-72）的保护。根据此法案，加拿大统计局必须维护并信任获得的民众个人信息。因此，加拿大统计局建立了全面的政策框架体系和实践程序，用来保护机密信息免受损失、盗窃、非法访问、披露、复制或使用等。这些保密措施包括物理措施、组织措施及技术措施等。加拿大统计局采取上述措施对本次调查中收集的个人信息进行保护（Day et al.，2007）。医学伦理审查由加拿大卫生部研究伦理委员会批准。年满 14 周岁的参与者向移动检测中心（MEC）提交书面同意文件；对于未满 14 周岁的儿童，由父母或法定监护人提供书面同意文件。本次调查采取自愿参与的原则，参与者可随时选择退出任何部分的调查。

根据 CHMS 实验室咨询委员会、医生咨询委员会、魁北克公共医疗保健委员会（环境污染物分析参比实验室）及加拿大卫生部研究伦理委员会有关专家的建议和意见，加拿大卫生部制定了相关措施和方案，向调查对象公布调查结果（Day et al.，2007）。

对于所有的环境污染物检测结果，加拿大卫生部仅向调查对象公布了铅、汞、镉、氟化物的检测结果。然而，调查对象可以要求加拿大统计局提供所有其他污染物的测试结果。关于人体内负荷水平数据资料的详细信息及医学伦理审查等，可参考有关文献资料（Haines et al.，2011）。

参考文献

[1]   Canada. 1970. Statistics Act. c. 15，s. 1. Retrieved August 7，2012，from www.statcan.gc.ca/about-apercu/act-loi-eng.htm.

[2]   Day，B.，Langlois，R.，Tremblay，M.，et al. 2007. *Canadian Health Measures Survey：Ethical，legal and social issues*. Health Reports，Special Issue Supplement 18，37-51.

[3]   Giroux，S.，Labrecque，F. and Quigley，A.. 2013. *Sampling documentation for cycle 2 of the Canadian Health Measures Survey Cycle 2*.Methodology Branch Working Paper.

[4]   Haines，D.A.，Arbuckle，T.E.，Lye，E.，et al. 2011. Reporting results of human biomonitoring of environmental chemicals to study participants：A comparison of approaches followed in two Canadian studies. *Journal of Epidemiology and Community Health*，65（3）：191-198.

[5]   Statistics Canada. 2008. *Methodology of the Canadian Labour Force Survey*（Catalogue 71-256-X）. Ottawa，ON.：Minister of Industry.

[6]   Statistics Canada. 2013. *Canada Health Measures Survey（CHMS） data user guide：Cycle 2*. Ottawa，ON.：Minister of Industry.

4 现场调查

加拿大健康调查自 2009 年 8 月开始，至 2011 年 11 月结束，历时两年半。收集了全国范围内的 18 个采样点数据。这些采样点需要考虑区域季节性因素和时间效应的影响，同时也受现场操作及后勤保障方面的限制。加拿大统计局事前给被选定为参与者的居民邮寄提醒信件和小册子（详见 3.3.2）。通过信件告知这些潜在的参与者，调查人员将联系他们以便采集数据。

工作人员通过与每个家庭成员访问交流，采用计算机辅助方法和调查对象到移动检测中心（MEC）进行体格检查的方法收集数据。现场工作组由家庭调查员和 CHMS 移动检测中心（MEC）工作人员组成，其中包括训练有素的医学专业体检专家（Statistics Canada，2013 b）。

调查对象首先在自己家里填写完成一份调查问卷。家庭调查员利用计算机应用程序随机选择 1 名或者 2 名调查对象，分别进行 40 分钟或者 60 分钟健康状况交流（Statistics Canada，2013 b）。家庭调查员主要收集调查点人口、社会经济数据，以及调查对象的生活方式、病史、当前健康状况、环境质量状况及居住条件等。

在家庭调查问卷结束大约 2 周内，调查对象前往移动检测中心（MEC）进行健康体检。每个 MEC 由两个通过封闭步行通道连接的拖车组成，一个拖车作为接待室，包括一个管理区和一间检测室；另一个拖车包括另外一间检测室和一个实验室。为了尽可能照顾到各采样点每个调查对象的时间安排，移动检测中心（MEC）每周工作 7 天，以保证 5 到 6 周内完成大约 350 名调查对象的体格检查工作（Statistics Canada，2013 b）。MEC 约定的每个调查对象的测试时间平均为 2.5 小时。对于 14 岁以下的儿童，要有其父母一方或法定监护人陪同。为了最大限度地提高受访率，对于不能或不愿亲自去 MEC 的调查对象，MEC 的员工将提供上门服务，开展体格检查及生物样本的采集（Statistics Canada，2013 b）。

MEC 访问开始时，调查对象首先签署知情同意书，大多数情况下紧接着采集尿液样本。基于物流运输的原因，调查对象采集的是即时尿液样品，而不是 24 小时尿液。为了优化在第二次健康调查中引入的新传染病的测试方法，采集的尿液样本为前段尿液，而不是像第一次调查一样采集中段尿液。本次调查的一项新规定是要求调查对象前往 MEC 身体检查前憋尿 2 小时。尿液样品收集在 120 mL 的尿液标本容器中。受过培训的专业卫生人员为调查对象进行健康体检，检查项目包括身高、体重、血压、肺功能及健康状况。按照预先设定的排除标准，通过一系列的筛查，判断调查对象是否适合开展不同测试项目的检测，包括采血检查（Statistics Canada，2013 b）。用标准且认证过的抽血方法采集调查对象的血液标本并依据调查对象年龄确定最大采血量。通常情况下，3～5 岁儿童，采集血液 22.0 mL；6～11 岁儿童，采集血液 28.5 mL；12～13 岁儿童，采集血液 48.8 mL；14～19 岁，采集血液 52.8 mL；20～79 岁成年人，采集血液 72.8 mL。

　　调查人员在 MEC 将收集到的所有血液和尿液标本进行处理和分装。生物标本运输前存贮在两个–20℃的冰箱中。生物标本每周一次用干冰保存运输到参比实验室进行分析。为了确保所采集数据的质量及数据采集标准化，在血液和尿液样品采集、处理和分装、冷链运输等环节均建立起标准操作流程。万一出现收集的生物标本（血液和尿液）体积不足以完成环境污染物、传染病、营养状况和慢性疾病分析的情况，项目组将及时启动实验分析优先顺序。关于样品采集管，分装体积及优先测试指标的详细信息见表 4-1。

表 4-1　加拿大第二次（2009—2011）健康调查血液和尿液样本采集程序

环境污染物	生物材料	样品采集管（体积和类型 [a]）	分装体积 [b]
重金属和微量元素	全血	4.0 mL Lavender EDTA[c]	1.8 mL
全氟化合物	血清	4.0 mL 或 10.0 mL Lavender EDTA[c]	2.4 mL
酚类、三氯卡班、有机磷农药代谢物、2,4-二氯苯氧基乙酸、氨基甲酸酯代谢物、氯酚	尿液	120 mL 尿液标本容器	1.0 mL
重金属和微量元素			1.8 mL
肌酐和尼古丁代谢物			1.0 mL
邻苯二甲酸酯代谢物			4.0 mL
拟除虫菊酯类代谢物			12 mL
多环芳烃代谢物、阿特拉津代谢物、苯的代谢物			20 mL
砷及其化合物			4.0 mL
氟化物			1.0 mL[d] 或 1.8 mL[e]

a Becton Dickinson 真空采血管用于血液采集；VWR 尿液标本容器用于尿液收集。

b 送至参比实验室的最佳样品体积。

c EDTA：乙二胺四乙酸。

d 调查对象年龄范围为 3～5 岁。

e 调查对象年龄范围为 6～79 岁。

　　为了最大限度地提高数据的可靠性和有效性、降低系统误差，CHMS 在现场调查工作中建立了质量保证和质量控制体系。MEC 的质量保证包括调查人员选择和培训，指导调查对象及数据采集方面的相关注意事项。所有工作人员针对不同工作岗位均受到相应的教育和培训。为了保证检测技术的一致性，该领域的专家经过咨询讨论制定了操作手册及培训指南。每个调查点均做质量控制样品，质量控制措施包括：每批次分析需 3 个场地空白（大多数为去离子水）和 3 个标准物质盲样。以下环境污染物分析要求做质量控制样品：

● 血液和尿液中所有重金属元素（不包括尿砷、血铜，尿液和血液中的钼、银、铀）；

● 有机磷农药代谢物；

● 氯酚（不包括 2,4-二氯苯酚和 2,4,5-三氯苯酚）；

● 拟除虫菊酯类代谢物（不包括 4-氟-3-苯氧基苯甲酸、顺式-3-2,2-二溴乙烯基-2,2-二甲基环丙烷羧酸）；

● 羟基芘；

● 苯代谢物；

- 可铁宁;
- 肌酐。

由于市场上某些化学品（包括邻苯二甲酸盐、多环芳烃、环境酚类和三氯卡班、2,4-二氯苯氧乙酸及某些金属元素）的质量控制样品难以获得，所以未能开展盲样质量控制。

质量控制样品按照样本配送方式送至实验室。实验室质量控制结果及调查对象测试结果一同传送至加拿大统计局。加拿大统计局通过将盲样的测定结果与规定浓度相比较来评价分析方法的准确性。如果有必要，反馈结果将很快传送到相关实验室进行复查和纠正。

在 MEC 工作人员开展问卷调查过程中，技术人员利用室内空气采样器采集调查对象家庭的室内空气样品。为了检测室内空气中的挥发性有机污染物，采样器在调查对象家里放置 7 天。在开展室内空气检测的家庭中，还需配置一支铅笔、一张邮资已付的信封和采样记录表。室内空气 7 天采样结束后，测试家庭成员用邮资已付的信封将室内空气样品邮寄至 CASSEN 实验室进行分析。

在《加拿大健康调查评估报告》（第 1、2、3 次）中，可以获得室内空气污染物的完整清单（Statistics Canada，2013 a）。室内空气调查的详细信息见《加拿大人群健康调查（CHMS）数据使用指南（第 2 次）》（Statistics Canada，2013 b），也可以发邮件至加拿大统计局邮箱（info@statcan.gc.ca）索取。

本次调查中 MEC 关于人体生物样本采集、运输、保存等的详细描述见《加拿大人健康调查（CHMS）数据使用指南（第 2 次）》（Statistics Canada，2013 b）及有关文献资料（Byran et al.，2007）。

参考文献

[1] Bryan，S.N.，St-Denis，M. and Wojtas，D.. 2007. *Canadian Health Measures Survey: Operations and logistics. Health Reports*，Special Issue Supplement 18：53-70.

[2] Statistics Canada. 2013 a. *Canada Health Measures Survey（CHMS） content summary for cycles 1，2* and 3. Ottawa，ON.

[3] Statistics Canada. 2013 b. *Canada Health Measures Survey （CHMS） data user guide：Cycle 2.* Ottawa，ON.

5　实验室分析

环境污染物和肌酐的分析测试工作由加拿大魁北克公共医疗保健委员会（INSPQ）的实验室完成。该实验室通过了 ISO17025 认证，针对每一种测试指标建立了标准实验操作规程，并且采用大量内部和外部措施来进行质量控制。每种环境污染物实验室分析方法的检出限见附录 B。

INSPQ 实验室内部质量控制措施包括：标准样品校正、实验室空白及有证标准参考物质。外部质量控制措施包括：参与检测任务的实验室比对。为了修正因数据漂移等因素导致的不一致性，对实验室分析的数据进行质量保证检验。

下面详细介绍本次调查中涉及的环境污染物及肌酐的分析方法。

5.1　重金属和微量元素

5.1.1　血液样品分析

血液样品用辛基酚聚氧乙烯醚和氨水混合溶液进行稀释。对血液样品中的镉、钴、铜、铅、锰、钼、总汞、镍、硒、银、铀和锌采用电感耦合等离子体-质谱仪（ICP-MS）（Perkin Elmer Sciex，Elan DRC II）进行分析，利用非暴露个体的血液样品进行基质校正（INSPQ，2009 a）。

5.1.2　尿液样品分析

尿液样品用 0.5%的硝酸稀释。尿液中的锑、总砷、镉、铯、钴、铜、铅、锰、钼、镍、硒、银、铊、钨、铀、钒和锌采用电感耦合等离子体-质谱仪（ICP-MS）（Perkin Elmer Sciex，Elan DRC II）进行分析，利用非暴露个体的尿液样品进行基质校正（INSPQ，2009b）。

5.1.2.1　砷及其化合物

尿液样品用碳酸铵溶液稀释。三价砷（氧化态）、五价砷（氧化态）、甲基胂酸、二甲基胂酸、砷胆碱和砷甜菜碱采用超高效液相色谱（UPLC）串联电感耦合等离子体-质谱仪（Varian ICP-MS，2.1 版本软件包）进行分析。

5.1.2.2　氟化物

尿液样品中的氟化物利用奥利龙 pH 测量仪和氟离子选择电极（Orion Research Inc.）进行测定（INSPQ，2009）。

5.2　苯的代谢物

尿液中苯的代谢物（反，反-黏康酸和苯巯基尿酸）通过自动工作站，利用亲水-亲脂固相萃取法进行萃取。然后将萃取液蒸发至干，用流动相溶剂重新溶解。在负离子模式下，使用超高效液相色谱串联质谱多反应监测（Waters 公司）的方法进行分析（INSPQ，2009e）。

尿酚用 β-葡糖醛酸糖苷酶溶液水解后用弱酸再次水解。然后用五氟苄基溴在 80℃ 条件下衍生化 2 小时。衍生化产物用二氯甲烷-正己烷混合溶剂萃取。浓缩后萃取液重新溶解后，利用安捷伦气相色谱（6890 型或 7890 型）串联质谱（Waters 公司）在多反应监测（负离子化学电离）模式下进行分析（INSPQ，2 009 f）。

5.3　氯酚类化合物

尿液中氯酚类化合物（2,4-二氯苯酚、2,5-二氯苯酚、2,4,5-三氯苯酚、2,4,6-三氯苯酚和五氯苯酚）与尿液中酚类的测试方法相同。尿液样品用 β-葡糖醛酸糖苷酶水解后用弱酸再次水解，然后用五氟苄基溴在 80℃ 条件衍生化 2 小时。衍生化产物用二氯甲烷-正己烷混合溶剂萃取。浓缩后萃取液重新溶解后用安捷伦气相色谱串联质谱（6890 型或 7890 型）串联质谱（Waters 公司）在多反应监测（负离子化学电离）模式下进行分析（INSPQ，2009 f）。

5.4　环境中酚类和三氯卡班

尿液中的双酚 A、三氯卡班和三氯生与氯酚等污染物分析方法相同。尿液样品用 β-葡糖醛酸糖苷酶水解后用弱酸再次水解，然后用五氟苄基溴在 80℃ 条件下衍生化 2 小时。衍生化产物用二氯甲烷-正己烷混合溶剂萃取。浓缩后萃取液重新溶解后，利用安捷伦气相色谱（6890 型或 7890 型）串联质谱（Waters 公司）在多反应监测（负离子化学电离）模式下进行分析（INSPQ，2009f）。同时，该方法也适用于检测自由基双酚 A 或者水解态双酚 A。

5.5　尼古丁代谢物

尼古丁的代谢物是可铁宁。本调查中利用自动工作站，通过固相萃取的方式提取可铁宁。氘代可铁宁作为定量内标。将萃取物溶于流动相中，在负离子模式下，使用超高效液相色谱串联质谱多反应监测（Waters 公司）方法进行分析（INSPQ，2009g）。

5.6　全氟化合物

血清中的全氟化合物（全氟辛烷磺酸，全氟辛酸，全氟磺酸，全氟壬酸，全氟丁酸，全氟丁基磺酸，全氟己酸，全氟癸酸及全氟十一烷酸）与四丁基硫氢酸铵形成离子对后，用甲基叔丁基醚来提取。萃取液蒸发至干，溶解于 200 μL 的流动相溶剂中。在负离子模式下，使用超高效液相色谱串联质谱（Waters 公司）在多反应监测模式下进行分析（INSPQ，2009h）。

5.7　农药

5.7.1　阿特拉津代谢物

尿液样品中阿特拉津代谢物（二氨基氯三嗪、二丁基阿特拉津和阿特拉津硫醚氨酸盐等）使用自动工作站，用阴离子交换固相萃取柱进行萃取。萃取液蒸发至干，溶解在流动相溶剂中，在负离子模式下，使用超高效液相色谱串联质谱（Waters 公司）在多反应监测模式下进行分析（INSPQ，2009i）。

5.7.2　氨基甲酸酯类农药代谢物、2,4-二氯苯氧乙酸及有机磷农药代谢物

尿液样品中氨基甲酸酯类农药代谢物（呋喃丹、2-异丙氧基苯酚）、2,4-二氯苯氧基乙酸及有机磷农药代谢物（磷酸二乙酯、磷酸二甲酯、二乙基硫代磷酸酯、二甲基硫代磷酸酯、二乙基二硫代磷酸酯和二甲基二硫代磷酸酯）在 β-葡糖醛酸糖苷酶作用下水解后再次用弱酸水解；然后用五氟苄基溴在 80℃ 条件下衍生化 2 小时。衍生化产物用二氯甲烷-正己烷混合溶剂萃取。浓缩后萃取液重新溶解，在负离子模式下，使用超高效液相色谱串联质谱（Waters 公司）在多反应监测模式下进行分析（INSPQ，2009f）。

5.7.3　拟除虫菊酯类农药代谢物

尿液样品中的拟除虫菊酯类农药代谢物（4-氟-3-苯氧基苯甲酸、顺式-3-（2,2-二溴乙烯基）-2,2-二甲基环丙烷羧酸、顺式-3-（2,2-二氯乙烯基）-2,2-二甲基环丙烷羧酸、反式-3-（2,2-二氯乙烯基）-2,2-二甲基环丙烷羧酸、3-苯氧基苯甲酸）在 β-葡糖醛酸糖苷酶作用下水解，然后酸化并用正己烷萃取。萃取液衍生化后，用异辛烷和正己烷混合溶剂再次进行萃取。浓缩后萃取液用正己烷定容，在单离子监测和负离子化学电离模式下，利用安捷伦气相色谱-质谱联用仪（6890N-5973N）进行分析（Agilent MSD Chem software）（INSPQ，2009j）。

5.8　邻苯二甲酸酯代谢物

尿液中邻苯二甲酸酯代谢物包括：邻苯二甲酸单苄酯、邻苯二甲酸单丁酯、邻苯二甲酸单（3-羧基丙基）酯、邻苯二甲酸单环己酯、邻苯二甲酸单-（2-乙基环己基）酯、邻苯二甲酸单-（2-乙基-5-羟基己基）酯、邻苯二甲酸单-（2-乙基-5-氧己基）酯、邻苯二甲酸单乙酯、邻苯二甲酸单丁酯、邻苯二甲酸单异壬酯、邻苯二甲酸单甲酯和邻苯二甲酸单辛酯。分析测试前，在尿液样品中加入内标。在 pH=6.5 的醋酸铵缓冲溶液中，在 37℃ 条件下，用 β-葡糖醛酸糖苷酶水解尿液中邻苯二甲酸酯代谢物 90 分钟。样品用磷酸酸化后，在自动工作站上利用强阴离子交换固相萃取柱萃取。用 2%甲酸和乙腈混合溶液洗脱固相

萃取柱，洗脱液蒸发至干后重新溶于去离子水中。在负离子模式下，使用超高效液相色谱串联质谱（美国 Waters 公司）在多反应监测模式下进行分析（INSPQ，2009k）。

在加拿大第一次健康调查中，INSPQ 的实验室使用商业级有证标准溶液做标准曲线来判断尿液中邻苯二甲酸酯代谢物的分析准确性（Langlois et al.，2012）。第一次调查所有相关的数据均使用从准确度调查中得到的化合物特定校正因子进行校正。关于化合物特定校正因子的相关信息将在未来出版。

5.9 多环芳烃代谢物

尿液样品中多环芳烃的代谢物包括：3-羟基苯并[a]芘、2-羟基菌、3-羟基菌、4-羟基菌、6-羟基菌、3-羟基荧蒽、2-羟基芴、3-羟基芴、9-羟基芴、1-羟基萘、2-羟基萘、1-羟基菲、2-羟基菲、3-羟基菲、4-羟基菲、9-羟基菲和 1-羟基芘。尿液样品中多环芳烃代谢产物在 β-葡糖醛酸糖苷酶条件下水解后，在中性 pH 下用有机溶剂萃取。萃取液浓缩后用 N-甲基-N-（三甲硅烷基）三氟乙酰胺衍生化，在电子离子化模式下，使用安捷伦气相色谱串联三重四级杆质谱（7890-7000B）（Agilent MassHunter software）在多反应监测模式下进行分析（INSPQ，2011）。

5.10 肌酐

尿液样品中肌酐的测定采用碱性苦味酸法（简称 Jaffe 法）。苦味酸钠可与尿液中的肌酐反应，形成红色的亚诺夫斯基复合物后用肌酐检测试剂（#917）显色。波长为 505 nm 的吸光度用分光光度计（Hitachi 917）测定（INSPQ，2008）。

参考文献

[1] INSPQ（Institut national de santé publique du Québec）. 2008. *Analytical method for the determination of urine creatinine on Hitachi 917（C-530），condensed version*. Laboratoire de toxicologie，Québec，QC.

[2] INSPQ（Institut national de santé publique du Québec）. 2009a. *Analytical method for the determination of metals and iodine in blood by inductively coupled plasma mass spectrometry（ICP-MS），DRC II（M-572），condensed version for CHMS*. Laboratoire de toxicologie，Québec，QC.

[3] INSPQ（Institut national de santé publique du Québec）. 2009b. *Analytical method for the determination of metals in urine by inductively coupled plasma mass spectrometry（ICP-MS），DRC II（M-571），condensed version for CHMS*. Laboratoire de toxicologie，Québec，QC.

[4] INSPQ（Institut national de santé publique du Québec）. 2009c. *Analytical method for the determination of arsenic species in urine by ultra performance liquid chromatography coupled to argon plasma induced mass spectrometry（HPLC-ICP-MS）（M-585），Condensed Version for CHMS*. Laboratoire de toxicologie，Québec，QC.

[5] INSPQ（Institut national de santé publique du Québec）. 2009d. *Analytical method for the determination of fluoride in urine（M-186），condensed version for CHMS*. Laboratoire de toxicologie，Québec，QC.

[6] INSPQ（Institut national de santé publique du Québec）. 2009e. *Analytical method for the determination of*

benzene metabolites in urine by UPLC-MS-MS（E-460）, condensed version for CHMS. Laboratoire de toxicologie，Québec，QC.

[7]   INSPQ（Institut national de santé publique du Québec）. 2009f. *Analytical method for the determination of bisphenol A, triclosan, triclocarban and pesticide metabolites in urine by GC-MS-MS（E-454）, condensed version for CHMS.* Laboratoire de toxicologie，Québec，QC.

[8]   INSPQ（Institut national de santé publique du Québec）. 2009g. *Analytical method for the determination of cotinine in urine by HPLC-MS-MS robotic workstation method（C-550）, condensed version for CHMS.* Laboratoire de toxicologie，Québec，QC.

[9]   INSPQ（Institut national de santé publique du Québec）. 2009h. *Analytical method for the determination of perfluorinated compounds（PFCs） in plasma by HPLC-MS-MS（E-456）, condensed version for CHMS.* Laboratoire de toxicologie，Québec，QC.

[10]   INSPQ（Institut national de santé publique du Québec）. 2009i. *Analytical method for the determination of triazine metabolites in urine by UPLC-MS-MS（E-459）, condensed version for CHMS.* Laboratoire de toxicologie，Québec，QC.

[11]   INSPQ（Institut national de santé publique du Québec）. 2009j. *Analytical method for the determination of pyrethroids metabolites in urine by GC-MS（EC-426）, condensed version for CHMS.* Laboratoire de toxicologie，Québec，QC.

[12]   INSPQ（Institut national de santé publique du Québec）. 2009k. *Analytical method for the determination of phthalate metabolites（phthalate monoesters） in urine by HPLC-MS-MS（E-453）, condensed version for CHMS.* Laboratoire de toxicologie，Québec，QC.

[13]   INSPQ（Institut national de santé publique du Québec）. 2011. *Analytical method for the determination of polycyclic aromatic hydrocarbons（PAHs） in urine by GC-MS-MS（E-465）, condensed version for CHMS.* Laboratoire de toxicologie，Québec，QC.

[14]   Langlois，É.，Leblanc，A.，Simard，Y. and Thellen，C.. 2012. *Accuracy investigation of phthalate metabolite standards.* Journal of Analytical Toxicology，36（4）：270-279.

6 数据统计分析

采用 SAS（SAS Institute Inc., version 9.2, 2008）和 SUDAAN®（SUDAAN Release 10.0, 2008）统计软件对加拿大 3～79 岁人群血液和尿液中的环境污染物浓度水平进行描述性统计分析。

加拿大健康调查是一次横断面抽样调查。调查对象代表了其他未参与调查的人员。为了使本次调查结果具有代表性，加拿大统计局制定了样本权重并纳入本次报告的所有评估中（例如几何均数）。本次调查的权重要考虑不等概率抽样和未响应误差的情况。因此，考虑到本次调查设计的复杂性，运用 bootstrap 权重方法来评估 95%置信区间下平均值和百分位数的分布特征（Rao et al., 1992; Rust and Rao, 1996）。

加拿大第二次健康调查中检测的每种环境污染物浓度水平均列表格表示。对于两次都检测的环境污染物，表格中也提供了第一次调查数据。在第一次调查报告中，人群生物样本中环境污染物负荷水平用两位小数表示。加拿大第二次健康调查结果表示方法略有变化，所有调查结果均保留两位有效数字。鉴于统计分析的一致性，第一次调查的数据在做描述性统计分析之前也保留两位有效数字。因此，在本次调查中列出的第一次调查的检测结果很可能不同于第一次报告中的检测结果，但是这种差别并不显著。第一次调查报告中的检测数据仍然是准确的。

数据表包含样本量（n）、低于检出限（LOD）的百分比、几何均数（GM）、百分位数（10th、50th、75th、95th）以及 95%置信区间。计算几何均数和 95%置信区间的方法分为三步：首先，对检测数据进行对数转化；其次，用 bootstrap 权重计算对数转化以后的几何平均数和 95%置信区间；最后，通过反对数转换计算几何均数和 95%置信区间。对于检测的每种环境污染物，按照调查对象年龄和性别（3～5 岁年龄组除外）进行分组描述。针对加拿大第一次和第二次健康调查中均检测的环境污染物，其结果按照所有调查人群年龄和性别进行了比较和概括。低于实验室方法检出限（LOD）的检测结果用检出限的 1/2 代替；如果检测结果低于检出限的比例超过 40%，则不计算几何均数；百分位数估计低于检出限，用<LOD 表示。附录 B 列出了每种环境污染物的检出限。附录 C 提供了检测结果的转换因子，有助于和其他不同研究中使用不同单位的结果进行比较分析。

全血和血清中环境污染物的含量水平用μg/L 表示，即每升血液或者血清中含有污染物的质量（μg）。

尿液样品中环境污染物的含量水平用μg/L（尿液）或者μg/g 肌酐表示。尿肌酐是肌肉代谢的一种化学副产物。由于尿肌酐具有内平衡调控的作用，在 24 小时内产生和排泄相对稳定，因此通常用来校正尿液中污染物的浓度水平（Barr et al., 2005; Boeniger et al., 1993; Pearson et al., 2009）。如果被检测的环境污染物的行为和肾脏中的肌酐相似，那么它将以相同的速率过滤，所以用每克肌酐表达污染物浓度水平有助于避免因尿液稀释、肾功能差异及体重差异而对结果产生的影响（Barr et al.，2005；CDC，2009；Pearson et al.，2009）。肌酐是肾小球过滤排泄的主要物质，所以用肌酐校正肾小球分泌排泄的主要污染物可能不合适（Barr et al.，2005；Teass et al.，2003）。另外，尿肌酐排泄可能受到年龄、性别、种族等因素的影响，因此，在不同年龄的调查对象之间，比较肌酐校正的污染物浓度水平可能不恰当（Barr et al.，2005）。在本次调查中，如果尿肌酐值缺失或者低于检出限，那么调查对象尿液中的污染物浓度也不予计算或者被认为缺失。

附表 D 中列出了两次调查人群的尿液肌酐浓度水平（mg/dL）描述性统计分析变量，主要包括：样本量（n）、低于检出限（LOD）的百分比、几何均数（GM），百分位数（10th、50th、75th、95th）以及按年龄和性别划分的总人口的 95%置信区间。低于实验室方法检出限（LOD）的检测结果用检出限的 1/2 代替。

在移动检测中心（MEC）采集的所有尿液样品立即开始检测尿比重。尿比重是尿液和纯水密度之间的比值，用来校正尿液量不同产生的差异，和尿肌酐校正相似。在本次调查中未用尿比重校正检测结果，然而尿比重的数据可通过给加拿大统计局发送电子邮件（info@statcan.gc.ca）获取，他们也希望通过校正来分析自己的数据。

根据《加拿大统计法》的要求，加拿大统计局对调查对象保密。因而，针对少数调查对象的数据不对外发布。根据加拿大健康调查原则，本报告中任何调查对象少于 10 人的调查数据不予对外公布。为了能使本次调查的数据对外公布，加拿大卫生部等有关部门规定：评估计算 95th百分位数时至少需要 200 个调查对象；评估计算 10th百分位数时至少需要 100 个调查对象；评估计算 75th百分位数时至少需要 40 个调查对象；评估计算 50th百分位数时至少需要 20 个调查对象；评估计算几何均数时至少需要 10 个调查对象。

抽样调查不可避免地会带来抽样误差。抽样误差的范围以调查所得均数标准误差为依据来计算。为了更好地说明标准误差的大小，标准误差通常以所测样本均数的标准误差来计算，其结果称为变异系数（CV）。CV 用均数标准误差除以样本的均数，并用样本均数的百分比表示（Statistics Canada，2013）。

加拿大统计局在本报告中以样本的变异系数（CV）为基础，按照如下原则计算样本均值：

- 当变异系数（CV）在 16.6%～33.3%时，样本均数等数据不受限制可以对外发布，但是对于后续使用高度变异数据的用户要提出适当的警告措施。这种数据用上标 E 进行标识。
- 当 CV 大于 33%时，加拿大统计局建议不予发布相关数据，因为依据上述数据得出的结论是不可靠的，也很可能是无效的。这些数据将不予对外公布，并且用 F 进行标识。

《加拿大健康调查数据使用手册》中详细介绍了样品权重和数据分析的相关内容（Statistics Canada，2013）。

参考文献

[1]   Barr，D.B.，Wilder，L.C.，Caudill，S.P.，et al. 2005. *Urinary creatinine concentrations in the U.S. population：Implications for urinary biologic monitoring measurements*. Environmental Health Perspectives，113（2）：192-200.

[2] Boeniger，M.F.，Lowry，L.K. and Rosenberg，J.. 1993. *Interpretation of urine results used to assess chemical exposure with emphasis on creatinine adjustments: A review.* American Industrial Hygiene Association Journal，54（10）：615-627.

[3] CDC（Centers for Disease Control and Prevention）. 2009. *Fourth national report on human exposure to environmental chemicals. Department of Health and Human Services，Atlanta，GA.* Retrieved July 11，2011，from www.cdc.gov/exposurereport/.

[4] Pearson，M.，Lu，C.，Schmotzer，B.，et al. 2009. *Evaluation of physiological measures for correcting variation in urinary output: Implications for assessing environmental chemical exposure in children.* Journal of Exposure Science and Environmental Epidemiology，19（3）：336-342.

[5] Rao，J.，Wu，C. and Yue，K.. 1992. *Some recent work on resampling methods for complex surveys.* Survey Methodology，18（2）：209-217.

[6] Rust，K.F. & Rao，J.N.K.. 1996. *Variance estimation for complex surveys using replication techniques.* Statistical Methods in Medical Research，5（3）：283-310.

[7] Statistics Canada. 2013. *Canada Health Measures Survey（CHMS）data user guide: Cycle 2.* Ottawa，ON.

[8] Teass，A.，Biagini，R.，DeBord，G.，et al. 2003. *Application of biological monitoring methods.* NIOSH Manual of Analytical Methods，NIOSH Publication Number 2003-154（3rdSupplement）.

7 生物监测数据解释及注意问题

加拿大健康调查的目的是提供本国全体人群尿液或者血液中环境污染物的浓度水平估计值。第一次调查覆盖了96.3%的6～79岁加拿大居民；第二次调查覆盖了96.3%的3～79岁加拿大居民。本次调查没有按照采样点进行分解数据。另外，加拿大健康调查不是针对某个特殊的暴露场景，因此，本次调查对象的选择排除不以暴露环境污染物剂量的高或低为基础。

生物监测可以评估人体中环境污染物的浓度水平，但是不能说明由此引起的健康效应。如果生物监测能够说明健康效应，那么可能的结果是来自暴露评估。近年来，对于浓度非常低的环境污染物的分析测试能力有了很大进步，然而，仅在人体中发现化学品的存在并不意味着它对人体健康产生影响。暴露剂量、污染物毒性、暴露周期等是影响环境污染物是否产生潜在的不利健康效应的重要因素。对于铅和汞等化学品，已经明确人群健康风险和血液中污染物浓度水平的关系。然而，对于其他污染物，如果存在潜在健康效应，必须进一步开展血液或者尿液中污染物浓度和健康效应研究。此外，还有一小部分化学品例如锰、锌等是人体内存在的保持人体健康的必需元素。每种化学品在人体产生的健康效应因人而异，无法准确预测。某些特定人群（儿童、孕妇、老人或免疫受损的人等）可能更容易受影响。

人体生物样品中没有污染物并不意味着没有暴露。很可能是由于现有的技术无法检测到如此微量的污染物或者已经发生污染物暴露，但是在检测之前已经排泄。

生物监测并不能告诉我们污染物暴露源及途径。人体内化学品的负荷水平通过不同来源（空气、水、土壤、食物和消费品）和不同途径（呼吸、摄食和皮肤接触）进入人体。检测到的化学品可能是单一源或者复合源暴露。另外，在多数情况下，生物监测不能辨别污染物的自然来源和人为来源。例如一些污染物（铅、镉、汞和砷等）在自然环境和人造产品中同时存在。

在本次调查中，重金属是唯一作为母体化合物在尿液中检测的污染物。几乎所有其他污染物在尿液或者血液中均以代谢物的形式检测。对于一些污染物，母体化合物在人体内可能代谢为一种或者多种代谢物。例如，拟除虫菊酯类农药氟氯氰菊酯在人体内代谢为几种代谢物。有些物质只是一种确定的母体化合物的代谢产物，而有些物质可以是多种母体化合物的代谢产物。尿液中一些污染物的代谢物在环境中也能产生（例如磷酸二烷基酯的代谢物）。尿液中存在这类化合物并不意味着母体化合物的暴露，而是代谢物本身在食物、水和空气等介质中暴露。

影响血液和尿液样品中环境污染物浓度水平的因素主要包括：通过各种暴露途径进入人体的剂量、吸收率、机体内不同组织分布、生物代谢、体内污染物或者代谢物排泄等。这些过程取决于污染物脂溶性、pH、粒径大小等特性及暴露人群年龄、饮食、健康状况及种族等特征。上述原因导致环境污染物在不同个体上的作用方式不同，因此不能准确预测。

本报告包括第一次调查（2007—2009）和第二次调查（2009—2011）中环境污染物的时间变化趋势及第二次调查中新增环境污染物的基本情况。加拿大健康调查进一步的调查结果将与第一次和第二次的调查结果进行比较从而阐明加拿大人群暴露环境污染物的变化趋势。值得注意的是两次调查过程中有些采样及分析方法进行了完善，从而导致这些化学物质检测结果有所不同。在本次调查中某些污染物分析方法的检出限也发生了变化。尽管检出限值大体上没有发生改变，但是第一次和第二次健康调查检出限的差异也应标注出来。第一次和第二次健康调查检出限见附录 B。另外，在本次调查中尿液采样指南也发生了改变，这很可能导致第一次和第二次健康调查中人群尿液肌酐水平发生变化。肌酐校正的污染物浓度水平也将随之发生改变。

在单一人群统计分析过程中，尿液中肌酐浓度水平受年龄、性别、种族等因素影响（Mage et al.，2004）。特别提出的是，儿童每单位体重肌酐的排泄量随年龄的增长而不断增加（Aylward et al.，2011；Remer et al.，2002）。因此，在相似人口学分组之间（儿童-儿童，成人-成人）比较肌酐校正的污染物浓度水平是可行的，而在不同人口学分组之间（儿童-成人）比较则不可行（Barr et al.，2005）。

针对加拿大健康调查生物监测数据，有关部门将开展更加深入的统计分析，包括：时间趋势分析、环境污染物之间的相关性分析、其他健康体检指标分析及个人提供的信息报告分析。这些分析已经超出了本次调查统计分析的范围。科学家可以通过电子邮件联系加拿大统计局（info@statcan.gc.ca）获得加拿大健康调查数据资料，并做深入的科学分析。

参考文献

[1] Aylward，L.L.，Lorber，M. and Hays，S.M.. 2011. *Urinary DEHP metabolites and fasting time in NHANES.* Journal of Exposure Science and Environmental Epidemiology，21：615-624.

[2] Barr，D.B.，Wilder，L.C.，Caudill，S.P.，et al. 2005. *Urinary creatinine concentrations in the U.S. population*：Implications for urinary biologic monitoring measurements. Environmental Health Perspectives，113（2）：192-200.

[3] Mage，D.T.，Allen，R.，Gondy，G.，et al. 2004. *Estimating pesticide dose from urinary pesticide concentration data by creatinine correction in the Third National Health and Nutrition Examination Survey.* Journal of Exposure Analysis and Environmental Epidemiology，14（6）：457-465.

[4] Remer，T.，Neubert，A. and Maser-Gluth，C.. 2002. *Anthropometry-based reference values for 24-h urinary creatinine excretion during growth and their use in endocrine and nutritional research.* American Journal of Clinical Nutrition，75：561-569.

8 重金属和微量元素概况与调查结果

8.1 锑

锑（CAS 号：7440-36-0）是地壳中存在的一种自然元素，在地壳中的丰度约为 0.000 02%（Emsley，2001）。锑以单体及氧化态的形式存在，被划分为类金属，表现出金属和非金属的特性（ATSDR，1992）。锑的化合物主要包括三氧化二锑和硫化锑，其中三价锑是最稳定的形式（ATSDR，1992）。

锑进入自然环境的途径主要包括岩石风化、地表径流、火山爆发、海啸及森林火灾等（Health Canada，1997）；人为排放锑主要来自工业生产过程。锑可通过采矿和制造业的污水以及工业和城市生活垃圾渗滤液进入地表水。环境空气中的锑源于燃煤发电厂、无机化工厂和金属冶炼厂粉尘释放（Health Canada，1997）。

锑主要用于生产半导体、红外线检测仪、两极真空管，也用作油漆、玻璃、陶瓷制品中的添加剂（Health Canada，1997；NTP，2005）。同时，锑也是电池、电缆护套、管道焊接材料、弹药和烟花、阻燃剂及耐磨材料合金的组成成分（ATSDR，1992；Health Canada，1997；NTP，2005）。锑还可用于医药产品或者食物中毒后的催吐剂中（WHO，2003）。

加拿大普通人群暴露锑的主要方式是食物摄取，但在一定程度上也通过饮用水、环境空气（包括香烟）、灰尘或皮肤直接接触含锑产品等方式摄入（Environment Canada and Health Canada，2010）。锑在生物体内的吸收、分布和排泄主要取决于摄入途径及其氧化态存在形式。已有研究资料表明人体肠道对锑的平均吸收率不到 10%（ATSDR，1992）。动物摄取锑以后，肝脏、肾脏、骨骼、肺、脾脏及甲状腺是主要蓄积部位（Health Canada，1997）。组织分布研究结果表明：锑在体内吸入后，三价锑在肝脏中的蓄积速度比五价锑更快，而五价锑更易在骨骼中蓄积。锑的清除和积累主要取决于其溶解度（NTP，2005）。摄入的三氧化锑在肺中清除的半衰期很长（Garg et al.，2003），而在其他组织中能比较迅速地清除，半衰期为 3~4 天（Kentner et al.，1995）。锑在人体中主要通过尿液排泄，五价锑往往比三价锑更容易从尿中排出（Elinder and Friberg，1986；Health Canada，1997）。锑的暴露监测主要包括血液和尿液，血液和尿液中的锑能反映锑及其化合物（例如三氧化锑）的暴露水平（ATSDR，1992）。

公众暴露锑的浓度不会造成不良健康影响（ATSDR，1992），急性经口和经呼吸道暴露高剂量的锑可能会对人的消化道产生影响，而长期接触低剂量锑化合物主要会对心肌产生影响（Health Canada，1997）。国际癌症研究机构（IARC）将三氧化锑列为 2B 类致癌物，即有可能对人类致癌；而三硫化锑被列为 3 类致癌物，即对人类致癌性不能分类（IARC，1989）。

根据《加拿大环境保护法》（1999）中的化学品管理计划，三氧化锑被确定为优控物质，最终的筛选评估报告在 2010 年 9 月发布（Canada，1999；Canada，2011a；Environment Canada and Health Canada，2010）。评估得出的结论是目前三氧化锑的暴露水平不会危害到环境或人群健康（Environment Canada and Health Canada，2010）。锑及其化合物被加拿大卫生部列入化妆品的禁用或限制使用成分目录（又称为化妆品成分关注清单）。该清单是制造商与各方沟通交流的一个管理工具，如果清单中的物质用于化妆品中，可能会对使用者的健康造成伤害，这将违反《食品和药品法案》关于禁止销售不安全化妆品的一般禁令（Canada，1985；Health Canada，2011）。《加拿大消费者产品安全法》规定了消费产品中可浸取的锑含量（Canada，2010a）。这些规定的消费产品包括婴儿床、玩具和其他供儿童学习或玩耍的产品上的油漆和其他表面涂层（Canada，2010 b；Canada，2011 b）。

从锑的毒性和现有的分析技术能力考虑，《加拿大饮用水水质标准》规定了锑的最大容许浓度（Health Canada，1997）。由于当前饮用水中含三氧化锑证据不足，《加拿大饮用水水质标准》中没有对三氧化锑提出限量要求（Environment Canada and Health Canada，2010）。

在一项生物监测研究中，调查了魁北克市年龄在 18～65 岁的 500 名调查对象，结果显示全血锑的几何均数为 5.40 μg/L（INSPQ，2004）。超过 50%的调查对象尿锑的浓度低于检出限（0.12 μg/L）（INSPQ，2004）。

加拿大第一次（2007—2009）健康调查中 6～79 岁的所有调查对象和加拿大第二次（2009—2011）健康调查中 3～79 岁的所有调查对象都进行了尿锑的测定。上述调查数据都以 μg/L（表 8-1-1、表 8-1-2 和表 8-1-3）和 μg/g 肌酐（表 8-1-4、表 8-1-5 和表 8-1-6）表示。尿液中检测到锑是锑或含锑化合物的暴露标志物，并不意味着一定会出现不利的健康影响。

表 8-1-1　加拿大第一次（2007—2009）和第二次（2009—2011）健康调查
6～79 岁[a] 居民尿锑质量浓度
单位：μg/L

分组（岁）	调查时期	调查人数	<检出限[b]/%	几何均数（95%置信区间）	P_{10}（95%置信区间）	P_{50}（95%置信区间）	P_{75}（95%置信区间）	P_{95}（95%置信区间）
全体对象 6～79	1	5 492	22.40	0.042（0.040～0.045）	<检出限	0.043（0.040～0.045）	0.079（0.074～0.083）	0.18（0.17～0.19）
全体对象 6～79	2	5 738	19.90	0.048（0.046～0.050）	<检出限	0.045（0.043～0.048）	0.087（0.081～0.092）	0.19（0.16～0.22）
全体男性 6～79	1	2 662	15.63	0.051（0.048～0.054）	<检出限	0.051（0.047～0.055）	0.092（0.084～0.099）	0.19（0.17～0.22）
全体男性 6～79	2	2 746	15.51	0.054（0.051～0.058）	<检出限	0.052（0.047～0.057）	0.098（0.089～0.11）	0.23[E]（0.14～0.31）
全体女性 6～79	1	2 830	28.76	0.035（0.032～0.038）	<检出限	0.035（0.032～0.039）	0.068（0.064～0.071）	0.16（0.14～0.19）
全体女性 6～79	2	2 992	23.93	0.042（0.040～0.045）	<检出限	0.039（0.035～0.042）	0.077（0.069～0.086）	0.16（0.14～0.18）

a 为了便于比较第一次（2007—2009）调查数据，6 岁以下儿童数据未收录，表中仅包含 6～79 岁的居民数据。

b 如果超过 40%的样本检测值低于检出限，则仅报告数据的百分比分布而不报告均值。

E 谨慎引用。

表 8-1-2　加拿大第一次（2007—2009）和第二次（2009—2011）健康调查
3～79 岁居民年龄别尿锑质量浓度　　　　　　　　单位：μg/L

分组（岁）	调查时期	调查人数	<检出限 [a]/%	几何均数（95%置信区间）	P_{10}（95%置信区间）	P_{50}（95%置信区间）	P_{75}（95%置信区间）	P_{95}（95%置信区间）
全体对象 3～79 [b]	1	—	—	—		—	—	—
全体对象 3～79	2	6 311	20.00	0.048（0.046～0.050）	<检出限	0.045（0.043～0.048）	0.087（0.081～0.092）	0.19（0.16～0.22）
3～5 [b]	1	—	—	—		—	—	—
3～5	2	573	20.94	0.052（0.046～0.059）	<检出限	0.051（0.040～0.063）	0.087（0.073～0.10）	0.18（0.12～0.24）
6～11	1	1 034	17.99	0.048（0.044～0.054）	<检出限	0.051（0.047～0.055）	0.084（0.076～0.091）	0.18（0.14～0.21）
6～11	2	1 062	13.56	0.057（0.051～0.063）	<检出限	0.056（0.049～0.064）	0.090（0.078～0.10）	0.18（0.13～0.23）
12～19	1	983	12.92	0.059（0.053～0.065）	<检出限	0.065（0.058～0.073）	0.098（0.090～0.11）	0.19（0.16～0.23）
12～19	2	1 041	14.22	0.061（0.054～0.069）	<检出限	0.066（0.059～0.072）	0.10（0.092～0.11）	0.20（0.17～0.24）
29～39	1	1 169	25.66	0.042（0.038～0.047）	<检出限	0.043（0.038～0.048）	0.081（0.074～0.089）	0.19（0.15～0.23）
20～39	2	1 321	21.73	0.050（0.045～0.056）	<检出限	0.046（0.042～0.051）	0.089（0.079～0.10）	0.20[E]（0.083～0.31）
40～59	1	1 223	27.80	0.040（0.037～0.042）	<检出限	0.040（0.037～0.043）	0.074（0.070～0.078）	0.18（0.15～0.20）
40～59	2	1 228	23.62	0.045（0.041～0.049）	<检出限	0.041（0.034～0.049）	0.082（0.074～0.091）	0.22（0.18～0.25）
60～79	1	1 083	25.58	0.036（0.034～0.038）	<检出限	0.035（0.033～0.038）	0.066（0.060～0.072）	0.14（0.11～0.16）
60～79	2	1 086	25.14	0.040（0.037～0.044）	<检出限	0.037（0.034～0.040）	0.073（0.065～0.081）	0.16（0.13～0.19）

a 如果超过 40%的样本检测值低于检出限，则仅报告数据的百分比分布而并不报告均值。
b 6 岁以下儿童未纳入第一次调查（2007—2009），因此该年龄段无统计数据。
E 谨慎引用。

表 8-1-3　加拿大第一次（2007—2009）和第二次（2009—2011）健康调查

3～79 岁居民年龄别、性别 [a] 尿锑质量浓度　　　　　　　　　　　单位：μg/L

分组（岁）	调查时期	调查人数	<检出限 [b]/%	几何均数（95%置信区间）	P_{10}（95%置信区间）	P_{50}（95%置信区间）	P_{75}（95%置信区间）	P_{95}（95%置信区间）
全体男性 3～79 [c]	1	—	—	—		—	—	—
全体男性 3～79	2	3 036	15.55	0.055（0.051～0.058）	<检出限	0.052（0.047～0.057）	0.097（0.089～0.11）	0.23（0.15～0.30）
男 6～11	1	524	14.12	0.052（0.043～0.063）	<检出限	0.053（0.046～0.060）	0.088（0.073～0.10）	0.18（0.13～0.23）
男 6～11	2	532	11.65	0.056（0.048～0.065）	<检出限 [E]	0.054（0.044～0.064）	0.080（0.063～0.098）	0.17 [E]（0.079～0.25）
男 12～19	1	505	8.51	0.065（0.058～0.074）	0.021 [E]	0.068（0.059～0.078）	0.099（0.089～0.11）	0.20（0.14～0.27）
男 12～19	2	542	11.81	0.068（0.058～0.079）	F	0.071（0.057～0.085）	0.11（0.089～0.14）	0.21（0.14～0.29）
男 20～39	1	514	18.68	0.049（0.042～0.057）	<检出限	0.051（0.041～0.060）	0.093（0.079～0.11）	0.19（0.14～0.24）
男 20～39	2	551	16.15	0.059（0.051～0.068）	<检出限	0.056（0.045～0.067）	0.10（0.083～0.13）	0.33 [E]（0.14～0.52）
男 40～59	1	578	18.34	0.051（0.047～0.055）	<检出限	0.048（0.044～0.053）	0.094（0.083～0.11）	0.20（0.15～0.26）
男 40～59	2	616	16.88	0.052（0.045～0.061）	<检出限	0.050（0.040～0.059）	0.097（0.079～0.11）	0.24 [E]（0.15～0.34）
男 60～79	1	541	17.93	0.046（0.041～0.051）	<检出限	0.045（0.039～0.051）	0.079（0.070～0.088）	0.16（0.12～0.20）
男 60～79	2	505	21.19	0.045（0.040～0.050）	<检出限	0.042（0.038～0.046）	0.088（0.076～0.10）	0.16（0.13～0.18）
全体女性 3～79	1	—	—	—		—	—	—
全体女性 3～79	2	3 275	24.12	0.042（0.040～0.045）	<检出限	0.039（0.036～0.042）	0.077（0.069～0.085）	0.16（0.14～0.19）
女 6～11	1	510	21.96	0.045（0.041～0.049）	<检出限	0.049（0.044～0.054）	0.079（0.072～0.086）	0.17（0.13～0.21）
女 6～11	2	530	15.47	0.057（0.052～0.064）	<检出限	0.060（0.050～0.069）	0.095（0.080～0.11）	0.19 [E]（0.12～0.25）
女 12～19	1	478	17.57	0.052（0.047～0.058）	<检出限	0.059（0.051～0.067）	0.094（0.077～0.11）	0.19（0.15～0.24）
女 12～19	2	499	16.83	0.055（0.047～0.063）	<检出限	0.064（0.055～0.073）	0.094（0.088～0.10）	0.18（0.15～0.20）

分组 （岁）	调查 时期	调查 人数	<检出 限 b/%	几何均数 （95%置信 区间）	P_{10} （95%置信 区间）	P_{50} （95%置信 区间）	P_{75} （95%置信 区间）	P_{95} （95%置信 区间）
女 20～39	1	655	31.15	0.037 （0.033～0.041）	<检出限	0.036 （0.031～0.042）	0.071 （0.063～0.080）	0.18^{E} （0.11～0.25）
女 20～39	2	770	25.71	0.043 （0.038～0.049）	<检出限	0.041 （0.035～0.046）	0.081 （0.064～0.097）	0.15 （0.12～0.18）
女 40～59	1	645	36.28	0.031 （0.027～0.036）	<检出限	0.030 （0.024～0.035）	0.058 （0.049～0.067）	0.15 （0.13～0.17）
女 40～59	2	612	30.39	0.039 （0.035～0.043）	<检出限	0.034 （0.029～0.038）	0.068 （0.051～0.085）	0.16 （0.12～0.20）
女 60～79	1	542	33.21	0.029 （0.026～0.032）	<检出限	0.028 （0.024～0.031）	0.049 （0.042～0.056）	0.12 （0.098～0.14）
女 60～79	2	581	28.57	0.036 （0.032～0.041）	<检出限	0.033 （0.028～0.038）	0.064 （0.051～0.078）	0.16 （0.11～0.22）

a　3～5 岁年龄组未按照性别分组。

b　如果超过 40%的样本检测值低于检出限，则仅报告数据的百分比分布而不报告均值。

c　6 岁以下儿童未纳入第一次调查（2007—2009），因此该年龄段无统计数据。

E　谨慎引用。

F　数据不可靠，不予发布。

表 8-1-4　加拿大第一次（2007—2009）和第二次（2009—2011）健康调查
6～79 岁 ^{a}居民尿锑质量分数　　　　　　　　　　　单位：μg/g 肌酐

分组 （岁）	调查 时期	调查 人数	<检出 限 b/%	几何均数 （95%置信 区间）	P_{10} （95%置信 区间）	P_{50} （95%置信 区间）	P_{75} （95%置信 区间）	P_{95} （95%置信 区间）
全体对象 6～79	1	5 479	22.45	0.053 （0.051～0.056）	<检出限	0.050 （0.048～0.053）	0.074 （0.070～0.078）	0.16 （0.14～0.18）
全体对象 6～79	2	5 719	19.97	0.045 （0.042～0.047）	<检出限	0.043 （0.041～0.045）	0.067 （0.064～0.070）	0.15 （0.13～0.18）
全体男性 6～79	1	2 653	15.68	0.052 （0.049～0.055）	<检出限	0.049 （0.046～0.052）	0.074 （0.068～0.079）	0.15 （0.12～0.19）
全体男性 6～79	2	2 739	15.55	0.043 （0.041～0.046）	<检出限	0.042 （0.038～0.045）	0.065 （0.062～0.069）	0.15^{E} （0.12～0.18）
全体女性 6～79	1	2 826	28.80	0.055 （0.052～0.059）	<检出限	0.052 （0.049～0.055）	0.075 （0.069～0.080）	0.16 （0.13～0.19）
全体女性 6～79	2	2 980	24.03	0.046 （0.043～0.050）	<检出限	0.044 （0.042～0.047）	0.068 （0.062～0.075）	0.16 （0.13～0.20）

a　为了便于比较第一次（2007—2009）调查数据，6 岁以下儿童数据未收录，表中仅包含 6～79 岁的居民数据。

b　如果超过 40%的样本检测值低于检出限，则仅报告数据的百分比分布而不报告均值。

表 8-1-5　加拿大第一次（2007—2009）和第二次（2009—2011）健康调查
3～79 岁居民年龄别尿锑质量分数　　　　　　　　　　单位：μg/肌酐

分组（岁）	调查时期	调查人数	<检出限 [a]/%	几何均数（95%置信区间）	P_{10}（95%置信区间）	P_{50}（95%置信区间）	P_{75}（95%置信区间）	P_{95}（95%置信区间）
全体对象 3～79 [b]	1	—	—	—	—	—	—	—
全体对象 3～79	2	6 291	20.06	0.046（0.043～0.048）	<检出限	0.044（0.042～0.046）	0.069（0.065～0.073）	0.16（0.14～0.19）
3～5 [b]	1	—	—	—	—	—	—	—
3～5	2	572	20.98	0.089（0.079～0.10）	<检出限	0.085（0.073～0.097）	0.13（0.12～0.14）	0.32[E]（0.18～0.47）
6～11	1	1 031	18.04	0.077（0.072～0.082）	<检出限	0.074（0.069～0.078）	0.10（0.095～0.11）	0.21（0.16～0.27）
6～11	2	1 058	13.61	0.064（0.058～0.071）	<检出限	0.060（0.053～0.067）	0.090（0.079～0.10）	0.19[E]（0.12～0.26）
12～19	1	982	12.93	0.052（0.049～0.056）	<检出限	0.049（0.045～0.053）	0.070（0.064～0.075）	0.12（0.094～0.14）
12～19	2	1 039	14.24	0.045（0.042～0.050）	<检出限	0.045（0.042～0.048）	0.066（0.060～0.073）	0.12（0.094～0.14）
20～39	1	1 165	25.75	0.050（0.046～0.054）	<检出限	0.047（0.045～0.049）	0.070（0.064～0.076）	0.16（0.13～0.20）
20～39	2	1 319	21.76	0.041（0.038～0.046）	<检出限	0.039（0.037～0.040）	0.061（0.055～0.068）	0.16[E]（0.088～0.24）
40～59	1	1 218	27.91	0.054（0.050～0.057）	<检出限	0.051（0.048～0.054）	0.073（0.067～0.079）	0.16（0.14～0.19）
40～59	2	1 223	23.71	0.043（0.040～0.046）	<检出限	0.042（0.040～0.045）	0.065（0.059～0.070）	0.15（0.12～0.18）
60～79	1	1 083	25.58	0.053（0.050～0.056）	<检出限	0.050（0.047～0.053）	0.074（0.070～0.079）	0.14（0.12～0.16）
60～79	2	1 080	25.28	0.047（0.044～0.051）	<检出限	0.047（0.044～0.050）	0.071（0.064～0.077）	0.16（0.13～0.18）

a 如果超过 40%的样本检测值低于检出限，则仅报告数据的百分比分布而不报告均值。
b 6 岁以下儿童未纳入第一次调查（2007—2009），因此该年龄段无统计数据。
E 谨慎引用。

表 8-1-6　加拿大第一次（2007—2009）和第二次（2009—2011）健康调查
3～79 岁居民年龄别、性别 [a] 尿锑质量分数　　　　　　　单位：μg/g 肌酐

分组（岁）	调查时期	调查人数	<检出限 [b]/%	几何均数（95%置信区间）	P_{10}（95%置信区间）	P_{50}（95%置信区间）	P_{75}（95%置信区间）	P_{95}（95%置信区间）
全体男性 3～79 [c]	1	—	—	—	—	—	—	—
全体男性 3～79	2	3 028	15.59	0.044（0.042～0.047）	<检出限	0.043（0.040～0.046）	0.067（0.063～0.071）	0.15（0.11～0.19）
男 6～11	1	522	14.18	0.081（0.075～0.087）	<检出限	0.077（0.071～0.083）	0.11（0.096～0.11）	0.23[E]（0.11～0.36）
男 6～11	2	530	11.70	0.061（0.052～0.071）	<检出限	0.059（0.051～0.067）	0.085（0.072～0.099）	0.15[E]（0.092～0.21）

分组（岁）	调查时期	调查人数	<检出限[b]/%	几何均数（95%置信区间）	P_{10}（95%置信区间）	P_{50}（95%置信区间）	P_{75}（95%置信区间）	P_{95}（95%置信区间）
男 12～19	1	504	8.53	0.056 (0.052～0.060)	0.030	0.055 (0.051～0.060)	0.073 (0.068～0.079)	0.12 (0.096～0.14)
男 12～19	2	541	11.83	0.046 (0.040～0.052)	<检出限	0.045 (0.040～0.050)	0.068 (0.057～0.079)	0.13 (0.099～0.17)
男 20～39	1	512	18.75	0.046 (0.042～0.052)	<检出限	0.041 (0.035～0.048)	0.066 (0.056～0.076)	0.16 (0.12～0.21)
男 20～39	2	550	16.18	0.041 (0.035～0.048)	<检出限	0.037 (0.032～0.042)	0.063 (0.051～0.074)	0.16[E] (0.067～0.25)
男 40～59	1	574	18.47	0.052 (0.048～0.055)	<检出限	0.051 (0.046～0.055)	0.072 (0.065～0.079)	0.16 (0.11～0.21)
男 40～59	2	615	16.91	0.042 (0.038～0.045)	<检出限	0.039 (0.035～0.044)	0.063 (0.055～0.071)	0.15 (0.13～0.17)
男 60～79	1	541	17.93	0.050 (0.046～0.054)	<检出限	0.046 (0.042～0.050)	0.066 (0.060～0.072)	0.14 (0.11～0.16)
男 60～79	2	503	21.27	0.043 (0.041～0.047)	<检出限	0.045 (0.041～0.049)	0.065 (0.060～0.069)	0.13 (0.096～0.17)
全体女性 3～79[c]	1	—	—	—	—	—	—	—
全体女性 3～79	2	3 263	24.21	0.047 (0.043～0.051)	<检出限	0.045 (0.042～0.048)	0.071 (0.064～0.077)	0.17 (0.13～0.20)
女 6～11	1	509	22.00	0.073 (0.067～0.078)	<检出限	0.070 (0.065～0.075)	0.098 (0.088～0.11)	0.19 (0.14～0.23)
女 6～11	2	528	15.53	0.068 (0.061～0.075)	<检出限	0.061 (0.054～0.069)	0.098 (0.081～0.12)	0.24[E] (0.13～0.35)
女 12～19	1	478	17.57	0.049 (0.044～0.053)	<检出限	0.045 (0.042～0.049)	0.063 (0.052～0.074)	0.12[E] (0.047～0.19)
女 12～19	2	498	16.87	0.045 (0.042～0.048)	<检出限	0.045 (0.040～0.049)	0.065 (0.060～0.070)	0.11 (0.090～0.12)
女 20～39	1	653	31.24	0.053 (0.049～0.058)	<检出限	0.050 (0.047～0.053)	0.071 (0.066～0.075)	0.16[E] (0.088～0.24)
女 20～39	2	769	25.75	0.042 (0.037～0.048)	<检出限	0.039 (0.036～0.043)	0.060 (0.049～0.071)	0.16[E] (0.082～0.24)
女 40～59	1	644	36.34	0.055 (0.049～0.062)	<检出限	0.051 (0.045～0.057)	0.074 (0.063～0.084)	0.17 (0.13～0.20)
女 40～59	2	608	30.59	0.045 (0.040～0.050)	<检出限	0.044 (0.041～0.047)	0.066 (0.056～0.076)	0.16[E] (0.092～0.24)
女 60～79	1	542	33.21	0.056 (0.052～0.060)	<检出限	0.056 (0.051～0.060)	0.079 (0.067～0.090)	0.14 (0.12～0.17)
女 60～79	2	577	28.77	0.051 (0.046～0.057)	<检出限	0.049 (0.043～0.055)	0.078 (0.067～0.089)	0.17 (0.14～0.20)

a 3～5 岁年龄组未按照性别分组。

b 如果超过 40%的样本检测值低于检出限，则仅报告数据的百分比分布而不报告均值。

c 6 岁以下儿童未纳入第一次调查（2007—2009），因此该年龄段无统计数据。

E 谨慎引用。

参考文献

[1] ATSDR（Agency for Toxic Substances and Disease Registry）. 1992. *Toxicological profile for antimony*. U.S. Department of Health and Human Services，Atlanta，GA. Retrieved January 12，2012，from www.atsdr.cdc.gov/toxprofiles/tp.asp？id=332&tid=58.

[2] Canada. 1985. *Food and Drugs Act*. RSC 1985，c.F-27. Retrieved June 6，2012，from http://laws-lois. justice.gc.ca/eng/acts/F-27/.

[3] Canada. 1999. *Canadian Environmental Protection Act，1999*. SC 1999. c. 33. Retrieved April 2，2012，from http://laws-lois.justice.gc.ca/eng/acts/C-15.31/index.html.

[4] Canada. 2010a. *Canada Consumer Product Safety Act*.SC 2010，c. 21. Retrieved February 20，2012，from http://laws-lois.justice.gc.ca/eng/acts/C-1.68/index.html.

[5] Canada. 2010b. *Cribs，Cradles and Bassinets Regulations*. SOR/2010-261. Retrieved January 25，2012，from http://laws-lois.justice.gc.ca/eng/regulations/SOR-2010-261/index.html.

[6] Canada. 2011a. *Chemical substances website*. Retrieved January 12，2012，from www.chemicalsubstances. gc.ca.

[7] Canada. 2011b. *Toys Regulations*. SOR/2011-17. Retrieved January 25，2012，from http://laws-lois. justice.gc.ca/eng/regulations/SOR-2011-17/index.html.

[8] Elinder，C.G. and Friberg，L.. 1986. *Antimony.Handbook on the toxicology of metals*. Elsevier，New York，NY.

[9] Emsley，J. 2001. Nature's building blocks：An A-Z guide to the elements. Oxford：Oxford University Press.

[10] Environment Canada and Health Canada. 2010. *Screening assessment for the challenge：Antimony trioxide （antimony oxide）*. Ottawa，ON. Retrieved January 12，2012，from www.ec.gc.ca/ese-ees/default.asp？lang=En&n=9889ABB5-1.

[11] Garg，S.P.，Singh，I.S. and Sharma，R.C.. 2003. Long term lung retention studies of 125Sb aerosols in humans. *Health Physics*，84（4）：457-468.

[12] Health Canada. 1997. *Guidelines for Canadian drinking water quality：Guideline technical document-Antimony*. Minister of Health，Ottawa，ON. Retrieved January 12，2012，from www.hc-sc.gc.ca/ewh-semt/pubs/water-eau/antimony-antimoine/index-eng.php.

[13] Health Canada. 2011. *List of prohibited and restricted cosmetic ingredients（"hotlist"）*. Minister of Health，Ottawa，ON. Retrieved May 25，2012，from www.hc-sc.gc.ca/cps-spc/cosmet-person/indust/hot-list-critique/index-eng.php.

[14] IARC（International Agency for Research on Cancer）. 1989. IARC monographs on the evaluation of carcinogenic risks to humans - Volume 47：Some organic solvents，resin monomers and related compounds，pigments and occupational exposures in paint manufacture and painting. Summary of data reported and evaluation. Geneva：World Health Organization.

[15] INSPQ（Institut national de santé publique du Québec）. 2004. Étude sur l'établissement de valeurs de référence d'éléments traces et de métaux dans le sang，le sérum et l'urine de la population de la grande région de Québec. INSPQ，Québec，QC. Retrieved July 11，2011，from www.inspq.qc.ca/pdf/publications/289- ValeursReferenceMetaux.pdf.

[16] Kentner，M.，Leinemann，M.，Schaller，K.-H.，et al. 1995. External and internal antimony exposure in starter battery production. *International Archives of Occupational and Environmental Health*，67（2）：119-123.

[17] NTP（National Toxicology Program）. 2005.*Antimony trioxide：Brief review of toxicological literature.* Department of Health and Human Services，Research Triangle Park，NC. Retrieved January 12，2012，from http://ntp.niehs.nih.gov/ntp/htdocs/Chem_Background/ExSumPdf/Antimonytrioxide.pdf.

[18] WHO（World Health Organization）. 2003. *Antimony in drinking-water：Background document for development of WHO guidelines for drinking-water quality.* WHO，Geneva. Retrieved January 12，2012，from www.who.int/water_sanitation_health/dwq/chemicals/0304_74/en/index.html.

8.2 砷

砷（CAS 号：7440-38-2）是一种自然界存在的元素，占地壳的很小一部分（0.000 15%）（ATSDR，2007；Emsley，2001）。砷被划分为类金属，既表现出金属又表现出非金属的特性。砷通常与其他金属一起，以无机硫化物络合的形式存在（CCME，1997）。砷也能形成三价态和五价态的稳定有机化合物。常见的有机砷化合物包括甲基胂酸（MMA）、二甲基胂酸（DMA）、砷甜菜碱和砷胆碱（WHO，2001）。

砷可以通过土壤、矿物和矿石的侵蚀和风化进入湖泊、河流或者地下水（Health Canada，2006）。砷的主要人为来源是金属矿石的冶炼、含砷农药的使用、化石燃料的燃烧（WHO，2001）。在加拿大，黄金矿石的冶炼是砷的主要人为来源（Environment Canada and Health Canada，1993）。

砷用于制造晶体管、激光器和半导体，并用于玻璃、染料、纺织品、纸张、金属黏合剂、陶瓷、木材防腐剂、弹药和炸药制造过程。历史上砷的使用包括在苹果园和葡萄园用砷酸铅作为杀虫剂和用三氧化砷作为除草剂（ATSDR，2007；Health Canada，2006）。砷酸铜早期在住宅建设项目中用作木材防腐剂，如操场结构和甲板；现在仅用于工业和家庭房屋木地基中（Health Canada，2005）。加拿大已经不再注册使用有机砷除草剂，如甲基胂酸、二甲基胂酸等（Environment Canada，2008；EPA，2006；Health Canada，2012）。

公众可通过食物、饮用水、土壤和空气暴露砷（Environment Canada and Health Canada，1993）。食物是砷摄入的主要来源，其中海产品中总砷浓度最高（IARC，2012）。无机砷是肉类、奶制品、谷物中砷的主要形式；有机砷包括砷甜菜碱和砷胆碱，主要存在于海鲜、水果和蔬菜中（CDC，2009；IARC，2012）。砷的暴露也可能来自室内灰尘皮肤接触，灰尘中砷的含量可以超过土壤中砷的含量（Rasmussen et al.，2001）。另外，居住在工业企业周边的人群或者周边存在自然来源砷的人群，可能会增加砷的暴露。

无机砷在胃肠道易被机体吸收，吸收率高达 95%，然而高度不溶性砷的吸收要低很多（ATSDR，2007）。通过口腔摄入砷后，无机砷迅速进入血液循环，主要与血红蛋白结合。24 小时内砷主要出现在肝、肾、肺、脾和皮肤中。皮肤、骨骼和肌肉是砷的主要蓄积部位。长期接触的情况下，砷会优先蓄积在富含角质或巯基官能团的组织，如头发、指甲、皮肤和其他富含蛋白质的组织（Human Biomonitoring Commission，2003）。无机砷代谢最初是从五价砷到三价砷，接着氧化甲基化成一甲基化、二甲基化和三甲基化的物质，包括甲基肿酸和二甲基肿酸（WHO，2011）。甲基化能促进无机砷在体内的排泄，因为甲基化产物甲基肿酸和二甲基肿酸很容易随着尿液排出（WHO，2001）。海鲜中砷甜菜碱和其他形式的有机砷很容易在胃肠道快速吸收，不经过显著代谢，主要从尿液中迅速消除（WHO，2001）。

砷暴露生物标志物包括血液、头发、指甲和尿液中的砷及其代谢物（WHO，2001）。尿中特定砷代谢物无机砷或全部砷代谢物（无机砷+甲基肿酸+二甲基肿酸）的检测是公认的近期砷暴露的最可靠指标（ATSDR，2007；WHO，2001）。尿砷检测已经被用于确认近期砷的摄入或砷工业企业点源附近人群高水平砷的暴露（ATSDR，2007）。血砷浓度与饮用水中砷的浓度相关性不明显，且血液中砷的化学形态分析很困难（Valentine et al.，1979；WHO，2001）。

肺功能减弱、非致癌性皮肤病及心血管疾病（包括高血压、循环系统疾病发病率增高）与长期摄入无机砷污染的饮用水有关（ATSDR，2007；Environment Canada and Health Canada，1993）。此外，皮肤癌、内部器官各种癌症发病率升高与长期摄入无机砷污染的饮用水也有关（Health Canada，2006）。大部分证据来自在中国台湾西南部进行的流行病学研究（Chen et al.，1985；Health Canada，2006；Tseng，1977；Wu et al.，1989）。砷和无机砷化合物被加拿大卫生部和其他国际机构列为致癌物（EPA，1998；Health Canada，2006；IARC，2012）。

虽然砷的毒性评估多数集中在无机砷，但是最近的研究高度关注了有机砷化合物，尤其是五价的二甲基肿酸产生的潜在的致癌效应（Cohen et al.，2006；IARC，2012；Schwerdtle et al.，2003）。国际癌症研究机构（IARC）将甲基肿酸代谢物（甲基肿酸和二甲基肿酸）划定为 2B 类致癌物，即有可能对人类致癌（IARC，2012）。国际癌症研究机构还评估了砷甜菜碱和其他有机砷化合物，并将上述有机砷化合物划分为 3 类致癌物，即其对人类致癌性不能分类（IARC，2012）。

加拿大卫生部和环境部得出结论：砷在加拿大可能对环境和人类生命健康构成危害（Environment Canada and Health Canada，1993）。根据《加拿大环境保护法》（1999），无机砷化合物被列入毒物目录 1 中（CEPA 1999）。该法案允许联邦政府控制加拿大无机砷化合物的进口、生产、分配和使用（Canada，1999；Canada，2000）。《加拿大环境保护法》（1999）制定了风险管理行动，以控制热发电、金属冶炼、木材防腐、钢铁制造过程中砷的释放（Environment Canada，2010）。砷及其化合物被加拿大卫生部列入化妆品的禁用或限制使用成分目录（也被称为化妆品成分关注清单）。化妆品成分关注清单是制造商与各方面沟通交流的管理工具，如果关注清单中的物质用于化妆品中，可能会对使用者的健康造成伤害，也违反了《食品和药品法案》中关于禁止销售不安全化妆品的一般禁令（Canada，1985；Health Canada，2011）。《食品和药品法案》禁止销售用于人体的含砷及其化合物、代谢物的药物（Canada，2012）。《加拿大消费者产品安全法》还规定了各种消费产品中可浸取的砷含量（Canada，2010a）。这些规定的消费产品包括婴儿床、玩具和其他供儿童学习或玩耍的产品上的油漆和其他表面涂层（Canada，2010b；Canada，2011）。

加拿大卫生部制定的《加拿大饮用水水质标准》规定了砷的最大容许浓度（Health Canada，2006），其依据为砷对人类癌症发病率（肺、膀胱、肝）的影响和当前可行的去除饮用水中砷的处理技术能力（Health Canada，2006）。加拿大卫生部正在进行的膳食调查已将砷列为需要分析监测的化学物质（Health Canada，2009）。上述膳食调查可评估不同年龄、性别的加拿大居民通过食物途径暴露的化学物质水平。加拿大卫生部根据《食品和药品法案》规定了部分食品中砷的浓度，并正在不断更新当前食品中砷的容许浓度（Canada，2012）。

　　在不列颠哥伦比亚省开展了 61 名 30～65 岁不吸烟成年人群体内微量元素的浓度水平研究。结果显示尿砷几何均数和第 95 百分位数分别为 27.8 μg/g 肌酐和 175.5 μg/g 肌酐（Clark et al，2007）；对魁北克市 18～65 岁的 500 名调查对象进行了生物监测，结果显示：尿砷、血砷的几何均值分别为 12.73 μg/L 和 0.95 μg/L（INSPQ，2004）。

　　加拿大第一次（2007—2009）健康调查中 6～79 岁的所有调查对象和加拿大第二次（2009—2011）健康调查中 3～79 岁的所有调查对象均进行了尿砷的测定。上述调查数据都是以 μg/L（表 8-2-1-1、表 8-2-1-2、表 8-2-1-3）和 μg/g 肌酐（表 8-2-1-4、表 8-2-1-5、表 8-2-1-6）表示。

8.2.1　总砷

表 8-2-1-1　加拿大第一次（2007—2009）和第二次（2009—2011）健康调查

6～79 岁[a] 居民尿砷质量浓度（总砷）　　　　　　　　　　单位：μg/L

分组（岁）	调查时期	调查人数	<检出限[b]/%	几何均数（95%置信区间）	P_{10}（95%置信区间）	P_{50}（95%置信区间）	P_{75}（95%置信区间）	P_{95}（95%置信区间）
全体对象 6～79	1	5 492	0.18	12 (9.8～14)	3.1 (2.8～3.4)	11 (8.7～13)	23 (18～28)	67 (48～86)
全体对象 6～79	2	5 738	1.93	9.2 (7.7～11)	2.0 (1.7～2.4)	7.9 (6.7～9.0)	20 (15～24)	77 (58～96)
全体男性 6～79	1	2 662	0.23	13 (11～16)	3.6 (3.2～4.0)	12 (8.8～15)	25 (18～32)	70 (47～92)
全体男性 6～79	2	2 746	1.71	10 (8.3～12)	2.1 (1.8～2.5)	9.0 (7.4～11)	22 (15～28)	80[E] (48～110)
全体女性 6～79	1	2 830	0.14	11 (9.0～12)	2.7 (2.2～3.2)	10 (8.6～12)	21 (17～25)	65 (47～84)
全体女性 6～79	2	2 992	2.14	8.3 (7.0～9.9)	2.0 (1.4～2.6)	7.2 (6.2～8.2)	18 (13～22)	74 (56～91)

a 为了便于比较第一次（2007—2009）调查数据，6 岁以下儿童数据未收录，表中仅包含 6～79 岁的居民数据。
b 如果超过 40% 的样本检测值低于检出限，则仅报告数据的百分比分布而不报告均值。
E 谨慎引用。

表 8-2-1-2　加拿大第一次（2007—2009）和第二次（2009—2011）健康调查

3～79 岁居民年龄别尿砷质量浓度（总砷）　　　　　　　　　单位：μg/L

分组（岁）	调查时期	调查人数	<检出限 [a]/%	几何均数（95%置信区间）	P_{10}（95%置信区间）	P_{50}（95%置信区间）	P_{75}（95%置信区间）	P_{95}（95%置信区间）
全体对象 3～79 [b]	1	—	—	—	—	—	—	—
全体对象 3～79	2	6 311	1.96	9.1 (7.7～11)	2.0 (1.7～2.3)	7.8 (6.7～8.9)	19 (15～24)	76 (58～94)
3～5 [b]	1	—	—	—	—	—	—	—
3～5	2	573	2.27	6.6 (5.1～8.4)	F	6.3 (4.7～8.0)	11 (7.8～14)	41 (31～51)
6～11	1	1 034	0.10	9.5 (8.0～11)	2.4 (1.8～3.0)	9.5 (7.9～11)	18 (14～22)	51 [E] (29～73)
6～11	2	1 062	2.26	7.0 (6.3～7.8)	2.0 (1.5～2.4)	6.8 (6.3～7.3)	13 (11～14)	44 [E] (26～62)
12～19	1	983	0.31	11 (9.1～14)	3.3 (2.2～4.3)	11 (8.6～13)	20 (14～26)	54 (35～73)
12～19	2	1 041	2.21	7.2 (5.8～8.9)	1.9 [E] (1.1～2.7)	6.4 (5.3～7.4)	14 (10～17)	52 [E] (17～88)
20～39	1	1 169	0.09	12 (10～14)	3.0 (2.5～3.4)	11 (9.5～13)	25 (17～32)	66 (47～85)
20～39	2	1 321	2.12	9.6 (8.0～11)	2.1 (1.7～2.5)	8.4 (6.9～9.9)	20 (15～26)	74 (63～85)
40～59	1	1 223	0.41	12 (10～15)	3.1 (2.6～3.6)	11 (8.4～15)	24 (19～30)	72 [E] (42～100)
40～59	2	1 228	1.55	9.3 (7.3～12)	2.1 [E] (1.1～3.0)	8.1 (6.5～9.8)	20 (15～26)	70 (50～91)
60～79	1	1 083	0	12 (9.2～15)	3.5 (2.9～4.1)	11 (6.9～14)	22 (17～28)	72 (49～96)
60～79	2	1 086	1.57	11 (7.8～15)	2.1 (1.4～2.7)	9.2 (6.3～12)	25 [E] (12～38)	120 [E] (44～190)

a 如果超过 40%的样本检测值低于检出限，则仅报告数据的百分比分布而不报告均值。

b 6 岁以下儿童未纳入第一次调查（2007—2009），因此该年龄段无统计数据。

E 谨慎引用。

F 数据不可靠，不予发布。

表 8-2-1-3　加拿大第一次（2007—2009）和第二次（2009—2011）健康调查
3～79 岁居民年龄别[a]、性别尿砷质量浓度（总砷）　　　　单位：μg/L

分组 （岁）	调查 时期	调查 人数	<检出 限[b]/%	几何均数 （95%置信 区间）	P_{10} （95%置信 区间）	P_{50} （95%置信 区间）	P_{75} （95%置信 区间）	P_{95} （95%置信 区间）
全体男性 3～79[c]	1	—	—	—	—	—	—	—
全体男性 3～79	2	3 036	1.71	9.9 （8.3～12）	2.1 （1.8～2.4）	8.9 （7.4～10）	21 （15～28）	80[E] （50～110）
男 6～11	1	524	0.19	9.4 （6.9～13）	2.4[E] （1.3～3.6）	9.5 （7.4～12）	17 （11～23）	51[E] （31～70）
男 6～11	2	532	2.07	7.1 （6.1～8.2）	2.1 （1.6～2.7）	6.8 （6.2～7.5）	12 （9.6～15）	39[E] （18～61）
男 12～19	1	505	0.40	11 （8.8～14）	3.6 （2.8～4.4）	10 （7.9～12）	19 （14～24）	F
男 12～19	2	542	2.21	7.1 （5.7～8.8）	2.0 （1.4～2.6）	6.1 （5.2～7.0）	12 （8.0～17）	F
男 20～39	1	514	0.19	13 （11～15）	3.5 （2.9～4.2）	12 （9.1～15）	27 （18～37）	65 （47～84）
男 20～39	2	551	2.18	11 （8.4～14）	2.1 （1.5～2.8）	9.6 （6.8～12）	24[E] （14～34）	81[E] （32～130）
男 40～59	1	578	0.35	15 （11～18）	4.0 （2.8～5.2）	14 （9.1～18）	29 （21～36）	79[E] （27～130）
男 40～59	2	616	0.65	11 （8.5～15）	2.0[E] （0.78～3.3）	10 （7.9～13）	26[E] （15～37）	80[E] （41～120）
男 60～79	1	541	0	14 （10～18）	3.8 （2.8～4.8）	13 （8.6～18）	25 （19～32）	75[E] （45～100）
男 60～79	2	505	1.58	11 （8.3～15）	2.4 （1.9～2.9）	10 （7.3～13）	24[E] （15～33）	110 （80～140）
全体女性 3～79[c]	1	—	—	—	—	—	—	—
全体女性 3～79	2	3 275	2.20	8.3 （7.0～9.8）	2.0 （1.4～2.6）	7.2 （6.2～8.1）	17 （13～22）	74 （56～91）
女 6～11	1	510	0	9.6 （8.1～11）	2.2 （1.4～2.9）	9.5 （7.4～12）	20 （16～23）	F
女 6～11	2	530	2.45	6.9 （5.9～8.0）	1.4[E] （0.80～2.0）	6.7 （5.9～7.4）	13 （10～16）	F
女 12～19	1	478	0.21	11 （8.6～15）	2.7[E] （0.75～4.7）	11 （8.4～14）	22[E] （13～30）	54 （35～73）
女 12～19	2	499	2.20	7.3 （5.6～9.4）	F	6.6 （5.4～7.9）	14 （9.6～18）	F
女 20～39	1	655	0	11 （9.4～13）	2.4 （1.7～3.0）	11 （9.6～12）	22 （17～27）	66[E] （36～97）

分组 （岁）	调查 时期	调查 人数	<检出 限 b/%	几何均数 （95%置信 区间）	P_{10} （95%置信 区间）	P_{50} （95%置信 区间）	P_{75} （95%置信 区间）	P_{95} （95%置信 区间）
女 20～39	2	770	2.08	8.7 （7.2～10）	2.0[E] （1.2～2.9）	7.4 （6.2～8.6）	17 （13～22）	73 （52～94）
女 40～59	1	645	0.47	10 （8.6～12）	2.8 （2.2～3.4）	9.6 （7.7～12）	22 （18～26）	66[E] （42～91）
女 40～59	2	612	2.45	7.8 （6.0～9.9）	2.1[E] （1.0～3.1）	7.0 （5.7～8.2）	16 （11～22）	58[E] （34～81）
女 60～79	1	542	0	10 （8.0～13）	3.2 （2.3～4.1）	9.3 （6.4～12）	20 （15～25）	70 （46～95）
女 60～79	2	581	1.55	10[E] （7.2～15）	1.5[E] （<检出限～2.4）	7.8 （5.0～11）	27[E] （9.0～45）	F

a 3～5 岁年龄组未按照性别分组。

b 如果超过 40%的样本检测值低于检出限，则仅报告数据的百分比分布而不报告均值。

c 6 岁以下儿童未纳入第一次调查（2007—2009），因此该年龄段无统计数据。

E 谨慎引用。

F 数据不可靠，不予发布。

表 8-2-1-4　加拿大第一次（2007—2009）和第二次（2009—2011）健康调查
6～79[a] 岁居民尿砷（总砷）质量分数　　　　　单位：μg/g 肌酐

分组 （岁）	调查 时期	调查 人数	<检出 限 b/%	几何均数 （95%置信 区间）	P_{10} （95%置信 区间）	P_{50} （95%置信 区间）	P_{75} （95%置信 区间）	P_{95} （95%置信 区间）
全体对象 6～79	1	5 479	0.18	14 （11～18）	4.7 （3.9～5.5）	13 （9.6～16）	24 （18～30）	67 （45～89）
全体对象 6～79	2	5 719	1.94	8.6 （7.2～10）	2.4 （2.1～2.8）	7.1 （6.0～8.2）	17 （12～21）	71 （55～87）
全体男性 6～79	1	2 653	0.23	13 （10～16）	4.4 （3.6～5.2）	11 （8.3～13）	22 （17～26）	59 （41～78）
全体男性 6～79	2	2 739	1.72	8.0 （6.7～9.6）	2.3 （1.9～2.6）	6.8 （5.6～8.0）	15 （11～19）	66 （46～86）
全体女性 6～79	1	2 826	0.14	16 （13～20）	5.0 （4.1～5.9）	14 （11～17）	27 （19～35）	78 （53～100）
全体女性 6～79	2	2 980	2.15	9.2 （7.6～11）	2.6 （2.2～3.1）	7.3 （6.2～8.5）	18 （13～23）	78 （52～100）

a 为了便于比较第一次（2007—2009）调查数据，6 岁以下儿童数据未收录，表中仅包含 6～79 岁的居民数据。

b 如果超过 40%的样本检测值低于检出限，则仅报告数据的百分比分布而不报告均值。

表 8-2-1-5　加拿大第一次（2007—2009）和第二次（2009—2011）健康调查
3～79 岁居民年龄别尿砷质量分数（总砷）　　　　单位：μg/g 肌酐

分组 （岁）	调查 时期	调查 人数	<检出 限 [a]/%	几何均数 （95%置信 区间）	P_{10} （95%置信 区间）	P_{50} （95%置信 区间）	P_{75} （95%置信 区间）	P_{95} （95%置信 区间）
全体对象 3～79 [b]	1	—	—	—	—	—	—	—
全体对象 3～79	2	6 291	1.97	8.6 （7.3～10）	2.5 （2.1～2.8）	7.2 （6.1～8.3）	17 （13～21）	71 （56～87）
3～5 [b]	1	—	—	—	—	—	—	—
3～5	2	572	2.27	11 （8.8～14）	3.9 [E] （<检出限～ 5.3）	9.6 （8.4～11）	17 （15～19）	F
6～11	1	1 031	0.10	15 （12～18）	5.3 （4.5～6.1）	13 （9.4～16）	24 （19～29）	59 [E] （17～100）
6～11	2	1 058	2.27	7.9 （7.1～8.8）	2.9 （2.6～3.2）	6.6 （6.1～7.1）	13 （10～16）	54 [E] （27～80）
12～19	1	982	0.31	9.8 （7.6～13）	3.7 （3.1～4.3）	9.1 （7.0～11）	16 （11～20）	36 [E] （21～51）
12～19	2	1 039	2.21	5.3 （4.5～6.3）	1.9 （1.5～2.3）	4.5 （3.6～5.3）	8.1 （6.7～9.5）	39 [E] （16～61）
29～39	1	1 165	0.09	13 （11～16）	4.5 （3.8～5.3）	12 （9.0～15）	23 （17～29）	60 （39～80）
20～39	2	1 319	2.12	7.9 （6.6～9.4）	2.3 （1.9～2.7）	6.6 （5.1～8.0）	15 （12～19）	56 （42～70）
40～59	1	1 218	0.41	16 （12～20）	5.1 （3.7～6.5）	14 （10～17）	25 （20～30）	F
40～59	2	1 223	1.55	8.9 （7.2～11）	2.5 （1.9～3.1）	7.6 （6.1～9.1）	19 （12～25）	71 （52～89）
60～79	1	1 083	0	16 （12～22）	5.3 （4.3～6.3）	14 （9.2～20）	29 [E] （17～42）	87 （58～110）
60～79	2	1 080	1.57	13 （9.4～17）	3.3 （2.6～4.1）	10 （7.2～13）	27 [E] （15～39）	130 [E] （37～220）

a 如果超过 40%的样本检测值低于检出限，则仅报告数据的百分比分布而不报告均值。

b 6 岁以下儿童未纳入第一次调查（2007—2009），因此该年龄段无统计数据。

E 谨慎引用。

F 数据不可靠，不予发布。

表 8-2-1-6　加拿大第一次（2007—2009）和第二次（2009—2011）健康调查

3～79 岁居民年龄别 [a]、性别尿砷质量分数（总砷）　　　单位：μg/g 肌酐

分组 （岁）	调查 时期	调查 人数	<检出 限 [b]/%	几何均数 （95%置信 区间）	P_{10} （95%置信 区间）	P_{50} （95%置信 区间）	P_{75} （95%置信 区间）	P_{95} （95%置信 区间）
全体男性 3～79 [c]	1	—	—	—	—	—	—	—
全体男性 3～79	2	3 028	1.72	8.1 （6.8～9.6）	2.3 （1.9～2.6）	7.0 （5.8～8.1）	15 （11～19）	66 （47～85）
男 6～11	1	522	0.19	14 （11～18）	5.4 （4.5～6.3）	12 （7.9～16）	23 （16～29）	F
男 6～11	2	530	2.08	7.7 （6.8～8.8）	2.9 （2.4～3.4）	6.4 （5.7～7.2）	13 （9.8～16）	49 [E] （26～72）
男 12～19	1	504	0.40	9.4 （7.1～12）	3.4 （2.6～4.3）	8.9 （7.0～11）	15 （10～20）	35 [E] （20～50）
男 12～19	2	541	2.22	4.8 （4.0～5.7）	1.7 （1.3～2.1）	4.1 （3.4～4.8）	7.5 （6.4～8.6）	37 [E] （14～60）
男 20～39	1	512	0.20	12 （9.4～15）	4.1 （2.9～5.2）	10 （7.9～13）	21 （15～27）	48 （39～58）
男 20～39	2	550	2.18	7.3 （5.8～9.2）	2.2 （1.8～2.6）	6.6 （4.6～8.6）	14 （9.9～18）	52 [E] （32～72）
男 40～59	1	574	0.35	14 （11～18）	4.6 （3.3～6.0）	12 （8.7～15）	23 （18～29）	F
男 40～59	2	615	0.65	8.9 （7.1～11）	2.5 （1.9～3.1）	7.7 （5.8～9.7）	18 [E] （9.4～27）	74 （48～100）
男 60～79	1	541	0	14 （11～19）	5.1 （4.2～6.0）	12 （8.2～17）	23 （16～30）	73 [E] （44～100）
男 60～79	2	503	1.59	11 （8.1～14）	3.0 （2.1～3.9）	8.8 （6.1～11）	22 [E] （12～32）	79 （57～100）
全体女性 3～79 [c]	1	—	—	—	—	—	—	—
全体女性 3～79	2	3 263	2.21	9.3 （7.7～11）	2.6 （2.2～3.1）	7.4 （6.3～8.6）	18 （14～23）	78 （53～100）
女 6～11	1	509	0	15 （13～18）	5.3 （4.1～6.5）	13 （10～16）	25 （19～31）	F
女 6～11	2	528	2.46	8.1 （6.9～9.5）	3.0 （2.5～3.4）	6.9 （6.3～7.4）	13 （9.1～17）	67 [E] （25～110）
女 12～19	1	478	0.21	10 （7.9～13）	4.0 （3.3～4.8）	9.4 （6.7～12）	16 （11～21）	39 [E] （24～54）
女 12～19	2	498	2.21	6.0 （4.9～7.4）	2.2 （<检出限～2.7）	5.0 （3.5～6.5）	9.0 （5.9～12）	40 [E] （12～68）
女 20～39	1	653	0	15 （12～19）	4.8 （4.0～5.6）	14 （11～17）	26 （18～35）	79 [E] （42～120）
女 20～39	2	769	2.08	8.4 （7.2～9.9）	2.5 （2.0～3.1）	6.6 （5.2～7.9）	16 （11～21）	76 [E] （46～110）

分组（岁）	调查时期	调查人数	<检出限 b/%	几何均数（95%置信区间）	P_{10}（95%置信区间）	P_{50}（95%置信区间）	P_{75}（95%置信区间）	P_{95}（95%置信区间）
女 4～59	1	644	0.47	17（14～22）	5.6（3.7～7.5）	15（11～20）	27（21～33）	85[E]（37～130）
女 40～59	2	608	2.47	8.9（6.9～12）	2.5（1.7～3.4）	7.5（6.0～9.1）	19（13～24）	71[E]（40～100）
女 60～79	1	542	0	19（14～26）	5.7（4.1～7.4）	17[E]（9.5～24）	37[E]（23～50）	95[E]（57～130）
女 60～79	2	577	1.56	15（11～20）	3.6（<检出限～4.6）	11（7.6～14）	32[E]（15～49）	F

a 3～5 岁年龄组未按照性别分组。

b 如果超过 40%的样本检测值低于检出限，则仅报告数据的百分比分布而不报告均值。

c 6 岁以下儿童未纳入第一次调查（2007—2009），因此该年龄段无统计数据。

E 谨慎引用。

F 数据不可靠，不予发布。

　　加拿大第二次（2009—2011）居民健康调查对 3～79 岁居民进行了尿亚砷酸盐（+3 价）、尿砷酸盐（+5 价）和尿砷的甲基代谢物（甲基胂酸和二甲基胂酸）个体监测，监测数据以 μg/L 及 μg/g 肌酐表示。

8.2.2　亚砷酸盐

表 8-2-2-1　加拿大第二次（2009—2011）健康调查 3～79 岁居民
年龄别尿亚砷酸盐质量浓度　　　　　　　　　　　　单位：μg/L

分组（岁）	调查时期	调查人数	<检出限 a/%	几何均数（95%置信区间）	P_{10}（95%置信区间）	P_{50}（95%置信区间）	P_{75}（95%置信区间）	P_{95}（95%置信区间）
全体对象 3～79	2	2 537	75.60	—	<检出限	<检出限	1.2[E]（<检出限～1.8）	4.5[E]（2.2～6.7）
3～5	2	516	84.50	—	<检出限	<检出限	<检出限	2.3[E]（1.3～3.2）
6～11	2	511	78.86	—	<检出限	<检出限	<检出限	3.0[E]（1.8～4.1）
12～19	2	510	72.35	—	<检出限	<检出限	1.3[E]（<检出限～1.9）	5.2[E]（1.5～8.9）
20～39	2	355	69.86	—	<检出限	<检出限	1.4[E]（<检出限～2.2）	F
40～59	2	356	70.51	—	<检出限	<检出限	F	3.4[E]（1.8～4.9）
60～79	2	289	73.01	—	<检出限	<检出限	F	F

a 如果超过 40%的样本检测值低于检出限，则仅报告数据的百分比分布而不报告均值。

E 谨慎引用。

F 数据不可靠，不予发布。

表 8-2-2-2　加拿大第二次（2009—2011）健康调查 3～79 岁居民

年龄别 [a]、性别尿亚砷酸盐质量浓度　　　　　　　单位：μg/L

分组（岁）	调查时期	调查人数	<检出限 [b]/%	几何均数（95%置信区间）	P_{10}（95%置信区间）	P_{50}（95%置信区间）	P_{75}（95%置信区间）	P_{95}（95%置信区间）
全体男性 3～79	2	1 271	72.54	—	<检出限	<检出限	1.4[E]（<检出限～1.9）	4.8[E]（1.6～8.0）
男 6～11	2	260	76.92	—	<检出限	<检出限	<检出限	3.4[E]（1.8～5.1）
男 12～19	2	255	70.98	—	<检出限	<检出限	1.3[E]（<检出限～2.1）	5.1[E]（2.0～8.2）
男 20～39	2	167	62.87	—	<检出限	<检出限	F	x
男 40～59	2	193	63.21	—	<检出限	<检出限	1.5[E]（<检出限～2.1）	x
男 60～79	2	141	69.50	—	<检出限	<检出限	F	x
全体女性 3～79	2	1 266	78.67	—	<检出限	<检出限	<检出限	4.0[E]（1.8～6.2）
女 6～11	2	251	80.88	—	<检出限	<检出限	<检出限	2.8[E]（1.6～4.0）
女 12～19	2	255	73.73	—	<检出限	<检出限	1.3[E]（<检出限～2.1）	F
女 20～39	2	188	76.06	—	<检出限	<检出限	<检出限	x
女 40～59	2	163	79.14	—	<检出限	<检出限	<检出限	x
女 60～79	2	148	76.35	—	<检出限	<检出限	F	x

a 3～5 岁年龄组未按照性别分组。

b 如果超过 40%的样本检测值低于检出限，则仅报告数据的百分比分布而不报告均值。

E 谨慎引用。

F 数据不可靠，不予发布。

x 根据加拿大《统计法》保密规定，不予发布。

表 8-2-2-3　加拿大第二次（2009—2011）健康调查 3～79 岁居民

年龄别尿亚砷酸盐质量分数　　　　　　　单位：μg/g 肌酐

分组（岁）	调查时期	调查人数	<检出限 [a]%	几何均数（95%置信区间）	P_{10}（95%置信区间）	P_{50}（95%置信区间）	P_{75}（95%置信区间）	P_{95}（95%置信区间）
全体对象 3～79	2	2 527	75.90	—	<检出限	<检出限	1.6（<检出限～1.9）	4.5[E]（2.7～6.2）
3～5	2	515	84.66	—	<检出限	<检出限	<检出限	4.7[E]（3.0～6.4）
6～11	2	509	79.17	—	<检出限	<检出限	<检出限	3.8[E]（2.2～5.3）
12～19	2	508	72.64	—	<检出限	<检出限	1.1（<检出限～1.4）	4.4[E]（2.1～6.6）
20～39	2	353	70.25	—	<检出限	<检出限	1.5[E]（<检出限～2.1）	4.3[E]（<检出限～7.1）
40～59	2	354	70.90	—	<检出限	<检出限	<检出限（<检出限～2.1）	3.9（2.8～5.0）
60～79	2	288	73.26	—	<检出限	<检出限	1.9[E]（<检出限～3.0）	F

a 如果超过 40%的样本检测值低于检出限，则仅报告数据的百分比分布而不报告均值。

E 谨慎引用。

F 数据不可靠，不予发布。

表 8-2-2-4　加拿大第二次（2009—2011）健康调查 3～79 岁居民

年龄别 [a]、性别尿亚砷酸盐质量分数　　　　　　单位：μg/g 肌酐

分组（岁）	调查时期	调查人数	<检出限 [b]/%	几何均数（95%置信区间）	P_{10}（95%置信区间）	P_{50}（95%置信区间）	P_{75}（95%置信区间）	P_{95}（95%置信区间）
全体男性 3～79	2	1 267	72.77	—	<检出限	<检出限	1.5（<检出限～1.7）	3.7[E]（1.4～6.0）
男 6～11	2	259	77.22	—	<检出限	<检出限	<检出限	3.7（2.5～5.0）
男 12～19	2	254	71.26	—	<检出限	<检出限	1.0[E]（<检出限～1.4）	F
男 20～39	2	166	63.25	—	<检出限	<检出限	1.3[E]（<检出限～1.9）	x
男 40～59	2	193	63.21	—	<检出限	<检出限	1.7（<检出限～2.1）	x
男 60～79	2	141	69.50	—	<检出限	<检出限	1.5（<检出限～1.9）	x
全体女性 3～79	2	1 260	79.05	—	<检出限	<检出限	<检出限	5.0（3.3～6.6）
女 6～11	2	250	81.20	—	<检出限	<检出限	<检出限	4.0[E]（1.7～6.2）
女 12～19	2	254	74.02	—	<检出限	<检出限	1.4（<检出限～1.8）	4.9[E]（<检出限～7.5）
女 20～39	2	187	76.47	—	<检出限	<检出限	<检出限	x
女 40～59	2	161	80.12	—	<检出限	<检出限	<检出限	x
女 60～79	2	147	76.87	—	<检出限	<检出限	<检出限（<检出限～4.3）	x

a　3～5 岁年龄组未按照性别分组。

b　如果超过 40%的样本检测值低于检出限，则仅报告数据的百分比分布而不报告均值。

E　谨慎引用。

F　数据不可靠，不予发布。

x　根据加拿大《统计法》保密规定，不予发布。

8.2.3　砷酸盐

表 8-2-3-1　加拿大第二次（2009—2011）健康调查 3～79 岁居民

年龄别尿砷酸盐质量浓度　　　　　　　　　　　　　　单位：μg/L

分组（岁）	调查时期	调查人数	<检出限[a]/%	几何均数（95%置信区间）	P_{10}（95%置信区间）	P_{50}（95%置信区间）	P_{75}（95%置信区间）	P_{95}（95%置信区间）
全体对象 3～79	2	2 538	99.49	—	<检出限	<检出限	<检出限	<检出限
3～5	2	516	98.84	—	<检出限	<检出限	<检出限	<检出限
6～11	2	511	99.61	—	<检出限	<检出限	<检出限	<检出限
12～19	2	510	99.41	—	<检出限	<检出限	<检出限	<检出限
20～39	2	355	99.44	—	<检出限	<检出限	<检出限	<检出限
40～59	2	357	100	—	<检出限	<检出限	<检出限	<检出限
60～79	2	289	100	—	<检出限	<检出限	<检出限	<检出限

a 如果超过 40%的样本检测值低于检出限，则仅报告数据的百分比分布而不报告均值。

表 8-2-3-2　加拿大第二次（2009—2011）健康调查 3～79 岁居民

年龄别[a]、性别尿砷酸盐质量浓度　　　　　　　　　单位：μg/L

分组（岁）	调查时期	调查人数	<检出限[b]/%	几何均数（95%置信区间）	P_{10}（95%置信区间）	P_{50}（95%置信区间）	P_{75}（95%置信区间）	P_{95}（95%置信区间）
全体男性 3～79	2	1 271	99.37	—	<检出限	<检出限	<检出限	<检出限
男 6～11	2	260	99.23	—	<检出限	<检出限	<检出限	<检出限
男 12～19	2	255	99.22	—	<检出限	<检出限	<检出限	<检出限
男 20～39	2	167	98.80	—	<检出限	<检出限	<检出限	x
男 40～59	2	193	100	—	<检出限	<检出限	<检出限	x
男 60～79	2	141	100	—	<检出限	<检出限	<检出限	x
全体女性 3～79	2	1 267	99.61	—	<检出限	<检出限	<检出限	<检出限
女 6～11	2	251	100	—	<检出限	<检出限	<检出限	<检出限
女 12～19	2	255	99.61	—	<检出限	<检出限	<检出限	<检出限
女 20～39	2	188	100	—	<检出限	<检出限	<检出限	x
女 40～59	2	164	100	—	<检出限	<检出限	<检出限	x
女 60～79	2	148	100	—	<检出限	<检出限	<检出限	x

a 3～5 岁年龄组未按照性别分组。

b 如果超过 40%的样本检测值低于检出限，则仅报告数据的百分比分布而不报告均值。

x 根据加拿大《统计法》保密规定，不予发布。

表 8-2-3-3　加拿大第二次（2009—2011）健康调查 3～79 岁居民

年龄别尿砷酸盐质量分数　　　　　　　　单位：μg/g 肌酐

分组（岁）	调查时期	调查人数	<检出限[a]/%	几何均数（95%置信区间）	P_{10}（95%置信区间）	P_{50}（95%置信区间）	P_{75}（95%置信区间）	P_{95}（95%置信区间）
全体对象 3～79	2	2 528	99.88	—	<检出限	<检出限	<检出限	<检出限
3～5	2	515	99.03	—	<检出限	<检出限	<检出限	<检出限
6～11	2	509	100	—	<检出限	<检出限	<检出限	<检出限
12～19	2	508	99.80	—	<检出限	<检出限	<检出限	<检出限
20～39	2	353	100	—	<检出限	<检出限	<检出限	<检出限
40～59	2	355	100	—	<检出限	<检出限	<检出限	<检出限
60～79	2	288	100	—	<检出限	<检出限	<检出限	<检出限

a 如果超过 40%的样本检测值低于检出限，则仅报告数据的百分比分布而不报告均值。

表 8-2-3-4　加拿大第二次（2009—2011）健康调查 3～79 岁居民

年龄别[a]、性别尿砷酸盐质量分数　　　　　　　单位：μg/g 肌酐

分组（岁）	调查时期	调查人数	<检出限[b]/%	几何均数（95%置信区间）	P_{10}（95%置信区间）	P_{50}（95%置信区间）	P_{75}（95%置信区间）	P_{95}（95%置信区间）
全体男性 3～79	2	1 267	99.68	—	<检出限	<检出限	<检出限	<检出限
男 6～11	2	259	99.61	—	<检出限	<检出限	<检出限	<检出限
男 12～19	2	254	99.61	—	<检出限	<检出限	<检出限	<检出限
男 20～39	2	166	99.40	—	<检出限	<检出限	<检出限	x
男 40～59	2	193	100	—	<检出限	<检出限	<检出限	x
男 60～79	2	141	100	—	<检出限	<检出限	<检出限	x
全体女性 3～79	2	1 261	100	—	<检出限	<检出限	<检出限	<检出限
女 6～11	2	250	100	—	<检出限	<检出限	<检出限	<检出限
女 12～19	2	254	100	—	<检出限	<检出限	<检出限	<检出限
女 20～39	2	187	100	—	<检出限	<检出限	<检出限	x
女 40～59	2	162	100	—	<检出限	<检出限	<检出限	x
女 60～79	2	147	100	—	<检出限	<检出限	<检出限	x

a 3～5 岁年龄组未按照性别分组。

b 如果超过 40%的样本检测值低于检出限，则仅报告数据的百分比分布而不报告均值。

x 根据加拿大《统计法》保密规定，不予发布。

8.2.4 甲基胂酸

表 8-2-4-1 加拿大第二次（2009—2011）健康调查 3～79 岁居民
年龄别尿甲基胂酸质量浓度　　　　　　　　　　　　单位：μg/L

分组（岁）	调查时期	调查人数	<检出限[a]/%	几何均数（95%置信区间）	P_{10}（95%置信区间）	P_{50}（95%置信区间）	P_{75}（95%置信区间）	P_{95}（95%置信区间）
全体对象 3～79	2	2 538	73.01	—	<检出限	<检出限	1.4[E]（<检出限～1.9）	3.0（2.3～3.7）
3～5	2	516	77.91	—	检出限	<检出限	<检出限	2.5（2.1～2.9）
6～11	2	511	76.52	—	<检出限	<检出限	<检出限[E]（<检出限～1.3）	3.0（2.1～3.9）
12～19	2	510	62.94	—	<检出限	<检出限	1.7（1.1～2.2）	3.2（2.2～4.2）
20～39	2	355	70.14	—	<检出限	<检出限	1.7（1.3～2.1）	3.3[E]（1.8～4.7）
40～59	2	357	71.43	—	<检出限	<检出限	1.3[E]（<检出限～1.8）	2.7（1.7～3.6）
60～79	2	289	81.31	—	<检出限	<检出限	<检出限	2.6[E]（1.4～3.8）

a 如果超过 40%的样本检测值低于检出限，则仅报告数据的百分比分布而不报告均值。
E 谨慎引用。

表 8-2-4-2 加拿大第二次（2009—2011）健康调查 3～79 岁居民
年龄别[a]、性别尿甲基胂酸质量浓度　　　　　　　　単位：μg/L

分组（岁）	调查时期	调查人数	<检出限[b]/%	几何均数（95%置信区间）	P_{10}（95%置信区间）	P_{50}（95%置信区间）	P_{75}（95%置信区间）	P_{95}（95%置信区间）
全体男性 3～79	2	1 271	69.63	—	<检出限	<检出限	1.5（1.2～1.9）	3.4（2.4～4.4）
男 6～11	2	260	80.77	—	<检出限	<检出限	<检出限	3.4[E]（1.7～5.0）
男 12～19	2	255	58.82	—	<检出限	<检出限	1.6（1.1～2.2）	3.3[E]（2.0～4.6）
男 20～39	2	167	61.68	—	<检出限	<检出限	2.0（1.6～2.3）	x
男 40～59	2	193	62.18	—	<检出限	<检出限	1.5[E]（<检出限～2.2）	x
男 60～79	2	141	77.30	—	<检出限	<检出限	<检出限	x
全体女性 3～79	2	1 267	76.40	—	<检出限	<检出限	<检出限	2.5（2.0～2.9）
女 6～11	2	251	72.11	—	<检出限	<检出限	1.4（1.1～1.8）	3.0（2.1～3.8）
女 12～19	2	255	67.06	—	<检出限	<检出限	1.7（1.1～2.3）	3.2[E]（1.8～4.5）
女 20～39	2	188	77.66	—	<检出限	<检出限	<检出限	x
女 40～59	2	164	82.32	—	<检出限	<检出限	<检出限	x
女 60～79	2	148	85.14	—	<检出限	<检出限	<检出限	x

a 3～5 岁年龄组未按照性别分组。
b 如果超过 40%的样本检测值低于检出限，则仅报告数据的百分比分布而不报告均值。
E 谨慎引用。
x 根据加拿大《统计法》保密规定，不予发布。

表 8-2-4-3　加拿大第二次（2009—2011）健康调查 3～79 岁居民

年龄别尿甲基肿酸质量分数　　　　　　　　　　　　单位：μg/g 肌酐

分组（岁）	调查时期	调查人数	<检出限 [a]/%	几何均数（95%置信区间）	P_{10}（95%置信区间）	P_{50}（95%置信区间）	P_{75}（95%置信区间）	P_{95}（95%置信区间）
全体对象 3～79	2	2 528	73.30	—	<检出限	<检出限	1.5（<检出限～1.7）	3.4（2.6～4.2）
3～5	2	515	78.06	—	<检出限	<检出限	<检出限	5.0（3.7～6.2）
6～11	2	509	76.82	—	<检出限	<检出限	<检出限（<检出限～2.0）	3.3（2.7～3.9）
12～19	2	508	63.19	—	<检出限	<检出限	1.1（0.88～1.4）	2.6[E]（1.5～3.7）
20～39	2	353	70.54	—	<检出限	<检出限	1.4（1.1～1.8）	3.3[E]（1.7～5.0）
40～59	2	355	71.83	—	<检出限	<检出限	1.3（<检出限～1.6）	3.2（2.1～4.4）
60～79	2	288	81.60	—	<检出限	<检出限	<检出限	3.6（2.5～4.7）

a 如果超过 40%的样本检测值低于检出限，则仅报告数据的百分比分布而不报告均值。

E 谨慎引用。

表 8-2-4-4　加拿大第二次（2009—2011）健康调查 3～79 岁居民

年龄别 [a]、性别尿甲基肿酸质量分数　　　　　　　　单位：μg/g 肌酐

分组（岁）	调查时期	调查人数	<检出限 [b]/%	几何均数（95%置信区间）	P_{10}（95%置信区间）	P_{50}（95%置信区间）	P_{75}（95%置信区间）	P_{95}（95%置信区间）
全体男性 3～79	2	1 267	69.85	—	<检出限	<检出限	1.3（1.2～1.5）	2.9（2.0～3.8）
男 6～11	2	259	81.08	—	<检出限	<检出限	<检出限	3.4（2.5～4.2）
男 12～19	2	254	59.06	—	<检出限	<检出限	1.0（0.77～1.3）	2.2（1.7～2.7）
男 20～39	2	166	62.05	—	<检出限	<检出限	1.3（0.93～1.7）	x
男 40～59	2	193	62.18	—	<检出限	<检出限	1.3（<检出限～1.7）	x
男 60～79	2	141	77.30	—	<检出限	<检出限	<检出限	x
全体女性 3～79	2	1 261	76.76	—	<检出限	<检出限	<检出限	4.0（3.2～4.9）
女 6～11	2	250	72.40	—	<检出限	<检出限	1.7（1.5～2.0）	3.3（2.2～4.4）
女 12～19	2	254	67.32	—	<检出限	<检出限	1.4（1.1～1.7）	3.5[E]（1.7～5.3）
女 20～39	2	187	78.07	—	<检出限	<检出限	<检出限	x
女 40～59	2	162	83.33	—	<检出限	<检出限	<检出限	x
女 60～79	2	147	85.71	—	<检出限	<检出限	<检出限	x

a 3～5 岁年龄组未按照性别分组。

b 如果超过 40%的样本检测值低于检出限，则仅报告数据的百分比分布而不报告均值。

E 谨慎引用。

x 根据加拿大《统计法》保密规定，不予发布。

8.2.5 二甲基胂酸

表 8-2-5-1　加拿大第二次（2009—2011）健康调查 3～79 岁居民

年龄别尿二甲基胂酸质量浓度　　　　　　　　　　　　　　　　　单位：μg/L

分组（岁）	调查时期	调查人数	<检出限 [a]/%	几何均数（95%置信区间）	P_{10}（95%置信区间）	P_{50}（95%置信区间）	P_{75}（95%置信区间）	P_{95}（95%置信区间）
全体对象3～79	2	2 538	3.78	6.5（5.6～7.5）	1.9（1.7～2.2）	6.6（5.6～7.5）	11（9.0～14）	30[E]（13～47）
3～5	2	516	3.68	6.8（5.8～7.9）	2.6（2.2～3.1）	6.4（5.6～7.3）	12（9.6～14）	24[E]（14～34）
6～11	2	511	2.74	7.2（6.5～8.1）	2.7（2.2～3.2）	7.6（6.5～8.7）	12（10～13）	26[E]（15～37）
12～19	2	510	2.75	6.7（5.3～8.5）	2.2（1.4～2.9）	6.4（4.7～8.2）	12（8.2～15）	32[E]（17～47）
20～39	2	355	5.63	6.8（5.4～8.5）	1.9（1.4～2.5）	7.2（5.5～8.8）	12（8.2～17）	40[E]（20～60）
40～59	2	357	5.32	5.9（4.8～7.2）	1.7[E]（<检出限～2.5）	5.8（4.6～7.0）	10（7.7～13）	22（16～28）
60～79	2	289	3.46	6.7（5.3～8.4）	1.9（1.5～2.4）	6.6（5.4～7.8）	13[E]（8.2～18）	38[E]（13～63）

a 如果超过 40%的样本检测值低于检出限，则仅报告数据的百分比分布而不报告均值。

E 谨慎引用。

表 8-2-5-2　加拿大第二次（2009—2011）健康调查 3～79 岁居民

年龄别 [a]、性别尿二甲基胂酸质量浓度　　　　　　　　　　　　单位：μg/L

分组（岁）	调查时期	调查人数	<检出限 [b]/%	几何均数（95%置信区间）	P_{10}（95%置信区间）	P_{50}（95%置信区间）	P_{75}（95%置信区间）	P_{95}（95%置信区间）
全体男性3～79	2	1 271	3.15	6.7（5.7～8.0）	2.0（1.4～2.6）	6.7（5.1～8.3）	13（9.8～15）	30[E]（15～45）
男 6～11	2	260	3.46	7.3（6.1～8.8）	2.9（2.4～3.5）	8.1（6.1～10）	10（8.7～12）	24[E]（11～38）
男 12～19	2	255	1.18	6.6（5.3～8.2）	2.4（1.6～3.2）	6.1（4.5～7.6）	10（7.0～13）	28[E]（13～43）
男 20～39	2	167	4.79	7.1[E]（4.7～11）	F	7.8（5.0～11）	13[E]（3.8～22）	x
男 40～59	2	193	3.11	6.1（4.6～8.2）	1.7[E]（<检出限～2.7）	6.1[E]（3.2～8.9）	12（8.1～16）	x
男 60～79	2	141	2.84	7.2（5.2～9.9）	2.3[E]（1.4～3.3）	6.9（4.6～9.2）	13（8.6～18）	x
全体女性3～79	2	1 267	4.42	6.2（5.3～7.3）	1.9（1.4～2.4）	6.4（5.6～7.3）	10（8.0～13）	33[E]（14～53）

分组（岁）	调查时期	调查人数	<检出限 b/%	几何均数（95%置信区间）	P_{10}（95%置信区间）	P_{50}（95%置信区间）	P_{75}（95%置信区间）	P_{95}（95%置信区间）
女 6～11	2	251	1.99	7.1（6.1～8.4）	2.3（1.5～3.1）	7.5（6.5～8.5）	13（11～15）	28[E]（16～39）
女 12～19	2	255	4.31	6.9（5.1～9.4）	2.0[E]（<检出限～3.4）	7.3（5.2～9.3）	14（9.1～18）	33[E]（18～48）
女 20～39	2	188	6.38	6.4（4.8～8.7）	2.0（1.5～2.5）	6.7（4.8～8.6）	9.9[E]（5.8～14）	x
女 40～59	2	164	7.93	5.7（4.4～7.2）	F	5.7（4.4～7.0）	9.5（7.0～12）	x
女 60～79	2	148	4.05	6.2（4.6～8.5）	1.6[E]（1.0～2.2）	5.8[E]（3.6～8.0）	11[E]（4.3～18）	x

a 3～5 岁年龄组未按照性别分组。

b 如果超过 40%的样本检测值低于检出限，则仅报告数据的百分比分布而不报告均值。

E 谨慎引用。

F 数据不可靠，不予发布。

x 根据加拿大《统计法》保密规定，不予发布。

表 8-2-5-3　加拿大第二次（2009—2011）健康调查 3～79 岁居民

年龄别尿二甲基肿酸质量分数　　　　　　单位：μg/g 肌酐

分组（岁）	调查时期	调查人数	<检出限 a/%	几何均数（95%置信区间）	P_{10}（95%置信区间）	P_{50}（95%置信区间）	P_{75}（95%置信区间）	P_{95}（95%置信区间）
全体对象 3～79	2	2 528	3.80	6.4（5.6～7.4）	2.7（2.4～3.0）	5.8（5.0～6.5）	10（8.3～12）	29[E]（18～39）
3～5	2	515	3.69	12（10～13）	5.5（4.8～6.1）	10（8.7～12）	16（13～19）	44[E]（19～68）
6～11	2	509	2.75	8.4（7.5～9.3）	4.0（3.7～4.4）	8.0（7.2～8.8）	12（9.8～14）	34[E]（20～47）
12～19	2	508	2.76	5.2（4.2～6.4）	2.1（1.6～2.6）	4.6（3.5～5.6）	7.7（5.6～9.9）	26[E]（15～36）
20～39	2	353	5.67	5.8（4.6～7.2）	2.4（2.1～2.8）	4.9（3.6～6.2）	9.4（6.5～12）	29[E]（15～44）
40～59	2	355	5.35	6.0（5.3～6.8）	2.9（<检出限～3.3）	5.6（5.0～6.2）	8.6（7.1～10）	20[E]（12～29）
60～79	2	288	3.47	7.8（6.3～9.8）	2.7（2.2～3.2）	7.6（5.8～9.3）	13（9.6～16）	F

a 如果超过 40%的样本检测值低于检出限，则仅报告数据的百分比分布而不报告均值。

E 谨慎引用。

F 数据不可靠，不予发布。

表 8-2-5-4　加拿大第二次（2009—2011）健康调查 3～79 岁居民
年龄别 [a]、性别尿二甲基胂酸质量分数　　　　　　单位：μg/g 肌酐

分组（岁）	调查时期	调查人数	<检出限 [b]/%	几何均数（95%置信区间）	P_{10}（95%置信区间）	P_{50}（95%置信区间）	P_{75}（95%置信区间）	P_{95}（95%置信区间）
全体男性 3～79	2	1 267	3.16	5.8 (4.9～6.7)	2.5 (2.1～2.9)	5.3 (4.5～6.2)	8.9 (7.4～10)	22[E] (12～32)
男 6～11	2	259	3.47	8.4 (7.2～9.7)	4.3 (3.4～5.2)	8.0 (7.2～8.8)	12 (8.8～15)	27[E] (15～40)
男 12～19	2	254	1.18	4.7 (3.8～5.8)	2.1 (1.7～2.4)	4.0 (3.1～4.9)	6.6 (4.9～8.2)	24[E] (13～35)
男 20～39	2	166	4.82	5.2 (3.6～7.3)	1.9[E] (<检出限～2.9)	4.4[E] (2.0～6.9)	8.8[E] (5.5～12)	x
男 40～59	2	193	3.11	5.4 (4.5～6.3)	2.8 (<检出限～3.3)	5.0 (4.1～5.8)	7.4 (6.0～8.7)	x
男 60～79	2	141	2.84	6.8 (5.2～8.9)	2.6 (1.8～3.5)	6.0 (4.0～8.0)	10 (8.2～12)	x
全体女性 3～79	2	1 261	4.44	7.1 (6.1～8.4)	2.9 (2.6～3.2)	6.3 (5.4～7.2)	12 (9.4～15)	34[E] (21～46)
女 6～11	2	250	2.00	8.4 (7.3～9.6)	4.0 (3.4～4.5)	7.5 (6.4～8.7)	12 (8.9～14)	35[E] (21～49)
女 12～19	2	254	4.33	5.7 (4.5～7.4)	2.3 (<检出限～3.1)	5.2 (3.9～6.5)	8.9 (6.2～12)	28[E] (15～41)
女 20～39	2	187	6.42	6.5 (5.0～8.4)	2.7 (2.3～3.2)	5.0 (3.9～6.1)	10[E] (4.7～15)	x
女 40～59	2	162	8.02	6.8 (5.8～7.9)	2.9 (<检出限～3.6)	6.3 (5.4～7.2)	10 (8.1～12)	x
女 60～79	2	147	4.08	8.9 (6.8～12)	2.7 (2.0～3.4)	8.5[E] (5.1～12)	15 (9.7～20)	x

a 3～5 岁年龄组未按照性别分组。

b 如果超过 40%的样本检测值低于检出限，则仅报告数据的百分比分布而不报告均值。

E 谨慎引用。

x 根据加拿大《统计法》保密规定，不予发布。

加拿大第二次（2009—2011）居民健康调查对 3～79 岁居民进行了尿中有机砷化合物砷胆碱和尿中砷甜菜碱的监测，监测数据以 μg/L 及 μg/g 肌酐表示。

8.2.6　砷胆碱和砷甜菜碱

表 8-2-6-1　加拿大第二次（2009—2011）健康调查 3～79 岁居民

年龄别尿砷胆碱和砷甜菜碱质量浓度　　　　　　　　　　　　　单位：μg/L

分组（岁）	调查时期	调查人数	<检出限 [a]/%	几何均数（95%置信区间）	P_{10}（95%置信区间）	P_{50}（95%置信区间）	P_{75}（95%置信区间）	P_{95}（95%置信区间）
全体对象 3～79	2	2 538	48.50	—	<检出限	3.4^E（<检出限～5.2）	16^E（8.7～23）	110^E（70～160）
3～5	2	516	59.69	—	<检出限	<检出限	6.9^E（2.0～12）	82^E（47～120）
6～11	2	511	58.12	—	<检出限	<检出限	6.5^E（3.3～9.7）	F
12～19	2	510	57.65	—	<检出限	<检出限	F	89^E（38～140）
20～39	2	355	38.59	5.3^E（3.4～8.4）	<检出限	F	F	F
40～59	2	357	30.81	4.3（3.2～5.7）	<检出限	3.5^E（<检出限～5.9）	12^E（6.1～17）	85^E（45～130）
60～79	2	289	29.41	8.5^E（5.2～14）	<检出限	8.5^E（3.4～14）	37^E（18～55）	180^E（78～270）

a 如果超过 40%的样本检测值低于检出限，则仅报告数据的百分比分布而不报告均值。
E 谨慎引用。
F 数据不可靠，不予发布。

表 8-2-6-2　加拿大第二次（2009—2011）健康调查 3～79 岁居民

年龄别 [a]、性别尿砷胆碱和砷甜菜碱质量浓度　　　　　　　　单位：μg/L

分组（岁）	调查时期	调查人数	<检出限 [b]/%	几何均数（95%置信区间）	P_{10}（95%置信区间）	P_{50}（95%置信区间）	P_{75}（95%置信区间）	P_{95}（95%置信区间）
全体男性 3～79	2	1 271	46.34	—	<检出限	3.7^E（<检出限～5.9）	18^E（8.1～27）	F
男 6～11	2	260	59.23	—	<检出限	<检出限	F	49^E（30～68）
男 12～19	2	255	53.73	—	<检出限	<检出限	F	88^E（26～150）
男 20～39	2	167	35.33	F	<检出限	F	F	x
男 40～59	2	193	26.94	4.9^E（3.2～7.6）	<检出限	F	F	x

分组（岁）	调查时期	调查人数	<检出限 b/%	几何均数（95%置信区间）	P_{10}（95%置信区间）	P_{50}（95%置信区间）	P_{75}（95%置信区间）	P_{95}（95%置信区间）
男 60～79	2	141	26.24	9.8^E（5.3～18）	<检出限	F	35^E（17～54）	x
全体女性 3～79	2	1 267	50.67	—	<检出限	F	14^E（7.7～21）	120^E（69～170）
女 6～11	2	251	56.97	—	<检出限	<检出限	F	F
女 12～19	2	255	61.57	—	<检出限	<检出限	F	F
女 20～39	2	188	41.49	—	<检出限	F	F	x
女 40～59	2	164	35.37	3.7（2.7～5.1）	<检出限	F	12^E（5.4～19）	x
女 60～79	2	148	32.43	7.5^E（3.8～15）	<检出限	F	F	x

a 3～5 岁年龄组未按照性别分组。
b 如果超过 40%的样本检测值低于检出限，则仅报告数据的百分比分布而不报告均值。
E 谨慎引用。
F 数据不可靠，不予发布。
x 根据加拿大《统计法》保密规定，不予发布。

表 8-2-6-3　加拿大第二次（2009—2011）健康调查 3～79 岁居民
年龄别尿砷胆碱和砷甜菜碱质量分数　　　　单位：μg/g 肌酐

分组（岁）	调查时期	调查人数	<检出限 a/%	几何均数（95%置信区间）	P_{10}（95%置信区间）	P_{50}（95%置信区间）	P_{75}（95%置信区间）	P_{95}（95%置信区间）
全体对象 3～79	2	2528	48.69	—	<检出限	3.6^E（<检出限～5.7）	17（11～22）	110^E（43～170）
3～5	2	515	59.81	—	<检出限	<检出限	12^E（5.5～19）	F
6～11	2	509	58.35	—	<检出限	<检出限	7.1^E（2.4～12）	F
12～19	2	508	57.87	—	<检出限	<检出限	5.7^E（<检出限～9.2）	58^E（25～92）
20～39	2	353	38.81	4.4^E（2.8～6.8）	<检出限	F	17^E（6.9～26）	F
40～59	2	355	30.99	4.4（3.2～6.0）	<检出限	F	13^E（6.5～19）	57^E（21～94）
60～79	2	288	29.51	10^E（6.1～16）	<检出限	11^E（4.3～18）	43^E（23～63）	200^E（100～290）

a 如果超过 40%的样本检测值低于检出限，则仅报告数据的百分比分布而不报告均值。
E 谨慎引用。
F 数据不可靠，不予发布。

表 8-2-6-4　加拿大第二次（2009—2011）健康调查 3～79 岁居民
年龄别[a]、性别尿砷胆碱和砷甜菜碱质量分数　　　　　单位：μg/g 肌酐

分组（岁）	调查时期	调查人数	<检出限[b]/%	几何均数（95%置信区间）	P_{10}（95%置信区间）	P_{50}（95%置信区间）	P_{75}（95%置信区间）	P_{95}（95%置信区间）
全体男性 3～79	2	1 267	46.49	—	<检出限	3.0[E]（<检出限～5.0）	14[E]（8.2～21）	F
男 6～11	2	259	59.46	—	<检出限	<检出限	F	54[E]（28～81）
男 12～19	2	254	53.94	—	<检出限	<检出限	6.4[E]（<检出限～10）	82[E]（31～130）
男 20～39	2	166	35.54	3.5[E]（1.7～7.0）	<检出限	F	17[E]（<检出限～26）	x
男 40～59	2	193	26.94	4.3[E]（2.7～6.8）	<检出限	F	10[E]（<检出限～16）	x
男 60～79	2	141	26.24	9.3[E]（5.0～17）	<检出限	F	36[E]（20～53）	x
全体女性 3～79	2	1 261	50.91	—	<检出限	4.1[E]（<检出限～6.9）	18[E]（12～25）	150[E]（48～240）
女 6～11	2	250	57.20	—	<检出限	<检出限	9.4[E]（<检出限～14）	F
女 12～19	2	254	61.81	—	<检出限	<检出限	F	F
女 20～39	2	187	41.71	—	<检出限	5.0[E]（<检出限～7.9）	F	x
女 40～59	2	162	35.80	4.5[E]（2.9～6.9）	<检出限	<检出限（<检出限～7.7）	18[E]（10～26）	x
女 60～79	2	147	32.65	11[E]（5.7～20）	<检出限	F	50[E]（<检出限～76）	x

a　3～5 岁年龄组未按照性别分组。

b　如果超过 40%的样本检测值低于检出限，则仅报告数据的百分比分布而不报告均值。

E　谨慎引用。

F　数据不可靠，不予发布。

x　根据加拿大《统计法》保密规定，不予发布。

参考文献

[1] ATSDR (Agency for Toxic Substances and Disease Registry). 2007. *Toxicological profile for arsenic.* U.S.Department of Health and Human Services, Atlanta, GA. Retrieved April 30, 2012, from www.atsdr.cdc.gov/ToxProfiles/tp.asp? id=22&tid=3.

[2] Canada. 1985. *Food and Drugs Act.* RSC1985, c.F-27. Retrieved June 6, 2012, from http://laws-lois. justice.gc.ca/eng/acts/F-27/.

[3] Canada. 1999. *Canadian Environmental Protection Act,* 1999. SC 1999, c. 33. Retrieved April2, 2012, from http://laws-lois. Justice.gc. ca/eng/acts/C-15.31/index.html.

[4] Canada. 2000. Order adding a toxic substance to Schedule 1 to the Canadian Environmental Protection Act, 1999. *Canada Gazette, Part II: Official Regulations,* 134 (7). Retrieved June 11, 2012, from www.gazette. gc.ca/archives/p2/2000/2000-03-29/html/sor-dors109-eng.html.

[5] Canada. 2010a. *Canada Consumer Product Safety Act.* SC 2010, c. 21. Retrieved February 20, 2012, from http://laws-lois.justice. gc.ca/eng/acts/C-1.68/index.html.

[6] Canada. 2010b. *Cribs, Cradles and Bassinets Regulations.* SOR/2010-261. Retrieved January 25, 2012, from http://laws-lois.justice.gc.ca/eng/regulations/SOR-2010-261/index.html.

[7] Canada. 2011. *Toys Regulations.* SOR/2011-17. Retrieved January 25, 2012, from http://laws-lois. justice.gc.ca/eng/regulations/SOR-2011-17/index.html.

[8] Canada. 2012. *Food and Drug Regulations.* C.R.C., c.870. Retrieved July 24, 2012, from http://laws-lois.justice.gc.ca/PDF/C.R.C., _c._870.pdf.

[9] CCME (Canadian Council of Ministers of the Environment). 1997. *Canadian soil quality guidelines for the protection of environmental and human health - Arsenic (inorganic).* Winnipeg, MB. Retrieved April 30, 2012, from http://ceqg-rcqe.ccme.ca/download/en/257/.

[10] CDC (Centers for Disease Control and Prevention). 2009. *Fourth national report on human exposure to environmental chemicals.* Department of Health and Human Services, Atlanta, GA. Retrieved July 11, 2011, from www.cdc.gov/exposurereport/.

[11] Chen, C.-J., Chuang, Y.-C., Lin, T.-M., et al. 1985. Malignant neoplasms among residents of a blackfoot disease-endemic area in Taiwan: High-arsenic well water and cancers. *Cancer Research,* 45, 5895-5899.

[12] Clark, N.A., Teschke, K., Rideout, K., et al. 2007. Trace element levels in adults from the west coast of Canada and associations with age, gender, diet, activities, and levels of other trace elements. *Chemosphere,* 70 (1): 155-164.

[13] Cohen, S.M., Arnold, L.L., Eldan, M., et al. 2006. Methylated arsenicals: The implications of metabolism and carcinogenicity studies in rodents to human risk assessment. *Critical Reviews in Toxicology,* 36 (2): 99-133.

[14] Emsley, J. 2001. Nature's building blocks: An A-Z guide to the elements. Oxford: Oxford University Press.

[15] Environment Canada. 2008. *A case against arsenic-based pesticides.* Minister of Environment, Ottawa, ON. Retrieved May 2, 2012, from www.ec.gc.ca/EnviroZine/default.asp? lang=En&n=B9657723-1.

[16] Environment Canada. 2010. *List of toxic substances managed under CEPA (Schedule 1): Inorganic arsenic compounds.* Minister of Environment, Ottawa, ON. Retrieved September 13, 2012 from www.ec.gc.ca/

toxiques-toxics/Default.asp？lang=En&n=98E80CC6-1&xml=40B2B1A3-9B61-40EE-8746-CD949298CD0D.

[17] Environment Canada & Health Canada. 1993. *Priority substances kist assessment report：Arsenic and its compounds.* Minister of Supply and Services Canada，Ottawa，ON. Retrieved April 30，2012，from www.hc-sc. gc.ca/ewh-semt/pubs/contaminants/psl1-lsp1/arsenic_comp/index -eng.php.

[18] EPA（U.S. Environmental Protection Agency）. 1998. *Integrated Risk Information System（IRIS）：Arsenic，inorganic.* Office of Research and Development，National Center for Environmental Assessment，Cincinnati，OH. Retrieved April 30，2012，from www.epa.gov/ncea/iris/subst/0278.htm.

[19] EPA（U.S. Environmental Protection Agency）. 2006. *Revised registration eligibility decision for MSMA，DSMA，CAMA，and cacodylic acid.* Office of Prevention，Pesticides and Toxic Substances，Washington，DC.Retrieved May 1，2012，from www.epa.gov/opp00001/reregistration/REDs/organic_arsenicals_red.pdf.

[20] Health Canada. 2005. *Fact sheet on chromated copper arsenate（CCA）treated wood.* Minister of Health，Ottawa，ON. Retrieved April 30，2012，from www.hc-sc.gc.ca/cps-spc/pubs/pest/_fact-fiche/cca-acc/index-eng. Php.

[21] Health Canada. 2006. *Guidelines for Canadian drinking water quality：Guideline technical document - Arsenic.* Minister of Health，Ottawa，ON. Retrieved April 30，2012，from www.hc-sc.gc.ca/ewh-semt/pubs/water-eau/arsenic/index-eng.php.

[22] Health Canada. 2009. *Canadian Total Diet Study.* Minister of Health，Ottawa，ON. Retrieved November 29，2012，from www.hc-sc.gc.ca/fn-an/surveill/total-diet/index-eng.php.

[23] Health Canada. 2011. List of prohibited and restricted cosmetic ingredients（"hotlist"）. Minister of Health，Ottawa，ON. Retrieved May 25，2012，from www.hc-sc.gc.ca/cps-spc/cosmet-person/indust/hot-list-critique/index-eng.php.

[24] Health Canada. 2012. *Pesticide product information database.* Minister of Health，Ottawa，ON. Retrieved April 20，2012，from www.pr-rp.hc-sc.gc.ca/pi-ip/index-eng.php.

[25] Human Biomonitoring Commission 2003. *Substance monograph：Arsenic - Reference value in urine.* German Federal Environmental Agency，Germany. Retrieved April 30，2012，from www.umweltdaten.de/gesundheit-e/monitor/39e.pdf.

[26] IARC（International Agency for Research on Cancer）. 2012. *IARC monographs on the evaluation of carcinogenic risks to humans-Volume 100C：Arsenic，metals，fibres，and dusts.* Geneva：World Health Organization.

[27] INSPQ（Institut national de santé publique du Québec）. 2004. *Étude sur l'établissement de valeurs de référence d'éléments traces et de métaux dans le sang，le sérum et l'urine de la population de la grande région de Québec.* INSPQ，Québec，QC.Retrieved July 11，2011，from www.Inspq.qc.ca/pdf/publications/289-ValeursReferenceMetaux.pdf.

[28] Rasmussen，P.E.，Subramanian，K.S. and Jessiman，B.J. 2001. A multi-element profile of house dust in relation to exterior dust and soils in the city of Ottawa，Canada. *Science of the Total Environment，*267（1-3）：125-140.

[29] Schwerdtle，T.，Walter，I.，Mackwin，I.，et al. 2003. Induction of oxidative DNA damage by arsenite and its trivalent and pentavalent methy -lated metabolites in cultured human cells and isolated DNA. *Carcinogenesis，*24（5）：967-974.

[30] Tseng，W. 1977. Effects and dose-response relationships of skin cancer and blackfoot disease with arsenic. *Environmental Health Perspectives*，19：109 -119.

[31] Valentine，J.L.，Kang，H.K. and Spivey，G. 1979. Arsenic levels in human blood，urine，and hair in response to exposure via drinking water. *Environmental Research*，20（1）：24-32.

[32] WHO（World Health Organization）. 2001. *Environmental health criteria 224：Arsenic and arsenic compounds.* WHO，Geneva. Retrieved January 4，2012，from www.inchem.org/documents/ehc/ehc/ehc224.htm.

[33] WHO（World Health Organization）. 2011. *Guidelines for drinking-water quality，fourth edi -tion.* WHO，Geneva. Retrieved March 9，2012，from www.who.int/water_sanitation_health/publications/2011/dwq_guidelines/en/index.html.

[34] Wu，M.M.，Kuo，T.L.，Hwang，Y.H.，et al. 1989. Dose-response relation between arsenic concentration in well water and mortality from cancer and vascular diseases. *American Journal of Epidemiology*，130：1123-1132.

8.3 镉

镉（CAS 号：7440-43-9）在自然界中含量甚微，地壳中的平均含量约为 0.000 01%（Emsley，2001）。它是一种柔软、银白带蓝色光泽的金属，通常存在于镉锌矿石中（Health Canada，1986）。镉常见的形式包括可溶性和不可溶性两种，其中不溶性形式也可能出现在大气颗粒物中（ATSDR，2008；CCME，1999）。

镉释放到自然环境中的途径包括森林火灾、火山爆发、土壤和岩石风化等（Morrow，2000）。空气中镉的主要人为来源是工业金属冶炼、精炼和燃烧过程，如燃煤电厂运行和垃圾焚烧时镉作为副产品释放出来（CCME，1999）。

镉主要用于制造镍镉电池（USGS，2012）。它也用于制造工业涂料、电镀、染料以及在聚氯乙烯塑料中作为稳定剂。镉也用于金属合金片、电线、枪支焊料及各种工业护罩等工业生产中（Environment Canada and Health Canada，1994）。有时镉也可用作陶瓷釉染料。由于土地利用时副产品和废料的循环，镉也出现在化肥中。镉是镀锌管中常见的杂质，并能渗入到饮用水中（Health Canada，1986）。

在吸烟者中，烟雾吸入是镉暴露的主要来源（Environment Canada and Health Canada，1994；IARC，2012）。对于不吸烟的成人和儿童，镉暴露的最主要途径是食物摄取（IARC，2012）。虽然镉化合物通过空气吸入比食物摄入容易，但是与食物摄入相比，空气只是摄入镉的次要暴露途径，其摄取量比食物暴露的摄取量大概低 2～3 个数量级（Friberg，1985）。饮用水、土壤和灰尘是镉暴露的次要途径（ATSDR，2008；Environment Canada and Health Canada，1994）。

通过摄食进入血液循环的镉取决于个体营养状况和食物中其他成分如铁、钙和蛋白质的摄取量。成年男性饮食中的镉通过胃肠道的吸收率平均约为 5%，成年女性平均吸收率估计为 10%或更高（CDC，2009）。25%～60%呼吸吸入的镉通过肺部吸收（ATSDR，2008）。吸收的镉主要蓄积在肾脏和肝脏，其中 1/3～1/2 的镉蓄积在肾脏（CDC，2009）。肾脏中镉的生物半衰期为 10～12 年（Amzal et al.，2009；Lauwerys et al.，1994），机体吸收的镉仅有少量排出体外，主要通过尿液和粪便排出，另有少量镉通过头发、指甲或汗液排出体外。

在血液、尿液、粪便、肝脏、肾脏和头发等其他组织中可检测到镉。虽然近期暴露镉时，尿镉会有轻微波动出现，但尿镉浓度最能反映累积暴露剂量及肾脏镉的积累浓度（CDC，2009）。血液镉的浓度则既能反映近期又能反映累积暴露剂量（CDC，2009）。吸烟者血镉的浓度大约是不吸烟者的 2 倍；另外，职业暴露同样会使血镉浓度升高（ATSDR，2008）。

经口暴露高剂量的镉可能导致严重的胃肠道刺激，并对肾脏产生影响（ATSDR，2008）。长期吸入性镉暴露会引起包括肺气肿在内的肺部影响和肾脏影响（ATSDR，2008）。肾脏是关键器官，通过食物摄入或空气吸入镉暴露后，首先在肾脏出现不良健康影响（Lauwerys et al.，1994）。

根据大量职业吸入性镉暴露与肺癌关系的数据，镉及其化合物被国际癌症研究机构划定为 1 类致癌物（IARC，2012）。但还没有足够的证据证明镉在经口暴露后会致癌（ATSDR，2008）。

加拿大卫生部和环境部得出的结论是无机镉化合物会危害人类健康（Environment Canada and Health Canada，1994）。根据《加拿大环境保护法》（1999），无机镉已被列入毒物目录 1（CEPA，1999）。该法允许联邦政府限制加拿大无机镉化合物的进口、生产、分配和使用（Canada，1999；Canada，2000）。1999 年，《加拿大环境保护法》制定的风险管理行动，旨在控制热力发电、金属冶炼和钢铁制造过程中镉的释放（Environment Canada，2010）。

《加拿大消费者产品安全法》规定了各种消费产品中可浸取镉的含量（Canada，2010a）。这些产品包括釉面陶瓷、玻璃器皿以及婴儿床、玩具和其他供儿童学习或玩耍的产品上的油漆和其他表面涂层（Canada，1998；Canada，2010b；Canada，2011；Health Canada，2009a）。此外，由于在加拿大市场曾发现过儿童饰物中含有高浓度的镉，2011 年，加拿大卫生部对儿童饰物中总镉含量进行了限制（Health Canada，2011a）。镉及其化合物被加拿大卫生部列入化妆品的禁用或限制使用成分目录（又称为化妆品成分关注清单）。化妆品成分关注清单是制造商和各方沟通交流的管理工具，如果关注清单中的物质用于化妆品中，可能会对使用者的健康造成伤害，这也将违反《食品和药品法案》中关于禁止销售不安全化妆品的一般禁令（Canada，1985；Health Canada，2011）。基于人体健康的考虑，已制定的《加拿大饮用水水质标准》规定了镉的最大容许浓度（Health Canada，1986）。加拿大卫生部正在进行的膳食调查也将镉列为需要分析监测的化学物质。上述膳食调查可评估不同年龄、性别的加拿大居民通过食物途径暴露的化学物质水平（Health Canada，2009b）。

对魁北克市 18～65 岁的 500 名调查对象进行了生物监测，结果显示：尿镉和血镉的几何均数分别为 0.54 μg/L 和 0.69 μg/L（INSPQ，2004）。

尿镉和血镉是加拿大国民健康调查的主要内容。加拿大第一次健康调查（2007—2009）中 6～79 岁的所有调查对象和加拿大第二次健康调查（2009—2011）中 3～79 岁的所有调查对象均进行了尿镉和血镉的测定。

上述调查数据在血液中以μg/L 表示（表 8-3-1、表 8-3-2 和表 8-3-3）；在尿液中以μg/L（表 8-3-4、表 8-3-5 和表 8-3-6）和μg/g 肌酐（表 8-3-7、表 8-3-8 和表 8-3-9）表示。在全血或尿液中检测到镉只表明血镉和尿镉是镉的暴露标志物，并不意味着一定会出现不良的健康影响。

表 8-3-1　加拿大第一次（2007—2009）和第二次（2009—2011）健康调查

6～79 岁 [a] 居民血（全血）镉质量浓度　　　　　　　　单位：μg/L

分组（岁）	调查时期	调查人数	<检出限 [b]/%	几何均数（95%置信区间）	P_{10}（95%置信区间）	P_{50}（95%置信区间）	P_{75}（95%置信区间）	P_{95}（95%置信区间）
全体对象 6～79	1	5 319	2.91	0.34（0.31～0.37）	0.091（0.087～0.094）	0.27（0.25～0.29）	0.62（0.55～0.70）	3.6（3.1～4.1）
全体对象 6～79	2	5 575	4.27	0.31（0.28～0.34）	0.088（0.077～0.099）	0.27（0.25～0.30）	0.57（0.51～0.63）	2.6（2.1～3.1）
全体男性 6～79	1	2 576	3.34	0.30（0.27～0.34）	0.084（0.073～0.095）	0.22（0.20～0.25）	0.58（0.43～0.72）	3.4（2.8～4.0）
全体男性 6～79	2	2 687	4.84	0.28（0.25～0.31）	0.083（0.071～0.094）	0.24（0.22～0.26）	0.54（0.48～0.60）	2.5（1.9～3.0）
全体女性 6～79	1	2 743	2.52	0.38（0.35～0.41）	0.093（0.091～0.095）	0.32（0.29～0.36）	0.65（0.56～0.74）	3.7（3.1～4.3）
全体女性 6～79	2	2 888	3.74	0.34（0.29～0.38）	0.095（0.084～0.11）	0.31（0.28～0.34）	0.59（0.45～0.73）	2.7（2.1～3.4）

a 为了便于比较第一次（2007—2009）调查数据，6 岁以下儿童数据未收录，表中仅包含 6～79 岁的居民数据。
b 如果超过 40%的样本检测值低于检出限，则仅报告数据的百分比分布而不报告均值。

表 8-3-2　加拿大第一次（2007—2009）和第二次（2009—2011）健康调查

3～79 岁居民年龄别血（全血）镉质量浓度　　　　　　　　单位：μg/L

分组（岁）	调查时期	调查人数	<检出限 [a]/%	几何均数（95%置信区间）	P_{10}（95%置信区间）	P_{50}（95%置信区间）	P_{75}（95%置信区间）	P_{95}（95%置信区间）
全体对象 3～79 [b]	1	—	—	—	—	—	—	—
全体对象 3～79	2	6 070	5.16	0.29（0.27～0.32）	0.083（0.071～0.094）	0.26（0.24～0.29）	0.54（0.49～0.59）	2.6（2.1～3.0）
3～5 [b]	1	—	—	—	—	—	—	—
3～5	2	495	15.15	0.075（0.067～0.084）	<检出限	0.076（0.066～0.087）	0.10（0.096～0.11）	0.14[E]（0.041～0.24）
6～11	1	910	9.12	0.091（0.082～0.10）	<检出限 [E]（<检出限～0.053）	0.092（0.090～0.094）	0.098（0.084～0.11）	0.22（0.19～0.26）
6～11	2	961	14.05	0.086（0.079～0.094）	<检出限	0.090（0.084～0.097）	0.11（0.11～0.11）	0.20（0.18～0.23）
12～19	1	945	3.92	0.16（0.13～0.20）	0.066（0.045～0.086）	F	0.21（0.19～0.23）	F
12～19	2	997	5.72	0.14（0.12～0.16）	0.059（0.042～0.075）	0.11（0.10～0.11）	0.19（0.17～0.21）	0.82[E]（0.42～1.2）

分组（岁）	调查时期	调查人数	<检出限 [a]/%	几何均数（95%置信区间）	P_{10}（95%置信区间）	P_{50}（95%置信区间）	P_{75}（95%置信区间）	P_{95}（95%置信区间）
20～39	1	1 165	1.55	0.34（0.30～0.38）	0.091（0.084～0.098）	0.24（0.21～0.27）	0.68（0.43～0.92）	3.4（3.1～3.7）
20～39	2	1 313	2.21	0.29（0.24～0.35）	0.093（0.062～0.12）	0.24（0.20～0.28）	0.53^E（0.33～0.74）	2.7（2.1～3.2）
40～59	1	1 220	0.90	0.48（0.43～0.54）	0.098^E（0.049～0.15）	0.36（0.32～0.41）	0.98（0.73～1.2）	4.2（3.7～4.7）
40～59	2	1 222	0.98	0.42（0.37～0.47）	0.11（0.10～0.11）	0.34（0.31～0.37）	0.78（0.52～1.0）	3.1（2.4～3.8）
60～79	1	1 079	0.56	0.45（0.41～0.49）	0.19（0.18～0.20）	0.39（0.37～0.41）	0.71（0.59～0.82）	2.7（2.2～3.2）
60～79	2	1 082	0.46	0.46（0.41～0.51）	0.18（0.13～0.22）	0.40（0.35～0.44）	0.72（0.63～0.81）	2.3（1.9～2.8）

a 如果超过40%的样本检测值低于检出限，则仅报告数据的百分比分布而不报告均值。

b 6岁以下儿童未纳入第一次调查（2007—2009），因此该年龄段无统计数据。

E 谨慎引用。

F 数据不可靠，不予发布。

表 8-3-3　加拿大第一次（2007—2009）和第二次（2009—2011）健康调查

3～79岁居民年龄别 [a]、性别血（全血）镉质量浓度　　　　　单位：μg/L

分组（岁）	调查时期	调查人数	<检出限 [b]/%	几何均数（95%置信区间）	P_{10}（95%置信区间）	P_{50}（95%置信区间）	P_{75}（95%置信区间）	P_{95}（95%置信区间）
全体男性 3～79 [c]	1	—	—	—	—	—	—	—
全体男性 3～79	2	2 940	5.78	0.27（0.24～0.30）	0.078（0.067～0.088）	0.23（0.21～0.25）	0.53（0.46～0.60）	2.4（1.9～2.9）
男 6～11	1	459	9.59	0.088（0.079～0.098）	<检出限	0.091（0.088～0.094）	0.098（0.074～0.12）	0.21（0.15～0.27）
男 6～11	2	488	13.11	0.086（0.077～0.096）	<检出限	0.089（0.082～0.096）	0.11（0.10～0.11）	0.21（0.15～0.26）
男 12～19	1	489	3.48	0.16（0.13～0.19）	0.058^E（<检出限～0.080）	0.098^E（0.047～0.15）	0.20（0.18～0.22）	F
男 12～19	2	523	7.07	0.15（0.12～0.18）	0.062（0.044～0.081）	0.11（0.10～0.11）	0.20（0.14～0.25）	F
男 20～39	1	514	2.14	0.32（0.26～0.40）	0.083（0.061～0.11）	0.21（0.16～0.25）	0.77^E（0.41～1.1）	3.6（3.1～4.1）
男 20～39	2	552	3.08	0.26（0.21～0.31）	0.081（0.056～0.11）	0.20（0.14～0.26）	0.50^E（0.29～0.71）	2.7^E（1.6～3.8）
男 40～59	1	577	1.73	0.40（0.32～0.49）	0.094（0.090～0.098）	0.28（0.24～0.31）	0.85^E（0.36～1.4）	3.9（2.9～4.9）

分组 （岁）	调查 时期	调查 人数	<检出 限 b/%	几何均数 （95%置信 区间）	P_{10} （95%置信 区间）	P_{50} （95%置信 区间）	P_{75} （95%置信 区间）	P_{95} （95%置信 区间）
男 40～59	2	617	1.46	0.38 （0.33～0.44）	0.10 （0.10～0.11）	0.31 （0.26～0.35）	0.84^E （0.40～1.3）	2.9 （2.2～3.5）
男 60～79	1	537	0.74	0.41 （0.35～0.48）	0.18 （0.13～0.23）	0.35 （0.31～0.39）	0.66 （0.43～0.89）	2.7 （1.8～3.6）
男 60～79	2	507	0.59	0.42 （0.37～0.49）	0.15^E （0.084～0.21）	0.37 （0.32～0.41）	0.69 （0.59～0.78）	2.3 （1.5～3.0）
全体女性 3～79^c	1	—	—	—	—	—	—	—
全体女性 3～79	2	3 130	4.57	0.32 （0.28～0.37）	0.089 （0.076～0.10）	0.30 （0.27～0.33）	0.57 （0.45～0.69）	2.7 （2.1～3.4）
女 6～11	1	451	8.65	0.094 （0.083～0.11）	0.040^E （<检出限～ 0.068）	0.093 （0.091～0.095）	0.099 （0.075～0.12）	0.23 （0.19～0.26）
女 6～11	2	473	15.01	0.086 （0.077～0.096）	<检出限	0.093 （0.083～0.10）	0.11 （0.11～0.11）	0.20 （0.17～0.24）
女 12～19	1	456	4.39	0.17 （0.14～0.21）	0.080 （0.065～0.095）	0.18^E （0.095～0.26）	0.22 （0.19～0.26）	F
女 12～19	2	474	4.22	0.13 （0.12～0.15）	0.053^E （<检出限～ 0.073）	0.11 （0.10～0.11）	0.19 （0.16～0.21）	0.68^E （0.31～1.1）
女 20～39	1	651	1.08	0.36 （0.31～0.41）	0.093 （0.091～0.095）	0.27 （0.22～0.32）	0.63 （0.46～0.80）	3.2 （2.7～3.7）
女 20～39	2	761	1.58	0.33 （0.25～0.44）	0.10 （0.068～0.14）	0.28 （0.21～0.36）	F	2.6^E （1.7～3.6）
女 40～59	1	643	0.16	0.58 （0.51～0.66）	0.19 （0.17～0.22）	0.43 （0.37～0.50）	1.1^E （0.61～1.5）	4.4 （4.0～4.8）
女 40～59	2	605	0.50	0.47 （0.38～0.56）	F	0.38 （0.34～0.43）	0.76^E （0.46～1.1）	3.3 （2.5～4.2）
女 60～79	1	542	0.37	0.49 （0.44～0.56）	0.20 （0.18～0.21）	0.42 （0.37～0.48）	0.75 （0.64～0.86）	2.7 （1.9～3.5）
女 60～79	2	575	0.35	0.49 （0.45～0.54）	0.20 （0.16～0.25）	0.43 （0.39～0.47）	0.77 （0.66～0.88）	2.6 （2.0～3.1）

a 3～5 岁年龄组未按照性别分组。

b 如果超过 40%的样本检测值低于检出限，则仅报告数据的百分比分布而不报告均值。

c 6 岁以下儿童未纳入第一次调查（2007—2009），因此该年龄段无统计数据。

E 谨慎引用。

F 数据不可靠，不予发布。

表 8-3-4　加拿大第一次（2007—2009）和第二次（2009—2011）健康调查
6～79 岁 [a] 居民尿镉质量浓度　　　　　　　　　　　　　　　　　单位：μg/L

分组（岁）	调查时期	调查人数	<检出限 [b] /%	几何均数（95%置信区间）	P_{10}（95%置信区间）	P_{50}（95%置信区间）	P_{75}（95%置信区间）	P_{95}（95%置信区间）
全体对象 6～79	1	5 491	9.71	0.34（0.31～0.38）	<检出限 [E]（<检出限～0.11）	0.37（0.34～0.41）	0.67（0.62～0.72）	1.6（1.5～1.7）
全体对象 6～79	2	5 738	6.12	0.40（0.36～0.44）	0.10（0.093～0.11）	0.42（0.36～0.48）	0.77（0.68～0.85）	1.9（1.6～2.1）
全体男性 6～79	1	2 661	8.27	0.36（0.33～0.39）	0.091（<检出限～0.11）	0.39（0.36～0.43）	0.68（0.63～0.74）	1.6（1.4～1.7）
全体男性 6～79	2	2 746	5.35	0.39（0.34～0.45）	0.10（0.087～0.12）	0.41（0.35～0.48）	0.76（0.63～0.89）	1.6（1.3～1.9）
全体女性 6～79	1	2 830	11.06	0.33（0.29～0.37）	<检出限	0.36（0.33～0.39）	0.66（0.60～0.72）	1.7（1.5～1.9）
全体女性 6～79	2	2 992	6.82	0.40（0.37～0.44）	0.10（0.094～0.11）	0.42（0.36～0.48）	0.77（0.70～0.84）	2.0（1.6～2.4）

a 为了便于比较第一次（2007—2009）调查数据，6 岁以下儿童数据未收录，表中仅包含 6～79 岁的居民数据。
b 如果超过 40%的样本检测值低于检出限，则仅报告数据的百分比分布而不报告均值。
E 谨慎引用。

表 8-3-5　加拿大第一次（2007—2009）和第二次（2009—2011）健康调查
3～79 岁居民年龄别尿镉质量浓度　　　　　　　　　　　　　　　　单位：μg/L

分组（岁）	调查时期	调查人数	<检出限 [a] /%	几何均数（95%置信区间）	P_{10}（95%置信区间）	P_{50}（95%置信区间）	P_{75}（95%置信区间）	P_{95}（95%置信区间）
全体对象 3～79 [b]	1	—	—	—	—	—	—	—
全体对象 3～79	2	6 311	6.56	0.39（0.35～0.44）	0.10（0.091～0.11）	0.41（0.35～0.47）	0.75（0.66～0.84）	1.8（1.6～2.0）
3～5 [b]	1	—	—	—	—	—	—	—
3～5	2	573	10.99	0.23（0.19～0.28）	<检出限	0.25（0.21～0.30）	0.40（0.33～0.47）	F
6～11	1	1 033	14.71	0.22（0.18～0.25）	<检出限	0.25（0.20～0.29）	0.42（0.37～0.46）	0.72（0.60～0.85）
6～11	2	1 062	9.70	0.25（0.21～0.30）	0.076（<检出限～0.095）	0.27（0.21～0.32）	0.43（0.33～0.54）	0.86（0.64～1.1）

分组 （岁）	调查 时期	调查 人数	<检出 限 [a]/%	几何均数 （95%置信 区间）	P_{10} （95%置信 区间）	P_{50} （95%置信 区间）	P_{75} （95%置信 区间）	P_{95} （95%置信 区间）
12～19	1	983	10.48	0.27 （0.23～0.31）	<检出限	0.32 （0.28～0.36）	0.48 （0.42～0.53）	0.89 （0.66～1.1）
12～19	2	1 041	7.59	0.27 （0.22～0.32）	0.090 （<检出限～0.12）	0.30 （0.24～0.36）	0.47 （0.38～0.56）	0.81 （0.68～0.94）
20～39	1	1 169	13.17	0.27 （0.25～0.31）	<检出限	0.31 （0.27～0.36）	0.54 （0.49～0.59）	1.1 （0.99～1.3）
20～39	2	1 321	7.12	0.34 （0.29～0.39）	0.087[E] （<检出限～0.12）	0.36 （0.30～0.43）	0.66 （0.53～0.79）	1.2 （1.0～1.4）
40～59	1	1 223	7.36	0.42 （0.38～0.46）	0.093 （<检出限～0.10）	0.45 （0.40～0.51）	0.81 （0.74～0.87）	2.1 （1.7～2.4）
40～59	2	1 228	4.64	0.50 （0.44～0.56）	0.11 （0.095～0.12）	0.53 （0.44～0.62）	0.98 （0.84～1.1）	2.5 （2.0～3.0）
60～79	1	1 083	3.14	0.50 （0.44～0.56）	0.099 （<检出限～0.13）	0.51 （0.46～0.56）	0.98 （0.89～1.1）	2.2 （1.9～2.6）
60～79	2	1 086	1.66	0.54 （0.47～0.62）	0.11 （0.091～0.13）	0.58 （0.50～0.65）	1.0 （0.93～1.1）	2.5 （2.0～2.9）

a 如果超过40%的样本检测值低于检出限，则仅报告数据的百分比分布而不报告均值。
b 6岁以下儿童未纳入第一次调查（2007—2009），因此该年龄段无统计数据。
E 谨慎引用。
F 数据不可靠，不予发布。

表 8-3-6　加拿大第一次（2007—2009）和第二次（2009—2011）健康调查
3～79 岁居民年龄别 [a]、性别尿镉质量浓度　　　　　单位：μg/L

分组 （岁）	调查 时期	调查 人数	<检出 限 [b]/%	几何均数 （95%置信 区间）	P_{10} （95%置信 区间）	P_{50} （95%置信 区间）	P_{75} （95%置信 区间）	P_{95} （95%置信 区间）
全体 男性 3～79[c]	1	—	—	—	—	—	—	—
全体 男性 3～79	2	3 036	5.67	0.39 （0.34～0.45）	0.10 （0.085～0.12）	0.41 （0.34～0.47）	0.74 （0.61～0.86）	1.6 （1.3～1.8）
男 6～11	1	523	13.00	0.22 （0.18～0.27）	<检出限	0.25 （0.18～0.33）	0.42 （0.36～0.47）	0.71 （0.59～0.83）
男 6～11	2	532	7.52	0.27 （0.21～0.35）	0.089 （<检出限～0.11）	0.29 （0.22～0.37）	0.47 （0.30～0.63）	0.95 （0.68～1.2）
男 12～19	1	505	8.12	0.27 （0.24～0.31）	0.091[E] （<检出限～0.13）	0.31 （0.27～0.35）	0.45 （0.39～0.51）	0.77 （0.55～0.98）
男 12～19	2	542	6.09	0.29 （0.23～0.37）	0.10 （0.084～0.12）	0.31 （0.24～0.39）	0.48 （0.34～0.62）	0.85 （0.68～1.0）
男 20～39	1	514	11.87	0.28 （0.24～0.32）	<检出限	0.33 （0.28～0.38）	0.54 （0.46～0.62）	1.1 （0.97～1.2）

分组（岁）	调查时期	调查人数	<检出限 [b] /%	几何均数（95%置信区间）	P_{10}（95%置信区间）	P_{50}（95%置信区间）	P_{75}（95%置信区间）	P_{95}（95%置信区间）
男 20～39	2	551	6.53	0.32 (0.27～0.39)	0.074[E] (<检出限～0.11)	0.35 (0.27～0.43)	0.65 (0.47～0.83)	1.3[E] (0.81～1.9)
男 40～59	1	578	6.57	0.43 (0.38～0.49)	0.094 (<检出限～0.11)	0.48 (0.42～0.55)	0.81 (0.71～0.92)	1.9 (1.5～2.3)
男 40～59	2	616	5.36	0.48 (0.41～0.57)	0.11[E] (<检出限～0.16)	0.57 (0.46～0.68)	1.0 (0.78～1.2)	1.8 (1.2～2.4)
男 60～79	1	541	2.22	0.56 (0.50～0.64)	0.15[E] (0.094～0.21)	0.58 (0.52～0.64)	1.0 (0.87～1.1)	2.3 (1.7～2.8)
男 60～79	2	505	0.99	0.54 (0.44～0.66)	0.11[E] (<检出限～0.16)	0.55 (0.42～0.67)	1.0 (0.82～1.2)	2.4 (1.7～3.1)
全体女性 3～79[c]	1	—	—	—	—	—	—	—
全体女性 3～79	2	3 275	7.39	0.39 (0.36～0.43)	0.10 (0.092～0.11)	0.41 (0.35～0.47)	0.76 (0.69～0.83)	2.0 (1.6～2.4)
女 6～11	1	510	16.47	0.21 (0.18～0.26)	<检出限	0.24 (0.19～0.29)	0.42 (0.36～0.47)	0.73 (0.57～0.89)
女 6～11	2	530	11.89	0.23 (0.19～0.27)	<检出限	0.25 (0.21～0.29)	0.40 (0.32～0.49)	0.81 (0.57～1.1)
女 12～19	1	478	12.97	0.27 (0.22～0.32)	<检出限	0.34 (0.28～0.39)	0.52 (0.42～0.62)	0.97 (0.68～1.3)
女 12～19	2	499	9.22	0.24 (0.20～0.29)	0.076[E] (<检出限～0.11)	0.28 (0.22～0.34)	0.46 (0.41～0.52)	0.77 (0.69～0.84)
女 20～39	1	655	14.20	0.27 (0.23～0.32)	<检出限	0.29 (0.23～0.35)	0.53 (0.44～0.62)	1.3 (0.84～1.7)
女 20～39	2	770	7.53	0.35 (0.29～0.41)	0.096 (0.071～0.12)	0.37 (0.28～0.46)	0.71 (0.55～0.86)	1.1 (1.0～1.3)
女 40～59	1	645	8.06	0.40 (0.35～0.46)	0.092 (<检出限～0.12)	0.41 (0.33～0.48)	0.79 (0.71～0.86)	2.3 (1.8～2.8)
女 40～59	2	612	3.92	0.51 (0.43～0.61)	0.11 (0.094～0.12)	0.51 (0.41～0.60)	0.95 (0.62～1.3)	2.6 (2.3～3.0)
女 60～79	1	542	4.06	0.44 (0.37～0.52)	0.095[E] (<检出限～0.13)	0.46 (0.40～0.52)	0.90 (0.74～1.1)	2.2 (1.8～2.6)
女 60～79	2	581	2.24	0.54 (0.49～0.60)	0.11 (0.097～0.12)	0.59 (0.54～0.64)	1.1 (0.98～1.2)	2.5 (2.1～3.0)

a 3～5 岁年龄组未按照性别分组。

b 如果超过 40% 的样本检测值低于检出限，则仅报告数据的百分比分布而不报告均值。

c 6 岁以下儿童未纳入第一次调查（2007—2009），因此该年龄段无统计数据。

E 谨慎引用。

表 8-3-7　加拿大第一次（2007—2009）和第二次（2009—2011）健康调查

6～79 岁 [a] 居民尿镉质量分数　　　　　　　　　单位：μg/g 肌酐

分组（岁）	调查时期	调查人数	<检出限 [b]/%	几何均数（95%置信区间）	P_{10}（95%置信区间）	P_{50}（95%置信区间）	P_{75}（95%置信区间）	P_{95}（95%置信区间）
全体对象6～79	1	5 478	9.73	0.42（0.40～0.44）	<检出限（<检出限～0.18）	0.39（0.37～0.41）	0.68（0.63～0.74）	1.5（1.4～1.7）
全体对象6～79	2	5 719	6.14	0.37（0.34～0.41）	0.14（0.12～0.16）	0.36（0.32～0.40）	0.62（0.57～0.67）	1.4（1.3～1.6）
全体男性6～79	1	2 652	8.30	0.36（0.34～0.38）	0.15（<检出限～0.16）	0.33（0.31～0.35）	0.54（0.48～0.60）	1.2（1.0～1.3）
全体男性6～79	2	2 739	5.37	0.31（0.28～0.35）	0.13（0.11～0.15）	0.31（0.26～0.35）	0.49（0.42～0.55）	1.1（0.97～1.3）
全体女性6～79	1	2 826	11.08	0.50（0.47～0.53）	<检出限	0.46（0.42～0.50）	0.80（0.73～0.86）	2.0（1.7～2.2）
全体女性6～79	2	2 980	6.85	0.44（0.40～0.48）	0.16（0.14～0.19）	0.43（0.39～0.47）	0.74（0.68～0.80）	1.9（1.5～2.4）

a 为了便于比较第一次（2007—2009）调查数据，6 岁以下儿童数据未收录，表中仅包含 6～79 岁的居民数据。
b 如果超过 40%的样本检测值低于检出限，则仅报告数据的百分比分布而不报告均值。

表 8-3-8　加拿大第一次（2007—2009）和第二次（2009—2011）健康调查

3～79 岁居民年龄别尿镉质量分数　　　　　　　　单位：μg/g 肌酐

分组（岁）	调查时期	调查人数	<检出限 [a]/%	几何均数（95%置信区间）	P_{10}（95%置信区间）	P_{50}（95%置信区间）	P_{75}（95%置信区间）	P_{95}（95%置信区间）
全体对象3～79 [b]	1	—	—					
全体对象3～79	2	6 291	6.58	0.37（0.34～0.41）	0.14（0.12～0.16）	0.36（0.32～0.40）	0.62（0.57～0.67）	1.4（1.3～1.6）
3～5 [b]	1	—	—	—	—	—	—	—
3～5	2	572	11.01	0.39（0.33～0.47）	<检出限	0.42（0.36～0.49）	0.58（0.50～0.66）	F
6～11	1	1 030	14.76	0.34（0.31～0.38）	<检出限	0.33（0.30～0.37）	0.46（0.40～0.52）	0.86（0.70～1.0）
6～11	2	1 058	9.74	0.28（0.24～0.33）	0.12（<检出限～0.15）	0.28（0.24～0.32）	0.42（0.34～0.51）	0.80（0.67～0.94）

分组 （岁）	调查 时期	调查 人数	<检出 限 [a]/%	几何均数 （95%置信 区间）	P_{10} （95%置信 区间）	P_{50} （95%置信 区间）	P_{75} （95%置信 区间）	P_{95} （95%置信 区间）
12～19	1	982	10.49	0.24 （0.22～0.26）	<检出限	0.23 （0.22～0.25）	0.31 （0.28～0.34）	0.53 （0.40～0.65）
12～19	2	1 039	7.60	0.20 （0.17～0.23）	0.099 （<检出限～0.12）	0.20 （0.18～0.23）	0.27 （0.23～0.32）	0.46 （0.34～0.58）
20～39	1	1 165	13.22	0.31 （0.29～0.33）	<检出限	0.30 （0.28～0.32）	0.45 （0.42～0.48）	0.83 （0.68～0.97）
20～39	2	1 319	7.13	0.28 （0.24～0.32）	0.13 （<检出限～0.14）	0.27 （0.22～0.33）	0.43 （0.37～0.49）	0.79 （0.69～0.88）
40～59	1	1 218	7.39	0.54 （0.51～0.57）	0.22 （<检出限～0.25）	0.52 （0.47～0.56）	0.86 （0.78～0.94）	1.9 （1.6～2.2）
40～59	2	1 223	4.66	0.47 （0.43～0.53）	0.19 （0.16～0.22）	0.46 （0.41～0.50）	0.77 （0.69～0.85）	1.9 （1.3～2.4）
60～79	1	1 083	3.14	0.70 （0.64～0.76）	0.30 （<检出限～0.33）	0.68 （0.62～0.75）	1.1 （0.94～1.2）	2.1 （1.8～2.4）
60～79	2	1 080	1.67	0.64 （0.58～0.71）	0.26 （0.22～0.29）	0.63 （0.57～0.69）	1.0 （0.90～1.1）	2.0 （1.7～2.3）

a 如果超过 40%的样本检测值低于检出限，则仅报告数据的百分比分布而不报告均值。

b 6 岁以下儿童未纳入第一次调查（2007—2009），因此该年龄段无统计数据。

F 数据不可靠，不予发布。

表 8-3-9　加拿大第一次（2007—2009）和第二次（2009—2011）健康调查
3～79 岁居民年龄别 [a]、性别尿镉质量分数　　　　　　　　　单位：µg/g 肌酐

分组 （岁）	调查 时期	调查 人数	<检出 限 [b]/%	几何均数 （95%置信 区间）	P_{10} （95%置信 区间）	P_{50} （95%置信 区间）	P_{75} （95%置信 区间）	P_{95} （95%置信 区间）
全体 男性 3～79 [c]	1	—	—	—	—	—	—	—
全体 男性 3～79	2	3 028	5.68	0.32 （0.28～0.35）	0.13 （0.11～0.15）	0.31 （0.27～0.36）	0.49 （0.43～0.55）	1.1 （0.97～1.3）
男 6～11	1	521	13.05	0.34 （0.32～0.37）	<检出限	0.33 （0.31～0.36）	0.46 （0.41～0.51）	0.83 （0.68～0.97）
男 6～11	2	530	7.55	0.30 （0.24～0.37）	0.13 [E] （<检出限～0.19）	0.30 （0.24～0.36）	0.45 （0.35～0.56）	0.86 （0.73～0.98）
男 12～19	1	504	8.13	0.23 （0.21～0.25）	0.12 （<检出限～0.14）	0.22 （0.21～0.24）	0.31 （0.26～0.35）	0.53 [E] （0.30～0.75）
男 12～19	2	541	6.10	0.20 （0.17～0.23）	0.099 （0.078～0.12）	0.20 （0.17～0.23）	0.27 （0.21～0.33）	0.49 [E] （0.27～0.71）
男 20～39	1	512	11.91	0.26 （0.25～0.28）	<检出限	0.25 （0.23～0.27）	0.37 （0.34～0.40）	0.65 （0.54～0.76）

分组（岁）	调查时期	调查人数	<检出限[b]/%	几何均数（95%置信区间）	P_{10}（95%置信区间）	P_{50}（95%置信区间）	P_{75}（95%置信区间）	P_{95}（95%置信区间）
男 20～39	2	550	6.55	0.22 (0.19～0.26)	0.099 (<检出限～0.12)	0.22 (0.18～0.26)	0.35 (0.28～0.42)	0.62 (0.40～0.85)
男 40～59	1	574	6.62	0.43 (0.39～0.48)	0.17 (<检出限～0.21)	0.42 (0.37～0.47)	0.69 (0.59～0.80)	1.2 (0.97～1.4)
男 40～59	2	615	5.37	0.38 (0.33～0.44)	0.17 (<检出限～0.20)	0.37 (0.29～0.45)	0.60 (0.46～0.75)	1.2 (0.85～1.5)
男 60～79	1	541	2.22	0.60 (0.53～0.68)	0.26 (0.24～0.29)	0.56 (0.48～0.64)	0.99 (0.75～1.2)	1.7 (1.4～2.0)
男 60～79	2	503	0.99	0.52 (0.45～0.61)	0.23 (<检出限～0.27)	0.49 (0.41～0.58)	0.81 (0.60～1.0)	1.6 (1.3～1.9)
全体女性 3～79[c]	1	—	—	—	—	—	—	—
全体女性 3～79	2	3 263	7.42	0.44 (0.40～0.48)	0.16 (0.14～0.18)	0.43 (0.38～0.47)	0.74 (0.67～0.80)	1.9 (1.4～2.4)
女 6～11	1	509	16.50	0.34 (0.29～0.40)	<检出限	0.33 (0.29～0.37)	0.47 (0.38～0.55)	0.90 (0.68～1.1)
女 6～11	2	528	11.93	0.27 (0.23～0.31)	<检出限	0.27 (0.23～0.31)	0.40 (0.31～0.48)	0.76 (0.58～0.95)
女 12～19	1	478	12.97	0.25 (0.22～0.27)	<检出限	0.25 (0.23～0.27)	0.31 (0.29～0.33)	0.53 (0.39～0.67)
女 12～19	2	498	9.24	0.20 (0.17～0.23)	0.097 (<检出限～0.12)	0.21 (0.18～0.23)	0.28 (0.24～0.31)	0.44 (0.36～0.51)
女 20～39	1	653	14.24	0.37 (0.34～0.41)	<检出限	0.35 (0.31～0.38)	0.55 (0.49～0.61)	1.0 (0.77～1.3)
女 20～39	2	769	7.54	0.34 (0.29～0.39)	0.14 (0.12～0.16)	0.34 (0.26～0.43)	0.51 (0.42～0.60)	0.85 (0.76～0.95)
女 40～59	1	644	8.07	0.67 (0.64～0.71)	0.28 (<检出限～0.33)	0.65 (0.59～0.72)	1.0 (0.94～1.1)	2.3 (2.1～2.5)
女 40～59	2	608	3.95	0.59 (0.50～0.68)	0.25 (0.20～0.29)	0.54 (0.44～0.64)	0.94 (0.77～1.1)	2.4 (1.7～3.0)
女 60～79	1	542	4.06	0.81 (0.75～0.87)	0.36 (<检出限～0.39)	0.79 (0.71～0.88)	1.2 (0.97～1.4)	2.4 (2.0～2.8)
女 60～79	2	577	2.25	0.76 (0.72～0.81)	0.31 (0.24～0.38)	0.75 (0.68～0.82)	1.1 (1.0～1.3)	2.6 (1.9～3.2)

a 3～5 岁年龄组未按照性别分组。

b 如果超过40%的样本检测值低于检出限，则仅报告数据的百分比分布而不报告均值。

c 6 岁以下儿童未纳入第一次调查（2007—2009），因此该年龄段无统计数据。

E 谨慎引用。

参考文献

[1]   Amzal，B.，Julin，B.，Vahter，M.，et al. 2009. Population toxicokinetic modeling of cadmium for health risk assessment. *Environmental Health Perspectives*，117（8）：1293-1301.

[2]   ATSDR（Agency for Toxic Substances and Disease Registry）. 2008. *Draft toxicological profile for cadmium*. U.S. Department of Health and Human Services，Atlanta，GA. Retrieved January 12，2012，from www.atsdr.cdc.gov/ToxProfiles/tp.asp？id=48&tid=15.

[3]   Canada. 1985. *Food and Drugs Act*. RSC 1985，c.F-27. Retrieved June 6，2012，from http://laws-lois. justice.gc.ca/eng/acts/F-27/.

[4]   Canada. 1998. *Glazed Ceramics and Glassware Regulations*. SOR/98-176. Retrieved February 20，2012，from http://laws-lois.justice.gc.ca/eng/regulations/SOR-98-176/page-1.html.

[5]   Canada. 1999. *Canadian Environmental Protection Act，1999*. SC 1999，c. 33. Retrieved April 2，2012，from http://laws-lois.justice.gc.ca/eng/acts/C-15.31/index.html.

[6]   Canada. 2000. Order adding a toxic substance to Schedule 1 to the Canadian Environmental Protection Act，1999. *Canada Gazette，Part II：Official Regulations*，134（7）. Retrieved June 11，2012，from www.gazette.gc.ca/archives/p2/2000/2000-03-29/html/sor-d.

[7]   Canada. 2010a. *Canada Consumer Product Safety Act*. SC 2010，c. 21. Retrieved February 20，2012，from http://laws-lois.justice.gc.ca/eng/acts/C-1.68/index.html.

[8]   Canada. 2010b. *Cribs，Cradles and Bassinets Regulations*. SOR/2010-261. Retrieved January 25，2012，from http://laws-lois.justice.gc.ca/eng/regulations/SOR-2010-261/index.html.

[9]   Canada. 2011. *Toys Regulations*. SOR/2011-17. Retrieved January 25，2012，from http://laws-lois. justice.gc.ca/eng/regulations/SOR-2011-17/index.html.

[10]   CCME（Canadian Council of Ministers of the Environment）. 1999. *Canadian soil quality guidelines for the protection of environmental and human health - Cadmium*. Winnipeg，MB.Retrieved January 24，2012，from http://ceqg-rcqe.ccme.ca/download/en/261/.

[11]   CDC（Centers for Disease Control and Prevention）. 2009. *Fourth National Report on Human Exposure to Environmental Chemicals*. Department of Health and Human Services，Atlanta，GA. Retrieved July 11，2011，from www.cdc.gov/exposurereport/.

[12]   Emsley，J.. 2001. *Nature's building blocks：An A-Z guide to the elements*. Oxford：Oxford University Press.

[13]   Environment Canada. 2010. *List of toxic substances managed under CEPA（Schedule 1）：Inorganic cadmium compounds*. Minister of Environment，Ottawa，ON. Retrieved September 13，2012 from www.ec.gc.ca/toxiques-toxics/Default.asp？lang=En&n=98E80CC6-1&xml=B1F78D6F-21C9-470B- AB05-FFCB5B215D3C.

[14]   Environment Canada & Health Canada. 1994. *Priority substances list assessment report：Cadmium and its compounds*. Minister of Supply and Services Canada，Ottawa，ON. Retrieved January 24，2012，from www.hc-sc.gc.ca/ewh-semt/pubs/contaminants/psl1-lsp1/cadmium_comp/index-eng.php.

[15]   Friberg，L.. 1985. *Cadmium and health：A toxicological and epidemiological appraisal*. Boca Raton，FL.：CRC Press.

[16]   Health Canada. 1986. *Guidelines for Canadian drinking water quality：Guideline technical document-*

Cadmium. Minister of Health，Ottawa，ON. Retrieved January 24，2012，fromwww.hc-sc.gc.ca/ ewh-semt/pubs/water-eau/cadmium/index-eng.php.

[17] Health Canada. 2009a. *Notice regarding Canada's legislated safety requirements related to heavy metal content in surface coating materials applied to children's toys.* Minister of Health，Ottawa，ON. Retrieved January 24，2012，from www.hc-sc. Gc.ca/cps-spc/advisories -avis/info -ind/heavy_ met-lourds-eng.php.

[18] Health Canada. 2009b. *Canadian Total Diet Study.* Minister of Health，Ottawa，ON. Retrieved November 29，2012，from www.hc-sc.gc.ca/fn-an/surveill/total-diet/index-eng.php.

[19] Health Canada. 2011a. *Draft proposal for Cadmium guideline in children's jewellery.* Minister of Health，Ottawa，ON. Retrieved July 23，2012，from www.hc-sc.gc.ca/cps-spc/legislation/consultation/_2011cadmium/ draft-ebauche-eng.php.

[20] Health Canada. 2011b. *List of prohibited and restricted cosmetic ingredients（"hotlist"）*. Minister of Health，Ottawa，ON. Retrieved May 25，2012，from www.hc-sc.gc.ca/cps-spc/cosmet-person/indust/hot -list-critique/index-eng.php.

[21] IARC（International Agency for Research on Cancer）. 2012. *IARC monographs on the evaluation of carcinogenic risks to humans-Volume 100C：Arsenic，metals，fibres，and dusts.* Geneva：World Health Organization.

[22] INSPQ（Institut national de santé publique du Québec）. 2004. *Étude sur l'établissement de valeurs de référence d'éléments traces et de métaux dans le sang，le sérum et l'urine de la population de la grande région de Québec.* INSPQ，Québec，QC.Retrieved July 11，2011，from www.inspq.qc.ca/pdf/publications/ 289-ValeursReferenceMetaux.pdf.

[23] Lauwerys，R.R.，Bernard，A.M.，Roels，H.A.，et al. 1994. Cadmium：Exposure markers as predictors of nephrotoxic effects. *Clinical Chemistry*，40（7）：1391-1394.

[24] Morrow，H.. 2000. Cadmium and cadmium alloys. *Kirk-Othmer Encyclopedia of Chemical Technology.* Mississauga，ON：John Wiley & Sons，Inc.

[25] USGS（U.S. Geological Survey）. 2012. *Mineral commodity summaries 2012.* Reston，VA. Retrieved April 16，2012，from http://minerals.usgs.gov/minerals/pubs/mcs/2012/mcs2012.pdf.

8.4 铯

铯（CAS 号：7440-46-2）在自然界中是一种稀有碱金属，在地壳中的平均含量约为 0.000 1%（ATSDR，2004）。铯是一种非常柔软、延展性很强的白色金属。单质铯不会出现在自然界中，因为它在空气中能够自发燃烧，与水也能发生剧烈反应生成氢氧化铯（Ferguson and Gorrie，2011）。铯主要的放射性同位素有 11 个，其中最重要的是铯-134 和铯-137。在自然界中，铯通常以一种稳定的非放射性同位素存在于矿石中，其次少量的存在土壤中。铯化合物不同于单质铯，在空气中反应不强烈，且通常极易溶于水。

铯通过含铯矿物质的风化和侵蚀释放到环境中（ATSDR，2004）。除了自然来源，铯也能通过人类活动如矿业和制造业释放到大气中（ATSDR，2004）。放射性铯来自于核电站运行中产生的副产物及核武器使用（ATSDR，2004）。

铯很少有工业应用，主要用于石油和天然气钻探及勘探用的卤水中（IARC，2001）。

铯化合物用于研究和开发,主要用于生物医学、化学和电子商业等领域(USGS,2012)。铯的放射性同位素用于治疗前列腺癌和其他癌症,铯-137 被广泛用于工业仪表制造、食品消毒、污水污泥处理以及外科手术设备中。尽管加拿大未授权非放射性氯化铯可作为治疗剂,但非放射性氯化铯有时可作为一种自我治疗癌症的纯天然保健品(Painter et al.,2008)。

普通人群通过食物和饮用水的摄入、环境空气的吸入和皮肤接触 3 种方式暴露铯(ATSDR,2004)。食物摄取是天然铯和放射性铯体内暴露的主要来源(ATSDR,2004)。人体通过不同途径摄入铯后,几乎完全被肠道吸收,吸收的铯在体内分布广泛。大部分吸收的铯通过尿液排出体外,一小部分通过粪便排出(ATSDR,2004)。通过检测尿液中铯的浓度水平可以评估短期暴露铯的情况(ATSDR,2004)。

长期高剂量暴露铯会影响人类健康,可引起恶心、腹泻和食欲不振(Neulieb,1984)。铯对心脏影响的报告表明:不断口服摄入未经授权使用的氯化铯对心脏有影响(Painter et al.,2008)。动物研究结果显示:铯及其化合物有相对较低的急性毒性(ATSDR,2004)。

人体暴露放射性铯对健康的影响主要与电磁辐射有关。放射性铯是一种人类致癌物(IARC,2001;IARC,2012)。国际癌症研究机构认为有充足的动物实验数据证明铯-137放射性同位素对人类具有致癌性,因此,将其划为 1 类致癌物(IARC,2001)。

基于人体健康的考虑,《加拿大饮用水水质标准》中规定了铯-137 的最大容许浓度(Health Canada,2009a;Health Canada,2012)。加拿大卫生部也规定了铯-131、铯-134 和铯-136 的最大容许浓度(Health Canada,2009a)。然而,由于这些同位素预计不会出现在加拿大的饮用水水源里,标准中规定的只是理论上可能发生潜在健康影响的限值,仅作为参考(Health Canada,2009a)。加拿大卫生部正在进行的膳食调查已将铯列为需要分析监测的化学物质(Health Canada,2009b)。上述膳食调查可评估不同年龄、性别的加拿大居民通过食物途径暴露的化学物质水平。另外,加拿大卫生部还规定了各种食物中放射性铯的水平(Health Canada,2000)。

加拿大第二次健康调查(2009—2011)中,3~79 岁的调查对象均进行尿铯的测定,所有检测数据都以 μg/L 和 μg/g 肌酐表示,如表 8-4-1、表 8-4-2、表 8-4-3 和表 8-4-4 所示。在尿液中检测到铯只表明尿铯是一种暴露标志物,并不意味着一定会出现不良健康影响。这些数据提供了加拿大人群尿铯的基准水平。

表 8-4-1 加拿大第二次(2009—2011)健康调查

3~79 岁居民年龄别尿铯质量浓度 单位:μg/L

分组 (岁)	调查 时期	调查 人数	<检出 限 [a]/%	几何均数 (95%置信 区间)	P_{10} (95%置信 区间)	P_{50} (95%置信 区间)	P_{75} (95%置信 区间)	P_{95} (95%置信 区间)
全体对象 3~79	2	6 395	0	4.9 (4.6~5.2)	1.8 (1.6~1.9)	5.0 (4.6~5.3)	7.4 (6.8~8.0)	13 (12~14)
3~5	2	601	0	6.6 (5.4~8.0)	2.7 (2.1~3.3)	5.6 (4.9~6.3)	8.0 (6.8~9.3)	14[E] (8.7~19)
6~11	2	1 075	0	5.5 (4.8~6.3)	2.4 (2.1~2.8)	5.3 (4.8~5.8)	7.3 (6.6~7.9)	12 (9.3~15)
12~19	2	1 060	0	5.2 (4.5~6.0)	1.8 (1.4~2.1)	5.1 (4.5~5.6)	7.5 (6.7~8.2)	F

分组（岁）	调查时期	调查人数	<检出限 [a]/%	几何均数（95%置信区间）	P_{10}（95%置信区间）	P_{50}（95%置信区间）	P_{75}（95%置信区间）	P_{95}（95%置信区间）
20～39	2	1 329	0	4.5（4.1～4.9）	1.7（1.3～2.1）	4.8（4.4～5.3）	7.2（6.4～8.0）	12（9.5～14）
40～59	2	1 232	0	5.1（4.5～5.8）	1.7（1.5～1.9）	5.2（4.5～5.9）	7.9（6.8～9.1）	14（10～18）
60～79	2	1 098	0	4.4（4.1～4.7）	1.7（1.6～1.9）	4.4（3.9～4.8）	6.8（6.2～7.3）	12（11～14）

a 如果超过 40%的样本检测值低于检出限，则仅报告数据的百分比分布而不报告均值。

E 谨慎引用。

F 数据不可靠，不予发布。

表 8-4-2　加拿大第二次（2009—2011）健康调查

3～79 岁居民年龄别 [a]、性别尿铯质量浓度 　　　　　　　　单位：μg/L

分组（岁）	调查时期	调查人数	<检出限 [b]/%	几何均数（95%置信区间）	P_{10}（95%置信区间）	P_{50}（95%置信区间）	P_{75}（95%置信区间）	P_{95}（95%置信区间）
全体男性 3～79	2	3 076	0	5.2（4.7～5.8）	2.0（1.7～2.2）	5.2（4.8～5.6）	7.7（7.0～8.4）	13（11～15）
男 6～11	2	534	0	5.3（4.5～6.1）	2.6（2.3～2.9）	5.1（4.5～5.8）	6.9（6.1～7.8）	12（9.0～14）
男 12～19	2	550	0	5.6（4.6～6.8）	2.2（1.7～2.7）	5.2（4.6～5.9）	7.5（6.6～8.4）	F
男 20～39	2	556	0	4.8（4.2～5.3）	1.8（1.4～2.3）	5.1（4.6～5.7）	7.5（6.5～8.4）	12（10～15）
男 40～59	2	619	0	5.6（4.6～6.9）	1.9（1.4～2.4）	5.5（4.5～6.6）	8.5（6.1～11）	16（12～20）
男 60～79	2	509	0	4.6（4.2～5.2）	1.9（1.6～2.3）	4.7（4.2～5.2）	7.1（6.4～7.8）	12（10～14）
全体女性 3～79	2	3 319	0	4.6（4.3～4.8）	1.6（1.4～1.7）	4.7（4.4～5.0）	7.1（6.6～7.5）	12（11～13）
女 6～11	2	541	0	5.8（4.8～7.0）	2.0（1.7～2.3）	5.4（4.9～5.8）	7.4（6.5～8.3）	13（9.5～16）
女 12～19	2	510	0	4.8（4.2～5.4）	1.5（1.2～1.8）	4.7（4.1～5.3）	7.4（6.6～8.2）	11（9.8～13）
女 20～39	2	773	0	4.3（3.8～4.9）	1.5（1.0～2.0）	4.5（4.0～5.1）	7.1（5.9～8.2）	11（8.9～12）
女 40～59	2	613	0	4.6（4.1～5.1）	1.6（1.3～1.8）	5.0（4.5～5.4）	7.3（6.3～8.3）	13[E]（8.0～18）
女 60～79	2	589	0	4.2（3.9～4.5）	1.6（1.3～1.8）	3.9（3.3～4.5）	6.4（5.7～7.1）	12（10～14）

a 3～5 岁年龄组未按照性别分组。

b 如果超过 40%的样本检测值低于检出限，则仅报告数据的百分比分布而不报告均值。

E 谨慎引用。

F 数据不可靠，不予发布。

表 8-4-3　加拿大第二次（2009—2011）健康调查

3～79 岁居民年龄别尿铯质量分数　　　　　　单位：μg/g 肌酐

分组（岁）	调查时期	调查人数	<检出限 a/%	几何均数（95%置信区间）	P_{10}（95%置信区间）	P_{50}（95%置信区间）	P_{75}（95%置信区间）	P_{95}（95%置信区间）
全体对象 3～79	2	6 299	0	4.4 (4.2～4.6)	2.5 (2.4～2.6)	4.3 (4.1～4.6)	5.8 (5.5～6.2)	9.9 (9.0～11)
3～5	2	572	0	8.9 (8.3～9.6)	5.2 (4.5～5.8)	8.9 (8.3～9.5)	12 (11～13)	19 (16～22)
6～11	2	1 059	0	5.6 (5.3～6.0)	3.3 (3.1～3.5)	5.4 (5.0～5.9)	7.4 (6.8～7.9)	11 (10～12)
12～19	2	1 042	0	3.5 (3.4～3.7)	2.1 (2.0～2.2)	3.4 (3.3～3.6)	4.6 (4.4～4.8)	6.7 (<检出限～7.5)
20～39	2	1 322	0	3.7 (3.5～3.9)	2.3 (2.1～2.4)	3.5 (3.2～3.7)	4.8 (4.4～5.2)	7.1 (6.0～8.3)
40～59	2	1 223	0	4.7 (4.3～5.0)	2.7 (2.5～2.9)	4.6 (4.2～5.0)	6.1 (5.6～6.6)	9.8 (7.7～12)
60～79	2	1 081	0	5.0 (4.7～5.2)	2.8 (2.5～3.0)	5.0 (4.8～5.1)	6.5 (6.1～6.9)	11 (10～12)

a 如果超过 40%的样本检测值低于检出限，则仅报告数据的百分比分布而不报告均值。

表 8-4-4　加拿大第二次（2009—2011）健康调查

3～79 岁居民年龄别 a、性别尿铯质量分数　　　　　　单位：μg/g 肌酐

分组（岁）	调查时期	调查人数	<检出限 b/%	几何均数（95%置信区间）	P_{10}（95%置信区间）	P_{50}（95%置信区间）	P_{75}（95%置信区间）	P_{95}（95%置信区间）
全体男性 3～79	2	3 031	0	4.0 (3.8～4.2)	2.3 (2.2～2.4)	3.8 (3.6～4.1)	5.3 (5.0～5.6)	9.0 (7.9～10)
男 6～11	2	530	0	5.5 (5.1～6.0)	3.2 (2.9～3.5)	5.3 (4.8～5.9)	7.6 (7.0～8.2)	11 (10～12)
男 12～19	2	542	0	3.3 (3.1～3.6)	1.9 (1.7～2.1)	3.3 (3.0～3.5)	4.5 (4.1～4.8)	7.1 (<检出限～9.0)
男 20～39	2	551	0	3.2 (3.1～3.4)	2.1 (1.7～2.4)	3.2 (3.0～3.4)	4.1 (3.8～4.4)	5.6 (5.3～5.9)
男 40～59	2	615	0	4.2 (3.8～4.6)	2.6 (2.2～2.9)	4.1 (3.7～4.6)	5.6 (5.0～6.1)	8.2 (6.0～10)
男 60～79	2	504	0	4.4 (4.1～4.7)	2.6 (2.4～2.8)	4.5 (4.2～4.7)	5.6 (5.0～6.2)	8.6 (7.2～10)
全体女性 3～79	2	3 268	0	4.9 (4.6～5.2)	2.7 (2.5～2.9)	4.7 (4.4～5.0)	6.4 (5.9～6.8)	11 (9.6～13)
女 6～11	2	529	0	5.7 (5.3～6.1)	3.6 (3.3～3.8)	5.5 (4.9～6.1)	7.0 (6.5～7.5)	11 (9.7～12)
女 12～19	2	500	0	3.7 (3.5～4.0)	2.2 (2.0～2.5)	3.5 (3.3～3.8)	4.7 (4.5～4.9)	6.5 (5.8～7.2)
女 20～39	2	771	0	4.2 (3.9～4.5)	2.5 (2.2～2.8)	4.0 (3.7～4.4)	5.2 (4.7～5.6)	8.2 (7.2～9.2)
女 40～59	2	608	0	5.2 (4.7～5.7)	3.0 (2.8～3.2)	5.0 (4.5～5.4)	6.7 (5.9～7.6)	12 (8.0～15)
女 60～79	2	577	0	5.6 (5.2～5.9)	3.1 (2.6～3.6)	5.5 (5.2～5.8)	7.2 (6.8～7.6)	12 (11～13)

a 3～5 岁年龄组未按照性别分组。

b 如果超过 40%的样本检测值低于检出限，则仅报告数据的百分比分布而不报告均值。

参考文献

[1] ATSDR（Agency for Toxic Substances and Disease Registry）. 2004. *Toxicological profile for cesium.* Atlanta，GA.：U.S. Department of Health and Human Services. Retrieved July 11，2011，from www.atsdr.cdc.gov/ToxProfiles/tp.asp？id=578&tid=107.

[2] Ferguson，W. & Gorrie，D. 2011. Cesium and cesium compounds. *Kirk-Othmer Encyclopedia of Chemical Technology.* Mississauga，ON：John Wiley & Sons，Inc.

[3] Health Canada. 2000. *Canadian guidelines for the restriction of radioactively contaminated food and water following a nuclear emergency.* Minister of Health，Ottawa，ON. Retrieved November 29，2012，from www.hc-sc.gc.ca/ewh-semt/pubs/contaminants/emergency-urgence/index-eng.php.

[4] Health Canada. 2009a. *Guidelines for Canadian drinking water quality：Guideline technical document - Radiological parameters.* Minister of Health，Ottawa，ON. Retrieved July 11，2011，from www.hc-sc.gc.ca/ewh-semt/pubs/water-eau/radiological_para-radiologiques/index-eng.php.

[5] Health Canada. 2009b. Ottawa，ON：*Canadian Total Diet Study.* Minister of Health，Retrieved November 29，2012，from www.hc-sc.gc.ca/fn-an/surveill/total-diet/index-eng.php.

[6] Health Canada. 2012. *Guidelines for Canadian drinking water quality - Summary table.* Ottawa，ON：Minister of Health. Retrieved March 15，2013，from www.hc-sc.gc.ca/ewh-semt/pubs/water-eau/2012-sum_guide -res_ recom/index-eng.pdf.

[7] IARC（International Agency for Research on Cancer）. 2001. *IARC monographs on the evaluation of carcinogenic risks to humans- Volume 78：Ionizing radiation，Part 2，some internally deposited radionu-clides.* Geneva：World Health Organization.

[8] IARC（International Agency for Research on Cancer）. 2012. *IARC monographs on the evaluation of carcinogenic risks to humans - Volume 100D：Radiation.* Geneva：World Health Organization.

[9] Neulieb，R.. 1984. Effects of oral intake of cesium chloride：A single case report. *Pharmacology Biochemistry and Behavior*，21（Supplement 1）：15-16.

[10] Painter，D.，Berman，E and Pilon，K.. 2008. Cesium chloride and ventricular arrhythmias. *Canadian Adverse Reaction Newsletter*，18（4）：3-4.

[11] USGS（U.S. Geological Survey）. 2012. *Mineral commodity summaries 2012.* Reston，VA. Retrieved April 16，2012，from http://minerals.usgs.gov/minerals/pubs/mcs/2012/mcs2012.pdf.

8.5 钴

钴（CAS 号：7440-48-4）是一种坚硬并带有磁性的银灰色金属。钴在地壳中平均含量约为 0.002 5%，且通常以矿物质的形式存在（ATSDR，2004）。钴一般以硫化物、氧化物或砷化物的形式存在于其他金属矿中（特别是铜矿和镍矿）（IARC，1991）。在钴的放射性同位素中，钴-57 和钴-60 是与商业活动有关的重要同位素。钴是维持人类健康所必需的微量元素。

钴通过土壤浸蚀、空气浮尘、海浪、火山爆发和森林火灾等自然释放到环境中（ATSDR，2004）。大量的钴也作为采矿工业副产物被释放出来。其他钴的人为来源包括化石燃料燃烧、钴矿石的采选冶炼和钴合金加工（ATSDR，2004）。

在加拿大，钴主要用作工业原材料（Environment Canada & Health Canada，2011）。钴是生产飞机引擎燃气轮和硬质金属工具所需的合金组分；钴还用于生产钴颜料和化肥，并作为油漆、清漆、油墨中的干燥剂。钴化合物在石油、天然气提炼、聚酯和其他材料的合成过程中作为催化剂；也用于制造电池电极、钢带辐条轮胎、汽车安全气囊、钻石抛光轮和磁带记录媒体等。钴-60 作为伽马射线源用于食品辐射处理、医疗和消费产品灭菌和癌症化疗，而钴-57 仅限于医疗和科学研究使用（ATSDR，2004；Richardson，2003）。

公众主要通过食物暴露钴，其次是通过饮用水和空气（ATSDR，2004）。可溶性钴化合物经口或呼吸途径吸收。基于钴化合物的类型、剂量以及研究对象的营养状况，钴通过胃肠道吸收的差异很大，吸收率波动范围为 18%～97%（ATSDR，2004）。大多数吸收的钴在几天内通过尿液排出体外，而少量的钴元素可蓄积在体内，其生物半衰期在 2～15 年（IARC，2006）。钴作为维生素 B_{12} 的组成成分存在于人体内多数组织中，其中肝脏中浓度最高（ATSDR，2004）。尿钴可作为短期可溶性钴化合物的暴露标志物（CDC，2009）。

作为一种必需的微量元素，钴在维生素 B_{12} 中有功能性的作用。维生素 B_{12} 有助于人体红细胞生成和碳水化合物、脂肪和蛋白质代谢。维生素 B_{12} 缺乏会导致恶性贫血的发生。维生素 B_{12} 中的钴不与血液中的钴交换，也没有发现具有其他重要功能。鉴于钴对人体的必要性，加拿大卫生部以维生素 B_{12} 的形式推荐了每日最低和最高的钴摄入剂量（Health Canada，2007）。

钴的不良健康影响源于非职业暴露者人群钴化合物水平的升高。20 世纪 50 年代和 60 年代，美国、加拿大和欧洲国家将硫酸钴和氯化钴作为啤酒泡沫稳定剂。在此期间，在过量饮用啤酒者中出现了几例致命性的心肌病（Alexander，1972）。钴暴露几周后也观察到甲状腺功能变化与心肌病之间的关系（ATSDR，2004；Roy et al.，1968）。

癌症研究表明：重金属生产设备上的工人患肺癌的风险增加，这与含钴的灰尘和碳化钨的暴露有关（IARC，2006；IPCS，2006）。基于在人群中没有充足的证据，但在动物实验中特定的钴化合物有少量的或者足够的证据表明钴暴露与肺癌有关，1991 年国际癌症研究机构（IARC）将钴及其化合物划定为 2B 类致癌物，即有可能对人类致癌（IARC，1991）。2006 年国际癌症研究机构评估了碳化钨金属钴的暴露，将其划定为 2A 类致癌物，即对人类很可能有致癌性（IARC，2006）。2006 年无碳化钨的金属钴和钴盐又被重新评估，由于其对人类致癌性的证据不足，继续将其划定为 2B 类致癌物（IARC，2006）。

根据《加拿大环境保护法》（1999）中的化学品管理计划，元素钴、氯化钴、硫酸钴被确定为需要优先评估的物质，最终的筛选评估结果在 2011 年发表（Canada，1999；Environment Canada and Health Canada，2011）。评估表明：在加拿大环境中钴的暴露水平通常并不会危害到人体健康（Environment Canada and Health Canada，2011）。该评估是环境钴所有来源评价的起点，目前即将成为化学品管理计划的一部分，该评估草案预计将于 2014 年出版。

钴的放射性同位素用于工业和研究中。这些放射性核素预计不会在加拿大饮用水水源中出现，对于公众的暴露仅限于罕见的意外丢失、盗窃或有意的损坏（Health Canada，2009a；

IARC，2012）。放射性钴暴露的健康效应与电磁辐射有关，它是一种人类致癌物（IARC，2012）。

加拿大卫生部制定了饮用水水质标准，规定了钴-57 和钴-60 的最大容许浓度。因为这些同位素预计不会出现在加拿大的饮用水水源里，规定的只是理论上可能发生潜在健康影响的浓度限值，仅供参考（Health Canada，2009a）。加拿大卫生部正在进行的膳食调查已将钴列为需要分析监测的化学物质（Health Canada，2009b）。上述膳食调查可评估不同年龄、性别的加拿大居民通过食物途径暴露的化学物质水平。另外，加拿大卫生部还制定了食物中各种放射性钴的水平（Health Canada，2000）。对魁北克市 18～65 岁的 500 名调查对象进行生物监测，结果显示：尿钴和血钴的几何均数分别低于检出限（尿钴 0.35 μg/L、血钴 0.18 μg/L）（INSPQ，2004）。

加拿大第二次健康调查（2009—2011）中，3～79 岁的调查对象全部进行了全血和尿液中钴的测定，上述数据在血液中以μg/L（表 8-5-1 和表 8-5-2），在尿液中以μg/L 和μg/g 肌酐表示（表 8-5-3、表 8-5-4、表 8-5-5 和表 8-5-6）。在尿液中检测到钴只说明尿钴是钴的暴露标志物，并不意味着一定会出现不良健康影响。上述数据提供了加拿大普通人群血液和尿液中钴的基准水平。

表 8-5-1　加拿大第二次（2009—2011）健康调查
3～79 岁居民年龄别血（全血）钴质量浓度　　　　　单位：μg/L

分组（岁）	调查时期	调查人数	<检出限 [a]/%	几何均数（95%置信区间）	P_{10}（95%置信区间）	P_{50}（95%置信区间）	P_{75}（95%置信区间）	P_{95}（95%置信区间）
全体对象 3～79	2	6 070	0.02	0.23（0.21～0.24）	0.15（0.13～0.17）	0.22（0.20～0.24）	0.27（0.25～0.29）	0.40（0.36～0.43）
3～5	2	495	0	0.26（0.23～0.28）	0.17（0.13～0.21）	0.26（0.24～0.28）	0.31（0.29～0.33）	0.42（0.32～0.52）
6～11	2	961	0	0.25（0.23～0.27）	0.18（0.16～0.20）	0.24（0.22～0.26）	0.29（0.27～0.31）	0.37（0.34～0.40）
12～19	2	997	0.10	0.23（0.21～0.25）	0.16（0.14～0.18）	0.23（0.21～0.25）	0.27（0.25～0.30）	0.38（0.34～0.41）
20～39	2	1 313	0	0.22（0.20～0.24）	0.14（0.12～0.16）	0.21（0.19～0.23）	0.27（0.24～0.30）	0.40（0.35～0.44）
40～59	2	1 222	0	0.22（0.21～0.24）	0.14（0.12～0.16）	0.21（0.20～0.23）	0.26（0.24～0.28）	0.43（0.34～0.52）
60～79	2	1 082	0	0.22（0.20～0.24）	0.14（0.12～0.16）	0.22（0.20～0.24）	0.26（0.24～0.29）	0.39（0.35～0.42）

a　如果超过 40%的样本检测值低于检出限，则仅报告数据的百分比分布而不报告均值。

表 8-5-2　加拿大第二次（2009—2011）健康调查

3～79 岁居民年龄别 [a]、性别血（全血）钴质量浓度　　　　　单位：μg/L

分组（岁）	调查时期	调查人数	<检出限 [b]/%	几何均数（95%置信区间）	P_{10}（95%置信区间）	P_{50}（95%置信区间）	P_{75}（95%置信区间）	P_{95}（95%置信区间）
全体男性 3～79	2	2 940	0.03	0.21 (0.19～0.23)	0.14 (0.12～0.16)	0.21 (0.19～0.22)	0.25 (0.23～0.27)	0.33 (0.30～0.37)
男 6～11	2	488	0	0.24 (0.23～0.27)	0.18 (0.17～0.20)	0.24 (0.22～0.26)	0.29 (0.26～0.31)	0.39 (0.34～0.43)
男 12～19	2	523	0.19	0.22 (0.20～0.24)	0.15 (0.13～0.17)	0.22 (0.19～0.24)	0.26 (0.23～0.29)	0.36 (0.32～0.40)
男 20～39	2	552	0	0.20 (0.19～0.22)	0.14 (0.12～0.17)	0.20 (0.18～0.22)	0.24 (0.21～0.27)	0.29 (0.27～0.32)
男 40～59	2	617	0	0.20 (0.19～0.22)	0.13 (0.11～0.15)	0.20 (0.18～0.22)	0.24 (0.22～0.26)	0.30 (0.27～0.33)
男 60～79	2	507	0	0.21 (0.20～0.23)	0.14 (0.12～0.16)	0.21 (0.19～0.23)	0.26 (0.23～0.28)	0.40 (0.33～0.47)
全体女性 3～79	2	3 130	0	0.24 (0.22～0.26)	0.15 (0.14～0.17)	0.23 (0.21～0.26)	0.29 (0.27～0.31)	0.44 (0.38～0.50)
女 6～11	2	473	0	0.25 (0.23～0.27)	0.17 (0.14～0.20)	0.25 (0.22～0.27)	0.30 (0.27～0.33)	0.37 (0.34～0.39)
女 12～19	2	474	0	0.25 (0.23～0.27)	0.17 (0.15～0.19)	0.25 (0.23～0.26)	0.29 (0.26～0.31)	0.39 (0.34～0.44)
女 20～39	2	761	0	0.24 (0.21～0.27)	0.15 (0.13～0.17)	0.23 (0.20～0.27)	0.30 (0.27～0.33)	0.45 (0.36～0.53)
女 40～59	2	605	0	0.24 (0.23～0.26)	0.16 (0.14～0.18)	0.23 (0.22～0.25)	0.29 (0.26～0.31)	0.51 (0.41～0.62)
女 60～79	2	575	0	0.23 (0.21～0.25)	0.15 (0.13～0.16)	0.22 (0.20～0.24)	0.28 (0.24～0.31)	0.38 (0.35～0.42)

a　3～5 岁年龄组未按照性别分组。

b　如果超过 40%的样本检测值低于检出限，则仅报告数据的百分比分布而不报告均值。

表 8-5-3　加拿大第二次（2009—2011）健康调查

3～79 岁居民年龄别尿钴质量浓度　　　　　　　　　单位：μg/L

分组（岁）	调查时期	调查人数	<检出限[a]/%	几何均数（95%置信区间）	P_{10}（95%置信区间）	P_{50}（95%置信区间）	P_{75}（95%置信区间）	P_{95}（95%置信区间）
全体对象 3～79	2	6 304	6.87	0.23（0.21～0.26）	<检出限	0.25（0.22～0.29）	0.44（0.40～0.49）	0.97（0.86～1.1）
3～5	2	573	2.79	0.34（0.30～0.39）	0.10（0.068～0.13）	0.37（0.31～0.43）	0.55（0.48～0.63）	1.1[E]（0.65～1.6）
6～11	2	1 061	1.60	0.38（0.35～0.41）	0.12（0.098～0.14）	0.40（0.37～0.43）	0.58（0.53～0.64）	1.1（0.95～1.3）
12～19	2	1 041	3.17	0.36（0.32～0.41）	0.086（<检出限～0.11）	0.36（0.32～0.41）	0.62（0.54～0.71）	1.5（1.2～1.9）
20～39	2	1 320	7.80	0.24（0.20～0.27）	<检出限	0.26（0.21～0.30）	0.45（0.37～0.52）	0.92（0.75～1.1）
40～59	2	1 224	11.11	0.20（0.17～0.23）	<检出限	0.22（0.17～0.27）	0.41（0.36～0.46）	0.85（0.72～0.97）
60～79	2	1 085	11.80	0.18（0.15～0.21）	<检出限	0.18（0.14～0.23）	0.32（0.26～0.38）	0.74（0.51～0.98）

a 如果超过 40% 的样本检测值低于检出限，则仅报告数据的百分比分布而不报告均值。

E 谨慎引用。

表 8-5-4　加拿大第二次（2009—2011）健康调查

3～79 岁居民年龄别[a]、性别尿钴质量浓度　　　　　　　单位：μg/L

分组（岁）	调查时期	调查人数	<检出限[b]/%	几何均数（95%置信区间）	P_{10}（95%置信区间）	P_{50}（95%置信区间）	P_{75}（95%置信区间）	P_{95}（95%置信区间）
全体男性 3～79	2	3 035	7.35	0.21（0.19～0.24）	<检出限	0.23（0.19～0.28）	0.41（0.35～0.46）	0.81（0.71～0.91）
男 6～11	2	532	1.50	0.39（0.35～0.44）	0.13（0.087～0.18）	0.42（0.37～0.46）	0.59（0.48～0.69）	1.0（0.72～1.3）
男 12～19	2	542	3.51	0.34（0.29～0.40）	0.091[E]（<检出限～0.13）	0.36（0.30～0.42）	0.55（0.47～0.64）	1.2（0.86～1.5）
男 20～39	2	551	10.34	0.19（0.16～0.23）	<检出限	0.20（0.16～0.25）	0.35（0.27～0.43）	0.69（0.55～0.82）
男 40～59	2	615	11.87	0.18（0.15～0.22）	<检出限	0.20（0.14～0.26）	0.34（0.27～0.40）	0.60（0.49～0.71）
男 60～79	2	505	11.09	0.18（0.16～0.21）	<检出限	0.18（0.14～0.23）	0.33（0.27～0.38）	0.70[E]（0.45～0.96）

分组（岁）	调查时期	调查人数	<检出限 b/%	几何均数（95%置信区间）	P_{10}（95%置信区间）	P_{50}（95%置信区间）	P_{75}（95%置信区间）	P_{95}（95%置信区间）
全体女性 3～79	2	3 269	6.42	0.25（0.23～0.28）	<检出限	0.27（0.24～0.30）	0.52（0.46～0.57）	1.1（1.0～1.3）
女 6～11	2	529	1.70	0.36（0.33～0.40）	0.11（0.084～0.14）	0.37（0.33～0.41）	0.57（0.49～0.66）	1.2（1.0～1.3）
女 12～19	2	499	2.81	0.38（0.32～0.45）	0.080E（<检出限～0.12）	0.37（0.31～0.44）	0.73（0.64～0.83）	1.8E（1.1～2.6）
女 20～39	2	769	5.98	0.29（0.24～0.35）	<检出限 E（<检出限～0.078）	0.33（0.26～0.39）	0.58（0.47～0.69）	1.2（0.97～1.3）
女 40～59	2	609	10.34	0.22（0.19～0.26）	<检出限	0.24（0.19～0.29）	0.50（0.39～0.61）	0.99（0.64～1.4）
女 60～79	2	580	12.41	0.17（0.14～0.21）	<检出限	0.18（0.13～0.23）	0.31（0.23～0.39）	0.76E（0.41～1.1）

a 3～5 岁年龄组未按照性别分组。

b 如果超过 40%的样本检测值低于检出限，则仅报告数据的百分比分布而不报告均值。

E 谨慎引用。

表 8-5-5　加拿大第二次（2009—2011）健康调查

3～79 岁居民年龄别尿钴质量分数　　　　　单位：µg/g 肌酐

分组（岁）	调查时期	调查人数	<检出限 a/%	几何均数（95%置信区间）	P_{10}（95%置信区间）	P_{50}（95%置信区间）	P_{75}（95%置信区间）	P_{95}（95%置信区间）
全体对象 3～79	2	6 285	6.89	0.22（0.20～0.25）	<检出限	0.22（0.19～0.24）	0.38（0.34～0.41）	0.88（0.79～0.97）
3～5	2	572	2.80	0.59（0.52～0.66）	0.30（0.25～0.36）	0.60（0.54～0.66）	0.78（0.60～0.97）	1.5（1.2～1.7）
6～11	2	1 057	1.61	0.43（0.40～0.46）	0.23（0.21～0.26）	0.43（0.40～0.46）	0.59（0.54～0.64）	1.1（0.91～1.3）
12～19	2	1 039	3.18	0.27（0.25～0.30）	0.11（<检出限～0.13）	0.26（0.24～0.29）	0.43（0.39～0.46）	0.91（0.77～1.1）
20～39	2	1 318	7.81	0.20（0.17～0.22）	<检出限	0.19（0.16～0.22）	0.32（0.27～0.38）	0.77（0.58～0.96）
40～59	2	1 220	11.15	0.19（0.17～0.22）	<检出限	0.19（0.16～0.22）	0.30（0.26～0.34）	0.82（0.67～0.97）
60～79	2	1 079	11.86	0.21（0.18～0.24）	<检出限	0.21（0.18～0.23）	0.32（0.26～0.38）	0.76（0.57～0.94）

a 如果超过 40%的样本检测值低于检出限，则仅报告数据的百分比分布而不报告均值。

表 8-5-6　加拿大第二次（2009—2011）健康调查

3～79 岁居民年龄别 [a]、性别尿钴质量分数　　　　　单位：μg/g 肌酐

分组（岁）	调查时期	调查人数	<检出限 [b]/%	几何均数（95%置信区间）	P_{10}（95%置信区间）	P_{50}（95%置信区间）	P_{75}（95%置信区间）	P_{95}（95%置信区间）
全体男性 3～79	2	3 028	7.36	0.17 (0.16～0.20)	<检出限	0.17 (0.14～0.19)	0.28 (0.24～0.31)	0.68 (0.61～0.75)
男 6～11	2	530	1.51	0.43 (0.38～0.49)	0.23 (0.21～0.26)	0.44 (0.39～0.50)	0.60 (0.54～0.66)	1.1 (0.81～1.5)
男 12～19	2	541	3.51	0.23 (0.21～0.26)	0.11 (<检出限～0.13)	0.23 (0.20～0.26)	0.37 (0.33～0.42)	0.75 (0.58～0.92)
男 20～39	2	550	10.36	0.14 (0.11～0.16)	<检出限	0.13 (0.11～0.16)	0.20 (0.15～0.26)	0.37 (0.29～0.46)
男 40～59	2	615	11.87	0.14 (0.13～0.17)	<检出限	0.15 (0.13～0.17)	0.21 (0.19～0.24)	0.43 (0.35～0.51)
男 60～79	2	503	11.13	0.18 (0.16～0.20)	<检出限	0.18 (0.15～0.20)	0.27 (0.23～0.30)	0.65 (0.48～0.81)
全体女性 3～79	2	3 257	6.45	0.28 (0.25～0.32)	<检出限	0.28 (0.25～0.31)	0.46 (0.41～0.52)	0.98 (0.85～1.1)
女 6～11	2	527	1.71	0.43 (0.39～0.46)	0.23 (0.20～0.26)	0.42 (0.38～0.46)	0.56 (0.48～0.65)	1.0 (0.85～1.2)
女 12～19	2	498	2.81	0.32 (0.28～0.36)	0.13 (<检出限～0.15)	0.31 (0.27～0.35)	0.49 (0.42～0.55)	1.1 (0.78～1.5)
女 20～39	2	768	5.99	0.28 (0.25～0.32)	<检出限 (<检出限～0.15)	0.27 (0.21～0.32)	0.47 (0.37～0.56)	0.89 (0.78～1.0)
女 40～59	2	605	10.41	0.26 (0.22～0.30)	<检出限	0.26 (0.21～0.31)	0.41 (0.32～0.50)	0.92 (0.67～1.2)
女 60～79	2	576	12.50	0.24 (0.20～0.29)	<检出限	0.23 (0.20～0.26)	0.37 (0.29～0.45)	0.78 (0.56～1.0)

a　3～5 岁年龄组未按照性别分组。

b　如果超过 40%的样本检测值低于检出限，则仅报告数据的百分比分布而不报告均值。

参考文献

[1]   Alexander，C.S. 1972. Cobalt-beer cardiomyopathy：A clinical and pathologic study of twenty-eight cases.*The American Journal of Medicine*，53（4）：395-417.

[2]   ATSDR（Agency for Toxic Substances and Disease Registry）. 2004. *Toxicological profile for cobalt.* U.S.Department of Health and Human Services，Atlanta，GA. Retrieved July 11，2011，from www.atsdr.cdc.gov/ToxProfiles/tp.asp？id=373&tid=64.

[3]   Canada. 1999. *Canadian Environmental Protection Act，1999.* SC 1999，c. 33. Retrieved April 2，2012，from http://laws-lois.justice.gc.ca/eng/acts/C-15.31/index.html.

[4]   CDC（Centers for Disease Control and Prevention）. 2009. *Fourth national report on human exposure to environmental chemicals.* Department of Health and Human Services，Atlanta，GA. Retrieved July 11，2011，from www.cdc.gov/exposurereport/.

[5]   Environment Canada & Health Canada. 2011. *Screening assessment for the challenge：Cobalt（elemental cobalt）；cobalt chloride；sulfuric acid，cobalt（2+）salt（1：1）（cobalt sulfate）；sulfuric acid，cobalt salt（cobalt sulfate）.* Retrieved July 11，2011，from www.ec.gc.ca/ese-ees/default.asp？lang=En&n=8E18277B-1.

[6]   Health Canada. 2000. *Canadian guidelines for the restriction of radioactively contaminated food and water following a nuclear emergency.* Minister of Health，Ottawa，ON. Retrieved November 29，2012，from www.hc-sc.gc.ca/ewh-semt/pubs/contaminants/emergency-urgence/index -eng.php.

[7]   Health Canada 2007. *Multi-vitamin/mineral supplement monograph.* Minister of Health，Ottawa，ON.Retrieved July 11，2011，from www.hc-sc.gc.ca/dhp-mps/prodnatur/applications/licen-prod/monograph/multi_vitmin_suppl-eng.php.

[8]   Health Canada. 2009a. *Guidelines for Canadian drinking water quality：Guideline technical document-Radiological parameters.* Minister of Health，Ottawa，ON. Retrieved July 11，2011，from www.hc-sc.gc.ca/ewh-semt/pubs/water-eau/radiological_para-radiologiques/index-eng.php.

[9]   Health Canada. 2009b. *Canadian Total Diet Study.* Minister of Health，Ottawa，ON. Retrieved November 29，2012，from www.hc-sc.gc.ca/fn-an/surveill/total-diet/index-eng.php.

[10]   IARC（International Agency for Research on Cancer）. 1991. *IARC monographs on the evaluation of carcinogenic risks to humans - Volume 52：Chlorinated drinking-water；chlorination by-products；some other halogenated compounds；cobalt and cobalt compounds.* Geneva：World Health Organization.

[11]   IARC（International Agency for Research on Cancer）. 2006. *IARC monographs on the evaluation of carcinogenic risks to humans - Volume 86：Cobalt in hard metals and cobalt sulfate，gallium arsenide，indium phosphide and vanadium pentoxide.* Geneva：World Health Organization.

[12]   IARC（International Agency for Research on Cancer）. 2012. *IARC monographs on the evaluation of carcinogenic risks to humans- Volume 100D：Radiation.* Geneva：World Health Organization.

[13]   INSPQ（Institut national de santé publique du Québec）. 2004. Étude sur l'établissement de valeurs de référence d'éléments traces et de métaux dans le sang，le sérum et l'urine de la population de la grande région de Québec . INSPQ，Québec，QC. Retrieved July 11，2011，from www.inspq.qc.ca/pdf/publications/289-ValeursReferenceMetaux.pdf.

[14] IPCS（International Programme on Chemical Safety）. 2006. *Concise international chemical assessment document 69: Cobalt and inorganic cobalt compounds*. Geneva: World Health Organization. Retrieved July 11, 2011, from www.who.int/ipcs/publications/cicad/cicad69%20.pdf.

[15] Richardson, H.W.. 2003. Cobalt compounds. *Kirk-Othmer Encyclopedia of Chemical Technology*. Mississauga, ON.: John Wiley & Sons, Inc.

[16] Roy, P.E., Bonenfant, J.L. and Turcot, L.. 1968. Thyroid changes in cases of Quebec beer drinkers myocardosis. *American Journal of Clinical Pathology*, 50: 234-239.

8.6 铜

铜（CAS 号：7440-50-8）是一种常见金属，在地壳的平均含量约为 0.005%（ATSDR，2004）。纯铜是有光泽、有延展性和韧性的红色金属，但许多铜化合物是蓝绿色的（CCME，1999）。铜是维持人体健康所必需的微量元素。

自然环境中的铜存在于岩石、土壤、沉积物、水体、植物及动物体内（CCME，1999）。它可以从自然活动（包括火山、腐烂的植被和森林火灾）中释放出来（ATSDR，2004），也可以从人为活动（如矿业、农业、生产作业、燃料燃烧及其他含铜材料）中释放出来。

铜广泛用于生产黄铜、青铜、炮铜和镍合金（ATSDR，2004）。铜合金用于生产金属板、管道和电导体。铜和铜合金也用于生产炊具、硬币、防污涂料、牙科汞合金、铅管装置、水管及建筑上的排水管、防水板。另外，铜化合物在化工纺织、石油精炼、木材防腐、农业生产中也发挥着重要作用（TSDR，2004；CCME，1999；IPCS，1998）。

对于公众，大多数铜的暴露途径是通过食物摄取（ATSDR，2004）。其他的暴露途径可能是粉尘吸入和饮用水摄入（CCME，1999）。经口摄入铜后 24%～60%的铜被吸收，铜的吸收受许多因素影响，包括年龄、食物中铜的浓度水平及其他金属的影响（ATSDR，2004；IPCS，1998）。摄入后，吸收的铜与血浆蛋白质载体结合被运送到肝脏。接着从肝脏重新分配到其他组织，以金属硫蛋白和氨基酸结合的形式储存（ATSDR，2004）。铜的去除分为两个阶段，在血浆中第一阶段和第二阶段的生物半衰期分别是 2.5 天和 69 天（ATSDR，2004）。铜主要经过胆汁排泄，经粪便排出的铜可达 70%，通常每日铜摄入量的 0.5%～3.0%从尿液排出（ATSDR，2004）。铜暴露能导致全血、血清、尿液、粪便、头发和肝脏中铜浓度升高。有研究表明：血清中铜浓度在暴露后很快降低，表明它们可能只反映短期暴露情况（ATSDR，2004）。

铜是人体生长和许多生理过程正常运行所必需的一种微量元素，包括细胞呼吸、铁代谢、抗氧化防御、结缔组织生长和神经递质的产生都离不开铜（IPCS，1998）。铜缺乏相对罕见，但会引起贫血、中性粒细胞减少和骨异常（IPCS，1998）。尽管普通人群中铜的急慢性中毒病例很少见，但是高剂量暴露仍会产生不良作用（ATSDR，2004）。血液透析患者、遗传性威尔逊氏病患者和慢性肝病患者可能更易受到铜毒性影响（IPCS，1998）。高剂量摄入铜会导致肝损伤，这几乎均能在威尔逊氏病患者、印度儿童肝硬化患者和原发性铜中毒者中观察到（IOM，2001）。急性经口暴露铜会引起恶心、呕吐和腹泻（ATSDR，2004；Olivares et al.，2001）。吸入铜以后能刺激呼吸道（ATSDR，2004）。

国际癌症研究机构尚未评估铜的潜在致癌性（ITER，2010）。美国环境保护局已经得出结论：人群和动物实验室数据不足以评估铜和铜化合物的致癌性（EPA，1988）。

　　加拿大规定了膳食补充剂（片剂、胶囊等）中铜的最高容许浓度（Health Canada，2007）。加拿大卫生部有害生物管理局根据《病虫害防治产品法案》监管加拿大含铜农药的销售和使用（Canada，2006）。随着杀虫剂的使用，有害生物管理局开始重新评估农药产品中的铜的活性成分（Health Canada，2009a）。基于此，有害生物管理局得出结论：如果根据标签说明使用并采取风险降低措施，这些含铜的农药对人类健康将不存在不可接受的风险（Health Canada，2009a）。

　　医学研究所基于肝损害发布了铜的可容许摄入量并被加拿大卫生部采用（Health Canada，2010；IOM，2001）。加拿大卫生部还根据铜对味觉的影响、对衣服染色程度和对下水管件的影响制订了饮用水中铜的感官性状限值（Health Canada，1992）。该标准是为防止产生不良健康影响，但是尚未制定健康值（Health Canada，1992）。加拿大卫生部正在进行的膳食调查已将铜列为需要分析监测的化学物质（Health Canada，2009b）。上述膳食调查可评估不同年龄、性别的加拿大居民通过食物途径暴露的化学物质水平。对不列颠哥伦比亚省 30～65 岁 61 名不吸烟成年人体内的微量元素水平进行评估，结果显示：尿铜的几何均数和第 95 百分位数值分别为 10.67 μg/g 肌酐和 19.66 μg/g 肌酐（Clark et al，2007）。

　　加拿大第一次健康调查（2007—2009）中 6～79 岁的调查对象和第二次健康调查（2009—2011）中 3～79 岁的调查对象均进行了血液和尿液中铜的测定。血液中的调查数据以μg/L 表示（表 8-6-1、表 8-6-2 和表 8-6-3）；尿液中的调查结果以μg/L（表 8-6-4、表 8-6-5 和表 8-6-6）和 μg/g 肌酐（表 8-6-7、表 8-6-8 和表 8-6-9）表示。在尿液或血液中检测到铜只表示尿铜和血铜是铜的暴露标志物，并不意味着一定会出现不利健康的影响。因为铜是生物体内的一种必需微量元素。

表 8-6-1　加拿大第一次（2007—2009）和第二次（2009—2011）健康调查
6～79 岁 [a] 居民血（全血）铜质量浓度　　　　　　　　　　　单位：μg/L

分组（岁）	调查时期	调查人数	<检出限 [b]/%	几何均数（95%置信区间）	P_{10}（95%置信区间）	P_{50}（95%置信区间）	P_{75}（95%置信区间）	P_{95}（95%置信区间）
全体对象 6～79	1	5 318	0	910（900～930）	750（740～760）	890（870～900）	990（980～1 000）	1 200（1 200～1 300）
全体对象 6～79	2	5 575	0	900（890～910）	710（700～720）	850（840～860）	950（940～960）	1 200（1 200～1 300）
全体男性 6～79	1	2 575	0	850（840～870）	720（710～740）	840（830～860）	910（890～930）	1 000（980～1 100）
全体男性 6～79	2	2 687	0	830（820～850）	680（670～690）	800（780～810）	870（860～890）	1 000（990～1 000）
全体女性 6～79	1	2 743	0	980（970～1 000）	800（780～820）	960（940～970）	1 000（1 000～1 100）	1 400（1 300～1 400）
全体女性 6～79	2	2 888	0	970（960～980）	770（760～780）	920（910～930）	1 000（1 000～1 000）	1 300（1 300～1 400）

a　为了便于比较第一次调查（2007—2009）数据，6 岁以下儿童数据未收录，表中仅包含 6～79 岁的居民数据。
b　如果超过 40%的样本检测值低于检出限，则仅报告数据的百分比分布而不报告均值。

表 8-6-2   加拿大第一次（2007—2009）和第二次（2009—2011）健康调查
3～79 岁居民年龄别血（全血）铜质量浓度   单位：μg/L

分组（岁）	调查时期	调查人数	<检出限[a]/%	几何均数（95%置信区间）	P_{10}（95%置信区间）	P_{50}（95%置信区间）	P_{75}（95%置信区间）	P_{95}（95%置信区间）
全体对象 3～79[b]	1	—	—	—	—	—	—	—
全体对象 3～79	2	6 070	0	900（900～910）	710（700～720）	860（850～860）	960（950～970）	1 200（1 200～1 300）
3～5[b]	1	—	—	—	—	—	—	—
3～5	2	495	0	1 000（1 000～1 100）	860（830～890）	1 000（970～1 000）	1 100（1 100～1 200）	1 300（1 200～1 300）
6～11	1	909	0	970（950～1 000）	820（790～860）	970（950～980）	1 000（980～1 000）	1 200（1 100～1 200）
6～11	2	961	0	980（960～990）	800（780～820）	930（920～950）	1 000（1 000～1 100）	1 200（1 100～1 300）
12～19	1	945	0	900（870～920）	720（700～750）	860（840～870）	970（930～1 000）	1 300（1 100～1 500）
12～19	2	997	0	880（860～890）	680（660～700）	810（800～830）	920（910～940）	1 400（1 300～1 400）
20～39	1	1 165	0	920（900～940）	730（710～750）	870（840～890）	990（980～1 000）	1 400（1 300～1 500）
20～39	2	1 313	0	890（880～910）	700（680～720）	820（810～840）	940（920～960）	1 300（1 200～1 400）
40～59	1	1 220	0	900（890～920）	760（740～770）	890（870～900）	980（960～1 000）	1 100（1 100～1 200）
40～59	2	1 222	0	900（880～910）	720（710～730）	860（840～880）	950（930～960）	1 100（1 100～1 100）
60～79	1	1 079	0	920（900～930）	770（750～790）	900（880～920）	990（980～1 000）	1 100（1 100～1 200）
60～79	2	1 082	0	900（890～920）	720（710～730）	860（850～880）	960（940～970）	1 100（1 100～1 200）

a 如果超过 40%的样本检测值低于检出限，则仅报告数据的百分比分布而不报告均值。
b 6 岁以下儿童未纳入第一次调查（2007—2009），因此该年龄段无统计数据。

表 8-6-3　加拿大第一次（2007—2009）和第二次（2009—2011）健康调查
3～79 岁居民年龄别 [a]、性别血（全血）铜质量浓度　　　　　单位：μg/L

分组（岁）	调查时期	调查人数	<检出限 [b]/%	几何均数（95%置信区间）	P_{10}（95%置信区间）	P_{50}（95%置信区间）	P_{75}（95%置信区间）	P_{95}（95%置信区间）
全体男性3～79 [c]	1	—	—	—	—	—	—	—
全体男性3～79	2	2 940	0	840（830～850）	680（670～690）	800（790～810）	880（870～890）	1 000（1 000～1 100）
男 6～11	1	458	0	1 000（970～1 000）	850（820～870）	990（980～1 000）	1 000（1 000～1 100）	1 200（1 100～1 300）
男 6～11	2	488	0	1 000（980～1 000）	830（800～850）	960（930～1 000）	1 100（1 000～1 100）	1 200（1 200～1 300）
男 12～19	1	489	0	830（820～850）	700（680～730）	820（800～840）	890（870～920）	1 000（990～1 100）
男 12～19	2	523	0	810（790～830）	650（630～680）	770（750～790）	850（820～890）	960（930～1 000）
男 20～39	1	514	0	820（800～840）	700（680～730）	820（800～840）	880（860～910）	990（950～1 000）
男 20～39	2	552	0	810（790～820）	670（660～690）	770（750～790）	830（810～850）	930（900～960）
男 40～59	1	577	0	850（830～870）	730（710～760）	850（830～860）	900（880～910）	1 000（990～1 000）
男 40～59	2	617	0	840（820～860）	690（660～710）	800（780～820）	880（850～910）	990（950～1 000）
男 60～79	1	537	0	860（850～880）	740（730～750）	860（840～880）	920（890～940）	1 000（950～1 100）
男 60～79	2	507	0	840（830～850）	690（670～710）	810（790～820）	870（860～890）	1 000（970～1 000）
全体女性3～79 [c]	1	—	—	—	—	—	—	—
全体女性3～79	2	3 130	0	970（960～980）	770（760～780）	920（910～930）	1 000（1 000～1 000）	1 300（1 300～1 400）
女 6～11	1	451	0	950（930～980）	790（750～830）	960（940～980）	1 000（980～1 000）	1 200（1 100～1 200）
女 6～11	2	473	0	950（930～970）	780（770～800）	910（890～930）	990（960～1 000）	1 200（1 000～1 300）
女 12～19	1	456	0	970（930～1 000）	750（740～770）	920（890～950）	1 100（980～1 200）	1 600（1 400～1 700）
女 12～19	2	474	0	960（930～980）	710（700～730）	870（850～900）	1 100（1 000～1 100）	1 500（1 400～1 600）

分组 （岁）	调查 时期	调查 人数	<检出 限[b]/%	几何均数 （95%置信 区间）	P_{10} （95%置信 区间）	P_{50} （95%置信 区间）	P_{75} （95%置信 区间）	P_{95} （95%置信 区间）
女 20～39	1	651	0	1 000 （1 000～1 100）	800 （760～840）	980 （960～1 000）	1 100 （1 100～1 200）	1 600 （1 400～1 700）
女 20～39	2	761	0	990 （960～1 000）	760 （750～780）	920 （890～950）	1 100 （970～1 200）	1 500 （1 300～1 600）
女 40～59	1	643	0	960 （940～980）	800 （770～840）	950 （930～970）	1 000 （970～1 000）	1 200 （1 100～1 200）
女 40～59	2	605	0	960 （940～970）	780 （770～800）	920 （900～940）	1 000 （990～1 000）	1 200 （1 100～1 200）
女 60～79	1	542	0	970 （950～990）	820 （800～830）	960 （940～970）	1 000 （980～1 000）	1 200 （1 100～1 300）
女 60～79	2	575	0	970 （950～1 000）	790 （770～800）	930 （910～950）	1 000 （990～1 000）	1 200 （1 100～1 400）

a　3～5 岁年龄组未按照性别分组。
b　如果超过 40%的样本检测值低于检出限，则仅报告数据的百分比分布而不报告均值。
c　6 岁以下儿童未纳入第一次调查（2007—2009），因此该年龄段无统计数据。

表 8-6-4　加拿大第一次（2007—2009）和第二次（2009—2011）健康调查
6～79 岁[a]居民尿铜质量浓度　　　　　　　单位：μg/L

分组 （岁）	调查 时期	调查 人数	<检出 限[b]/%	几何均数 （95%置信 区间）	P_{10} （95%置信 区间）	P_{50} （95%置信 区间）	P_{75} （95%置信 区间）	P_{95} （95%置信 区间）
全体对象 6～79	1	5 492	0.29	9.0 （8.2～9.8）	3.0 （2.5～3.5）	9.9 （9.5～10）	15 （14～16）	26 （25～28）
全体对象 6～79	2	5 738	0.19	11 （10～11）	4.0 （3.6～4.4）	12 （11～13）	17 （17～18）	28 （26～29）
全体男性 6～79	1	2 662	0.23	10 （9.3～11）	3.8 （3.1～4.5）	11 （10～12）	16 （15～17）	27 （25～28）
全体男性 6～79	2	2 746	0.18	12 （11～12）	4.7 （4.3～5.1）	13 （12～13）	18 （17～19）	28 （25～30）
全体女性 6～79	1	2 830	0.35	8.0 （7.3～8.9）	2.9 （2.4～3.3）	8.8 （8.0～9.7）	14 （13～15）	25 （23～27）
全体女性 6～79	2	2 992	0.20	10 （9.6～11）	3.7 （3.2～4.1）	11 （11～12）	17 （16～17）	28 （26～29）

a　为了便于比较第一次调查（2007—2009）数据，6 岁以下儿童数据未收录，表中仅包含 6～79 岁的居民数据。
b　如果超过 40%的样本检测值低于检出限，则仅报告数据的百分比分布而不报告均值。

表 8-6-5　加拿大第一次（2007—2009）和第二次（2009—2011）健康调查
3～79 岁居民年龄别尿铜质量浓度　　　　　　　　单位：μg/L

分组（岁）	调查时期	调查人数	<检出限 [a]/%	几何均数（95%置信区间）	P_{10}（95%置信区间）	P_{50}（95%置信区间）	P_{75}（95%置信区间）	P_{95}（95%置信区间）
全体对象 3～79 [b]	1	—	—	—	—	—	—	—
全体对象 3～79	2	6 311	0.21	11 (10～11)	4.1 (3.7～4.5)	12 (11～13)	17 (17～18)	28 (27～29)
3～5 [b]	1	—	—	—	—	—	—	—
3～5	2	573	0.35	12 (12～13)	5.8 (5.2～6.3)	13 (12～14)	18 (16～20)	28 (24～31)
6～11	1	1 034	0.29	10 (9.4～12)	3.8 (2.9～4.6)	12 (10～13)	17 (16～18)	27 (25～29)
6～11	2	1 062	0	13 (12～14)	6.0 (5.4～6.6)	13 (13～14)	18 (17～19)	26 (24～28)
12～19	1	983	0.31	12 (11～14)	4.4 (3.1～5.6)	13 (13～14)	19 (18～20)	32 (30～35)
12～19	2	1 041	0.10	13 (12～14)	5.6 (4.7～6.5)	14 (13～15)	19 (18～20)	31 (28～34)
20～39	1	1 169	0.43	8.6 (7.5～9.8)	3.0 (2.3～3.7)	9.5 (8.5～10)	15 (14～16)	25 (23～28)
20～39	2	1 321	0.30	11 (10～12)	4.1 (3.2～5.0)	12 (11～13)	18 (17～19)	29 (26～32)
40～59	1	1 223	0.41	8.1 (7.4～9.0)	2.8 (2.0～3.6)	9.2 (8.4～9.9)	14 (13～15)	24 (22～26)
40～59	2	1 228	0.41	10 (9.5～11)	3.7 (3.2～4.1)	11 (10～12)	17 (15～18)	27 (25～29)
60～79	1	1 083	0	9.0 (8.4～9.7)	3.4 (2.9～4.0)	9.8 (9.2～10)	14 (13～15)	24 (21～27)
60～79	2	1 086	0.09	9.9 (9.4～11)	3.7 (3.4～4.0)	11 (10～12)	16 (15～16)	29 (26～32)

a 如果超过 40%的样本检测值低于检出限，则仅报告数据的百分比分布而不报告均值。
b 6 岁以下儿童未纳入第一次调查（2007—2009），因此该年龄段无统计数据。

表 8-6-6　加拿大第一次（2007—2009）和第二次（2009—2011）健康调查
3～79 岁居民年龄别 [a]、性别尿铜质量浓度　　　　　单位：μg/L

分组（岁）	调查时期	调查人数	<检出限 [b]/%	几何均数（95%置信区间）	P_{10}（95%置信区间）	P_{50}（95%置信区间）	P_{75}（95%置信区间）	P_{95}（95%置信区间）
全体男性 3～79 [c]	1	—	—	—	—	—	—	—
全体男性 3～79	2	3 036	0.23	12 (11～12)	4.7 (4.3～5.1)	13 (12～14)	18 (17～19)	28 (25～30)
男 6～11	1	524	0	11 (8.8～13)	3.9 (2.5～5.3)	12 (9.6～14)	17 (15～19)	27 (25～28)
男 6～11	2	532	0	13 (12～14)	6.5 (5.5～7.5)	14 (13～15)	18 (16～19)	25 (21～29)
男 12～19	1	505	0.40	12 (10～14)	4.8 (3.4～6.2)	13 (12～14)	17 (16～19)	29 (26～31)
男 12～19	2	542	0.18	13 (12～15)	6.2 (5.3～7.2)	14 (13～16)	18 (17～20)	28 (24～33)
男 20～39	1	514	0.19	9.4 (8.1～11)	3.3 [E] (1.6～5.1)	9.9 (8.9～11)	16 (15～18)	26 (23～29)
男 20～39	2	551	0.18	11 (10～13)	4.6 (3.7～5.5)	12 (11～13)	19 (16～22)	29 (26～33)
男 40～59	1	578	0.52	9.6 (8.6～11)	3.6 (2.9～4.3)	11 (9.9～12)	15 (14～17)	26 (23～30)
男 40～59	2	616	0.49	11 (10～13)	3.7 (2.5～4.9)	12 (10～14)	18 (16～20)	27 (25～29)
男 60～79	1	541	0	11 (9.9～12)	4.8 (4.2～5.3)	11 (10～12)	16 (14～17)	27 (23～31)
男 60～79	2	505	0	11 (10～12)	4.3 (3.2～5.4)	12 (11～12)	16 (15～17)	29 (25～33)
全体女性 3～79 [c]	1	—	—	—	—	—	—	—
全体女性 3～79	2	3 275	0.18	10 (9.7～11)	3.7 (3.3～4.1)	11 (11～12)	17 (16～17)	28 (26～29)
女 6～11	1	510	0.59	10 (9.4～11)	3.5 (2.7～4.3)	11 (10～12)	17 (16～18)	28 (24～32)
女 6～11	2	530	0	13 (12～14)	5.1 (4.5～5.7)	13 (12～14)	19 (17～21)	27 (26～29)
女 12～19	1	478	0.21	13 (11～15)	3.8 [E] (2.1～5.4)	14 (13～16)	22 (19～25)	34 (30～39)
女 12～19	2	499	0	13 (11～14)	5.0 (4.1～5.9)	13 (12～15)	19 (17～21)	33 (26～39)

分组（岁）	调查时期	调查人数	<检出限 [b]/%	几何均数（95%置信区间）	P_{10}（95%置信区间）	P_{50}（95%置信区间）	P_{75}（95%置信区间）	P_{95}（95%置信区间）
女 20～39	1	655	0.61	7.9（6.9～9.0）	3.0（2.6～3.3）	8.6（7.2～10）	13（12～15）	24（20～28）
女 20～39	2	770	0.39	10（9.3～12）	3.6（2.6～4.6）	12（10～13）	18（16～20）	27（18～36）
女 40～59	1	645	0.31	6.9（6.1～7.9）	1.8[E]（0.63～3.0）	7.6（6.3～8.9）	12（11～13）	21（18～25）
女 40～59	2	612	0.33	9.3（8.4～10）	3.5（2.5～4.4）	11（9.5～12）	15（14～16）	25（20～30）
女 60～79	1	542	0	7.6（6.8～8.5）	2.9（2.6～3.3）	8.1（6.7～9.5）	12（11～13）	22（20～25）
女 60～79	2	581	0.17	9.1（8.3～9.9）	3.5（3.0～4.0）	9.9（8.8～11）	15（13～17）	29（24～34）

a 3～5 岁年龄组未按照性别分组。

b 如果超过 40%的样本检测值低于检出限，则仅报告数据的百分比分布而不报告均值。

c 6 岁以下儿童未纳入第一次调查（2007—2009），因此该年龄段无统计数据。

E 谨慎引用。

表 8-6-7　加拿大第一次（2007—2009）和第二次（2009—2011）健康调查
6～79 岁 [a] 居民尿铜质量分数　　　　　　　单位：μg/g 肌酐

分组（岁）	调查时期	调查人数	<检出限 [b]/%	几何均数（95%置信区间）	P_{10}（95%置信区间）	P_{50}（95%置信区间）	P_{75}（95%置信区间）	P_{95}（95%置信区间）
全体对象 6～79	1	5 479	0.29	11（10～11）	7.4（7.1～7.7）	10（9.9～10）	13（12～13）	20（19～21）
全体对象 6～79	2	5 719	0.19	10（9.9～10）	6.9（6.7～7.1）	9.7（9.5～10）	12（12～12）	19（18～20）
全体男性 6～79	1	2 653	0.23	10（9.5～10）	6.9（6.6～7.1）	9.6（9.3～9.9）	11（11～12）	18（17～19）
全体男性 6～79	2	2 739	0.18	9.3（9.0～9.5）	6.6（6.3～6.8）	8.8（8.5～9.1）	11（11～11）	17（15～18）
全体女性 6～79	1	2 826	0.35	12（11～12）	8.2（7.7～8.6）	11（11～11）	14（13～14）	22（20～23）
全体女性 6～79	2	2 980	0.20	11（11～11）	7.9（7.6～8.2）	11（10～11）	13（12～13）	20（19～21）

a 为了便于比较第一次调查（2007—2009）数据，6 岁以下儿童数据未收录，表中仅包含 6～79 岁的居民数据。

b 如果超过 40%的样本检测值低于检出限，则仅报告数据的百分比分布而不报告均值。

表 8-6-8　加拿大第一次（2007—2009）和第二次（2009—2011）健康调查
3～79 岁居民年龄别尿铜质量分数　　　　　单位：μg/g 肌酐

分组（岁）	调查时期	调查人数	<检出限 [a]/%	几何均数（95%置信区间）	P_{10}（95%置信区间）	P_{50}（95%置信区间）	P_{75}（95%置信区间）	P_{95}（95%置信区间）
全体对象 3～79 [b]	1	—	—	—	—	—	—	—
全体对象 3～79	2	6 291	0.21	10 (10～11)	7.0 (6.8～7.2)	9.9 (9.7～10)	12 (12～13)	21 (20～21)
3～5 [b]	1	—	—	—	—	—	—	—
3～5	2	572	0.35	21 (20～22)	16 (14～17)	21 (20～22)	25 (24～26)	32 (30～35)
6～11	1	1 031	0.29	16 (15～17)	11 (10～12)	15 (15～16)	18 (18～19)	26 (23～29)
6～11	2	1 058	0	14 (14～15)	11 (10～11)	14 (14～15)	17 (17～18)	22 (21～23)
12～19	1	982	0.31	11 (10～11)	7.4 (7.0～7.8)	9.9 (9.7～10)	12 (11～13)	20 (17～22)
12～19	2	1 039	0.10	9.7 (9.3～10)	6.9 (6.7～7.1)	9.2 (8.8～9.6)	11 (11～12)	17 (15～19)
20～39	1	1 165	0.43	9.6 (9.1～10)	6.7 (6.3～7.0)	9.5 (9.1～9.9)	11 (10～11)	15 (14～17)
20～39	2	1 319	0.30	9.0 (8.7～9.2)	6.5 (6.1～6.9)	8.7 (8.3～9.1)	11 (10～11)	15 (14～16)
40～59	1	1 218	0.41	10 (9.9～11)	7.4 (7.1～7.8)	10 (9.8～10)	12 (11～12)	17 (16～18)
40～59	2	1 223	0.41	9.9 (9.5～10)	7.1 (6.8～7.4)	9.6 (9.3～9.9)	11 (11～12)	16 (14～18)
60～79	1	1 083	0	13 (12～13)	8.6 (8.1～9.2)	12 (11～12)	14 (14～15)	22 (19～25)
60～79	2	1 080	0.09	12 (11～12)	8.2 (7.9～8.5)	11 (11～12)	14 (13～15)	21 (20～23)

a 如果超过 40%的样本检测值低于检出限，则仅报告数据的百分比分布而不报告均值。
b 6 岁以下儿童未纳入第一次调查（2007—2009），因此该年龄段无统计数据。

表 8-6-9　加拿大第一次（2007—2009）和第二次（2009—2011）健康调查
3～79 岁居民年龄别 [a]、性别尿铜质量分数　　　　单位：μg/g 肌酐

分组（岁）	调查时期	调查人数	<检出限 [b]/%	几何均数（95%置信区间）	P_{10}（95%置信区间）	P_{50}（95%置信区间）	P_{75}（95%置信区间）	P_{95}（95%置信区间）
全体男性 3～79 [c]	1	—	—	—	—	—	—	—
全体男性 3～79	2	3 028	0.23	9.5（9.2～9.8）	6.6（6.4～6.9）	9.0（8.7～9.2）	11（11～12）	19（18～20）
男 6～11	1	522	0	16（15～17）	11（11～12）	15（15～16）	18（17～19）	27（22～31）
男 6～11	2	530	0	14（14～15）	11（10～11）	14（13～15）	17（16～18）	21（18～23）
男 12～19	1	504	0.40	10（9.3～11）	7.2（6.8～7.6）	9.6（9.2～10）	12（11～13）	17（15～20）
男 12～19	2	541	0.18	9.0（8.5～9.6）	6.6（6.2～7.0）	8.6（8.2～9.1）	11（9.4～12）	15（13～16）
男 20～39	1	512	0.20	8.7（8.2～9.2）	6.4（6.1～6.7）	8.5（8.0～9.0）	9.9（9.6～10）	13（12～14）
男 20～39	2	550	0.18	7.9（7.6～8.3）	6.0（5.6～6.3）	7.7（7.3～8.1）	9.3（8.8～9.8）	13（11～15）
男 40～59	1	574	0.52	9.5（8.8～10）	7.0（6.7～7.4）	9.4（9.0～9.9）	11（10～11）	16（13～19）
男 40～59	2	615	0.49	9.1（8.8～9.5）	6.8（6.5～7.0）	8.7（8.3～9.1）	11（9.9～11）	14（11～16）
男 60～79	1	541	0	11（11～12）	7.7（7.2～8.3）	10（9.8～11）	13（12～14）	20（17～24）
男 60～79	2	503	0	11（10～11）	7.8（7.5～8.1）	10（9.7～11）	12（12～12）	19（16～21）
全体女性 3～79 [c]	1	—	—	—	—	—	—	—
全体女性 3～79	2	3 263	0.18	11（11～12）	7.9（7.6～8.2）	11（10～11）	13（13～14）	22（21～23）
女 6～11	1	509	0.59	16（15～17）	11（9.7～12）	16（15～17）	19（18～20）	25（21～28）
女 6～11	2	528	0	15（14～15）	11（10～12）	15（14～15）	17（17～18）	22（21～24）
女 12～19	1	478	0.21	11（11～12）	7.7（7.1～8.2）	10（9.6～11）	12（12～13）	25（17～33）
女 12～19	2	498	0	10（10～11）	7.4（7.0～7.8）	9.7（9.1～10）	12（11～12）	20（17～22）
女 20～39	1	653	0.61	11（10～11）	7.7（7.3～8.2）	10（9.8～10）	12（11～12）	18（14～23）
女 20～39	2	769	0.39	10（9.7～11）	7.3（6.8～7.9）	9.6（8.9～10）	11（11～12）	17（15～18）
女 40～59	1	644	0.31	12（11～12）	8.2（7.5～8.9）	11（10～11）	13（12～13）	20（16～23）
女 40～59	2	608	0.33	11（10～11）	8.0（7.4～8.7）	10（9.9～11）	12（12～13）	19（15～22）
女 60～79	1	542	0	14（13～14）	9.9（9.2～11）	13（12～13）	16（15～17）	24（21～28）
女 60～79	2	577	0.17	13（12～14）	9.1（8.5～9.6）	12（12～13）	15（14～16）	23（19～27）

a 3～5 岁年龄组未按照性别分组。

b 如果超过 40% 的样本检测值低于检出限，则仅报告数据的百分比分布而不报告均值。

c 6 岁以下儿童未纳入第一次调查（2007—2009），因此该年龄段无统计数据。

参考文献

[1] ATSDR（Agency for Toxic Substances and Disease Registry）. 2004. *Toxicological profile for copper.* U.S. Department of Health and Human Services，Atlanta，GA. Retrieved March 26，2012，from www.atsdr.cdc.gov/ ToxProfiles/tp.asp？ id=206&tid=37.

[2] Canada. 2006. *Pest Control Products Act.* SC 2002，c. 28. Retrieved May 30，2012，from http://laws-lois. justice.gc.ca/eng/acts/P-9.01/.

[3] CCME（Canadian Council of Ministers of the Environment）. 1999. *Canadian soil quality guidelines for the protection of environmental and human health - Copper.* Winnipeg，MB. Retrieved March 26，2012， from http://ceqg-rcqe.ccme.ca/download/en/263/.

[4] Clark，N.A.，Teschke，K.，Rideout，K.，et al. 2007. Trace element levels in adults from the west coast of Canada and associations with age，gender，diet，activities and levels of other trace elements. *Chemosphere*，70（1）：155-164.

[5] EPA（U.S. Environmental Protection Agency）. 1988. *Integrated Risk Information System（IRIS）: Copper.* Office of Research and Development，National Center for Environmental Assessment，Cincinnati，OH. Retrieved March 26，2012，from www.epa.gov/ncea/iris/subst/0368.htm.

[6] Health Canada. 1992. *Guidelines for Canadian drinking water quality: Guideline technical document - Copper.* Minister of Health，Ottawa，ON. Retrieved March 26，2012，from www.hc-sc.gc.ca/ewh-semt/ pubs/water-eau/copper-cuivre/index-eng.php.

[7] Health Canada. 2007. *Multi-vitamin/mineral supplement monograph.* Minister of Health，Ottawa， ON.Retrieved July 11，2011，from www.hc-sc.gc.ca/dhp-mps/prodnatur/applications/licen-prod/monograph/ multi_vitmin_suppl-eng.php.

[8] Health Canada. 2009a. *Consultation document on copper pesticides - Proposed re-evaluation decision-PRVD2009-04.* Minister of Health，Ottawa，ON. Retrieved June 7，2012，from www.hc-sc.gc.ca/cps-spc/pest/part/consultations/_prvd2009-04/copper-cuivre-eng.php#whatcopper.

[9] Health Canada. 2009b. *Canadian Total Diet Study.* Minister of Health，Ottawa，ON. Retrieved November 29，2012，from www.hc-sc.gc.ca/fn-an/surveill/total-diet/index-eng.php.

[10] Health Canada. 2010. *Dietary reference intakes.* Minister of Health，Ottawa，ON. Retrieved March7，2012， from www.hc-sc. gc.ca/fn-an/nutrition/reference/table/index-eng.php.

[11] IOM（Institute of Medicine）. 2001. *Dietary reference intakes for vitamin A，vitamin K，arsenic，boron， chromium，copper，iodine，iron，manganese，molybdenum，nickel，silicon，vanadium，and zinc.* Washington，DC：The National Academies Press.

[12] IPCS（International Programme on Chemical Safety）. 1998. *Environmental health criteria 200: Copper.* World Health Organization，Geneva. Retrieved March 26，2012，from www.inchem.org/documents/ehc/ehc/ehc200.htm.

[13] ITER（International Toxicity Estimates for Risk）. 2010. *ITER database: Copper（CAS 7440-50-8）.* National Library of Medicine，Bethesda，MD. Retrieved May 15，2012，from www.toxnet.nlm. nih.gov/cgi-bin/sis/htmlgen？ Iter.

[14] Olivares，M.，Araya，M.，Pizarro，et al. 2001.Nausea threshold in apparently healthy individuals who drink fluids containing graded concentrations of copper. *Regulatory Toxicology and Pharmacology*，33（3）：271-275.

8.7　氟化物

氟（CAS 号：16984-48-8）在自然界存在的含量最丰富的元素中位居第 13 位，地壳中的平均含量约为 0.09%（ATSDR，2003）。氟自然存在并且分布广泛，但在自然界很少发现单质氟，因为它能和大多数有机和无机物快速反应。氟与金属反应生成氟化物。环境中 4 种重要的无机氟化物分别是氟化钙（萤石或氟石）、氟化钠、六氟化硫和氟化氢（Cotton and Wilkinson，1988；Mackay and Mackay，1989）。

氟化物存在于岩石、煤、黏土和土壤中。无机氟化物通过火山爆发产生的气体和颗粒物以及矿石的淋溶液释放到环境中（ATSDR，2003；CCME，2002）。除了这些天然来源，无机氟化物还可通过人类活动如磷肥生产、化工生产和铝冶炼释放出来（Environment Canada and Health Canada，1993）。

氟化氢是最常见的氟化物之一。它用于生产制冷剂、除草剂、药物、铝、塑料、高辛烷值汽油、电子元件和荧光灯泡（ATSDR，2003）。在水中氟化氢变成氢氟酸，用于金属和玻璃制造业（ATSDR，2003）。氟化钙用于生产钢铁、铝、玻璃、搪瓷，也是生产氢氟酸的原材料（CCME，2002）。氟化钠经常被添加到饮用水和牙科产品中以防止龋齿。牙膏是最常用的含有氟化物的牙科产品（Health Canada，2010a）。消费者可接触的其他含氟牙科产品包括氟化物补充剂、氟化物漱口水及牙线。氟化钠可以用在木材防腐剂和胶水中，也用于玻璃、搪瓷、钢材和铝的生产（CCME，2002）。六氟化硫广泛用于电气开关装置如电源断路器、压缩气体输电线路以及电力变电站的组件（CCME，2002）。

氟化物在环境中无处不在，然而人群主要的暴露是通过水、食物、饮料和牙科产品（Health Canada，2010a）。人体摄入可溶性氟盐和吸入氟化氢气体后会被迅速高效地吸收（ATSDR，2003）。吸收后氟化物通过血液循环迅速分布至全身（ATSDR，2003）。婴儿体内吸收的氟化物有 80%～90%蓄积在骨骼和牙齿，而在成人体内蓄积量降至 60%左右（Fawell et al.，2006）。成人和婴儿体内剩余的氟化物通过尿液排出体外（ATSDR，2003）。氟化物的生物半衰期是几个小时（ATSDR，2003；NRC，2006）。尿液和血液中的氟化物检测是最常做的暴露检测（ATSDR，2003）。

长期摄入过量氟化物的主要不良反应是氟斑牙和氟骨症（IOM，1997）。长时间接触过量氟化物会导致氟骨症，症状表现为骨骼密度增加、关节疼痛、关节运动受限（ATSDR，2003）。密度增加的骨骼往往比正常骨头更脆弱，会增加老年人骨折的风险。氟斑牙是由于牙齿形成时期摄入高剂量的氟产生的，在出牙时明显表现出来。氟斑牙的影响程度表现不一，从齿面的轻微变色到严重变色、釉质损失和点状腐蚀（NRC，2006）。

加拿大卫生部认为现有的科学数据不能充分证明氟化物有增加癌症的风险，因此将氟化物划定为 6 类致癌物，即对人类致癌性无法分类（Health Canada，2010a）。国际癌症研究机构也同样将氟化物（无机氟化物、饮用水中的氟化物）划定为 3 类致癌物，即对人的致癌性无法分类（IARC，1987）。

加拿大卫生部和环境部根据《加拿大环境保护法》（1999），重新审查和评估了无机氟化物（Canada，1999），评估结论为：加拿大环境中通常检出的无机氟化物水平不会对人体健康产生危害，但其对环境影响需要加以关注（Environment Canada and Health Canada，

1993）。根据《加拿大环境保护法》（1999），无机氟化物已被列入毒物目录1（CEPA，1999）。该法案允许加拿大联邦政府控制无机氟化合物的进口、生产、分配和使用（Canada，1999；Canada，2000）。

加拿大卫生部认为氟化物不是一种必需元素，并建议氟的添加必须在对龋齿有益的基础上进行（Health Canada，2010a）。儿童刷牙时会吞下牙膏，所以制定了指南以避免氟化物使用时的健康风险。一般来说，3岁以下儿童不建议使用牙膏；对于3～6岁的儿童，加拿大卫生部建议对刷牙提出监督并只能用少量的含氟牙膏（Health Canada，2010b）。

加拿大卫生部最近对一项饮用水中的氟化物健康风险进行全面评估，该评估中将中度氟斑牙作为效应终点（Health Canada，2010a）。尽管中度氟斑牙不是一种健康危害也不认为是一个毒性终点，但是加拿大卫生部基于氟化物对人体表观的潜在影响，认为它具有毒害效应。目前由加拿大卫生部制定的《加拿大饮用水水质标准》，规定了氟化物的最大容许浓度（Health Canada，2010a）。该标准被认为可预防所有潜在的不良健康影响，包括癌症、免疫毒性、生殖（发育）毒性、基因毒性及神经毒性（Health Canada，2010a）。对于希望供应加氟水的社区，加拿大卫生部制定了饮用水中可促进牙齿健康并防止不良影响的最优的氟化物浓度（Health Canada，2010b）。医学研究所依据其潜在毒性制定的氟化物最高容许摄入量已被加拿大卫生部采纳（Health Canada，2 010 c；IOM，1997）。

加拿大卫生部根据《加拿大食品药品法案》规定了部分食品、包装水及冰中氟化物的浓度（Canada，2012）。目前，对食用骨粉、鱼蛋白以及包装冰或水（包括矿泉水和泉水），都规定了氟化物允许限值（Canada，2012）。

加拿大第一次（2007—2009）健康调查包括加拿大卫生部资助的全国口腔健康调查（Health Canada，2010d），除其他牙科方面的问题外，还调查了6～12岁儿童的氟斑牙情况。第一次调查结果显示：60%儿童的牙齿是正常的；24%的儿童牙釉质有白色斑片或斑点，其原因不明；12%的儿童有一个或多个程度轻微的氟斑牙；4%有轻度斑釉。中度或重度氟斑牙因患病率太低而未报道（少于0.3%）。

加拿大第二次（2009—2011）健康调查中，3岁至79岁的所有调查对象均进行了尿氟监测，其数据以μg/L和μg/g肌酐表示（表8-7-1、表8-7-2、表8-7-3和表8-7-4）。尿液中检测到氟只说明尿氟是氟的暴露标志物，并不意味着一定会出现不良健康影响。上述数据表明了加拿大人尿氟的基准水平。

表8-7-1　加拿大第二次（2009—2011）健康调查3～79岁居民年龄别尿氟质量浓度　　单位：μg/L

分组（岁）	调查时期	调查人数	<检出限 [a]/%	几何均数（95%置信区间）	P_{10}（95%置信区间）	P_{50}（95%置信区间）	P_{75}（95%置信区间）	P_{95}（95%置信区间）
全体对象3～79	2	2 530	0	500（460～550）	190（180～210）	480（430～540）	840（750～930）	1 500（1 300～1 800）
3～5	2	510	0	470（420～520）	190（140～230）	510（440～590）	720（620～820）	1 300（920～1 700）
6～11	2	514	0	500（440～570）	200（170～240）	490（410～560）	820（720～910）	1 500（1 100～1 800）
12～19	2	507	0	410（370～460）	170（150～200）	440（360～520）	660（570～750）	1 200（990～1 400）

分组（岁）	调查时期	调查人数	<检出限[a]/%	几何均数（95%置信区间）	P_{10}（95%置信区间）	P_{50}（95%置信区间）	P_{75}（95%置信区间）	P_{95}（95%置信区间）
20~39	2	354	0	530（470~590）	220（190~260）	500（380~620）	900（750~1 100）	1 500（1 200~1 800）
40~59	2	357	0	510（430~610）	190（130~250）	510（410~620）	880（740~1 000）	1 800（1 400~2 300）
60~79	2	288	0	490（440~560）	190[E]（120~260）	470（410~540）	830（760~910）	1 600（1 200~2 000）

a 如果超过40%的样本检测值低于检出限，则仅报告数据的百分比分布而不报告均值。

E 谨慎引用。

表 8-7-2　加拿大第二次（2009—2011）健康调查

3~79 岁居民年龄别[a]、性别尿氟质量浓度　　　　　　　　单位：μg/L

分组（岁）	调查时期	调查人数	<检出限[b]/%	几何均数（95%置信区间）	P_{10}（95%置信区间）	P_{50}（95%置信区间）	P_{75}（95%置信区间）	P_{95}（95%置信区间）
全体男性 3~79	2	1 267	0	530（470~600）	220（200~250）	510（420~600）	870（740~1 000）	1 600（1 400~1 900）
男 6~11	2	262	0	530（440~620）	210（170~260）	500（350~640）	880（730~1 000）	1 500（1 100~1 800）
男 12~19	2	255	0	430（370~480）	190（150~220）	420（310~520）	650（560~740）	1 400（1 000~1 700）
男 20~39	2	166	0	590（460~750）	260（220~300）	600[E]（370~840）	980（720~1 200）	x
男 40~59	2	192	0	530（410~670）	210（130~280）	510（350~680）	880（620~1 100）	x
男 60~79	2	141	0	540（470~600）	230（170~280）	510（390~630）	860（740~980）	x
全体女性 3~79	2	1 263	0	470（430~520）	180（150~200）	470（410~530）	800（700~900）	1 300（1 000~1 600）
女 6~11	2	252	0	480（410~560）	200（140~250）	470（400~550）	730（540~910）	1 200[E]（660~1 800）
女 12~19	2	252	0	400（340~460）	160（120~200）	450（370~530）	700（530~860）	1 100（1 000~1 300）
女 20~39	2	188	0	470（410~540）	190（160~230）	430（310~560）	750（620~890）	x
女 40~59	2	165	0	500（400~620）	180[E]（110~240）	510（350~660）	850（680~1 000）	x
女 60~79	2	147	0	460（360~580）	F	460（360~560）	800（610~1 000）	x

a 3~5 岁年龄组未按照性别分组。

b 如果超过40%的样本检测值低于检出限，则仅报告数据的百分比分布而不报告均值。

E 谨慎引用。

F 数据不可靠，不予发布。

x 根据加拿大《统计法》保密规定，不予发布。

表 8-7-3　加拿大第二次（2009—2011）健康调查

3～79 岁居民年龄别尿氟质量分数　　　　　　　　单位：μg/g 肌酐

分组（岁）	调查时期	调查人数	<检出限 [a] /%	几何均数（95%置信区间）	P_{10}（95%置信区间）	P_{50}（95%置信区间）	P_{75}（95%置信区间）	P_{95}（95%置信区间）
全体对象 3～79	2	2 520	0	500（450～550）	210（190～230）	480（420～550）	800（710～900）	1 700（1 300～2 000）
3～5	2	509	0	810（730～900）	400（340～470）	790（720～860）	1 100（890～1 200）	2 800[E]（1 700～3 900）
6～11	2	512	0	580（530～630）	310（290～330）	570（510～640）	830（700～960）	1 600（1 100～2 100）
12～19	2	505	0	320（280～350）	150（130～170）	330（280～370）	460（390～530）	760（540～980）
20～39	2	352	0	460（390～550）	210（170～250）	430（340～510）	670（490～850）	F
40～59	2	355	0	530（460～600）	220（180～260）	550（430～670）	850（730～980）	1 600（1 200～2 100）
60～79	2	287	0	580（500～680）	220（170～270）	560（440～680）	970（770～1 200）	2 100（1 500～2 600）

a 如果超过 40%的样本检测值低于检出限，则仅报告数据的百分比分布而不报告均值。
E 谨慎引用。
F 数据不可靠，不予发布。

表 8-7-4　加拿大第二次（2009—2011）健康调查

3～79 岁居民年龄别 [a]、性别尿氟质量分数　　　　　单位：μg/g 肌酐

分组（岁）	调查时期	调查人数	<检出限 [b] /%	几何均数（95%置信区间）	P_{10}（95%置信区间）	P_{50}（95%置信区间）	P_{75}（95%置信区间）	P_{95}（95%置信区间）
全体男性 3～79	2	1 263	0	460（400～530）	200（170～240）	430（370～500）	710（610～810）	1 300（950～1 700）
男 6～11	2	261	0	600（540～670）	320（290～360）	590（530～650）	840（680～1 000）	1 300[E]（640～2 000）
男 12～19	2	254	0	300（270～340）	150（120～180）	280（240～330）	430（350～520）	700（550～850）
男 20～39	2	165	0	450（360～560）	200（140～260）	410（340～490）	600（430～780）	x
男 40～59	2	192	0	460（400～540）	210（140～280）	440（340～550）	700（590～810）	x
男 60～79	2	141	0	510（440～590）	210[E]（130～290）	490（400～580）	870（710～1 000）	x
全体女性 3～79	2	1 257	0	540（490～600）	210（180～240）	530（460～600）	900（780～1 000）	2 000（1 500～2 400）
女 6～11	2	251	0	560（490～640）	290（250～320）	510（430～590）	830（650～1 000）	1 800（1 200～2 300）
女 12～19	2	251	0	330（290～380）	150（120～170）	350（300～400）	480（410～550）	760[E]（350～1 200）
女 20～39	2	187	0	480（390～590）	220（160～280）	490（370～610）	750（490～1 000）	x
女 40～59	2	163	0	600（490～730）	230[E]（110～350）	680（520～840）	990（830～1 200）	x
女 60～79	2	146	0	660（510～840）	230（<检出限～300）	630（410～850）	1 300（820～1 700）	x

a 3～5 岁年龄组未按照性别分组。
b 如果超过 40%的样本检测值低于检出限，则仅报告数据的百分比分布而不报告均值。
E 谨慎引用。
x 根据加拿大《统计法》保密规定，不予发布。

参考文献

[1]   ATSDR（Agency for Toxic Substances and Disease Registry）. 2003. *Toxicological profile for fluorides，hydrogen fluoride and fluorine.* U.S. Department of Health and Human Services，Atlanta，GA. Retrieved July 13，2011，from www.atsdr.cdc.gov/ToxProfiles/tp11.pdf.

[2]   Canada. 1999. *Canadian Environmental Protection Act，1999.* SC 1999，c. 33. Retrieved April 2，2012，from http://laws-lois.justice.gc.ca/eng/acts/C-15.31/index.html.

[3]   Canada. 2000. Order adding a toxic substance to Schedule 1 to the Canadian Environmental Protection Act，1999. *Canada Gazette，Part II: Official Regulations，*134（7）. Retrieved June 11，2012，from www.gazette.gc.ca/archives/p2/2000/2000-03-29/html/sor-dors109-eng.html.

[4]   Canada. 2012. *Food and Drug Regulations.* C.R.C.，c. 870. Retrieved July 24，2012，from http://laws-lois.justice.gc.ca/PDF/C.R.C.，_c._870.pdf.

[5]   CCME（Canadian Council of Ministers of the Environment）. 2002. *Canadian water quality guidelines for the protection of aquatic life - Inorganic fluorides.* Winnipeg，MB. Retrieved July 13，2011，from http://ceqg-rcqe.ccme.ca/download/en/180/.

[6]   Cotton，F.A. and Wilkinson，G.. 1988. *Advanced inorganic chemistry.* New York，NY.: John Wiley & Sons.

[7]   Environment Canada & Health Canada. 1993. *Priority substances list assessment report: Inorganic fluorides.* Minister of Supply and Services Canada，Ottawa，ON. Retrieved August 30，2011，from www.hc-sc.gc. Ca/ewh-semt/pubs/contaminants/psl1-lsp1/f luorides_inorg_f luorures/index-eng.php.

[8]   Fawell，J.，Bailey，K.，Chilton，J.，et al. 2006. *Fluoride in drinking-water.* London: World Health Organization.

[9]   Health Canada. 2010a. *Guidelines for Canadian drinking water quality : Guideline technical document-Fluoride.* Ottawa，ON: Minister of Health. Retrieved July 13，2011，from www.hc-sc.gc.ca/ewh-semt/pubs/water-eau/2011-f luoride-f luorure/index-eng.php.

[10]   Health Canada. 2010b. *It's your health - Fluorides and human health.* Minister of Health，Ottawa，ON. Retrieved August 31，2011，from www.hc-sc.gc.ca/hl-vs/iyh-vsv/environ/fluor-eng.php.

[11]   Health Canada. 2010c. *Dietary reference intakes.* Minister of Health，Ottawa，ON. Retrieved March 7，2012，from www.hc-sc.gc.ca/fn-an/nutrition/reference/table/index-eng.php.

[12]   Health Canada. 2010d. *Report on the findings of the oral health component of the Canadian Health Measures Survey 2007-2009.* Minister of Health，Ottawa. Retrieved September 1，2011，from www.fptdwg.ca/English/e-documents.html.

[13]   IARC（International Agency for Research on Cancer）. 1987. *IARC monographs on the evaluation of carcinogenic risks to humans - Overall evaluations of carcinogenicity: An updating of IARC monographs volumes 1 to 42.* Geneva: World Health Organization.

[14]   IOM（Institute of Medicine）. 1997. *Dietary reference intakes for calcium，phosphorus，magnesium，vitamin D and fluoride.* Washington，DC.: The National Academies Press.

[15]   Mackay，K.M. and Mackay，R.A.. 1989. *Introduction to modern inorganic chemistry.* Prentice Hall，Englewood Cliffs，NJ.

[16]   NRC（National Research Council）. 2006.*Fluoride in drinking water: A scientific review of EPA's standards.* Washington，DC.: Committee on Fluoride in Drinking Water，National Academies Press.

8.8　铅

铅（CAS 号：7439-92-1）是地壳中自然存在的一种元素，其平均含量约为 0.001 4%（Emsley，2001）。它是一种常见金属，可以不同的氧化态以及无机和有机的形式存在（ATSDR，2007）。无机形式包括单质铅、硫酸铅、碳酸铅、碳氧化铅、氧化铅和卤化铅。有机铅化合物包括四烷基铅、三烃基铅和二烷基铅。

铅存在于岩石、土壤、沉积物、地表水、地下水及海水中（Health Canada，2012a）。铅通过各种自然源和人为源进入自然环境中。自然源包括土壤风化、侵蚀和火山爆发（ATSDR，2007；IARC，2006）。工业排放是铅污染的主要来源尤其是在点源如冶炼厂或炼油厂附近（ATSDR，2007）。过去含铅汽油的使用导致铅在全球广泛分布（WHO，2000）。

在北美，直到 20 世纪 90 年代，四乙基铅和四甲基铅仍作为机动车燃料的抗爆添加剂。目前，在加拿大含铅汽油的使用仅限于活塞式飞机及赛车（Health Canada，2013a）。铅目前主要用于生产汽车铅酸蓄电池、铅钓鱼竿、铅板、铅焊料、黄铜和青铜产品、陶瓷釉料（ATSDR，2007；WHO，2000）。铅的其他用途包括制造油漆和颜料。铅也用于科学设备、塑料稳定剂、军事装备、弹药制造和医疗设备中的防辐射装置（ATSDR，2007；WHO，2000）。另外，铅还用于制造电缆护套、电路板、化学浴和储存容器套筒、化学传输管道、电气组件和聚氯乙烯（Health Canada，2013a）。

人可以通过食物、饮用水、土壤、灰尘、空气和一些消费品暴露少量的铅。过去 30 年加拿大铅暴露下降超过了 70%（Bushnik et al.，2010；Health Canada，2011a；Health Canada，2013a）。铅的大幅下降主要是由于含铅汽油逐步淘汰、油漆含铅量降低及淘汰罐头食品中的铅焊料（Health Canada，2011a）。目前成人铅的主要暴露途径是食物和饮用水摄入（ATSDR，2007；Health Canada，2013a）。对于婴儿和儿童，铅暴露的主要途径是食物和饮用水摄入以及含铅非食用物质的摄入如房屋尘埃、含铅油漆、土壤及商品等（Health Canada，2013a）。铅能从旧的供水管道或家庭铅焊料连接管道进入市政用水中。其他可能的潜在暴露来源包括：1）服装首饰、艺术品、含铅水晶、上釉陶瓷和陶器等含铅产品；2）业余爱好涉及使用铅或铅焊料，如做彩色玻璃、陶瓷玻璃、铅粒或铅钓鱼竿、家具翻新等；3）经常参观或居住在含有劣质铅涂料或正在进行装修的老建筑；4）吸烟行为（Health Canada，2011a）。

成人摄入的铅 3%～10%经吸收进入血液，儿童吸收量可高达 40%～50%（Health Canada，2013a）。铁和钙缺乏的儿童铅的吸收量可能更高（Health Canada，2013a）。一旦被人体吸收，铅可进入血液循环，也可蓄积在组织中特别是骨骼当中，或从体内排泄出去。部分铅也可以吸收进入软组织如肝脏、肾脏、胰腺和肺。儿童骨骼中的铅大约占体内总铅负荷的 70%，成年人则超过 90%（EPA，2006）。在骨骼中蓄积的铅，可以经重新活化和释放再次进入血液循环。在特定条件下，如遇怀孕、哺乳期、绝经期、更年期、长期卧床休息、甲状旁腺功能亢进和骨质疏松症，铅活化速度会加快（Health Canada，2013a）。

在怀孕期间，蓄积在孕产妇骨骼中的铅成为胎儿的暴露源（Rothenberg, et al.，2000）。铅还可存在于母乳中，从哺乳期妇女转移给婴儿（ATSDR，2007；EPA，2006）。血铅的半衰期约为 30 天，而体内骨骼蓄积的铅的半衰期是 10～30 年（ATSDR，2007；Health Canada，2007；Health Canada，2013a）。吸收后铅的排泄主要是通过尿液和粪便，与暴露途径无关（ATSDR，2007）。血铅是人体铅暴露的首选暴露标志物，但也使用其他生物材料，如尿液、骨骼和牙齿（ATSDR，2007；CDC，2009）。

铅通常被认为是一种蓄积性毒物，胎儿、婴儿、幼儿和儿童最易受到其不良的健康影响（WHO，2011）。急性暴露后，很多代谢过程可能会受到影响。高剂量暴露能导致呕吐、腹泻、抽搐、昏迷和死亡。严重的铅中毒在加拿大很罕见（Health Canada，2007）。较低水平的慢性铅暴露症状往往不明显（ATSDR，2007）。慢性低剂量暴露可影响中枢和外围神经系统（Health Canada，2013a）。慢性低剂量铅暴露也会影响神经发育、心血管系统、肾脏、生殖系统和其他健康终点（ATSDR，2007；Health Canada，2013a）。儿童铅暴露的主要危害是对认知和神经行为的影响。婴儿和儿童的神经发育与铅暴露的关系最密切（Health Canada，2013a），特别是智商的降低（Lanphear et al.，2005）和与注意力相关的行为。现有的数据还不能确定铅暴露对儿童认知功能和神经行为发育影响的阈值（CDC，2012；EPA，2006；Health Canada，2013a）。发育期神经毒性与某一时期最低水平的铅暴露有关（Health Canada，2013a）。国际癌症研究机构将无机铅化合物划分为 2A 类致癌物，即很可能对人类有致癌性（IARC，2006）。

根据《加拿大环境保护法》（1999），铅已被列入毒物目录 1（CEPA，1999）。该法案允许加拿大联邦政府控制铅和其化合物的进口、生产、分配和使用（Canada，1999；Health Canada，2007）。《加拿大环境保护法》明确限制汽油中铅的使用，控制再生铅冶炼厂、钢铁制造业、矿业废水中铅的释放（Environment Canada，2010）。《加拿大消费者产品安全法》及其相关法规，限制了铅在玩具、儿童饰品和其他儿童用品，釉面陶瓷，玻璃餐具以及其他有潜在暴露风险的消费品中的使用（Canada，2010a；Canada，2010b；Health Canada，2012a）。铅及其化合物被加拿大卫生部列入化妆品的禁用或限制使用成分目录（又称为化妆品成分关注清单）中。化妆品成分关注清单是制造商与各方沟通交流的管理工具，如果清单中的物质用于化妆品中，可能会对使用者的健康造成伤害，也违反了《加拿大食品药品法案》关于禁止销售不安全化妆品的一般禁令（Canada，1985；Health Canada，2011c）。

基于健康的考虑，加拿大卫生部制订了《加拿大饮用水水质标准》，并规定了铅的最大容许浓度（Health Canada，1992）。该标准已列入计划，由加拿大卫生部与联邦-省-地区合作委员会审查（Health Canada，2013b）。加拿大卫生部也制定了相关标准控制饮用水中金属对给水系统的锈蚀，以控制包括铅等金属的浸出（Health Canada，2009a）。一些食品中铅的浓度是由加拿大卫生部根据《加拿大食品药品法案》制定的，当前食品铅容许浓度在不断更新（Canada，2012；Health Canada，2011b）。加拿大卫生部正在进行的膳食调查已将铅列为需要分析监测的化学物质（Health Canada，2009b）。上述调查提供了加拿大不同年龄、性别人群通过食物暴露铅的剂量水平。

1994 年，加拿大联邦-省-地区的环境和职业健康合作委员会建议将血铅干预水平定为 10 µg/dL，作为低水平铅暴露标准（CEOH，1994）。最近的科学评估表明：在血铅水平低于 10 µg/dL 时，儿童身上会出现慢性健康影响。有足够的研究证据表明：在血铅水平低于 5 µg/dL 时会产生不良健康效应（Health Canada，2013a）。更新的低水平铅效应证据和血铅的干预水平及策略（CEOH，1994），目前正由加拿大国家、省、地方辖区的卫生和环境委员会审查（Health Canada，2013b）。

对魁北克市 18～65 岁的 500 名调查对象进行生物监测，结果显示：全血和尿液中铅的几何平均值分别为 2.15 μg/dL 和 0.12 μg/dL（INSPQ，2004）。在加拿大北方一些社区还发现了更高浓度的铅暴露，2004 年在魁北克省努纳维克地区，调查了 917 名 18～74 岁的成人，检测到血铅的几何均值为 3.9 μg/dL（Dewailly et al.，2007）。最近在汉密尔顿对 643 名 0～6 岁儿童的血铅进行检测，结果显示血铅几何均值为 2.21 μg/dL（Richardson et al.，2011）。多年来在加拿大不同地区还做了很多监测血铅的研究。最近一份加拿大卫生部的报告，以不同地点、年龄组和年份报告了血铅浓度，在不同年龄组的加拿大人群中，血铅的几何均值范围在 0.7～5.6 μg/dL（Health Canada，2013a）。

加拿大第一次健康调查（2007—2009）中 6～79 岁的调查对象和加拿大第二次健康调查（2009—2011）中 3～79 岁的调查对象均进行了血铅和尿铅的测定，上述两期调查血铅以 μg/dL 表示（表 8-8-1、表 8-8-2 和表 8-8-3）；尿铅以 μg/L（表 8-8-4、表 8-8-5 和表 8-8-6）和 μg/g 肌酐（表 8-8-7、表 8-8-8 和表 8-8-9）表示。在血液和尿液中检测到铅并不意味着一定会出现不良健康影响。

表 8-8-1　加拿大第一次（2007—2009）和第二次（2009—2011）健康调查
6～79 岁居民[a]血（全血）铅质量浓度　　　　　　　　　　单位：μg/dL

分组（岁）	调查时期	调查人数	<检出限[b]/%	几何均数（95%置信区间）	P_{10}（95%置信区间）	P_{50}（95%置信区间）	P_{75}（95%置信区间）	P_{95}（95%置信区间）
全体对象 6～79	1	5 319	0.02	1.3 (1.2～1.4)	0.60 (0.56～0.64)	1.2 (1.2～1.3)	2.0 (1.8～2.2)	3.7 (3.3～4.2)
全体对象 6～79	2	5 575	0	1.2 (1.1～1.3)	0.54 (0.50～0.59)	1.2 (1.1～1.2)	1.8 (1.6～1.9)	3.2 (3.0～3.5)
全体男性 6～79	1	2 576	0	1.5 (1.4～1.6)	0.71 (0.65～0.76)	1.4 (1.3～1.5)	2.2 (1.9～2.4)	4.2 (3.6～4.7)
全体男性 6～79	2	2 687	0	1.3 (1.3～1.4)	0.62 (0.55～0.68)	1.3 (1.2～1.4)	1.9 (1.8～2.1)	3.5 (3.1～3.8)
全体女性 6～79	1	2 743	0.04	1.2 (1.1～1.3)	0.54 (0.50～0.59)	1.1 (0.98～1.2)	1.7 (1.5～1.9)	3.5 (3.0～3.9)
全体女性 6～79	2	2 888	0	1.1 (1.0～1.1)	0.50 (0.45～0.54)	1.1 (0.98～1.1)	1.5 (1.4～1.7)	2.8 (2.6～3.0)

a 为了便于比较第一次调查（2007—2009）数据，6 岁以下儿童数据未收录，表中仅包含 6～79 岁的居民数据。
b 如果超过 40%的样本检测值低于检出限，则仅报告数据的百分比分布而不报告均值。

表 8-8-2　加拿大第一次（2007—2009）和第二次（2009—2011）健康调查
3～79 岁居民年龄别血（全血）铅质量浓度　　　　　单位：μg/dL

分组（岁）	调查时期	调查人数	<检出限 a/%	几何均数（95%置信区间）	P_{10}（95%置信区间）	P_{50}（95%置信区间）	P_{75}（95%置信区间）	P_{95}（95%置信区间）
全体对象 3～79[b]	1	—	—	—	—	—	—	—
全体对象 3～79	2	6 070	0	1.2 (1.1～1.2)	0.54 (0.50～0.59)	1.2 (1.1～1.2)	1.7 (1.6～1.8)	3.2 (2.9～3.4)
3～5[b]	1	—	—	—	—	—	—	—
3～5	2	495	0	0.93 (0.86～1.0)	0.51 (0.44～0.58)	0.93 (0.86～1.0)	1.2 (1.1～1.3)	2.1 (1.8～2.3)
6～11	1	910	0	0.89 (0.81～0.99)	0.53 (0.49～0.56)	0.87 (0.77～0.97)	1.1 (1.0～1.3)	1.9 (1.6～2.2)
6～11	2	961	0	0.79 (0.74～0.84)	0.43 (0.37～0.49)	0.74 (0.68～0.80)	1.0 (0.93～1.2)	1.8 (1.5～2.0)
12～19	1	945	0	0.79 (0.74～0.85)	0.47 (0.44～0.50)	0.76 (0.69～0.83)	1.0 (0.94～1.1)	1.6 (1.4～1.8)
12～19	2	997	0	0.71 (0.68～0.75)	0.39 (0.35～0.43)	0.68 (0.64～0.72)	0.94 (0.88～1.0)	1.6 (1.3～1.9)
20～39	1	1 165	0.09	1.1 (1.0～1.2)	0.57 (0.52～0.62)	1.0 (0.94～1.1)	1.5 (1.3～1.7)	3.1 (2.7～3.4)
20～39	2	1 313	0	0.98 (0.88～1.1)	0.49 (0.42～0.57)	0.95 (0.87～1.0)	1.3 (1.2～1.5)	2.2 (1.6～2.8)
40～59	1	1 220	0	1.6 (1.5～1.8)	0.82 (0.69～0.94)	1.5 (1.4～1.6)	2.2 (1.9～2.5)	3.8 (3.1～4.5)
40～59	2	1 222	0	1.4 (1.3～1.5)	0.70 (0.61～0.78)	1.4 (1.3～1.5)	2.0 (1.8～2.2)	3.2 (2.9～3.5)
60～79	1	1 079	0	2.1 (1.9～2.3)	1.0 (0.92～1.1)	2.0 (1.8～2.2)	3.0 (2.6～3.3)	5.2 (4.2～6.2)
60～79	2	1 082	0	1.9 (1.8～1.9)	1.0 (0.95～1.1)	1.8 (1.7～1.9)	2.5 (2.4～2.6)	4.2 (3.9～4.5)

a 如果超过 40%的样本检测值低于检出限，则仅报告数据的百分比分布而不报告均值。
b 6 岁以下儿童未纳入第一次调查（2007—2009），因此该年龄段无统计数据。

表 8-8-3 加拿大第一次（2007—2009）和第二次（2009—2011）健康调查
3～79 岁居民年龄别 [a]、性别血（全血）铅质量浓度 单位：μg/dL

分组（岁）	调查时期	调查人数	<检出限 [b]/%	几何均数（95%置信区间）	P_{10}（95%置信区间）	P_{50}（95%置信区间）	P_{75}（95%置信区间）	P_{95}（95%置信区间）
全体男性 3～79 [c]	1	—	—	—	—	—	—	—
全体男性 3～79	2	2 940	0	1.3（1.3～1.4）	0.62（0.56～0.68）	1.3（1.2～1.4）	1.9（1.7～2.1）	3.4（3.1～3.7）
男 6～11	1	459	0	0.92（0.85～0.99）	0.54（0.50～0.58）	0.89（0.79～0.99）	1.2（1.1～1.3）	1.9（1.8～2.1）
男 6～11	2	488	0	0.79（0.73～0.86）	0.43（0.35～0.52）	0.75（0.67～0.82）	1.1（0.96～1.2）	1.7（1.4～1.9）
男 12～19	1	489	0	0.88（0.81～0.95）	0.51（0.46～0.55）	0.87（0.79～0.95）	1.1（0.99～1.2）	1.7（1.3～2.2）
男 12～19	2	523	0	0.84（0.80～0.87）	0.48（0.45～0.52）	0.79（0.73～0.84）	1.1（1.0～1.1）	1.8（1.6～2.1）
男 20～39	1	514	0	1.4（1.3～1.5）	0.75（0.65～0.85）	1.3（1.1～1.4）	2.0（1.6～2.3）	3.6（2.9～4.3）
男 20～39	2	552	0	1.1（1.0～1.3）	0.60（0.44～0.75）	1.1（0.95～1.2）	1.5（1.4～1.7）	2.4[E]（1.4～3.3）
男 40～59	1	577	0	1.7（1.6～1.9）	0.98（0.90～1.1）	1.6（1.4～1.7）	2.3（1.9～2.7）	4.0（3.0～4.9）
男 40～59	2	617	0	1.6（1.5～1.7）	0.84（0.77～0.92）	1.6（1.4～1.7）	2.1（1.9～2.4）	3.5（2.3～4.7）
男 60～79	1	537	0	2.3（2.1～2.6）	1.1（1.0～1.3）	2.2（2.0～2.4）	3.3（2.9～3.7）	6.2（4.9～7.4）
男 60～79	2	507	0	2.0（1.9～2.2）	1.1（1.0～1.2）	2.0（1.8～2.2）	2.7（2.6～2.9）	4.2（3.9～4.5）
全体女性 3～79 [c]	1	—	—	—	—	—	—	—
全体女性 3～79	2	3 130	0	1.1（1.0～1.1）	0.50（0.45～0.54）	1.0（0.98～1.1）	1.5（1.4～1.6）	2.8（2.6～3.0）
女 6～11	1	451	0	0.87（0.77～0.99）	0.51（0.45～0.57）	0.85（0.73～0.96）	1.1（0.88～1.3）	1.9（1.2～2.5）
女 6～11	2	473	0	0.78（0.72～0.85）	0.43（0.37～0.49）	0.71（0.63～0.78）	0.99（0.84～1.1）	1.8（1.5～2.1）
女 12～19	1	456	0	0.71（0.66～0.77）	0.43（0.37～0.48）	0.68（0.61～0.75）	0.91（0.80～1.0）	1.4（1.2～1.6）
女 12～19	2	474	0	0.60（0.56～0.65）	0.36（0.32～0.39）	0.58（0.52～0.63）	0.77（0.70～0.84）	1.2（1.1～1.4）

分组（岁）	调查时期	调查人数	<检出限[b]/%	几何均数（95%置信区间）	P_{10}（95%置信区间）	P_{50}（95%置信区间）	P_{75}（95%置信区间）	P_{95}（95%置信区间）
女 20～39	1	651	0.15	0.89（0.81～0.97）	0.52（0.46～0.57）	0.86（0.77～0.96）	1.1（1.0～1.3）	2.0（1.7～2.3）
女 20～39	2	761	0	0.85（0.74～0.98）	0.46（0.36～0.56）	0.83（0.73～0.93）	1.2（1.0～1.4）	1.9（1.4～2.4）
女 40～59	1	643	0	1.5（1.3～1.6）	0.71（0.59～0.82）	1.4（1.2～1.6）	2.1（1.7～2.4）	3.8（3.1～4.5）
女 40～59	2	605	0	1.3（1.2～1.4）	0.60（0.52～0.68）	1.3（1.2～1.4）	1.7（1.5～2.0）	2.8（2.5～3.0）
女 60～79	1	542	0	1.9（1.7～2.1）	0.94（0.82～1.0）	1.9（1.6～2.1）	2.7（2.3～3.0）	4.5（3.8～5.2）
女 60～79	2	575	0	1.7（1.6～1.8）	0.92（0.79～1.1）	1.6（1.5～1.8）	2.3（2.1～2.5）	4.2（3.5～4.8）

a 3～5 岁年龄组未按照性别分组。

b 如果超过 40% 的样本检测值低于检出限，则仅报告数据的百分比分布而不报告均值。

c 6 岁以下儿童未纳入第一次调查（2007—2009），因此该年龄段无统计数据。

E 谨慎引用。

表 8-8-4　加拿大第一次（2007—2009）和第二次（2009—2011）健康调查
6～79 岁居民 [a] 尿铅质量浓度　　　　　　　　　　　单位：μg/L

分组（岁）	调查时期	调查人数	<检出限[b]/%	几何均数（95%置信区间）	P_{10}（95%置信区间）	P_{50}（95%置信区间）	P_{75}（95%置信区间）	P_{95}（95%置信区间）
全体对象 6～79	1	5 492	7.54	0.48（0.43～0.53）	<检出限[E]（<检出限～0.16）	0.52（0.47～0.58）	0.91（0.83～1.0）	2.1（1.8～2.4）
全体对象 6～79	2	5 738	16.23	0.52（0.49～0.55）	<检出限	0.56（0.52～0.60）	0.94（0.87～1.0）	1.9（1.7～2.0）
全体男性 6～79	1	2 662	5.86	0.54（0.48～0.60）	0.14[E]（<检出限～0.22）	0.59（0.55～0.64）	1.0（0.93～1.1）	2.3（1.8～2.7）
全体男性 6～79	2	2 746	13.44	0.57（0.54～0.61）	<检出限	0.63（0.58～0.68）	1.0（0.91～1.1）	2.1（1.9～2.2）
全体女性 6～79	1	2 830	9.12	0.42（0.37～0.48）	<检出限[E]（<检出限～0.13）	0.45（0.39～0.51）	0.79（0.69～0.90）	1.8（1.5～2.1）
全体女性 6～79	2	2 992	18.78	0.47（0.44～0.50）	<检出限	0.50（0.46～0.54）	0.86（0.79～0.92）	1.8（1.6～1.9）

a 为了便于比较第一次调查（2007—2009）数据，6 岁以下儿童数据未收录，表中仅包含 6～79 岁的居民数据。

b 如果超过 40% 的样本检测值低于检出限，则仅报告数据的百分比分布而不报告均值。

E 谨慎引用。

表 8-8-5　加拿大第一次（2007—2009）和第二次（2009—2011）健康调查
3～79 岁居民年龄别尿铅质量浓度　　　　　　　　　　　　单位：μg/L

分组（岁）	调查时期	调查人数	<检出限[a]/%	几何均数（95%置信区间）	P_{10}（95%置信区间）	P_{50}（95%置信区间）	P_{75}（95%置信区间）	P_{95}（95%置信区间）
全体对象3～79[b]	1	—	—	—	—	—	—	—
全体对象3～79	2	6 311	16.43	0.52（0.49～0.54）	<检出限	0.56（0.52～0.60）	0.93（0.86～1.0）	1.9（1.7～2.0）
3～5[b]	1	—	—	—	—	—	—	—
3～5	2	573	18.50	0.48（0.42～0.54）	<检出限	0.53（0.47～0.58）	0.78（0.68～0.88）	1.6（1.2～2.1）
6～11	1	1 034	9.28	0.36（0.32～0.39）	<检出限	0.41（0.37～0.45）	0.64（0.57～0.72）	1.3（1.1～1.4）
6～11	2	1 062	18.46	0.41（0.37～0.45）	<检出限	0.46（0.40～0.52）	0.70（0.63～0.76）	1.3（1.1～1.6）
12～19	1	983	10.17	0.39（0.34～0.44）	<检出限	0.43（0.40～0.46）	0.73（0.64～0.83）	1.5（1.2～1.8）
12～19	2	1 041	19.02	0.41（0.38～0.45）	<检出限	0.46（0.42～0.50）	0.70（0.66～0.75）	1.3（1.0～1.5）
20～39	1	1 169	9.50	0.40（0.35～0.47）	F	0.45（0.39～0.51）	0.75（0.63～0.87）	1.8（1.6～2.1）
20～39	2	1 321	19.68	0.45（0.41～0.49）	<检出限	0.46（0.43～0.50）	0.79（0.69～0.89）	1.7（1.2～2.1）
40～59	1	1 223	5.97	0.54（0.47～0.63）	0.16[E]（<检出限～0.23）	0.61（0.55～0.66）	0.99（0.91～1.1）	2.3（1.7～2.8）
40～59	2	1 228	13.60	0.59（0.54～0.66）	<检出限	0.66（0.60～0.73）	1.0（0.92～1.2）	2.0（1.7～2.2）
60～79	1	1 083	3.14	0.66（0.60～0.73）	0.20（0.15～0.24）	0.67（0.62～0.73）	1.2（1.1～1.4）	2.7（2.1～3.3）
60～79	2	1 086	10.13	0.65（0.60～0.70）	<检出限	0.73（0.65～0.81）	1.2（1.1～1.3）	2.3（2.0～2.7）

a 如果超过 40%的样本检测值低于检出限，则仅报告数据的百分比分布而不报告均值。
b 6 岁以下儿童未纳入第一次调查（2007—2009），因此该年龄段无统计数据。
E 谨慎引用。
F 数据不可靠，不予发布。

表 8-8-6　加拿大第一次（2007—2009）和第二次（2009—2011）健康调查

3～79 岁居民年龄别 [a]、性别尿铅质量浓度　　　　　　　　　单位：μg/L

分组（岁）	调查时期	调查人数	<检出限 [b]/%	几何均数（95%置信区间）	P_{10}（95%置信区间）	P_{50}（95%置信区间）	P_{75}（95%置信区间）	P_{95}（95%置信区间）
全体男性3～79 [c]	1	—	—	—	—	—	—	—
全体男性3～79	2	3 036	13.57	0.57（0.53～0.61）	<检出限	0.62（0.58～0.67）	1.0（0.91～1.1）	2.0（1.9～2.2）
男 6～11	1	524	6.87	0.37（0.31～0.45）	F	0.43（0.32～0.53）	0.68（0.57～0.79）	1.3（1.0～1.6）
男 6～11	2	532	17.48	0.40（0.35～0.45）	<检出限	0.42（0.36～0.49）	0.69（0.62～0.75）	1.2（0.99～1.4）
男 12～19	1	505	9.11	0.38（0.33～0.44）	<检出限	0.41（0.37～0.45）	0.69（0.59～0.78）	1.3（0.89～1.8）
男 12～19	2	542	16.97	0.44（0.39～0.49）	<检出限	0.49（0.42～0.55）	0.71（0.64～0.79）	1.3（0.89～1.6）
男 20～39	1	514	7.00	0.46（0.37～0.57）	F	0.53（0.42～0.64）	0.95（0.78～1.1）	2.0（1.5～2.4）
男 20～39	2	551	14.88	0.50（0.45～0.55）	<检出限	0.53（0.48～0.59）	0.85（0.69～1.0）	1.6[E]（0.98～2.1）
男 40～59	1	578	4.67	0.62（0.54～0.72）	0.18（0.12～0.23）	0.66（0.60～0.72）	1.1（0.94～1.2）	2.6（1.8～3.5）
男 40～59	2	616	9.74	0.68（0.61～0.77）	0.22（<检出限～0.30）	0.78（0.66～0.90）	1.2（0.98～1.4）	2.1（1.8～2.5）
男 60～79	1	541	2.03	0.84（0.74～0.95）	0.30（0.23～0.38）	0.83（0.67～1.0）	1.5（1.3～1.7）	3.0（2.6～3.5）
男 60～79	2	505	8.32	0.73（0.67～0.80）	0.23（<检出限～0.31）	0.79（0.70～0.89）	1.3（1.2～1.5）	2.3（2.0～2.6）
全体女性3～79 [c]	1	—	—	—	—	—	—	—
全体女性3～79	2	3 275	19.08	0.47（0.44～0.50）	<检出限	0.50（0.46～0.54）	0.85（0.79～0.92）	1.8（1.6～1.9）
女 6～11	1	510	11.76	0.34（0.31～0.38）	<检出限	0.40（0.37～0.43）	0.61（0.55～0.68）	1.2（1.0～1.4）
女 6～11	2	530	19.43	0.43（0.38～0.48）	<检出限	0.48（0.39～0.56）	0.75（0.68～0.83）	1.5（1.1～2.0）
女 12～19	1	478	11.30	0.40（0.35～0.46）	F	0.44（0.40～0.47）	0.79（0.67～0.91）	1.6[E]（0.84～2.3）
女 12～19	2	499	21.24	0.39（0.35～0.44）	<检出限	0.44（0.38～0.50）	0.69（0.62～0.76）	1.3（1.0～1.6）

分组（岁）	调查时期	调查人数	<检出限[b]/%	几何均数（95%置信区间）	P_{10}（95%置信区间）	P_{50}（95%置信区间）	P_{75}（95%置信区间）	P_{95}（95%置信区间）
女 20～39	1	655	11.45	0.35（0.30～0.40）	F	0.39（0.34～0.45）	0.65（0.55～0.75）	1.3（1.1～1.5）
女 20～39	2	770	23.12	0.40（0.35～0.45）	<检出限	0.40（0.35～0.45）	0.70（0.57～0.84）	1.7（1.1～2.2）
女 40～59	1	645	7.13	0.47（0.39～0.57）	0.15[E]（<检出限～0.24）	0.53（0.41～0.65）	0.94（0.85～1.0）	2.0（1.5～2.5）
女 40～59	2	612	17.48	0.52（0.45～0.60）	<检出限	0.60（0.51～0.69）	0.97（0.83～1.1）	1.6（1.3～1.8）
女 60～79	1	542	4.24	0.53（0.44～0.64）	0.13[E]（<检出限～0.23）	0.57（0.45～0.68）	1.0（0.83～1.2）	2.2[E]（1.1～3.3）
女 60～79	2	581	11.70	0.59（0.52～0.66）	<检出限	0.64（0.53～0.75）	1.1（0.91～1.3）	2.4（1.6～3.2）

a　3～5 岁年龄组未按照性别分组。
b　如果超过 40%的样本检测值低于检出限，则仅报告数据的百分比分布而不报告均值。
c　6 岁以下儿童未纳入第一次调查（2007—2009），因此该年龄段无统计数据。
E　谨慎引用。
F　数据不可靠，不予发布。

表 8-8-7　加拿大第一次（2007—2009）和第二次（2009—2011）健康调查
6～79 岁[a]居民尿铅质量分数　　　　　　　　单位：μg/g 肌酐

分组（岁）	调查时期	调查人数	<检出限[b]/%	几何均数（95%置信区间）	P_{10}（95%置信区间）	P_{50}（95%置信区间）	P_{75}（95%置信区间）	P_{95}（95%置信区间）
全体对象 6～79	1	5 479	7.56	0.58（0.53～0.63）	<检出限（<检出限～0.27）	0.57（0.51～0.63）	0.93（0.85～1.0）	2.0（1.7～2.2）
全体对象 6～79	2	5 719	16.28	0.48（0.46～0.51）	<检出限	0.48（0.46～0.51）	0.77（0.68～0.86）	1.6（1.4～1.8）
全体男性 6～79	1	2 653	5.88	0.54（0.50～0.58）	0.23（<检出限～0.25）	0.53（0.48～0.57）	0.86（0.77～0.95）	1.8（1.4～2.2）
全体男性 6～79	2	2 739	13.47	0.46（0.43～0.48）	<检出限	0.45（0.43～0.48）	0.70（0.60～0.80）	1.5（1.2～1.8）
全体女性 6～79	1	2 826	9.13	0.63（0.56～0.70）	<检出限（<检出限～0.28）	0.62（0.54～0.70）	1.0（0.88～1.1）	2.0（1.6～2.4）
全体女性 6～79	2	2 980	18.86	0.51（0.48～0.55）	<检出限	0.52（0.47～0.57）	0.83（0.72～0.94）	1.7（1.5～1.8）

a　为了便于比较第一次调查（2007—2009）数据，6 岁以下儿童数据未收录，表中仅包含 6～79 岁的居民数据。
b　如果超过 40%的样本检测值低于检出限，则仅报告数据的百分比分布而不报告均值。

表 8-8-8　加拿大第一次（2007—2009）和第二次（2009—2011）健康调查
3～79 岁居民年龄别尿铅质量分数　　　　　　　　　　　　　单位：μg/g 肌酐

分组（岁）	调查时期	调查人数	<检出限 [a]/%	几何均数（95%置信区间）	P_{10}（95%置信区间）	P_{50}（95%置信区间）	P_{75}（95%置信区间）	P_{95}（95%置信区间）
全体对象 3～79 [b]	1	—	—	—		—	—	—
全体对象 3～79	2	6 291	16.48	0.49（0.47～0.52）	<检出限	0.49（0.46～0.52）	0.79（0.71～0.87）	1.6（1.5～1.8）
3～5 [b]	1	—	—	—		—	—	—
3～5	2	572	18.53	0.81（0.71～0.93）	<检出限	0.83（0.69～0.97）	1.2（1.1～1.3）	2.7（2.2～3.2）
6～11	1	1 031	9.31	0.56（0.51～0.61）	<检出限	0.54（0.46～0.61）	0.81（0.71～0.90）	1.6（1.2～1.9）
6～11	2	1 058	18.53	0.46（0.43～0.50）	<检出限	0.48（0.45～0.51）	0.70（0.65～0.75）	1.3（1.1～1.4）
12～19	1	982	10.18	0.34（0.30～0.38）	<检出限	0.33（0.30～0.37）	0.51（0.44～0.57）	1.0（0.72～1.3）
12～19	2	1 039	19.06	0.31（0.29～0.33）	<检出限	0.30（0.28～0.33）	0.48（0.43～0.54）	0.85（0.68～1.0）
20～39	1	1 165	9.53	0.45（0.41～0.50）	<检出限（<检出限～0.24）	0.45（0.42～0.48）	0.69（0.62～0.76）	1.3（1.0～1.6）
20～39	2	1 319	19.71	0.37（0.34～0.40）	<检出限	0.35（0.31～0.39）	0.57（0.50～0.65）	1.1（0.83～1.3）
40～59	1	1 218	5.99	0.70（0.63～0.78）	0.30（<检出限～0.34）	0.69（0.61～0.77）	1.1（0.93～1.2）	2.0（1.6～2.4）
40～59	2	1 223	13.65	0.57（0.53～0.61）	<检出限	0.55（0.50～0.59）	0.84（0.71～0.98）	1.7（1.4～2.1）
60～79	1	1 083	3.14	0.93（0.84～1.0）	0.41（0.35～0.47）	0.93（0.82～1.0）	1.4（1.3～1.5）	2.8（2.3～3.3）
60～79	2	1 080	10.19	0.77（0.71～0.83）	<检出限	0.80（0.71～0.88）	1.1（1.1～1.2）	2.1（1.8～2.4）

a 如果超过 40%的样本检测值低于检出限，则仅报告数据的百分比分布而不报告均值。
b 6 岁以下儿童未纳入第一次调查（2007—2009），因此该年龄段无统计数据。

表 8-8-9　加拿大第一次（2007—2009）和第二次（2009—2011）健康调查

3～79 岁居民年龄别 [a]、性别尿铅质量分数　　　单位：μg/g 肌酐

分组（岁）	调查时期	调查人数	<检出限 [b]/%	几何均数（95%置信区间）	P_{10}（95%置信区间）	P_{50}（95%置信区间）	P_{75}（95%置信区间）	P_{95}（95%置信区间）
全体男性 3～79 [c]	1	—	—	—	—	—	—	—
全体男性 3～79	2	3 028	13.61	0.46（0.44～0.49）	<检出限	0.46（0.43～0.49）	0.73（0.63～0.82）	1.5（1.3～1.8）
男 6～11	1	522	6.90	0.57（0.53～0.63）	<检出限（<检出限～0.30）	0.57（0.48～0.65）	0.84（0.75～0.94）	1.7（1.2～2.1）
男 6～11	2	530	17.55	0.43（0.39～0.48）	<检出限	0.46（0.42～0.49）	0.66（0.61～0.72）	1.1（0.97～1.3）
男 12～19	1	504	9.13	0.32（0.29～0.36）	<检出限	0.31（0.28～0.35）	0.50（0.44～0.57）	0.96（0.64～1.3）
男 12～19	2	541	17.01	0.30（0.27～0.32）	<检出限	0.29（0.25～0.32）	0.47（0.37～0.57）	0.85（0.59～1.1）
男 20～39	1	512	7.03	0.43（0.38～0.49）	<检出限（<检出限～0.26）	0.43（0.40～0.47）	0.66（0.57～0.75）	1.3[E]（0.74～1.9）
男 20～39	2	550	14.91	0.35（0.30～0.40）	<检出限	0.32（0.24～0.39）	0.55（0.44～0.66）	1.0[E]（0.65～1.4）
男 40～59	1	574	4.70	0.62（0.55～0.69）	0.29（0.26～0.31）	0.60（0.52～0.67）	0.93（0.80～1.1）	1.8[E]（1.1～2.5）
男 40～59	2	615	9.76	0.55（0.51～0.59）	0.26（<检出限～0.32）	0.51（0.45～0.56）	0.75（0.61～0.88）	1.8（1.2～2.5）
男 60～79	1	541	2.03	0.88（0.82～0.96）	0.41（0.39～0.44）	0.86（0.77～0.96）	1.3（1.1～1.5）	2.3（1.5～3.1）
男 60～79	2	503	8.35	0.71（0.65～0.77）	0.33（<检出限～0.40）	0.71（0.61～0.81）	1.1（1.0～1.1）	1.7（1.4～2.0）
全体女性 3～79 [c]	1	—	—	—	—	—	—	—
全体女性 3～79	2	3 263	19.15	0.52（0.49～0.56）	<检出限	0.53（0.48～0.58）	0.86（0.75～0.96）	1.7（1.5～1.9）
女 6～11	1	509	11.79	0.54（0.47～0.61）	<检出限	0.53（0.45～0.60）	0.79（0.68～0.90）	1.5（1.1～1.9）
女 6～11	2	528	19.51	0.50（0.46～0.54）	<检出限	0.51（0.47～0.54）	0.73（0.65～0.81）	1.4[E]（0.89～2.0）
女 12～19	1	478	11.30	0.36（0.31～0.43）	<检出限（<检出限～0.21）	0.35（0.31～0.38）	0.52（0.41～0.63）	1.1[E]（0.52～1.6）
女 12～19	2	498	21.29	0.32（0.29～0.35）	<检出限	0.32（0.28～0.35）	0.49（0.43～0.55）	0.86（0.70～1.0）
女 20～39	1	653	11.49	0.48（0.43～0.54）	<检出限（<检出限～0.24）	0.46（0.43～0.49）	0.72（0.63～0.82）	1.4（0.98～1.8）
女 20～39	2	769	23.15	0.39（0.35～0.44）	<检出限	0.38（0.32～0.44）	0.61（0.51～0.70）	1.1（0.84～1.3）
女 40～59	1	644	7.14	0.79（0.69～0.90）	0.35（<检出限～0.43）	0.78（0.68～0.88）	1.2（0.98～1.4）	2.0（1.4～2.7）
女 40～59	2	608	17.60	0.60（0.52～0.68）	<检出限	0.60（0.52～0.68）	0.94（0.77～1.1）	1.6（1.3～1.9）
女 60～79	1	542	4.24	0.97（0.82～1.1）	0.41（<检出限～0.55）	0.99（0.83～1.2）	1.5（1.3～1.7）	3.0（2.3～3.6）
女 60～79	2	577	11.79	0.83（0.74～0.93）	<检出限	0.86（0.75～0.96）	1.2（1.0～1.4）	2.3（1.8～2.8）

a 3～5 岁年龄组未按照性别分组。

b 如果超过 40%的样本检测值低于检出限，则仅报告数据的百分比分布而不报告均值。

c 6 岁以下儿童未纳入第一次调查（2007—2009），因此该年龄段无统计数据。

E 谨慎引用。

参考文献

[1]   ATSDR（Agency for Toxic Substances and Disease Registry）. 2007. *Toxicological profile for lead*. U.S. Department of Health and Human Services，Atlanta，GA. Retrieved March 27，2012，from www.atsdr. Cdc. gov/toxprofiles/tp13.html.

[2]   Bushnik，T.，Haines，D.，Levallois，P.，et al. 2010. Lead and bisphenol A concentrations in the Canadian population. *Health Reports*，21（3）：7-18.

[3]   Canada. 1985. *Food and Drugs Act*. RSC 1985，c.F-27. Retrieved June 6，2012，from http://laws-lois. justice.gc.ca/eng/acts/F-27/.

[4]   Canada. 1999. *Canadian Environmental Protection Act，1999*. SC 1999，c. 33. Retrieved April 2，2012，from http://laws-lois.justice.gc.ca/eng/acts/C-15.31/index.html.

[5]   Canada. 2010a. *Canada Consumer Product Safety Act*. SC 2010，c. 21. Retrieved February 20，2012，from http://laws-lois.justice.gc.ca/eng/acts/C-1.68/index.html.

[6]   Canada. 2010b. *Consumer Products Containing Lead（Contact with Mouth）Regulations*. SOR/2010-273. Retrieved March 27，2012，from http://laws-lois.justice.gc.ca/eng/regulations/SOR-2010-273/page-1.html.

[7]   Canada. 2012. *Food and Drug Regulations*. C.R.C.，c.870. Retrieved July 24，2012，from http://laws-lois. justice.gc.ca/PDF/C.R.C.，_c._870.pdf.

[8]   CDC（Centers for Disease Control and Prevention）. 2009. *Fourth national report on human exposure to environmental chemicals*. Department of Health and Human Services，Atlanta，GA. Retrieved July 11，2011，from www.cdc.gov/exposurereport/.

[9]   CDC（Centers for Disease Control and Prevention）. 2012. *CDC response to Advisory Committee on Childhood Lead Poisoning Prevention recommenda-tions in "Low level lead exposure harms children：a renewed call for primary prevention"*. Department of Health and Human Services，Atlanta，GA. Retrieved November 13，2011，www.cdc.gov/nceh/lead/acclpp/cdc_response_lead_exposure_recs.pdf.

[10]   CEOH（Federal-Provincial Committee on Environmental and Occupational Health）. 1994. *Update of evidence for low-level effects of lead and blood-lead intervention levels and strategies-final report of the working group*. Minister of Health，Ottawa，ON.

[11]   Dewailly，É.，Ayotte，P.，Pereg，D.，et al. 2007. *Exposure to environmental contaminants in Nunavik：Metals*. Institut national de santé publique du Québec，Nunavik Regional Board of Health and Social Services，Québec，QC. Retrieved March 27，2012，from www.inspq.qc.ca/pdf/publications/661_esi_contaminants.pdf.

[12]   Emsley，J. 2001. *Nature's building blocks：An A-Z guide to the elements*. Oxford University Press，Oxford.

[13]   Environment Canada. 2010. *List of toxic substances managed under CEPA（Schedule 1）：Lead*. Minister of Environment，Ottawa，ON. Retrieved September 13，2012 from www.ec.gc.ca/toxiques-toxics/Default.asp？lang=En&n=98E80CC6-1&xml=D048E4B9-B103-4652-8DCF-AC148D29FB7D.

[14]   EPA（U.S. Environmental Protection Agency）. 2006. *Air quality criteria for lead - Volume I and II*. U.S.Environmental Protection Agency，Washington，DC. Retrieved March 27，2012，from http://cfpub.Epa. gov/ncea/cfm/recordisplay.cfm？deid=158823.

[15]   Health Canada. 1992. *Guidelines for Canadian drinking water quality：Guideline technical document-Lead*. Minister of Health，Ottawa，ON. Retrieved March 27，2012，from www.hc-sc.gc.ca/ewh-semt/pubs/

water-eau/lead-plomb/index-eng.php.

[16] Health Canada. 2007. *Lead and health.* Minister of Health，Ottawa，ON. Retrieved March 27，2012，from www.hc-sc.gc.ca/ewh-semt/pubs/contami -nants/lead-plomb-eng.php.

[17] Health Canada. （2009a）. *Guidance on controlling corrosion in drinking water distribution systems.* Minister of Health，Ottawa，ON. Retrieved May 22，2012，from www.hc-sc.gc.ca/ewh-semt/pubs/water-eau/corrosion/index-eng.php.

[18] Health Canada. 2009b. *Canadian Total Diet Study.* Minister of Health，Ottawa，ON. Retrieved November 29，2012，from www.hc-sc.gc.ca/fn-an/surveill/total-diet/index-eng.php.

[19] Health Canada. 2011a. *It's your health - Lead and human health.* Minister of Health，Ottawa，ON.Retrieved March 27，2012，from www.hc-sc.gc.ca/hl-vs/iyh-vsv/environ/lead-plomb-eng.php.

[20] Health Canada. 2011b. *Food Directorate updated approach for managing dietary exposure to lead.* Minister of Health，Ottawa，ON. Retrieved July 25，2012，from www.hc-sc.gc.ca/fn-an/securit/chem-chim/environ/lead_strat_plomb_strat-eng.php.

[21] Health Canada. 2011c. *List of prohibited and restricted cosmetic ingredients （"hotlist"）.* Retrieved May 25，2012，from www.hc-sc.gc.ca/cps-spc/cosmet-person/indust/hot-list-critique/index-eng.php.

[22] Health Canada. 2013a. *Final human health state of the science report on lead.* Minister of Health，Ottawa，ON. Retrieved March 1，2013，from www.hc-sc.gc.ca/ewh-semt/pubs/contaminants/dhhssrl-rpecscepsh/ index-eng.php.

[23] Health Canada. 2013b. *Risk management strategy for lead.* Minister of Health，Ottawa，ON. Retrieved March 1，2013，fromwww.hc-sc. gc.ca/ewh-semt/pubs/contaminants/prms_lead-psgr_plomb/index-eng.php.

[24] IARC （International Agency for Research on Cancer）. 2006. *IARC monographs on the evaluation of carcinogenic risks to humans - Volume 87：Inorganic and organic lead compounds.* World Health Organization，Geneva.

[25] INSPQ （Institut national de santé publique du Québec）. 2004. *Étude sur l' établissement de valeurs de référence d' éléments traces et de métaux dans le sang，le sérum et l'urine de la population de la grande région de Québec.* INSPQ，Québec，QC. Retrieved July 11，2011，from www.inspq.qc.ca/pdf/publications/289-ValeursReferenceMetaux.pdf.

[26] Lanphear，B.P.，Hornung，R.，Khoury，J.，et al. 2005. Low-level environmental lead exposure and children's intellectual function：An international pooled analysis. *Environmental Health Perspectives，*113（7）：894-899.

[27] Richardson，E.，Pigott，W.，Craig，C.，et al. 2011. *North Hamilton child blood lead study public health report.* Hamilton Public Health Services，Hamilton，ON. Retrieved May 22，2012，from www.hamilton.ca/NR/rdon-lyres/453D1F95-87EE-47D2-87AB-025498737337/0/Sep26EDRMS_n216098_v1_BOH11030_Child_Blood_Lead_Prevalence_Stud.pdf.

[28] Rothenberg，S.J.，Khan，F.，Manalo，M.，et al. 2000. Maternal bone lead contribution to blood lead during and after pregnancy. *Environmental Research，*82（1）：81-90.

[29] WHO （World Health Organization）. 2000. *Air quality guidelines for Europe. second edition.* WHO，Geneva. Retrieved March 27，2012，from www.euro.who.int/en/what-we-publish/abstracts/air-quality-guidelines- for-europe.

[30] WHO（World Health Organization）. 2011. *Lead in drinking-water：Background document for development of WHO guidelines for drinking-water quality.* WHO，Geneva. Retrieved May 22，2012，from www.who.int/water _sanitation_health/dwq/chemicals/lead/en/.

8.9 锰

锰（CAS 号：7439-96-5）是地壳中含量最丰富的常量元素之一，平均含量约为 0.1%，在地壳中排第十二位（Health Canada，1987）。纯锰的颜色是银白色，但环境中的锰通常与多种矿物质中的其他元素形成化合物。锰的存在形式包括有机锰和无机锰。自然界中不存在有机锰化合物，但可按照特定需要合成有机锰（ATSDR，2008）。锰是维持人体健康所必需的微量元素。

锰广泛分布于自然环境中，通常天然锰存在于环境空气、土壤、水体和食物等生物有机体中，自然界中的锰来源于岩石侵蚀及火山活动（ATSDR，2008）。人为向空气中排放的锰主要来源于矿山开采、炼焦、钢厂和发电厂。过去含铅汽油中含锰添加剂甲基环戊二烯三羰基锰（MMT）的使用是大气中锰的主要来源（ATSDR，2008）。

金属锰主要用于炼钢以提高其硬度和强度。锰化合物用于生产干电池、烟花、火柴、动物饲料、瓷器、玻璃黏结材料及肥料等。高锰酸钾通常在水厂和废品处理厂用作消毒剂和抑藻剂，但也常用于金属清洗、制革加工及漂白（ATSDR，2008）。2004 年以前，有机锰化合物主要用于合成含锰添加剂甲基环戊二烯三羰基锰（MMT），从而改进汽油炼油时的辛烷值（Health Canada，2010a）。其他有机锰化合物如代森锰或代森锰锌，则作为真菌杀菌剂用于水果、蔬菜和种子的前处理；代森锰在加拿大已不再注册使用（Health Canada，2012）。还有一种有机锰化合物——锰福地吡三钠用作核磁共振成像中的造影剂（ATSDR，2008）。

对于大多数人来说食物是锰暴露的主要来源（ATSDR，2008）。在所有动植物组织中都存在微量元素锰。经饮用水和空气摄入的锰低于经食物摄入的锰（ATSDR，2008）。

锰主要经由呼吸道和胃肠道吸收。经口摄入的锰中有 3%～5%被胃肠道吸收并进入体循环（ATSDR，2008）。经呼吸道摄入的锰则不经胃肠道而直接进入体循环，使锰分布并蓄积在大脑等人体组织中（Health Canada，2010a）。锰的生物半衰期受年龄和暴露途径影响。锰在食物中普遍存在，对机体饮食平衡机制不可或缺。食物中含高浓度的锰可使机体发生适应性改变，包括减少胃肠道吸收，增加肝脏代谢，增强胆囊和胰腺对锰的分泌能力（Davis et al.，1993；Dorman et al.，2001；Dorman et al.，2002）。通过胆囊排出是锰的主要排出途径，胆汁中的锰和未被人体吸收的锰一起随粪便排出体外（Davis et al.，1993；Malecki et al.，1996）；通过尿液排出的锰较少（Davis and Greger，1992）。

血锰和尿锰可用于锰暴露的评估（ATSDR，2008）。全血锰优于血浆锰或血清锰，因为血样的轻微溶血可以显著增加血浆或血清锰浓度（IOM，2001）。血锰浓度主要反映机体总的锰负荷，而尿锰浓度相对恒定，只在锰摄入时有微小波动（IOM，2001）。

作为人体必需元素，锰参与骨骼形成，保护细胞免受自由基的损害，并参与氨基酸、胆固醇和碳水化合物代谢（ATSDR，2008；IOM，2001）。锰缺乏在人群中比较罕见，然而过量锰暴露会对神经系统产生影响（ATSDR，2008）。

过量锰暴露对健康的危害与锰的暴露途径、锰的化学形态（可溶性）、暴露者的年龄及个体营养状况（铁含量）相关。空气中高浓度锰暴露，如职业暴露会导致金属烟雾热、肺炎和锰中毒（类似帕金森症）（Health Canada，1987）。空气中中等浓度锰暴露会对神经系统产生轻微影响，如使精细运动能力减弱等（Health Canada，2010a）。美国环境保护局将锰列为 D 类致癌物质，即基于对人类致癌证据的缺乏和对动物致癌证据的不足，其对人类致癌性不能分类（EPA，1996）。国际癌症研究机构尚未发布有关锰的致癌性评价（ITER，2010）。

基于锰的潜在毒性，医学研究所制定了锰的容许摄入量，并被加拿大卫生部采纳（Health Canada，2010b；IOM，2001）。上述可允许摄入量仅包括药物中锰的含量，不包括饮食摄入锰的含量。加拿大卫生部正在进行的膳食调查已将锰列为需要分析监测的化学物质（Health Canada，2009）。上述膳食调查可评估不同年龄、性别的加拿大居民通过食物途径暴露的化学物质水平。

《加拿大饮用水水质标准》中锰的感官性状限值是加拿大卫生部根据饮水中锰对味觉的影响、衣服染色程度和对下水管件的影响制定的；此标准也被认为可防止不利健康影响（Health Canada，1987）。从健康的角度考虑，加拿大卫生部还制订了空气中锰的参考浓度（Health Canada，2010a）。

在英国哥伦比亚开展的一项微量元素评估研究中，调查监测了 61 名 30～65 岁不吸烟成年人的血锰，结果显示血锰浓度的几何均数和第 95 百分位数分别为 10.75 μg/L 和 14.94 μg/L（Clark et al.，2007）。在魁北克市的一项生物监测研究中，调查监测了 500 名 18～65 岁成年人的血锰浓度，结果显示全血锰的几何均数为 9.33 μg/L（INSPQ，2004）。1996 年对魁北克省西南地区 297 名 20～69 岁的非职业人群的血锰进行的调查研究显示：其血锰的几何均数为 7.1 μg/L（Baldwin et al.，1999）。在蒙特利尔还调查监测了 2～17 岁儿童的血锰水平（Dupont and Tanaka，1985）。1976 年监测了 29 名儿童，1984 年监测了 24 名儿童，血锰的平均水平分别为 14.4 μg/L 和 14.0 μg/L。

加拿大第一次（2007—2009）和第二次（2009—2011）健康调查对所有调查对象的全血和尿中的锰进行了监测，第一次调查对象年龄范围是 6～79 岁，第二次调查对象的年龄范围是 3～79 岁。上述调查中血锰数据用 μg/L 表示（表 8-9-1、表 8-9-2 和表 8-9-3）；尿锰数据用 μg/L（表 8-9-4、表 8-9-5 和表 8-9-6）和 μg/g 肌酐（表 8-9-7、表 8-9-8 和表 8-9-9）表示。锰在血样或尿样中检出仅仅表明血锰和尿锰是锰的暴露标志物，并不意味着一定会产生有害的健康影响。由于锰是人体必需的微量元素，因而体液中锰应普遍存在。

表 8-9-1　加拿大第一次（2007—2009）和第二次（2009—2011）健康调查
6～79 岁居民[a]血（全血）锰质量浓度　　　　　　　　　　单位：μg/L

分组（岁）	调查时期	调查人数	<检出限[b]/%	几何均数（95%置信区间）	P_{10}（95%置信区间）	P_{50}（95%置信区间）	P_{75}（95%置信区间）	P_{95}（95%置信区间）
全体对象6～79	1	5 309	0	9.2（9.0～9.5）	6.3（6.1～6.5）	9.0（8.8～9.3）	11（10～11）	15（15～16）
全体对象6～79	2	5 575	0	9.8（9.5～10）	6.6（6.4～6.9）	9.5（9.2～9.8）	11（11～12）	15（14～16）
全体男性6～79	1	2 572	0	8.8（8.5～9.0）	6.2（5.8～6.5）	8.6（8.4～8.9）	10（9.7～10）	14（13～15）
全体男性6～79	2	2 687	0	9.3（8.9～9.7）	6.3（5.9～6.8）	9.1（8.6～9.6）	11（10～11）	14（14～15）
全体女性6～79	1	2 737	0	9.7（9.4～9.9）	6.6（6.3～6.8）	9.5（9.2～9.8）	11（11～12）	16（15～17）
全体女性6～79	2	2 888	0	10（9.8～11）	7.0（6.6～7.3）	9.8（9.5～10）	12（12～13）	16（15～17）

a 为了便于比较第一次调查（2007—2009）数据，6 岁以下儿童数据未收录，表中仅包含 6～79 岁的居民数据。
b 如果超过 40% 的样本检测值低于检出限，则仅报告数据的百分比分布而不报告均值。

表 8-9-2　加拿大第一次（2007—2009）和第二次（2009—2011）健康调查
3～79 岁居民年龄别血（全血）锰质量浓度　　　　　　　　单位：μg/L

分组（岁）	调查时期	调查人数	<检出限[a]/%	几何均数（95%置信区间）	P_{10}（95%置信区间）	P_{50}（95%置信区间）	P_{75}（95%置信区间）	P_{95}（95%置信区间）
全体对象 3～79[b]	1	—	—	—	—	—	—	—
全体对象 3～79	2	6 070	0	9.8（9.5～10）	6.7（6.4～6.9）	9.5（9.2～9.8）	12（11～12）	15（14～16）
3～5[b]	1	—	—	—	—	—	—	—
3～5	2	495	0	11（11～12）	7.6（7.4～7.9）	11（10～11）	13（12～14）	18（15～21）
6～11	1	907	0	9.9（9.6～10）	6.9（6.7～7.2）	9.7（9.4～10）	11（11～12）	16（15～17）
6～11[b]	2	961	0	11（10～11）	7.7（7.5～7.9）	11（10～11）	12（12～13）	16（15～17）
12～19	1	942	0	10（9.7～10）	6.7（6.4～6.9）	9.9（9.7～10）	12（11～13）	16（15～16）
12～19	2	997	0	10（9.8～11）	7.0（6.6～7.4）	9.9（9.5～10）	12（12～13）	16（15～17）
20～39	1	1 162	0	9.1（8.8～9.5）	6.3（6.0～6.5）	9.0（8.7～9.3）	11（10～11）	16（15～17）
20～39	2	1 313	0	9.8（9.3～10）	6.4（5.8～7.0）	9.7（9.2～10）	12（11～12）	16（14～17）
40～59	1	1 219	0	9.1（8.8～9.5）	6.4（6.1～6.7）	8.9（8.5～9.3）	10（10～11）	15（13～16）
40～59	2	1 222	0	9.7（9.2～10）	6.7（6.4～7.0）	9.2（8.7～9.7）	11（11～12）	15（14～16）
60～79	1	1 079	0	8.8（8.6～9.1）	5.9（5.5～6.3）	8.8（8.4～9.2）	10（10～11）	14（13～15）
60～79	2	1 082	0	9.4（9.1～9.7）	6.5（6.3～6.7）	8.9（8.6～9.2）	11（10～12）	15（14～15）

a 如果超过 40%的样本检测值低于检出限，则仅报告数据的百分比分布而不报告均值。
b 6 岁以下儿童未纳入第一次调查（2007—2009），因此该年龄段无统计数据。

表 8-9-3　加拿大第一次（2007—2009）和第二次（2009—2011）健康调查

3～79 岁居民年龄别 [a]、性别血（全血）锰质量浓度　　　　　单位：μg/L

分组（岁）	调查时期	调查人数	<检出限 [b] /%	几何均数（95%置信区间）	P_{10}（95%置信区间）	P_{50}（95%置信区间）	P_{75}（95%置信区间）	P_{95}（95%置信区间）
全体男性 3～79 [c]	1	—	—	—	—	—	—	—
全体男性 3～79	2	2 940	0	9.4（9.0～9.8）	6.4（5.9～6.8）	9.1（8.6～9.6）	11（11～11）	14（14～15）
男 6～11	1	458	0	9.5（9.1～9.9）	6.6（6.0～7.1）	9.3（8.9～9.7）	11（11～12）	15（12～18）
男 6～11	2	488	0	10（10～11）	7.5（7.1～7.8）	10（9.6～11）	12（11～13）	15（13～16）
男 12～19	1	489	0	9.4（9.0～9.9）	6.5（6.2～6.7）	9.4（9.0～9.9）	11（9.9～12）	14（14～15）
男 12～19	2	523	0	9.8（9.4～10）	6.7（6.2～7.2）	9.5（9.1～10）	12（11～12）	15（13～17）
男 20～39	1	511	0	8.6（8.3～8.9）	6.2（5.9～6.5）	8.4（8.0～8.8）	10（9.7～10）	13（12～14）
男 20～39	2	552	0	9.0（8.3～9.8）	5.9（5.1～6.7）	9.0（8.0～10）	11（10～11）	14（13～15）
男 40～59	1	577	0	8.8（8.4～9.2）	6.2（5.6～6.9）	8.7（8.2～9.1）	10（9.7～10）	14（12～15）
男 40～59	2	617	0	9.3（8.8～9.9）	6.6（6.1～7.2）	9.0（8.4～9.5）	11（10～12）	14（13～15）
男 60～79	1	537	0	8.4（8.1～8.8）	5.6（5.3～5.9）	8.2（7.7～8.7）	10（9.6～10）	14（13～15）
男 60～79	2	507	0	9.2（9.0～9.5）	6.3（6.0～6.6）	8.7（8.3～9.0）	11（10～11）	15（14～16）
全体女性 3～79 [c]	1	—	—	—	—	—	—	—
全体女性 3～79	2	3 130	0	10（9.9～11）	7.0（6.7～7.3）	9.9（9.5～10）	12（12～13）	16（15～17）
女 6～11	1	449	0	10（10～11）	7.4（6.9～7.8）	10（9.7～10）	12（11～12）	16（15～17）
女 6～11	2	473	0	11（11～12）	8.0（7.6～8.4）	11（10～11）	13（12～13）	16（15～18）
女 12～19	1	453	0	11（10～11）	7.1（6.6～7.7）	10（9.9～11）	13（12～14）	17（16～18）
女 12～19	2	474	0	11（10～11）	7.4（6.9～7.9）	10（9.8～11）	12（12～13）	17（16～18）

分组（岁）	调查时期	调查人数	<检出限[b]/%	几何均数（95%置信区间）	P_{10}（95%置信区间）	P_{50}（95%置信区间）	P_{75}（95%置信区间）	P_{95}（95%置信区间）
女 20～39	1	651	0	9.8（9.2～10）	6.5（6.0～7.0）	9.5（8.9～10）	12（11～12）	17（15～19）
女 20～39	2	761	0	11（9.9～11）	7.2（6.7～7.8）	10（9.5～11）	12（11～14）	16（15～17）
女 40～59	1	642	0	9.5（9.0～10）	6.4（6.1～6.8）	9.2（8.6～9.8）	11（10～12）	16（13～18）
女 40～59	2	605	0	10（9.5～11）	6.8（6.3～7.2）	9.6（8.8～10）	12（11～13）	16（15～17）
女 60～79	1	542	0	9.2（9.0～9.5）	6.6（6.3～6.9）	9.4（9.0～9.8）	11（10～11）	14（13～15）
女 60～79	2	575	0	9.5（9.1～10）	6.6（6.4～6.9）	9.1（8.7～9.5）	11（10～12）	14（13～16）

a 3～5 岁年龄组未按照性别分组。

b 如果超过 40%的样本检测值低于检出限，则仅报告数据的百分比分布而不报告均值。

c 6 岁以下儿童未纳入第一次调查（2007—2009），因此该年龄段无统计数据。

表 8-9-4 加拿大第一次（2007—2009）和第二次（2009—2011）健康调查 6～79 岁居民[a]尿锰质量浓度 单位：μg/L

分组（岁）	调查时期	调查人数	<检出限[b]/%	几何均数（95%置信区间）	P_{10}（95%置信区间）	P_{50}（95%置信区间）	P_{75}（95%置信区间）	P_{95}（95%置信区间）
全体对象 6～79	1	5 431	35.54	0.081（0.072～0.092）	<检出限	0.079（0.067～0.091）	0.12（0.087～0.15）	0.37（0.32～0.43）
全体对象 6～79	2	5 738	70.83	—	<检出限	<检出限	<检出限	0.36（0.32～0.40）
全体男性 6～79	1	2 639	38.16	0.078（0.068～0.089）	<检出限	0.073（0.060～0.087）	0.11（0.074～0.14）	0.37（0.29～0.46）
全体男性 6～79	2	2 746	75.82	—	<检出限	<检出限	<检出限	0.30（0.27～0.33）
全体女性 6～79	1	2 792	33.06	0.085（0.076～0.095）	<检出限	0.085（0.074～0.095）	0.13（0.10～0.16）	0.37（0.33～0.41）
全体女性 6～79	2	2 992	66.24	—	<检出限	<检出限	<检出限（<检出限～0.20）	0.41（0.32～0.50）

a 为了便于比较第一次调查（2007—2009）数据，6 岁以下儿童数据未收录，表中仅包含 6～79 岁的居民数据。

b 如果超过 40%的样本检测值低于检出限，则仅报告数据的百分比分布而不报告均值。

表 8-9-5 加拿大第一次（2007—2009）和第二次（2009—2011）健康调查
3～79 岁居民年龄别尿锰质量浓度   单位：μg/L

分组（岁）	调查时期	调查人数	<检出限 a/%	几何均数（95%置信区间）	P_{10}（95%置信区间）	P_{50}（95%置信区间）	P_{75}（95%置信区间）	P_{95}（95%置信区间）
全体对象 3～79 [b]	1	—	—	—	—	—	—	—
全体对象 3～79	2	6 309	70.41	—	<检出限	<检出限	<检出限	0.36（0.32～0.40）
3～5 [b]	1	—	—	—	—	—	—	—
3～5	2	571	66.20	—	<检出限	<检出限	<检出限（<检出限～0.23）	0.54[E]（0.30～0.77）
6～11	1	1 032	38.08	0.082（0.073～0.092）	<检出限	0.077（0.063～0.090）	0.12（0.094～0.15）	0.41（0.32～0.49）
6～11	2	1 062	68.17	—	<检出限	<检出限	<检出限（<检出限～0.22）	0.42（0.35～0.50）
12～19	1	981	32.31	0.088（0.079～0.098）	<检出限	0.089（0.082～0.096）	0.13（0.10～0.16）	0.37（0.30～0.45）
12～19	2	1 041	67.63	—	<检出限	<检出限	<检出限（<检出限～0.20）	0.39（0.31～0.46）
20～39	1	1 153	38.16	0.079（0.068～0.092）	<检出限	0.075（0.060～0.090）	0.12（0.081～0.16）	0.38（0.30～0.47）
20～39	2	1 321	72.90	—	<检出限	<检出限	<检出限	0.32（0.28～0.37）
40～59	1	1 203	35.91	0.081（0.068～0.095）	<检出限	0.079（0.063～0.094）	0.11（0.076～0.15）	0.35（0.28～0.42）
40～59	2	1 228	74.02	—	<检出限	<检出限	<检出限	0.36（0.29～0.42）
60～79	1	1 062	32.77	0.082（0.073～0.092）	<检出限	0.078（0.065～0.090）	0.12（0.087～0.15）	0.38（0.29～0.46）
60～79	2	1 086	70.35	—	<检出限	<检出限	<检出限	0.38（0.33～0.44）

a 如果超过 40%的样本检测值低于检出限，则仅报告数据的百分比分布而不报告均值。
b 6 岁以下儿童未纳入第一次调查（2007—2009），因此该年龄段无统计数据。
E 谨慎引用。

表 8-9-6　加拿大第一次（2007—2009）和第二次（2009—2011）健康调查
3～79 岁居民年龄别[a]、性别尿锰质量浓度　　　　单位：μg/L

分组（岁）	调查时期	调查人数	<检出限[b]/%	几何均数（95%置信区间）	P_{10}（95%置信区间）	P_{50}（95%置信区间）	P_{75}（95%置信区间）	P_{95}（95%置信区间）
全体男性 3～79[c]	1	—	—	—	—	—	—	—
全体男性 3～79	2	3 036	75.66	—	<检出限	<检出限	<检出限	0.30（0.27～0.33）
男 6～11	1	524	39.89	0.078（0.070～0.087）	<检出限	0.073（0.065～0.081）	0.10（0.071～0.13）	0.39（0.27～0.50）
男 6～11	2	532	75.38	—	<检出限	<检出限	<检出限	0.32（0.24～0.39）
男 12～19	1	505	35.25	0.079（0.069～0.091）	<检出限	0.078（0.062～0.094）	0.11（0.077～0.14）	0.36（0.24～0.48）
男 12～19	2	542	73.43	—	<检出限	<检出限	<检出限	0.25（<检出限～0.31）
男 20～39	1	510	40.20	—	<检出限	0.073（0.051～0.095）	0.11[E]（0.056～0.17）	0.44[E]（0.26～0.62）
男 20～39	2	551	75.86	—	<检出限	<检出限	<检出限	0.30（0.24～0.37）
男 40～59	1	572	38.64	0.077（0.064～0.094）	<检出限	0.073（0.053～0.093）	0.11（0.074～0.14）	0.33（0.22～0.44）
男 40～59	2	616	77.27	—	<检出限	<检出限	<检出限	0.28（0.23～0.32）
男 60～79	1	528	36.74	0.076（0.061～0.094）	<检出限	0.072（0.051～0.092）	0.10[E]（0.061～0.14）	0.35[E]（0.20～0.49）
男 60～79	2	505	77.03	—	<检出限	<检出限	<检出限	0.35（0.29～0.42）
全体女性 3～79[c]	1	—	—	—	—	—	—	—
全体女性 3～79	2	3 273	65.54	—	<检出限	<检出限	<检出限（<检出限～0.20）	0.42（0.32～0.52）
女 6～11	1	508	36.22	0.086（0.073～0.10）	<检出限	0.084（0.061～0.11）	0.14（0.10～0.19）	0.43（0.31～0.54）
女 6～11	2	530	60.94	—	<检出限	<检出限	0.24（0.20～0.28）	0.62[E]（0.33～0.92）

分组（岁）	调查时期	调查人数	<检出限[b]/%	几何均数（95%置信区间）	P_{10}（95%置信区间）	P_{50}（95%置信区间）	P_{75}（95%置信区间）	P_{95}（95%置信区间）
女 12~19	1	476	29.20	0.098（0.087~0.11）	<检出限	0.093（0.089~0.096）	0.15（0.12~0.17）	0.38（0.29~0.48）
女 12~19	2	499	61.32	—	<检出限	<检出限	<检出限（<检出限~0.22）	0.49[E]（0.25~0.73）
女 20~39	1	643	36.55	0.080（0.068~0.094）	<检出限	0.077（0.059~0.096）	0.12（0.090~0.16）	0.35（0.28~0.43）
女 20~39	2	770	70.78	—	<检出限	<检出限	<检出限	0.34（0.29~0.40）
女 40~59	1	631	33.44	0.084（0.070~0.10）	<检出限	0.083（0.071~0.096）	0.12[E]（0.071~0.17）	0.37（0.28~0.45）
女 40~59	2	612	70.75	—	<检出限	<检出限	<检出限（<检出限~0.22）	0.43[E]（0.24~0.62）
女 60~79	1	534	28.84	0.088（0.077~0.10）	<检出限	0.086（0.067~0.10）	0.13（0.096~0.17）	0.39[E]（0.22~0.56）
女 60~79	2	581	64.54	—	<检出限	<检出限	<检出限	0.42[E]（0.22~0.62）

a 3~5 岁年龄组未按照性别分组。

b 如果超过 40%的样本检测值低于检出限，则仅报告数据的百分比分布而不报告均值。

c 6 岁以下儿童未纳入第一次调查（2007—2009），因此该年龄段无统计数据。

E 谨慎引用。

表 8-9-7　加拿大第一次（2007—2009）和第二次（2009—2011）健康调查

6~79 岁居民[a]尿锰质量分数　　　　　　　　单位：μg/g 肌酐

分组（岁）	调查时期	调查人数	<检出限[b]/%	几何均数（95%置信区间）	P_{10}（95%置信区间）	P_{50}（95%置信区间）	P_{75}（95%置信区间）	P_{95}（95%置信区间）
全体对象 6~79	1	5 418	35.62	0.097（0.085~0.11）	<检出限	0.091（0.081~0.10）	0.19（0.15~0.23）	0.70（0.57~0.83）
全体对象 6~79	2	5 719	71.06	—	<检出限	<检出限	<检出限	0.61（0.51~0.70）
全体男性 6~79	1	2 630	38.29	0.075（0.065~0.087）	<检出限	0.073（0.062~0.084）	0.14（0.10~0.17）	0.48（0.34~0.62）
全体男性 6~79	2	2 739	76.01	—	<检出限	<检出限	<检出限	0.42（0.34~0.51）
全体女性 6~79	1	2 788	33.11	0.12（0.11~0.14）	<检出限	0.11（0.10~0.13）	0.24（0.21~0.27）	0.84（0.70~0.99）
全体女性 6~79	2	2 980	66.51	—	<检出限	<检出限	<检出限（<检出限~0.26）	0.72（0.63~0.81）

a 为了便于比较第一次调查（2007—2009）数据，6 岁以下儿童数据未收录，表中仅包含 6~79 岁的居民数据。

b 如果超过 40%的样本检测值低于检出限，则仅报告数据的百分比分布而不报告均值。

表 8-9-8　加拿大第一次（2007—2009）和第二次（2009—2011）健康调查
3～79 岁居民年龄别尿锰质量分数　　　　　　　　　单位：μg/g 肌酐

分组（岁）	调查时期	调查人数	<检出限 [a]/%	几何均数（95%置信区间）	P_{10}（95%置信区间）	P_{50}（95%置信区间）	P_{75}（95%置信区间）	P_{95}（95%置信区间）
全体对象 3～79 [b]	1	—	—	—	—	—	—	—
全体对象 3～79	2	6 289	70.63	—	<检出限	<检出限	<检出限	0.61（0.53～0.68）
3～5 [b]	1	—	—	—	—	—	—	—
3～5	2	570	66.32	—	<检出限	<检出限	<检出限（<检出限～ 0.52）	1.2（0.81～1.5）
6～11	1	1 029	38.19	0.12（0.11～0.14）	<检出限	0.11（0.091～0.12）	0.23（0.18～0.28）	0.82（0.66～0.99）
6～11	2	1 058	68.43	—	<检出限	<检出限	<检出限（<检出限～ 0.25）	0.69（0.55～0.82）
12～19	1	980	32.35	0.076（0.064～0.090）	<检出限	0.071（0.055～0.087）	0.14（0.10～0.17）	0.49 [E]（0.31～0.67）
12～19	2	1 039	67.76	—	<检出限	<检出限	<检出限（<检出限～ 0.18）	0.39（0.26～0.53）
20～39	1	1 149	38.29	0.086（0.075～0.10）	<检出限	0.081（0.070～0.091）	0.17（0.13～0.22）	0.61 [E]（0.38～0.85）
20～39	2	1 319	73.01	—	<检出限	<检出限	<检出限	0.58（0.40～0.76）
40～59	1	1 198	36.06	0.10（0.085～0.12）	<检出限	0.093（0.081～0.10）	0.19（0.14～0.24）	0.78（0.57～0.99）
40～59	2	1 223	74.33	—	<检出限	<检出限	<检出限	0.70 [E]（0.42～0.99）
60～79	1	1 062	32.77	0.11（0.10～0.13）	<检出限	0.11（0.095～0.12）	0.23（0.21～0.25）	0.76（0.62～0.91）
60～79	2	1 080	70.74	—	<检出限	<检出限	<检出限	0.61（0.51～0.70）

a 如果超过 40%的样本检测值低于检出限，则仅报告数据的百分比分布而不报告均值。
b 6 岁以下儿童未纳入第一次调查（2007—2009），因此该年龄段无统计数据。
E 谨慎引用。

表 8-9-9　加拿大第一次（2007—2009）和第二次（2009—2011）健康调查

3～79 岁居民年龄别[a]、性别尿锰质量分数　　　　　　　　单位：µg/g 肌酐

分组（岁）	调查时期	调查人数	<检出限[b]/%	几何均数（95%置信区间）	P_{10}（95%置信区间）	P_{50}（95%置信区间）	P_{75}（95%置信区间）	P_{95}（95%置信区间）
全体男性3～79[c]	1	—	—	—	—	—	—	—
全体男性3～79	2	3 028	75.86	—	<检出限	<检出限	<检出限	0.44（0.35～0.53）
男6～11	1	522	40.04	—	<检出限	0.10（0.082～0.12）	0.21（0.16～0.26）	0.73（0.49～0.98）
男6～11	2	530	75.66	—	<检出限	<检出限	<检出限	0.38（0.28～0.48）
男12～19	1	504	35.32	0.066（0.055～0.078）	<检出限	0.064（0.051～0.077）	0.12（0.097～0.14）	0.31[E]（0.15～0.47）
男12～19	2	541	73.57	—	<检出限	<检出限	<检出限	0.26（<检出限～0.30）
男20～39	1	508	40.35	—	<检出限	0.070（0.055～0.086）	0.13[E]（0.075～0.19）	0.42[E]（0.22～0.63）
男20～39	2	550	76.00	—	<检出限	<检出限	<检出限	0.44[E]（0.22～0.66）
男40～59	1	568	38.91	0.076（0.061～0.094）	<检出限	0.072（0.052～0.091）	0.13（0.092～0.17）	0.55[E]（0.23～0.86）
男40～59	2	615	77.40	—	<检出限	<检出限	<检出限	0.47（0.31～0.63）
男60～79	1	528	36.74	0.079（0.064～0.096）	<检出限	0.074（0.056～0.091）	0.15（0.10～0.20）	0.44（0.31～0.56）
男60～79	2	503	77.34	—	<检出限	<检出限	<检出限	0.49（0.34～0.63）
全体女性3～79[c]	1	—	—	—	—	—	—	—
全体女性3～79	2	3 261	65.78	—	<检出限	<检出限	<检出限（<检出限～0.27）	0.74（0.62～0.86）
女6～11	1	507	36.29	0.13（0.11～0.15）	<检出限	0.12（0.094～0.14）	0.26（0.21～0.31）	0.85（0.66～1.1）
女6～11	2	528	61.17	—	<检出限	<检出限	0.29（0.26～0.32）	0.78（0.57～1.0）
女12～19	1	476	29.20	0.088（0.072～0.11）	<检出限	0.084（0.064～0.10）	0.15（0.11～0.19）	0.62（0.43～0.82）
女12～19	2	498	61.45	—	<检出限	<检出限	<检出限（<检出限～0.24）	0.56（0.47～0.65）

分组 （岁）	调查 时期	调查 人数	<检出 限 b/%	几何均数 （95%置信 区间）	P_{10} （95%置信 区间）	P_{50} （95%置信 区间）	P_{75} （95%置信 区间）	P_{95} （95%置信 区间）
女 20～39	1	641	36.66	0.11 （0.088～0.13）	<检出限	0.10 （0.084～0.12）	0.21 （0.16～0.26）	0.73^E （0.22～1.2）
女 20～39	2	769	70.87	—	<检出限	<检出限	<检出限	0.61 （0.42～0.79）
女 40～59	1	630	33.49	0.14 （0.12～0.16）	<检出限	0.12 （0.095～0.14）	0.26 （0.20～0.32）	0.87 （0.70～1.0）
女 40～59	2	608	71.22	—	<检出限	<检出限	<检出限 （<检出限～0.29）	0.92^E （0.52～1.3）
女 60～79	1	534	28.84	0.16 （0.13～0.19）	<检出限	0.15 （0.12～0.18）	0.27 （0.23～0.31）	1.1^E （0.56～1.6）
女 60～79	2	577	64.99	—	<检出限	<检出限	<检出限 （<检出限～0.32）	0.66 （0.43～ 0.88）

a 3～5 岁年龄组未按照性别分组。

b 如果超过 40%的样本检测值低于检出限，则仅报告数据的百分比分布而不报告均值。

c 6 岁以下儿童未纳入第一次调查（2007—2009），因此该年龄段无统计数据。

E 谨慎引用。

参考文献

[1] ATSDR（Agency for Toxic Substances and Disease Registry）. 2008. *Draft toxicological profile for manganese*. U.S. Department of Health and Human Services，Atlanta，GA. Retrieved April 5，2012，from www.atsdr.cdc.gov/toxprofiles/tp.asp？id=102&tid=23.

[2] Baldwin，M.，Mergler，D.，Larribe，F.，et al. 1999. Bioindicator and exposure data for a population based study of manganese. *Neurotoxicology*，20（2-3）：343-354.

[3] Clark，N.A.，Teschke，K.，Rideout，K.，et al. 2007. Trace element levels in adults from the west coast of Canada and associations with age，gender，diet，activities and levels of other trace elements. *Chemosphere*，70（1）：155-164.

[4] Davis，C.D. and Greger，J.L.. 1992. Longitudinal changes of manganese-dependent superoxide dismutase and other indexes of manganese and iron status in women. *American Journal of Clinical Nutrition*，55（3）：747-752.

[5] Davis，C.D.，Zech，L. and Greger，J.L.. 1993. Manganese metabolism in rats：An improved methodology for assessing gut endogenous losses. *Proceedings of the Society for Experimental Biology and Medicine*，202（1）：103-108.

[6] Dorman，D.C.，Struve，M.F.，James，A.，et al. 2001. Influence of dietary manganese on the pharmacokinetics of inhaled manganese sulfate in male CD rats. *Toxicological Sciences*，60（2）：242-251.

[7] Dorman，D.C.，Struve，M.F. and Wong，B.A.. 2002. Brain manganese concentrations in rats following manganese tetroxide inhalation are unaffected by dietary manganese intake. *Neurotoxicology*，23（2）：185 -195.

[8] Dupont，C.L. and Tanaka，Y.. 1985. Blood manganese levels in children with convulsive disorder. *Biochemical Medicine*，33（2）：246-255.

[9] EPA（U.S. Environmental Protection Agency）. 1996. *Integrated Risk Information System（IRIS）: Manganese.* Office of Research and Development，National Center for Environmental Assessment，Cincinnati，OH. Retrieved April 16，2012，from www.epa.gov/iris/subst/0373.htm#carc.

[10] Health Canada. 1987. *Guidelines for Canadian drinking water quality: Guideline technical document - Manganese.* Minister of Health，Ottawa，ON. Retrieved April 11，2012，from www.hc-sc.gc.ca/ewh-semt/pubs/water-eau/manganese/index-eng.php.

[11] Health Canada. 2009. *Canadian Total Diet Study.* Minister of Health，Ottawa，ON. Retrieved November 29，2012，from www.hc-sc.gc.ca/fn-an/surveill/total-diet/index-eng.php.

[12] Health Canada. 2010a. *Human health risk assessment for inhaled manganese.* Minister of Health，Ottawa，ON. Retrieved May 24，2012，from www.hc-sc.gc.ca/ewh-semt/pubs/air/manganese-eng.php.

[13] Health Canada. 2010b. *Dietary Reference Intakes.* Minister of Health，Ottawa，ON. Retrieved March 7，2012，from www.hc-sc.gc.ca/fn-an/nutrition/reference/table/index-eng.php.

[14] Health Canada. 2012. *Pesticide product information database.* Retrieved April 20，2012，from www.pr-rp.hc-sc.gc.ca/pi-ip/index-eng.php.

[15] INSPQ（Institut national de santé publique du Québec）. 2004. Étude sur l'établissement de valeurs de référence d'éléments traces et de métaux dans le sang，le sérum et l'urine de la population de la grande région de Québec. INSPQ，Québec，QC. Retrieved July 11，2011，from www.inspq.qc.ca/pdf/publications/289-ValeursReferenceMetaux.pdf.

[16] IOM（Institute of Medicine）. 2001. Dietary reference intakes for vitamin A，vitamin K，arsenic，boron，chromium，copper，iodine，iron，manganese，molybdenum，nickel，silicon，vanadium，and zinc. The National Academies Press，Washington，DC.

[17] ITER（International Toxicity Estimates for Risk）. 2010. ITER database：Manganese（CAS 7439-96-5）. National Library of Medicine，Bethesda，MD. Retrieved May 24，2012，from www.toxnet.nlm.nih.gov/cgi-bin/sis/htmlgen？iter.

[18] Malecki，E.A.，Radzanowski，G.M.，Radzanowski，T.J.，et al. 1996. Biliary manganese excretion in conscious rats is affected by acute and chronic manganese intake but not by dietary fat. *Journal of Nutrition*，126（2）：489-498.

8.10 汞

汞（CAS 号：7439-97-6）是地壳中天然存在的银白色软金属，在地壳中的平均含量约为 0.000 005%（Emsley，2001）。汞是唯一室温下呈液态的金属。汞的存在形式为单质汞、无机汞和有机汞（CCME，1999）。由于单质汞和某些有机汞具有相对较高的蒸汽压，因此以蒸汽形式存在于大气中（ATSDR，1999）。自然界中最常见的有机汞化合物为甲基汞（单甲基汞）和二甲基汞。单质汞、无机汞和有机汞可通过生物转化等过程互相转化（Environment Canada，2010）。

汞广泛分布于环境中，由于汞的持久性、流动性及易于在寒冷气候中蓄积的特性，遥远的北极地区也存在汞。自然界中汞的主要来源包括火山活动和含汞沉积物自然冲蚀（Environment Canada and Health Canada，2010）。环境中的无机汞经微生物代谢转变为甲基汞，甲基汞可通过陆生和水生食物链进行生物富积（ATSDR，1999）。人为排放的无机汞来源包括金属矿的开采和冶炼、矿物燃料的燃烧（特别是煤）、城市垃圾的焚烧、黏合剂生产、下水道污泥及废水（UNEP，2002）。无机汞也有可能随含汞产品的处置而释放到环境中。

汞具有独特的属性，应用于接线装置、开关、真空计和温度计等科学测量仪器（ATSDR，1999）。加拿大的大多数含汞产品现已被逐步停止生产；但许多含汞产品仍然面向加拿大的市场出口（Canada，2011a）。一些医学设备里仍然使用无机汞，如恒温控制器、X射线管及小型电子助听器的纽扣电池。许多灯具中也存在汞蒸气，包括荧光灯、汞蒸气灯、金属卤素灯和钠蒸气灯（Environment Canada，2010）。含汞灯泡的应用增加是由于广泛使用压缩荧光灯替代白炽灯。汞还用作工业催化剂、实验室消毒剂和尸体防腐剂等。无机汞的一个重要用途是牙汞齐，牙汞齐中约含汞50%，其中汞仅占加拿大人每日汞暴露总量的很少一部分（Health Canada，2007；IMERC，2010）。

一般公众的汞暴露主要来源于甲基汞，其暴露是通过淡水鱼类和海产品的摄入产生的（Health Canada，2007）。一般公众通过牙汞齐暴露无机汞的机会微乎其微（Health Canada，2007）。一般公众也可能会通过周围空气中汞蒸气的吸入、饮用水和食物摄取或牙科及医学治疗而暴露单质汞（ATSDR，1999）。

经口摄入的有机汞，约95%经胃肠道吸收，然而单质汞经由消化道或皮肤的吸收甚微（ATSDR，1999）。有机汞吸收后，可分布于包括头发在内的所有组织，其中肾脏中的汞蓄积量最高（ATSDR，1999）。有机汞在体内脱甲基变成无机汞，主要蓄积在肝脏和肾脏中。早期研究显示无机汞占血汞总量的14%～26%（Kingman et al.，1998；Oskarsson et al.，1996；Passos et al.，2007）。甲基汞的生物半衰期估计约为50天。体内大部分汞经粪便排出体外，仅少量无机汞经尿液排出体外（ATSDR，1999）。

虽然头发可作为汞暴露的生物标志物，但汞暴露常用血汞和尿汞的浓度水平进行评价（ATSDR，1999）。血汞主要反映短期汞暴露（ATSDR，1999）。血汞和尿汞的含量水平通常显示总汞含量（包括无机汞和有机汞）。检测血液中总汞的浓度被认为是甲基汞暴露量的合理手段。根据其他国家现有数据的评估，世界卫生组织估计一般公众平均血汞质量浓度大约是8 μg/L（WHO，1990）。但每天吃鱼的人，血中甲基汞质量浓度可高达200 μg/L（WHO，1990）。

众所周知汞对人体具有毒性，其毒性作用取决于汞的形态和暴露途径。长期低水平经口暴露的甲基汞可能不会导致任何可观察到的症状（Health Canada，2007）。经口暴露的有机汞会对神经系统产生影响，并会导致发育神经毒性（UNEP，2002）。有机汞中毒的症状表现为四肢麻木；周边视野、听觉、味觉和嗅觉受损；口齿不清；肌肉无力和步态不稳；易激动；记忆力丧失；抑郁及睡眠困难（UNEP，2002）。胎儿或幼儿暴露于有机汞可影响神经系统发育，影响精细运动功能、注意力、语言学习能力和记忆力（ATSDR，1999；Health Canada，2007）。单质汞的暴露可能是有害的（取决于暴露水平），因为以蒸汽形式释放的汞可通过呼吸吸收。蒸气汞的吸入可对呼吸系统、心血管、肾脏和神经系统产生影响。牙汞齐汞暴露不会对儿童或成人的神经功能产生影响（Bates et al.，2004；Bellinger et al.，2007；DeRouen et al.，2006；Factor-Litvak et al.，2003）。加拿大卫生部认为牙汞齐汞暴露对一般公众不构成健康危害（Health Canada，1996）。

　　国际癌症研究机构（IARC）根据动物实验数据将甲基汞列为 2B 类致癌物，即对人类可能致癌（IARC，1993）；国际癌症研究机构（IARC）将单质汞和无机汞列为 3 类致癌物，即对人类致癌性不能分类（IARC，1993）。

　　联合国环境规划署（UNEP）通过对汞的全球性风险评估，认为有充分证据证明汞暴露存在健康危害，应该进一步采取国际行动以降低其对人类健康和环境影响的风险（UNEP，2002）。联合国环境规划正在通过国际谈判致力于达成一个对全球具有法律约束力的文件，旨在减少汞的大气排放、供应、贸易和需求，并进而找出汞贮存和含汞废物处置的环境友好方案。

　　汞及其化合物已被列入《加拿大环境保护法》（1999）毒物目录 1 中（Canada，1999；Canada，2012a）。加拿大政府发布的《汞风险管理策略》总结了现行的和计划实施的汞风险管理措施（Environment Canada and Health Canada，2010）。上述风险管理措施包含了旨在减少汞的环境释放量而制定的加拿大国家标准（CCME，2000；CCME，2005；CCME，2006；CCME，2007）。

　　1999 年，《加拿大消费者产品安全法》之下的《表面涂层材料管理条例》限定了所有广告宣传材料、出售或进口到加拿大的表面涂层材料中汞的含量（Canada，2005）。另外，《玩具管理条例》禁止将任何含汞化合物的表面涂层材料用于孩子学习或游戏的产品中（Canada，2011b）。2011 年，在《加拿大环境保护法》（1999）的基础上，提出了禁止进口、生产、销售及招股销售当前未受其他立法约束的含汞产品的管理条例（Canada，1985；Health Canada，2011）。汞及其化合物也被加拿大卫生部列入化妆品的禁用或限制使用成分目录（又称为化妆品成分关注清单）。该清单是生产商与各方沟通交流的管理工具，如果清单中的物质用于化妆品则可能导致使用者健康损害，违反了《加拿大食品药品法案》中关于禁止销售不安全化妆品的一般禁令（Canada，1985；Health Canada，2001）。除非防腐剂等特定用途，《加拿大食品药品法案》禁止在加拿大销售用于人体的含汞药品及其任何盐类或衍生物（Canada，2012b）。

　　从健康的角度考虑，加拿大卫生部制订了《加拿大饮用水水质标准》，该标准中规定了汞的最大可接受浓度（Health Canada，1986；Health Canada，2012a）。加拿大卫生部已采纳了世界卫生组织规定的成人暂定每日汞最大容许摄入量（WHO，1972）。加拿大卫生部已针对孕妇或即将妊娠的妇女及儿童制订了暂定每日汞最大可容许摄入量（Health Canada，2002；Health Canada，2007）。加拿大卫生部也制定了一般成人血液中总汞的参考值（20 μg/L）（Health Canada，2004）。为保护神经系统发育，建议小于 18 岁的儿童、孕妇和育龄妇女（<50 岁）的暂定甲基汞参考值为 8 μg/L（Legrand et al.，2010）。加拿大卫生部还规定了鱼中汞的最大污染浓度，并为消费者提供消费建议（Health Canada，2008）。

　　在不列颠哥伦比亚省对 61 名 30～65 岁不吸烟成年人的微量元素进行了监测，结果显示血液中总汞的几何均数和第 95 百分位数分别是 2.94 μg/L 和 7.26 μg/L；对魁北克市 500 名 18～65 岁成人进行了生物监测，结果显示全血总汞的几何均数为 0.74 μg/L。

　　加拿大第一次（2007—2009）和第二次（2009—2011）健康调查对所有调查对象进行了全血总汞检测，第一次调查对象的年龄范围为 6～79 岁，第二次调查对象的年龄范围为 3～79 岁。上述调查监测中血汞质量浓度用 μg/L 表示（表 8-10-1、表 8-10-2 和表 8-10-3）。汞在血液中检出仅仅表明血汞是汞的暴露标志物，但并不意味着一定会产生健康危害。

表 8-10-1　加拿大第一次（2007—2009）和第二次（2009—2011）健康调查

6～79 岁居民 [a] 血（全血）总汞质量浓度　　　　　　　　　　　　单位：μg/L

分组（岁）	调查时期	调查人数	<检出限 [b] /%	几何均数（95%置信区间）	P_{10}（95%置信区间）	P_{50}（95%置信区间）	P_{75}（95%置信区间）	P_{95}（95%置信区间）
全体对象6～79	1	5 319	11.64	0.69（0.55～0.86）	<检出限	0.81（0.64～0.97）	1.5（1.1～2.0）	4.6[E]（2.5～6.7）
全体对象6～79	2	5 575	14.28	0.72（0.57～0.90）	<检出限	0.77（0.57～0.96）	1.7（1.3～2.2）	5.6[E]（3.3～7.8）
全体男性6～79	1	2 576	12.11	0.68（0.55～0.84）	<检出限	0.79（0.64～0.94）	1.6（1.1～2.0）	5.1[E]（2.6～7.5）
全体男性6～79	2	2 687	14.77	0.74（0.58～0.95）	<检出限	0.80（0.56～1.0）	2.0（1.5～2.5）	6.3[E]（2.9～9.8）
全体女性6～79	1	2 743	11.19	0.70（0.56～0.88）	<检出限[E]（<检出限～0.11）	0.82（0.63～1.0）	1.5（1.1～1.9）	4.4[E]（2.5～6.3）
全体女性6～79	2	2 888	13.82	0.69（0.55～0.86）	<检出限	0.74（0.56～0.92）	1.6（1.2～2.0）	5.1[E]（3.0～7.2）

a 为了便于比较第一次调查（2007—2009）数据，6 岁以下儿童数据未收录，表中仅包含 6～79 岁的居民数据。
b 如果超过 40%的样本检测值低于检出限，则仅报告数据的百分比分布而不报告均值。
E 谨慎引用。

表 8-10-2　加拿大第一次（2007—2009）和第二次（2009—2011）健康调查

3～79 岁居民年龄别血（全血）总汞质量浓度　　　　　　　　　　　单位：μg/L

分组（岁）	调查时期	调查人数	<检出限 [a] /%	几何均数（95%置信区间）	P_{10}（95%置信区间）	P_{50}（95%置信区间）	P_{75}（95%置信区间）	P_{95}（95%置信区间）
全体对象3～79 [b]	1	—	—	—	—	—	—	—
全体对象3～79	2	6 070	15.55	0.70（0.56～0.87）	<检出限	0.74（0.55～0.93）	1.7（1.3～2.1）	5.5[E]（3.3～7.6）
3～5 [b]	1	—	—	—	—	—	—	—
3～5	2	495	29.90	0.27（0.20～0.37）	<检出限	0.20[E]（0.11～0.28）	F	3.0[E]（1.7～4.3）
6～11	1	910	24.84	0.26（0.22～0.32）	<检出限	0.24（0.18～0.29）	0.66（0.47～0.85）	2.1[E]（1.3～2.9）
6～11	2	961	29.03	0.28（0.22～0.34）	<检出限	0.21[E]（0.11～0.30）	0.62（0.47～0.78）	2.0（1.3～2.6）
12～19	1	945	20.85	0.30（0.23～0.40）	<检出限	0.28（0.20～0.37）	0.76[E]（0.47～1.0）	2.2[E]（0.88～3.5）
12～19	2	997	26.58	0.27（0.20～0.35）	<检出限	0.20[E]（0.10～0.29）	0.62（0.48～0.76）	2.4[E]（1.3～3.5）
20～39	1	1 165	8.76	0.65（0.52～0.81）	<检出限	0.76（0.61～0.91）	1.4[E]（0.88～2.0）	4.7[E]（2.4～7.1）
20～39	2	1 313	10.05	0.64（0.47～0.86）	<检出限	0.65（0.43～0.86）	1.6（1.1～2.2）	5.2[E]（2.6～7.8）
40～59	1	1 220	3.52	1.0（0.80～1.3）	0.21[E]（0.12～0.30）	1.1（0.83～1.3）	1.9（1.4～2.3）	6.4[E]（3.0～9.8）
40～59	2	1 222	5.16	1.0（0.79～1.3）	0.19（0.17～0.21）	1.1（0.86～1.3）	2.1（1.6～2.6）	7.3[E]（2.4～12）
60～79	1	1 079	4.73	0.86（0.64～1.2）	F	0.96（0.75～1.2）	1.9（1.2～2.5）	4.8[E]（2.7～6.9）
60～79	2	1 082	5.27	1.1（0.86～1.5）	0.19[E]（0.11～0.28）	1.2（0.93～1.5）	2.3（1.7～2.8）	6.5[E]（3.9～9.2）

a 如果超过 40%的样本检测值低于检出限，则仅报告数据的百分比分布而不报告均值。
b 6 岁以下儿童未纳入第一次调查（2007—2009），因此该年龄段无统计数据。
E 谨慎引用。
F 数据不可靠，不予发布。

表 8-10-3 加拿大第一次（2007—2009）和第二次（2009—2011）健康调查

3～79 岁居民年龄别[a]、性别血（全血）总汞质量浓度 单位：μg/L

分组（岁）	调查时期	调查人数	<检出限[b]/%	几何均数（95%置信区间）	P_{10}（95%置信区间）	P_{50}（95%置信区间）	P_{75}（95%置信区间）	P_{95}（95%置信区间）
全体男性 3～79[c]	1	—	—	—	—	—	—	—
全体男性 3～79	2	2 940	16.16	0.72 (0.56～0.92)	<检出限	0.77 (0.53～1.0)	1.9 (1.5～2.4)	6.1[E] (2.7～9.5)
男 6～11	1	459	26.14	0.24 (0.19～0.32)	<检出限	0.21[E] (0.12～0.30)	0.62 (0.40～0.84)	2.0[E] (0.91～3.1)
男 6～11	2	488	29.71	0.24 (0.19～0.31)	<检出限	0.19 (0.16～0.23)	0.54 (0.41～0.68)	1.9[E] (0.91～2.9)
男 12～19	1	489	20.65	0.28[E] (0.19～0.41)	<检出限	0.25[E] (0.15～0.35)	0.64[E] (0.21～1.1)	F
男 12～19	2	523	26.96	0.26 (0.18～0.36)	<检出限	0.19[E] (<检出限～0.29)	0.62 (0.41～0.83)	2.6[E] (1.5～3.8)
男 20～39	1	514	9.34	0.61 (0.47～0.80)	<检出限	0.72 (0.55～0.89)	1.5[E] (0.66～2.2)	4.6[E] (2.6～6.6)
男 20～39	2	552	10.51	0.62 (0.45～0.84)	<检出限	0.62 (0.43～0.81)	1.7[E] (1.0～2.4)	4.7[E] (2.2～7.1)
男 40～59	1	577	3.47	1.0 (0.82～1.3)	0.24[E] (0.13～0.34)	1.0 (0.81～1.2)	1.8 (1.5～2.1)	F
男 40～59	2	617	4.54	1.2 (0.91～1.7)	0.20[E] (<检出限～0.30)	1.2 (0.99～1.4)	2.7[E] (1.6～3.8)	F
男 60～79	1	537	4.28	0.97 (0.70～1.3)	0.17[E] (<检出限～0.26)	1.0 (0.67～1.3)	2.1 (1.5～2.7)	F
男 60～79	2	507	4.93	1.1 (0.84～1.5)	0.19[E] (<检出限～0.29)	1.3 (0.94～1.6)	2.3 (1.6～2.9)	7.0[E] (3.9～10)
全体女性 3～79[c]	1	—	—	—	—	—	—	—
全体女性 3～79	2	3 130	14.98	0.67 (0.54～0.84)	<检出限	0.71 (0.54～0.88)	1.6 (1.2～2.0)	5.1[E] (3.0～7.1)
女 6～11	1	451	23.50	0.29 (0.24～0.35)	<检出限	0.25 (0.20～0.30)	0.78 (0.54～1.0)	2.2[E] (1.1～3.2)
女 6～11	2	473	28.33	0.32 (0.24～0.42)	<检出限	0.31[E] (0.17～0.46)	0.71[E] (0.44～0.98)	2.1 (1.4～2.7)

分组 （岁）	调查 时期	调查 人数	<检出 限 b /%	几何均数 （95%置信 区间）	P_{10} （95%置信 区间）	P_{50} （95%置信 区间）	P_{75} （95%置信 区间）	P_{95} （95%置信 区间）
女 12～19	1	456	21.05	0.33 （0.26～0.41）	<检出限	0.32 （0.22～0.43）	0.83 （0.61～1.0）	2.2[E] （1.3～3.1）
女 12～19	2	474	26.16	0.28 （0.21～0.38）	<检出限	0.21[E] （<检出限～0.34）	0.62 （0.46～0.78）	F
女 20～39	1	651	8.29	0.69 （0.53～0.91）	0.11[E] （<检出限～0.15）	0.80 （0.59～1.0）	1.4 （0.91～1.9）	4.8[E] （2.0～7.5）
女 20～39	2	761	9.72	0.66 （0.47～0.92）	<检出限	0.69[E] （0.39～1.0）	1.6 （1.1～2.1）	F
女 40～59	1	643	3.58	0.99 （0.76～1.3）	0.19[E] （<检出限～0.29）	1.1 （0.84～1.4）	2.0 （1.4～2.6）	5.4[E] （2.1～8.7）
女 40～59	2	605	5.79	0.82 （0.65～1.0）	0.18 （0.18～0.19）	0.85 （0.62～1.1）	1.7 （1.2～2.2）	4.7[E] （2.1～7.3）
女 60～79	1	542	5.17	0.78 （0.57～1.1）	F	0.91 （0.74～1.1）	1.6 （1.1～2.1）	4.4 （3.0～5.8）
女 60～79	2	575	5.57	1.1 （0.84～1.5）	0.19[E] （<检出限～0.32）	1.2 （0.84～1.5）	2.2 （1.7～2.8）	F

a 3～5 岁年龄组未按照性别分组。

b 如果超过 40% 的样本检测值低于检出限，则仅报告数据的百分比分布而不报告均值。

c 6 岁以下儿童未纳入第一次调查（2007—2009），因此该年龄段无统计数据。

E 谨慎使用。

F 数据不可靠，不予发布。

参考文献

[1] ATSDR（Agency for Toxic Substances and Disease Registry）. 1999. *Toxicological profile for mercury.* U.S. Department of Health and Human Services，Atlanta，GA. Retrieved March 30，2012，from www.atsdr.cdc.gov/ToxProfiles/tp.asp？id=115&tid=24.

[2] Bates，M.N.，Fawcett，J.，Garrett，N.，et al. 2004. Health effects of dental amalgam exposure：A retrospective cohort study. *International Journal of Epidemiology*，33（4）：894-902.

[3] Bellinger，D.C.，Daniel，D.，Trachtenberg，F.，et al. 2007. Dental amalgam restorations and children's neuropsychological function：The New England Children's Amalgam Trial. *Environmental Health Perspectives*，115（3）：440-446.

[4] Canada. 1985. *Food and Drugs Act.* RSC 1985，c.F-27. Retrieved June 6，2012，from http://laws-lois. justice.gc.ca/eng/acts/F-27/.

[5] Canada. 1999. *Canadian Environmental Protection Act，1999.* SC 1999，c. 33. Retrieved April 2，2012，from http://laws-lois.justice.gc.ca/eng/acts/C-15.31/index.html.

[6] Canada. 2005. *Surface Coating Materials Regulations.* SOR/2005-109. Retrieved April 3，2012，from http://laws-lois.justice.gc.ca/eng/regulations/SOR-2005-109/index.htm.

[7] Canada. 2011a. *Proposed regulations respecting products containing certain substances listed in Schedule1 to the Canadian Environmental Protection Act*，1999. April 2，2012，from www.gazette.gc.ca/rp-pr/p1/ 2011/2011-02-26/html/reg4-eng.html.

[8] Canada. 2011b. *Toys Regulations*. SOR/2011-17.Retrieved January 25，2012，from http://laws-lois. justice.gc.ca/eng/regulations/SOR-2011-17/index.html.

[9] Canada. 2012a. Order adding a toxic substance to Schedule 1 to the Canadian Environmental Protection Act，1999. *Canada Gazette，Part II：Official Regulations*，14621. Retrieved October，2012，from gazette.gc.ca/rp-pr/p2/2012/2012-10-10/html/sor-dors186-eng.html.

[10] Canada. 2012b. *Food and Drug Regulations*. C.R.C.，c.870. Retrieved July 24, 2012, from http://laws-lois. justice.gc.ca/PDF/C.R.C.，_c._870.pdf.

[11] CCME（Canadian Council of Ministers of the Environment）. 1999. *Canadian soil quality guidelines for the protection of environmental and human health - Mercury（inorganic）*. Winnipeg, MB. Retrieved March 30，2012，from http://ceqg-rcqe.ccme.ca/download/en/270/.

[12] CCME（Canadian Council of Ministers of the Environment）. 2000. *Canada-wide standards for mercury emissions*. Québec，QC. Retrieved March 30，2012，from www.ccme.ca/assets/pdf/ mercury_emis_ std_e1.pdf.

[13] CCME（Canadian Council of Ministers of the Environment）. 2005. Canada-wide standards for mercury （mercury emissions，mercury-containing lamps，and mercury for dental amalgam waste）：A report on progress. Winnipeg，MB. Retrieved March 30，2012，from www.ccme.ca/assets/pdf/joint_hg_progress_ rpt_e.pdf.

[14] CCME（Canadian Council of Ministers of the Environment）. 2006. *Canada-wide standards for mercury emissions from coal-fired electric power generation plants*. Winnipeg，MB. Retrieved March 30，2012，from www.ccme.ca/assets/pdf/hg_epg_cws_w_annex.pdf.

[15] CCME（Canadian Council of Ministers of the Environment）. 2007. *Canada-wide standards for mercury - A report on compliance and evaluation（mercury from dental amalgam waste），a report on progress （mercury emissions and mercury-containing lamps）*. Winnipeg，MB. Retrieved April 2，2012，from www.ccme.ca/assets/pdf/2007_joint_hg_ rpt_1.0_e.pdf.

[16] Clark，N.A.，Teschke，K.，Rideout，K.，et al. 2007. Trace element levels in adults from the west coast of Canada and associations with age，gender，diet，activities and levels of other trace elements. *Chemosphere*，70（1）：155-164.

[17] DeRouen，T.A.，Martin，M.D.，Leroux，B.G.，et al. 2006. Neurobehavioral effects of dental amalgam in children：A randomized clinical trial. *Journal of the American Medical Association*，295（15）： 1784-1792.

[18] Emsley，J.. 2001. *Nature's building blocks：An A-Z guide to the elements*. Oxford：Oxford University Press.

[19] Environment Canada. 2010. *Mercury and the environment*. Retrieved August 30，2012，from www.ec.gc.ca/mercure-mercury/.

[20] Environment Canada & Health Canada. 2010. *Risk management strateg y for mercury.* March 30， 2012，from www.ec.gc.ca/Publications/default. asp？Lang=En&xml=9B24BD24-7D0B-4A1E-BFE0- 53DC4137ED90.

[21] Factor-Litvak，P.，Hasselgren，G.，Jocobs，D.，et al. 2003. Mercury derived from dental amalgams and neuropsychologic function. *Environmental Health Perspectives*，111（5）：719-723.

[22] Health Canada. 1986. *Guidelines for Canadian drinking water quality: Guideline technical document - Mercury*. Minister of Health，Ottawa，ON. Retrieved May 18，2012，from www.hc-sc.gc.ca/ewh-semt/pubs/water-eau/mercury-mercure/index-eng.php.

[23] Health Canada. 1996. *The safety of dental amalgam*. Minister of Health，Ottawa，ON. Retrieved August 22，2012，from www.hc-sc.gc.ca/dhp-mps/md-im/applic-demande/pubs/dent_amalgam-eng.php.

[24] Health Canada 2002. *Toxicological reference doses for trace elements*. Minister of Health，Ottawa，ON.

[25] Health Canada. 2004. *Mercury - Your health and the environment*. Minister of Health，Ottawa，ON. Retrieved April 3，2012，from www.hc-sc.gc.ca/ewh-semt/pubs/contaminants/mercur/index-eng.php.

[26] Health Canada. 2007. *Human health risk assessment of mercury in fish and health benefits of fish consumption*. Minister of Health，Ottawa，ON. Retrieved August 28，2012，from www.hc-sc.gc.ca/fn-an/pubs/mercur/merc_fish_poisson-eng.php.

[27] Health Canada. 2008. *Consumption advice: Making informed choices about fish*. Minister of Health，Ottawa，ON. Retrieved November 29，2012，from www.hc-sc.gc.ca/fn-an/securit/chem-chim/environ/mercur/cons-adv-etud-eng.php.

[28] Health Canada. 2011. *List of prohibited and restricted cosmetic ingredients ("hotlist")*. Retrieved May 25，2012，from www.hc-sc.gc.ca/cps-spc/cosmet-person/indust/hot-list-critique/index-eng.php.

[29] Health Canada. 2012a. *Guidelines for Canadian drinking water quality - Summary table*. Minister of Health，Ottawa，ON. Retrieved March 15，2013，from www.hc-sc.gc.ca/ewh-semt/pubs/water-eau/2012-sum_guide-res_recom/index-eng.pdf.

[30] Health Canada. 2012b. *Canadian standards（maxi- mum levels） for various chemical contaminants in foods*. Minister of Health，Ottawa，ON. Retrieved November 29，2012，from www.hc-sc.gc.ca/fn-an/securit/chem-chim/contaminants-guide- lines-directives-eng.php.

[31] IARC（International Agency for Research on Cancer）. 1993. *IARC monographs on the evaluation of carcinogenic risks to humans - Volume 58: Beryllium，cadmium，mercury，and exposures in the glass manufacturing industry*. World Health Organization，Geneva.

[32] IMERC（Interstate Mercury Education and Reduction Clearinghouse）. 2010. *Fact sheet - Mercury use in dental amalgam*. Boston，MA.：Northeast Waste Management Officials' Association. Retrieved April 3，2012，from www.newmoa.org/prevention/mercury/imerc/factsheets/dental_amalgam.cfm.

[33] INSPQ（Institut national de santé publique du Québec）. 2004. *Étude sur l'établissement de valeurs de référence d'éléments traces et de métaux dans le sang，le sérum et l'urine de la population de la grande région de Québec*. INSPQ，Québec，QC. Retrieved July 11，2011，from www.inspq.qc.ca/pdf/publications/289-ValeursReferenceMetaux.pdf.

[34] Kingman，A.，Albertini，T. and Brown，L.J.. 1998. Mercury concentrations in urine and whole blood associated with amalgam exposure in a US mili- tary population. *Journal of Dental Research*，77（3）：461-471.

[35] Legrand，M.，Feeley，M.，Tikhonov，C.，et al. 2010. Methylmercury blood guidance values for Canada. *Canadian Journal of Public Health*，101（1）：28-31.

[36] Oskarsson，A.，Schütz，A.，Skerfving，S.，et al. 1996. Total and inorganic mercury in breast milk and

blood in relation to fish consumption and amalgam fillings in lactating women. *Archives of Environmental Health*，51（3）：234-241.

[37] Passos，C.J.S.，Mergler，D.，Lemire，M.，et al. 2007. Fish consumption and bioindicators of inorganic mercury exposure. *Science of the Total Environment*，373（1）：68-76.

[38] UNEP（United Nations Environment Programme）. 2002. *Global mercury assessment.* Geneva：UNEP Chemicals. Retrieved April 2，2012，from www.chem.unep.ch/mercury/Report/Final%20 Assessment%20 report.htm.

[39] WHO（World Health Organization）. 1972. *WHO food additive series 52：Methylmercury（addendum）.* Geneva：WHO. Retrieved April 4，2012，from www.inchem.org/documents/jecfa/jecmono/v52je23.htm.

[40] WHO（World Health Organization）. 1990. *Environmental health criteria 101：Methylmercury.* Geneva：WHO. Retrieved April 4，2012，from www.inchem.org/documents/ehc/ehc101.htm.

8.11 钼

钼（CAS 号：7439-98-7）是地壳中天然存在的一种元素，平均含量约为 0.000 15%（Emsley，2001）。钼通常与其他元素以化合态的形式存在，而不是以游离态的金属存在于自然界中。钼是维持人体健康所必需的一种微量元素（IOM，2001）。

钼天然存在于土壤、沉积物、地表水、地下水、动植物和人体中。它可通过土壤风化、火山岩矿石及沉积岩风化等自然过程释放到环境中（CCME，1999）。人为排放钼的来源包括煤炭的燃烧、城市污水污泥、工业及矿业开采（CCME，1999）。化肥的使用也是钼对水体系统的一种重要的人为污染源。

钼主要用于钢铁工业，钼作为钢合金中的一种成分可增强钢合金强度、耐用性及耐腐蚀性（Steifel，2010）。钼还用于电触头、火花塞、X 射线管、灯丝、屏幕、无线电阀、金属焊封材料、有色合金及染料（WHO，2011）。钼还可用于陶瓷颜料、墨水和绘画涂料等（CDC，2009）。钼化合物在农业中用于种子的处理和在配方肥料中预防作物钼缺乏（WHO，2011）。

一般人群暴露钼的主要途径是食物和饮用水摄入，而饮用水摄入量少于食物摄入；通过空气吸入并不是钼暴露的重要途径（WHO，2011）。胃肠道对饮食摄取钼的吸收取决于其化学形态，吸收率为 30%～70%（WHO，2011）。钼经胃肠道吸收后迅速出现在血液中，肝脏、肾脏和骨骼中钼的浓度最高（WHO，2011）。人体组织中钼的生物富集现象不明显（WHO，2011）。人体内的钼主要通过尿液排出体外，尿液中的钼含量水平可直接反映饮食摄入钼的剂量水平（IOM，2001；Turnlund et al.，1995）。

作为人体必需的微量元素，钼是一些酶代谢蛋白质的必需辅助因子（EPA，1993；WHO，2011）。通常只有代谢失调的人才会出现钼缺乏的症状（IOM，2001）。由于钼的必要性，加拿大卫生部制订了膳食钼含量的推荐值（Health Canada，2010；IOM，2001）。

钼对人体的毒性资料很有限，在实验动物中观察到的不良反应，要么与人类效应不相关，要么在人群中还未监测到（IOM，2001）。长期高剂量钼暴露与人类痛风症状相关，如尿酸高和关节疼痛等（EPA，1993）。国际癌症研究机构和加拿大卫生部对钼的致癌性并未作出评价（ITER，2010）。

　　由于钼的潜在毒性，医学研究所发布了钼的可容许摄入量并被加拿大卫生部采用（Health Canada，2010a；IOM，2001）。由于饮用水中钼的浓度水平通常较低，世界卫生组织认为不需要对其制定正式的指导限值，但仍提出了一个健康基准值（WHO，2011）。目前，加拿大卫生部尚未制定饮用水中钼的标准限值（Health Canada，2012）。

　　对魁北克省 500 名 18～65 岁成人进行了生物监测，结果显示：全血中钼和尿液中钼的浓度水平的几何均数分别为 1.14 μg/L 和 44.25 μg/L（INSPQ，2004）。对不列颠哥伦比亚省 61 名 30～65 岁不吸烟成年人进行了生物监测，结果显示：血钼的几何均数为 1.47 μg/L（Clark et al.，2007），尿钼几何均数和第 95 百分位数分别是 49.5 μg/g 肌酐和 159.8 μg/g 肌酐（Clark et al.，2007）。

　　加拿大第一次（2007—2009）和第二次（2009—2011）健康调查对所有调查对象进行了全血钼和尿钼的监测，第一次调查对象的年龄范围是 6～79 岁，第二次调查对象的年龄范围是 3～79 岁。上述调查检测中血钼质量浓度用μg/L 表示（表 8-11-1、表 8-11-2 和表 8-11-3）；尿钼质量浓度和质量分数分别用μg/L（表 8-11-4、表 8-11-5 和表 8-11-6）和μg/g 肌酐（表 8-11-7、表 8-11-8 和表 8-11-9）表示。钼在血样或尿样中检出仅仅表明血钼或尿钼是钼的暴露标志物，但并不意味着一定会产生有害的健康影响。由于钼是维持人体健康所必需的一种微量元素，因此在体液中应该有钼的存在。

表 8-11-1　加拿大第一次（2007—2009）和第二次（2009—2011）健康调查
6～79 岁居民[a]血（全血）钼质量浓度　　　　　　　　　　　　　　单位：μg/L

分组（岁）	调查时期	调查人数	<检出限[b]/%	几何均数（95%置信区间）	P_{10}（95%置信区间）	P_{50}（95%置信区间）	P_{75}（95%置信区间）	P_{95}（95%置信区间）
全体对象 6～79	1	5 319	0.09	0.67（0.66～0.69）	0.40（0.38～0.42）	0.66（0.64～0.68）	0.86（0.82～0.89）	1.3（1.3～1.4）
全体对象 6～79	2	5 575	0.18	0.65（0.63～0.67）	0.38（0.36～0.39）	0.64（0.62～0.66）	0.85（0.82～0.88）	1.4（1.3～1.5）
全体男性 6～79	1	2 576	0.12	0.67（0.65～0.68）	0.40（0.39～0.41）	0.65（0.63～0.66）	0.85（0.81～0.88）	1.3（1.2～1.4）
全体男性 6～79	2	2 687	0.22	0.63（0.61～0.66）	0.37（0.34～0.40）	0.62（0.59～0.65）	0.83（0.80～0.87）	1.4（1.3～1.5）
全体女性 6～79	1	2 743	0.07	0.68（0.66～0.71）	0.40（0.36～0.43）	0.67（0.64～0.69）	0.87（0.83～0.92）	1.4（1.3～1.5）
全体女性 6～79	2	2 888	0.14	0.67（0.64～0.70）	0.39（0.37～0.41）	0.64（0.61～0.67）	0.86（0.83～0.89）	1.5（1.4～1.5）

a 为了便于比较第一次调查（2007—2009）数据，6 岁以下儿童数据未收录，表中仅包含 6～79 岁的居民数据。
b 如果超过 40%的样本检测值低于检出限，则仅报告数据的百分比分布而不报告均值。

表 8-11-2　加拿大第一次（2007—2009）和第二次（2009—2011）健康调查
3～79 岁居民年龄别血（全血）钼质量浓度　　　　　　　　　　单位：μg/L

分组 （岁）	调查 时期	调查 人数	<检出 限 [a]/%	几何均数 （95%置信 区间）	P_{10} （95%置信 区间）	P_{50} （95%置信 区间）	P_{75} （95%置信 区间）	P_{95} （95%置信 区间）
全体对象 3～79 [b]	1	—	—	—	—	—	—	—
全体对象 3～79	2	6 070	0.16	0.66 （0.64～0.68）	0.38 （0.36～0.40）	0.64 （0.62～0.66）	0.86 （0.84～0.89）	1.5 （1.4～1.5）
3～5 [b]	1	—	—	—	—	—	—	—
3～5	2	495	0	1.0 （0.96～1.1）	0.61 （0.52～0.70）	0.95 （0.91～0.98）	1.2 （1.1～1.3）	2.7[E] （1.4～4.0）
6～11	1	910	0	0.85 （0.83～0.87）	0.56 （0.54～0.58）	0.80 （0.75～0.84）	1.0 （0.96～1.0）	1.6 （1.5～1.7）
6～11	2	961	0.21	0.82 （0.77～0.87）	0.51 （0.49～0.54）	0.79 （0.75～0.84）	0.98 （0.92～1.0）	1.6 （1.2～2.1）
12～19	1	945	0.11	0.68 （0.63～0.72）	0.41 （0.38～0.44）	0.65 （0.60～0.70）	0.85 （0.79～0.91）	1.3 （1.1～1.5）
12～19	2	997	0	0.67 （0.65～0.71）	0.44 （0.41～0.47）	0.64 （0.62～0.67）	0.84 （0.79～0.90）	1.2 （1.1～1.3）
20～39	1	1 165	0.09	0.65 （0.63～0.68）	0.40 （0.37～0.43）	0.63 （0.60～0.67）	0.82 （0.77～0.87）	1.3 （1.2～1.5）
20～39	2	1 313	0.15	0.64 （0.61～0.67）	0.37 （0.30～0.44）	0.64 （0.62～0.66）	0.84 （0.79～0.89）	1.4 （1.2～1.6）
40～59	1	1 220	0.08	0.64 （0.60～0.67）	0.37 （0.33～0.41）	0.63 （0.60～0.67）	0.81 （0.75～0.87）	1.2 （1.2～1.3）
40～59	2	1 222	0.41	0.60 （0.57～0.63）	0.37 （0.33～0.40）	0.59 （0.56～0.61）	0.79 （0.76～0.82）	1.4 （1.2～1.5）
60～79	1	1 079	0.19	0.73 （0.71～0.75）	0.41 （0.37～0.45）	0.72 （0.69～0.74）	0.93 （0.90～0.97）	1.6 （1.4～1.8）
60～79	2	1 082	0.09	0.70 （0.66～0.75）	0.38 （0.36～0.41）	0.67 （0.62～0.72）	0.95 （0.89～1.0）	1.5 （1.4～1.7）

a 如果超过 40%的样本检测值低于检出限，则仅报告数据的百分比分布而不报告均值。

b 6 岁以下儿童未纳入第一次调查（2007—2009），因此该年龄段无统计数据。

E 谨慎引用。

表 8-11-3　加拿大第一次（2007—2009）和第二次（2009—2011）健康调查

3～79 岁居民年龄别 [a]、性别血（全血）钼质量浓度　　　　　　单位：μg/L

分组（岁）	调查时期	调查人数	<检出限 [b]/%	几何均数（95%置信区间）	P_{10}（95%置信区间）	P_{50}（95%置信区间）	P_{75}（95%置信区间）	P_{95}（95%置信区间）
全体男性 3～79 [c]	1	—	—	—	—	—	—	—
全体男性 3～79	2	2 940	0.20	0.64（0.62～0.66）	0.37（0.35～0.40）	0.63（0.60～0.66）	0.85（0.81～0.89）	1.4（1.3～1.5）
男 6～11	1	459	0	0.87（0.84～0.91）	0.56（0.52～0.61）	0.81（0.74～0.89）	1.0（0.96～1.1）	1.5（1.5～1.6）
男 6～11	2	488	0.20	0.86（0.78～0.95）	0.55（0.49～0.60）	0.86（0.78～0.94）	1.0（0.92～1.1）	1.9[E]（1.2～2.7）
男 12～19	1	489	0	0.70（0.65～0.74）	0.43（0.39～0.48）	0.67（0.62～0.71）	0.87（0.81～0.92）	1.3（0.92～1.7）
男 12～19	2	523	0	0.67（0.64～0.70）	0.45（0.39～0.50）	0.65（0.60～0.70）	0.85（0.79～0.91）	1.2（1.0～1.4）
男 20～39	1	514	0	0.64（0.61～0.67）	0.40（0.36～0.45）	0.63（0.59～0.66）	0.80（0.75～0.85）	1.3（1.1～1.5）
男 20～39	2	552	0.36	0.62（0.58～0.66）	0.35（0.27～0.43）	0.63（0.58～0.68）	0.80（0.71～0.90）	1.4（1.0～1.7）
男 40～59	1	577	0.17	0.63（0.60～0.67）	0.38（0.32～0.43）	0.63（0.59～0.67）	0.80（0.73～0.86）	1.2（1.1～1.3）
男 40～59	2	617	0.32	0.58（0.55～0.62）	0.35（0.27～0.43）	0.58（0.54～0.62）	0.77（0.72～0.82）	1.3（0.99～1.5）
男 60～79	1	537	0.37	0.69（0.65～0.74）	0.40（0.36～0.44）	0.68（0.64～0.72）	0.89（0.85～0.94）	1.5（1.3～1.7）
男 60～79	2	507	0.20	0.67（0.61～0.73）	0.37（0.33～0.42）	0.67（0.60～0.73）	0.93（0.85～1.0）	1.4（1.3～1.5）
全体女性 3～79 [c]	1	—	—	—	—	—	—	—
全体女性 3～79	2	3 130	0.13	0.68（0.65～0.71）	0.39（0.37～0.41）	0.65（0.62～0.68）	0.88（0.85～0.91）	1.5（1.4～1.6）
女 6～11	1	451	0	0.83（0.80～0.87）	0.56（0.54～0.59）	0.77（0.74～0.81）	1.0（0.96～1.0）	1.6（1.3～1.8）
女 6～11	2	473	0.21	0.78（0.72～0.84）	0.50（0.46～0.54）	0.75（0.72～0.79）	0.95（0.91～1.0）	1.4（1.2～1.6）
女 12～19	1	456	0.22	0.65（0.60～0.71）	0.39（0.35～0.42）	0.63（0.55～0.71）	0.83（0.73～0.94）	1.3（1.1～1.4）
女 12～19	2	474	0	0.68（0.64～0.72）	0.43（0.41～0.46）	0.64（0.61～0.67）	0.83（0.75～0.92）	1.2（1.0～1.5）

分组 （岁）	调查 时期	调查 人数	<检出 限 b/%	几何均数 （95%置信 区间）	P10 （95%置信 区间）	P50 （95%置信 区间）	P75 （95%置信 区间）	P95 （95%置信 区间）
女 20~39	1	651	0.15	0.67 (0.64~0.71)	0.40 (0.35~0.44)	0.64 (0.60~0.68)	0.85 (0.78~0.91)	1.4 (1.1~1.7)
女 20~39	2	761	0	0.66 (0.61~0.72)	0.38 (0.31~0.45)	0.64 (0.61~0.68)	0.85 (0.81~0.89)	1.5 (1.2~1.8)
女 40~59	1	643	0	0.64 (0.60~0.68)	0.37 (0.30~0.44)	0.63 (0.59~0.67)	0.82 (0.75~0.90)	1.2 (1.1~1.3)
女 40~59	2	605	0.50	0.62 (0.58~0.67)	0.38 (0.36~0.40)	0.60 (0.53~0.67)	0.80 (0.73~0.87)	1.4 (1.3~1.6)
女 60~79	1	542	0	0.77 (0.74~0.79)	0.44 (0.39~0.49)	0.74 (0.72~0.77)	0.99 (0.96~1.0)	1.6 (1.5~1.8)
女 60~79	2	575	0	0.73 (0.69~0.77)	0.39 (0.36~0.43)	0.70 (0.65~0.76)	0.96 (0.86~1.1)	1.6 (1.4~1.8)

a 3~5 岁年龄组未按照性别分组。

b 如果超过 40%的样本检测值低于检出限，则仅报告数据的百分比分布而不报告均值。

c 6 岁以下儿童未纳入第一次调查（2007—2009），因此该年龄段无统计数据。

E 谨慎引用。

表 8-11-4　加拿大第一次（2007—2009）和第二次（2009—2011）健康调查
6~79 岁居民 a 尿钼质量浓度　　　　　　　　　单位：μg/L

分组 （岁）	调查 时期	调查 人数	<检出 限 b/%	几何均数 （95%置信 区间）	P10 （95%置信 区间）	P50 （95%置信 区间）	P75 （95%置信 区间）	P95 （95%置信 区间）
全体对象 6~79	1	5 492	0	36 (33~40)	9.9 (8.7~11)	40 (37~43)	70 (66~74)	130 (120~140)
全体对象 6~79	2	5 738	0.02	44 (41~47)	12 (10~14)	48 (45~51)	82 (76~88)	170 (150~190)
全体男性 6~79	1	2 662	0	42 (40~45)	12 (9.8~14)	47 (44~50)	76 (71~82)	150 (130~160)
全体男性 6~79	2	2 746	0.04	49 (45~52)	14 (11~17)	53 (49~56)	90 (82~98)	190 (160~210)
全体女性 6~79	1	2 830	0	31 (28~35)	8.6 (6.7~10)	34 (30~38)	63 (57~68)	120 (110~130)
全体女性 6~79	2	2 992	0	40 (37~43)	11 (9.5~12)	44 (39~48)	75 (67~84)	140 (110~170)

a 为了便于比较第一次调查（2007—2009）数据，6 岁以下儿童数据未收录，表中仅包含 6~79 岁的居民数据。

b 如果超过 40%的样本检测值低于检出限，则仅报告数据的百分比分布而不报告均值。

表 8-11-5　加拿大第一次（2007—2009）和第二次（2009—2011）健康调查
3~79 岁居民年龄别尿钼质量浓度　　　　　　　　单位：μg/L

分组（岁）	调查时期	调查人数	<检出限[a]/%	几何均数（95%置信区间）	P_{10}（95%置信区间）	P_{50}（95%置信区间）	P_{75}（95%置信区间）	P_{95}（95%置信区间）
全体对象 3~79[b]	1	—	—	—	—	—	—	—
全体对象 3~79	2	6 311	0.02	45（42~48）	12（11~14）	49（46~52）	84（78~89）	170（150~190）
3~5[b]	1	—	—	—	—	—	—	—
3~5	2	573	0	82（75~90）	32（27~36）	86（77~95）	120（120~130）	290（200~380）
6~11	1	1 034	0	57（50~64）	19（15~23）	60（52~68）	100（95~100）	170（160~180）
6~11	2	1 062	0	78（72~85）	30（27~34）	79（70~88）	130（110~140）	250（190~320）
12~19	1	983	0	54（47~62）	15（11~19）	62（55~70）	99（92~110）	170（150~190）
12~19	2	1 041	0	65（58~72）	20（13~27）	69（59~80）	100（93~120）	190（160~230）
20~39	1	1 169	0	38（33~43）	10（7.2~13）	44（39~49）	73（67~79）	140（110~160）
20~39	2	1 321	0	49（44~54）	14（9.8~18）	53（47~59）	87（77~96）	190（150~220）
40~59	1	1 223	0	31（28~33）	8.8（7.1~10）	33（31~36）	60（56~64）	120（100~130）
40~59	2	1 228	0	38（34~41）	9.6（7.2~12）	41（35~46）	73（64~83）	120（110~130）
60~79	1	1 083	0	30（28~33）	9.9（8.8~11）	32（29~35）	54（51~58）	100（95~110）
60~79	2	1 086	0.09	32（29~35）	9.4（8.6~10）	35（30~39）	57（51~62）	110（96~130）

a 如果超过 40%的样本检测值低于检出限，则仅报告数据的百分比分布而不报告均值。
b 6 岁以下儿童未纳入第一次调查（2007—2009），因此该年龄段无统计数据。

表 8-11-6 加拿大第一次（2007—2009）和第二次（2009—2011）健康调查
3～79 岁居民年龄别 [a]、性别尿钼质量浓度 单位：μg/L

分组（岁）	调查时期	调查人数	<检出限 [b]/%	几何均数（95%置信区间）	P_{10}（95%置信区间）	P_{50}（95%置信区间）	P_{75}（95%置信区间）	P_{95}（95%置信区间）
全体男性 3～79 [c]	1	—	—	—	—	—	—	—
全体男性 3～79	2	3 036	0.03	50（46～53）	15（12～17）	53（49～57）	92（84～100）	190（170～210）
男 6～11	1	524	0	59（48～72）	20（13～28）	64（52～77）	100（90～120）	180（160～210）
男 6～11	2	532	0	89（77～100）	39（31～46）	90（72～110）	140（110～170）	280（200～360）
男 12～19	1	505	0	57（51～65）	20（15～25）	64（56～72）	96（87～110）	180（130～220）
男 12～19	2	542	0	72（61～85）	28（19～36）	81（66～95）	110（93～130）	200（140～250）
男 20～39	1	514	0	42（37～47）	11（8.3～14）	48（43～53）	78（71～86）	160（140～190）
男 20～39	2	551	0	52（47～58）	13[E]（7.4～18）	59（50～68）	98（85～110）	200（160～240）
男 40～59	1	578	0	38（35～41）	10（7.9～13）	42（36～47）	69（61～78）	130（110～150）
男 40～59	2	616	0	41（36～46）	13[E]（7.9～18）	43（36～51）	76（70～83）	120（99～150）
男 60～79	1	541	0	36（34～39）	13（11～14）	37（32～42）	61（55～67）	110（97～120）
男 60～79	2	505	0.20	36（31～41）	11（8.9～13）	40（33～46）	59（48～69）	120（100～140）
全体女性 3～79 [c]	1	—	—	—	—	—	—	—
全体女性 3～79	2	3 275	0	41（38～44）	11（9.7～12）	44（40～48）	78（69～86）	140（120～170）
女 6～11	1	510	0	54（47～62）	17（13～22）	58（49～67）	99（87～110）	170（140～190）
女 6～11	2	530	0	68（62～75）	26（20～31）	71（62～80）	110（91～130）	230（180～280）
女 12～19	1	478	0	50（40～63）	13[E]（7.5～18）	58（48～69）	100（89～110）	170（140～190）
女 12～19	2	499	0	58（52～64）	17（12～23）	62（56～69）	96（89～100）	170（140～200）

分组 （岁）	调查 时期	调查 人数	<检出限 [b] / %	几何均数 （95%置信 区间）	P_{10} （95%置信 区间）	P_{50} （95%置信 区间）	P_{75} （95%置信 区间）	P_{95} （95%置信 区间）
女 20～39	1	655	0	34 （28～41）	9.5 （6.0～13）	39 （31～46）	69 （59～79）	110 （89～130）
女 20～39	2	770	0	45 （39～53）	14 （9.4～19）	48 （37～60）	81 （68～95）	160[E] （85～240）
女 40～59	1	645	0	25 （22～28）	6.2 （4.0～8.4）	27 （24～31）	51 （45～56）	98 （90～110）
女 40～59	2	612	0	35 （30～39）	9.2 （7.2～11）	38 （30～46）	64 （53～74）	110 （100～130）
女 60～79	1	542	0	26 （22～30）	8.1 （6.0～10）	27 （21～32）	49 （45～52）	92 （77～110）
女 60～79	2	581	0	28 （26～31）	8.6 （7.6～9.6）	30 （26～34）	54 （46～62）	100 （84～120）

a 3～5 岁年龄组未按照性别分组。

b 如果超过 40%的样本检测值低于检出限，则仅报告数据的百分比分布而不报告均值。

c 6 岁以下儿童未纳入第一次调查（2007—2009），因此该年龄段无统计数据。

E 谨慎引用。

表 8-11-7　加拿大第一次（2007—2009）和第二次（2009—2011）健康调查
6～79 岁居民 [a] 尿钼质量分数　　　　　　　　　　单位：μg/g 肌酐

分组 （岁）	调查 时期	调查 人数	<检出 限 [b] /%	几何均数 （95%置信 区间）	P_{10} （95%置信 区间）	P_{50} （95%置信 区间）	P_{75} （95%置信 区间）	P_{95} （95%置信 区间）
全体对象 6～79	1	5 479	0	44 （42～46）	20 （19～22）	43 （42～44）	64 （61～67）	120 （110～130）
全体对象 6～79	2	5 719	0.02	41 （39～43）	19 （17～20）	41 （39～44）	61 （57～65）	120 （110～130）
全体男性 6～79	1	2 653	0	42 （40～43）	19 （18～21）	40 （39～42）	61 （57～65）	110 （100～120）
全体男性 6～79	2	2 739	0.04	39 （37～41）	18 （16～19）	38 （35～41）	58 （55～62）	120 （100～130）
全体女性 6～79	1	2 826	0	46 （44～49）	21 （19～23）	46 （43～48）	66 （62～70）	120 （110～130）
全体女性 6～79	2	2 980	0	44 （41～47）	20 （19～22）	43 （40～46）	64 （59～70）	120 （100～140）

a 为了便于比较第一次调查（2007—2009）数据，6 岁以下儿童数据未收录，表中仅包含 6～79 岁的居民数据。

b 如果超过 40%的样本检测值低于检出限，则仅报告数据的百分比分布而不报告均值。

表 8-11-8　加拿大第一次（2007—2009）和第二次（2009—2011）健康调查
3～79 岁居民年龄别尿钼质量分数　　　　　　　　单位：μg/g 肌酐

分组（岁）	调查时期	调查人数	<检出限[a]/%	几何均数（95%置信区间）	P_{10}（95%置信区间）	P_{50}（95%置信区间）	P_{75}（95%置信区间）	P_{95}（95%置信区间）
全体对象 3～79[b]	1	—	—	—	—	—	—	—
全体对象 3～79	2	6 291	0.02	43（41～45）	19（17～20）	42（40～45）	64（60～68）	140（120～160）
3～5[b]	1	—	—	—	—	—	—	—
3～5	2	572	0	140（130～150）	59（41～77）	140（130～150）	190（170～220）	490[E]（310～680）
6～11	1	1 031	0	87（84～91）	47（43～50）	84（79～89）	120（110～120）	220（190～240）
6～11[b]	2	1 058	0	88（82～95）	42（37～47）	85（77～93）	130（110～140）	260（190～330）
12～19	1	982	0	47（43～51）	21（19～24）	46（42～51）	69（63～76）	110（95～120）
12～19	2	1 039	0	48（45～51）	27（25～28）	46（41～50）	68（61～74）	110（85～140）
20～39[b]	1	1 165	0	42（40～45）	20（17～22）	42（39～45）	59（54～63）	110（93～120）
20～39	2	1 319	0	40（37～42）	18（16～20）	42（39～45）	59（52～65）	120（85～160）
40～59	1	1 218	0	39（37～42）	19（17～22）	39（36～41）	55（50～59）	100（95～110）
40～59	2	1 223	0	36（34～39）	17（15～19）	36（33～38）	53（49～56）	94（78～110）
60～79	1	1 083	0	43（39～46）	19（16～22）	43（40～46）	61（56～66）	110（97～120）
60～79	2	1 080	0.09	37（34～40）	18（15～21）	37（33～41）	54（49～59）	99（90～110）

a 如果超过 40%的样本检测值低于检出限，则仅报告数据的百分比分布而不报告均值。

b 6 岁以下儿童未纳入第一次调查（2007—2009），因此该年龄段无统计数据。

E 谨慎引用。

表 8-11-9　加拿大第一次（2007—2009）和第二次（2009—2011）健康调查
3～79 岁居民年龄别 [a]、性别尿钼质量分数　　　　　单位：μg/g 肌酐

分组（岁）	调查时期	调查人数	<检出限 [b]/%	几何均数（95%置信区间）	P_{10}（95%置信区间）	P_{50}（95%置信区间）	P_{75}（95%置信区间）	P_{95}（95%置信区间）
全体男性 3～79 [c]	1	—	—	—	—	—	—	—
全体男性 3～79	2	3 028	0.03	40（39～42）	18（16～19）	39（36～43）	61（57～66）	140（120～150）
男 6～11	1	522	0	90（84～96）	48（41～54）	88（81～94）	120（110～130）	220（200～250）
男 6～11	2	530	0	97（86～110）	50（39～61）	92（79～100）	130（120～150）	290（190～380）
男 12～19	1	504	0	48（44～53）	23（20～25）	49（44～53）	72（65～79）	110（85～130）
男 12～19	2	541	0	49（44～54）	26（22～31）	48（42～55）	70（60～80）	120[E]（57～180）
男 20～39	1	512	0	38（36～41）	18（16～19）	39（36～42）	57（50～63）	95（76～110）
男 20～39	2	550	0	36（34～39）	17（15～18）	38（33～44）	56（50～62）	97（66～130）
男 40～59	1	574	0	38（35～40）	20（18～22）	37（35～38）	51（47～55）	100（86～120）
男 40～59	2	615	0	33（30～36）	17（14～19）	33（30～36）	49（44～54）	78（62～93）
男 60～79	1	541	0	38（35～42）	18（15～21）	38（34～42）	56（50～61）	97（88～110）
男 60～79	2	503	0.20	35（32～38）	15（13～18）	34（29～39）	52（45～60）	89（80～98）
全体女性 3～79 [c]	1	—	—	—	—	—	—	—
全体女性 3～79	2	3 263	0	46（43～49）	21（19～22）	44（41～46）	67（62～73）	150（120～170）
女 6～11	1	509	0	85（79～91）	46（42～51）	81（75～87）	110（100～130）	200（150～240）
女 6～11	2	528	0	80（74～87）	38（31～44）	79（71～87）	120（100～130）	220（190～260）
女 12～19	1	478	0	45（41～51）	20（17～24）	44（38～50）	67（58～76）	110（96～120）
女 12～19	2	498	0	48（45～50）	27（25～28）	45（42～47）	67（60～73）	110（100～120）

分组 （岁）	调查 时期	调查 人数	<检出 限 [b]/%	几何均数 （95%置信 区间）	P_{10} （95%置信 区间）	P_{50} （95%置信 区间）	P_{75} （95%置信 区间）	P_{95} （95%置信 区间）
女 20～39	1	653	0	46 （42～51）	24 （22～26）	45 （41～49）	62 （54～70）	120[E] （75～170）
女 20～39	2	769	0	44 （40～49）	21 （17～24）	43 （40～47）	65 （54～75）	120[E] （68～170）
女 40～59	1	644	0	41 （37～45）	19 （15～23）	41 （38～44）	60 （54～65）	100 （91～120）
女 40～59	2	608	0	40 （36～44）	18 （15～22）	40 （35～45）	58 （51～65）	110 （89～140）
女 60～79	1	542	0	47 （43～51）	20 （16～25）	48 （42～54）	69 （60～77）	120 （110～130）
女 60～79	2	577	0	40 （36～44）	20 （17～23）	39 （35～43）	56 （47～65）	110 （85～130）

a 3～5 岁年龄组未按照性别分组。

b 如果超过 40%的样本检测值低于检出限，则仅报告数据的百分比分布而不报告均值。

c 6 岁以下儿童未纳入第一次调查（2007—2009），因此该年龄段无统计数据。

E 谨慎引用。

参考文献

[1] CCME（Canadian Council of Ministers of the Environment）. 1999. *Canadian water quality guidelines for the protection of aquatic life-Molybdenum.* Winnipeg，MB. Retrieved July 30，2012，from http://ceqg-rcqe.ccme.ca/download/en/195/.

[2] CDC（Centers for Disease Control and Prevention）. 2009. *Fourth national report on human exposure to environmental chemicals.* Department of Health and Human Services，Atlanta，GA. Retrieved July 11，2011，from www.cdc.gov/exposurereport/.

[3] Clark，N.A.，Teschke，K.，Rideout，K.，et al. 2007. Trace element levels in adults from the west coast of Canada and associations with age，gender，diet，activities，and levels of other trace elements. *Chemosphere*，70（1）：155-164.

[4] Emsley，J.. 2001. *Nature's building blocks：An A-Z guide to the elements.* Oxford：Oxford University Press.

[5] EPA（U.S. Environmental Protection Agency）. 1993. *Integrated Risk Information System（IRIS）：Molybdenum.* Office of Research and Development，National Center for Environmental Assessment，Cincinnati，OH. Retrieved April 4，2012，from www.epa.gov/iris/subst/0425.htm.

[6] Health Canada. 2010. *Dietary reference intakes.* Minister of Health，Ottawa，ON. Retrieved March 7，2012，from www.hc-sc.gc.ca/fn-an/nutrition/reference/table/index-eng.php.

[7] Health Canada. 2012. *Guidelines for Canadian drinking water quality - Summary table.* Minister of Health，Ottawa，ON. Retrieved March 15，2013，from www.hc-sc.gc.ca/ewh-semt/pubs/water-eau/2012-sum_guide-res _recom/index-eng.pdf.

[8]　INSPQ（Institut national de santé publique du Québec）. 2004. *Étude sur l'établissement de valeurs de référence d'éléments traces et de métaux dans le sang，le sérum et l'urine de la population de la grande région de Québec*. INSPQ，Québec，QC. Retrieved July 11，2011，from www.inspq.qc.ca/pdf/publications/289-ValeursReferenceMetaux.pdf.

[9]　IOM（Institute of Medicine）. 2001. *Dietary reference intakes for vitamin A，vitamin K，arsenic，boron，chromium，copper，iodine，iron，manganese，molybdenum，nickel，silicon，vanadium，and zinc*. The National Academies Press，Washington，DC.

[10]　ITER（International Toxicity Estimates for Risk）. 2010. *ITER database：Molybdenum（CAS 7439-98-7）*. National Library of Medicine，Bethesda，MD. Retrieved July 31，2012，from www.toxnet.nlm.nih.gov/cgi-bin/sis/htmlgen？iter.

[11]　Steifel，E.I.. 2010. Molybdenum and molybdenum alloys. *Kirk-Othmer Encyclopedia of Chemical Technology*. Mississauga，ON.：John Wiley & Sons，Inc..

[12]　Turnlund，J.R.，Keyes，W.R.，Peiffer，G.L.，et al. 1995. Molybdenum absorption，excretion，and retention studied with stable isotopes in young men during depletion and repletion. *American Journal of Clinical Nutrition*，61（5）：1102-1109.

[13]　WHO（World Health Organization）. 2011. *Molybdenum in drinking-water：Background document for development of WHO guidelines for drinking-water quality*. Geneva：WHO. Retrieved April 5，2012，from www.who.int/water_sanitation_health/dwq/chemicals/molibdenum/en/.

8.12　镍

镍（CAS 号：7440-04-0）是地壳中天然存在的一种金属，其平均含量大约为 0.007 5%（Environment Canada and Health Canada，1994）。纯镍是坚硬的银白色金属，通常镍与硫、砷和锑结合在一起。镍是一种非常活泼的重金属，可形成各种二价化合物，如硫酸镍、氧化镍、硫化镍、碱式硫化镍和碳酸镍等（Natural Resources Canada，2012）。研究显示镍可能是维持人体生理功能所必需的微量元素。

镍存在于多种岩石中，通过地质沉积物的风化等自然过程释放到环境中（Environment Canada and Health Canada，1994）。人类活动也可向环境排放镍，如燃料燃烧、垃圾焚烧、矿山开采与冶炼、精细加工及其他金属作业（Environment Canada and Health Canada，1994）。

由于镍具有独特的物理特性，通常同其他金属如铁、铜、铬和锌结合形成合金（ATSDR，2005）。镍合金用于生产和制作硬币、珠宝及热交换器等。镍化合物用于镀镍、生产电池、陶瓷染色并用作提高化学反应速率的催化剂。镍还是不锈钢的组成部分，广泛应用于各类家庭、医疗及工业设备中（ATSDR，2005；CCME，1999）。

一般公众镍暴露的主要途径是通过食物暴露（ATSDR，2005）。饮用水也是公众镍暴露的一种途径。此外公众还可能因佩戴含镍合金的珠宝通过皮肤接触发生镍暴露。皮肤暴露还包括使用含镍的家庭清洁剂和漂白剂、含镍杂质的化妆品及植入关节、宫内节育器和针灸针等医用产品（ATSDR，2005；Basketter et al.，2003）。香烟烟雾吸入也会发生镍暴露。一般非吸烟人群，经呼吸吸入的镍在其吸收的镍中占很小一部分（ATSDR，2005）。

镍及其化合物主要经呼吸道吸收，通过胃肠道和皮肤吸收的镍则相对较少（ATSDR，2008）。经呼吸摄入的镍有 20%～35%进入血液，但经消化吸收的镍仅 1%～10%（主要取决于饮食构成）进入血液（ATSDR，2005；WHO，1991）。镍可以在各种器官中测出，包括肺、甲状腺、肾上腺、肾脏、心脏、肝脏、脑、脾脏和胰腺（ATSDR，2005）。镍经尿液和粪便排出体外，半衰期为 17～48 小时（Nieboer and Fletcher，2001）。镍能在尿液、血清、全血、粪便、头发、汗液和乳汁中检出；尿液是镍生物检测中最常用的材料（Sunderman Jr.，1993）。

动物实验研究显示镍可能是人体的必需元素。然而，尚没有研究证实镍对人体营养的重要性或证明它的生理功能。医学研究所认为没有足够的数据表明有必要制定膳食镍的允许限量或规定摄入量（Health Canada，2010；IOM，2001）。

尽管低剂量的镍可能有益于健康，但高剂量镍暴露却可能导致健康危害。镍的健康效应与其暴露途径相关，当通过呼吸摄入镍时，其效应取决于镍的形态。急性经口高浓度暴露镍会导致胃肠道影响；长期吸入高浓度镍会导致慢性支气管炎和人体肺功能下降（ATSDR，2005）。过敏反应是最常见的镍暴露引起的健康症状，能引起严重的接触性皮炎。这种过敏反应尽管痛苦但不会威胁到生命，并可以通过避免皮肤长时间接触含镍珠宝、纽扣、皮带扣和类似物品而得到有效控制（ATSDR，2005）。

加拿大卫生部将金属镍划定为 6 类致癌物，即对人类致癌性不能分类；但经呼吸道吸入的氧化镍、硫化镍和可溶性镍列为 1 类致癌物，即对人类具有致癌性（Environment Canada and Health Canada，1994）。国际癌症研究机构也同样将镍化物划定为 1 类致癌物，即对人类具有致癌性；把金属镍和合金镍划定为 2B 类致癌物，即对人体可能具有疑似致癌性（IARC，1990；IARC，2012）。

加拿大卫生部和环境部对镍及各种镍化物进行了评估，认为现有水平的金属镍暴露对人体健康的影响无须进一步关注（Environment Canada and Health Canada，1994）。然而，总的来说，以一定浓度水平进入环境中的氧化镍、硫化镍和可溶性镍（主要是硫酸镍和氯化镍）对加拿大居民的生命健康可能构成威胁。氧化镍、硫化镍和可溶性无机镍化物在《加拿大环境保护法》（1999）中已被列入毒物目录 1 中，该法案允许加拿大联邦政府控制氧化镍、硫化镍和可溶性无机镍的进口、生产、分配和使用（Canada，1999；Canada，2000）。根据《加拿大环境保护法》的要求，加拿大政府采取风险管理措施以控制热电发电、稀有金属冶炼和炼钢过程中产生的氧化镍、硫化镍及可溶性无机镍化物的释放（Environment Canada，2010）。根据镍的潜在毒性，医学研究所发布了镍的最大可容许摄入量并被加拿大卫生部采用（Health Canada，2010；IOM，2001）。加拿大卫生部正在进行的膳食调查也将镍列为需要分析监测的化学物质，该膳食调查评估不同年龄、性别的加拿大居民通过食物途径暴露化学物质的剂量水平。

对魁北克市 500 名 18～65 岁成人进行了生物监测，结果显示：全血和尿液中镍的几何均数分别为<0.59 μg/L 和 1.78 μg/L（INSPQ，2004）。

加拿大第一次（2007—2009）和第二次（2009—2011）健康调查对所有调查对象的全血和尿液进行监测，第一次调查对象的年龄范围是 6～79 岁，第二次调查对象的年龄范围是 3～79 岁。上述调查检测中血镍质量浓度用μg/L 表示（表 8-12-1、表 8-12-2 和表 8-12-3）；尿镍质量浓度和质量分数分别用μg/L（表 8-12-4、表 8-12-5 和表 8-12-6）和μg/g 肌酐

（表 8-12-7、表 8-12-8 和表 8-12-9）表示。镍在血样或尿样中检出仅仅表明血镍或尿镍是镍的暴露标志物，但并不意味着一定会对健康产生影响。

表 8-12-1　加拿大第一次（2007—2009）和第二次（2009—2011）健康调查

6～79 岁居民 [a] 血（全血）镍质量浓度　　　　　　　　　　　　单位：μg/L

分组（岁）	调查时期	调查人数	<检出限 [b] /%	几何均数（95%置信区间）	P_{10}（95%置信区间）	P_{50}（95%置信区间）	P_{75}（95%置信区间）	P_{95}（95%置信区间）
全体对象6～79	1	5 319	6.69	0.63（0.57～0.70）	<检出限	0.53（0.52～0.55）	0.60[E]（<检出限～1.0）	1.6（1.3～2.0）
全体对象6～79	2	5 572	12.15	0.48（0.45～0.51）	<检出限	0.49（0.46～0.52）	0.56（0.55～0.57）	1.1（1.1～1.2）
全体男性6～79	1	2 576	6.72	0.62（0.56～0.69）	<检出限	0.53（0.51～0.55）	0.59[E]（<检出限～0.95）	1.5（1.2～1.8）
全体男性6～79	2	2 685	10.99	0.48（0.45～0.51）	<检出限	0.50（0.47～0.53）	0.56（0.55～0.57）	1.1（1.0～1.2）
全体女性6～79	1	2 743	6.67	0.64（0.58～0.71）	<检出限	0.54（0.52～0.55）	F	1.8（1.4～2.2）
全体女性6～79	2	2 887	13.23	0.47（0.44～0.50）	<检出限	0.48（0.44～0.52）	0.56（0.55～0.57）	1.1（1.1～1.2）

a 为了便于比较第一次调查（2007—2009）数据，6 岁以下儿童数据未收录，表中仅包含 6～79 岁的居民数据。

b 如果超过 40%的样本检测值低于检出限，则仅报告数据的百分比分布而不报告均值。

E 谨慎引用。

F 数据不可靠，不予发布。

表 8-12-2　加拿大第一次（2007—2009）和第二次（2009—2011）健康调查

3～79 岁居民年龄别血（全血）镍质量浓度　　　　　　　　　　　　单位：μg/L

分组（岁）	调查时期	调查人数	<检出限 [a] /%	几何均数（95%置信区间）	P_{10}（95%置信区间）	P_{50}（95%置信区间）	P_{75}（95%置信区间）	P_{95}（95%置信区间）
全体对象3～79[b]	1	—	—	—	—	—	—	—
全体对象3～79	2	6 067	11.95	0.48（0.45～0.51）	<检出限	0.49（0.46～0.52）	0.56（0.55～0.57）	1.1（1.1～1.2）
3～5[b]	1	—	—	—	—	—	—	—
3～5	2	495	9.70	0.51（0.46～0.56）	<检出限（<检出限～0.33）	0.52（0.47～0.57）	0.57（0.55～0.58）	1.2（0.96～1.4）
6～11	1	910	6.37	0.68（0.61～0.77）	<检出限	0.54（0.53～0.56）	1.0[E]（0.46～1.6）	2.1（1.5～2.8）
6～11	2	961	12.80	0.46（0.42～0.50）	<检出限	0.47（0.41～0.53）	0.56（0.54～0.57）	1.1（0.97～1.3）

分组 （岁）	调查 时期	调查 人数	<检出 限 a/%	几何均数 （95%置信 区间）	P_{10} （95%置信 区间）	P_{50} （95%置信 区间）	P_{75} （95%置信 区间）	P_{95} （95%置信 区间）
12～19	1	945	7.20	0.64 （0.56～0.74）	<检出限	0.54 （0.52～0.56）	0.92E （0.40～1.4）	1.8 （1.4～2.1）
12～19	2	996	13.65	0.46 （0.40～0.52）	<检出限	0.47 （0.40～0.54）	0.56 （0.54～0.57）	1.1 （0.75～1.5）
20～39	1	1 165	6.95	0.62 （0.58～0.67）	<检出限	0.53 （0.52～0.55）	0.59E （<检出限～0.83）	1.6 （1.1～2.0）
20～39	2	1 313	12.49	0.45 （0.41～0.51）	<检出限	0.48 （0.44～0.52）	0.56 （0.54～0.57）	1.1E （0.71～1.6）
40～59	1	1 220	6.80	0.61 （0.54～0.70）	<检出限	0.53 （0.51～0.55）	0.59E （<检出限～0.94）	1.6 （1.2～2.0）
40～59	2	1 222	11.37	0.50 （0.48～0.53）	<检出限 E （<检出限～0.32）	0.51 （0.49～0.53）	0.56 （0.56～0.57）	1.1 （1.1～1.2）
60～79	1	1 079	6.12	0.65 （0.58～0.71）	<检出限	0.54 （0.52～0.56）	0.94E （<检出限～1.5）	1.6 （1.0～2.1）
60～79	2	1 080	10.65	0.48 （0.44～0.51）	<检出限	0.48 （0.45～0.52）	0.56 （0.55～0.57）	1.1 （1.1～1.2）

a 如果超过 40%的样本检测值低于检出限，则仅报告数据的百分比分布而不报告均值。

b 6 岁以下儿童未纳入第一次调查（2007—2009），因此该年龄段无统计数据。

E 谨慎引用。

表 8-12-3 加拿大第一次（2007—2009）和第二次（2009—2011）健康调查

3～79 岁居民年龄别 a、性别血（全血）镍质量浓度　　　　　　　　单位：μg/L

分组 （岁）	调查 时期	调查 人数	<检出 限 b/%	几何均数 （95%置信 区间）	P_{10} （95%置信 区间）	P_{50} （95%置信 区间）	P_{75} （95%置信 区间）	P_{95} （95%置信 区间）
全体男性 3～79c	1	—	—	—	—	—	—	—
全体男性 3～79	2	2 938	10.96	0.48 （0.45～0.51）	<检出限	0.50 （0.47～0.53）	0.56 （0.55～0.57）	1.1 （1.1～1.2）
男 6～11	1	459	8.06	0.67 （0.60～0.76）	<检出限	0.54 （0.52～0.56）	1.0E （0.41～1.6）	2.3 （1.6～3.0）
男 6～11	2	488	12.91	0.45 （0.41～0.50）	<检出限	0.45 （0.39～0.52）	0.55 （0.52～0.58）	1.1 （0.83～1.4）
男 12～19	1	489	7.98	0.64 （0.57～0.72）	<检出限	0.54 （0.52～0.56）	1.0E （0.45～1.6）	1.7 （1.4～2.1）
男 12～19	2	522	11.49	0.46 （0.41～0.53）	<检出限	0.49 （0.41～0.57）	0.56 （0.54～0.58）	1.1E （0.49～1.6）
男 20～39	1	514	5.84	0.60 （0.54～0.67）	<检出限	0.53 （0.51～0.55）	0.59 （0.46～0.72）	1.3 （1.1～1.5）

分组 （岁）	调查 时期	调查 人数	<检出 限 b/%	几何均数 （95%置信 区间）	P_{10} （95%置信 区间）	P_{50} （95%置信 区间）	P_{75} （95%置信 区间）	P_{95} （95%置信 区间）
男 20～39	2	552	10.87	0.47 (0.43～0.52)	<检出限	0.49 (0.46～0.52)	0.56 (0.55～0.57)	1.1 (0.74～1.5)
男 40～59	1	577	6.93	0.60 (0.52～0.70)	<检出限	0.53 (0.50～0.55)	0.59^E (<检出限～0.96)	1.5 (1.1～1.9)
男 40～59	2	617	10.53	0.49 (0.46～0.53)	F	0.52 (0.49～0.55)	0.56 (0.56～0.57)	1.1 (0.84～1.4)
男 60～79	1	537	5.03	0.64 (0.59～0.71)	<检出限	0.54 (0.51～0.56)	0.91^E (<检出限～1.4)	1.7 (1.2～2.3)
男 60～79	2	506	9.29	0.49 (0.46～0.54)	<检出限 ^{E} (<检出限～0.32)	0.49 (0.45～0.53)	0.56 (0.55～0.57)	1.2 (1.1～1.2)
全体女性 3～79^c	1	—	—	—	—	—	—	—
全体女性 3～79	2	3 129	12.88	0.47 (0.44～0.50)	<检出限	0.48 (0.45～0.52)	0.56 (0.55～0.57)	1.1 (1.1～1.2)
女 6～11	1	451	4.66	0.70 (0.61～0.80)	<检出限 (<检出限～0.40)	0.55 (0.52～0.57)	1.1^E (0.60～1.6)	1.9^E (1.2～2.6)
女 6～11	2	473	12.68	0.47 (0.43～0.51)	<检出限	0.49 (0.43～0.54)	0.56 (0.55～0.58)	1.1 (0.94～1.3)
女 12～19	1	456	6.36	0.65 (0.55～0.76)	<检出限	0.54 (0.51～0.56)	F	1.8 (1.2～2.3)
女 12～19	2	474	16.03	0.45 (0.38～0.52)	<检出限	0.45 (0.39～0.51)	0.55 (0.54～0.57)	1.1^E (0.42～1.9)
女 20～39	1	651	7.83	0.65 (0.59～0.70)	<检出限	0.54 (0.52～0.55)	F	1.9 (1.5～2.4)
女 20～39	2	761	13.67	0.44 (0.39～0.50)	<检出限	0.46 (0.41～0.51)	0.55 (0.54～0.57)	1.1^E (0.62～1.7)
女 40～59	1	643	6.69	0.62 (0.55～0.71)	<检出限	0.53 (0.51～0.55)	0.60^E (<检出限～0.94)	1.8 (1.3～2.3)
女 40～59	2	605	12.23	0.51 (0.48～0.55)	<检出限 (<检出限～0.34)	0.50 (0.48～0.53)	0.56 (0.52～0.61)	1.2 (0.96～1.3)
女 60～79	1	542	7.20	0.65 (0.57～0.74)	<检出限	0.54 (0.52～0.56)	0.95^E (<检出限～1.5)	1.6 (1.0～2.1)
女 60～79	2	574	11.85	0.46 (0.41～0.51)	<检出限	0.48 (0.43～0.53)	0.56 (0.55～0.57)	1.1 (0.90～1.2)

a　3～5 岁年龄组未按照性别分组。

b　如果超过 40%的样本检测值低于检出限，则仅报告数据的百分比分布而不报告均值。

c　6 岁以下儿童未纳入第一次调查（2007—2009），因此该年龄段无统计数据。

E　谨慎引用。

F　数据不可靠，不予发布。

表 8-12-4　加拿大第一次（2007—2009）和第二次（2009—2011）健康调查

6～79 岁居民 [a] 尿镍质量浓度　　　　　　　　　　　　单位：μg/L

分组（岁）	调查时期	调查人数	<检出限 [b]/%	几何均数（95%置信区间）	P_{10}（95%置信区间）	P_{50}（95%置信区间）	P_{75}（95%置信区间）	P_{95}（95%置信区间）
全体对象6～79	1	5 491	3.15	1.1（1.0～1.2）	0.29[E]（<检出限～0.43）	1.1（1.0～1.2）	2.0（1.9～2.1）	4.4（4.0～4.8）
全体对象6～79	2	5 737	4.29	1.3（1.3～1.4）	0.45（0.40～0.50）	1.4（1.3～1.5）	2.3（2.1～2.4）	4.8（4.2～5.4）
全体男性6～79	1	2 662	2.85	1.1（1.1～1.2）	0.40（0.36～0.43）	1.1（1.1～1.2）	2.0（1.8～2.2）	4.5（3.8～5.3）
全体男性6～79	2	2 745	3.53	1.4（1.3～1.5）	0.50（0.42～0.57）	1.4（1.3～1.5）	2.3（2.1～2.6）	4.7（4.0～5.5）
全体女性6～79	1	2 829	3.43	1.1（0.97～1.2）	0.27（<检出限～0.36）	1.1（0.96～1.2）	2.0（1.8～2.1）	4.3（3.6～5.0）
全体女性6～79	2	2 992	4.98	1.3（1.2～1.4）	0.43（0.38～0.47）	1.4（1.3～1.5）	2.2（2.0～2.4）	4.8（3.8～5.8）

a 为了便于比较第一次调查（2007—2009）数据，6 岁以下儿童数据未收录，表中仅包含 6～79 岁的居民数据。

b 如果超过 40%的样本检测值低于检出限，则仅报告数据的百分比分布而不报告均值。

E 谨慎引用。

表 8-12-5　加拿大第一次（2007—2009）和第二次（2009—2011）健康调查

3～79 岁居民年龄别尿镍质量浓度　　　　　　　　　　　　单位：μg/L

分组（岁）	调查时期	调查人数	<检出限 [a]/%	几何均数（95%置信区间）	P_{10}（95%置信区间）	P_{50}（95%置信区间）	P_{75}（95%置信区间）	P_{95}（95%置信区间）
全体对象3～79[b]	1	—	—	—	—	—	—	—
全体对象3～79	2	6 310	4.29	1.3（1.3～1.4）	0.45（0.40～0.50）	1.4（1.3～1.5）	2.3（2.1～2.4）	4.8（4.2～5.3）
3～5[b]	1	—	—	—	—	—	—	—
3～5	2	573	4.36	1.4（1.3～1.6）	0.58（0.45～0.72）	1.4（1.2～1.6）	2.3（2.0～2.6）	4.5（3.4～5.6）
6～11	1	1 034	2.80	1.3（1.1～1.6）	0.40[E]（0.23～0.57）	1.4（1.2～1.6）	2.5（2.2～2.9）	5.0（4.2～5.8）
6～11	2	1 061	2.45	1.7（1.6～1.8）	0.59（0.53～0.64）	1.7（1.5～1.9）	2.8（2.5～3.2）	5.8（5.1～6.4）
12～19	1	983	1.73	1.5（1.4～1.7）	0.48（0.37～0.59）	1.6（1.5～1.7）	2.5（2.3～2.8）	5.3（4.2～6.4）
12～19	2	1 041	3.07	1.6（1.5～1.8）	0.56（0.46～0.67）	1.7（1.5～1.8）	2.7（2.5～3.0）	4.7（4.1～5.3）
20～39	1	1 168	3.68	1.0（0.89～1.1）	0.26（<检出限～0.34）	1.0（0.92～1.1）	1.7（1.5～2.0）	3.7（3.1～4.3）
20～39	2	1 321	5.22	1.3（1.2～1.4）	0.45（0.36～0.54）	1.3（1.2～1.5）	2.1（1.9～2.3）	5.0（3.8～6.2）
40～59	1	1 223	5.07	1.0（0.96～1.1）	0.27（<检出限～0.35）	1.0（0.93～1.1）	2.0（1.8～2.1）	4.6（3.3～5.9）
40～59	2	1 228	5.78	1.3（1.1～1.4）	0.42（0.31～0.53）	1.3（1.2～1.4）	2.1（1.9～2.4）	4.3（3.2～5.4）
60～79	1	1 083	2.03	1.1（1.1～1.2）	0.40（0.32～0.48）	1.1（1.0～1.2）	1.9（1.8～2.1）	4.7（3.8～5.5）
60～79	2	1 086	4.42	1.3（1.2～1.4）	0.43（0.33～0.53）	1.3（1.2～1.4）	2.2（1.9～2.4）	4.7（4.1～5.3）

a 如果超过 40%的样本检测值低于检出限，则仅报告数据的百分比分布而不报告均值。

b 6 岁以下儿童未纳入第一次调查（2007—2009），因此该年龄段无统计数据。

E 谨慎引用。

表 8-12-6　加拿大第一次（2007—2009）和第二次（2009—2011）健康调查
3~79 岁居民年龄别 [a]、性别尿镍质量浓度　　　　　　　　单位：μg/L

分组（岁）	调查时期	调查人数	<检出限 [b]/%	几何均数（95%置信区间）	P_{10}（95%置信区间）	P_{50}（95%置信区间）	P_{75}（95%置信区间）	P_{95}（95%置信区间）
全体男性 3~79 [c]	1	—	—	—	—	—	—	—
全体男性 3~79	2	3 035	3.66	1.4 (1.3~1.5)	0.50 (0.42~0.57)	1.4 (1.3~1.5)	2.3 (2.1~2.6)	4.7 (4.1~5.4)
男 6~11	1	524	3.05	1.3 (1.0~1.7)	F	1.4 (1.1~1.8)	2.6 (2.1~3.1)	4.6 (4.0~5.2)
男 6~11	2	531	1.69	1.9 (1.6~2.2)	0.66 (0.50~0.82)	1.9 (1.5~2.2)	3.0 (2.3~3.7)	5.9 (4.2~7.7)
男 12~19	1	505	1.19	1.4 (1.3~1.6)	0.47 (0.37~0.57)	1.5 (1.3~1.6)	2.2 (2.0~2.5)	4.8 (3.1~6.5)
男 12~19	2	542	2.40	1.6 (1.4~1.8)	0.59 (0.43~0.74)	1.7 (1.5~1.9)	2.6 (2.2~2.9)	4.6 (3.7~5.4)
男 20~39	1	514	3.89	1.0 (0.90~1.1)	0.26^{E} (<检出限~0.40)	1.0 (0.97~1.1)	1.6 (1.3~1.9)	3.7 (3.0~4.5)
男 20~39	2	551	5.81	1.3 (1.2~1.4)	0.46 (0.31~0.62)	1.4 (1.1~1.6)	2.2 (1.8~2.6)	4.5 (3.2~5.7)
男 40~59	1	578	4.33	1.1 (0.99~1.3)	0.39 (0.27~0.52)	1.1 (0.91~1.3)	2.0 (1.7~2.3)	5.4 (4.5~6.4)
男 40~59	2	616	4.22	1.3 (1.2~1.4)	0.45 (0.32~0.58)	1.3 (1.2~1.5)	2.1 (1.7~2.6)	4.1 (3.2~5.0)
男 60~79	1	541	1.66	1.3 (1.1~1.4)	0.47 (0.43~0.50)	1.2 (1.1~1.4)	2.1 (1.7~2.5)	5.5 (3.5~7.5)
男 60~79	2	505	3.37	1.3 (1.2~1.5)	0.49 (0.36~0.61)	1.3 (1.2~1.4)	2.2 (1.8~2.6)	5.4 (3.8~7.0)
全体女性 3~79 [c]	1	—	—	—	—	—	—	—
全体女性 3~79	2	3 275	4.89	1.3 (1.2~1.4)	0.43 (0.39~0.47)	1.4 (1.3~1.5)	2.2 (2.0~2.4)	4.8 (3.9~5.7)
女 6~11	1	510	2.55	1.3 (1.2~1.5)	0.43 (0.29~0.58)	1.3 (1.1~1.5)	2.3 (2.0~2.7)	5.5 (4.5~6.5)
女 6~11	2	530	3.21	1.5 (1.4~1.7)	0.55 (0.44~0.65)	1.6 (1.4~1.7)	2.6 (2.1~3.0)	5.3 (4.6~6.1)
女 12~19	1	478	2.30	1.6 (1.4~1.9)	0.49^{E} (<检出限~0.78)	1.8 (1.6~2.0)	3.0 (2.6~3.3)	5.7 (4.0~7.5)
女 12~19	2	499	3.81	1.6 (1.4~1.8)	0.48 (0.35~0.60)	1.7 (1.5~1.9)	3.0 (2.7~3.3)	5.0 (4.5~5.5)

分组（岁）	调查时期	调查人数	<检出限 b/%	几何均数（95%置信区间）	P_{10}（95%置信区间）	P_{50}（95%置信区间）	P_{75}（95%置信区间）	P_{95}（95%置信区间）
女 20～39	1	654	3.52	1.0（0.82～1.2）	0.26E（<检出限～0.40）	1.0（0.81～1.2）	1.8（1.4～2.2）	3.3（2.2～4.4）
女 20～39	2	770	4.81	1.3（1.2～1.5）	0.45（0.34～0.55）	1.3（1.2～1.5）	2.0（1.8～2.3）	5.3E（2.8～7.8）
女 40～59	1	645	5.74	0.96（0.85～1.1）	0.23（<检出限～0.31）	1.0（0.85～1.1）	1.9（1.7～2.1）	3.8E（2.2～5.5）
女 40～59	2	612	7.35	1.2（1.1～1.4）	0.33E（<检出限～0.50）	1.3（1.2～1.5）	2.1（1.8～2.4）	4.4E（2.3～6.5）
女 60～79	1	542	2.40	1.0（0.93～1.1）	0.30E（<检出限～0.43）	1.0（0.89～1.1）	1.7（1.5～1.9）	4.3（3.3～5.3）
女 60～79	2	581	5.34	1.2（1.1～1.4）	0.39（<检出限～0.49）	1.4（1.2～1.6）	2.1（1.8～2.4）	4.3（3.5～5.1）

a 3～5 岁年龄组未按照性别分组。

b 如果超过 40%的样本检测值低于检出限，则仅报告数据的百分比分布而不报告均值。

c 6 岁以下儿童未纳入第一次调查（2007—2009），因此该年龄段无统计数据。

E 谨慎引用。

F 数据不可靠，不予发布。

表 8-12-7　加拿大第一次（2007—2009）和第二次（2009—2011）健康调查

6～79 岁居民 a 尿镍质量分数　　　　　　单位：μg/g 肌酐

分组（岁）	调查时期	调查人数	<检出限 b/%	几何均数（95%置信区间）	P_{10}（95%置信区间）	P_{50}（95%置信区间）	P_{75}（95%置信区间）	P_{95}（95%置信区间）
全体对象 6～79	1	5 478	3.16	1.3（1.3～1.4）	0.55（<检出限～0.58）	1.3（1.2～1.3）	2.0（1.9～2.1）	4.5（3.9～5.0）
全体对象 6～79	2	5 718	4.30	1.2（1.2～1.3）	0.56（0.51～0.61）	1.2（1.1～1.3）	1.9（1.8～2.0）	4.0（3.5～4.4）
全体男性 6～79	1	2 653	2.86	1.1（1.1～1.2）	0.48（0.45～0.52）	1.1（0.99～1.1）	1.7（1.6～1.8）	3.7（3.2～4.3）
全体男性 6～79	2	2 738	3.54	1.1（1.0～1.1）	0.49（0.45～0.53）	1.0（0.97～1.1）	1.6（1.5～1.6）	3.2（2.6～3.7）
全体女性 6～79	1	2 825	3.43	1.6（1.5～1.7）	0.70（<检出限～0.76）	1.5（1.4～1.6）	2.3（2.1～2.5）	5.2（4.3～6.1）
全体女性 6～79	2	2 980	5.00	1.4（1.3～1.5）	0.67（0.58～0.75）	1.4（1.3～1.4）	2.2（1.9～2.4）	4.6（4.0～5.1）

a 为了便于比较第一次调查（2007—2009）数据，6 岁以下儿童数据未收录，表中仅包含 6～79 岁的居民数据。

b 如果超过 40%的样本检测值低于检出限，则仅报告数据的百分比分布而不报告均值。

表 8-12-8　加拿大第一次（2007—2009）和第二次（2009—2011）健康调查

3～79 岁居民年龄别尿镍质量分数　　　　　　　　单位：μg/g 肌酐

分组（岁）	调查时期	调查人数	<检出限 [a]/%	几何均数（95%置信区间）	P_{10}（95%置信区间）	P_{50}（95%置信区间）	P_{75}（95%置信区间）	P_{95}（95%置信区间）
全体对象 3～79 [b]	1	—	—	—	—	—	—	—
全体对象 3～79	2	6 290	4.31	1.3 (1.2～1.3)	0.57 (0.52～0.61)	1.2 (1.2～1.3)	1.9 (1.8～2.0)	4.2 (3.8～4.6)
3～5 [b]	1	—	—	—	—	—	—	—
3～5	2	572	4.37	2.4 (2.1～2.7)	1.0 (0.75～1.3)	2.4 (2.0～2.8)	3.5 (3.2～3.9)	6.1 (5.0～7.2)
6～11	1	1 031	2.81	2.0 (1.8～2.3)	0.85 (0.69～1.0)	2.0 (1.7～2.2)	3.0 (2.7～3.3)	5.6 (4.6～6.7)
6～11 [b]	2	1 057	2.46	1.9 (1.8～2.0)	0.93 (0.86～1.0)	1.9 (1.8～2.1)	2.7 (2.5～2.9)	5.7 (4.7～6.7)
12～19	1	982	1.73	1.3 (1.2～1.4)	0.57 (0.52～0.63)	1.3 (1.1～1.4)	2.0 (1.7～2.3)	3.9 (3.6～4.3)
12～19	2	1 039	3.08	1.2 (1.1～1.3)	0.58 (0.51～0.64)	1.1 (1.1～1.2)	1.8 (1.6～2.0)	3.0 (2.7～3.3)
20～39	1	1 164	3.69	1.1 (1.0～1.2)	0.46 (<检出限～0.51)	1.1 (0.96～1.2)	1.6 (1.5～1.8)	3.9 (2.9～4.8)
20～39	2	1 319	5.23	1.1 (1.0～1.1)	0.49 (0.44～0.54)	1.0 (0.94～1.1)	1.5 (1.3～1.7)	3.5 (3.0～3.9)
40～59	1	1 218	5.09	1.3 (1.3～1.4)	0.57 (<检出限～0.61)	1.3 (1.2～1.4)	2.0 (1.9～2.1)	4.4 (3.5～5.4)
40～59	2	1 223	5.81	1.2 (1.1～1.3)	0.54 (0.47～0.62)	1.2 (1.1～1.3)	1.7 (1.5～1.9)	3.7 (2.9～4.6)
60～79	1	1 083	2.03	1.6 (1.5～1.7)	0.67 (0.59～0.75)	1.5 (1.4～1.6)	2.4 (2.3～2.5)	5.3 (4.8～5.8)
60～79	2	1 080	4.44	1.5 (1.4～1.6)	0.65 (0.57～0.73)	1.4 (1.3～1.5)	2.3 (2.1～2.5)	4.9 (4.4～5.3)

a 如果超过 40%的样本检测值低于检出限，则仅报告数据的百分比分布而不报告均值。

b 6 岁以下儿童未纳入第一次调查（2007—2009），因此该年龄段无统计数据。

表 8-12-9　加拿大第一次（2007—2009）和第二次（2009—2011）健康调查
3～79 岁居民年龄别 [a]、性别尿镍质量分数　　单位：µg/g 肌酐

分组 （岁）	调查 时期	调查 人数	<检出 限[b]/%	几何均数 （95%置信 区间）	P_{10} （95%置信 区间）	P_{50} （95%置信 区间）	P_{75} （95%置信 区间）	P_{95} （95%置信 区间）
全体男性 3～79[c]	1	—	—	—	—	—	—	—
全体男性 3～79	2	3 027	3.67	1.1 （1.0～1.2）	0.49 （0.45～0.53）	1.1 （1.0～1.1）	1.6 （1.5～1.7）	3.4 （2.9～4.0）
男 6～11	1	522	3.07	2.0 （1.7～2.3）	0.83 （<检出限～1.0）	2.0 （1.7～2.4）	2.9 （2.6～3.1）	5.2 （3.5～7.0）
男 6～11	2	529	1.70	2.1 （1.8～2.3）	1.0 （0.86～1.1）	2.1 （1.8～2.3）	2.7 （2.4～3.1）	6.5 （4.7～8.3）
男 12～19	1	504	1.19	1.2 （1.1～1.3）	0.55 （0.47～0.63）	1.0 （0.92～1.2）	1.8 （1.6～2.0）	4.1 （3.4～4.9）
男 12～19	2	541	2.40	1.1 （1.0～1.2）	0.52 （0.42～0.62）	1.0 （0.96～1.1）	1.5 （1.3～1.7）	2.8 （2.4～3.2）
男 20～39	1	512	3.91	0.92 （0.81～1.1）	0.40 （<检出限～0.45）	0.90 （0.78～1.0）	1.4 （1.1～1.7）	2.8 （2.0～3.6）
男 20～39	2	550	5.82	0.88 （0.80～0.97）	0.44 （0.36～0.51）	0.89 （0.79～0.99）	1.2 （1.1～1.4）	2.3 （1.6～3.0）
男 40～59	1	574	4.36	1.1 （1.0～1.2）	0.50 （0.43～0.56）	1.0 （0.94～1.1）	1.6 （1.4～1.8）	3.4 （2.5～4.3）
男 40～59	2	615	4.23	1.0 （0.93～1.1）	0.47 （0.40～0.54）	1.0 （0.88～1.1）	1.5 （1.3～1.6）	3.1 （2.0～4.2）
男 60～79	1	541	1.66	1.3 （1.2～1.4）	0.57 （0.49～0.64）	1.2 （1.1～1.3）	2.0 （1.7～2.3）	4.7 （3.2～6.3）
男 60～79	2	503	3.38	1.3 （1.2～1.4）	0.59 （0.56～0.63）	1.2 （1.1～1.3）	1.9 （1.7～2.1）	3.6[E] （2.2～4.9）
全体女性 3～79[c]	1	—	—	—	—	—	—	—
全体女性 3～79	2	3 263	4.90	1.5 （1.3～1.6）	0.67 （0.59～0.75）	1.4 （1.3～1.5）	2.2 （2.0～2.5）	4.6 （4.0～5.1）
女 6～11	1	509	2.55	2.1 （1.8～2.3）	0.93 （0.78～1.1）	1.9 （1.7～2.1）	3.1 （2.6～3.6）	5.7 （4.5～6.9）
女 6～11	2	528	3.22	1.8 （1.6～1.9）	0.85 （0.69～1.0）	1.9 （1.7～2.1）	2.7 （2.4～3.0）	4.8 （3.8～5.8）
女 12～19	1	478	2.30	1.5 （1.3～1.7）	0.63 （<检出限～0.80）	1.5 （1.3～1.6）	2.2 （1.8～2.6）	3.9 （3.3～4.5）

分组（岁）	调查时期	调查人数	<检出限 b/%	几何均数（95%置信区间）	P_{10}（95%置信区间）	P_{50}（95%置信区间）	P_{75}（95%置信区间）	P_{95}（95%置信区间）
女 12～19	2	498	3.82	1.3 (1.2～1.4)	0.64 (0.55～0.72)	1.3 (1.2～1.4)	2.0 (1.8～2.2)	3.6 (2.9～4.2)
女 20～39	1	652	3.53	1.4 (1.2～1.6)	0.63 (<检出限～0.73)	1.3 (1.1～1.4)	2.0 (1.8～2.2)	4.6 (3.7～5.5)
女 20～39	2	769	4.81	1.3 (1.1～1.5)	0.61 (0.52～0.70)	1.2 (1.1～1.3)	1.9 (1.4～2.3)	3.9 (3.0～4.8)
女 40～59	1	644	5.75	1.6 (1.5～1.7)	0.73 (<检出限～0.80)	1.5 (1.4～1.6)	2.3 (2.0～2.5)	4.9 (3.6～6.3)
女 40～59	2	608	7.40	1.4 (1.2～1.6)	0.66 (<检出限～0.74)	1.4 (1.2～1.5)	2.0 (1.7～2.4)	4.5[E] (2.8～6.2)
女 60～79	1	542	2.40	1.9 (1.7～2.0)	0.81 (<检出限～0.96)	1.8 (1.7～2.0)	2.7 (2.3～3.0)	5.9 (4.8～7.0)
女 60～79	2	577	5.37	1.7 (1.5～1.9)	0.76 (<检出限～0.91)	1.6 (1.4～1.8)	2.8 (2.4～3.1)	5.2 (4.2～6.2)

a　3～5 岁年龄组未按照性别分组。

b　如果超过 40% 的样本检测值低于检出限，则仅报告数据的百分比分布而不报告均值。

c　6 岁以下儿童未纳入第一次调查（2007—2009），因此该年龄段无统计数据。

E　谨慎引用。

参考文献

[1]　ATSDR（Agency for Toxic Substances and Disease Registry）. 2005. *Toxicological profile for nickel.* U.S. Department of Health and Human Services，Atlanta，GA. Retrieved April 16，2012，from www.atsdr.cdc.gov/toxprofiles/tp.asp？id=245&tid=44.

[2]　Basketter，D.A.，Angelini，G.，Ingber，A.，et al. 2003. Nickel，chromium and cobalt in consumer products：Revisiting safe levels in the new millennium. *Contact Dermatitis*，49（1）：1-7.

[3]　Canada. 1999. *Canadian Environmental Protection Act*，1999. SC 1999，c. 33. Retrieved April 2，2012，from http://laws-lois.justice.gc.ca/eng/acts/C-15.31/index.html.

[4]　Canada. 2000. Order adding a toxic substance to Schedule 1 to the Canadian Environmental Protection Act，1999. *Canada Gazette，Part II：Official Regulations*，134（7）. Retrieved June 11，2012，from www.gazette.gc.ca/archives/p2/2000/2000-03-29/html/sor-d.

[5]　CCME（Canadian Council of Ministers of the Environment）. 1999. *Canadian soil quality guidelines for the protection of environmental and human health - Nickel.* Winnipeg，MB. Retrieved April 16，2012，from http://ceqg-rcqe.ccme.ca/download/en/272/.

[6]　Environment Canada. 2010. *List of toxic substances managed under CEPA（Schedule 1）：Oxidic，sulphidic，and soluble inorganic nickel compounds.* Minister of Environment，Ottawa，ON. Retrieved September 13，2012 from www.ec.gc.ca/toxiques-toxics/Default.asp？lang=En&n=98E80CC6-1&xml=

8EFADF28-533F-4CDB-9C8E-EBB3F7557ADF.

[7] Environment Canada and Health Canada. 1994. *Priority substances list assessment report: Nickel and its compounds*. Minister of Supply and Services Canada, Ottawa, ON. Retrieved April 16, 2012, from www.hc-sc.gc.ca/ewh-semt/pubs/contaminants/psl1-lsp1/compounds_nickel_composes/index-eng.php.

[8] Health Canada. 2009. *Canadian Total Diet Study*. Ottawa, ON.: Minister of Health. Retrieved November 29, 2012, from www.hc-sc.gc.ca/fn-an/surveill/total-diet/index-eng.php.

[9] Health Canada. 2010. *Dietary reference intakes*. Ottawa, ON.: Minister of Health. Retrieved March 7, 2012, from www.hc-sc.gc.ca/fn-an/nutrition/reference/table/index-eng.php.

[10] IARC (International Agency for Research on Cancer). 1990. IARC monographs on the evaluation of carcinogenic risks to humans - Volume 49: Chromium, nickel and welding. Geneva: World Health Organization.

[11] IARC (International Agency for Research on Cancer). 2012. IARC monographs on the evaluation of carcinogenic risks to humans - Volume 100C: Arsenic, metals, fibres, and dusts. Geneva: World Health Organization.

[12] INSPQ (Institut national de santé publique du Québec). 2004. *Étude sur l'établissement de valeurs de référence d'éléments traces et de métaux dans le sang, le sérum et l'urine de la population de la grande région de Québec*. INSPQ, Québec, QC. Retrieved July 11, 2011, from www.inspq.qc.ca/pdf/publications/289-ValeursReferenceMetaux.pdf.

[13] IOM (Institute of Medicine). 2001. *Dietary reference intakes for vitamin A, vitamin K, arsenic, boron, chromium, copper, iodine, iron, manganese, molybdenum, nickel, silicon, vanadium, and zinc*. Washington, DC.: The National Academies Press.

[14] Natural Resources Canada. 2012. *Preliminary estimate of the mineral production of Canada, by province, 2011*. Ottawa, ON.: Minister of Natural Resources. Retrieved April 18, 2012, from http://mmsd.mms.nrcan.gc.ca/stat-stat/prod-prod/2011-eng.aspx.

[15] Nieboer, E. and Fletcher, G.G. 2001. Toxicological profile and related health issues: Nickel (for physicians). Hamilton, ON.: McMaster University.

[16] Sunderman Jr., F.W.. 1993. Biological monitoring of nickel in humans. *Scandinavian Journal of Work, Environment and Health*, 19 (Supplement 1): 34-38.

[17] WHO (World Health Organization). 1991. *Environmental health criteria 108: Nickel*. Geneva: WHO. Retrieved April 16, 2012, from www.inchem.org/documents/ehc/ehc/ehc108.htm.

8.13　硒

硒（CAS 号：7782-49-2）是广泛分布于自然环境中的一种微量元素，平均含量为 0.000 009%（Schamberger，1984）。环境中的无机硒包括硒化物、硒酸盐和亚硒酸盐，单质硒比较少见。硒是维持人体健康所必需的微量元素。

大多数动植物组织中存在微量的有机硒。环境中硒浓度增高可能是源于含基本金属的矿床和土壤风化等自然过程（CCME，2009）。人为活动也可导致硒释放到环境中，如采矿和冶金等过程（CCME，2009）。其他人为排放硒的来源包括焚化炉烟囱、煤和石油的燃烧及大规模的燃烧过程。

　　历史上，硒主要以三硒化二砷的形式用于电子行业中复印机感光器的生产（USGS，2001）。由于硒具有导电特性，常用于生产测光表、光电太阳能电池、半导体及弧光电极。硒也可用作玻璃的着色剂和除色剂，从而减少建筑玻璃对太阳的吸热作用（USGS，2004）。硒还可用于不锈钢、陶瓷、油墨、橡胶、电池、炸药、肥料、动物饲料、医药和洗发水中（ATSDR，2003）。

　　加拿大居民通过食品、环境空气、饮用水、土壤和天然保健品暴露于硒化合物。每日摄入的硒 99% 以上都是通过饮食摄取（CCME，2009）。硒的吸收取决于硒的化学形态；有机硒（>90%）比无机硒（>50%）更易吸收（IOM，2000）。硒的吸收也取决于总体暴露水平；当体内硒水平较低时吸收增加（IOM，2000）。无论硒最初以何种化学形态进入体内，一旦进入人体，就主要蓄积在肝脏和肾脏，还有指甲和头发中。硒的排出分三个阶段，生物半衰期分别为 1 天、7 天和 90 天（ATSDR，2003）。50%～80% 的硒经尿液排出体外（Marier and Jaworski，1983）。人体短期和长期暴露的硒水平均可通过血硒和尿硒的检测来确定。当有大量硒被排出体外时，人体呼出气中的硒也可作为硒的生物标志物（IOM，2000）。

　　作为一种人体必需的微量元素，硒是人体某些蛋白质和酶的必要组成部分（ATSDR，2003；Health Canada，2010）。硒参与辅助氧化应激防御、甲状腺激素分泌的调控、维生素 C 和其他分子氧化还原状态的调控（IOM，2000）。如果仅仅是缺硒，很少能引起明显的疾病；但它可能引起与其他应激因素有关的疾病的生化改变（IOM，2000）。由于硒的必需性，加拿大卫生部制定了硒的推荐饮食摄入量（Health Canada，2010；IOM，2000）。

　　硒的治疗窗狭窄，当摄入水平大于可容许摄入水平上限时，就会产生有害的健康效应（Health Canada，2010；IOM，2000）。硒的中毒剂量很难确定，因为其受饮食中蛋白质种类、维生素 E 含量及个体暴露硒的形态的影响（Health Canada，1992）。急性经口摄入硒会导致恶心、呕吐和腹泻。长期高浓度硒暴露（超过膳食推荐摄入量 10～20 倍）会引起硒中毒，导致头发脱落、指甲变脆和神经系统异常（ATSDR，2003；IOM，2000；WHO，2011）。根据现有资料，尚未有证据表明硒会对人体生殖、发育造成影响。国际癌症研究机构将硒划分为 3 类致癌物，即对人类致癌性不能分类（ATSDR，2003）。硒对其他慢性病如糖尿病、高血压和心血管疾病的作用尚在研究中（Boosalis，2008）。

　　基于硒对生态系统的影响，《加拿大环境保护法》化学物质管理计划将含硒物质确定为需要优先评估的物质（Canada，1999；Canada，2011a）。加拿大卫生部和环境部正在起草《2014—2015 年筛选评估报告》（Canada，2011b）。硒及其化合物（除了硒硫化物）被加拿大卫生部列入化妆品的禁用或限制使用成分目录（又称为化妆品成分关注清单）。该清单是生产商与各方沟通交流的管理工具，如果清单中的物质用于化妆品则可能导致使用者健康损害，且违反《加拿大食品药品法案》关于禁止销售不安全化妆品的一般禁令（Canada，1985；Health Canada，2011）。

　　《加拿大消费者产品安全法》规定了各种消费品中可浸出的硒含量，包括婴儿床、玩具和其他孩子学习及游戏用品的油漆与其他表面涂料（Canada，2010b；Canada，2011c）。加拿大卫生部也制定了加拿大天然保健品中硒的最大使用量（Health Canada，

2007）。基于健康考虑，加拿大卫生部制定了《加拿大饮用水水质标准》，该标准规定了饮用水中硒的最大可接受浓度；该标准目前正在审核中（Health Canada，1992）。医学研究所根据其潜在的毒性发布了硒可容许摄入量并被加拿大卫生部采用（Health Canada，2010；IOM，2000）。加拿大卫生部正在进行的膳食调查也将硒列为需要分析监测的化学物质。上述膳食调查可估计不同年龄、性别的加拿大居民通过食物途径暴露硒的剂量水平。对魁北克市中 500 名 18～65 岁成人进行的生物监测显示：尿硒和全血硒的几何均数分别为 63.19 μg/L 和 221.17 μg/L（INSPQ，2004）。

　　加拿大第一次（2007—2009）和第二次（2009—2011）健康调查对所有调查对象的血硒和尿硒进行了监测，第一次调查对象的年龄范围是 6～79 岁，第二次调查对象的年龄范围是 3～79 岁。上述监测中血硒质量浓度用 μg/L 表示（表 8-13-1、表 8-13-2 和表 8-13-3）；尿中硒的质量浓度和质量分数分别用 μg/L（表 8-13-4、表 8-13-5 和表 8-13-6）和 μg/g 肌酐（表 8-13-7、表 8-13-8 和表 8-13-9）表示。硒在血样或尿样中检出仅仅表明血硒或尿硒是硒的暴露标志物，并不意味着一定会产生有害的健康影响。由于硒是维持人体健康所必需的微量元素，因此在体液中应该有硒的存在。

表 8-13-1　加拿大第一次（2007—2009）和第二次（2009—2011）健康调查
6～79 岁居民 [a] 血（全血）硒质量浓度　　　　　　　　　　单位：μg/L

分组（岁）	调查时期	调查人数	<检出限 [b] /%	几何均数（95%置信区间）	P_{10}（95%置信区间）	P_{50}（95%置信区间）	P_{75}（95%置信区间）	P_{95}（95%置信区间）
全体对象 6～79	1	5 319	0	200（200～210）	160（160～170）	190（190～200）	210（210～220）	250（240～260）
全体对象 6～79	2	5 575	0	190（190～190）	160（150～160）	180（180～190）	200（200～210）	240（230～250）
全体男性 6～79	1	2 576	0	200（200～210）	170（160～170）	200（190～200）	220（210～220）	250（240～260）
全体男性 6～79	2	2 687	0	190（190～200）	160（160～160）	190（180～190）	200（200～210）	240（230～260）
全体女性 6～79	1	2 743	0	200（190～200）	160（160～160）	190（190～200）	210（210～210）	250（240～250）
全体女性 6～79	2	2 888	0	190（180～190）	150（150～160）	180（180～190）	200（200～210）	240（230～250）

a 为了便于比较第一次调查（2007—2009）数据，6 岁以下儿童数据未收录，表中仅包含 6～79 岁的居民数据。
b 如果超过 40%的样本检测值低于检出限，则仅报告数据的百分比分布而不报告均值。

表 8-13-2　加拿大第一次（2007—2009）和第二次（2009—2011）健康调查
3～79 岁居民年龄别血（全血）硒质量浓度　　　　　　　　　　单位：μg/L

分组 （岁）	调查 时期	调查 人数	<检出 限 a /%	几何均数 （95%置信 区间）	P_{10} （95%置信 区间）	P_{50} （95%置信 区间）	P_{75} （95%置信 区间）	P_{95} （95%置信 区间）
全体对象 3～79 b	1	—	—	—	—	—	—	—
全体对象 3～79	2	6 070	0	190 （190～190）	160 （150～160）	180 （180～190）	200 （200～210）	240 （230～250）
3～5 b	1	—	—	—	—	—	—	—
3～5	2	495	0	170 （160～170）	140 （140～150）	160 （160～170）	170 （170～180）	200 （200～210）
6～11	1	910	0	190 （180～190）	150 （150～160）	180 （180～180）	200 （190～200）	230 （220～230）
6～11	2	961	0	170 （170～180）	140 （140～150）	170 （160～170）	180 （180～190）	210 （200～220）
12～19	1	945	0	200 （190～200）	160 （160～170）	190 （190～190）	210 （200～210）	250 （240～260）
12～19	2	997	0	190 （180～190）	160 （150～160）	180 （180～180）	200 （190～200）	230 （220～240）
20～39	1	1 165	0	200 （200～210）	160 （160～170）	200 （190～200）	210 （210～220）	250 （230～260）
20～39	2	1 313	0	190 （190～200）	160 （150～160）	190 （180～190）	200 （200～210）	240 （220～270）
40～59	1	1 220	0	200 （200～210）	170 （160～170）	200 （190～200）	220 （210～230）	250 （240～260）
40～59	2	1 222	0	190 （190～200）	160 （150～160）	190 （180～190）	210 （210～210）	240 （240～250）
60～79	1	1 079	0	200 （200～210）	170 （160～170）	200 （190～200）	220 （210～220）	250 （240～270）
60～79	2	1 082	0	190 （190～190）	160 （150～160）	180 （180～190）	200 （200～210）	240 （230～240）

a 如果超过 40%的样本检测值低于检出限，则仅报告数据的百分比分布而不报告均值。
b 6 岁以下儿童未纳入第一次调查（2007—2009），因此该年龄段无统计数据。

表 8-13-3　加拿大第一次（2007—2009）和第二次（2009—2011）健康调查

3～79 岁居民年龄别 [a]、性别血（全血）硒质量浓度　　　　　单位：μg/L

分组（岁）	调查时期	调查人数	<检出限 [b]/%	几何均数（95%置信区间）	P_{10}（95%置信区间）	P_{50}（95%置信区间）	P_{75}（95%置信区间）	P_{95}（95%置信区间）
全体男性3～79 [c]	1	—	—	—	—	—	—	—
全体男性3～79	2	2 940	0	190（190～190）	160（160～160）	190（180～190）	200（200～210）	240（230～260）
男 6～11	1	459	0	190（180～190）	150（150～160）	180（180～180）	190（190～200）	220（210～240）
男 6～11	2	488	0	170（170～180）	140（140～150）	170（160～170）	180（180～190）	210（200～220）
男 12～19	1	489	0	200（190～200）	160（160～170）	190（180～190）	210（200～220）	250（230～260）
男 12～19	2	523	0	190（180～190）	160（150～160）	180（180～190）	200（190～200）	220（190～250）
男 20～39	1	514	0	210（200～210）	170（170～170）	200（190～200）	220（210～230）	260（240～290）
男 20～39	2	552	0	190（190～200）	160（160～170）	190（180～190）	200（200～210）	250（220～280）
男 40～59	1	577	0	210（200～210）	170（160～180）	200（190～210）	220（220～230）	250（240～260）
男 40～59	2	617	0	200（190～200）	160（160～170）	190（180～200）	210（210～210）	250（230～270）
男 60～79	1	537	0	200（200～210）	170（160～180）	200（190～210）	220（210～230）	250（240～270）
男 60～79	2	507	0	190（190～190）	160（160～160）	190（180～190）	200（200～200）	230（220～240）
全体女性3～79 [c]	1	—	—	—	—	—	—	—
全体女性3～79	2	3 130	0	190（180～190）	150（150～160）	180（180～180）	200（200～210）	240（230～250）
女 6～11	1	451	0	190（180～190）	150（150～160）	180（180～190）	200（200～200）	230（220～240）
女 6～11	2	473	0	180（170～180）	140（140～150）	170（170～170）	190（180～190）	220（180～250）
女 12～19	1	456	0	190（190～200）	160（150～160）	190（190～190）	210（200～210）	250（240～260）
女 12～19	2	474	0	180（180～190）	160（150～160）	180（170～180）	200（190～200）	230（220～230）

分组（岁）	调查时期	调查人数	<检出限 [b]/%	几何均数（95%置信区间）	P_{10}（95%置信区间）	P_{50}（95%置信区间）	P_{75}（95%置信区间）	P_{95}（95%置信区间）
女 20~39	1	651	0	200（190~200）	160（160~170）	190（190~200）	210（200~220）	240（230~250）
女 20~39	2	761	0	190（180~190）	150（150~160）	180（180~190）	200（190~210）	230（200~270）
女 40~59	1	643	0	200（200~200）	160（160~170）	190（190~200）	210（200~220）	250（240~260）
女 40~59	2	605	0	190（190~200）	150（150~160）	190（180~190）	210（200~220）	240（240~250）
女 60~79	1	542	0	200（200~210）	160（160~170）	190（190~200）	220（210~230）	250（230~280）
女 60~79	2	575	0	190（180~190）	150（150~160）	180（180~190）	200（200~210）	240（230~250）

a 3~5 岁年龄组未按照性别分组。

b 如果超过40%的样本检测值低于检出限，则仅报告数据的百分比分布而不报告均值。

c 6岁以下儿童未纳入第一次调查（2007—2009），因此该年龄段无统计数据。

表 8-13-4　加拿大第一次（2007—2009）和第二次（2009—2011）健康调查

6~79 岁居民 [a] 尿硒质量浓度　　　　　　　　　　　　　单位：μg/L

分组（岁）	调查时期	调查人数	<检出限 [b]/%	几何均数（95%置信区间）	P_{10}（95%置信区间）	P_{50}（95%置信区间）	P_{75}（95%置信区间）	P_{95}（95%置信区间）
全体对象 6~79	1	5 492	0.46	49（44~53）	17（14~19）	53（48~58）	85（79~91）	140（130~150）
全体对象 6~79	2	5 738	0.16	51（49~53）	17（15~20）	59（55~62）	83（78~87）	130（130~140）
全体男性 6~79	1	2 662	0.23	57（52~61）	21（18~24）	62（57~67）	94（86~100）	150（140~160）
全体男性 6~79	2	2 746	0.18	57（54~60）	23（21~25）	64（60~69）	88（81~96）	140（130~160）
全体女性 6~79	1	2 830	0.67	42（38~47）	13（11~16）	44（38~50）	75（69~82）	130（110~140）
全体女性 6~79	2	2 992	0.13	46（43~48）	15（13~17）	52（49~55）	78（76~80）	120（110~140）

a 为了便于比较第一次调查（2007—2009）数据，6岁以下儿童数据未收录，表中仅包含6~79岁的居民数据。

b 如果超过40%的样本检测值低于检出限，则仅报告数据的百分比分布而不报告均值。

表 8-13-5　加拿大第一次（2007—2009）和第二次（2009—2011）健康调查

3～79 岁居民年龄别尿硒质量浓度　　　　　　　　单位：μg/L

分组（岁）	调查时期	调查人数	<检出限 [a]/%	几何均数（95%置信区间）	P_{10}（95%置信区间）	P_{50}（95%置信区间）	P_{75}（95%置信区间）	P_{95}（95%置信区间）
全体对象 3～79 [b]	1	—	—	—	—	—	—	—
全体对象 3～79	2	6 311	0.14	51 (49～54)	18 (16～20)	59 (56～62)	83 (79～87)	130 (130～140)
3～5 [b]	1	—	—	—	—	—	—	—
3～5	2	573	0	61 (56～67)	29 (25～33)	64 (55～73)	89 (83～95)	140 (120～160)
6～11	1	1 034	0.48	60 (54～67)	22 (18～26)	67 (60～74)	100 (93～110)	150 (140～160)
6～11 [b]	2	1 062	0.09	67 (63～72)	29 (25～33)	71 (65～77)	97 (93～100)	150 (130～170)
12～19	1	983	0	62 (55～71)	22 (16～28)	70 (62～78)	100 (93～110)	160 (140～180)
12～19	2	1 041	0	62 (56～67)	23 (18～29)	72 (65～78)	93 (87～98)	140 (130～140)
20～39	1	1 169	0.77	48 (42～56)	17 (13～21)	53 (44～62)	84 (75～93)	140 (130～150)
20～39	2	1 321	0.30	53 (48～59)	17 (12～22)	61 (56～67)	87 (80～93)	130 (120～150)
40～59	1	1 223	0.74	45 (42～48)	14 (11～17)	48 (44～52)	83 (77～88)	130 (130～140)
40～59	2	1 228	0.16	49 (46～53)	17 (12～22)	57 (51～62)	79 (75～83)	140 (120～160)
60～79	1	1 083	0.18	45 (41～48)	17 (13～20)	49 (45～53)	72 (67～77)	120 (100～130)
60～79	2	1 086	0.18	41 (39～44)	15 (13～16)	46 (42～51)	67 (63～71)	120 (100～130)

a 如果超过 40%的样本检测值低于检出限，则仅报告数据的百分比分布而不报告均值。

b 6 岁以下儿童未纳入第一次调查（2007—2009），因此该年龄段无统计数据。

表 8-13-6　加拿大第一次（2007—2009）和第二次（2009—2011）健康调查

3～79 岁居民年龄别 [a]、性别尿硒质量浓度　　　　　单位：μg/L

分组（岁）	调查时期	调查人数	<检出限 [b]/%	几何均数（95%置信区间）	P_{10}（95%置信区间）	P_{50}（95%置信区间）	P_{75}（95%置信区间）	P_{95}（95%置信区间）
全体男性 3～79 [c]	1	—	—	—	—	—	—	—
全体男性 3～79	2	3 036	0.16	57（54～60）	23（21～25）	64（60～69）	89（81～96）	140（130～160）
男 6～11	1	524	0.38	62（53～74）	23（15～32）	68（57～79）	100（91～110）	160（140～180）
男 6～11	2	532	0.19	72（66～79）	38（29～46）	74（68～80）	100（91～110）	150（130～180）
男 12～19	1	505	0	66（59～74）	26（19～32）	71（62～79）	100（97～110）	160（130～180）
男 12～19	2	542	0	68（61～76）	30（22～38）	76（68～84）	97（88～110）	140（130～140）
男 20～39	1	514	0.58	55（48～65）	18[E]（10～26）	64（55～73）	93（83～100）	150（120～180）
男 20～39	2	551	0.54	59（53～66）	24（18～31）	69（62～76）	92（81～100）	130（110～140）
男 40～59	1	578	0.17	55（52～59）	20（18～22）	59（52～66）	99（92～110）	150（140～160）
男 40～59	2	616	0	55（49～61）	21（16～26）	62（54～70）	86（73～98）	150（130～170）
男 60～79	1	541	0	53（49～58）	23（20～25）	55（51～60）	78（67～89）	130（120～140）
男 60～79	2	505	0.20	47（43～51）	18（14～22）	52（47～57）	70（66～75）	130（110～140）
全体女性 3～79 [c]	1	—	—	—	—	—	—	—
全体女性 3～79	2	3 275	0.12	46（44～49）	15（14～17）	52（50～55）	78（76～80）	120（110～140）
女 6～11	1	510	0.59	58（52～64）	20（16～24）	66（61～72）	99（90～110）	140（130～160）
女 6～11	2	530	0	63（58～67）	27（24～30）	65（59～71）	92（86～99）	140（110～170）
女 12～19	1	478	0	59（48～71）	19[E]（9.4～30）	68（57～79）	96（90～100）	150（130～180）
女 12～19	2	499	0	55（49～62）	17[E]（11～24）	66（59～72）	87（81～93）	140（120～150）

分组（岁）	调查时期	调查人数	<检出限[b]/%	几何均数（95%置信区间）	P_{10}（95%置信区间）	P_{50}（95%置信区间）	P_{75}（95%置信区间）	P_{95}（95%置信区间）
女 20～39	1	655	0.92	42（36～49）	16（13～19）	42（33～50）	72（60～83）	130（110～150）
女 20～39	2	770	0.13	48（41～56）	16（13～19）	53（45～60）	82（74～90）	140（95～180）
女 40～59	1	645	1.24	37（33～40）	12（9.3～14）	39（34～45）	68（62～73）	110（100～120）
女 40～59	2	612	0.33	44（41～47）	12[E]（6.9～18）	52（47～56）	77（70～85）	120（100～130）
女 60～79	1	542	0.37	38（33～43）	13（10～16）	40（32～48）	66（59～72）	110（97～120）
女 60～79	2	581	0.17	37（33～41）	13（8.3～17）	40（35～45）	64（57～71）	100（92～110）

a 3～5 岁年龄组未按照性别分组。

b 如果超过 40%的样本检测值低于检出限，则仅报告数据的百分比分布而不报告均值。

c 6 岁以下儿童未纳入第一次调查（2007—2009），因此该年龄段无统计数据。

E 谨慎引用。

表 8-13-7　加拿大第一次（2007—2009）和第二次（2009—2011）健康调查

6～79 岁居民[a]尿硒质量分数　　　　　单位：μg/g 肌酐

分组（岁）	调查时期	调查人数	<检出限[b]/%	几何均数（95%置信区间）	P_{10}（95%置信区间）	P_{50}（95%置信区间）	P_{75}（95%置信区间）	P_{95}（95%置信区间）
全体对象6～79	1	5 479	0.46	59（56～62）	34（32～36）	57（54～61）	77（72～81）	120（110～130）
全体对象6～79	2	5 719	0.16	48（46～50）	30（28～31）	46（45～48）	60（58～61）	96（88～100）
全体男性6～79	1	2 653	0.23	56（53～59）	32（30～34）	54（52～57）	73（68～79）	110（97～130）
全体男性6～79	2	2 739	0.18	45（44～47）	29（27～31）	44（42～46）	56（54～59）	90（86～94）
全体女性6～79	1	2 826	0.67	62（59～65）	36（34～38）	61（58～64）	80（76～85）	130（120～130）
全体女性6～79	2	2 980	0.13	50（48～52）	30（29～32）	50（48～52）	64（60～68）	100（91～110）

a 为了便于比较第一次调查（2007—2009）数据，6 岁以下儿童数据未收录，表中仅包含 6～79 岁的居民数据。

b 如果超过 40%的样本检测值低于检出限，则仅报告数据的百分比分布而不报告均值。

表 8-13-8　加拿大第一次（2007—2009）和第二次（2009—2011）健康调查
3～79 岁居民年龄别尿硒质量分数　　　　　　　单位：μg/g 肌酐

分组（岁）	调查时期	调查人数	<检出限 [a]/%	几何均数（95%置信区间）	P_{10}（95%置信区间）	P_{50}（95%置信区间）	P_{75}（95%置信区间）	P_{95}（95%置信区间）
全体对象 3～79 [b]	1	—	—	—	—	—	—	—
全体对象 3～79	2	6 291	0.14	49（47～51）	30（28～31）	47（46～49）	62（59～65）	100（95～110）
3～5 [b]	1	—	—	—	—	—	—	—
3～5	2	572	0	100（99～110）	66（61～71）	100（96～110）	130（120～140）	190（160～210）
6～11	1	1 031	0.48	92（89～96）	55（51～59）	93（89～98）	110（110～120）	170（150～180）
6～11 [b]	2	1 058	0.09	76（72～80）	47（45～49）	74（70～79）	98（93～100）	160（130～180）
12～19	1	982	0	54（51～58）	32（30～34）	53（49～57）	69（63～74）	110（91～120）
12～19	2	1 039	0	46（44～48）	31（29～33）	44（42～46）	57（53～60）	86（79～92）
20～39	1	1 165	0.77	54（51～57）	32（29～35）	52（48～55）	69（64～75）	100（86～120）
20～39	2	1 319	0.30	44（42～46）	27（25～29）	43（41～45）	55（52～58）	81（71～91）
40～59	1	1 218	0.74	58（54～61）	33（30～36）	56（53～60）	74（69～79）	110（99～120）
40～59	2	1 223	0.16	47（45～50）	30（29～32）	46（43～50）	59（56～61）	86（80～92）
60～79	1	1 083	0.18	62（59～66）	39（36～42）	62（58～65）	79（75～83）	120（100～130）
60～79	2	1 080	0.19	49（47～51）	30（28～33）	48（46～50）	60（57～64）	95（85～110）

a 如果超过 40%的样本检测值低于检出限，则仅报告数据的百分比分布而不报告均值。

b 6 岁以下儿童未纳入第一次调查（2007—2009），因此该年龄段无统计数据。

表 8-13-9 加拿大第一次（2007—2009）和第二次（2009—2011）健康调查

3～79 岁居民年龄别[a]、性别尿硒质量分数 单位：μg/g 肌酐

分组（岁）	调查时期	调查人数	<检出限[b]/%	几何均数（95%置信区间）	P_{10}（95%置信区间）	P_{50}（95%置信区间）	P_{75}（95%置信区间）	P_{95}（95%置信区间）
全体男性 3～79[c]	1	—	—	—	—	—	—	—
全体男性 3～79	2	3 028	0.17	47 (45～49)	29 (27～31)	45 (43～47)	58 (56～60)	99 (94～100)
男 6～11	1	522	0.38	95 (91～99)	59 (56～62)	96 (91～100)	110 (110～120)	170 (150～180)
男 6～11	2	530	0.19	79 (73～85)	48 (44～52)	75 (70～81)	100 (88～110)	170 (130～210)
男 12～19	1	504	0	56 (52～60)	32 (29～36)	55 (52～57)	71 (64～77)	120 (88～140)
男 12～19	2	541	0	46 (44～48)	30 (27～32)	45 (42～48)	59 (54～63)	86 (81～92)
男 20～39	1	512	0.59	51 (47～55)	29 (25～32)	49 (46～52)	67 (61～73)	100 (80～120)
男 20～39	2	550	0.55	41 (38～44)	26 (23～30)	42 (40～45)	51 (48～54)	80 (70～91)
男 40～59	1	574	0.17	55 (51～59)	32 (29～35)	53 (49～57)	69 (61～77)	100 (87～120)
男 40～59	2	615	0	44 (41～47)	30 (28～32)	43 (40～46)	53 (49～58)	76 (67～85)
男 60～79	1	541	0	56 (52～60)	35 (32～39)	55 (50～59)	70 (63～77)	100 (85～120)
男 60～79	2	503	0.20	45 (43～48)	30 (28～32)	44 (42～46)	54 (51～58)	84 (72～96)
全体女性 3～79[c]	1	—	—	—	—	—	—	—
全体女性 3～79	2	3 263	0.12	52 (50～54)	31 (29～33)	51 (49～53)	66 (61～70)	110 (100～120)
女 6～11	1	509	0.59	90 (85～95)	51 (46～56)	89 (84～95)	110 (100～120)	170 (140～210)
女 6～11	2	528	0	74 (71～77)	46 (42～49)	73 (68～78)	96 (91～100)	140 (120～160)
女 12～19	1	478	0	53 (49～57)	32 (30～34)	52 (46～57)	66 (59～73)	100 (87～120)
女 12～19	2	498	0	46 (43～48)	32 (29～34)	44 (41～47)	55 (50～59)	81 (63～99)

分组（岁）	调查时期	调查人数	<检出限[b]/%	几何均数（95%置信区间）	P_{10}（95%置信区间）	P_{50}（95%置信区间）	P_{75}（95%置信区间）	P_{95}（95%置信区间）
女 20～39	1	653	0.92	58（54～62）	36（34～38）	55（51～59）	72（66～79）	110（89～130）
女 20～39	2	769	0.13	47（44～50）	28（25～32）	46（42～51）	60（56～64）	88（60～120）
女 40～59	1	644	1.24	61（57～65）	35（31～39）	62（58～66）	79（71～88）	120（98～140）
女 40～59	2	608	0.33	51（47～54）	31（28～33）	51（46～56）	65（58～71）	95（78～110）
女 60～79	1	542	0.37	69（66～72）	42（39～46）	67（63～71）	87（81～92）	130（120～150）
女 60～79	2	577	0.17	52（49～55）	31（26～36）	51（49～53）	64（60～69）	100（82～120）

a　3～5 岁年龄组未按照性别分组。

b　如果超过 40%的样本检测值低于检出限，则仅报告数据的百分比分布而不报告均值。

c　6 岁以下儿童未纳入第一次调查（2007—2009），因此该年龄段无统计数据。

参考文献

[1]　ATSDR（Agency for Toxic Substances and Disease Registry）. 2003. *Toxicological profile for selenium*. Atlanta，GA.：U.S. Department of Health and Human Services. Retrieved April 16，2012，from www.atsdr.cdc.gov/toxprofiles/tp.asp？id=153&tid=28.

[2]　Boosalis，M.G. 2008. The role of selenium in chronic disease. *Nutrition in Clinical Practice*，23（2）：152-160.

[3]　Canada. 1985. *Food and Drugs Act*. RSC 1985，c. F-27. Retrieved June 6，2012，from http://laws-lois. justice.gc.ca/eng/acts/F-27/.

[4]　Canada. 1999. *Canadian Environmental Protection Act*，1999. SC 1999，c. 33. Retrieved April 2，2012，from http://laws-lois.justice.gc.ca/eng/acts/C-15.31/index.html.

[5]　Canada. 2010a. *Canada Consumer Product Safety Act*. SC 2010，c. 21. Retrieved February 20，2012，from http://laws-lois.justice.gc.ca/eng/acts/C-1.68/index.html.

[6]　Canada. 2010b. *Cribs，Cradles and Bassinets Regulations*. SOR/2010-261. Retrieved January 25，2012，from http://laws-lois.justice.gc.ca/eng/regulations/SOR-2010-261/index.html.

[7]　Canada. 2011a. *The substance groupings initiative*. Retrieved April 19，2012，from www. chemicalsubstanceschimiques.gc.ca/group/index-eng.php.

[8]　Canada. 2011b. Announcement of planned actions to assess and manage，where appropriate，the risks posed by certain substances to the health of Canadians and the environment. *Canada Gazette，Part I：Notices and Proposed Regulations*，145（41）. Retrieved August 28，2012，from www.gazette.gc.ca/ rp-pr/p1/2011/2011-10-08/html/noticeavis-eng.html.

[9]　Canada. 2011c. *Toys Regulations*. SOR/2 011-17. Retrieved January 25，2012，from http://laws-lois.

justice.gc.ca/eng/regulations/SOR-2011-17/index.html.

[10] CCME（Canadian Council of Ministers of the Environment）. 2009. *Canadian soil quality guidelines for the protection of environmental and human health - Selenium.* Winnipeg，MB. Retrieved April 16，2012，from http://ceqg-rcqe.ccme.ca/download/en/341/.

[11] Health Canada. 1992. *Guidelines for Canadian drinking water quality：Guideline technical document - Selenium.* Ottawa，ON.：Minister of Health. Retrieved April 16，2012，from www.hc-sc.gc.ca/ewh-semt/pubs/water-eau/selenium/index-eng.php.

[12] Health Canada. 2007. *Multi-vitamin/mineral supplement monograph.* Ottawa，ON.：Minister of Health. Retrieved July 11，2011，from www.hc-sc.gc.ca/dhp-mps/prodnatur/applications/licen-prod/monograph/multi_vitmin_suppl-eng.php.

[13] Health Canada. 2009. *Canadian Total Diet Study.* Ottawa，ON.：Minister of Health. Retrieved November 29，2012，from www.hc-sc.gc.ca/fn-an/surveill/total-diet/index-eng.php.

[14] Health Canada. 2010. *Dietary reference intakes.* Ottawa，ON.：Minister of Health. Retrieved March 7，2012，from www.hc-sc.gc.ca/fn-an/nutrition/reference/table/index-eng.php.

[15] Health Canada. 2011. *List of prohibited and restricted cosmetic ingredients（"hotlist"）.* Retrieved May 25，2012，from www.hc-sc.gc.ca/cps-spc/cosmetperson/indust/hot-list-critique/index-eng.php.

[16] IARC（International Agency for Research on Cancer）. 1999. *IARC monographs on the evaluation of carcinogenic risks to humans - Volume 9：Some aziridines，N-，S- and O-mustards and selenium.* Geneva：World Health Organization.

[17] INSPQ（Institut national de santé publique du Québec）. 2004. *Étude sur l' établissement de valeurs de référence d' éléments traces et de métaux dans le sang，le sérum et l'urine de la population de la grande région de Québec.* INSPQ，Québec，QC. Retrieved July 11，2011，from www.inspq.qc.ca/pdf/publications/289-ValeursReferenceMetaux.pdf.

[18] IOM（Institute of Medicine）. 2000. *Dietary reference intakes for vitamin C，vitamin E，selenium，and carotenoids.* Washington，DC.：The National Academies Press.

[19] Marier，J.R. and Jaworski，J.F.. 1983. *Interactions of selenium.* Ottawa，ON.：National Research Council Canada Associate Committee on Scientific Criteria for Environmental Quality.

[20] Schamberger，R.J. 1984. Selenium. *Biochemistry of the essential ultratrace elements.* New York，NY.：Plenum Press.

[21] USGS（U.S. Geological Survey）. 2001. 2001 *minerals yearbook：Volume I - Metals and minerals.* Reston，VA. Retrieved July 26，2012，from http://minerals.usgs.gov/minerals/pubs/commodity/myb/index.html.

[22] USGS（U.S. Geological Survey）. 2004. 2004 *minerals yearbook：Volume I - Metals and minerals.* Reston，VA. Retrieved August 22，2012，from http://minerals.usgs.gov/minerals/pubs/commodity/selenium/index.html.

[23] WHO（World Health Organization）. 2011. *Selenium in drinking-water：Background document for development of WHO guidelines for drinking-water quality.* Geneva：WHO. Retrieved April 16，2012，from www.who.int/water_sanitation_health/dwq/chemicals/selenium/en/.

8.14　银

银（CAS 号：7440-22-4）是天然存在于地壳中的一种稀有元素，平均含量大约为
0.000 007%（Emsley，2001）。纯银是具有光泽的白色金属，具有可塑性、导电性、可延展
性和反射性等物理特性。在环境中天然银以纯银或银矿石的形式存在，如辉银矿、角银矿、
氯银矿和深红银矿。

银通过岩石和土壤的风化及冲蚀释放到自然环境中。人为向环境排放银的来源包括重
金属矿采选冶炼、水泥制造、化石燃料的燃烧、有害垃圾站点、污水排放、碘化银人工
降雨等（WHO，2002）。成像及照相材料曾是环境中银的主要来源，但随着数码摄影的出
现，银的使用量有所下降（USGS，2012）。最近，纳米银作为抗菌剂在家用设施、个人护
理品等方面得到了广泛应用，同时上述应用也成为银排放的一种潜在的重要污染源
（Luoma，2008）。

传统上，银主要用于钱币、奖牌、工业、珠宝、银器及摄影材料中（USGS，2011）。
历史上，加拿大主要将银用于摄影和铸币（Health Canada，1986）。目前工业上银主要用
于电池、焊条、汽车催化转换器、电子线路板、电镀、轴承淬火、墨水、镜子及太阳能电
池等方面（USGS，2011）。可溶性银的化合物对一些细菌、病毒、藻类和真菌具有抑制作
用。银的抗菌特性使其在抗菌产品中得到广泛应用，如用于伤口护理的绷带、降低细菌传
播的手机盖、去除衣服气味、水质净化和木头防霉处理等（USGS，2011）。

食物、饮用水及空气是人体暴露银的主要途径（ATSDR，1990）。由于银盐微溶于水，
所以天然水中可溶性银的浓度很低（Health Canada，1986）。根据哺乳类动物实验数据，
世界卫生组织估计摄入的银有大约 10%可被吸收（WHO，2003）。经皮肤暴露的银化合物
吸收率远低于经呼吸道或经消化道的吸收，因为银化合物不易通过完整的皮肤吸收
（ATSDR，1990）。一旦吸收了银，体内就主要分布在肝脏和皮肤中，其他器官也会有少量
分布（WHO，2003）。实验表明：人体排泄银分为 3 个阶段，半衰期从几小时、几天、几
周到几个月（ATSDR，1990）。银主要通过粪便在暴露后一周内排出体外，仅少部分银随
尿液排出体外（ATSDR，1990）。粪便银和血银是最常用的银暴露检测指标（ATSDR，1990）。
尿液也可作为监测样本；但银并不总是能从已知暴露银的工人尿样中检出，因此与粪便银
和血银相比，尿银不是可靠的银暴露的生物标志物（ATSDR，1990）。

目前尚没有通过常规饮食摄入银而发生健康危害的报告（Health Canada，1986）。有
证据表明长期使用银化合物作为治疗药物可引起慢性银中毒（Health Canada，1986）。长
期使用或过量摄入含银化合物可能导致银中毒，症状表现为皮肤、眼睛和黏膜变为蓝灰色。

银被认为对人类无任何致癌作用（ATSDR，1990）。由于摄入银或银化合物而导致癌
变、诱变和致畸的说法缺乏证据，国际癌症研究机构和加拿大卫生部未对银的致癌性进行
分类（Health Canada，1986）。加拿大卫生部认为居民每日从食物和水中摄入的银远远低于
发生不良反应的暴露量，因此不对饮用水中的银规定最大可接受浓度（Health Canada，1986）。

加拿大第二次（2009—2011）健康调查对所有 3～79 岁调查对象的全血和尿液中的银
进行了监测。上述生物监测中血液中银的质量浓度用μg/L 表示（表 8-14-1 和表 8-14-2）；
尿中银的质量浓度和质量分数用μg/L 和μg/g 肌酐（表 8-14-3、表 8-14-4、表 8-14-5 和

表 8-14-6）表示。血液和尿液中检出银仅仅表明血银或尿银是银的暴露标志物，并不意味着一定会产生有害的健康影响。上述数据可为加拿大人血银和尿银水平提供基准数据。

表 8-14-1　加拿大第二次（2009—2011）健康调查

3～79 岁居民年龄别血（全血）银质量浓度　　　　　　　　　　单位：μg/L

分组（岁）	调查时期	调查人数	<检出限 a/%	几何均数（95%置信区间）	P_{10}（95%置信区间）	P_{50}（95%置信区间）	P_{75}（95%置信区间）	P_{95}（95%置信区间）
全体对象 3～79	2	6 070	45.78	—	<检出限	0.066（<检出限～0.088）	0.10（0.097～0.11）	0.27（0.22～0.31）
3～5	2	495	61.21	—	<检出限	<检出限	0.084（0.060～0.11）	0.19E（0.095～0.28）
6～11	2	961	60.35	—	<检出限	<检出限	0.075（0.052～0.099）	F
12～19	2	997	57.27	—	<检出限	<检出限	0.082（0.058～0.11）	0.16E（0.070～0.24）
20～39	2	1 313	39.98	0.071（0.058～0.088）	<检出限	0.068（<检出限～0.090）	0.10（0.091～0.11）	0.26（0.21～0.30）
40～59	2	1 222	33.22	0.080（0.066～0.097）	<检出限	0.083（0.058～0.11）	0.10（0.098～0.11）	0.32（0.22～0.42）
60～79	2	1 082	36.41	0.078（0.062～0.098）	<检出限	0.080（0.054～0.11）	0.10（0.093～0.12）	0.32（0.28～0.36）

a 如果超过 40% 的样本检测值低于检出限，则仅报告数据的百分比分布而不报告均值。
E 谨慎引用。
F 数据不可靠，不予发布。

表 8-14-2　加拿大第二次（2009—2011）健康调查

3～79 岁居民年龄别 a、性别血（全血）银质量浓度　　　　　　单位：μg/L

分组（岁）	调查时期	调查人数	<检出限 b/%	几何均数（95%置信区间）	P_{10}（95%置信区间）	P_{50}（95%置信区间）	P_{75}（95%置信区间）	P_{95}（95%置信区间）
全体男性 3～79	2	2 940	49.59	—	<检出限	0.060E（<检出限～0.086）	0.10（0.090～0.11）	0.22（0.19～0.24）
男 6～11	2	488	61.89	—	<检出限	<检出限	0.063（<检出限～0.085）	F
男 12～19	2	523	62.52	—	<检出限	<检出限	0.077（0.055～0.098）	0.11E（0.064～0.15）
男 20～39	2	552	47.64	—	<检出限	0.059E（<检出限～0.088）	0.099（0.079～0.12）	0.21（0.19～0.24）
男 40～59	2	617	35.66	0.075（0.060～0.093）	<检出限	0.079（0.051～0.11）	0.10（0.099～0.11）	0.27E（0.17～0.38）
男 60～79	2	507	36.69	0.070（0.057～0.088）	<检出限	0.071（<检出限～0.094）	0.10（0.096～0.11）	0.26（0.21～0.31）

分组（岁）	调查时期	调查人数	<检出限[b]/%	几何均数（95%置信区间）	P_{10}（95%置信区间）	P_{50}（95%置信区间）	P_{75}（95%置信区间）	P_{95}（95%置信区间）
全体女性 3～79	2	3 130	42.20	—	<检出限	0.074（0.052～0.096）	0.10（0.10～0.11）	0.32（0.27～0.37）
女 6～11	2	473	58.77	—	<检出限	<检出限	0.083（0.061～0.10）	0.11[E]（0.051～0.16）
女 12～19	2	474	51.48	—	<检出限	<检出限	0.088（0.063～0.11）	0.19[E]（0.091～0.29）
女 20～39	2	761	34.43	0.081（0.065～0.10）	<检出限	0.076（0.054～0.098）	0.11[E]（0.055～0.16）	0.32（0.25～0.38）
女 40～59	2	605	30.74	0.085（0.071～0.10）	<检出限	0.087（0.067～0.11）	0.11[E]（0.050～0.16）	0.35[E]（0.22～0.49）
女 60～79	2	575	36.17	0.086（0.066～0.11）	<检出限	0.091（0.060～0.12）	0.11[E]（<检出限～0.17）	0.35（0.28～0.42）

a　3～5 岁年龄组未按照性别分组。
b　如果超过 40%的样本检测值低于检出限，则仅报告数据的百分比分布而不报告均值。
E　谨慎引用。
F　数据不可靠，不予发布。

表 8-14-3　加拿大第二次（2009—2011）健康调查
3～79 岁居民年龄别尿银质量浓度　　　　　　　　单位：μg/L

分组（岁）	调查时期	调查人数	<检出限[a]/%	几何均数（95%置信区间）	P_{10}（95%置信区间）	P_{50}（95%置信区间）	P_{75}（95%置信区间）	P_{95}（95%置信区间）
全体对象 3～79	2	6 311	92.35	—	<检出限	<检出限	<检出限	<检出限[E]（<检出限～0.11）
3～5	2	573	91.10	—	<检出限	<检出限	<检出限	<检出限[E]（<检出限～0.13）
6～11	2	1 062	90.21	—	<检出限	<检出限	<检出限	0.12[E]（<检出限～0.19）
12～19	2	1 041	90.68	—	<检出限	<检出限	<检出限	0.11[E]（<检出限～0.17）
20～39	2	1 321	92.66	—	<检出限	<检出限	<检出限	<检出限[E]（<检出限～0.13）
40～59	2	1 228	93.32	—	<检出限	<检出限	<检出限	<检出限[E]（<检出限～0.11）
60～79	2	1 086	95.21	—	<检出限	<检出限	<检出限	<检出限

a　如果超过 40%的样本检测值低于检出限，则仅报告数据的百分比分布而不报告均值。
E　谨慎引用。

表 8-14-4　加拿大第二次（2009—2011）健康调查

3～79 岁居民年龄别 [a]、性别尿银质量浓度　　单位：μg/L

分组（岁）	调查时期	调查人数	<检出限 [b]/%	几何均数（95%置信区间）	P_{10}（95%置信区间）	P_{50}（95%置信区间）	P_{75}（95%置信区间）	P_{95}（95%置信区间）
全体男性3～79	2	3 036	92.16	—	<检出限	<检出限	<检出限	<检出限 [E]（<检出限～ 0.11）
男 6～11	2	532	91.73	—	<检出限	<检出限	<检出限	F
男 12～19	2	542	90.04	—	<检出限	<检出限	<检出限	0.12 [E]（<检出限～ 0.20）
男 20～39	2	551	92.20	—	<检出限	<检出限	<检出限	<检出限 [E]（<检出限～ 0.11）
男 40～59	2	616	92.69	—	<检出限	<检出限	<检出限	<检出限
男 60～79	2	505	94.46	—	<检出限	<检出限	<检出限	<检出限（<检出限～ 0.10）
全体女性3～79	2	3 275	92.52	—	<检出限	<检出限	<检出限	<检出限 [E]（<检出限～ 0.13）
女 6～11	2	530	88.68	—	<检出限	<检出限	<检出限	0.12 [E]（<检出限～ 0.18）
女 12～19	2	499	91.38	—	<检出限	<检出限	<检出限	0.10 [E]（<检出限～ 0.15）
女 20～39	2	770	92.99	—	<检出限	<检出限	<检出限	<检出限 [E]（<检出限～ 0.17）
女 40～59	2	612	93.95	—	<检出限	<检出限	<检出限	F
女 60～79	2	581	95.87	—	<检出限	<检出限	<检出限	<检出限

a　3～5 岁年龄组未按照性别分组。
b　如果超过 40%的样本检测值低于检出限，则仅报告数据的百分比分布而不报告均值。
E　谨慎引用。
F　数据不可靠，不予发布。

表 8-14-5　加拿大第二次（2009—2011）健康调查

3～79 岁居民年龄别尿银质量分数　　单位：μg/g 肌酐

分组（岁）	调查时期	调查人数	<检出限 [a]/%	几何均数（95%置信区间）	P_{10}（95%置信区间）	P_{50}（95%置信区间）	P_{75}（95%置信区间）	P_{95}（95%置信区间）
全体对象3～79	2	6 291	92.64	—	<检出限	<检出限	<检出限	<检出限（<检出限～0.29）
3～5	2	572	91.26	—	<检出限	<检出限	<检出限	<检出限（<检出限～0.41）
6～11	2	1 058	90.55	—	<检出限	<检出限	<检出限	0.24 [E]（<检出限～0.33）
12～19	2	1 039	90.86	—	<检出限	<检出限	<检出限	0.17（<检出限～0.23）
20～39	2	1 319	92.80	—	<检出限	<检出限	<检出限	<检出限（<检出限～0.42）
40～59	2	1 223	93.70	—	<检出限	<检出限	<检出限	<检出限（<检出限～0.29）
60～79	2	1 080	95.74	—	<检出限	<检出限	<检出限	<检出限

a　如果超过 40%的样本检测值低于检出限，则仅报告数据的百分比分布而不报告均值。
E　谨慎引用。

表 8-14-6　加拿大第二次（2009—2011）健康调查
3～79 岁居民年龄别 [a]、性别尿银质量分数　　　　单位：µg/g 肌酐

分组（岁）	调查时期	调查人数	<检出限 [b]/%	几何均数（95%置信区间）	P_{10}（95%置信区间）	P_{50}（95%置信区间）	P_{75}（95%置信区间）	P_{95}（95%置信区间）
全体男性 3～79	2	3 028	92.40	—	<检出限	<检出限	<检出限	<检出限（<检出限～0.23）
男 6～11	2	530	92.08	—	<检出限	<检出限	<检出限	F
男 12～19	2	541	90.20	—	<检出限	<检出限	<检出限	0.16（<检出限～0.21）
男 20～39	2	550	92.36	—	<检出限	<检出限	<检出限	<检出限（<检出限～0.30）
男 40～59	2	615	92.85	—	<检出限	<检出限	<检出限	<检出限
男 60～79	2	503	94.83	—	<检出限	<检出限	<检出限	<检出限（<检出限～0.24）
全体女性 3～79	2	3 263	92.86	—	<检出限	<检出限	<检出限	<检出限（<检出限～0.37）
女 6～11	2	528	89.02	—	<检出限	<检出限	<检出限	0.24（<检出限～0.29）
女 12～19	2	498	91.57	—	<检出限	<检出限	<检出限	0.22（<检出限～0.29）
女 20～39	2	769	93.11	—	<检出限	<检出限	<检出限	<检出限（<检出限～0.60）
女 40～59	2	608	94.57	—	<检出限	<检出限	<检出限	<检出限（<检出限～0.40）
女 60～79	2	577	96.53	—	<检出限	<检出限	<检出限	<检出限

a 3～5 岁年龄组未按照性别分组。

b 如果超过 40% 的样本检测值低于检出限，则仅报告数据的百分比分布而不报告均值。

F 数据不可靠，不予发布。

参考文献

[1] ATSDR（Agency for Toxic Substances and Disease Registry）. 1990. *Toxicological profile for silver*. Atlanta，GA.：U.S. Department of Health and Human Services. Retrieved September 6，2011，from www.atsdr.cdc.gov/ToxProfiles/tp.asp？id=539&tid=97.

[2] Emsley，J.. 2001. *Nature's building blocks：An A-Z guide to the elements*. Oxford：Oxford University Press.

[3] Health Canada. 1986. *Guidelines for Canadian drinking water quality：Guideline technical document - Silver*. Ottawa，ON.：Minister of Health. Retrieved September 6，2011，from www.hc-sc.gc.ca/ewh-semt/pubs/water-eau/silver-argent/index-eng.php.

[4] Luoma，S.N.. 2008. *Silver nanotechnologies and the environment：Old problems or new challenges？* Washington，DC.：Project on Emerging Nanotechnologies.

[5]　USGS（U.S. Geological Survey）. 2011. *Mineral commodity summaries 2011*. Reston，VA. Retrieved July 11，2011，from http://minerals.usgs.gov/minerals/pubs/mcs/2011/mcs2011.pdf.

[6]　USGS（U.S. Geological Survey）. 2012. *Mineral commodity summaries 2012*. Reston，VA. Retrieved April 16，2012，from http://minerals.usgs.gov/minerals/pubs/mcs/2012/mcs2012.pdf.

[7]　WHO（World Health Organization）. 2002. *Silver and silver compounds：Environmental aspects*. Geneva：WHO. Retrieved September 6，2011，from www.who.int/ipcs/publications/cicad/en/cicad44.pdf.

[8]　WHO （World Health Organization）. 2003. *Silver in drinking-water：Background document for development of WHO guidelines for drinking-water quality*. Geneva：WHO. Retrieved September 6，2011，from www.who.int/water_sanitation_health/dwq/chemicals/silver.pdf.

8.15　铊

铊（CAS 号：7440-28-0）是天然存在于地壳中的一种蓝白色、柔软并具有可延展性的金属，平均含量大约为 0.000 07%（USGS，2011）。铊在环境中分布广泛，主要存在于一些含铜、铅和锌等微量元素的硫化矿中。铊也能同其他物质如硫化物、氯化物和溴化物等结合形成盐，上述铊化合物多数可溶于水（ATSDR，1992）。

自然环境中的铊是通过风化过程产生的（CCME，1999a）。除了自然形成的铊，铊还可通过矿物燃烧、水泥生产、重金属采选冶炼等过程人为排放进入环境中（USGS，2011）。生活饮用水中的铊主要来源于矿山开采渗漏以及电气、玻璃及药品工业的排放等。

铊主要用于生产合金、电极材料、低熔点高折射率玻璃以及心脏成像、电镀和高温超导化合物等领域（CCME，1999a）。过去铊曾用作杀虫剂，因中毒事件及滥用致使包括加拿大在内的大多数国家开始禁止或限制其使用（CCME，1999b）。铊盐曾用作脱毛剂及用于结核病、疟疾和性病的治疗；但由于铊的不良反应，已经不再使用（WHO，1996）。

尽管环境中只有微量的铊，但铊分布广泛，人可通过日常食物摄入暴露铊，经空气和饮用水暴露的剂量极低（ATSDR，1992）。铊化物具有很强的水溶性，可通过废水排放进入环境中。该现象应引起关注，因为传统的水处理技术难以将铊从水中除去（Peter and Viraraghavan，2005）。

铊可经消化道、空气吸入或皮肤接触而吸收（WHO，1996）。铊被吸入后，蓄积在肺中的铊吸收率可达到 100%（WHO，1996）。同样铊经食物消化后也可完全被吸收（TSDR，1992）。一旦被吸收，铊即迅速分布至全身，蓄积在骨骼和肾脏中，最终蓄积在中枢神经系统中（Peter and Viraraghavan，2005）。人体内的铊主要随尿液排出体外，少部分经过粪便排出体外，铊的生物半衰期为 3～8 天（ATSDR，1992；Peter and Viraraghavan，2005）。尿铊可作为短期铊暴露的生物标志物（CDC，2009）。

铊是一种剧毒元素，其毒性被认为比汞、镉、铅、锌或铜更强（Peter and Viraraghavan，2005）。急性铊暴露的健康损害包括肠胃炎、多发神经病和脱发。根据人类病例报告和动物实验研究，神经系统被认为是铊的靶器官（EPA，2009）。目前，关于长期低水平铊暴露影响的资料较缺乏。矿工职业暴露的数据显示：工人长期暴露于铊会出现头痛，厌食及胳膊、腿和腹部疼痛等症状（Peter and Viraraghavan，2005）。

目前尚没有进行铊对动物的潜在致癌性的评价研究，也没有足够证据证明铊对职业暴露工人具有致癌性（EPA，2009）。基于现有数据，铊被认为不具有致突变作用或致畸作用，且现有关于铊对人生殖系统影响的资料也有限（Peter & Viraraghavan，2005）。国际癌症研究机构认为不能对铊的致癌性进行分类。

基于其生态影响，《加拿大环境保护法》（1999）的化学物质管理计划将氯化铊确定为需要优先评估的物质（Canada，1999；Environment Canada，2011）。目前，加拿大饮用水中铊的含量水平没有指导限值（Health Canada，2012）。加拿大卫生部正在进行的膳食调查也将铊列为需要分析监测的化学物质。上述膳食调查可评估不同年龄、性别的加拿大居民通过食物途径暴露的化学物质水平。对魁北克省 500 名 18～65 岁的成人进行的生物监测显示尿铊的几何均数为 0.21 μg/L（INSPQ，2004）。

加拿大第二次（2009—2011）健康调查对所有 3～79 岁的调查对象的尿铊进行了检测。上述调查中尿铊质量浓度和质量分数分别用μg/L 和μg/g 肌酐（表 8-15-1、表 8-15-2、表 8-15-3 和表 8-15-4）表示。铊在尿样中检出仅仅表明尿铊是铊的暴露标志物，并不意味着一定会产生有害的健康影响。上述调查数据可为加拿大居民的尿铊水平提供基准数据。

表 8-15-1　加拿大第二次（2009—2011）健康调查
3～79 岁居民年龄别尿铊质量浓度　　　　　　　　单位：μg/L

分组（岁）	调查时期	调查人数	<检出限 [a]/%	几何均数（95%置信区间）	P_{10}（95%置信区间）	P_{50}（95%置信区间）	P_{75}（95%置信区间）	P_{95}（95%置信区间）
全体对象 3～79	2	6 311	0.43	0.23（0.21～0.24）	0.085（0.077～0.093）	0.24（0.22～0.26）	0.37（0.34～0.40）	0.62（0.55～0.70）
3～5	2	573	0.35	0.27（0.23～0.30）	0.12（0.11～0.14）	0.26（0.23～0.29）	0.40（0.35～0.44）	0.65（0.43～0.86）
6～11	2	1 062	0.19	0.26（0.24～0.28）	0.11（0.096～0.13）	0.27（0.25～0.29）	0.38（0.35～0.41）	0.59（0.50～0.67）
12～19	2	1 041	0.29	0.25（0.23～0.28）	0.097（0.073～0.12）	0.27（0.24～0.29）	0.40（0.36～0.44）	0.61（0.52～0.69）
20～39	2	1 321	0.61	0.25（0.22～0.27）	0.10（0.081～0.12）	0.25（0.23～0.28）	0.40（0.35～0.44）	0.65（0.57～0.73）
40～59	2	1 228	0.49	0.23（0.20～0.25）	0.080（0.066～0.094）	0.25（0.21～0.28）	0.37（0.32～0.42）	0.69（0.55～0.83）
60～79	2	1 086	0.55	0.17（0.16～0.19）	0.057（0.041～0.074）	0.19（0.17～0.21）	0.27（0.25～0.29）	0.44（0.39～0.49）

a 如果超过 40%的样本检测值低于检出限，则仅报告数据的百分比分布而不报告均值。

表 8-15-2　加拿大第二次（2009—2011）健康调查

3～79 岁居民年龄别 [a]、性别尿铊质量浓度　　　　单位：μg/L

分组 （岁）	调查 时期	调查 人数	<检出 限 [b]/ %	几何均数 （95%置信 区间）	P_{10} （95%置信 区间）	P_{50} （95%置信 区间）	P_{75} （95%置信 区间）	P_{95} （95%置信 区间）
全体男性 3～79	2	3 036	0.36	0.24 （0.23～0.26）	0.097 （0.085～0.11）	0.26 （0.23～0.28）	0.40 （0.35～0.44）	0.67 （0.58～0.77）
男 6～11	2	532	0.19	0.26 （0.24～0.28）	0.14 （0.11～0.16）	0.26 （0.24～0.28）	0.37 （0.32～0.42）	0.57 （0.45～0.68）
男 12～19	2	542	0.18	0.28 （0.25～0.32）	0.12 （0.086～0.15）	0.30 （0.25～0.35）	0.43 （0.38～0.48）	0.61 （0.49～0.73）
男 20～39	2	551	0.54	0.25 （0.22～0.29）	0.10 （0.074～0.13）	0.27 （0.23～0.32）	0.41 （0.36～0.45）	0.66 （0.57～0.75）
男 40～59	2	616	0.49	0.25 （0.21～0.29）	0.085 （0.062～0.11）	0.27 （0.23～0.31）	0.44 （0.35～0.52）	0.75 （0.59～0.90）
男 60～79	2	505	0.20	0.19 （0.17～0.21）	0.080 （0.064～0.097）	0.20 （0.18～0.22）	0.28 （0.25～0.31）	0.51 （0.42～0.60）
全体女性 3～79	2	3 275	0.49	0.21 （0.20～0.23）	0.080 （0.068～0.092）	0.22 （0.20～0.24）	0.34 （0.32～0.37）	0.59 （0.53～0.65）
女 6～11	2	530	0.19	0.25 （0.22～0.29）	0.092 （0.074～0.11）	0.28 （0.25～0.31）	0.39 （0.32～0.45）	0.62 （0.51～0.73）
女 12～19	2	499	0.40	0.23 （0.20～0.25）	F	0.25 （0.23～0.27）	0.34 （0.32～0.37）	0.59 （0.50～0.69）
女 20～39	2	770	0.65	0.24 （0.21～0.27）	0.098 （0.077～0.12）	0.24 （0.21～0.26）	0.38 （0.31～0.44）	0.62 （0.47～0.77）
女 40～59	2	612	0.49	0.20 （0.18～0.23）	0.061[E] （0.029～0.092）	0.21 （0.17～0.25）	0.35 （0.32～0.37）	0.60 （0.48～0.73）
女 60～79	2	581	0.86	0.16 （0.14～0.17）	0.051 （0.044～0.058）	0.17 （0.14～0.19）	0.26 （0.23～0.29）	0.42 （0.40～0.44）

a 3～5 岁年龄组未按照性别分组。

b 如果超过 40%的样本检测值低于检出限，则仅报告数据的百分比分布而不报告均值。

E 谨慎引用。

F 数据不可靠，不予发布。

表 8-15-3　加拿大第二次（2009—2011）健康调查

3～79 岁居民年龄别尿铊质量分数　　　　　　　　　单位：μg/g 肌酐

分组（岁）	调查时期	调查人数	<检出限 [a] /%	几何均数（95%置信区间）	P_{10}（95%置信区间）	P_{50}（95%置信区间）	P_{75}（95%置信区间）	P_{95}（95%置信区间）
全体对象 3～79	2	6 291	0.43	0.22（0.20～0.23）	0.11（0.10～0.12）	0.21（0.20～0.23）	0.30（0.28～0.32）	0.55（0.49～0.61）
3～5	2	572	0.35	0.45（0.40～0.51）	0.24（0.19～0.28）	0.47（0.41～0.53）	0.60（0.53～0.67）	1.0（0.80～1.3）
6～11	2	1 058	0.19	0.29（0.27～0.31）	0.15（0.13～0.16）	0.29（0.27～0.31）	0.41（0.37～0.44）	0.64（0.59～0.70）
12～19	2	1 039	0.29	0.19（0.18～0.20）	0.10（0.093～0.11）	0.19（0.18～0.20）	0.26（0.24～0.28）	0.40（0.36～0.44）
20～39	2	1 319	0.61	0.20（0.19～0.22）	0.11（0.090～0.12）	0.20（0.17～0.22）	0.28（0.25～0.30）	0.48（0.39～0.56）
40～59	2	1 223	0.49	0.22（0.20～0.24）	0.12（0.11～0.13）	0.22（0.21～0.23）	0.30（0.27～0.33）	0.52（0.39～0.65）
60～79	2	1 080	0.56	0.20（0.19～0.22）	0.11（0.10～0.12）	0.20（0.18～0.21）	0.28（0.25～0.31）	0.47（0.42～0.52）

a 如果超过 40%的样本检测值低于检出限，则仅报告数据的百分比分布而不报告均值。

表 8-15-4　加拿大第二次（2009—2011）健康调查

3～79 岁居民年龄别 [a]、性别尿铊质量分数　　　　　　单位：μg/g 肌酐

分组（岁）	调查时期	调查人数	<检出限 [b] /%	几何均数（95%置信区间）	P_{10}（95%置信区间）	P_{50}（95%置信区间）	P_{75}（95%置信区间）	P_{95}（95%置信区间）
全体男性 3～79	2	3 028	0.36	0.20（0.19～0.21）	0.11（0.098～0.11）	0.20（0.18～0.21）	0.28（0.26～0.30）	0.49（0.42～0.57）
男 6～11	2	530	0.19	0.28（0.26～0.31）	0.14（0.12～0.16）	0.29（0.25～0.32）	0.40（0.34～0.46）	0.61（0.54～0.68）
男 12～19	2	541	0.18	0.19（0.17～0.21）	0.11（0.094～0.12）	0.18（0.16～0.21）	0.26（0.24～0.28）	0.38（0.33～0.42）
男 20～39	2	550	0.55	0.18（0.16～0.20）	0.097（0.084～0.11）	0.18（0.16～0.20）	0.25（0.22～0.28）	0.35（0.30～0.41）
男 40～59	2	615	0.49	0.20（0.18～0.22）	0.11（0.096～0.12）	0.20（0.18～0.22）	0.28（0.23～0.33）	0.48（0.34～0.61）
男 60～79	2	503	0.20	0.19（0.17～0.20）	0.11（0.095～0.12）	0.18（0.17～0.20）	0.25（0.22～0.28）	0.40（0.34～0.45）
全体女性 3～79	2	3 263	0.49	0.24（0.22～0.25）	0.12（0.11～0.13）	0.23（0.21～0.24）	0.33（0.29～0.36）	0.59（0.52～0.66）

分组（岁）	调查时期	调查人数	<检出限[b]/%	几何均数（95%置信区间）	P_{10}（95%置信区间）	P_{50}（95%置信区间）	P_{75}（95%置信区间）	P_{95}（95%置信区间）
女 6～11	2	528	0.19	0.30（0.27～0.33）	0.15（0.13～0.17）	0.30（0.27～0.33）	0.41（0.35～0.46）	0.66（0.57～0.75）
女 12～19	2	498	0.40	0.19（0.17～0.20）	0.098（<检出限～0.11）	0.19（0.17～0.20）	0.26（0.23～0.28）	0.41（0.35～0.46）
女 20～39	2	769	0.65	0.23（0.21～0.27）	0.12（0.099～0.14）	0.21（0.19～0.24）	0.31（0.25～0.37）	0.57（0.45～0.70）
女 40～59	2	608	0.49	0.24（0.22～0.26）	0.13（0.11～0.15）	0.23（0.20～0.25）	0.31（0.28～0.34）	0.56（0.36～0.76）
女 60～79	2	577	0.87	0.22（0.20～0.24）	0.12（0.10～0.14）	0.22（0.19～0.25）	0.32（0.28～0.35）	0.51（0.46～0.57）

a 3～5 岁年龄组未按照性别分组。

b 如果超过 40% 的样本检测值低于检出限，则仅报告数据的百分比分布而不报告均值。

参考文献

[1] ATSDR（Agency for Toxic Substances and Disease Registry）. 1992. Toxicological profile for thallium. U.S. Department of Health and Human Services. Retrieved January 3，2012，from www.atsdr.cdc.gov/ToxProfiles/tp.asp？id=309&tid=49.

[2] Canada. 1999. *Canadian Environmental Protection Act*，1999. SC 1999，c. 33. Retrieved April 2，2012，from http://laws-lois.justice.gc.ca/eng/acts/C-15.31/index.html.

[3] CCME（Canadian Council of Ministers of the Environment）. 1999a. *Canadian water quality guidelines for the protection of aquatic life - Thallium*. January 3，2012，from http://ceqg-rcqe.ccme.ca/download/en/215/.

[4] CCME（Canadian Council of Ministers of the Environment）. 1999b. *Canadian soil quality guidelines for the protection of environmental and human health - Thallium*. January 3，2012，from http://ceqg-rcqe.ccme.ca/download/en/282/.

[5] CDC（Centers for Disease Control and Prevention）. 2009. *Fourth national report on human exposure to environmental chemicals*. Department of Health and Human Services. Retrieved July 11，2011，from www.cdc.gov/exposurereport/.

[6] Environment Canada. 2011. *Status of prioritized substances*. Minister of the Environment. Retrieved August 9，2012，from www.ec.gc.ca/ese-ees/default.asp？lang=En&n=7CCD1F11-1.

[7] EPA（U.S. Environmental Protection Agency）. 2009. *Integrated Risk Information System（IRIS）: Thallium（I），soluble salts*. Office of Research and Development，National Center for Environmental Assessment. Retrieved May 4，2012，from www.epa.gov/ncea/iris/subst/1012.htm.

[8] Health Canada. 2009. *Canadian Total Diet Study*. Ottawa，ON.：Minister of Health. Retrieved November 29，2012，from www.hc-sc.gc.ca/fn-an/surveill/total-diet/index-eng.php.

[9] Health Canada. 2012. *Guidelines for Canadian drinking water quality - Summary table*. Minister of Health. Retrieved March 15，2013，from www.hc-sc.gc.ca/ewh-semt/pubs/water-eau/2012-sum_guide-res_recom/

index-eng.pdf.

[10] INSPQ（Institut national de santé publique du Québec）. 2004. *Étude sur l' établissement de valeurs de référence d' éléments traces et de métaux dans le sang，le sérum et l'urine de la population de la grande région de Québec*. INSPQ，Québec，QC. Retrieved July 11，2011，from www.inspq.qc.ca/pdf/publications/289-ValeursReferenceMetaux.pdf.

[11] Peter，A.L.J. and Viraraghavan，T.. 2005. Thallium：A review of public health and environmental concerns. *Environment International*，31（4）：493-501.

[12] USGS（U.S. Geological Survey）. 2011. *Mineral commodity summaries* 2011. Retrieved July 11，2011，from http://minerals.usgs.gov/minerals/pubs/mcs/2011/mcs2011.pdf.

[13] WHO（World Health Organization）. 1996. *Environmental health criteria* 182：*Thallium*. WHO. Retrieved January 4，2012，from www.inchem.org/documents/ehc/ehc/ehc182.htm.

8.16　钨

钨（CAS 号：7440-33-7）是地壳中存在的一种灰色金属，平均含量范围是 0.000 01%～0.000 24%（ATSDR，2005）。纯钨易于塑形，但有杂质存在时，它通常脆而硬。钨在环境中相对稳定（Langard，2001）。目前已知钨有 5 种稳定同位素和 28 种放射性同位素。在自然界中，钨主要与其他金属元素伴生于矿物质中，一般很少以单质的形式存在。

释放到大气中的钨颗粒物来自自然界和人类活动。钨自然存在于土壤和沉积物中，经土壤侵蚀及岩石浸出释放到空气和水体中（ATSDR，2005）。钨的人为来源包括重金属加工、废物及燃料燃烧、采矿作业和施肥。军事训练和作战中含钨武器的使用也可向环境中释放钨（ATSDR，2005）。

钨主要用于切割产品、耐磨材料、铣削产品、合金添加剂、超级合金和含钨化学品的生产（Langard，2001）。钨的商业用途主要是以碳化钨形式用于生产切割工具、成形机、钻井工具等（ATSDR，2005）。钨金属粉末用于灯丝线、焊条和油井涂层工具的生产（ATSDR，2005）。钨合金作为贫铀和铅弹药的替代品在军事武器中的应用也越来越多（EPA，2010；Health Canada，2008）。金属钨还应用于高尔夫球杆、砝码、灯丝、加热元件、玻璃熔融设备、高速转子和火箭喷嘴等产品上。钨化合物可用作涂料、印刷油墨、蜡、玻璃、卷烟过滤嘴及纺织品的防火剂（ATSDR，2005）。

一般公众通过食物、饮用水和空气吸入进行微量的钨暴露（ATSDR，2005）。在使用钨、钨合金和钨化合物时可能暴露含钨化合物，但不会暴露钨。基于有限的地表水研究资料，每日从饮用水中摄入钨的量可以忽略不计（ATSDR，2005）。

经食物消化或经呼吸道吸入后，约一半可溶性钨化合物被吸收进入血液（ATSDR，2005）。大部分被吸收的钨迅速从尿中排出（ATSDR，2005）。动物研究表明钨在体内停留较长时间后骨骼组织成为钨的主要储库（Langard，2001）。血钨、尿钨或粪便钨可作为钨或钨化合物暴露的生物标志物，尿钨能反映短期钨暴露水平（ATSDR，2005；CDC，2009）。

经食物摄入的钨对人类的毒性尚不清楚（ATSDR，2005）。经呼吸道吸入的毒性数据只在涉及重金属职业暴露时可用（ATSDR，2005）。然而目前尚不清楚观察到的疾病是源于单质钨暴露还是碳化钨钴混合暴露的结果（ATSDR，2005）。没有其他严重健康危害与人群钨或钨化合物暴露相关（包括急性或慢性吸入、经口或经皮肤暴露）（ATSDR，2005）。实验动物表明：缺乏经口摄入或吸入钨影响生殖和发育的证据。用氯化钨暴露动物时可观察到皮肤和眼睛的刺激效应（ATSDR，2005）。

国际癌症研究机构认为碳化钴钨可能对人类致癌（2A 类）（IARC，2006）。由于缺乏钨的致癌性证据，国际癌症研究机构未对其致癌性进行分类（ITER，2010）。加拿大卫生部尚未针对钨制定饮用水水质标准（Health Canada，2012）。

加拿大第二次（2009—2015）健康调查对所有 3～79 岁的调查对象的尿钨进行了检测。上述调查检测中尿钨质量浓度和质量分数用 μg/L 和 μg/g 肌酐（表 8-16-1、表 8-16-2、表 8-16-3 和表 8-16-4）表示。钨在尿样中检出仅仅表明尿钨是钨的暴露标志物，并不意味着一定会产生有害的健康影响。上述调查数据可为加拿大居民的尿钨水平提供基准数据。

表 8-16-1　加拿大第二次（2009—2011）健康调查
3～79 岁居民年龄别尿钨质量浓度　　　　单位：μg/L

分组（岁）	调查时期	调查人数	<检出限 [a]/%	几何均数（95%置信区间）	P_{10}（95%置信区间）	P_{50}（95%置信区间）	P_{75}（95%置信区间）	P_{95}（95%置信区间）
全体对象 3～79	2	6 310	65.63	—	<检出限	<检出限	<检出限	0.63（0.50～0.76）
3～5	2	573	46.95		<检出限	<检出限	0.33（0.27～0.40）	1.2[E]（0.61～1.8）
6～11	2	1 062	49.53		<检出限	<检出限	0.29（0.24～0.35）	0.98（0.67～1.3）
12～19	2	1 040	53.27		<检出限	<检出限	0.28（0.22～0.33）	0.85（0.64～1.1）
20～39	2	1 321	70.40		<检出限	<检出限	<检出限（<检出限～0.21）	0.63（0.41～0.85）
40～59	2	1 228	78.50		<检出限	<检出限	<检出限	0.48（0.36～0.60）
60～79	2	1 086	82.69	—	<检出限	<检出限	<检出限	0.33（0.24～0.43）

a 如果超过 40%的样本检测值低于检出限，则仅报告数据的百分比分布而不报告均值。

E 谨慎引用。

表 8-16-2　加拿大第二次（2009—2011）健康调查

3～79 岁居民年龄别 [a]、性别尿钨质量浓度　　　　　　　　　单位：μg/L

分组（岁）	调查时期	调查人数	<检出限 [b]/%	几何均数（95%置信区间）	P_{10}（95%置信区间）	P_{50}（95%置信区间）	P_{75}（95%置信区间）	P_{95}（95%置信区间）
全体男性 3～79	2	3 036	62.65	—	<检出限	<检出限	<检出限	0.65（0.50～0.80）
男 6～11	2	532	47.37	—	<检出限	<检出限	0.33（0.22～0.44）	1.2[E]（0.66～1.8）
男 12～19	2	542	49.82	—	<检出限	<检出限	0.31（0.24～0.38）	0.91[E]（0.55～1.3）
男 20～39	2	551	67.51	—	<检出限	<检出限	<检出限（<检出限～0.23）	F
男 40～59	2	616	76.30	—	<检出限	<检出限	<检出限	0.48（0.35～0.62）
男 60～79	2	505	80.00	—	<检出限	<检出限	<检出限	0.34[E]（<检出限～0.50）
全体女性 3～79	2	3 274	68.39	—	<检出限	<检出限	<检出限	0.62（0.44～0.80）
女 6～11	2	530	51.70	—	<检出限	<检出限	0.25（<检出限～0.31）	0.74（0.50～0.98）
女 12～19	2	498	57.03	—	<检出限	<检出限	0.23（<检出限～0.30）	0.83[E]（0.50～1.2）
女 20～39	2	770	72.47	—	<检出限	<检出限	<检出限 [E]（<检出限～0.22）	0.64[E]（0.40～0.88）
女 40～59	2	612	80.72	—	<检出限	<检出限	<检出限	0.47[E]（<检出限～0.75）
女 60～79	2	581	85.03	—	<检出限	<检出限	<检出限	0.32（0.21～0.44）

a　3～5 岁年龄组未按照性别分组。

b　如果超过 40%的样本检测值低于检出限，则仅报告数据的百分比分布而不报告均值。

E　谨慎引用。

F　数据不可靠，不予发布。

表 8-16-3　加拿大第二次（2009—2011）健康调查

3～79 岁居民年龄别尿钨质量分数　　　　　　　　　单位：μg/g 肌酐

分组（岁）	调查时期	调查人数	<检出限 [a]/%	几何均数（95%置信区间）	P_{10}（95%置信区间）	P_{50}（95%置信区间）	P_{75}（95%置信区间）	P_{95}（95%置信区间）
全体对象 3～79	2	6 290	65.83	—	<检出限	<检出限	<检出限	0.69（0.56～0.81）
3～5	2	572	47.03	—	<检出限	<检出限	0.69（0.54～0.85）	2.0（1.4～2.7）
6～11	2	1 058	49.72	—	<检出限	<检出限	0.38（0.32～0.45）	1.0（0.66～1.4）

分组 （岁）	调查 时期	调查 人数	<检出限^a/ %	几何均数 （95%置信 区间）	P_{10} （95%置信 区间）	P_{50} （95%置信 区间）	P_{75} （95%置信 区间）	P_{95} （95%置信 区间）
12～19	2	1 038	53.37	—	<检出限	<检出限	0.24 （0.19～0.28）	0.62^E （0.34～0.90）
20～39	2	1 319	70.51	—	<检出限	<检出限	<检出限 （<检出限～0.26）	0.66^E （0.35～0.97）
40～59	2	1 223	78.82	—	<检出限	<检出限	<检出限	0.57 （0.40～0.75）
60～79	2	1 080	83.15	—	<检出限	<检出限	<检出限	0.61 （0.49～0.73）

a 如果超过 40%的样本检测值低于检出限，则仅报告数据的百分比分布而不报告均值。

E 谨慎引用。

表 8-16-4　加拿大第二次（2009—2011）健康调查
3～79 岁居民年龄别^a、性别尿钨质量分数　　单位：μg/g 肌酐

分组 （岁）	调查 时期	调查 人数	<检出 限^b/%	几何均数 （95%置信 区间）	P_{10} （95%置信 区间）	P_{50} （95%置信 区间）	P_{75} （95%置信 区间）	P_{95} （95%置信 区间）
全体男性 3～79	2	3 028	62.81	—	<检出限	<检出限	<检出限	0.58 （0.49～0.66）
男 6～11	2	530	47.55	—	<检出限	<检出限	0.44 （0.32～0.56）	1.2^E （0.53～1.9）
男 12～19	2	541	49.91	—	<检出限	<检出限	0.24 （0.18～0.30）	0.58^E （0.31～0.85）
男 20～39	2	550	67.64	—	<检出限	<检出限	<检出限 （<检出限～0.23）	0.50 （<检出限～0.67）
男 40～59	2	615	76.42	—	<检出限	<检出限	<检出限	0.45 （0.37～0.52）
男 60～79	2	503	80.32	—	<检出限	<检出限	<检出限	0.52^E （<检出限～0.76）
全体女性 3～79	2	3 262	68.64	—	<检出限	<检出限	<检出限	0.82 （0.57～1.1）
女 6～11	2	528	51.89	—	<检出限	<检出限	0.35 （<检出限～0.41）	0.85 （0.66～1.0）
女 12～19	2	497	57.14	—	<检出限	<检出限	0.23 （<检出限～0.28）	0.74^E （0.26～1.2）
女 20～39	2	769	72.56	—	<检出限	<检出限	<检出限 （<检出限～0.34）	0.78^E （0.29～1.3）
女 40～59	2	608	81.25	—	<检出限	<检出限	<检出限	0.76^E （<检出限～1.2）
女 60～79	2	577	85.62	—	<检出限	<检出限	<检出限	0.63 （0.41～0.85）

a 3～5 岁年龄组未按照性别分组。

b 如果超过 40%的样本检测值低于检出限，则仅报告数据的百分比分布而不报告均值。

E 谨慎引用。

参考文献

[1] ATSDR（Agency for Toxic Substances and Disease Registry）. 2005. *Toxicological profile for tungsten.* Atlanta，GA.：U.S. Department of Health and Human Services. Retrieved January 6，2012，from www.atsdr. cdc.gov/toxprofiles/tp186.pdf.

[2] CDC（Centers for Disease Control and Prevention）. 2009. *Fourth national report on human exposure to environmental chemicals.* Atlanta，GA.：Department of Health and Human Services. Retrieved July 11，2011，from www.cdc.gov/exposurereport/.

[3] EPA（U.S. Environmental Protection Agency）. 2010. *Emerging contaminant fact sheet - Tungsten.* Washington，DC.：U.S. Environmental Protection Agency. Retrieved January 24，2012，from www.epa.gov/fedfac/documents/emerging_contaminant_tungsten.pdf.

[4] Health Canada. 2008. *Environmental and workplace health - Depleted uranium（Health Canada information sheet）.* Ottawa，ON.：Minister of Health. Retrieved January 18，2012，from www.hc-sc.gc.ca/ewh-semt/pubs/radiation/uranium-eng.php.

[5] Health Canada. 2012. *Guidelines for Canadian drinking water quality - Summary table.* Ottawa，ON.：Minister of Health. Retrieved March 15，2013，from www.hc-sc.gc.ca/ewh-semt/pubs/water-eau/2012-sum_guide-res_recom/index-eng.pdf.

[6] IARC（International Agency for Research on Cancer）. 2006. *IARC monographs on the evaluation of carcinogenic risks to humans - Volume 86：Cobalt in hard metals and cobalt sulfate，gallium arsenide，indium phosphide and vanadium pentoxide.* Geneva：World Health Organization.

[7] ITER（International Toxicity Estimates for Risk）. 2010. *ITER database：Tungsten（CAS 7440-33-7）.* Bethesda，MD.：National Library of Medicine. Retrieved May 4，2012，from www.toxnet.nlm.nih.gov/cgi-bin/sis/htmlgen？iter.

[8] Langard，S. 2001. Chromium，molybdenum，and tungsten. *Patty's Toxicology.* Mississauga，ON.：John Wiley & Sons，Inc..

8.17　铀

铀（CAS 号：7440-61-1）是地壳中存在的一种银白色、有光泽、具弱放射性的金属，平均含量大约为 0.000 2%（ATSDR，2011）。铀是一种放射性衰变的不稳定元素，衰变后生成放射性物质及阿尔法射线和伽马射线。天然铀是三种放射性同位素的混合物：铀 238（99.3%）、铀 235（大约 0.7%）和铀 234（0.005%）（WHO，2003）。

铀天然存在于岩石、土壤、水和空气中，且含量差异较大，但都处于较低的水平（ATSDR，2011）。在自然界中，铀通过岩石和土壤的风化进入大气。除了天然形成的铀，人类可通过铀矿开采和研磨、尾矿处理不当、铀加工和煤燃烧等活动释放铀（ATSDR，2011）。采矿和研磨能改变天然放射性材料的正常分布，而这可能会增加人类对铀的潜在暴露机会。用于军事训练和作战的贫铀弹药也会引起贫铀在这些地区土壤中的局部释放（ATSDR，2011）。

浓缩铀比天然铀含有更高浓度的铀 235，其主要作为核反应堆燃料，也可用于制造核武器（ATSDR，2011）。贫铀是铀浓缩过程中的副产品，其铀 235 含量低于天然铀，因而放射性较低。贫铀的密度高，因而可应用于军事弹药和穿甲型军事武器工业（ATSDR，2011）。民用贫铀应用包括航空导航设备和医用辐射屏蔽材料。过去贫铀也用于牙科医疗以及彩陶和玻璃的生产（ATSDR，2011）。

　　虽然饮用水和室内灰尘是铀暴露的重要来源，但铀主要是通过食物摄入（CCME，2007）。饮用水中的铀浓度变化较大，可能与水源相关（CCME，2007）。

　　氧化铀等铀化合物经口摄入和通过呼吸吸入都不易被吸收。铀摄入后，一小部分（<5%）会迅速进入血液，随后迅速被清除（ATSDR，2011）。绝大部分摄入铀几天内经粪便排出，一小部分经尿排出。铀被吸入后，不溶性铀化合物在肺中会停留数年；可溶性铀化合物则进入血液，并蓄积在骨骼和肾脏中（CCME，2007）。骨骼中铀的半衰期大约是 11 天，肾脏中铀的半衰期是 2～6 天（ATSDR，2011）。尽管低浓度铀暴露时尿铀的准确性低，但尿铀是最常用的铀暴露的检测指标，因为微量铀暴露后可在尿中存在数月（ATSDR，2011）。其他可以判断个体铀暴露的方法有血液、头发测试及检测体内或皮肤的辐射水平。

　　铀的化学毒性和放射性毒性均会导致健康危害。无论是哪一种同位素，铀的化学毒性都相同（Health Canada，2008）。因此，天然铀、贫铀和浓缩铀化学毒性是相同的。根据人类案例报告和动物研究结果，经口摄入铀和经呼吸吸入铀时，肾脏是铀化学毒性影响的主要器官（ATSDR，2011；Health Canada，2008）。铀化学毒性的靶器官也可能是呼吸道（仅吸入）、神经系统、生殖系统和发育系统（ATSDR，2011）。

　　天然铀和贫铀只有微弱的放射性，因此由其放射性所致的癌症等健康效应通常仅在远高于其化学毒性剂量时才会被观察到（Health Canada，2008）。因致癌性评价数据不足，加拿大卫生部将铀归为 5 类致癌物；只有在吸入（而不是经口暴露）高度不溶性铀或浓缩铀化合物时才观察到了铀的化学致癌性（Health Canada，2001）。国际癌症研究机构认为天然铀对人的致癌性证据不足，天然铀的动物致癌证据也有限（IARC，2001）。这些评价只考虑了铀的潜在化学致癌性，但其放射性被认为是致癌的。

　　考虑铀的毒性及为满足标准限值利用现有技术进行水处理的成本，《加拿大饮用水水质标准》规定了铀的最大可接受浓度（Health Canada，2001；Health Canada，2009a）。加拿大卫生部正在进行的膳食调查也将铀列为需要分析监测的化学物质。上述膳食调查可评估不同年龄、性别加拿大居民通过食物途径暴露的化学物质水平。

　　加拿大第一次（2007—2009）和第二次（2009—2011）健康调查对所有调查对象的全血铀和尿铀进行了监测，第一次调查对象的年龄范围是 6～79 岁，第二次调查对象的年龄范围是 3～79 岁。上述调查中全血铀质量浓度用μg/L 表示（表 8-17-1、表 8-17-2 和表 8-17-3），尿铀质量浓度和质量分数分别用μg/L（表 8-17-4、表 8-17-5 和表 8-17-6）和μg/g 肌酐表示（表 8-17-7、表 8-17-8 和表 8-17-9）。铀在血液或尿样中检出仅仅表明血铀或尿铀是铀的暴露标志物，并不意味着一定会产生有害的健康影响。

表 8-17-1　加拿大第一次（2007—2009）和第二次（2009—2011）健康调查

6～79 岁居民[a]血（全血）铀质量浓度　　　　　　　　单位：μg/L

分组（岁）	调查时期	调查人数	<检出限[b]/%	几何均数（95%置信区间）	P_{10}（95%置信区间）	P_{50}（95%置信区间）	P_{75}（95%置信区间）	P_{95}（95%置信区间）
全体对象6～79	1	5 304	93.02	—	<检出限	<检出限	<检出限	0.005 1[E]（<检出限～0.007 0）
全体对象6～79	2	5 575	98.80	—	<检出限	<检出限	<检出限	<检出限 d
全体男性6～79	1	2 569	92.99	—	<检出限	<检出限	<检出限	<检出限 [E]（<检出限～0.006 7）
全体男性6～79	2	2 687	98.70	—	<检出限	<检出限	<检出限	<检出限
全体女性6～79	1	2 735	93.05	—	<检出限	<检出限	<检出限	0.005 4[E]（<检出限～0.007 8）
全体女性6～79	2	2 888	98.89	—	<检出限	<检出限	<检出限	<检出限

a 为了便于比较第一次调查（2007—2009）数据，6 岁以下儿童数据未收录，表中仅包含 6～79 岁的居民数据。
b 如果超过 40%的样本检测值低于检出限，则仅报告数据的百分比分布而不报告均值。
E 谨慎引用。

表 8-17-2　加拿大第一次（2007—2009）和第二次（2009—2011）健康调查

3～79 岁居民年龄别血（全血）铀质量浓度　　　　　　　　单位：μg/L

分组（岁）	调查时期	调查人数	<检出限[a]/%	几何均数（95%置信区间）	P_{10}（95%置信区间）	P_{50}（95%置信区间）	P_{75}（95%置信区间）	P_{95}（95%置信区间）
全体对象3～79[b]	1	—	—	—	—	—	—	—
全体对象3～79	2	6 070	98.80	—	<检出限	<检出限	<检出限	<检出限
3～5[b]	1	—	—	—	—	—	—	—
3～5	2	495	98.79	—	<检出限	<检出限	<检出限	<检出限
6～11	1	905	92.71	—	<检出限	<检出限	<检出限	0.005 2[E]（<检出限～0.007 8）
6～11	2	961	97.92	—	<检出限	<检出限	<检出限	<检出限
12～19	1	941	93.94	—	<检出限	<检出限	<检出限	0.005 1[E]（<检出限～0.007 1）
12～19	2	997	99.10	—	<检出限	<检出限	<检出限	<检出限
20～39	1	1 162	91.14	—	<检出限	<检出限	<检出限	0.005 6（<检出限～0.007 6）
20～39	2	1 313	99.16	—	<检出限	<检出限	<检出限	<检出限
40～59	1	1 217	92.77	—	<检出限	<检出限	<检出限	<检出限 [E]（<检出限～0.006 8）
40～59	2	1 222	98.28	—	<检出限	<检出限	<检出限	<检出限
60～79	1	1 079	94.81	—	<检出限	<检出限	<检出限	<检出限 [E]（<检出限～0.006 9）
60～79	2	1 082	99.45	—	<检出限	<检出限	<检出限	<检出限

a 如果超过 40%的样本检测值低于检出限，则仅报告数据的百分比分布而不报告均值。
b 6 岁以下儿童未纳入第一次调查（2007—2009），因此该年龄段无统计数据。
E 谨慎引用。

表 8-17-3　加拿大第一次（2007—2009）和第二次（2009—2011）健康调查
3～79 岁居民年龄别 [a]、性别血（全血）铀质量浓度　　　　　　单位：μg/L

分组（岁）	调查时期	调查人数	<检出限 [b]/%	几何均数（95%置信区间）	P_{10}（95%置信区间）	P_{50}（95%置信区间）	P_{75}（95%置信区间）	P_{95}（95%置信区间）
全体男性 3～79 [c]	1	—	—	—			—	—
全体男性 3～79	2	2 940	98.67		<检出限	<检出限	<检出限	<检出限
男 6～11	1	457	93.65		<检出限	<检出限	<检出限	0.005 1 [E]（<检出限～0.007 2）
男 6～11	2	488	97.75	—	<检出限	<检出限	<检出限	<检出限
男 12～19	1	489	93.87		<检出限	<检出限	<检出限	F
男 12～19	2	523	99.43		<检出限	<检出限	<检出限	<检出限
男 20～39	1	511	91.59		<检出限	<检出限	<检出限	<检出限 [E]（<检出限～0.006 9）
男 20～39	2	552	98.91		<检出限	<检出限	<检出限	<检出限
男 40～59	1	575	91.48		<检出限	<检出限	<检出限	<检出限 [E]（<检出限～0.008 1）
男 40～59	2	617	97.73		<检出限	<检出限	<检出限	<检出限
男 60～79	1	537	94.60		<检出限	<检出限	<检出限	F
男 60～79	2	507	99.80		<检出限	<检出限	<检出限	<检出限
全体女性 3～79 [c]	1	—	—	—	—	—	—	—
全体女性 3～79	2	3 130	98.91	—	<检出限	<检出限	<检出限	<检出限
女 6～11	1	448	91.74		<检出限	<检出限	<检出限	0.005 4 [E]（<检出限～0.008 7）
女 6～11	2	473	98.10		<检出限	<检出限	<检出限	<检出限
女 12～19	1	452	94.03		<检出限	<检出限	<检出限	0.005 9 [E]（<检出限～0.008 9）
女 12～19	2	474	98.73		<检出限	<检出限	<检出限	<检出限
女 20～39	1	651	90.78		<检出限	<检出限	<检出限	0.006 6 [E]（<检出限～0.009 9）
女 20～39	2	761	99.34	—	<检出限	<检出限	<检出限	<检出限
女 40～59	1	642	93.93		<检出限	<检出限	<检出限	F
女 40～59	2	605	98.84	—	<检出限	<检出限	<检出限	<检出限
女 60～79	1	542	95.02		<检出限	<检出限	<检出限	0.005 0 [E]（<检出限～0.008 0）
女 60～79	2	575	99.13	—	<检出限	<检出限	<检出限	<检出限

a　3～5 岁年龄组未按照性别分组。

b　如果超过 40%的样本检测值低于检出限，则仅报告数据的百分比分布而不报告均值。

c　6 岁以下儿童未纳入第一次调查（2007—2009），因此该年龄段无统计数据。

E　谨慎引用。

F　数据不可靠，不予发布。

表 8-17-4　加拿大第一次（2007—2009）和第二次（2009—2011）健康调查

6～79 岁居民 [a] 尿铀质量浓度

单位：μg/L

分组（岁）	调查时期	调查人数	<检出限 [b]/%	几何均数（95%置信区间）	P_{10}（95%置信区间）	P_{50}（95%置信区间）	P_{75}（95%置信区间）	P_{95}（95%置信区间）
全体对象6～79	1	5 491	87.05	—	<检出限	<检出限	<检出限	0.015[E]（<检出限～0.021）
全体对象6～79	2	5 738	83.88	—	<检出限	<检出限	<检出限	0.020（0.018～0.023）
全体男性6～79	1	2 662	85.88	—	<检出限	<检出限	<检出限	0.016（0.010～0.022）
全体男性6～79	2	2 746	83.07	—	<检出限	<检出限	<检出限	0.020（0.018～0.023）
全体女性6～79	1	2 829	88.16	—	<检出限	<检出限	<检出限	0.013[E]（<检出限～0.019）
全体女性6～79	2	2 992	84.63	—	<检出限	<检出限	<检出限	0.021（0.015～0.027）

a 为了便于比较第一次调查（2007—2009）数据，6 岁以下儿童数据未收录，表中仅包含 6～79 岁的居民数据。
b 如果超过 40%的样本检测值低于检出限，则仅报告数据的百分比分布而不报告均值。
E 谨慎引用。

表 8-17-5　加拿大第一次（2007—2009）和第二次（2009—2011）健康调查

3～79 岁居民年龄别尿铀质量浓度

单位：μg/L

分组（岁）	调查时期	调查人数	<检出限 [a]/%	几何均数（95%置信区间）	P_{10}（95%置信区间）	P_{50}（95%置信区间）	P_{75}（95%置信区间）	P_{95}（95%置信区间）
全体对象3～79[b]	1	—	—	—	—	—	—	—
全体对象3～79	2	6 311	84.49	—	<检出限	<检出限	<检出限	0.020（0.017～0.023）
3～5[b]	1	—	—	—	—	—	—	—
3～5	2	573	90.58	—	<检出限	<检出限	<检出限	0.012[E]（<检出限～0.019）
6～11	1	1 034	89.36	—	<检出限	<检出限	<检出限	0.012[E]（<检出限～0.018）
6～11	2	1 062	86.44	—	<检出限	<检出限	<检出限	0.014（0.011～0.017）
12～19	1	983	83.11	—	<检出限	<检出限	<检出限	0.019（0.013～0.025）
12～19	2	1 041	76.56	—	<检出限	<检出限	<检出限	0.022（0.020～0.024）
20～39	1	1 169	87.43	—	<检出限	<检出限	<检出限	F
20～39	2	1 321	85.16	—	<检出限	<检出限	<检出限	0.021（0.018～0.025）
40～59	1	1 223	86.26	—	<检出限	<检出限	<检出限	0.014（<检出限～0.019）

分组 （岁）	调查 时期	调查 人数	<检出 限 a/%	几何均数 （95%置信 区间）	P_{10} （95%置信 区间）	P_{50} （95%置信 区间）	P_{75} （95%置信 区间）	P_{95} （95%置信 区间）
40～59	2	1 228	85.59	—	<检出限	<检出限	<检出限	0.017 （0.013～0.022）
60～79	1	1 082	88.91	—	<检出限	<检出限	<检出限	0.013E （<检出限～0.019）
60～79	2	1 086	84.90	—	<检出限	<检出限	<检出限	0.022E （0.014～0.030）

a 如果超过40%的样本检测值低于检出限，则仅报告数据的百分比分布而不报告均值。
b 6岁以下儿童未纳入第一次调查（2007—2009），因此该年龄段无统计数据。
E 谨慎引用。
F 数据不可靠，不予发布。

表 8-17-6　加拿大第一次（2007—2009）和第二次（2009—2011）健康调查
3～79岁居民年龄别 a、性别尿铀质量浓度　　　　　　　　　　单位：µg/L

分组 （岁）	调查 时期	调查 人数	<检出 限 b/%	几何均数 （95%置信 区间）	P_{10} （95%置信 区间）	P_{50} （95%置信 区间）	P_{75} （95%置信 区间）	P_{95} （95%置信 区间）
全体男性 3～79c	1	—	—	—	—	—	—	—
全体男性 3～79	2	3 036	83.70	—	<检出限	<检出限	<检出限	0.020 （0.018～0.023）
男 6～11	1	524	89.50	—	<检出限	<检出限	<检出限	0.014E （<检出限～0.023）
男 6～11	2	532	87.22	—	<检出限	<检出限	<检出限	0.014 （<检出限～0.018）
男 12～19	1	505	80.20	—	<检出限	<检出限	<检出限	0.019E （<检出限～0.030）
男 12～19	2	542	75.83	—	<检出限	<检出限	<检出限	0.021 （0.017～0.026）
男 20～39	1	514	87.35	—	<检出限	<检出限	<检出限	F
男 20～39	2	551	83.30	—	<检出限	<检出限	<检出限	0.021E （0.013～0.030）
男 40～59	1	578	83.39	—	<检出限	<检出限	<检出限	0.016 （0.011～0.021）
男 40～59	2	616	83.28	—	<检出限	<检出限	<检出限	0.018 （0.013～0.023）
男 60～79	1	541	88.91	—	<检出限	<检出限	<检出限	0.014E （<检出限～0.020）
男 60～79	2	505	85.94	—	<检出限	<检出限	<检出限	0.022E （<检出限～0.035）
全体女性 3～79c	1	—	—	—	—	—	—	—
全体女性 3～79	2	3 275	85.22	—	<检出限	<检出限	<检出限	0.020 （0.014～0.027）

分组 （岁）	调查 时期	调查 人数	<检出 限 b /%	几何均数 （95%置信 区间）	P_{10} （95%置信 区间）	P_{50} （95%置信 区间）	P_{75} （95%置信 区间）	P_{95} （95%置信 区间）
女 6～11	1	510	89.22	—	<检出限	<检出限	<检出限	0.010[E] （<检出限～0.014）
女 6～11	2	530	85.66	—	<检出限	<检出限	<检出限	0.014 （<检出限～0.019）
女 12～19	1	478	86.19	—	<检出限	<检出限	<检出限	0.018 （0.013～0.023）
女 12～19	2	499	77.35	—	<检出限	<检出限	<检出限	0.023 （0.015～0.030）
女 20～39	1	655	87.48	—	<检出限	<检出限	<检出限	F
女 20～39	2	770	86.49	—	<检出限	<检出限	<检出限	0.022[E] （0.012～0.032）
女 40～59	1	645	88.84	—	<检出限	<检出限	<检出限	0.012[E] （<检出限～0.018）
女 40～59	2	612	87.91	—	<检出限	<检出限	<检出限	0.016[E] （<检出限～0.024）
女 60～79	1	541	88.91	—	<检出限	<检出限	<检出限	0.011[E] （<检出限～0.018）
女 60～79	2	581	83.99	—	<检出限	<检出限	<检出限	0.021[E] （0.013～0.029）

a　3～5 岁年龄组未按照性别分组。

b　如果超过 40%的样本检测值低于检出限，则仅报告数据的百分比分布而不报告均值。

c　6 岁以下儿童未纳入第一次调查（2007—2009），因此该年龄段无统计数据。

E　谨慎引用。

F　数据不可靠，不予发布。

表 8-17-7　加拿大第一次（2007—2009）和第二次（2009—2011）健康调查
6～79 岁居民 a 尿铀质量分数　　　　　　　单位：μg/g 肌酐

分组 （岁）	调查 时期	调查 人数	<检出 限 b /%	几何均数 （95%置信 区间）	P_{10} （95%置信 区间）	P_{50} （95%置信 区间）	P_{75} （95%置信 区间）	P_{95} （95%置信 区间）
全体对象 6～79	1	5 478	87.26	—	<检出限	<检出限	<检出限	0.030 （<检出限～0.034）
全体对象 6～79	2	5 719	84.16	—	<检出限	<检出限	<检出限	0.024 （0.021～0.028）
全体男性 6～79	1	2 653	86.17	—	<检出限	<检出限	<检出限	0.024 （0.019～0.029）
全体男性 6～79	2	2 739	83.28	—	<检出限	<检出限	<检出限	0.020 （0.014～0.026）
全体女性 6～79	1	2 825	88.28	—	<检出限	<检出限	<检出限	0.035 （<检出限～0.041）
全体女性 6～79	2	2 980	84.97	—	<检出限	<检出限	<检出限	0.027 （0.023～0.031）

a　为了便于比较第一次调查（2007—2009）数据，6 岁以下儿童数据未收录，表中仅包含 6～79 岁的居民数据。

b　如果超过 40%的样本检测值低于检出限，则仅报告数据的百分比分布而不报告均值。

表 8-17-8　加拿大第一次（2007—2009）和第二次（2009—2011）健康调查
3～79 岁居民年龄别尿铀质量分数　　　　　单位：μg/g 肌酐

分组（岁）	调查时期	调查人数	<检出限 [a]/%	几何均数（95%置信区间）	P_{10}（95%置信区间）	P_{50}（95%置信区间）	P_{75}（95%置信区间）	P_{95}（95%置信区间）
全体对象 3～79 [b]	1	—	—	—	—	—	—	—
全体对象 3～79	2	6 291	84.76	—	<检出限	<检出限	<检出限	0.025（0.021～0.028）
3～5 [b]	1	—	—	—	—	—	—	—
3～5	2	572	90.73	—	<检出限	<检出限	<检出限	0.030[E]（<检出限～0.044）
6～11	1	1 031	89.62	—	<检出限	<检出限	<检出限	0.038（<检出限～0.049）
6～11	2	1 058	86.77	—	<检出限	<检出限	<检出限	0.019（0.015～0.023）
12～19	1	982	83.20	—	<检出限	<检出限	<检出限	0.022（0.016～0.028）
12～19	2	1 039	76.71	—	<检出限	<检出限	<检出限	0.018[E]（0.011～0.026）
20～39	1	1 165	87.73	—	<检出限	<检出限	<检出限	0.031（<检出限～0.039）
20～39	2	1 319	85.29	—	<检出限	<检出限	<检出限	0.021[E]（0.007 5～0.034）
40～59	1	1 218	86.62	—	<检出限	<检出限	<检出限	0.030（<检出限～0.034）
40～59	2	1 223	85.94	—	<检出限	<检出限	<检出限	0.024（0.021～0.028）
60～79	1	1 082	88.91	—	<检出限	<检出限	<检出限	0.030（<检出限～0.036）
60～79	2	1 080	85.37	—	<检出限	<检出限	<检出限	0.029（0.022～0.036）

a 如果超过 40%的样本检测值低于检出限，则仅报告数据的百分比分布而不报告均值。
b 6 岁以下儿童未纳入第一次调查（2007—2009），因此该年龄段无统计数据。
E 谨慎引用。

表 8-17-9　加拿大第一次（2007—2009）和第二次（2009—2011）健康调查
3～79 岁居民年龄别 [a]、性别尿铀质量分数　　　　　单位：μg/g 肌酐

分组（岁）	调查时期	调查人数	<检出限 [b]/%	几何均数（95%置信区间）	P_{10}（95%置信区间）	P_{50}（95%置信区间）	P_{75}（95%置信区间）	P_{95}（95%置信区间）
全体男性 3～79 [c]	1	—	—	—	—	—	—	—
全体男性 3～79	2	3 028	83.92	—	<检出限	<检出限	<检出限	0.020（0.013～0.027）
男 6～11	1	522	89.85	—	<检出限	<检出限	<检出限	0.039[E]（<检出限～0.057）
男 6～11	2	530	87.55	—	<检出限	<检出限	<检出限	0.017[E]（<检出限～0.023）
男 12～19	1	504	80.36	—	<检出限	<检出限	<检出限	0.020（<检出限～0.027）
男 12～19	2	541	75.97	—	<检出限	<检出限	<检出限	0.013[E]（0.007 3～0.019）
男 20～39	1	512	87.70	—	<检出限	<检出限	<检出限	0.025[E]（<检出限～0.036）
男 20～39	2	550	83.45	—	<检出限	<检出限	<检出限	F
男 40～59	1	574	83.97	—	<检出限	<检出限	<检出限	0.023（0.017～0.028）
男 40～59	2	615	83.41	—	<检出限	<检出限	<检出限	0.020（0.015～0.026）
男 60～79	1	541	88.91	—	<检出限	<检出限	<检出限	0.019（<检出限～0.023）
男 60～79	2	503	86.28	—	<检出限	<检出限	<检出限	0.024[E]（<检出限～0.037）
全体女性 3～79 [c]	1	—	—	—	—	—	—	—
全体女性 3～79	2	3 263	85.53	—	<检出限	<检出限	<检出限	0.027（0.024～0.031）
女 6～11	1	509	89.39	—	<检出限	<检出限	<检出限	0.035（<检出限～0.046）
女 6～11	2	528	85.98	—	<检出限	<检出限	<检出限	0.021（<检出限～0.024）
女 12～19	1	478	86.19	—	<检出限	<检出限	<检出限	0.025[E]（0.015～0.034）
女 12～19	2	498	77.51	—	<检出限	<检出限	<检出限	0.026[E]（0.015～0.037）

分组 （岁）	调查 时期	调查 人数	<检出 限 b/%	几何均数 （95%置信 区间）	P_{10} （95%置信 区间）	P_{50} （95%置信 区间）	P_{75} （95%置信 区间）	P_{95} （95%置信 区间）
女 20～39	1	653	87.75	—	<检出限	<检出限	<检出限	0.033 （<检出限～0.041）
女 20～39	2	769	86.61	—	<检出限	<检出限	<检出限	0.022E （0.012～0.032）
女 40～59	1	644	88.98	—	<检出限	<检出限	<检出限	0.039 （<检出限～0.051）
女 40～59	2	608	88.49	—	<检出限	<检出限	<检出限	0.026 （<检出限～0.030）
女 60～79	1	541	88.91	—	<检出限	<检出限	<检出限	0.040 （<检出限～0.050）
女 60～79	2	577	84.58	—	<检出限	<检出限	<检出限	0.032 （0.028～0.037）

a 3～5 岁年龄组未按照性别分组。

b 如果超过40%的样本检测值低于检出限，则仅报告数据的百分比分布而不报告均值。

c 6 岁以下儿童未纳入第一次调查（2007—2009），因此该年龄段无统计数据。

E 谨慎引用。

F 数据不可靠，不予发布。

参考文献

[1] ATSDR（Agency for Toxic Substances and Disease Registry）. 2011. *Draft toxicological profile for uranium.* Atlanta，GA.: U.S. Department of Health and Human Services. Retrieved April 19，2012，from www.atsdr.cdc.gov/ToxProfiles/tp.asp？id=440&tid=77.

[2] CCME（Canadian Council of Ministers of the Environment）. 2007. *Canadian soil quality guidelines for the protection of environmental and human health - Uranium.* Winnipeg，MB. Retrieved April 19，2012，from http://ceqg-rcqe.ccme.ca/download/en/285/.

[3] Health Canada. 2001. *Guidelines for Canadian drinking water quality: Guideline technical ocument - Uranium.* Ottawa，ON.: Minister of Health. Retrieved April 19，2012，from www.hc-sc.gc.ca/ewh-semt/pubs/water-eau/uranium/index-eng.php.

[4] Health Canada. 2008. *Environmental and workplace health - Depleted uranium（Health Canada information sheet）.* Ottawa，ON.: Minister of Health. Retrieved January 18，2012，from www.hc-sc.gc.ca/ewh-semt/pubs/radiation/uranium-eng.php.

[5] Health Canada. 2009a. *Guidelines for Canadian drinking water quality: Guideline technical document - Radiological parameters.* Ottawa，ON.: Minister of Health.Retrieved July 11，2011，from www.hc-sc.gc.ca/ewh-semt/pubs/water-eau/radiological_para-radiologiques/index-eng.php.

[6] Health Canada. 2009b. *Canadian Total Diet Study.* Ottawa，ON.: Minister of Health. Retrieved November 29，2012，from www.hc-sc.gc.ca/fn-an/surveill/total-diet/index-eng.php.

[7] IARC（International Agency for Research on Cancer）. 2001. *IARC monographs on the evaluation of carcinogenic risks to humans-Volume 78：Ionizing radiation，Part 2，some internally deposited radionuclides.* Geneva：World Health Organization.

[8] WHO（World Health Organization）. 2003. *Fact sheet 257：Depleted uranium.* Geneva：World Health Organization. Retrieved April 19，2012，from www.who.int/mediacentre/factsheets/fs257/en/.

8.18　钒

钒（CAS 号：7440-62-2）是天然存在于地壳中的一种元素，平均含量大约为 0.01%。钒存在于铁矿、磷酸岩和原油沉积物中（ATSDR，2009）。钒通常与其他元素结合，可作为金属或者非金属，以六种不同的氧化态存在。

钒一般与有机物结合在一起，原油和各种精炼石油产品，尤其是重质燃料油均含有钒。岩石矿物的侵蚀、风化、海啸和火山喷发等天然源产生的钒较少（ATSDR，2009）。钒的人为源有石油炼油厂、电力发电厂及燃烧矿物燃料和木材燃料的纸浆及造纸工业。

钒主要作为合金添加剂用于各种钢的生产，可增强钢的强度、硬度、耐磨性及可塑性。一些钒用于合成飞机发动机专用的铁钒合金和有色钛合金。此外，钒用于生产邻苯二甲酸酯和硫酸，作为石油裂解等工艺的催化剂，同时用于农药、染料、油墨及颜料的生产（Vanadium Investing News，2011）。全钒液流电池是一个能将大规模风能和太阳能转化的电能储存起来的新兴技术（Vanadium Investing News，2011）。钒也用于各种市售营养品和多种维生素中（Health Canada，2007）。普通人群摄入钒的暴露方式包括食物、空气、饮用水、土壤及室内积尘，其中食物是主要的暴露途径（ATSDR，2009）。含钒的营养品是钒暴露的最主要途径（Pennington and Jones，1987）。

钒能经呼吸吸入、经口或经皮肤暴露而被吸收，经皮肤接触摄入的钒比呼吸摄入或经口摄入的暴露量低。钒在体内的长期分布与钒的暴露途径无关，且骨骼是钒的主要储库。经口摄入的钒主要通过粪便排出体外；体内吸收的钒主要通过肾脏排出体外（ACGIH，2001）。人体组织中排出钒的半衰期为 3～15 天（ATSDR，2009）。由于只有不到 5%摄入的钒被吸收，因此大部分经口摄入的钒均从粪便排出（IOM，2001）。尿钒能作为钒及氧化钒等钒的相关化合物的暴露标志物（ATSDR，2009）。然而由于外暴露与尿钒浓度之间的关系多变，因此尿钒仅能作为外暴露的定性指标（ILO，1998）。

钒在低剂量时被认为对人体有益，但它在人体中的作用尚不明确（IOM，2001）。医学研究所认为尚没有充足数据制定钒的膳食推荐用量（IOM，2001）。有证据显示摄入钒化合物会对人体胃肠道及循环系统产生细微影响（ATSDR，2009）。动物实验表明：摄入钒化合物可对肾脏产生毒性，但这种毒性在人体组织中并未发现。急性吸入钒，特别是五氧化二钒，会刺激呼吸系统（ATSDR，2009）。

国际癌症研究机构近期对五氧化二钒的致癌性进行了评估，由于该化合物对人类的致癌性证据不足，而对啮齿动物致呼吸道癌症的证据充足，因而将其划分为 2B 类，即对人类是可能的致癌物（IARC，2006）。

根据《加拿大环境保护法》（1999）化学物质管理计划的要求，五氧化二钒被列为需要优先评估的物质（Canada，1999；Canada，2011）。2010 年 9 月，加拿大政府发布了最终筛查评估结果，因其具有致癌性，因此人体暴露任何水平的五氧化二钒均可能导致健康危害（Environment Canada and Health Canada，2010）。该项评估认为五氧化二钒可能以一定量、一定浓度或在特定条件下进入环境，会对加拿大居民的生命或健康构成或可能构成威胁，因而需要采取预防措施（Environment Canada and Health Canada，2010）。2010 年，五氧化二钒被列入《加拿大环境保护法》规定的毒物目录 1 中（Canada，2010a）。为了有效预防五氧化二钒带来的环境风险，目前已计划减少某些矿物燃料燃烧释放的颗粒物（Canada，2010b）。

医学研究所以钒的肾毒性作为关键健康效应制订了钒的最大容许摄入量并被加拿大卫生部采纳（Health Canada，2007；IOM，2001）。目前加拿大政府尚未制订钒的饮用水限值标准（Health Canada，2012）。

加拿大第一次（2007—2009）和第二次（2009—2011）健康调查对所有调查对象的尿钒进行了检测，第一次调查对象的年龄范围是 6～79 岁，第二次调查对象的年龄范围是 3～79 岁。上述调查监测中尿钒质量浓度和质量分数分别用 μg/L（表 8-18-1、表 8-18-2 和表 8-18-3）和 μg/g 肌酐（表 8-18-4、表 8-18-5 和表 8-18-6）表示。钒在尿样中检出仅仅表明尿钒是钒的暴露标志物，并不意味着一定会对健康产生危害。

表 8-18-1　加拿大第一次（2007—2009）和第二次（2009—2011）健康调查
6～79 岁居民 [a] 尿钒质量浓度
单位：μg/L

分组（岁）	调查时期	调查人数	<检出限 [b]/%	几何均数（95%置信区间）	P_{10}（95%置信区间）	P_{50}（95%置信区间）	P_{75}（95%置信区间）	P_{95}（95%置信区间）
全体对象 6～79	1	5 492	90.37	—	<检出限	<检出限	<检出限	<检出限（<检出限～0.12）
全体对象 6～79	2	5 738	91.50	—	<检出限	<检出限	<检出限	0.13（0.10～0.15）
全体男性 6～79	1	2 662	88.32	—	<检出限	<检出限	<检出限	0.14（0.11～0.17）
全体男性 6～79	2	2 746	89.99	—	<检出限	<检出限	<检出限	0.15（0.11～0.19）
全体女性 6～79	1	2 830	92.30	—	<检出限	<检出限	<检出限	<检出限
全体女性 6～79	2	2 992	92.88	—	<检出限	<检出限	<检出限	<检出限（<检出限～0.13）

a 为了便于比较第一次调查（2007—2009）数据，6 岁以下儿童数据未收录，表中仅包含 6～79 岁的居民数据。
b 如果超过 40%的样本检测值低于检出限，则仅报告数据的百分比分布而不报告均值。

表 8-18-2　加拿大第一次（2007—2009）和第二次（2009—2011）健康调查
3～79 岁居民年龄别尿钒质量浓度　　　　　　　　　　单位：μg/L

分组（岁）	调查时期	调查人数	<检出限 a/%	几何均数（95%置信区间）	P_{10}（95%置信区间）	P_{50}（95%置信区间）	P_{75}（95%置信区间）	P_{95}（95%置信区间）
全体对象 3～79 b	1	—	—	—	—	—	—	—
全体对象 3～79	2	6 311	91.92	—	<检出限	<检出限	<检出限	0.13（<检出限～0.15）
3～5 b	1	—	—	—	—	—	—	—
3～5	2	573	96.16	—	<检出限	<检出限	<检出限	<检出限
6～11	1	1 034	94.68	—	<检出限	<检出限	<检出限	<检出限
6～11	2	1 062	96.61	—	<检出限	<检出限	<检出限	<检出限
12～19	1	983	92.98	<检出限	<检出限	<检出限	<检出限	<检出限（<检出限～0.13）
12～19	2	1 041	92.12	—	<检出限	<检出限	<检出限	<检出限 E（<检出限～0.14）
20～39	1	1 169	89.56	—	<检出限	<检出限	<检出限	<检出限（<检出限～0.13）
20～39	2	1 321	90.76	—	<检出限	<检出限	<检出限	0.13（<检出限～0.17）
40～59	1	1 223	88.72	—	<检出限	<检出限	<检出限	0.11（<检出限～0.15）
40～59	2	1 228	88.93	—	<检出限	<检出限	<检出限	0.14 E（<检出限～0.21）
60～79	1	1 083	86.61	—	<检出限	<检出限	<检出限	0.12 E（<检出限～0.17）
60～79	2	1 086	89.69	—	<检出限	<检出限	<检出限	0.13 E（<检出限～0.18）

a 如果超过 40%的样本检测值低于检出限，则仅报告数据的百分比分布而不报告均值。
b 6 岁以下儿童未纳入第一次调查（2007—2009），因此该年龄段无统计数据。
E 谨慎引用。

表 8-18-3　加拿大第一次（2007—2009）和第二次（2009—2011）健康调查
3～79 岁居民年龄别 [a]、性别尿钒质量浓度　　单位：μg/L

分组（岁）	调查时期	调查人数	<检出限 [b]/%	几何均数（95%置信区间）	P_{10}（95%置信区间）	P_{50}（95%置信区间）	P_{75}（95%置信区间）	P_{95}（95%置信区间）
全体男性 3～79 [c]	1	—	—	—	—	—	—	—
全体男性 3～79	2	3 036	90.48	—	<检出限	<检出限	<检出限	0.15（0.11～0.19）
男 6～11	1	524	95.04	—	<检出限	<检出限	<检出限	<检出限
男 6～11	2	532	96.62	—	<检出限	<检出限	<检出限	<检出限
男 12～19	1	505	92.87	—	<检出限	<检出限	<检出限	<检出限 [E]（<检出限～0.13）
男 12～19	2	542	91.88	—	<检出限	<检出限	<检出限	F
男 20～39	1	514	87.74	—	<检出限	<检出限	<检出限	0.12 [E]（<检出限～0.16）
男 20～39	2	551	85.48	—	<检出限	<检出限	<检出限	0.16（0.11～0.22）
男 40～59	1	578	84.60	—	<检出限	<检出限	<检出限	0.19 [E]（0.11～0.26）
男 40～59	2	616	87.66	—	<检出限	<检出限	<检出限	F
男 60～79	1	541	82.07	—	<检出限	<检出限	<检出限	0.18（0.12～0.25）
男 60～79	2	505	88.71	—	<检出限	<检出限	<检出限	0.14 [E]（<检出限～0.20）
全体女性 3～79 [c]	1	—	—	—	—	—	—	—
全体女性 3～79	2	3 275	93.25	—	<检出限	<检出限	<检出限	<检出限（<检出限～0.13）
女 6～11	1	510	94.31	—	<检出限	<检出限	<检出限	<检出限
女 6～11	2	530	96.60	—	<检出限	<检出限	<检出限	<检出限
女 12～19	1	478	93.10	—	<检出限	<检出限	<检出限	0.11 [E]（<检出限～0.16）
女 12～19	2	499	92.38	—	<检出限	<检出限	<检出限	0.12 [E]（<检出限～0.18）
女 20～39	1	655	90.99	—	<检出限	<检出限	<检出限	<检出限 [E]（<检出限～0.12）
女 20～39	2	770	94.55	—	<检出限	<检出限	<检出限	<检出限 [E]（<检出限～0.14）
女 40～59	1	645	92.40	—	<检出限	<检出限	<检出限	<检出限
女 40～59	2	612	90.20	—	<检出限	<检出限	<检出限	<检出限（<检出限～0.13）
女 60～79	1	542	91.14	—	<检出限	<检出限	<检出限	<检出限
女 60～79	2	581	90.53	—	<检出限	<检出限	<检出限	0.12 [E]（<检出限～0.17）

a　3～5 岁年龄组未按照性别分组。
b　如果超过 40%的样本检测值低于检出限，则仅报告数据的百分比分布而不报告均值。
c　6 岁以下儿童未纳入第一次调查（2007—2009），因此该年龄段无统计数据。
E　谨慎引用。
F　数据不可靠，不予发布。

表 8-18-4　加拿大第一次（2007—2009）和第二次（2009—2011）健康调查

6~79 岁居民 [a] 尿钒质量分数　　　　　　　　　　　单位：μg/g 肌酐

分组（岁）	调查时期	调查人数	<检出限 [b] /%	几何均数（95%置信区间）	P_{10}（95%置信区间）	P_{50}（95%置信区间）	P_{75}（95%置信区间）	P_{95}（95%置信区间）
全体对象6~79	1	5 479	90.58	—	<检出限	<检出限	<检出限	<检出限（<检出限~0.33）
全体对象6~79	2	5 719	91.80	—	<检出限	<检出限	<检出限	0.24（0.21~0.26）
全体男性6~79	1	2 653	88.62	—	<检出限	<检出限	<检出限	0.25（0.20~0.30）
全体男性6~79	2	2 739	90.22	—	<检出限	<检出限	<检出限	0.18（0.14~0.22）
全体女性6~79	1	2 826	92.43	—	<检出限	<检出限	<检出限	<检出限
全体女性6~79	2	2 980	93.26	—	<检出限	<检出限	<检出限	<检出限（<检出限~0.31）

a 为了便于比较第一次调查（2007—2009）数据，6 岁以下儿童数据未收录，表中仅包含 6~79 岁的居民数据。
b 如果超过 40%的样本检测值低于检出限，则仅报告数据的百分比分布而不报告均值。

表 8-18-5　加拿大第一次（2007—2009）和第二次（2009—2011）健康调查

3~79 岁居民年龄别尿钒质量分数　　　　　　　　　单位：μg/g 肌酐

分组（岁）	调查时期	调查人数	<检出限 [a] /%	几何均数（95%置信区间）	P_{10}（95%置信区间）	P_{50}（95%置信区间）	P_{75}（95%置信区间）	P_{95}（95%置信区间）
全体对象3~79 [b]	1	—	—	—	—	—	—	—
全体对象3~79	2	6 291	92.21	—	<检出限	<检出限	<检出限	0.24（<检出限~0.26）
3~5 [b]	1	—	—	—	—	—	—	—
3~5	2	572	96.33	—	<检出限	<检出限	<检出限	<检出限
6~11	1	1 031	94.96	—	<检出限	<检出限	<检出限	<检出限
6~11	2	1 058	96.98	—	<检出限	<检出限	<检出限	<检出限
12~19	1	982	93.08	—	<检出限	<检出限	<检出限	<检出限（<检出限~0.23）
12~19	2	1 039	92.30	—	<检出限	<检出限	<检出限	<检出限（<检出限~0.20）
20~39	1	1 165	89.87	—	<检出限	<检出限	<检出限	<检出限（<检出限~0.37）
20~39	2	1 319	90.90	—	<检出限	<检出限	<检出限	0.21[E]（<检出限~0.30）
40~59	1	1 218	89.08	—	<检出限	<检出限	<检出限	0.30（<检出限~0.34）
40~59	2	1 223	89.29	—	<检出限	<检出限	<检出限	0.24（<检出限~0.27）
60~79	1	1 083	86.61	—	<检出限	<检出限	<检出限	0.30（<检出限~0.35）
60~79	2	1 080	90.19	—	<检出限	<检出限	<检出限	0.30（<检出限~0.34）

a 如果超过 40%的样本检测值低于检出限，则仅报告数据的百分比分布而不报告均值。
b 6 岁以下儿童未纳入第一次调查（2007—2009），因此该年龄段无统计数据。
E 谨慎引用。

表 8-18-6 加拿大第一次（2007—2009）和第二次（2009—2011）健康调查
3～79 岁居民年龄别 [a]、性别尿钒质量分数　　　　　单位：μg/g 肌酐

分组（岁）	调查时期	调查人数	<检出限 [b]/%	几何均数（95%置信区间）	P_{10}（95%置信区间）	P_{50}（95%置信区间）	P_{75}（95%置信区间）	P_{95}（95%置信区间）
全体男性 3～79 [c]	1	—	—	—	—	—	—	—
全体男性 3～79	2	3 028	90.72	—	<检出限	<检出限	<检出限	0.18（0.14～0.22）
男 6～11	1	522	95.40	—	<检出限	<检出限	<检出限	<检出限
男 6～11	2	530	96.98	—	<检出限	<检出限	<检出限	<检出限
男 12～19	1	504	93.06	—	<检出限	<检出限	<检出限	<检出限（<检出限～0.24）
男 12～19	2	541	92.05	—	<检出限	<检出限	<检出限	<检出限（<检出限～0.16）
男 20～39	1	512	88.09	—	<检出限	<检出限	<检出限	0.25[E]（<检出限～0.36）
男 20～39	2	550	85.64	—	<检出限	<检出限	<检出限	F
男 40～59	1	574	85.19	—	<检出限	<检出限	<检出限	0.26（0.21～0.31）
男 40～59	2	615	87.80	—	<检出限	<检出限	<检出限	0.21（<检出限～0.27）
男 60～79	1	541	82.07	—	<检出限	<检出限	<检出限	0.21（0.17～0.25）
男 60～79	2	503	89.07	—	<检出限	<检出限	<检出限	0.20（<检出限～0.25）
全体女性 3～79 [c]	1	—	—	—	—	—	—	—
全体女性 3～79	2	3 263	93.59	—	<检出限	<检出限	<检出限	<检出限（<检出限～0.31）
女 6～11	1	509	94.50	—	<检出限	<检出限	<检出限	<检出限
女 6～11	2	528	96.97	—	<检出限	<检出限	<检出限	<检出限
女 12～19	1	478	93.10	—	<检出限	<检出限	<检出限	0.21[E]（<检出限～0.28）
女 12～19	2	498	92.57	—	<检出限	<检出限	<检出限	0.22[E]（<检出限～0.32）
女 20～39	1	653	91.27	—	<检出限	<检出限	<检出限	<检出限（<检出限～0.44）
女 20～39	2	769	94.67	—	<检出限	<检出限	<检出限	<检出限（<检出限～0.34）
女 40～59	1	644	92.55	—	<检出限	<检出限	<检出限	<检出限
女 40～59	2	608	90.79	—	<检出限	<检出限	<检出限	<检出限（<检出限～0.33）
女 60～79	1	542	91.14	—	<检出限	<检出限	<检出限	<检出限
女 60～79	2	577	91.16	—	<检出限	<检出限	<检出限	0.33（<检出限～0.38）

a 3～5 岁年龄组未按照性别分组。

b 如果超过 40%的样本检测值低于检出限，则仅报告数据的百分比分布而不报告均值。

c 6 岁以下儿童未纳入第一次调查（2007—2009），因此该年龄段无统计数据。

E 谨慎引用。

F 数据不可靠，不予发布。

参考文献

[1] ACGIH（American Conference of Industrial Hygienists）. 2001. *Documentation of the biological exposure indices*. Cincinnati，OH.：ACGIH.

[2] ATSDR（Agency for Toxic Substances and Disease Registry）. 2009. *Draft toxicological profile for vanadium*. Atlanta，GA.：U.S. Department of Health and Human Services. Retrieved April 20，2012，from www.atsdr.cdc.gov/ToxProfiles/tp58.pdf.

[3] Canada. 1999. *Canadian Environmental Protection Act*，1999. SC 1999，c. 33. Retrieved April 2，2012，from http://laws-lois.justice.gc.ca/eng/acts/C-15.31/index.html.

[4] Canada. 2010a. Order adding a toxic substance to Schedule 1 to the Canadian Environmental Protection Act，1999. *Canada Gazette，Part I：Notices and Proposed Regulations*，144（44）. Retrieved August 28，2012，from www.gazette.gc.ca/rp-pr/p1/2010/2010-10-30/html/reg1-eng.html.

[5] Canada. 2010b. *Vanadium pentoxide*. Retrieved June 7，2012，from www.chemicalsubstanceschimiques. gc.ca/challenge-defi/summary-sommaire/batch-lot-9/1314-62-1-eng.php.

[6] Canada. 2011. *Chemical substances website*. Retrieved January 12，2012，from www.chemicalsubstances.gc.ca.

[7] Environment Canada & Health Canada. 2010. *Screening assessment for the challenge：Vanadium oxide（vanadium pentoxide）*. Ottawa，ON. Retrieved April 24，2012，from www.ec.gc.ca/ese-ees/default.asp？lang=En&n=62A2DBA9-1.

[8] Health Canada. 2007. *Multi-vitamin/mineral supplement monograph*. Ottawa，ON.：Minister of Health. Retrieved July 11，2011，from www.hc-sc.gc.ca/dhp-mps/prodnatur/applications/licen-prod/monograph/multi_vitmin_suppl-eng.php.

[9] Health Canada. 2012. *Guidelines for Canadian drinking water quality - Summary table*. Ottawa，ON.：Minister of Health. Retrieved March 15，2013，from www.hc-sc.gc.ca/ewh-semt/pubs/water-eau/2012-sum_guide-res_recom/index-eng.pdf.

[10] IARC（International Agency for Research on Cancer）. 2006. *IARC monographs on the evaluation of carcinogenic risks to humans-Volume 86：Cobalt in hard metals and cobalt sulfate，gallium arsenide，indium phosphide and vanadium pentoxide*. Geneva：World Health Organization.

[11] ILO（International Labour Organization）. 1998. *Encyclopaedia of occupational health and safety*. Geneva：ILO.

[12] IOM（Institute of Medicine）. 2001. *Dietary reference intakes for vitamin A，vitamin K，arsenic，boron，chromium，copper，iodine，iron，manganese，molybdenum，nickel，silicon，vanadium，and zinc*. Washington，DC.：The National Academies Press.

[13] Pennington，J.A.T. and Jones，J.W.. 1987. Molybdenum，nickel，cobalt，vanadium，and strontium in total diets. *Journal of the American Dietetic Association*，87（12）：1644-1650.

[14] Vanadium Investing News. 2011. *Vanadium batteries for sustainable energy*. Retrieved April 24，2012，from http://vanadiuminvestingnews.com/1811/vanadium-batteries-for-sustainable-energy/.

8.19 锌

锌（CAS 号：7440-66-6）是天然存在于地壳中的最常见元素之一，平均含量大约为0.007 5%（Emsley，2001）。纯锌是一种有光泽、蓝白色且相对较软的金属。锌是一种基本金属，其以二价氧化态天然存在于各种无机和有机化合物中。最常见的锌矿是闪锌矿，常与其他金属（如铅、铜、镉和铁等）的硫化物共存（EPA，1976）。在碳酸盐沉积物的炉甘石中也能发现锌，其他形态的锌都是闪锌矿中的氧化产物（EPA，1976；Hem，1970）。锌是维持人体健康所必需的微量元素。

自然界中的锌及其化合物主要是通过灰尘颗粒、火山喷发和森林火灾排放到环境空气中（ATSDR，2005）。人为排放的锌主要来源于电镀、矿石采选冶炼、采矿废水排放、煤和燃料燃烧、废物处理和焚烧、钢铁生产、城市废水排放及含锌化肥的使用等（ATSDR，2005）。

锌主要用于其他金属（钢铁等）的镀锌，以防止金属腐蚀。锌的其他用途还包括制作合金（黄铜及青铜等）及生产干电池。锌也用于油漆、防腐剂、染料、农药、化妆品及医药产品中；还用于人造丝、纱线、油墨、火柴、轮胎和其他橡胶制品的生产（CCME，1999；Health Canada，1987）以及冶金工艺中金属黏结或装饰。锌化合物还用于维生素或矿物质补充剂、遮光剂、除臭剂和去屑洗发水等产品中。

一般公众通过食物暴露于低浓度锌。饮用水管道及其配件浸出的锌可能增加了锌的暴露。锌经口摄入后，通过胃肠道吸收并传送到各组织和器官中。当人体营养足够时，20%～30%的锌被吸收；当人体缺锌时，锌的吸收量可能会增加（ATSDR，2005）。超过 85%的总锌存在于骨骼肌及骨骼中（IOM，2001）。锌主要经胃肠道排泄到体外，排泄物中的锌包括食物中未被吸收的锌、肠道黏膜上皮细胞脱落的锌及胆汁和胰腺排泄的锌。一般情况下，人体每天可能随汗液和尿液分泌损失一部分锌（Prasad，1983）。研究显示：锌暴露后血清和尿液中锌浓度会增加。血清锌水平通常作为人群锌的暴露标志物（Hess et al.，2007）。因具有监测长期锌暴露的潜在价值，头发和指甲已被建议用于锌的长期暴露监测（ATSDR，2005）。

作为一种必需的微量元素，锌是人体内许多金属酶及其他物质的必要组成成分（Health Canada，1987）。锌有助于结缔组织形成，皮肤健康维护，免疫功能调节及碳水化合物、脂肪、蛋白质的新陈代谢（CCME，1999；Health Canada，1987；Health Canada，2007）。锌缺乏可能导致皮炎、厌食、发育迟缓、伤口愈合不良、生育能力下降、心智功能下降和免疫系统受损（ATSDR，2005）。锌摄入不足可能对其他化学品的致癌性产生影响（ATSDR，2005）。由于锌的必要性，加拿大卫生部制定了锌的膳食推荐值（Health Canada，2010；IOM，2001）。

锌的急性毒性通常是由于服用了过量的维生素或矿物质补充剂或饮用了长时间存放在镀锌容器里的酸性饮料引起的（WHO，2003）。急性高剂量锌暴露能导致胃痉挛、恶心和呕吐（ATSDR，2005）。摄入高浓度的锌或者长期低浓度锌暴露可抑制人体血液中铜的吸收，从而导致铜的缺乏（ATSDR，2005；EPA，2005a；WHO，2003）。一般经呼吸吸入的锌对呼吸道的影响是有限的，其健康效应因化学组成而异（ATSDR，2005）。由于没有足够证据证明长期暴露于锌化合物会增加癌症发病率，因而国际癌症机构未对锌的致癌性进行分类。由于缺乏锌对人类的致癌证据，美国环境保护局决定不将锌列入对人类的致癌物清单中（EPA，2005b）。

加拿大卫生部规定了加拿大饮食补充剂中锌的最大推荐量（Health Canada，2007）。医学研究所根据锌的潜在毒性制订了锌的最大容许摄入量并已被加拿大卫生部采纳（Health Canada，2010；IOM，2001）。加拿大卫生部颁布的《加拿大饮用水水质标准》根据锌对味觉的影响，规定了感官性状指标限值（Health Canada，1987）。尽管基于健康的标准尚未建立，但以感官指标为基础的指导限值也可以防止不利的健康影响。加拿大卫生部正在进行的膳食调查也将锌列为需要分析监测的化学物质。上述膳食调查可评估不同年龄、性别的加拿大居民通过食物途径暴露的化学物质水平（Health Canada，2009）。对不列颠哥伦比亚省的 61 名 30～65 岁不吸烟成年人进行了微量元素生物监测，结果显示尿锌的几何均数和第 95 百分位数分别是 285.43 µg/g 肌酐和 607.83 µg/g 肌酐（Clark et al.，2007）。

加拿大第一次（2007—2009）和第二次（2009—2011）健康调查对所有参与者的全血锌和尿锌进行了检测，第一次调查对象年龄范围是 6～79 岁，第二次调查对象年龄范围是 3～79 岁。上述调查中全血锌质量浓度用 mg/L 表示（表 8-19-1、表 8-19-2 和表 8-19-3），尿锌质量浓度和质量分数分别用 µg/L 和 µg/g 肌酐（表 8-19-4、表 8-19-5、表 8-19-6、表 8-19-7、表 8-19-8 和表 8-19-9）表示。锌在血液或尿样中检出仅仅表明血锌或尿锌是锌的暴露标志物，并不意味着一定会产生有害的健康影响。由于锌是一种必需的营养素，因而体液中应该有锌的存在。

表 8-19-1　加拿大第一次（2007—2009）和第二次（2009—2011）健康调查
6～79 岁居民[a]血（全血）锌质量浓度

单位：mg/L

分组（岁）	调查时期	调查人数	<检出限[b]/%	几何均数（95%置信区间）	P_{10}（95%置信区间）	P_{50}（95%置信区间）	P_{75}（95%置信区间）	P_{95}（95%置信区间）
全体对象 6～79	1	5 319	0	6.4（6.3～6.5）	5.2（5.1～5.3）	6.4（6.3～6.4）	7.0（6.9～7.1）	7.9（7.7～8.0）
全体对象 6～79	2	5 575	0	6.0（5.9～6.1）	4.9（4.9～5.0）	6.0（5.9～6.1）	6.5（6.5～6.5）	7.3（7.1～7.6）
全体男性 6～79	1	2 576	0	6.6（6.5～6.7）	5.3（5.3～5.4）	6.7（6.5～6.8）	7.3（7.2～7.4）	8.1（7.9～8.3）
全体男性 6～79	2	2 687	0	6.2（6.1～6.3）	5.1（4.9～5.2）	6.3（6.2～6.4）	6.6（6.5～6.7）	7.7（7.5～8.0）
全体女性 6～79	1	2 743	0	6.1（6.0～6.2）	5.1（5.0～5.2）	6.1（6.0～6.2）	6.7（6.6～6.8）	7.5（7.4～7.7）
全体女性 6～79	2	2 888	0	5.7（5.7～5.8）	4.8（4.8～4.9）	5.7（5.7～5.8）	6.2（6.2～6.3）	6.8（6.5～7.1）

a　为了便于比较第一次调查（2007—2009）数据，6 岁以下儿童数据未收录，表中仅包含 6～79 岁的居民数据。
b　如果超过 40%的样本检测值低于检出限，则仅报告数据的百分比分布而不报告均值。

表 8-19-2　加拿大第一次（2007—2009）和第二次（2009—2011）健康调查

3～79 岁居民年龄别血锌质量浓度

单位：mg/L

分组（岁）	调查时期	调查人数	<检出限 [a]/%	几何均数（95%置信区间）	P_{10}（95%置信区间）	P_{50}（95%置信区间）	P_{75}（95%置信区间）	P_{95}（95%置信区间）
全体对象 3～79 [b]	1	—	—	—	—	—	—	—
全体对象 3～79	2	6 070	0	5.9（5.9～6.0）	4.9（4.8～4.9）	5.9（5.9～6.0）	6.5（6.5～6.5）	7.3（7.1～7.5）
3～5 [b]	1	—	—	—	—	—	—	—
3～5	2	495	0	4.6（4.5～4.7）	3.7（3.5～3.9）	4.6（4.5～4.7）	5.0（4.9～5.1）	5.6（5.4～5.9）
6～11	1	910	0	5.2（5.1～5.4）	4.3（4.2～4.5）	5.2（5.1～5.3）	5.7（5.6～5.8）	6.5（6.3～6.6）
6～11	2	961	0	4.9（4.9～5.0）	4.1（3.9～4.2）	4.9（4.9～5.0）	5.4（5.3～5.5）	6.1（6.0～6.3）
12～19	1	945	0	6.0（5.9～6.1）	4.9（4.7～5.1）	6.0（5.8～6.1）	6.5（6.4～6.6）	7.4（7.2～7.6）
12～19	2	997	0	5.6（5.5～5.7）	4.6（4.5～4.7）	5.5（5.5～5.6）	6.2（6.0～6.4）	7.0（6.7～7.2）
20～39	1	1 165	0	6.4（6.3～6.5）	5.3（5.1～5.4）	6.4（6.3～6.5）	7.0（6.9～7.1）	7.8（7.6～8.0）
20～39	2	1 313	0	6.1（6.0～6.2）	5.2（5.0～5.3）	6.0（5.9～6.2）	6.5（6.5～6.5）	7.3（7.0～7.7）
40～59	1	1 220	0	6.5（6.4～6.6）	5.5（5.3～5.6）	6.5（6.3～6.6）	7.1（7.0～7.2）	7.9（7.7～8.2）
40～59	2	1 222	0	6.1（6.0～6.3）	5.1（5.0～5.3）	6.1（6.0～6.2）	6.5（6.5～6.5）	7.5（7.2～7.8）
60～79	1	1 079	0	6.7（6.6～6.8）	5.6（5.4～5.8）	6.7（6.5～6.8）	7.3（7.1～7.4）	8.1（7.9～8.2）
60～79	2	1 082	0	6.2（6.1～6.3）	5.2（5.1～5.3）	6.2（6.0～6.3）	6.5（6.5～6.5）	7.4（7.2～7.5）

a 如果超过 40%的样本检测值低于检出限，则仅报告数据的百分比分布而不报告均值。
b 6 岁以下儿童未纳入第一次调查（2007—2009），因此该年龄段无统计数据。

表 8-19-3　加拿大第一次（2007—2009）和第二次（2009—2011）健康调查

3～79 岁居民年龄别 [a]、性别血锌质量浓度

单位：mg/L

分组（岁）	调查时期	调查人数	<检出限 [b]/%	几何均数（95%置信区间）	P_{10}（95%置信区间）	P_{50}（95%置信区间）	P_{75}（95%置信区间）	P_{95}（95%置信区间）
全体男性 3～79 [c]	1	—	—	—	—	—	—	—
全体男性 3～79	2	2 940	0	6.2（6.1～6.3）	5.0（4.9～5.0）	6.2（6.1～6.3）	6.6（6.5～6.7）	7.7（7.4～7.9）
男 6～11	1	459	0	5.2（5.0～5.3）	4.3（4.2～4.5）	5.1（4.9～5.3）	5.6（5.5～5.7）	6.4（6.1～6.6）

分组 （岁）	调查 时期	调查 人数	<检出 限 [b]/%	几何均数 （95%置信 区间）	P_{10} （95%置信 区间）	P_{50} （95%置信 区间）	P_{75} （95%置信 区间）	P_{95} （95%置信 区间）
男 6～11	2	488	0	4.9 （4.8～5.0）	4.0 （3.6～4.4）	4.9 （4.8～5.0）	5.4 （5.3～5.5）	6.1 （6.0～6.2）
男 12～19	1	489	0	6.1 （5.9～6.2）	4.8 （4.5～5.1）	6.1 （5.8～6.3）	6.8 （6.6～7.0）	7.8 （7.4～8.3）
男 12～19	2	523	0	5.8 （5.6～5.9）	4.5 （4.3～4.7）	5.8 （5.6～6.0）	6.5 （6.3～6.6）	7.3 （6.9～7.7）
男 20～39	1	514	0	6.7 （6.6～6.9）	5.6 （5.3～6.0）	6.7 （6.5～6.9）	7.3 （7.2～7.5）	8.0 （7.7～8.3）
男 20～39	2	552	0	6.4 （6.2～6.6）	5.4 （5.1～5.7）	6.4 （6.2～6.5）	6.7 （6.5～6.8）	7.8 （7.4～8.3）
男 40～59	1	577	0	6.9 （6.7～7.0）	5.9 （5.7～6.1）	6.8 （6.7～7.0）	7.4 （7.3～7.6）	8.2 （7.9～8.6）
男 40～59	2	617	0	6.4 （6.3～6.6）	5.5 （5.3～5.7）	6.4 （6.2～6.5）	6.7 （6.5～6.9）	7.8 （7.4～8.2）
男 60～79	1	537	0	6.9 （6.8～7.1）	5.9 （5.8～6.0）	6.9 （6.7～7.1）	7.5 （7.4～7.6）	8.2 （8.0～8.4）
男 60～79	2	507	0	6.5 （6.4～6.6）	5.5 （5.3～5.6）	6.5 （6.4～6.5）	6.8 （6.6～6.9）	7.7 （7.5～7.9）
全体女性 3～79	1	—	—	—	—	—	—	—
全体女性 3～79	2	3 130	0	5.7 （5.6～5.8）	4.8 （4.7～4.8）	5.7 （5.7～5.8）	6.2 （6.1～6.3）	6.8 （6.5～7.1）
女 6～11	1	451	0	5.3 （5.2～5.4）	4.4 （4.1～4.6）	5.3 （5.2～5.4）	5.8 （5.6～5.9）	6.5 （6.4～6.7）
女 6～11	2	473	0	5.0 （4.9～5.1）	4.1 （4.0～4.2）	4.9 （4.8～5.1）	5.4 （5.3～5.6）	6.2 （5.9～6.5）
女 12～19	1	456	0	5.9 （5.7～6.0）	5.0 （4.8～5.2）	5.8 （5.7～6.0）	6.3 （6.2～6.5）	7.0 （6.8～7.2）
女 12～19	2	474	0	5.5 （5.4～5.6）	4.7 （4.5～4.8）	5.4 （5.4～5.5）	5.9 （5.7～6.1）	6.5 （6.5～6.6）
女 20～39	1	651	0	6.1 （6.0～6.3）	5.1 （4.9～5.3）	6.1 （5.9～6.3）	6.6 （6.5～6.8）	7.5 （7.0～7.9）
女 20～39	2	761	0	5.8 （5.7～5.9）	5.0 （4.9～5.2）	5.8 （5.7～5.9）	6.2 （6.1～6.3）	6.6 （6.3～6.9）
女 40～59	1	643	0	6.2 （6.1～6.3）	5.2 （5.1～5.4）	6.2 （6.1～6.3）	6.7 （6.5～6.9）	7.5 （7.4～7.7）
女 40～59	2	605	0	5.8 （5.7～6.0）	4.9 （4.8～5.1）	5.8 （5.7～5.9）	6.3 （6.2～6.5）	7.0 （6.6～7.5）
女 60～79	1	542	0	6.5 （6.3～6.6）	5.4 （5.2～5.6）	6.4 （6.3～6.5）	7.0 （6.8～7.2）	7.9 （7.6～8.3）
女 60～79	2	575	0	5.9 （5.8～6.0）	5.0 （4.9～5.2）	5.9 （5.8～6.0）	6.4 （6.3～6.5）	6.9 （6.8～7.1）

a 3～5 岁年龄组未按照性别分组。

b 如果超过 40% 的样本检测值低于检出限，则仅报告数据的百分比分布而不报告均值。

c 6 岁以下儿童未纳入第一次调查（2007—2009），因此该年龄段无统计数据。

表 8-19-4　加拿大第一次（2007—2009）和第二次（2009—2011）健康调查

6～79 岁 [a] 居民尿锌质量浓度　　　　　　　　　　　单位：μg/L

分组 （岁）	调查 时期	调查 人数	<检出 限[b]/%	几何均数 （95%置信 区间）	P_{10} （95%置信 区间）	P_{50} （95%置信 区间）	P_{75} （95%置信 区间）	P_{95} （95%置信 区间）
全体对象 6～79	1	5 492	0.78	250 （240～270）	67 （58～77）	270 （260～280）	520 （490～540）	1 100 （990～1 100）
全体对象 6～79	2	5 738	0.45	320 （300～340）	86 （77～96）	350 （330～370）	600 （560～640）	1 200 （1 100～1 300）
全体男性 6～79	1	2 662	0.34	330 （310～340）	100 （90～110）	350 （320～370）	590 （560～620）	1 200 （1 100～1 300）
全体男性 6～79	2	2 746	0.18	400 （370～440）	130 （110～150）	450 （410～490）	680 （620～740）	1 300 （1 200～1 400）
全体女性 6～79	1	2 830	1.20	200 （180～220）	51 （44～57）	210 （190～220）	420 （380～460）	930 （830～1 000）
全体女性 6～79	2	2 992	0.70	250 （230～270）	67 （55～78）	280 （260～310）	480 （450～510）	1 000 （930～1 100）

a 为了便于比较第一次（2007—2009）调查数据，6 岁以下儿童数据未收录，表中仅包含 6～79 岁的居民数据。

b 如果超过 40%的样本检测值低于检出限，则仅报告数据的百分比分布而不报告均值。

表 8-19-5　加拿大第一次（2007—2009）和第二次（2009—2011）健康调查

3～79 岁居民年龄别尿锌质量浓度　　　　　　　　　　　单位：μg/L

分组 （岁）	调查 时期	调查 人数	<检出 限[a]/%	几何均数 （95%置信 区间）	P_{10} （95%置信 区间）	P_{50} （95%置信 区间）	P_{75} （95%置信 区间）	P_{95} （95%置信 区间）
全体对象 3～79[b]	1	—	—	—	—	—	—	—
全体对象 3～79	2	6 311	0.41	320 （300～340）	87 （77～97）	350 （330～370）	600 （560～640）	1 200 （1 100～1 300）
3～5[b]	1	—	—	—	—	—	—	—
3～5	2	573	0	340 （320～370）	150 （120～170）	360 （330～390）	550 （480～610）	950 （820～1 100）
6～11	1	1 034	0.19	290 （260～330）	98 （78～120）	320 （280～360）	520 （470～560）	860 （790～940）
6～11	2	1 062	0	360 （330～400）	140 （120～150）	380 （330～420）	610 （540～670）	1 000 （870～1 200）
12～19	1	983	0.10	400 （360～430）	120 （100～150）	450 （410～480）	730 （680～770）	1 300 （1 000～1 600）
12～19	2	1 041	0.19	420 （360～480）	140 （100～180）	450 （380～520）	690 （560～820）	1 300 （1 100～1 500）

分组（岁）	调查时期	调查人数	<检出限 [a]/%	几何均数（95%置信区间）	P_{10}（95%置信区间）	P_{50}（95%置信区间）	P_{75}（95%置信区间）	P_{95}（95%置信区间）
20～39	1	1 169	1.20	220（200～240）	57（44～70）	220（190～250）	450（410～500）	1 000（900～1 100）
20～39	2	1 321	0.61	300（270～340）	76（56～96）	340（310～380）	550（500～600）	1 100（880～1 200）
40～59	1	1 223	1.39	230（210～260）	59（48～71）	250（220～270）	490（440～550）	1 100（930～1 200）
40～59	2	1 228	0.57	290（260～320）	72（54～91）	330（300～360）	570（520～630）	1 200（1 000～1 300）
60～79	1	1 083	0.83	280（260～300）	82（60～100）	290（260～310）	540（500～580）	1 100（930～1 200）
60～79	2	1 086	0.83	330（300～350）	93（82～100）	340（300～380）	630（570～700）	1 400（1 100～1 800）

a 如果超过 40% 的样本检测值低于检出限，则仅报告数据的百分比分布而不报告均值。

b 6 岁以下儿童未纳入第一次调查（2007—2009），因此该年龄段无统计数据。

表 8-19-6　加拿大第一次（2007—2009）和第二次（2009—2011）健康调查
3～79 岁居民年龄别 [a]、性别尿锌质量浓度　　　　　单位：µg/L

分组（岁）	调查时期	调查人数	<检出限 [b]/%	几何均数（95%置信区间）	P_{10}（95%置信区间）	P_{50}（95%置信区间）	P_{75}（95%置信区间）	P_{95}（95%置信区间）
全体男性 3～79 [c]	1	—	—					
全体男性 3～79	2	3 036	0.16	400（370～440）	130（110～150）	450（410～490）	670（620～730）	1 300（1 200～1 400）
男 6～11	1	524	0.38	300（240～360）	100（70～130）	330（250～400）	510（440～590）	830（770～890）
男 6～11	2	532	0	380（340～430）	140（110～170）	420（350～490）	600（510～690）	1 000（770～1 300）
男 12～19	1	505	0	450（410～490）	160（130～180）	480（430～530）	740（700～780）	1 400（1 100～1 600）
男 12～19	2	542	0.18	520（440～610）	200（150～250）	560（470～650）	830（640～1000）	1 400（1 100～1 600）
男 20～39	1	514	0.39	290（250～340）	85（56～110）	310（240～370）	570（490～650）	1 100（1 000～1 300）
男 20～39	2	551	0.36	390（340～460）	120[E]（78～170）	450（390～510）	680（580～770）	1 300（870～1 600）

分组（岁）	调查时期	调查人数	<检出限[b]/%	几何均数（95%置信区间）	P_{10}（95%置信区间）	P_{50}（95%置信区间）	P_{75}（95%置信区间）	P_{95}（95%置信区间）
男 40～59	1	578	0.52	320（290～340）	95（78～110）	340（300～380）	570（500～630）	1 300（960～1 600）
男 40～59	2	616	0.16	380（330～440）	120[E]（66～170）	440（350～520）	670（570～770）	1 300（1 200～1 400）
男 60～79	1	541	0.37	350（310～390）	110（89～140）	350（310～400）	590（490～680）	1 100（760～1 500）
男 60～79	2	505	0.20	400（370～430）	130（100～160）	420（370～470）	680（630～730）	1 500（1 200～1 800）
全体女性 3～79	1	—	—	—	—	—	—	—
全体女性 3～79	2	3 275	0.64	250（240～270）	69（58～79）	280（260～310）	480（450～510）	1 000（930～1 100）
女 6～11	1	510	0	290（260～320）	92（76～110）	320（290～350）	520（460～570）	920（780～1 100）
女 6～11	2	530	0	350（310～380）	130（100～160）	340（300～380）	610（510～710）	1 000（860～1 200）
女 12～19	1	478	0.21	340（300～390）	94（65～120）	390（320～450）	710（600～820）	1 300（840～1 700）
女 12～19	2	499	0.20	330（290～390）	93[E]（50～140）	350（300～390）	600（530～670）	1 100（970～1 200）
女 20～39	1	655	1.83	160（140～180）	46（36～56）	170（150～190）	340（290～400）	670（600～740）
女 20～39	2	770	0.78	230（200～270）	62（41～83）	280（220～330）	450（390～500）	870（610～1 100）
女 40～59	1	645	2.17	170（150～200）	47（35～58）	180（140～220）	360（290～430）	950（670～1 200）
女 40～59	2	612	0.98	220（200～240）	54（40～67）	250（210～290）	430（390～460）	860（680～1 000）
女 60～79	1	542	1.29	220（190～260）	59（42～76）	220（180～260）	500（420～570）	930（800～1 100）
女 60～79	2	581	1.38	270（230～310）	73（48～98）	280（250～310）	560（480～630）	1 400（880～1 900）

a 3～5 岁年龄组未按照性别分组。

b 如果超过 40%的样本检测值低于检出限，则仅报告数据的百分比分布而不报告均值。

c 6 岁以下儿童未纳入第一次调查（2007—2009），因此该年龄段无统计数据。

E 谨慎引用。

表 8-19-7　加拿大第一次（2007—2009）和第二次（2009—2011）健康调查

6~79 岁居民 [a] 尿锌质量分数　　　　　　　　单位：μg/g 肌酐

分组（岁）	调查时期	调查人数	<检出限 [b]/%	几何均数（95%置信区间）	P_{10}（95%置信区间）	P_{50}（95%置信区间）	P_{75}（95%置信区间）	P_{95}（95%置信区间）
全体对象 6~79	1	5 479	0.78	310（300~320）	130（120~140）	320（310~330）	480（460~500）	840（810~880）
全体对象 6~79	2	5 719	0.45	300（280~310）	130（120~150）	310（290~320）	440（420~460）	770（730~810）
全体男性 6~79	1	2 653	0.34	320（310~340）	140（130~160）	330（310~340）	480（450~510）	810（770~850）
全体男性 6~79	2	2 739	0.18	320（300~340）	150（130~170）	330（310~360）	460（430~490）	770（720~820）
全体女性 6~79	1	2 826	1.20	290（280~310）	110（100~120）	310（290~330）	470（450~500）	890（810~960）
全体女性 6~79	2	2 980	0.70	270（260~280）	120（110~130）	280（270~300）	420（400~440）	760（690~820）

a 为了便于比较第一次调查（2007—2009）数据，6 岁以下儿童数据未收录，表中仅包含 6~79 岁的居民数据。
b 如果超过 40%的样本检测值低于检出限，则仅报告数据的百分比分布而不报告均值。

表 8-19-8　加拿大第一次（2007—2009）和第二次（2009—2011）健康调查

3~79 岁居民年龄别尿锌质量分数　　　　　　　　单位：μg/g 肌酐

分组（岁）	调查时期	调查人数	<检出限 [a]/%	几何均数（95%置信区间）	P_{10}（95%置信区间）	P_{50}（95%置信区间）	P_{75}（95%置信区间）	P_{95}（95%置信区间）
全体对象 3~79 [b]	1	—	—	—	—	—	—	—
全体对象 3~79	2	6 291	0.41	300（290~320）	140（120~150）	310（300~330）	460（430~480）	800（760~840）
3~5 [b]	1	—	—	—	—	—	—	—
3~5	2	572	0	580（550~620）	290（230~350）	630（600~670）	800（730~870）	1 300（1 100~1 500）
6~11	1	1 031	0.19	450（430~480）	240（210~260）	460（440~480）	610（580~640）	960（890~1 000）
6~11	2	1 058	0	410（390~440）	210（180~240）	410（380~450）	580（500~660）	870（760~980）
12~19	1	982	0.10	350（320~370）	160（140~180）	350（330~380）	510（490~530）	830（740~930）
12~19	2	1 039	0.19	310（290~340）	150（130~170）	330（290~360）	440（410~480）	670（580~750）

分组（岁）	调查时期	调查人数	<检出限 [a]/%	几何均数（95%置信区间）	P_{10}（95%置信区间）	P_{50}（95%置信区间）	P_{75}（95%置信区间）	P_{95}（95%置信区间）
20～39	1	1 165	1.20	240（230～260）	110（93～120）	250（230～270）	360（340～380）	600（560～630）
20～39	2	1 319	0.61	250（230～270）	120（110～140）	260（240～270）	350（310～390）	580（510～640）
40～59	1	1 218	1.40	300（280～320）	120（110～140）	320（290～340）	470（420～510）	820（760～890）
40～59	2	1 223	0.57	280（250～300）	110（93～140）	300（260～330）	420（390～450）	730（660～810）
60～79	1	1 083	0.83	380（360～410）	160（130～190）	390（360～420）	590（550～630）	1 000（960～1 100）
60～79	2	1 080	0.83	380（360～410）	170（150～190）	390（370～410）	580（520～630）	1 200（970～1 400）

a 如果超过40%的样本检测值低于检出限，则仅报告数据的百分比分布而不报告均值。
b 6岁以下儿童未纳入第一次调查（2007—2009），因此该年龄段无统计数据。

表8-19-9　加拿大第一次（2007—2009）和第二次（2009—2011）健康调查
3～79岁居民年龄别 [a]、性别尿锌质量分数　　　　　单位：μg/g 肌酐

分组（岁）	调查时期	调查人数	<检出限 [b]/%	几何均数（95%置信区间）	P_{10}（95%置信区间）	P_{50}（95%置信区间）	P_{75}（95%置信区间）	P_{95}（95%置信区间）
全体男性3～79 [c]	1	—	—	—	—	—	—	—
全体男性3～79	2	3 028	0.17	330（300～350）	150（130～180）	330（310～360）	480（450～500）	790（740～840）
男 6～11	1	522	0.38	450（420～480）	240（220～260）	460（430～490）	610（560～670）	910（830～990）
男 6～11	2	530	0	420（380～460）	220（180～250）	410（360～460）	580（430～720）	950（790～1 100）
男 12～19	1	504	0	380（350～410）	200（170～230）	390（350～420）	540（520～560）	850（730～960）
男 12～19	2	541	0.18	350（320～380）	190（160～210）	370（340～400）	480（420～530）	690（550～840）
男 20～39	1	512	0.39	270（250～290）	120（100～150）	270（230～320）	380（340～420）	610（570～640）
男 20～39	2	550	0.36	270（250～300）	150（120～170）	270（240～300）	380（330～440）	590（520～660）

分组（岁）	调查时期	调查人数	<检出限 [b]/%	几何均数（95%置信区间）	P_{10}（95%置信区间）	P_{50}（95%置信区间）	P_{75}（95%置信区间）	P_{95}（95%置信区间）
男 40～59	1	574	0.52	310（300～330）	140（130～150）	320（300～340）	440（400～490）	740（640～840）
男 40～59	2	615	0.16	300（260～350）	130（90～180）	330（280～390）	460（410～510）	720（630～810）
男 60～79	1	541	0.37	370（340～400）	170（140～190）	370（340～400）	550（510～600）	990（890～1 100）
男 60～79	2	503	0.20	390（360～420）	180（160～200）	390（370～410）	590（520～650）	1 100（810～1 300）
全体女性 3～79	1	—	—	—	—	—	—	—
全体女性 3～79	2	3 263	0.64	280（270～290）	120（110～130）	290（270～300）	430（410～450）	820（750～890）
女 6～11	1	509	0	450（430～480）	240（190～280）	460（430～480）	610（580～640）	990（900～1 100）
女 6～11	2	528	0	410（380～440）	210（170～250）	420（390～450）	580（520～640）	840（780～900）
女 12～19	1	478	0.21	310（290～330）	140（120～160）	310（290～320）	470（420～520）	770（680～860）
女 12～19	2	498	0.20	280（250～300）	130（110～150）	280（250～310）	410（350～470）	650（570～730）
女 20～39	1	653	1.84	220（200～240）	94（85～100）	230（210～250）	340（300～370）	570（490～660）
女 20～39	2	769	0.78	230（210～250）	110（96～130）	250（220～270）	330（290～370）	540（440～630）
女 40～59	1	644	2.17	290（260～320）	110（88～120）	300（260～340）	490（440～540）	900（660～1 100）
女 40～59	2	608	0.99	250（230～270）	100（79～130）	260（240～290）	380（340～420）	740（630～850）
女 60～79	1	542	1.29	400（370～430）	150[E]（90～210）	420（380～460）	620（590～660）	1 100（930～1 300）
女 60～79	2	577	1.39	380（350～410）	160（130～190）	400（370～420）	580（510～650）	1 300（1 000～1 600）

a 3～5 岁年龄组未按照性别分组。

b 如果超过 40% 的样本检测值低于检出限，则仅报告数据的百分比分布而不报告均值。

c 6 岁以下儿童未纳入第一次调查（2007—2009），因此该年龄段无统计数据。

E 谨慎引用。

参考文献

[1] ATSDR（Agency for Toxic Substances and Disease Registry）. 2005. *Toxicological profile for zinc.* Atlanta，GA.：U.S. Department of Health and Human Services. Retrieved March 6，2012，from www.atsdr.cdc.gov/toxprofiles/tp.asp？id=302&tid=54.

[2] CCME（Canadian Council of Ministers of the Environment）. 1999. *Canadian soil quality guidelines for the protection of environmental and human health - Zinc.* Winnipeg，MB. Retrieved March 7，2012，from http://ceqg-rcqe.ccme.ca/download/en/288/.

[3] Clark，N.A.，Teschke，K.，Rideout，K.，et al. 2007. Trace element levels in adults from the west coast of Canada and associations with age，gender，diet，activities and levels of other trace elements. *Chemosphere*，70（1）：155-164.

[4] Emsley，J.. 2001. *Nature's building blocks：An A-Z guide to the elements.* Oxford：Oxford University Press.

[5] EPA（U.S. Environmental Protection Agency）. 1976. *Quality criteria for water.* Washington，DC.：U.S. Environmental Protection Agency. Retrieved March 8，2012，from http://water.epa.gov/scitech/swguidance/standards/current/upload/2009_01_13_criteria_redbook.pdf.

[6] EPA（U.S. Environmental Protection Agency）. 2005a. *Toxicological review of zinc and compounds - In support of summary information on the Integrated Risk Information System（IRIS）.* Washington，DC.：U.S. Environmental Protection Agency. Retrieved January 24，2012，from www.epa.gov/iris/toxreviews/0426tr.pdf.

[7] EPA（U.S. Environmental Protection Agency）. 2005b. *Integrated Risk Information System（IRIS）：Zinc.* Cincinnati，OH.：Office of Research and Development，National Center for Environmental Assessment. Retrieved June 8，2012，from www.epa.gov/iris/subst/0426.htm.

[8] Health Canada. 1987. *Guidelines for Canadian drinking water quality：Guideline technical document - Zinc.* Ottawa，ON.：Minister of Health. Retrieved March 7，2012，from www.hc-sc.gc.ca/ewh-semt/pubs/water-eau/zinc/index-eng.php.

[9] Health Canada. 2007. *Multi-vitamin/mineral supplement monograph.* Ottawa，ON.：Minister of Health. Retrieved July 11，2011，from www.hc-sc.gc.ca/dhp-mps/prodnatur/applications/licen-prod/monograph/multi_vitmin_suppl-eng.php.

[10] Health Canada. 2009. Ottawa，ON.：*Canadian Total Diet Study.* Minister of Health. Retrieved November 29，2012，from www.hc-sc.gc.ca/fn-an/surveill/total-diet/index-eng.php.

[11] Health Canada. 2010. *Dietary reference intakes.* Ottawa，ON.：Minister of Health. Retrieved March 7，2012，from www.hc-sc.gc.ca/fn-an/nutrition/reference/table/index-eng.php.

[12] Hem，J.D.. 1970. *Study and interpretation of the chemical characteristics of natural water.* Washington，DC.：U.S. Geological Survey. Retrieved March 8，2012，from http://pubs.usgs.gov/wsp/1473/report.pdf.

[13] Hess，S.Y.，Peerson，J.M.，King，J.C.，et al. 2007. Use of serum zinc concentration as an indicator of population zinc status. *Food & Nutrition Bulletin*，28（3）：S403-429.

[14] IOM（Institute of Medicine）. 2001. *Dietary reference intakes for vitamin A，vitamin K，arsenic，boron，chromium，copper，iodine，iron，manganese，molybdenum，nickel，silicon，vanadium，and zinc.*

Washington，DC.：The National Academies Press.

[15] Prasad，A.S.. 1983. Clinical，biochemical and nutritional spectrum of zinc deficiency in human subjects：An update. *Nutrition Reviews*，41（7）：197-208.

[16] WHO（World Health Organization）. 2003. *Zinc in drinking-water：Background Document for development of WHO guidelines for drinking-water quality.* Geneva：WHO. Retrieved March 7，2012，from www.who.int/water_sanitation_health/dwq/chemicals/zinc/en/.

9　苯的代谢物概况与调查结果

　　苯是一种无色、极易挥发的液体有机化合物,于 19 世纪早期首次分离和合成(ATSDR,2007)。环境空气中苯的背景浓度较低(Health Canada,2009)。目前,工业用苯通过商业途径从煤及石油中提取(ATSDR,2007)。

　　苯通过自然源和人为排放释放到环境中。加拿大原油中天然存在的苯的质量分数中间值为 0.28%,主要是有机物不完全燃烧时产生的(Drummond,1991;Environment Canada and Health Canada,1993)。苯主要通过原油渗漏、岩石和土壤的风化、火山活动、森林火灾和植物的释放等自然过程进入环境(Environment Canada and Health Canada,1993)。人为排放的苯则来源于游离苯、原油和一些精炼产品的生产、储存、使用和运输,如加油站汽油挥发和机动车尾气排放等(Health Canada,2009)。一般认为苯的天然来源对环境中苯的贡献低于人为排放(Environment Canada and Health Canada,1993)。

　　工业生产中将苯作为一种广泛使用的溶剂,也是多种化合物合成的中间产物(Environment Canada and Health Canada,1993)。苯及其化合物主要用于塑料、合成橡胶、苯酚、丙酮和尼龙树脂的生产(ATSDR,2007)。苯也用于合成纤维、橡胶、润滑剂、染料、洗涤剂、药物及杀虫剂的不同生产阶段(ATSDR,2007)。

　　普通公众主要是通过吸入空气暴露苯,在交通密集区和服务区(加油站)及吸入烟草则可能发生高浓度的苯暴露(ATSDR,2007)。空气中的苯暴露占加拿大非吸烟人群苯总吸收量的 98%~99%(Health Canada,2009)。在个人家庭中,有车库的房屋或有人吸烟的房屋空气中苯浓度相对较高(Héroux et al.,2008;Héroux et al.,2010)。各种含苯的日用产品也会导致室内空气中苯的存在(Environment Canada and Health Canada,1993)。尽管自来水及一些食物和饮料中检出了低水平的苯,但并不是普通公众暴露苯的主要途径(ATSDR,2007;Health Canada,2009)。

　　人体吸入苯之后,即进入血液,通过血液循环分布到脂肪组织(EPA,2002)。在肺和肝脏中,苯能代谢为几种有活性的代谢物,包括氧化苯等(EPA,2002;McHale et al.,2012)。人体内的苯氧化后,可分为几种不同代谢途径:通过自发重排代谢为苯酚(苯酚是苯的主要代谢产物);苯与谷胱甘肽反应形成苯巯基尿酸(S-PMA);经铁催化形成反式,反式-黏康酸(t,t-MA)(EPA,2002)。所有苯的代谢物均可能与硫酸或者葡萄糖醛酸结合成共轭产物,然后苯以共轭代谢物的形式排出体外(EPA,2002)。

　　尿中的苯酚、苯巯基尿酸、反式,反式-黏康酸是短期苯暴露的生物标志物(Boogaard & van Sittert,1995;Qu et al.,2005;Weisel,2010)。尿中的苯酚含量可能会受到食物、环境中的苯酚及其他酚类化合物的干扰;因此,与尿酚相比,尿中的苯巯基尿酸、反式,反式-黏康酸更灵敏、更可靠(ATSDR,2007)。

　　众所周知,苯暴露对人群健康产生影响,苯对人和实验动物的血液系统影响的主要靶器官是骨髓（EPA，2002）。现有证据显示：苯在肝脏中代谢后生成的产物可到达骨髓并对其产生毒性作用（EPA，2002）。研究显示：啮齿类动物长期慢性吸入苯可导致白血病（EPA，2002）；流行病学和病例对照研究也证明了高浓度苯暴露能导致职业人群罹患白血病（EPA，2002）。国际癌症研究机构已将苯划分为1类致癌物质，即对人类致癌（IARC，2012）。尽管尚未针对苯的血液毒性和致癌效应制定统一的行动对策，但科学家们一致认为苯的某种或多种代谢物可导致急性骨髓性白血病和非癌症效应。

苯已经成为政府管理和控制措施采取得最多的物质之一（Capleton and Levy，2005）。加拿大政府已规定了汽油中苯的允许浓度并制定了汽车的苯排放标准（Canada，1997；Environment Canada，2012）。根据《加拿大环境保护法》苯已被列入毒物目录1。为防止或减少苯向环境中的释放，苯也被列为全程监管的备选物质（Canada，1999；Environment Canada and Health Canada，1993）。在2000—2001年，加拿大环境部长委员会签署了苯的国家标准，要求企业使用最优管理措施减少苯的排放量（CCME，2000；CCME，2001）。随着该标准的贯彻实施，环境空气中苯的排放量在1995—2003年减少了67%（CCME，2000；CCME，2001）。苯也被加拿大卫生部列入化妆品的禁用或限制使用成分目录（又称为化妆品成分关注清单）。该清单是生产商与各方沟通的管理工具，清单中的物质如果用于化妆品可能导致使用者健康损害，这就违反了《加拿大食品药品法案》关于禁止销售不安全化妆品的一般禁令（Canada，1985；Health Canada，2011）。加拿大卫生部颁布了《加拿大饮用水水质标准》，该标准根据苯的致癌效应规定了饮用水中苯的最大可接受浓度，这一限值被认为能够防止癌症和非癌症效应（Health Canada，2009）。加拿大卫生部正在针对家居环境室内空气起草苯暴露的指导文件。

通过检测尿中的反式,反式-黏康酸含量评估了加拿大魁北克省蒙特利尔消防员的苯暴露情况。43名消防员的尿样于灭火后20小时内采集（Caux et al.，2002），结果显示：43名消防员中仅有6名消防员的尿中反式,反式-黏康酸超过1 700 μg/g肌酐，几乎比环境空气中苯的平均值高出1 000倍（Boogaard and van Sittert，1995；Environment Canada and Health Canada，1993）。

加拿大第二次（2009—2011）健康调查中监测了3～79岁居民尿液中苯的代谢物，包括苯酚、反式,反式-黏康酸和苯巯基尿酸。苯酚的浓度水平用mg/L和mg/g肌酐表示（表9-1-1、表9-1-2、表9-1-3和表9-1-4）；反式,反式-黏康酸和苯巯基尿酸分别用μg/L（表9-2-1、表9-2-2、表9-3-1和表9-3-2）和μg/g肌酐（表9-2-3、表9-2-4、表9-3-3和表9-3-4）表示。尿中检测到苯酚、反式,反式-黏康酸或苯巯基尿酸仅说明这些代谢物是苯的暴露标志物，并不能说明一定会发生健康危害。这些监测数据可为加拿大人群尿液中的苯的代谢物水平提供基准数据。

9.1 苯酚

表 9-1-1 加拿大第二次（2009—2011）健康调查

3～79 岁居民年龄别尿苯酚质量浓度 单位：mg/L

分组（岁）	调查时期	调查人数	<检出限[a]/%	几何均数（95%置信区间）	P_{10}（95%置信区间）	P_{50}（95%置信区间）	P_{75}（95%置信区间）	P_{95}（95%置信区间）
全体对象3～79	2	2 556	0.16	6.6（6.2～7.0）	1.7（1.5～1.9）	6.6（6.1～7.2）	12（10～13）	34（26～42）
3～5	2	524	0	7.4（6.5～8.6）	2.8（2.2～3.4）	7.7（6.3～9.1）	11（9.3～14）	24[E]（15～33）
6～11	2	514	0.58	7.3（6.7～7.9）	3.1（2.7～3.5）	7.5（6.6～8.5）	11（9.5～12）	F
12～19	2	511	0	7.3（6.5～8.2）	2.2（1.8～2.6）	7.7（6.8～8.6）	13（11～14）	30（25～34）
20～39	2	356	0	6.8（5.4～8.5）	1.8（1.2～2.3）	6.6（5.0～8.2）	12[E]（4.3～19）	33[E]（19～46）
40～59	2	360	0	6.2（5.5～6.9）	1.4[E]（0.85～1.9）	6.1（4.5～7.7）	11（8.3～14）	39[E]（23～55）
60～79	2	291	0.34	6.2（5.0～7.6）	1.6（1.2～2.0）	6.3（4.8～7.9）	12（8.4～16）	40（27～54）

a 如果超过 40%的样本检测值低于检出限，则仅报告数据的百分比分布而不报告均值。
E 谨慎引用。
F 数据不可靠，不予发布。

表 9-1-2 加拿大第二次（2009—2011）健康调查

3～79 岁居民年龄别[a]、性别尿苯酚质量浓度 单位：mg/L

分组（岁）	调查时期	调查人数	<检出限[b]/%	几何均数（95%置信区间）	P_{10}（95%置信区间）	P_{50}（95%置信区间）	P_{75}（95%置信区间）	P_{95}（95%置信区间）
全体男性3～79	2	1 280	0	6.8（6.2～7.6）	1.9（1.4～2.5）	6.8（6.0～7.7）	11（10～13）	39（28～49）
男 6～11	2	261	0	7.8（6.5～9.4）	3.4（2.9～3.9）	7.5（6.3～8.8）	9.9（7.9～12）	F
男 12～19	2	256	0	7.3（6.2～8.4）	2.3（1.8～2.9）	7.0（5.5～8.6）	13（11～15）	30（20～40）
男 20～39	2	167	0	7.3（5.2～10）	2.5[E]（1.5～3.4）	7.1（4.8～9.3）	F	x
男 40～59	2	194	0	6.2（4.6～8.2）	F	6.2[E]（3.3～9.1）	11（8.3～13）	x
男 60～79	2	142	0	6.5（4.8～8.7）	1.8[E]（1.0～2.5）	6.3（4.5～8.2）	11[E]（6.6～16）	x

分组（岁）	调查时期	调查人数	<检出限 [b]/%	几何均数（95%置信区间）	P_{10}（95%置信区间）	P_{50}（95%置信区间）	P_{75}（95%置信区间）	P_{95}（95%置信区间）
全体女性 3~79	2	1 276	0.31	6.3（5.8~6.9）	1.6（1.3~1.9）	6.6（5.9~7.2）	12（10~13）	32（25~39）
女 6~11	2	253	1.19	6.7（5.6~8.1）	2.3[E]（1.3~3.4）	7.8（6.1~9.6）	11（9.4~13）	21（16~27）
女 12~19	2	255	0	7.3（6.1~8.9）	2.1[E]（1.3~2.9）	8.0（6.7~9.3）	13（11~15）	30（21~38）
女 20~39	2	189	0	6.3（5.0~7.9）	1.5（1.2~1.9）	6.3（4.4~8.2）	11[E]（3.9~17）	x
女 40~59	2	166	0	6.2（4.9~7.9）	1.6[E]（0.83~2.3）	6.1[E]（3.8~8.3）	12[E]（6.7~17）	x
女 60~79	2	149	0.67	5.9（4.4~8.0）	1.3[E]（0.68~2.0）	6.3[E]（3.7~8.9）	14[E]（7.8~20）	x

a 3~5 岁年龄组未按照性别分组。

b 如果超过 40%的样本检测值低于检出限，则仅报告数据的百分比分布而不报告均值。

E 谨慎引用。

F 数据不可靠，不予发布。

x 根据加拿大《统计法》保密规定，不予发布。

表 9-1-3　加拿大第二次（2009—2011）健康调查

3~79 岁居民年龄别尿苯酚质量分数　　　　　单位：mg/g 肌酐

分组（岁）	调查时期	调查人数	<检出限 [a]/%	几何均数（95%置信区间）	P_{10}（95%置信区间）	P_{50}（95%置信区间）	P_{75}（95%置信区间）	P_{95}（95%置信区间）
全体对象 3~79	2	2 546	0.16	6.5（6.1~6.9）	2.6（2.4~2.9）	5.7（5.2~6.3）	11（9.8~12）	25（21~30）
3~5	2	523	0	13（12~14）	6.9（6.1~7.8）	12（11~14）	17（16~19）	33（25~41）
6~11	2	512	0.59	8.3（7.3~9.5）	4.6（4.0~5.2）	8.0（6.9~9.1）	12（8.9~14）	26[E]（13~39）
12~19	2	509	0	5.6（5.2~6.0）	2.7（2.4~2.9）	5.2（4.6~5.8）	7.7（6.9~8.6）	18（15~20）
20~39	2	354	0	5.8（4.9~7.0）	2.5（2.0~2.9）	5.0（3.7~6.4）	9.0（6.6~12）	21（14~28）
40~59	2	358	0	6.2（5.5~7.1）	2.6（2.2~2.9）	5.4（4.7~6.1）	10（7.5~13）	25[E]（14~37）
60~79	2	290	0.34	7.2（6.2~8.3）	2.5（2.0~3.0）	6.4（5.4~7.5）	11（7.5~15）	31[E]（15~46）

a 如果超过 40%的样本检测值低于检出限，则仅报告数据的百分比分布而不报告均值。

E 谨慎引用。

表 9-1-4　加拿大第二次（2009—2011）健康调查
3～79 岁居民年龄别 [a]、性别尿苯酚质量分数　　单位：mg/g 肌酐

分组（岁）	调查时期	调查人数	<检出限 [b]/%	几何均数（95%置信区间）	P_{10}（95%置信区间）	P_{50}（95%置信区间）	P_{75}（95%置信区间）	P_{95}（95%置信区间）
全体男性 3～79	2	1 276	0	5.8（5.3～6.3）	2.4（2.1～2.6）	5.2（4.7～5.6）	8.8（7.9～9.7）	25（19～32）
男 6～11	2	260	0	8.9（7.1～11）	5.0（4.6～5.4）	7.8（6.1～9.5）	12 [E]（7.3～18）	F
男 12～19	2	255	0	5.2（4.7～5.7）	2.6（2.3～2.8）	4.7（4.0～5.5）	7.4（6.2～8.6）	17 [E]（10～24）
男 20～39	2	166	0	5.4（4.3～6.8）	2.2（1.7～2.7）	4.9（3.4～6.5）	8.3（6.3～10）	x
男 40～59	2	194	0	5.3（4.5～6.2）	2.3（1.8～2.8）	4.7（3.8～5.6）	7.1（5.2～9.1）	x
男 60～79	2	142	0	6.1（5.0～7.4）	2.5（1.9～3.0）	5.1（4.3～6.0）	9.3（6.3～12）	x
全体女性 3～79	2	1 270	0.31	7.2（6.7～7.8）	3.1（2.6～3.6）	6.6（5.8～7.4）	11（10～13）	26（19～33）
女 6～11	2	252	1.19	7.8（6.4～9.4）	3.8（3.2～4.4）	8.1（6.9～9.3）	11（9.5～13）	26 [E]（14～38）
女 12～19	2	254	0	6.0（5.4～6.7）	2.8（2.2～3.4）	5.5（4.8～6.3）	8.6（7.4～9.9）	19（14～24）
女 20～39	2	188	0	6.3（5.1～7.8）	3.1（2.2～3.9）	5.3（3.5～7.1）	10（6.9～14）	x
女 40～59	2	164	0	7.4（6.2～8.8）	2.9 [E]（1.8～4.0）	6.5 [E]（4.0～8.9）	12（8.7～15）	x
女 60～79	2	148	0.68	8.4（6.8～10）	2.6 [E]（1.2～3.9）	7.4 [E]（4.6～10）	14（9.6～18）	x

a 3～5 岁年龄组未按照性别分组。

b 如果超过 40%的样本检测值低于检出限，则仅报告数据的百分比分布而不报告均值。

E 谨慎引用。

F 数据不可靠，不予发布。

x 根据加拿大《统计法》保密规定，不予发布

9.2 反式,反式-黏康酸

表 9-2-1　加拿大第二次（2009—2011）健康调查

3～79 岁居民年龄别尿反式,反式-黏康酸质量浓度　　　　单位：μg/L

分组（岁）	调查时期	调查人数	<检出限 [a]/%	几何均数（95%置信区间）	P_{10}（95%置信区间）	P_{50}（95%置信区间）	P_{75}（95%置信区间）	P_{95}（95%置信区间）
全体对象 3～79	2	2 523	0.20	64 (57～71)	15 (12～19)	59 (52～66)	130 (110～150)	500 (330～680)
3～5	2	506	0.40	75 (63～91)	20 (15～24)	68 (52～83)	160 (120～200)	670 (510～840)
6～11	2	511	0.20	71 (57～87)	17 (13～21)	63 (41～85)	160 (110～200)	540 (360～720)
12～19	2	506	0	75 (61～92)	15[E] (8.4～21)	66 (47～85)	180[E] (98～260)	560 (440～680)
20～39	2	355	0.56	62 (48～81)	13[E] (6.3～19)	70 (54～86)	110 (74～140)	610[E] (300～910)
40～59	2	359	0	65 (53～80)	17 (14～20)	57 (41～73)	140 (97～190)	470[E] (200～750)
60～79	2	286	0	54 (43～67)	14[E] (7.6～21)	52 (37～67)	100 (75～130)	400 (300～500)

a 如果超过 40%的样本检测值低于检出限，则仅报告数据的百分比分布而不报告均值。

E 谨慎引用。

表 9-2-2　加拿大第二次（2009—2011）健康调查

3～79 岁居民年龄别 [a]、性别尿反式,反式-黏康酸质量浓度　　　　单位：μg/L

分组（岁）	调查时期	调查人数	<检出限 [b]/%	几何均数（95%置信区间）	P_{10}（95%置信区间）	P_{50}（95%置信区间）	P_{75}（95%置信区间）	P_{95}（95%置信区间）
全体男性 3～79	2	1 267	0.24	68 (57～81)	19 (13～25)	66 (54～78)	130 (100～170)	480 (330～630)
男 6～11	2	261	0.38	77 (58～100)	17[E] (9.8～25)	76[E] (30～120)	180[E] (110～250)	550 (380～720)
男 12～19	2	255	0	77 (55～110)	19[E] (8.6～29)	62[E] (33～91)	F	530 (360～690)
男 20～39	2	166	0.60	73[E] (50～110)	F	72 (54～91)	140[E] (81～210)	x
男 40～59	2	193	0	65 (51～83)	19 (13～25)	60[E] (34～86)	130 (86～170)	x
男 60～79	2	142	0	57 (42～76)	17[E] (6.2～27)	44[E] (26～61)	100[E] (49～150)	x

分组（岁）	调查时期	调查人数	<检出限[b]/%	几何均数（95%置信区间）	P_{10}（95%置信区间）	P_{50}（95%置信区间）	P_{75}（95%置信区间）	P_{95}（95%置信区间）
全体女性 3～79	2	1 256	0.16	59（51～70）	13（9.2～17）	56（47～64）	120（86～160）	610[E]（330～890）
女 6～11	2	250	0	64（48～85）	17[E]（11～23）	54[E]（33～74）	120[E]（64～170）	500[E]（180～820）
女 12～19	2	251	0	73（57～92）	10[E]（4.3～16）	67（48～87）	230[E]（110～340）	760[E]（370～1 100）
女 20～39	2	189	0.53	53（38～74）	12[E]（5.4～18）	57（38～76）	96（71～120）	x
女 40～59	2	166	0	65[E]（44～96）	16（11～21）	52[E]（18～85）	170[E]（96～250）	x
女 60～79	2	144	0	51（38～68）	10[E]（2.9～17）	54（37～72）	110[E]（69～150）	x

a 3～5 岁年龄组未按照性别分组。

b 如果超过 40%的样本检测值低于检出限，则仅报告数据的百分比分布而不报告均值。

E 谨慎引用。

F 数据不可靠，不予发布。

x 根据加拿大《统计法》保密规定，不予发布。

表 9-2-3　加拿大第二次（2009—2011）健康调查

3～79 岁居民年龄别尿反式,反式-黏康酸质量分数　　　　单位：μg/g 肌酐

分组（岁）	调查时期	调查人数	<检出限[a]/%	几何均数（95%置信区间）	P_{10}（95%置信区间）	P_{50}（95%置信区间）	P_{75}（95%置信区间）	P_{95}（95%置信区间）
全体对象 3～79	2	2 513	0.20	64（58～70）	19（16～21）	54（48～61）	120（93～150）	450（370～520）
3～5	2	505	0.40	130（110～160）	37（33～42）	110（88～140）	270（180～360）	1 000[E]（560～1 400）
6～11	2	509	0.20	82（67～100）	25（21～28）	70（52～88）	180[E]（110～260）	490（360～630）
12～19	2	504	0	57（47～69）	18（15～20）	43（29～57）	110[E]（66～150）	410（350～470）
20～39	2	353	0.57	55（46～66）	17（14～19）	48（36～60）	94（67～120）	430（300～570）
40～59	2	357	0	66（53～82）	19（14～24）	54（38～71）	150[E]（81～210）	F
60～79	2	285	0	63（54～73）	21（18～24）	54（44～65）	100（70～130）	400[E]（210～590）

a 如果超过 40%的样本检测值低于检出限，则仅报告数据的百分比分布而不报告均值。

E 谨慎引用。

F 数据不可靠，不予发布。

表 9-2-4　加拿大第二次（2009—2011）健康调查
3～79 岁居民年龄别 [a]、性别尿反式,反式-黏康酸质量分数　　　　单位：μg/g 肌酐

分组 （岁）	调查 时期	调查 人数	<检出 限 [b]/%	几何均数 （95%置信 区间）	P_{10} （95%置信 区间）	P_{50} （95%置信 区间）	P_{75} （95%置信 区间）	P_{95} （95%置信 区间）
全体男性 3～79	2	1 263	0.24	59 （50～70）	17 （15～20）	52 （41～64）	110 （77～140）	390 （290～480）
男 6～11	2	260	0.38	88 （71～110）	28 （23～33）	82 （55～110）	200[E] （110～280）	540 （350～720）
男 12～19	2	254	0	55 （39～78）	18 （15～21）	46[E] （24～67）	F	360 （240～470）
男 20～39	2	165	0.61	56 （40～78）	17 （12～21）	47[E] （28～66）	96[E] （40～150）	x
男 40～59	2	193	0	56 （45～70）	16 （13～18）	53[E] （32～74）	110 （70～150）	x
男 60～79	2	142	0	53 （40～70）	19 （17～22）	48[E] （30～67）	88 （57～120）	x
全体女性 3～79	2	1 250	0.16	69 （61～77）	21 （17～24）	55 （48～63）	140 （96～190）	490 （320～650）
女 6～11	2	249	0	76 （55～110）	23 （18～28）	57[E] （35～79）	F	490 （340～640）
女 12～19	2	250	0	60 （50～72）	17 （13～21）	42 （30～54）	140[E] （81～200）	470 （320～620）
女 20～39	2	188	0.53	54 （44～67）	16 （14～19）	51[E] （31～72）	89 （63～120）	x
女 40～59	2	164	0	77 （55～110）	24 （21～28）	56[E] （27～86）	200[E] （80～320）	x
女 60～79	2	143	0	74 （59～93）	24 （19～28）	66 （46～86）	150 （100～200）	x

a　3～5 岁年龄组未按照性别分组。

b　如果超过 40%的样本检测值低于检出限，则仅报告数据的百分比分布而不报告均值。

E　谨慎引用。

F　数据不可靠，不予发布。

x　根据加拿大《统计法》保密规定，不予发布。

9.3　苯巯基尿酸

表 9-3-1　加拿大第二次（2009—2011）健康调查

3～79 岁居民年龄别尿苯巯基尿酸质量浓度　　　　　　　　　　单位：μg/L

分组 （岁）	调查 时期	调查 人数	<检出 限[a]/%	几何均数 （95%置信 区间）	P_{10} （95%置信 区间）	P_{50} （95%置信 区间）	P_{75} （95%置信 区间）	P_{95} （95%置信 区间）
全体对象 3～79	2	2 525	22.10	0.20 （0.18～0.23）	<检出限	0.12 （0.095～0.15）	0.37 （0.27～0.47）	3.5 （2.5～4.5）
3～5	2	507	20.32	0.15 （0.13～0.17）	<检出限	0.12 （0.094～0.14）	0.28[E] （0.15～0.41）	0.64[E] （0.40～0.88）
6～11	2	511	25.24	0.14 （0.11～0.17）	<检出限	0.099 （0.083～0.12）	0.19[E] （0.089～0.29）	0.58[E] （0.33～0.82）
12～19	2	506	18.97	0.17 （0.15～0.20）	<检出限	0.13 （0.094～0.16）	0.33 （0.29～0.36）	1.1[E] （0.53～1.6）
20～39	2	355	19.44	0.21 （0.17～0.27）	<检出限	0.12 （<检出限～0.16）	0.50[E] （0.29～0.72）	3.0[E] （1.5～4.5）
40～59	2	359	25.91	0.24 （0.18～0.31）	<检出限	0.13[E] （<检出限～0.20）	F	5.2[E] （3.2～7.3）
60～79	2	287	23.69	0.19 （0.15～0.23）	<检出限	0.12 （0.094～0.15）	0.32[E] （0.18～0.46）	3.4[E] （1.3～5.4）

a 如果超过 40%的样本检测值低于检出限，则仅报告数据的百分比分布而不报告均值。

E 谨慎引用。

F 数据不可靠，不予发布。

表 9-3-2　加拿大第二次（2009—2011）健康调查

3～79 岁居民年龄别[a]、性别尿苯巯基尿酸质量浓度　　　　　　单位：μg/L

分组 （岁）	调查 时期	调查 人数	<检出 限[b]/%	几何均数 （95%置信 区间）	P_{10} （95%置信 区间）	P_{50} （95%置信 区间）	P_{75} （95%置信 区间）	P_{95} （95%置信 区间）
全体男性 3～79	2	1 267	20.21	0.23 （0.20～0.26）	<检出限	0.13 （0.10～0.16）	0.47[E] （0.27～0.68）	3.9[E] （2.5～5.4）
男 6～11	2	261	26.44	0.13 （0.11～0.17）	<检出限	0.099 （0.080～0.12）	0.18 （0.12～0.24）	0.46[E] （0.26～0.65）
男 12～19	2	255	17.65	0.17 （0.14～0.21）	<检出限	0.12 （<检出限～0.16）	0.30 （0.25～0.35）	F
男 20～39	2	166	16.27	0.23 （0.18～0.31）	<检出限	0.13[E] （<检出限～0.19）	0.56[E] （0.25～0.88）	x
男 40～59	2	193	19.69	0.30[E] （0.20～0.45）	<检出限	F	F	x
男 60～79	2	142	16.90	0.20 （0.15～0.27）	<检出限	0.12 （0.086～0.16）	F	x

分组（岁）	调查时期	调查人数	<检出限 b/%	几何均数（95%置信区间）	P_{10}（95%置信区间）	P_{50}（95%置信区间）	P_{75}（95%置信区间）	P_{95}（95%置信区间）
全体女性 3~79	2	1 258	24.01	0.18（0.15~0.23）	<检出限	0.11（<检出限~0.14）	0.34（0.23~0.44）	2.5[E]（0.89~4.1）
女 6~11	2	250	24.00	0.14（0.12~0.18）	<检出限	0.10（<检出限~0.12）	0.29[E]（0.17~0.41）	0.64[E]（0.35~0.93）
女 12~19	2	251	20.32	0.18（0.14~0.23）	<检出限	0.14[E]（<检出限~0.20）	0.36（0.28~0.44）	0.97[E]（0.40~1.5）
女 20~39	2	189	22.22	0.20（0.15~0.26）	<检出限	0.10[E]（<检出限~0.14）	0.48[E]（0.19~0.77）	x
女 40~59	2	166	33.13	0.19[E]（0.12~0.29）	<检出限	F	F	x
女 60~79	2	145	30.34	0.17（0.12~0.24）	<检出限	0.12（0.089~0.15）	0.32[E]（0.12~0.52）	x

a 3~5 岁年龄组未按照性别分组。

b 如果超过 40%的样本检测值低于检出限，则仅报告数据的百分比分布而不报告均值。

E 谨慎引用。

F 数据不可靠，不予发布。

x 根据加拿大《统计法》保密规定，不予发布。

表 9-3-3　加拿大第二次（2009—2011）健康调查

3~79 岁居民年龄别尿苯巯基尿酸质量分数　　　　　　单位：μg/g 肌酐

分组（岁）	调查时期	调查人数	<检出限 a/%	几何均数（95%置信区间）	P_{10}（95%置信区间）	P_{50}（95%置信区间）	P_{75}（95%置信区间）	P_{95}（95%置信区间）
全体对象 3~79	2	2 515	22.19	0.20（0.17~0.24）	<检出限	0.18（0.14~0.21）	0.38（0.30~0.46）	3.1（2.1~4.2）
3~5	2	506	20.36	0.27（0.24~0.30）	<检出限	0.26（0.21~0.31）	0.43（0.36~0.50）	0.91（0.69~1.1）
6~11	2	509	25.34	0.16（0.13~0.19）	<检出限	0.15（0.12~0.19）	0.25（0.19~0.31）	0.60（0.40~0.80）
12~19	2	504	19.05	0.13（0.12~0.15）	<检出限	0.13（0.11~0.14）	0.22（0.19~0.26）	0.78（0.50~1.1）
20~39	2	353	19.55	0.19（0.14~0.26）	<检出限	0.14（<检出限~0.19）	0.44[E]（0.22~0.65）	2.9[E]（1.8~4.1）
40~59	2	357	26.05	0.24（0.18~0.32）	<检出限	0.20（<检出限~0.25）	0.44[E]（<检出限~0.67）	4.3[E]（1.5~7.0）
60~79	2	286	23.78	0.22（0.18~0.27）	<检出限	0.19（0.15~0.22）	0.36（0.27~0.44）	3.1[E]（1.4~4.8）

a 如果超过 40%的样本检测值低于检出限，则仅报告数据的百分比分布而不报告均值。

E 谨慎引用。

表 9-3-4 加拿大第二次（2009—2011）健康调查

3～79 岁居民年龄别 [a]、性别尿苯巯基尿酸质量分数 单位：μg/g 肌酐

分组（岁）	调查时期	调查人数	<检出限 [b]/%	几何均数（95%置信区间）	P_{10}（95%置信区间）	P_{50}（95%置信区间）	P_{75}（95%置信区间）	P_{95}（95%置信区间）
全体男性 3～79	2	1 263	20.27	0.20 (0.16～0.24)	<检出限	0.15 (0.12～0.18)	0.38[E] (0.24～0.53)	3.1[E] (1.1～5.1)
男 6～11	2	260	26.54	0.15 (0.12～0.19)	<检出限	0.14 (0.094～0.19)	0.25 (0.18～0.32)	0.55 (0.43～0.68)
男 12～19	2	254	17.72	0.12 (0.10～0.14)	<检出限	0.12 (<检出限～0.14)	0.21 (0.17～0.24)	F
男 20～39	2	165	16.36	0.19 (0.13～0.26)	<检出限	0.13[E] (<检出限～0.18)	F	x
男 40～59	2	193	19.69	0.25[E] (0.16～0.39)	<检出限	0.17[E] (<检出限～0.26)	F	x
男 60～79	2	142	16.90	0.19 (0.14～0.26)	<检出限	0.15[E] (0.090～0.20)	0.29[E] (<检出限～0.39)	x
全体女性 3～79	2	1 252	24.12	0.21 (0.16～0.27)	<检出限	0.18 (<检出限～0.23)	0.37 (0.28～0.47)	3.2[E] (1.1～5.3)
女 6～11	2	249	24.10	0.17 (0.14～0.21)	<检出限	0.16 (<检出限～0.19)	0.25[E] (0.15～0.35)	0.71[E] (0.39～1.0)
女 12～19	2	250	20.40	0.15 (0.11～0.19)	<检出限	0.14 (<检出限～0.16)	0.23[E] (0.14～0.32)	0.68[E] (0.32～1.1)
女 20～39	2	188	22.34	0.20[E] (0.14～0.29)	<检出限	0.17[E] (<检出限～0.24)	0.43[E] (0.23～0.62)	x
女 40～59	2	164	33.54	0.22[E] (0.14～0.34)	<检出限	0.22[E] (<检出限～0.31)	0.42[E] (<检出限～0.60)	x
女 60～79	2	144	30.56	0.25 (0.19～0.34)	<检出限	0.21 (0.14～0.27)	0.36[E] (0.16～0.56)	x

a 3～5 岁年龄组未按照性别分组。

b 如果超过 40%的样本检测值低于检出限，则仅报告数据的百分比分布而不报告均值。

E 谨慎引用。

F 数据不可靠，不予发布。

x 根据加拿大《统计法》保密规定，不予发布。

参考文献

[1] ATSDR（Agency for Toxic Substances and Disease Registry）. 2007. *Toxicological profile for benzene*. Atlanta，GA.：U.S. Department of Health and Human Services. Retrieved May 22，2011，from www.atsdr.cdc.gov/toxprofiles/tp3-c6.pdf.

[2] Boogaard，P.J. and van Sittert，N.J.. 1995. Biological monitoring of exposure to benzene：A comparison between S-phenylmercapturic acid，trans，trans- muconic acid and phenol. *Occupational and Environmental Medicine*，52（9）：611-620.

[3] Canada. 1985. *Food and Drugs Act*. RSC 1985，c. F-27. Retrieved June 6，2012，from http://laws-lois. justice.gc.ca/eng/acts/F-27/.

[4] Canada. 1997. *Benzene in Gasoline Regulations*. SOR/97-493. Retrieved August 14，2012，from http://laws-lois.justice.gc.ca/eng/regulations/SOR-97-493/index.html.

[5] Canada. 1999. *Canadian Environmental Protection Act*，1999. SC 1999，c. 33. Retrieved April 2，2012，from http://laws-lois.justice.gc.ca/eng/acts/C-15.31/index.html.

[6] Capleton，A.C. and Levy，L.S.. 2005. An overview of occupational benzene exposures and occupational exposure limits in Europe and North America. *Chemico-Biological Interactions*，43-53，153-154.

[7] Caux，C.，O'Brien，C. and Viau，C.. 2002. Determination of firefighter exposure to polycyclic aromatic hydrocarbons and benzene during fire fighting using measurement of biological indica- tors. *Applied Occupational and Environmental Hygiene*，17（5）：379-386.

[8] CCME（Canadian Council of Ministers of the Environment）. 2000. *Canada-wide standards for benzene - Phase 1*. Québec，QC. Retrieved June 9，2012，from www.ccme.ca/assets/pdf/benzene_std_june2000_e.pdf.

[9] CCME（Canadian Council of Ministers of the Environment）. 2001. *Canada-wide standards for benzene - Phase 2*. Québec，QC. Retrieved June 9，2012，from www.ccme.ca/assets/pdf/benzene_cws_phase2_e.pdf.

[10] Drummond，I.. 1991. Industrial hygiene survey report：*Benzene content of crude oil and condensate streams*. Esso Resources Canada Ltd.，Calgary，AB.

[11] Environment Canada. 2012. *Guidance document on the benzene in Gasoline Regulations*. Ottawa，ON.：Minister of the Environment. Retrieved June 8，2012，from www.ec.gc.ca/lcpe-cepa/default. asp？lang=En&n=4BFBD709-1&off- set=2&toc=show.

[12] Environment Canada & Health Canada. 1993. *Priority substances list assessment report：Benzene*. Ottawa，ON.：Minister of Supply and Services Canada. Retrieved August 28，2012，from www. hc-sc.gc.ca/ewh-semt/alt_formats/hecs-sesc/pdf/pubs/contaminants/psl1-lsp1/benzene/benzene-eng.pdf.

[13] EPA（U.S. Environmental Protection Agency）. 2002. *Toxicological review of benzene（noncancer effects）- In support of summary information on the Integrated Risk Information System（IRIS）*. Washington，DC.：U.S. Environmental Protection Agency. Retrieved June 8，2012，from www.epa.gov/iris/toxreviews/0276tr.pdf.

[14] Health Canada. 2009. *Guidelines for Canadian drinking water quality：Guideline technical document- Benzene*. Ottawa，ON.：Minister of Health. Retrieved May 24，2012，from www.hc-sc.gc.ca/ewh-semt/ alt_formats/hecs-sesc/pdf/pubs/water-eau/benzene/benzene-eng.pdf.

[15] Health Canada. 2011. *List of prohibited and restricted cosmetic ingredients（"hotlist"）*. Retrieved May 25，2012，from www.hc-sc.gc.ca/cps-spc/cosmet-person/indust/hot-list-critique/index-eng.php.

[16] Héroux，M.E.，Gauvin，D.，Gilbert，N.L.，et al. 2008. Housing characteristics and indoor concentrations of selected volatile organic compounds（VOCs）in Québec City，Canada. *Indoor and Built Environment*，17（2）：128-137.

[17] Héroux，M.E.，Clark，N.，van Ryswyk，K.，et al. 2010. Predictors of indoor air concentrations in smoking and non-smoking residences. *International Journal of Environmental Research and Public Health*，7（8）：3080-3099.

[18] IARC（International Agency for Research on Cancer）. 2012. *IARC monographs on the evaluation of carcinogenic risks to humans-Volume 100F：Chemical agents and related occupations*. Geneva：World Health Organization.

10 氯酚类化合物概况与调查结果

氯酚类化合物是由许多氯原子组成的重要化合物。根据氯原子数不同，可以将 19 种氯酚分为 5 种基本类型。在加拿大第二次（2009—2011）健康调查中，人体生物材料中共检测了 5 种氯酚，包括 2,4-二氯苯酚（2,4-DCP）、2,5-二氯苯酚（2,5-DCP）、2,4,5-三氯苯酚（2,4,5-TCP）、2,4,6-三氯苯酚（2,4,6-TCP）和五氯苯酚（PCP），如表 10-1 所示。

表 10-1　加拿大第二次（2009—2011）健康调查氯酚基本情况

氯酚	CAS 编号	英文缩写
2,4-二氯苯酚	120-83-2	2,4-DCP
2,5-二氯苯酚	583-78-8	2,5-DCP
2,4,5-三氯苯酚	95-95-4	2,4,5-TCP
2,4,6-三氯苯酚	88-06-2	2,4,6-TCP
五氯苯酚	87-86-50.92	PCP

一般情况下，氯酚类化合物直接作为农药使用，或者作为不同类型农药生产的中间体，这些农药包括杀菌剂、灭藻剂、杀螺剂、杀螨剂（针对扁虱和螨）、防霉剂等（IPCS，1989）。2,4-二氯苯酚和 2,4,5-三氯苯酚主要作为中间体用于含苯氧基除草剂特别是 2,4-二氯苯氧乙酸（2,4-D）和 2,4,5-三氯苯氧乙酸（2,4-T）的生产（ATSDR，1999）。2,4-二氯苯氧乙酸在加拿大的 150 种农业和日常用品中都有发现，然而，根据 1985 年加拿大《病虫害防治产品法案》的要求，2,4,5-三氯苯氧乙酸已经从除草剂注册清单中删除（Canada，2006；Health Canada，2008；Health Canada，2012a）。在加拿大，五氯酚主要用作电线杆、枕木等的防腐剂（Health Canada，2011）。有些氯酚类化合物也用作特定染料、制药生产和不特定用途的中间体，如一般防腐剂和消毒剂（IPCS，1989）。加拿大已经不再生产氯酚类化合物，但还在继续从世界其他国家进口使用（Health Canada，1987；Health Canada，2012b）。根据加拿大《病虫害防治产品法案》的要求，目前有 13 种含有五氯酚和活性氯酚的农药在注册使用（Canada，2006；Health Canada，2012b）。

尽管有些氯酚类化合物是自然产生，但是这种自然来源并不是环境中的主要来源（IPCS，1989）。大量氯酚类化合物通过废水、饮用水氯化消毒及城市固体废物焚烧形成，并释放到环境中（ATSDR，1999；IPCS，1989）。使用含有氯酚的农药，发生降解，也可导致氯酚类化合物进入环境介质（ATSDR，1999）。

人们通过食物摄入、呼吸吸入及消过毒的饮用水摄入等途径暴露氯酚类化合物（ATSDR，2001；IPCS，1989）。在加拿大，普通人群通过食物摄入氯酚的贡献率为 40%，而通过吸入空气（室内和周边环境）和饮用水摄入氯酚的贡献率分别为 30% 和 20%（Health

Canada，1987）。对于五氯酚，食物摄入占每日总摄入量的 74%～89%，而空气呼吸吸入占每日总摄入量的 10%～25%，水、土壤及家庭灰尘暴露摄入剂量可以忽略不计（Coad，1992）。加拿大饮用水中氯酚类化合物浓度水平相当低，且区域差异较大（Health Canada，1987；Sithole and Williams，1986）。人体暴露氯酚类化合物的其他来源包括皮肤接触含有氯酚类的产品，如防腐剂处理过的木材等（ATSDR，2001；Health Canada，1987）。

氯酚类化合物（包括五氯酚）通过呼吸、摄食及皮肤接触等途径迅速被吸收（ATSDR，2001；CDC，2009；Health Canada，1987；IPCS，1989）。氯酚类化合物在随着尿液排出以前，主要通过与肝脏中的硫酸盐或者葡萄糖醛酸酯相结合发生代谢和转化（ATSDR，2001；IPCS，1989）。氯酚类化合物的代谢产物易于在肝脏和肾脏中积累，然而，它们也可能在脑和脂肪组织中蓄积（ATSDR，2001；IPCS，1989）。80%～90%的氯酚类化合物以自由态或者结合态的形式通过尿液排出体外，一小部分通过粪便排出体外（IPCS，1989）。

尽管氯酚类化合物在某些组织中的消除速率看起来更快，但是单一剂量的氯酚完全消除需要一至几天（IPCS，1989）。尿液中氯酚化合物的浓度水平可以作为有用的生物标志物，但并不是氯酚类化合物暴露的唯一标识物，因为人体暴露某些农药之后尿液中也可能检测到这些化合物（ATSDR，1999；ATSDR，2001）。

已有报道表明：在氯酚类化合物生产过程中，会引起包括眼睛、鼻子、气管发炎和皮炎、皮疹、卟啉症等长期健康效应（IPCS，1989）。一些流行病学资料显示：软组织肿瘤、恶性毒瘤、恶性淋巴瘤、鼻咽癌和职业暴露氯酚类化合物有关（IPCS，1989）。然而，另外一些流行病学研究显示职业暴露氯酚和肿瘤之间没有关系，从动物研究得出的数据也是互相矛盾的（IPCS，1989）。国际癌症研究机构（IRAC）结合氯酚类化合物（2,4-二氯苯酚、2,4,5-三氯苯酚、2,4,6-三氯苯酚及五氯酚）的暴露情况，将五氯酚归为 2B 类致癌物，即可能对人体致癌（IARC，1991；IARC，1999）。由于氯酚类数据资料有限，加拿大卫生部未将氯酚类化合物作为潜在致癌物；然而，却将 2,4,6-三氯苯酚归为 2 类致癌物，即可能对人体致癌（Health Canada，1987）。

作为《加拿大环境保护法》化学品管理计划的一部分，五氯酚是高度优控的污染物；有关五氯酚的最终全面评估结果在 2009 年 8 月公开出版（Canada，1999；Canada，2011；Environment Canada and Health Canada，2009）。尽管五氯酚本身被认为对人类有毒，但是在加拿大没有任何关于五氯酚非农药使用和释放的资料，这说明加拿大五氯酚来自非农药使用暴露的可能性很低（Environment Canada and Health Canada，2009）。为了进一步控制五氯酚向环境介质中释放，加拿大政府按照《加拿大环境保护法》（1999）对该物质的要求，颁布了《重要新活动规定》。在加拿大，除了包含在《病虫害防治产品法案》中的物质，《重要新活动规定》要求任何打算新生产、进口或者使用的化学品在开展新活动之前，均需要进行健康评价（Canada，2006；Canada，2009）。有害生物管理局最近完成了五氯酚的再评估，认为五氯酚在加拿大可以继续作为耐用木材防腐剂注册使用（Health Canada，2012b）。作为《加拿大环境保护法》中化学物管理计划中的一部分，2,4-二氯苯酚仍将优先评估（Environment Canada，2011）。

加拿大卫生部制定了《加拿大饮用水水质标准》，规定了 2,4-二氯苯酚、2,4,6-三氯苯酚和五氯酚的最大可接受浓度水平（Health Canada，1987；Health Canada，2012c）。对加拿大萨斯喀彻温省城市和农村的 69 名 6～87 岁的非职业暴露人群进行监测，结果显示：调查人群 24 小时内的尿液样品中均能检测到五氯酚，平均质量浓度水平为 0.75 μg/L，质量浓度范围是 0.05～3.60 μg/L（Treble and Thompson，1996）。

在加拿大第二次（2009—2011）健康调查中，3～79 岁调查对象尿液中均检出了 2,4-二氯苯酚（2,4-DCP）、2,5-二氯苯酚（2,5-DCP）、2,4,5-三氯苯酚（2,4,5-TCP）、2,4,6-三氯苯酚（2,4,6-TCP）和五氯苯酚（PCP）。质量浓度用 μg/L、质量分数用 μg/g 肌酐表示（表 10-1-1～表 10-5-4）表示。调查对象尿液中检出氯酚类化合物可以作为氯酚类化合物的暴露标志物，但是并不意味着一定会对调查对象产生不利健康效应。本调查的数据提供了加拿大普通人群尿液中 5 种氯酚类化合物的基线水平。

10.1   2,4-二氯苯酚

表 10-1-1   加拿大第一次（2007—2009）和第二次（2009—2011）健康调查
6～79 岁居民 [a] 尿 2,4-二氯苯酚质量浓度   单位：μg/L

分组（岁）	调查时期	调查人数	<检出限 [b]/%	几何均数（95%置信区间）	P_{10}（95%置信区间）	P_{50}（95%置信区间）	P_{75}（95%置信区间）	P_{95}（95%置信区间）
全体对象 6～79	1	5 479	21.81	0.94 (0.83～1.1)	<检出限	0.83 (0.68～0.97)	2.2 (1.8～2.6)	8.9 (7.7～10)
全体对象 6～79	2	2 022	11.92	1.2 (0.97～1.4)	<检出限	1.0 (0.86～1.1)	2.3 (1.7～2.9)	12[E] (6.8～18)
全体男性 6～79	1	2 661	18.9	1.0 (0.91～1.2)	<检出限	0.97 (0.81～1.1)	2.4 (2.0～2.8)	9.1 (7.8～10)
全体男性 6～79	2	1 016	10.04	1.3 (1.1～1.6)	<检出限	1.1 (0.95～1.2)	2.9[E] (1.8～3.9)	F
全体女性 6～79	1	2 818	24.56	0.85 (0.75～0.97)	<检出限	0.71 (0.60～0.82)	1.9 (1.5～2.3)	8.5 (6.9～10)
全体女性 6～79	2	1 006	13.82	1.0 (0.79～1.3)	<检出限	(0.69～1.2)	1.9 (1.3～2.4)	13[E] (5.5～21)

a 为了便于比较第一次（2007—2009）调查数据，6 岁以下儿童数据未收录，表中仅包含 6～79 岁的居民数据。
b 如果超过 40%的样本检测值低于检出限，则仅报告数据的百分比分布而不报告均值。
E 谨慎引用。
F 数据不可靠，不予发布。

表 10-1-2　加拿大第一次（2007—2009）和第二次（2009—2011）健康调查
3～79 岁居民年龄别、性别尿 2,4-二氯苯酚质量浓度　　　　　单位：μg/L

分组（岁）	调查时期	调查人数	<检出限 [a]/%	几何均数（95%置信区间）	P_{10}（95%置信区间）	P_{50}（95%置信区间）	P_{75}（95%置信区间）	P_{95}（95%置信区间）
全体对象 3～79 [b]	1	—	—	—	—	—	—	—
全体对象 3～79	2	2 545	12.14	1.2（0.98～1.4）	<检出限	1.0（0.86～1.1）	2.3（1.7～2.9）	12^E（7.1～18）
3～5 [b]	1	—	—	—	—	—	—	—
3～5	2	523	13	1.2（0.99～1.5）	<检出限	1.0（0.84～1.2）	2.1（1.6～2.6）	F
6～11	1	1 029	22.35	0.89（0.73～1.1）	<检出限	0.73（0.62～0.84）	1.7（1.2～2.2）	9.4^E（3.2～16）
6～11	2	513	12.09	1.1（0.94～1.4）	<检出限	0.99（0.85～1.1）	2.0（1.4～2.6）	9.5^E（4.7～14）
12～19	1	981	17.02	1.1（0.90～1.3）	<检出限	0.97（0.78～1.2）	2.4（2.0～2.8）	13（9.3～16）
12～19	2	508	6.3	1.5（1.3～1.8）	0.41^E	1.2（0.93～1.5）	3.0（2.1～3.8）	12^E（7.4～17）
20～39	1	1 166	22.04	0.95（0.83～1.1）	<检出限	0.90（0.72～1.1）	2.2（1.8～2.7）	7.3（5.8～8.8）
20～39	2	351	13.68	1.1（0.87～1.5）	<检出限	1.1（0.83～1.3）	2.4^E（1.2～3.6）	F
40～59	1	1 222	24.06	0.90（0.80～1.0）	<检出限	0.76（0.60～0.92）	2.2（1.8～2.6）	8.9（7.5～10）
40～59	2	359	14.76	1.2（0.89～1.6）	<检出限	1.1（0.82～1.3）	2.2^E（0.94～3.4）	F
60～79	1	1 081	22.85	0.95（0.77～1.2）	<检出限	0.78（0.56～0.99）	2.3（1.5～3.0）	10（6.5～14）
60～79	2	291	15.81	0.96（0.81～1.1）	<检出限	0.73（0.61～0.85）	2.0^E（1.2～2.8）	9.4^E（4.2～15）

a 如果超过 40%的样本检测值低于检出限，则仅报告数据的百分比分布而不报告均值。
b 6 岁以下儿童未纳入第一次调查（2007—2009），因此该年龄段无统计数据。
E 谨慎引用。
F 数据不可靠，不予发布。

表 10-1-3　加拿大第一次（2007—2009）和第二次（2009—2011）健康调查
3～79 岁居民年龄别[a]、性别尿 2,4-二氯苯酚质量浓度　　　　　　单位：μg/L

分组（岁）	调查时期	调查人数	<检出限[b]/%	几何均数（95%置信区间）	P_{10}（95%置信区间）	P_{50}（95%置信区间）	P_{75}（95%置信区间）	P_{95}（95%置信区间）
全体男性 3～79[c]	1	—	—	—	—	—	—	—
全体男性 3～79	2	1 276	10.03	1.3（1.1～1.6）	F	1.1（0.95～1.2）	2.9[E]（1.8～3.9）	F
男 6～11	1	525	23.05	0.85（0.68～1.1）	<检出限	0.72（0.55～0.89）	1.9（1.3～2.4）	7.7[E]（4.7～11）
男 6～11	2	261	11.11	1.2（0.91～1.6）	<检出限	0.99[E]（0.60～1.4）	F	12[E]（5.9～19）
男 12～19	1	504	15.28	1.1（0.92～1.3）	<检出限	0.99（0.77～1.2）	2.6（2.0～3.2）	13（8.5～17）
男 12～19	2	253	7.11	1.7（1.3～2.3）	0.47（0.31～0.63）	1.3（0.90～1.7）	3.4（2.2～4.5）	F
男 20～39	1	513	19.1	1.0（0.85～1.3）	<检出限	1.0（0.74～1.3）	2.4（1.7～3.1）	8.0（5.6～10）
男 20～39	2	167	12.57	1.3[E]（0.89～1.9）	<检出限	1.2[E]（0.67～1.7）	3.0[E]（1.2～4.8）	x
男 40～59	1	578	18.17	1.0（0.90～1.2）	<检出限	0.88（0.67～1.1）	2.4（2.0～2.9）	9.5（7.8～11）
男 40～59	2	193	9.33	1.3（0.96～1.8）	0.34[E]	1.1（0.91～1.3）	2.9[E]（1.1～4.6）	x
男 60～79	1	541	18.85	1.1（0.88～1.4）	<检出限	0.95（0.65～1.3）	2.6（1.8～3.4）	11[E]（6.0～17）
男 60～79	2	142	11.27	1.2（0.87～1.7）	<检出限[E]	0.81（0.60～1.0）	2.5[E]（0.78～4.3）	x
全体女性 3～79[c]	1	—	—	—	—	—	—	—
全体女性 3～79	2	1 269	14.26	1.0（0.80～1.3）	<检出限	0.92（0.69～1.1）	1.8（1.3～2.4）	13[E]（5.4～20）
女 6～11	1	504	21.63	0.93（0.76～1.1）	<检出限	0.74（0.63～0.84）	1.6（1.1～2.2）	F
女 6～11	2	252	13.1	1.0（0.77～1.4）	<检出限	0.97（0.66～1.3）	1.8（1.2～2.5）	8.6[E]（3.0～14）
女 12～19	1	477	18.87	1.1（0.82～1.4）	<检出限	0.93（0.70～1.2）	2.2（1.5～3.0）	12[E]（5.1～20）
女 12～19	2	255	5.49	1.3（1.0～1.8）	0.38[E]	1.1（0.70～1.5）	2.2[E]（1.0～3.3）	11[E]（6.4～15）

分组（岁）	调查时期	调查人数	<检出限[b]/%	几何均数（95%置信区间）	P_{10}（95%置信区间）	P_{50}（95%置信区间）	P_{75}（95%置信区间）	P_{95}（95%置信区间）
女 20～39	1	653	24.35	0.87（0.75～1.0）	<检出限	0.78（0.62～0.93）	2.0（1.4～2.5）	6.9（5.0～8.9）
女 20～39	2	184	14.67	0.99（0.72～1.3）	<检出限	0.99[E]（0.60～1.4）	2.0[E]（1.1～2.9）	x
女 40～59	1	644	29.35	0.78（0.68～0.90）	<检出限	0.63（0.50～0.76）	1.9（1.4～2.5）	8.6（6.5～11）
女 40～59	2	166	21.08	1.1[E]（0.64～1.8）	<检出限	0.96[E]（0.46～1.5）	F	x
女 60～79	1	540	26.85	0.80（0.64～1.0）	<检出限	0.62（0.46～0.78）	1.7[E]（0.89～2.5）	9.2（6.2～12）
女 60～79	2	149	20.13	0.78（0.61～0.99）	<检出限	0.63[E]（0.37～0.89）	1.4[E]（0.40～2.4）	x

a 3～5 岁年龄组未按照性别分组。

b 如果超过 40%的样本检测值低于检出限，则仅报告数据的百分比分布而不报告均值。

c 6 岁以下儿童未纳入第一次调查（2007—2009），因此该年龄段无统计数据。

E 谨慎引用。

F 数据不可靠，不予发布。

x 根据加拿大《统计法》保密规定，不予发布。

表 10-1-4　加拿大第一次（2007—2009）和第二次（2009—2011）健康调查
6～79 岁[a]居民尿 2,4-二氯苯酚质量分数　　　　　　　　单位：μg/g 肌酐

分组（岁）	调查时期	调查人数	<检出限[b]/%	几何均数（95%置信区间）	P_{10}（95%置信区间）	P_{50}（95%置信区间）	P_{75}（95%置信区间）	P_{95}（95%置信区间）
全体对象 6～79	1	5 465	21.87	1.1（0.94～1.2）	<检出限	0.91（0.76～1.1）	2.3（1.9～2.8）	9.6（8.2～11）
全体对象 6～79	2	2 013	11.97	1.1（0.91～1.2）	<检出限	0.89（0.70～1.1）	2.0（1.5～2.5）	9.8（6.3～13）
全体男性 6～79	1	2 652	18.97	0.98（0.86～1.1）	<检出限	0.84（0.69～0.98）	2.1（1.6～2.6）	8.3（6.9～9.6）
全体男性 6～79	2	1 013	10.07	1.1（0.90～1.3）	<检出限	0.88（0.75～1.0）	2.0[E]（1.3～2.7）	12[E]（4.6～20）
全体女性 6～79	1	2 813	24.6	1.2（1.0～1.3）	<检出限	0.97（0.80～1.1）	2.6（2.1～3.0）	11（7.7～14）
全体女性 6～79	2	1 000	13.9	1.1（0.86～1.3）	<检出限	0.95（0.66～1.2）	2.0（1.3～2.6）	9.8（6.9～13）

a 为了便于比较第一次（2007—2009）调查数据，6 岁以下儿童数据未收录，表中仅包含 6～79 岁的居民数据。

b 如果超过 40%的样本检测值低于检出限，则仅报告数据的百分比分布而不报告均值。

E 谨慎引用。

表 10-1-5　加拿大第一次（2007—2009）和第二次（2009—2011）健康调查

3～79 岁居民尿中 2,4-二氯苯酚质量分数　　　　　　　单位：μg/g 肌酐

分组（岁）	调查时期	调查人数	<检出限 [a] /%	几何均数（95%置信区间）	P_{10}（95%置信区间）	P_{50}（95%置信区间）	P_{75}（95%置信区间）	P_{95}（95%置信区间）
全体对象 3～79 [b]	1	—	—	—	—	—	—	—
全体对象 3～79	2	2 535	12.19	1.1（0.94～1.3）	<检出限	0.94（0.75～1.1）	2.1（1.6～2.6）	10（6.4～14）
3～5 [b]	1	—	—	—	—	—	—	—
3～5	2	522	13.03	2.0（1.7～2.4）	<检出限	1.8（1.5～2.1）	3.3（2.8～3.9）	F
6～11	1	1 026	22.42	1.3（1.1～1.6）	<检出限	1.1（0.86～1.3）	2.5（1.9～3.1）	13 [E]（6.3～20）
6～11	2	511	12.13	1.3（1.0～1.6）	<检出限	1.1（0.82～1.4）	2.4 [E]（1.5～3.4）	10 [E]（4.6～15）
12～19	1	979	17.06	0.89（0.79～1.0）	<检出限	0.78（0.65～0.91）	1.7（1.4～2.1）	9.4（7.5～11）
12～19	2	506	6.32	1.1（0.96～1.4）	0.31（<检出限～0.40）	0.96（0.80～1.1）	2.1（1.5～2.6）	9.7 [E]（5.9～13）
20～39	1	1 162	22.12	0.99（0.88～1.1）	<检出限	0.88（0.67～1.1）	2.1（1.7～2.5）	8.0（6.2～9.9）
20～39	2	349	13.75	0.93（0.75～1.2）	<检出限	0.82（0.59～1.0）	1.9 [E]（1.1～2.6）	6.7 [E]（2.3～11）
40～59	1	1 217	24.16	1.1（0.94～1.2）	<检出限	0.85（0.73～0.96）	2.5（1.8～3.2）	9.8（6.9～13）
40～59	2	357	14.85	1.1（0.85～1.5）	<检出限	0.95 [E]（0.57～1.3）	2.3 [E]（1.1～3.5）	12 [E]（6.5～18）
60～79	1	1 081	22.85	1.2（0.99～1.6）	<检出限	1.0（0.77～1.3）	2.8（2.1～3.6）	12 [E]（6.7～17）
60～79	2	290	15.86	1.1（0.87～1.3）	<检出限	0.79（0.53～1.0）	1.9（1.4～2.4）	F

a 如果超过 40%的样本检测值低于检出限，则仅报告数据的百分比分布而不报告均值。

b 6 岁以下儿童未纳入第一次调查（2007—2009），因此该年龄段无统计数据。

E 谨慎引用。

F 数据不可靠，不予发布。

表 10-1-6　加拿大第一次（2007—2009）和第二次（2009—2011）健康调查
3～79 岁居民年龄别 [a]、性别群尿 2,4-二氯苯酚质量分数　　　　单位：μg/g 肌酐

分组（岁）	调查时期	调查人数	<检出限 [b]/%	几何均数（95%置信区间）	P_{10}（95%置信区间）	P_{50}（95%置信区间）	P_{75}（95%置信区间）	P_{95}（95%置信区间）
全体男性 3～79 [c]	1	—	—	—		—	—	—
全体男性 3～79	2	1 272	10.06	1.1（0.92～1.3）	<检出限	0.88（0.75～1.0）	2.2（1.5～2.9）	12[E]（5.4～19）
男 6～11	1	523	23.14	1.2（0.99～1.4）	<检出限	1.1（0.88～1.3）	2.3（1.7～2.8）	10（6.7～14）
男 6～11	2	260	11.15	1.4（1.0～1.8）	<检出限	1.2[E]（0.67～1.7）	F	12[E]（4.9～20）
男 12～19	1	503	15.31	0.89（0.75～1.1）	<检出限	0.80（0.63～0.97）	1.9（1.4～2.4）	8.4[E]（4.7～12）
男 12～19	2	252	7.14	1.2（0.91～1.6）	0.27[E]（0.10～0.43）	0.98（0.70～1.3）	2.1（1.4～2.9）	14[E]（<检出限～24）
男 20～39	1	511	19.18	0.90（0.75～1.1）	<检出限	0.78（0.57～0.99）	1.9（1.3～2.6）	8.0（6.2～9.9）
男 20～39	2	166	12.65	0.93（0.67～1.3）	<检出限	0.82（0.59～1.0）	1.9[E]（0.76～3.0）	x
男 40～59	1	574	18.29	0.97（0.83～1.1）	<检出限	0.82（0.70～0.93）	2.0[E]（1.1～2.8）	7.5[E]（4.0～11）
男 40～59	2	193	9.33	1.1（0.82～1.4）	0.32（<检出限～0.39）	0.88（0.64～1.1）	2.4[E]（0.91～3.9）	x
男 60～79	1	541	18.85	1.1（0.91～1.4）	<检出限	0.98（0.64～1.3）	2.8（2.0～3.5）	11（7.1～14）
男 60～79	2	142	11.27	1.1（0.83～1.5）	<检出限	0.88[E]（0.54～1.2）	1.9[E]（0.84～3.0）	x
全体女性 3～79 [c]	1	—	—	—		—	—	—
全体女性 3～79	2	1 263	14.33	1.1（0.88～1.3）	<检出限	0.96（0.69～1.2）	2.0（1.4～2.7）	9.8（7.0～13）
女 6～11	1	503	21.67	1.4（1.1～1.8）	<检出限	1.0（0.74～1.3）	2.9[E]（1.7～4.1）	F
女 6～11	2	251	13.15	1.2（0.83～1.6）	<检出限	1.1（0.77～1.4）	2.3[E]（1.5～3.2）	F
女 12～19	1	476	18.91	0.90（0.76～1.1）	<检出限	0.77（0.60～0.94）	1.5[E]（0.93～2.1）	9.5（7.0～12）
女 12～19	2	254	5.51	1.1（0.89～1.3）	0.33（<检出限～0.40）	0.95（0.79～1.1）	2.0[E]（0.91～3.1）	7.9[E]（5.0～11）
女 20～39	1	651	24.42	1.1（0.94～1.3）	<检出限	0.99（0.74～1.2）	2.4（1.7～3.0）	8.2（5.3～11）
女 20～39	2	183	14.75	0.93（0.72～1.2）	<检出限	0.87[E]（0.48～1.3）	1.6[E]（0.75～2.4）	x

分组（岁）	调查时期	调查人数	<检出限 [b]/%	几何均数（95%置信区间）	P_{10}（95%置信区间）	P_{50}（95%置信区间）	P_{75}（95%置信区间）	P_{95}（95%置信区间）
女 40~59	1	643	29.39	1.2（1.0~1.4）	<检出限	0.90（0.72~1.1）	2.7（2.2~3.1）	13[E]（7.2~19）
女 40~59	2	164	21.34	1.2[E]（0.78~1.9）	<检出限	1.2[E]（0.50~1.8）	F	x
女 60~79	1	540	26.85	1.3（1.0~1.7）	<检出限	1.1（0.83~1.3）	2.8[E]（1.8~3.9）	14[E]（6.7~22）
女 60~79	2	148	20.27	1.0（0.73~1.5）	<检出限	0.76[E]（0.44~1.1）	F	x

a 3~5 岁年龄组未按照性别分组。

b 如果超过 40%的样本检测值低于检出限，则仅报告数据的百分比分布而不报告均值。

c 6 岁以下儿童未纳入第一次调查（2007—2009），因此该年龄段无统计数据。

E 谨慎引用。

F 数据不可靠，不予发布。

x 根据加拿大《统计法》保密规定，不予发布。

10.2   2,5-二氯苯酚

表 10-2-1   加拿大第一次（2007—2009）和第二次（2009—2011）健康调查
6~79 岁居民年龄别尿 2,5-二氯苯酚质量浓度   单位：μg/L

分组（岁）	调查时期	调查人数	<检出限 [a]/%	几何均数（95%置信区间）	P_{10}（95%置信区间）	P_{50}（95%置信区间）	P_{75}（95%置信区间）	P_{95}（95%置信区间）
全体对象 3~79	2	2 544	4.05	5.5（4.4~6.9）	0.84（0.62~1.0）	5.0（3.7~6.2）	15（12~19）	77[E]（35~120）
3~5	2	521	7.87	4.1[E]（2.7~6.0）	F	2.7[E]（1.5~3.8）	9.8[E]（4.3~15）	F
6~11	2	514	2.14	4.7[E]（3.1~7.0）	0.69[E]（0.41~0.96）	3.5[E]（2.0~5.1）	F	98[E]（45~150）
12~19	2	509	1.96	5.8[E]（3.8~8.8）	0.90[E]（0.45~1.4）	4.8[E]（2.5~7.2）	14[E]（5.6~22）	F
20~39	2	354	2.82	6.0（4.6~8.0）	0.95[E]（0.59~1.3）	4.8[E]（3.0~6.6）	21[E]（12~30）	F
40~59	2	358	5.03	5.3（4.2~6.8）	0.85[E]（0.47~1.2）	5.5（3.7~7.4）	15（11~19）	F
60~79	2	288	4.51	5.7[E]（3.8~8.5）	0.73[E]（<检出限~1.2）	5.6[E]（3.3~7.9）	13[E]（7.2~20）	98（65~130）

a 如果超过 40%的样本检测值低于检出限，则仅报告数据的百分比分布而不报告均值。

E 谨慎引用。

F 数据不可靠，不予发布。

表 10-2-2　加拿大第一次（2007—2009）和第二次（2009—2011）健康调查
3～79 岁居民年龄别[a]、性别尿 2,5-二氯苯酚质量浓度　　　　单位：µg/L

分组（岁）	调查时期	调查人数	<检出限[b]/%	几何均数（95%置信区间）	P_{10}（95%置信区间）	P_{50}（95%置信区间）	P_{75}（95%置信区间）	P_{95}（95%置信区间）
全体男性 3～79	2	1 272	3.77	6.2 (4.8~8.0)	0.83[E] (0.53~1.1)	5.8 (4.1~7.5)	18 (12~23)	95[E] (33~160)
男 6～11	2	261	2.68	5.4[E] (2.9~9.8)	0.66[E] (0.39~0.92)	F	F	99[E] (29~170)
男 12～19	2	254	1.18	5.9[E] (3.4~10)	F	4.6[E] (1.4~7.7)	F	130[E] (62~200)
男 20～39	2	167	1.2	7.4 (5.3~10)	1.2[E] (0.52~2.0)	7.5[E] (3.9~11)	24[E] (14~33)	x
男 40～59	2	192	4.17	5.9[E] (3.8~9.2)	F	6.2[E] (3.9~8.5)	15[E] (8.3~23)	x
男 60～79	2	139	2.88	5.9[E] (3.9~8.8)	F	5.4[E] (3.4~7.3)	14[E] (7.3~22)	x
全体女性 3～79	2	1 272	4.32	5.0 (3.8~6.5)	0.84 (0.60~1.1)	4.3 (3.0~5.7)	13 (8.8~18)	65[E] (39~92)
女 6～11	2	253	1.58	4.1[E] (2.8~6.0)	0.75[E] (0.33~1.2)	3.2[E] (1.6~4.8)	8.6[E] (3.5~14)	84[E] (38~130)
女 12～19	2	255	2.75	5.7 (4.0~8.3)	1.1[E] (0.62~1.5)	4.8[E] (2.7~7.0)	13[E] (5.9~20)	65[E] (33~96)
女 20～39	2	187	4.28	4.9 (3.4~7.1)	0.87[E] (0.55~1.2)	3.7[E] (1.9~5.5)	18[E] (5.1~31)	x
女 40～59	2	166	6.02	4.9[E] (3.1~7.5)	0.85[E] (0.38~1.3)	F	14[E] (7.2~20)	x
女 60～79	2	149	6.04	5.6[E] (3.2~9.8)	F	6.1[E] (2.6~9.6)	F	x

a 3～5 岁儿童未按照性别分组。

b 如果超过 40%的样本检测值低于检出限，则仅报告数据的百分比分布而不报告均值。

E 谨慎引用。

F 数据不可靠，不予发布。

x 根据加拿大《统计法》保密规定，不予发布。

表 10-2-3　加拿大第一次（2007—2009）和第二次（2009—2011）健康调查

6～79 岁居民尿 2,5-二氯苯酚质量分数　　　　单位：μg/g 肌酐

分组（岁）	调查时期	调查人数	<检出限 [a]/%	几何均数（95%置信区间）	P_{10}（95%置信区间）	P_{50}（95%置信区间）	P_{75}（95%置信区间）	P_{95}（95%置信区间）
全体对象 3～79	2	2 534	4.06	5.3 (4.3～6.6)	0.94 (0.75～1.1)	4.3 (3.1～5.4)	15 (10～19)	69[E] (32～110)
3～5	2	520	7.88	6.9[E] (4.6～10)	1.1[E] (<检出限～1.7)	4.3[E] (2.2～6.4)	19[E] (9.4～28)	F
6～11	2	512	2.15	5.4[E] (3.6～8.1)	0.97[E] (0.62～1.3)	4.0[E] (2.0～6.1)	F	F
12～19	2	507	1.97	4.4[E] (2.8～6.7)	0.69 (0.45～0.93)	3.7[E] (2.0～5.5)	11[E] (5.2～18)	F
20～39	2	352	2.84	4.9 (3.7～6.6)	0.91[E] (0.56～1.3)	3.7 (2.5～4.9)	14[E] (5.6～23)	F
40～59	2	356	5.06	5.2 (4.1～6.6)	0.93 (0.68～1.2)	4.7 (3.1～6.2)	14[E] (8.9～19)	F
60～79	2	287	4.53	6.5[E] (4.3～10)	0.99[E] (<检出限～1.5)	6.0[E] (3.2～8.9)	21[E] (11～31)	F

a 如果超过 40%的样本检测值低于检出限，则仅报告数据的百分比分布而不报告均值。
E 谨慎引用。
F 数据不可靠，不予发布。

表 10-2-4　加拿大第一次（2007—2009）和第二次（2009—2011）健康调查

3～79 岁居民年龄别 [a]、性别尿 2,5-二氯苯酚质量分数　　　　单位：μg/g 肌酐

分组（岁）	调查时期	调查人数	<检出限 [b]/%	几何均数（95%置信区间）	P_{10}（95%置信区间）	P_{50}（95%置信区间）	P_{75}（95%置信区间）	P_{95}（95%置信区间）
全体男性 3～79	2	1 268	3.79	5.1 (4.0～6.4)	0.77 (0.53～1.0)	4.3 (3.3～5.2)	14 (9.5～18)	F
男 6～11	2	260	2.69	6.1[E] (3.2～12)	1.0[E] (0.60～1.4)	F	F	130[E] (41～210)
男 12～19	2	253	1.19	4.1[E] (2.4～7.0)	0.65 (<检出限～0.83)	3.4[E] (1.4～5.4)	F	84[E] (41～130)
男 20～39	2	166	1.2	5.0[E] (3.4～7.5)	0.86[E] (0.51～1.2)	4.2[E] (2.1～6.2)	F	x
男 40～59	2	192	4.17	4.8[E] (3.1～7.3)	0.76[E] (<检出限～1.1)	4.3 (2.7～5.8)	12[E] (4.5～20)	x
男 60～79	2	139	2.88	5.4[E] (3.5～8.4)	F	4.6[E] (2.7～6.5)	17[E] (6.0～28)	x

分组 （岁）	调查 时期	调查 人数	<检出 限 b/%	几何均数 （95%置信 区间）	P_{10} （95%置信 区间）	P_{50} （95%置信 区间）	P_{75} （95%置信 区间）	P_{95} （95%置信 区间）
全体女性 3～79	2	1 266	4.34	5.6 （4.3～7.2）	1.0 （0.73～1.3）	4.3^E （2.5～6.1）	15^E （8.6～22）	F
女 6～11	2	252	1.59	4.7^E （3.3～6.9）	0.94^E （0.48～1.4）	3.9^E （2.0～5.8）	10^E （5.9～15）	F
女 12～19	2	254	2.76	4.6^E （3.1～7.1）	0.92^E （0.58～1.3）	3.9^E （2.1～5.8）	11^E （4.2～19）	42^E （17～67）
女 20～39	2	186	4.3	4.8^E （3.3～7.0）	1.0^E （0.37～1.7）	3.5^E （2.2～4.8）	F	x
女 40～59	2	164	6.1	5.7 （4.1～8.0）	0.95 （0.68～1.2）	5.7^E （2.9～8.5）	F	x
女 60～79	2	148	6.08	7.7^E （3.8～16）	F	7.0^E （3.2～11）	F	x

a 3～5 岁年龄组未按照性别分组。

b 如果超过 40%的样本检测值低于检出限，则仅报告数据的百分比分布而不报告均值。

E 谨慎引用。

F 数据不可靠，不予发布。

x 根据加拿大《统计法》保密规定，不予发布。

10.3 2,4,5-三氯苯酚

表 10-3-1 加拿大第二次（2009—2011）健康调查
3～79 岁居民尿 2,4,5-三氯苯酚质量浓度 单位：μg/L

分组 （岁）	调查 时期	调查 人数	<检出 限 a/%	几何均数 （95%置信 区间）	P_{10} （95%置信 区间）	P_{50} （95%置信 区间）	P_{75} （95%置信 区间）	P_{95} （95%置信 区间）
全体对象 3～79	2	2 560	97.46	—	<检出限	<检出限	<检出限	<检出限
3～5	2	524	97.14	—	<检出限	<检出限	<检出限	<检出限
6～11	2	516	98.06	—	<检出限	<检出限	<检出限	<检出限
12～19	2	512	98.05	—	<检出限	<检出限	<检出限	<检出限
20～39	2	357	97.48	—	<检出限	<检出限	<检出限	<检出限
40～59	2	360	97.78	—	<检出限	<检出限	<检出限	<检出限
60～79	2	291	95.53	—	<检出限	<检出限	<检出限	<检出限

a 如果超过 40%的样本检测值低于检出限，则仅报告数据的百分比分布而不报告均值。

表 10-3-2　加拿大第二次（2009—2011）健康调查

3～79 岁居民年龄别 [a]、性别人群尿 2,4,5-三氯苯酚质量浓度　　　　单位：μg/L

分组（岁）	调查时期	调查人数	<检出限 [b]/%	几何均数（95%置信区间）	P_{10}（95%置信区间）	P_{50}（95%置信区间）	P_{75}（95%置信区间）	P_{95}（95%置信区间）
全体男性 3～79	2	1 281	97.5	—	<检出限	<检出限	<检出限	<检出限
男 6～11	2	262	98.09	—	<检出限	<检出限	<检出限	<检出限
男 12～19	2	256	97.66		<检出限	<检出限	<检出限	<检出限
男 20～39	2	167	99.4		<检出限	<检出限	<检出限	x
男 40～59	2	194	97.42		<检出限	<检出限	<检出限	x
男 60～79	2	142	95.77		<检出限	<检出限	<检出限	x
全体女性 3～79	2	1 279	97.42		<检出限	<检出限	<检出限	<检出限
女 6～11	2	254	98.03		<检出限	<检出限	<检出限	F
女 12～19	2	256	98.44		<检出限	<检出限	<检出限	<检出限
女 20～39	2	190	95.79		<检出限	<检出限	<检出限	x
女 40～59	2	166	98.19		<检出限	<检出限	<检出限	x
女 60～79	2	149	95.3		<检出限	<检出限	<检出限	x

a 3～5 岁年龄组未按照性别分组。

b 如果超过 40%的样本检测值低于检出限，则仅报告数据的百分比分布而不报告均值。

F 数据不可靠，不予发布。

x 根据加拿大《统计法》保密规定，不予发布。

表 10-3-3　加拿大第二次（2009—2011）健康调查

3～79 岁人群居民尿 2,4,5-三氯苯酚质量分数　　　　单位：μg/g 肌酐

分组（岁）	调查时期	调查人数	<检出限 [a]/%	几何均数（95%置信区间）	P_{10}（95%置信区间）	P_{50}（95%置信区间）	P_{75}（95%置信区间）	P_{95}（95%置信区间）
全体对象 3～79	2	2 550	97.84	—	<检出限	<检出限	<检出限	<检出限
3～5	2	523	97.32	—	<检出限	<检出限	<检出限	<检出限
6～11	2	514	98.44		<检出限	<检出限	<检出限	<检出限
12～19	2	510	98.43		<检出限	<检出限	<检出限	<检出限
20～39	2	355	98.03		<检出限	<检出限	<检出限	<检出限
40～59	2	358	98.32		<检出限	<检出限	<检出限	<检出限
60～79	2	290	95.86		<检出限	<检出限	<检出限	<检出限

a 如果超过 40%的样本检测值低于检出限，则仅报告数据的百分比分布而不报告均值。

表 10-3-4　加拿大第二次（2009—2011）健康调查 3～79 岁居民

年龄别[a]、性别尿 2,4,5-三氯苯酚质量分数　　　　　单位：μg/g 肌酐

分组（岁）	调查时期	调查人数	<检出限[b]/%	几何均数（95%置信区间）	P_{10}（95%置信区间）	P_{50}（95%置信区间）	P_{75}（95%置信区间）	P_{95}（95%置信区间）
全体男性 3～79	2	1 277	97.81	—	<检出限	<检出限	<检出限	<检出限
男 6～11	2	261	98.47	—	<检出限	<检出限	<检出限	<检出限
男 12～19	2	255	98.04	—	<检出限	<检出限	<检出限	<检出限
男 20～39	2	166	100	—	<检出限	<检出限	<检出限	x
男 40～59	2	194	97.42	—	<检出限	<检出限	<检出限	x
男 60～79	2	142	95.77	—	<检出限	<检出限	<检出限	x
全体女性 3～79	2	1 273	97.88	—	<检出限	<检出限	<检出限	<检出限
女 6～11	2	253	98.42	—	<检出限	<检出限	<检出限	<检出限（<检出限～1.1）
女 12～19	2	255	98.82	—	<检出限	<检出限	<检出限	<检出限
女 20～39	2	189	96.3	—	<检出限	<检出限	<检出限	x
女 40～59	2	164	99.39	—	<检出限	<检出限	<检出限	x
女 60～79	2	148	95.95	—	<检出限	<检出限	<检出限	x

a 3～5 岁年龄组未按照性别分组。

b 如果超过 40%的样本检测值低于检出限，则仅报告数据的百分比分布而不报告均值。

x 根据加拿大《统计法》保密规定，不予发布。

10.4　2,4,6-三氯苯酚

表 10-4-1　加拿大第二次（2009—2011）健康调查

3～79 岁居民年龄别尿 2,4,6-三氯苯酚质量浓度　　　　　单位：μg/L

分组（岁）	调查时期	调查人数	<检出限[a]/%	几何均数（95%置信区间）	P_{10}（95%置信区间）	P_{50}（95%置信区间）	P_{75}（95%置信区间）	P_{95}（95%置信区间）
全体对象 3～79	2	2 559	93.98	—	<检出限	<检出限	<检出限	<检出限
3～5	2	524	93.89	—	<检出限	<检出限	<检出限	<检出限[E]（<检出限～1.3）
6～11	2	515	93.79	—	<检出限	<检出限	<检出限	<检出限
12～19	2	512	91.99	—	<检出限	<检出限	<检出限	F
20～39	2	357	96.36	—	<检出限	<检出限	<检出限	<检出限
40～59	2	360	96.11	—	<检出限	<检出限	<检出限	<检出限
60～79	2	291	92.44	—	<检出限	<检出限	<检出限	F

a 如果超过 40%的样本检测值低于检出限，则仅报告数据的百分比分布而不报告均值。

E 谨慎引用。

F 数据不可靠，不予发布。

表 10-4-2　加拿大第二次（2009—2011）健康调查

3～79 岁居民年龄别 a、性别尿 2,4,6-三氯苯酚质量浓度　　　　　　单位：μg/L

分组（岁）	调查时期	调查人数	<检出限 b/%	几何均数（95%置信区间）	P_{10}（95%置信区间）	P_{50}（95%置信区间）	P_{75}（95%置信区间）	P_{95}（95%置信区间）
全体男性 3～79	2	1 281	94.46	—	<检出限	<检出限	<检出限	<检出限
男 6～11	2	262	94.66	—	<检出限	<检出限	<检出限	<检出限
男 12～19	2	256	92.97	—	<检出限	<检出限	<检出限	F
男 20～39	2	167	97.01	—	<检出限	<检出限	<检出限	x
男 40～59	2	194	94.85	—	<检出限	<检出限	<检出限	x
男 60～79	2	142	93.66	—	<检出限	<检出限	<检出限	x
全体女性 3～79	2	1 278	93.51	—	<检出限	<检出限	<检出限	F
女 6～11	2	253	92.89	—	<检出限	<检出限	<检出限	<检出限
女 12～19	2	256	91.02	—	<检出限	<检出限	<检出限	F
女 20～39	2	190	95.79	—	<检出限	<检出限	<检出限	x
女 40～59	2	166	97.59	—	<检出限	<检出限	<检出限	x
女 60～79	2	149	91.28	—	<检出限	<检出限	<检出限	x

a 3～5 岁年龄组未按照性别分组。

b 如果超过 40%的样本检测值低于检出限，则仅报告数据的百分比分布而不报告均值。

F 数据不可靠，不予发布。

x 根据加拿大《统计法》保密规定，不予发布。

表 10-4-3　加拿大第二次（2009—2011）健康调查

3～79 岁居民年龄别尿 2,4,6-三氯苯酚质量分数　　　　　　单位：μg/g 肌酐

分组（岁）	调查时期	调查人数	<检出限 a/%	几何均数（95%置信区间）	P_{10}（95%置信区间）	P_{50}（95%置信区间）	P_{75}（95%置信区间）	P_{95}（95%置信区间）
全体对象 3～79	2	2 549	94.35	—	<检出限	<检出限	<检出限	<检出限
3～5	2	523	94.07	—	<检出限	<检出限	<检出限	<检出限（<检出限～4.1）
6～11	2	513	94.15	—	<检出限	<检出限	<检出限	<检出限
12～19	2	510	92.35	—	<检出限	<检出限	<检出限	<检出限（<检出限～2.1）
20～39	2	355	96.90	—	<检出限	<检出限	<检出限	<检出限
40～59	2	358	96.65	—	<检出限	<检出限	<检出限	<检出限
60～79	2	290	92.76	—	<检出限	<检出限	<检出限	2.8（<检出限～3.6）

a 如果超过 40%的样本检测值低于检出限，则仅报告数据的百分比分布而不报告均值。

表 10-4-4　加拿大第二次（2009—2011）健康调查

3～79 岁居民年龄别 [a]、性别尿 2,4,6-三氯苯酚质量分数　　　　单位：μg/g 肌酐

分组（岁）	调查时期	调查人数	<检出限 [b]/%	几何均数（95%置信区间）	P_{10}（95%置信区间）	P_{50}（95%置信区间）	P_{75}（95%置信区间）	P_{95}（95%置信区间）
全体男性 3～79	2	1 277	94.75	—	<检出限	<检出限	<检出限	<检出限
男 6～11	2	261	95.02	—	<检出限	<检出限	<检出限	<检出限
男 12～19	2	255	93.33	—	<检出限	<检出限	<检出限	<检出限（<检出限～1.7）
男 20～39	2	166	97.59	—	<检出限	<检出限	<检出限	x
男 40～59	2	194	94.85	—	<检出限	<检出限	<检出限	x
男 60～79	2	142	93.66	—	<检出限	<检出限	<检出限	x
全体女性 3～79	2	1 272	93.95	—	<检出限	<检出限	<检出限	<检出限（<检出限～3.3）
女 6～11	2	252	93.25	—	<检出限	<检出限	<检出限	<检出限
女 12～19	2	255	91.37	—	<检出限	<检出限	<检出限	<检出限（<检出限～2.5）
女 20～39	2	189	96.30	—	<检出限	<检出限	<检出限	x
女 40～59	2	164	98.78	—	<检出限	<检出限	<检出限	x
女 60～79	2	148	91.89	—	<检出限	<检出限	<检出限	x

a 3～5 岁年龄组未按照性别分组。

b 如果超过 40%的样本检测值低于检出限，则仅报告数据的百分比分布而不报告均值。

x 根据加拿大《统计法》保密规定，不予发布。

10.5　五氯酚

表 10-5-1　加拿大第二次（2009—2011）健康调查

3～79 岁居民年龄别尿五氯酚质量浓度　　　　单位：μg/L

分组（岁）	调查时期	调查人数	<检出限 [a]/%	几何均数（95%置信区间）	P_{10}（95%置信区间）	P_{50}（95%置信区间）	P_{75}（95%置信区间）	P_{95}（95%置信区间）
全体对象 3～79	2	2 551	96.55	—	<检出限	<检出限	<检出限	<检出限
3～5	2	524	96.37	—	<检出限	<检出限	<检出限	<检出限
6～11	2	513	97.66	—	<检出限	<检出限	<检出限	<检出限
12～19	2	512	96.29	—	<检出限	<检出限	<检出限	<检出限
20～39	2	354	97.18	—	<检出限	<检出限	<检出限	<检出限
40～59	2	359	97.77	—	<检出限	<检出限	<检出限	<检出限
60～79	2	289	93.08	—	<检出限	<检出限	<检出限	0.71[E]（<检出限～1.1）

a 如果超过 40%的样本检测值低于检出限，则仅报告数据的百分比分布而不报告均值。

E 谨慎引用。

表 10-5-2　加拿大第二次（2009—2011）健康调查

3～79 岁居民年龄别 [a]、性别尿五氯酚质量浓度　　　　　　　　单位：μg/L

分组（岁）	调查时期	调查人数	<检出限 [b]/%	几何均数（95%置信区间）	P_{10}（95%置信区间）	P_{50}（95%置信区间）	P_{75}（95%置信区间）	P_{95}（95%置信区间）
全体男性 3～79	2	1 276	96.32	—	<检出限	<检出限	<检出限	<检出限
男 6～11	2	260	97.69	—	<检出限	<检出限	<检出限	<检出限
男 12～19	2	256	94.92	—	<检出限	<检出限	<检出限	<检出限
男 20～39	2	164	98.17	—	<检出限	<检出限	<检出限	x
男 40～59	2	194	97.42	—	<检出限	<检出限	<检出限	x
男 60～79	2	142	94.37	—	<检出限	<检出限	<检出限	x
全体女性 3～79	2	1 275	96.78	—	<检出限	<检出限	<检出限	<检出限
女 6～11	2	253	97.63	—	<检出限	<检出限	<检出限	<检出限
女 12～19	2	256	97.66	—	<检出限	<检出限	<检出限	<检出限
女 20～39	2	190	96.32	—	<检出限	<检出限	<检出限	x
女 40～59	2	165	98.18	—	<检出限	<检出限	<检出限	x
女 60～79	2	147	91.84	—	<检出限	<检出限	<检出限	x

a 3～5 岁年龄组未按照性别分组。

b 如果超过 40%的样本检测值低于检出限，则仅报告数据的百分比分布而不报告均值。

x 根据加拿大《统计法》保密规定，不予发布。

表 10-5-3　加拿大第二次（2009—2011）健康调查

3～79 岁居民年龄别尿五氯酚质量分数　　　　　　　　单位：μg/g 肌酐

分组（岁）	调查时期	调查人数	<检出限 [a]/%	几何均数（95%置信区间）	P_{10}（95%置信区间）	P_{50}（95%置信区间）	P_{75}（95%置信区间）	P_{95}（95%置信区间）
全体对象 3～79	2	2 541	96.93	—	<检出限	<检出限	<检出限	<检出限
3～5	2	523	96.56	—	<检出限	<检出限	<检出限	<检出限
6～11	2	511	98.04	—	<检出限	<检出限	<检出限	<检出限
12～19	2	510	96.67	—	<检出限	<检出限	<检出限	<检出限
20～39	2	352	97.73	—	<检出限	<检出限	<检出限	<检出限
40～59	2	357	98.32	—	<检出限	<检出限	<检出限	<检出限
60～79	2	288	93.4	—	<检出限	<检出限	<检出限	1.7（<检出限～2.2）

a 如果超过 40%的样本检测值低于检出限，则仅报告数据的百分比分布而不报告均值。

表 10-5-4　加拿大第二次（2009—2011）健康调查

3～79 岁居民年龄别[a]、性别尿五氯酚质量分数　　　　　　单位：μg/g 肌酐

分组 （岁）	调查 时期	调查 人数	<检出 限[b]/%	几何均数 （95%置信 区间）	P_{10} （95%置信 区间）	P_{50} （95%置信 区间）	P_{75} （95%置信 区间）	P_{95} （95%置信 区间）
全体男性 3～79	2	1 272	96.62	—	<检出限	<检出限	<检出限	<检出限
男 6～11	2	259	98.07	—	<检出限	<检出限	<检出限	<检出限
男 12～19	2	255	95.29	—	<检出限	<检出限	<检出限	<检出限
男 20～39	2	163	98.77	—	<检出限	<检出限	<检出限	x
男 40～59	2	194	97.42	—	<检出限	<检出限	<检出限	x
男 60～79	2	142	94.37	—	<检出限	<检出限	<检出限	x
全体女性 3～79	2	1 269	97.24	—	<检出限	<检出限	<检出限	<检出限
女 6～11	2	252	98.02	—	<检出限	<检出限	<检出限	<检出限
女 12～19	2	255	98.04	—	<检出限	<检出限	<检出限	<检出限
女 20～39	2	189	96.83	—	<检出限	<检出限	<检出限	x
女 40～59	2	163	99.39	—	<检出限	<检出限	<检出限	x
女 60～79	2	146	92.47	—	<检出限	<检出限	<检出限	x

a　3～5 岁年龄组未按照性别分组。

b　如果超过 40% 的样本检测值低于检出限，则仅报告数据的百分比分布而不报告均值。

x　根据加拿大《统计法》保密规定，不予发布。

参考文献

[1]　ATSDR（Agency for Toxic Substances and Disease Registry）. 1999. *Toxicological profile for chlorophenols.* Atlanta，GA.：U.S. Department of Health and Human Services. Retrieved May 2，2012，from www.atsdr.cdc.gov/toxprofiles/tp.asp？id=941&tid=195.

[2]　ATSDR（Agency for Toxic Substances and Disease Registry）. 2001. *Toxicological profile for pentachlorophenol.* Atlanta，GA.：U.S. Department of Health and Human Services. Retrieved August 15，2012，from www.atsdr.cdc.gov/toxprofiles/tp51.pdf.

[3]　Canada. 1999. *Canadian Environmental Protection Act*，1999. SC 1999，c. 33. Retrieved April 2，2012，from http://laws-lois.justice.gc.ca/eng/acts/C-15.31/index.html.

[4]　Canada. 2006. *Pest Control Products Act.* SC 2002，c. 28. Retrieved May 30，2012，from http://laws-lois.justice.gc.ca/eng/acts/P-9.01/.

[5]　Canada 2009. Order 2009-87-03-04 amending the domestic substances list. *Canada Gazette*，*Part II*：*Official regulations*，143（17）. Retrieved August 28，2012，from www.gazette.gc.ca/rp-pr/p2/2009/2009-08-19/html/sor-dors238-eng.html.

[6]　Canada. 2011. *Chemical substances website.* Retrieved January 12，2012，from www.chemicalsubstances.gc.ca.

[7]　CDC（Centers for Disease Control and Prevention）. 2009. *Fourth national report on human exposure to environmental chemicals.* Atlanta，GA.：Department of Health and Human Services. Retrieved July 11，2011，from www.cdc.gov/exposurereport/.

[8] Coad, S.N.R.C.. 1992. PCP exposure for the Canadian general population: A multimedia analysis. *Journal of Exposure Analysis and Environmental Epidemiology*, 2 (4): 391-413.

[9] Environment Canada. 2011. *Status of prioritized substances*. Ottawa, ON.: Minister of the Environment. Retrieved August 9, 2012, from www.ec.gc.ca/ese-ees/default.asp? lang=En&n=7CCD1F11-1.

[10] Environment Canada & Health Canada. 2009. Screening assessment of six substances on the domestic substances list: Chemical Abstracts Service Registry Number 1582-09-8, 1912-24-9, 1897-45-6, 3691-35-8, 72-43-5, 87-86-5. Ottawa, ON. Retrieved August 15, 2012, from www.ec.gc.ca/lcpe-cepa/documents/substances/pest/sar_pesticides-eng.pdf.

[11] Health Canada. 1987. *Guidelines for Canadian drinking water quality: Guideline technical document - Chlorophenols*. Ottawa, ON.: Minister of Health. Retrieved August 15, 2012, from www.hc-sc.gc.ca/ewh-semt/pubs/water-eau/chlorophenols/index-eng.php.

[12] Health Canada. 2008. *Re-evaluation decision (2, 4-dichlorophenoxy) acetic acid [2, 4-D]. Re-evaluation document RVD2008-11*. Ottawa, ON.: Minister of Health. Retrieved May 15, 2012, from www.hc-sc.gc.ca/cps-spc/pubs/pest/_decisions/rvd2008-11/index-eng.php.

[13] Health Canada. 2011. *Re-evaluation decision RVD2011-06, heavy duty wood preservatives: Creosote, pentachlorophenol, chromated copper arsenate (CCA) and ammoniacal copper zinc arsenate (ACZA)*. Ottawa, ON.: Minister of Health. Retrieved August 15, 2012, from www.hc-sc.gc.ca/cps-spc/alt_formats/pdf/pubs/pest/decisions/rvd2011-06/RVD2011-06-eng.pdf.

[14] Health Canada. 2012a. *Public registry, pesticide product information database*. Retrieved May 2, 2012, from http://pr-rp.hc-sc.gc.ca/pi-ip/index-eng.php.

[15] Health Canada. 2012b. *Pesticide label search database*. Retrieved April 20, 2012, from www.pr-rp.hc-sc.gc.ca/ls-re/index-eng.php.

[16] Health Canada. 2012c. *Guidelines for Canadian drinking water quality - Summary table*. Ottawa, ON.: Minister of Health. Retrieved March 15, 2013, from www.hc-sc.gc.ca/ewh-semt/pubs/water-eau/2012-sum_guide-res_recom/index-eng.pdf.

[17] IARC (International Agency for Research on Cancer). 1991. *IARC monographs on the evaluation of carcinogenic risks to humans - Volume 53: Occupational exposures in insecticide application, and some pesticides*. Geneva: World Health Organization.

[18] IARC (International Agency for Research on Cancer). 1999. *IARC monographs on the evaluation of carcinogenic risks to humans - Volume 71: Re-evaluation of some organic chemicals, hydrazine and hydrogen peroxide*. Geneva: World Health Organization.

[19] IPCS (International Programme on Chemical Safety). 1989. *Environmental health criteria 93: Chlorophenols other than pentachlorophenol*. Geneva: World Health Organization. Retrieved August 15, 2012, from www.inchem.org/documents/ehc/ehc/ehc093.htm.

[20] Sithole, B.B. and Williams, D.T.. 1986. Halogenated phenols in water at forty Canadian potable water treatment facilities. *Journal of the Association of Official Analytical Chemists*, 69 (5): 807-810.

[21] Treble, R.G. and Thompson, T.S.. 1996. Normal values for pentachlorophenol in urine samples collected from a general population. *Journal of Analytical Toxicology*, 20 (5): 313-317.

11 环境中酚类和三氯卡班概况与调查结果

11.1 双酚A

双酚 A（BPA，CAS 号：80-05-7）是一种合成化合物，用作聚碳酸酯塑料生产的单体和环氧酚醛树脂的前体（EFSA，2007）。聚碳酸酯被广泛用于食物和饮料的容器，例如重复使用的矿泉水瓶、存贮容器及婴儿奶瓶。环氧树脂主要用作食物和饮料罐内部保护层。聚碳酸酯塑料、环氧树脂等形成的其他终端产品主要包括医疗器械、牙齿填料和密封剂、运动安全设备、电子产品及汽车部件等（EFSA，2007；NTP，2007）。BPA 也被应用到造纸工业中，主要用于生产各种用途的热敏纸，包括发票、处方标签、飞机票及彩票等（Geens et al.，2011）。

自然环境中不产生 BPA，环境介质中的 BPA 主要来源于工业生产或者产品泄漏、废弃或者使用等（Environment Canada and Health Canada，2008 a；CDC，2009）。

公众暴露 BPA 的主要途径是通过各种来源的饮食摄入，包括从食物包装和反复使用的聚碳酸酯塑料容器中摄入（Health Canada，2008）。最近，加拿大卫生部完全按照全膳食调查的原则，对许多特殊罐装食物和饮料、液态婴儿食品及膳食样品做了调查，更新了 BPA 膳食暴露评估剂量（Health Canada，2012）。BPA 可以通过室外和室内空气、饮用水、土壤、灰尘及日常用品等环境介质暴露（Environment Canada and Health Canada，2008 a）；通过牙齿填料或者密封剂暴露的 BPA 属于短期暴露，被认为不太可能引起慢性暴露（WHO，2011）。

对于人类而言，膳食中的 BPA 易于吸收，且在肠道和肝脏进行代谢（WHO，2011）。最近研究显示：皮肤暴露于热敏打印纸等含自由态 BPA 的产品后，通过皮肤吸收和代谢（Mielke et al.，2011；Zalko et al.，2011）。糖脂化作用被认为是 BPA 代谢的主要途径，可结合形成 BPA-葡萄糖苷酸代谢物（EFSA，2008；FDA，2008）。BPA 结合形成 BPA-硫酸盐是 BPA 代谢的次要途径（Dekant and Völkel，2008）。BPA-葡萄糖苷酸代谢物在尿液中迅速排出，半衰期不超过 2 h（WHO，2011）。尿液中结合态和自由态 BPA 的总含量水平通常作为近期暴露 BPA 的生物标志物（Ye et al.，2005）。

BPA 暴露对人体的潜在健康风险主要包括对肝脏、生殖力及发育效应的影响（EU，2010；Environment Canada and Health Canada，2008a）。动物的神经发育毒性研究显示：若新出生个体或者胎儿暴露于较低浓度水平的 BPA，神经发育和行为会受到影响（Environment Canada and Health Canada，2008a；WHO，2011）。加拿大卫生部认为：有足够的证据表明 BPA 是一种内分泌干扰物（Health Canada，2008）。科学界正在激烈争论和调查研究 BPA 与其他环境内分泌干扰物在肥胖症、代谢性疾病及各种癌症的发病率方面的潜在作用（Ben-Jonathan et al.，2009；Carwile and Michels，2011；Newbold et al.，2009；Soto et al.，2008）。

加拿大联邦政府针对 BPA 暴露对人类健康和生态环境的影响进行了科学的评估,根据《加拿大环境保护法》(CEPA 1999)的相关要求,BPA 被认为对人类健康和生态环境具有毒性(Canada,1999;Canada,2010)。由于动物实验中低水平 BPA 暴露引起的潜在的不确定的健康效应,因此使用预防方法进行风险特征识别。结合最高的潜在暴露剂量和潜在的脆弱性,健康风险管理策略主要关注新生儿或者婴儿暴露剂量的降低(Environment Canada and Health Canada,2008b)。2010 年 3 月,根据《加拿大消费产品安全法案》的要求,加拿大卫生部禁止生产、宣传、销售和进口含有 BPA 的聚碳酸酯奶瓶。这种预防措施保护了新生儿至 18 个月龄的婴儿(Canada,2010)。

加拿大卫生部也致力于支持发展工业,形成操作规范,从而降低婴儿配方奶粉罐内衬涂 BPA 的含量水平(Health Canada,2010)。加拿大卫生部、美国食品药品监督管理局(FDA)和工业企业已经联合启动在婴儿奶瓶中禁止使用 BPA 的活动。加拿大卫生部促使工业企业加强对 BPA 替代品的评价,这些替代品主要用于婴儿配方奶粉和其他罐装食品的内衬涂层;同时,对婴幼儿塑料奶瓶中 BPA 采取严格控制措施(Health Canada,2010)。

一般情况下,罐装食品中释放的化学品会被评估。加拿大卫生部将继续审查婴儿配方奶粉包装材料,保证 BPA 检出水平最低(Health Canada,2010)。加拿大卫生部将 BPA 列入禁用或限制使用的化妆品成分清单(化妆品关注清单)。该清单是制造商与各方沟通的一种管理工具,如果这些物质用在化妆品中,很可能会对使用者造成健康损伤;同时,违反了《加拿大食品药品法案》中关于禁止销售不安全化妆品的规定(Canada,1985;Health Canada,2011)。在《加拿大环境保护法》的指导下有关部门制定了风险管理措施,以减少工业废水中 BPA 的排放(Canada,2012)。

1996 年,加拿大卫生部以食物包装的膳食暴露为基础,制定了 BPA 的临时每日耐受摄入量;2008 年又重新进行了修正(Health Canada,2008)。

加拿大第一次(2007—2009)和第二次(2009—2011)健康调查检测了所有参与调查者尿液中总 BPA 的含量水平(包括自由态和结合态),其中第一次(2007—2009)健康调查人群年龄范围是 6~79 岁,第二次(2009—2011)健康调查人群年龄范围是 3~79 岁。尿液中 BPA 的调查结果用 μg/L(表 11-1-1、表 11-1-2 和表 11-1-3)和 μg/g 肌酐(表 11-1-4、表 11-1-5 和表 11-1-6)表示。尿液中 BPA 的检出表明其可以作为 BPA 暴露的标志物,但是并不意味着 BPA 对调查对象一定会产生不利健康效应。

表 11-1-1　加拿大第一次(2007—2009)和第二次(2009—2011)健康调查
6~79 岁居民性别 [a] 尿双酚 A 的质量浓度

单位:μg/L

分组 (岁)	调查 时期	调查 人数	<检出 限 [b]/%	几何均数 (95%置信 区间)	P_{10} (95%置信 区间)	P_{50} (95%置信 区间)	P_{75} (95%置信 区间)	P_{95} (95%置信 区间)
全体对象 6~79	1	5 476	9.26	1.2 (1.1~1.2)	F	1.3 (1.1~1.4)	2.5 (2.2~2.8)	6.9 (5.6~8.2)
全体对象 6~79	2	2 036	5.26	1.2 (1.1~1.3)	0.27 (0.22~0.31)	1.2 (1.1~1.3)	2.4 (2.1~2.6)	6.7 (4.8~8.5)
全体男性 6~79	1	2 659	7.67	1.3 (1.2~1.4)	0.23[E] (<检出限~0.34)	1.4 (1.2~1.6)	2.6 (2.3~2.9)	6.7 (5.3~8.1)

分组 （岁）	调查 时期	调查 人数	<检出 限 b/%	几何均数 （95%置信 区间）	P_{10} （95%置信 区间）	P_{50} （95%置信 区间）	P_{75} （95%置信 区间）	P_{95} （95%置信 区间）
全体男性 6~79	2	1 021	4.9	1.3 （1.1~1.4）	0.27[E] （<检出限~0.37）	1.3 （1.1~1.5）	2.5 （2.1~2.8）	7.3[E] （4.0~11）
全体女性 6~79	1	2 817	10.76	1.0 （0.93~1.2）	<检出限	1.1 （0.94~1.3）	2.4 （2.0~2.7）	7.0 （5.3~8.6）
全体女性 6~79	2	1 015	5.62	1.2 （1.0~1.3）	0.26 （0.21~0.32）	1.1 （0.98~1.3）	2.3 （1.9~2.7）	6.6 （4.8~8.4）

a 6岁以下儿童未纳入第一次调查（2007—2009），因此该年龄段无统计数据。

b 如果超过40%的样本检测值低于检出限，则仅报告数据的百分比分布而不报告均值。

E 谨慎引用。

F 数据不可靠，不予发布。

表 11-1-2　加拿大第一次（2007—2009）和第二次（2009—2011）健康调查

3~79 岁居民年龄别尿双酚 A 的质量浓度　　　　　　　单位：μg/L

分组 （岁）	调查 时期	调查 人数	<检出 限 a/%	几何均数 （95%置信 区间）	P_{10} （95%置信 区间）	P_{50} （95%置信 区间）	P_{75} （95%置信 区间）	P_{95} （95%置信 区间）
全体对象 3~79[b]	1	—	—	—	—	—	—	—
全体对象 3~79	2	2 560	5.04	1.2 （1.1~1.3）	0.27 （0.22~0.31）	1.2 （1.1~1.3）	2.4 （2.1~2.6）	6.7 （4.8~8.6）
3~5[b]	1	—	—	—	—	—	—	—
3~5	2	524	4.2	1.4 （1.1~1.8）	0.30[E] （<检出限~0.46）	1.3 （1.1~1.5）	2.6 （1.8~3.4）	9.9[E] （5.5~14）
6~11	1	1 031	6.79	1.3 （1.2~1.4）	0.28 （<检出限~0.37）	1.3 （1.1~1.6）	2.6 （2.2~3.0）	7.1 （5.5~8.7）
6~11	2	516	5.81	1.4 （1.1~1.7）	0.25[E] （<检出限~0.41）	1.3 （0.94~1.7）	2.3 （1.6~3.0）	F
12~19	1	980	6.22	1.5 （1.3~1.8）	0.29 （0.22~0.36）	1.6 （1.3~1.9）	3.0 （2.3~3.7）	8.3 （6.2~10）
12~19	2	512	4.69	1.3 （1.1~1.6）	0.35 （0.23~0.47）	1.3 （0.99~1.6）	2.5 （2.0~2.9）	7.6[E] （4.3~11）
20~39	1	1 165	8.84	1.3 （1.2~1.5）	F	1.4 （1.2~1.6）	2.8 （2.5~3.1）	7.3 （5.2~9.5）
20~39	2	357	2.8	1.3 （1.1~1.5）	0.32 （0.21~0.42）	1.3 （0.92~1.6）	2.4 （1.8~3.1）	F
40~59	1	1 219	12.06	1.0 （0.96~1.1）	<检出限	1.2 （1.1~1.4）	2.4 （2.0~2.8）	6.6 （4.8~8.4）
40~59	2	360	6.11	1.2 （0.97~1.5）	0.25[E] （<检出限~0.37）	1.2 （0.98~1.4）	2.2 （1.7~2.7）	6.7[E] （2.6~11）
60~79	1	1 081	11.66	0.90 （0.81~0.99）	<检出限	0.99 （0.87~1.1）	1.8 （1.5~2.2）	5.2 （3.8~6.6）
60~79	2	291	7.22	1.0 （0.83~1.3）	0.21[E] （<检出限~0.31）	0.99 （0.76~1.2）	2.3 （1.5~3.1）	6.3 （4.4~8.1）

a 6岁以下儿童未纳入第一次调查（2007—2009），因此该年龄段无统计数据。

b 如果超过40%的样本检测值低于检出限，则仅报告数据的百分比分布而不报告均值。

E 谨慎引用。

F 数据不可靠，不予发布。

表 11-1-3　加拿大第一次（2007—2009）和第二次（2009—2011）健康调查
3～79 岁居民年龄别 [a]、性别尿双酚 A 的质量浓度　　　　　　　单位：μg/L

分组（岁）	调查时期	调查人数	<检出限 [b]/%	几何均数（95%置信区间）	P_{10}（95%置信区间）	P_{50}（95%置信区间）	P_{75}（95%置信区间）	P_{95}（95%置信区间）
全体男性 3～79 [c]	1	—	—	—	—	—	—	—
全体男性 3～79	2	1 281	4.84	1.3 (1.1～1.5)	0.27 (<检出限～0.36)	1.3 (1.1～1.5)	2.5 (2.2～2.8)	7.9 [E] (4.3～11)
男 6～11	1	524	6.11	1.3 (1.1～1.5)	0.32 (0.22～0.41)	1.3 (1.1～1.6)	2.5 (2.1～2.9)	6.8 (4.6～8.9)
男 6～11	2	262	7.25	1.3 (1.0～1.8)	F	1.4 [E] (0.86～1.9)	2.3 [E] (1.1～3.5)	5.5 [E] (2.1～8.8)
男 12～19	1	504	5.56	1.4 (1.2～1.8)	0.34 [E] (<检出限～0.50)	1.5 (1.2～1.9)	2.7 (2.1～3.3)	8.2 (5.6～11)
男 12～19	2	256	4.69	1.5 (1.1～2.0)	0.46 [E] (0.25～0.67)	1.4 (1.0～1.7)	2.6 [E] (1.4～3.8)	7.9 [E] (4.6～11)
男 20～39	1	513	7.6	1.4 (1.2～1.6)	0.27 [E] (<检出限～0.45)	1.5 (1.2～1.8)	2.9 (2.5～3.2)	6.6 (5.0～8.1)
男 20～39	2	167	2.99	1.4 (0.98～1.9)	F	1.4 (1.1～1.8)	2.5 [E] (1.4～3.7)	x
男 40～59	1	577	9.01	1.2 (1.1～1.4)	F	1.4 (1.2～1.6)	2.6 (2.1～3.0)	6.4 (4.3～8.6)
男 40～59	2	194	3.61	1.2 (0.94～1.6)	F	1.2 (0.91～1.6)	2.3 (1.6～3.0)	x
男 60～79	1	541	9.8	1.1 (0.94～1.2)	F	1.2 (1.0～1.4)	2.1 (1.8～2.5)	5.9 (4.0～7.8)
男 60～79	2	142	4.93	1.1 (0.83～1.5)	0.25 [E] (<检出限～0.40)	1.1 [E] (0.67～1.5)	2.4 (1.8～3.1)	x
全体女性 3～79 [c]	1	—	—	—	—	—	—	—
全体女性 3～79	2	1 279	5.24	1.2 (1.0～1.3)	0.26 (0.21～0.32)	1.1 (0.98～1.3)	2.3 (2.0～2.7)	6.6 (4.9～8.4)
女 6～11	1	507	7.5	1.3 (1.1～1.6)	0.25 [E] (<检出限～0.36)	1.4 (0.99～1.7)	2.7 (2.1～3.4)	7.6 (5.4～9.7)
女 6～11	2	254	4.33	1.4 (1.0～1.8)	F	1.3 (0.87～1.6)	2.2 [E] (1.3～3.1)	F
女 12～19	1	476	6.93	1.6 (1.3～1.9)	0.26 [E] (<检出限～0.37)	1.8 (1.4～2.1)	3.8 (3.1～4.5)	8.1 (5.5～11)
女 12～19	2	256	4.69	1.2 (0.98～1.5)	0.31 [E] (<检出限～0.46)	1.2 (0.85～1.5)	2.4 (1.8～3.0)	4.3 [E] (2.6～6.1)

分组（岁）	调查时期	调查人数	<检出限[b]/%	几何均数（95%置信区间）	P_{10}（95%置信区间）	P_{50}（95%置信区间）	P_{75}（95%置信区间）	P_{95}（95%置信区间）
女 20~39	1	652	9.82	1.3（1.1~1.5）	F	1.4（1.1~1.6）	2.7（2.1~3.2）	8.1[E]（5.0~11）
女 20~39	2	190	2.63	1.2（0.99~1.5）	0.33[E]（0.20~0.46）	1.1[E]（0.69~1.6）	2.4（1.7~3.1）	x
女 40~59	1	642	14.8	0.86（0.76~0.96）	<检出限	0.99（0.86~1.1）	2.0（1.5~2.5）	6.6（4.7~8.6）
女 40~59	2	166	9.04	1.2[E]（0.81~1.7）	F	1.2（0.79~1.5）	2.0[E]（1.2~2.8）	x
女 60~79	1	540	13.52	0.76（0.65~0.88）	<检出限	0.78（0.59~0.98）	1.6（1.3~1.9）	4.8（3.5~6.2）
女 60~79	2	149	9.4	0.98（0.70~1.4）	<检出限	0.98（0.66~1.3）	2.2[E]（1.1~3.4）	x

a 3~5 岁年龄组未按照性别分组。

b 如果超过 40%的样本检测值低于检出限，则仅报告数据的百分比分布而不报告均值。

c 6 岁以下儿童未纳入第一次调查（2007—2009），因此该年龄段无统计数据。

E 谨慎引用。

F 数据不可靠，不予发布。

x 根据加拿大《统计法》保密规定，不予发布。

表 11-1-4　加拿大第一次（2007—2009）和第二次（2009—2011）健康调查6~79 岁居民年龄别[a]、性别尿双酚 A 的质量分数　　　　　单位：µg/g 肌酐

分组（岁）	调查时期	调查人数	<检出限[b]/%	几何均数（95%置信区间）	P_{10}（95%置信区间）	P_{50}（95%置信区间）	P_{75}（95%置信区间）	P_{95}（95%置信区间）
全体对象 6~79	1	5 462	9.28	1.4（1.3~1.5）	<检出限（<检出限~0.49）	1.3（1.2~1.5）	2.5（2.2~2.7）	7.2（6.4~8.0）
全体对象 6~79	2	2 027	5.28	1.2（1.1~1.3）	0.40（0.33~0.46）	1.1（1.0~1.2）	2.0（1.8~2.2）	6.7（4.9~8.5）
全体男性 6~79	1	2 650	7.7	1.3（1.2~1.4）	0.40（<检出限~0.49）	1.2（1.1~1.4）	2.2（1.9~2.5）	6.0（5.3~6.8）
全体男性 6~79	2	1 018	4.91	1.1（0.94~1.2）	0.36（<检出限~0.44）	1.0（0.88~1.2）	1.7（1.6~1.9）	5.8[E]（3.4~8.2）
全体女性 6~79	1	2 812	10.78	1.5（1.4~1.6）	<检出限	1.5（1.3~1.6）	2.7（2.4~3.1）	8.5（7.0~10）
全体女性 6~79	2	1 009	5.65	1.3（1.2~1.4）	0.46（0.41~0.52）	1.3（1.1~1.4）	2.2（1.9~2.5）	6.9（4.4~9.3）

a 6 岁以下儿童未纳入第一次调查（2007—2009），因此该年龄段无统计数据。

b 如果超过 40%的样本检测值低于检出限，则仅报告数据的百分比分布而不报告均值。

E 谨慎引用。

表 11-1-5　加拿大第一次（2007—2009）和第二次（2009—2011）健康调查

3～79 岁居民性别 [a] 尿双酚 A 的质量分数　　　　单位：μg/g 肌酐

分组（岁）	调查时期	调查人数	<检出限 [b] /%	几何均数（95%置信区间）	P_{10}（95%置信区间）	P_{50}（95%置信区间）	P_{75}（95%置信区间）	P_{95}（95%置信区间）
全体对象 3～79 [b]	1	—	—	—	—	—	—	—
全体对象 3～79	2	2 550	5.06	1.2（1.1～1.3）	0.40（0.34～0.46）	1.2（1.1～1.3）	2.1（1.9～2.3）	6.9（5.1～8.7）
3～5 [b]	1	—	—	—	—	—	—	—
3～5	2	523	4.21	2.5（1.9～3.1）	0.88 [E]（<检出限～1.2）	2.2（1.9～2.4）	3.9（2.8～5.0）	13（9.2～18）
6～11	1	1 028	6.81	2.0（1.8～2.2）	0.65（<检出限～0.75）	1.9（1.6～2.2）	3.5（2.9～4.1）	9.8（7.4～12）
6～11	2	514	5.84	1.6（1.3～1.9）	0.45 [E]（<检出限～0.66）	1.5（1.2～1.7）	2.5（1.9～3.1）	11 [E]（3.4～18）
12～19	1	978	6.24	1.3（1.2～1.5）	0.41（0.34～0.49）	1.2（1.0～1.4）	2.3（1.9～2.7）	6.4 [E]（4.0～8.8）
12～19	2	510	4.71	1.0（0.84～1.2）	0.32 [E]（0.20～0.44）	0.94（0.78～1.1）	1.7（1.4～2.0）	5.0（3.8～6.3）
29～39	1	1 161	8.87	1.5（1.4～1.6）	0.44（<检出限～0.54）	1.4（1.3～1.6）	2.6（2.3～2.8）	6.8（5.9～7.7）
20～39	2	355	2.82	1.1（0.90～1.4）	0.40（0.28～0.51）	1.1（0.78～1.3）	1.9（1.5～2.2）	F
40～59	1	1 214	12.11	1.3（1.2～1.5）	<检出限	1.3（1.2～1.4）	2.3（1.9～2.7）	7.5（6.1～8.8）
40～59	2	358	6.15	1.2（0.99～1.5）	0.43（<检出限～0.55）	1.1（0.91～1.3）	1.9（1.4～2.5）	6.9 [E]（3.3～10）
60～79	1	1 081	11.66	1.3（1.1～1.4）	<检出限	1.2（1.1～1.3）	2.2（1.8～2.6）	7.6（5.4～9.8）
60～79	2	290	7.24	1.2（1.0～1.5）	0.34 [E]（<检出限～0.50）	1.2（0.98～1.3）	2.2（1.7～2.8）	6.9 [E]（3.1～11）

a　6 岁以下儿童未纳入第一次调查（2007—2009），因此该年龄段无统计数据。

b　如果超过 40%的样本检测值低于检出限，则仅报告数据的百分比分布而不报告均值。

E　谨慎引用。

F　数据不可靠，不予发布。

表 11-1-6 加拿大第一次（2007—2009）和第二次（2009—2011）健康调查

3～79 岁居民年龄别 [a]、性别尿双酚 A 的质量分数　　　　单位：μg/g 肌酐

分组（岁）	调查时期	调查人数	<检出限 [b]/%	几何均数（95%置信区间）	P_{10}（95%置信区间）	P_{50}（95%置信区间）	P_{75}（95%置信区间）	P_{95}（95%置信区间）
全体男性 3～79 [c]	1	—	—	—	—	—	—	—
全体男性 3～79	2	1 277	4.86	1.1（0.97～1.2）	0.36（<检出限～0.45）	1.1（0.92～1.2）	1.8（1.6～2.0）	6.2^E（3.5～8.8）
男 6～11	1	522	6.13	1.9（1.7～2.1）	0.63（0.48～0.78）	1.9（1.6～2.3）	3.3（2.7～3.8）	7.8（5.6～10）
男 6～11	2	261	7.28	1.5（1.2～2.0）	0.47^E（<检出限～0.69）	1.5（1.1～1.8）	2.5^E（1.3～3.7）	7.8^E（3.7～12）
男 12～19	1	503	5.57	1.2（1.0～1.4）	0.41（<检出限～0.48）	1.1（0.97～1.3）	2.1（1.5～2.7）	5.7^E（2.6～8.9）
男 12～19	2	255	4.71	1.0（0.79～1.4）	0.32^E（0.16～0.48）	0.98（0.78～1.2）	1.8（1.2～2.4）	4.9^E（3.1～6.7）
男 20～39	1	511	7.63	1.3（1.2～1.4）	0.43（<检出限～0.52）	1.3（1.0～1.5）	2.2（1.8～2.7）	5.1（4.1～6.0）
男 20～39	2	166	3.01	0.99（0.75～1.3）	0.37（<检出限～0.49）	0.89（0.66～1.1）	1.6（1.1～2.0）	x
男 40～59	1	573	9.08	1.2（1.1～1.4）	<检出限（<检出限～0.50）	1.2（1.1～1.4）	2.1（1.6～2.6）	6.1（4.5～7.7）
男 40～59	2	194	3.61	1.0（0.87～1.2）	0.35^E（<检出限～0.48）	1.0（0.76～1.3）	1.7（1.4～2.0）	x
男 60~79	1	541	9.8	1.1（1.0～1.3）	<检出限（<检出限～0.43）	1.2（1.0～1.3）	2.0（1.8～2.3）	5.9（4.4～7.4）
男 60～79	2	142	4.93	1.0（0.78～1.4）	0.25^E（<检出限～0.43）	1.1（0.80～1.4）	2.0（1.4～2.5）	x
全体女性 3～79 [c]	1	—	—	—	—	—	—	—
全体发性 3～79	2	1 273	5.26	1.3（1.2～1.5）	0.47（0.42～0.52）	1.3（1.2～1.4）	2.3（1.9～2.6）	6.9^E（4.4～9.5）
女 6～11	1	506	7.51	2.1（1.8～2.4）	0.65（<检出限～0.79）	1.9（1.5～2.2）	3.7（2.9～4.6）	12^E（6.1～17）
女 6～11	2	253	4.35	1.6（1.2～2.0）	<检出限（<检出限～0.66）	1.5（1.3～1.7）	2.6（1.8～3.4）	F
女 12～19	1	475	6.95	1.4（1.3～1.6）	0.45（<检出限～0.54）	1.4（1.2～1.6）	2.4（2.0～2.8）	6.7^E（2.1～11）
女 12～19	2	255	4.71	0.99（0.83～1.2）	0.32^E（<检出限～0.44）	0.88（0.72～1.0）	1.6（1.4～1.9）	4.9（3.7～6.2）
女 20～39	1	650	9.85	1.7（1.5～1.9）	0.50（<检出限～0.63）	1.5（1.2～1.9）	2.9（2.5～3.2）	7.8（5.8～9.8）
女 20～39	2	189	2.65	1.2（0.89～1.7）	0.51（0.33～0.69）	1.3（0.90～1.7）	2.1（1.7～2.5）	x

分组 （岁）	调查 时期	调查 人数	<检出 限 [b]/%	几何均数 （95%置信 区间）	P_{10} （95%置信 区间）	P_{50} （95%置信 区间）	P_{75} （95%置信 区间）	P_{95} （95%置信 区间）
女 40~59	1	641	14.82	1.4（1.3~1.6）	<检出限	1.4 （1.2~1.5）	2.7 （2.0~3.4）	8.8 （5.6~12）
女 40~59	2	164	9.15	1.4 （1.1~1.8）	0.46 （<检出限~0.58）	1.3 （1.1~1.6）	2.5 （1.7~3.3）	x
女 60~79	1	540	13.52	1.4 （1.2~1.6）	<检出限	1.3 （1.2~1.5）	2.4 （1.7~3.1）	8.9[E] （5.1~13）
女 60~79	2	148	9.46	1.4 （1.0~1.8）	<检出限	1.2 （0.85~1.5）	2.6[E] （1.4~3.9）	x

a　3~5 岁年龄组未按照性别分组。

b　如果超过 40%的样本检测值低于检出限，则仅报告数据的百分比分布而不报告均值。

c　6 岁以下儿童未纳入第一次调查（2007—2009），因此该年龄段无统计数据。

E　谨慎引用。

F　数据不可靠，不予发布。

x　根据加拿大《统计法》保密规定，不予发布。

参考文献

[1]　Ben-Jonathan，N.，Hugo，E.R. and Brandebourg，T.D.. 2009. Effects of bisphenol A on adipokine release from human adipose tissue：Implications for the metabolic syndrome. *Molecular and Cellular Endocrinology*，304（1-2）：49-54.

[2]　Canada. 1985. *Food and Drugs Act*. RSC 1985，c. F-27. Retrieved June 6，2012，from http://laws-lois. justice.gc.ca/eng/acts/F-27/.

[3]　Canada. 1999. *Canadian Environmental Protection Act*，*1999*. SC 1999，c. 33. Retrieved April 2，2012，from http://laws-lois.justice.gc.ca/eng/acts/C-15.31/index.html.

[4]　Canada. 2010. Order adding a toxic substance to Schedule 1 to the Canadian Environmental Protection Act，1999. *Canada Gazette*，*Part II: Official Regulations*，144（21）. Retrieved August 28，2012，from http://gazette.gc.ca/rp-pr/p2/2010/2010-10-13/html/sor-dors194-eng.html.

[5]　Canada. 2010. *Canada Consumer Product Safety Act*. SC 2010，c. 21. Retrieved February 20，2012，from http://laws-lois.justice.gc.ca/eng/acts/C-1.68/index.html.

[6]　Canada. 2012. Notice requiring the preparation and implementation of pollution prevention plans with respect to bisphenol A in industrial effluents. *Canada Gazette*，*Part I: Notices and Proposed Regulations*，146（15）. Retrieved August 28，2012，from http://gazette.gc.ca/rp-pr/p1/2012/2012-04-14/html/sup-eng.html.

[7]　Carwile，J.L. and Michels，K.B.. 2011. Urinary bisphenol A and obesity：NHANES 2003-2006. *Environmental Research*，111：825-830.

[8]　CDC（Centers for Disease Control and Prevention）. 2009. *Fourth national report on human exposure to environmental chemicals*. Atlanta，GA.：Department of Health and Human Services. Retrieved July 11，2011，from www.cdc.gov/exposurereport/.

[9]　Dekant，W. and Völkel，W.. 2008. Human exposure to bisphenol A by biomonitoring：Methods，results and assessment of environmental exposures. *Toxicology and Applied Pharmacology*，228（1）：114-134.

[10] EU（European Union）. 2010. *Updated European Union risk assessment report: 4,4'-Isopropylidenediphenol (bisphenol A), CAS No: 80-05-7.* Luxembourg: European Chemicals Bureau. Retrieved December 14, 2012, from http://esis.jrc.ec.europa.eu/doc/risk_assessment/REPORT/ bisphenolareport325.pdf.

[11] EFSA（European Food Safety Authority）. 2007. Opinion of the scientific panel on food additives, flavourings, processing aids and materials in contact with food on a request from the Commission related to 2, 2-bis（4-hydroxyphenyl）propane（bisphenol A）, question number EFSA-Q-2005-100. *European Food Safety Authority Journal,* 428: 1-75.

[12] EFSA（European Food Safety Authority）. 2008. Toxicokinetics of bisphenol A: Scientific opinion of the panel on food addictives, flavourings, processing aids and materials in contact with food（AFC）on a request from the Commission on the toxicokinetics of bisphenol A. *European Food Safety Authority Journal,* 759: 1-10.

[13] Environment Canada & Health Canada. 2008a. *Screening assessment for the challenge: Phenol, 4,4'-（1-methylethylidene）bis-（bisphenol A）.* Ottawa, ON. Retrieved May 23, 2012, from www. ec.gc.ca/substances/ese/eng/challenge/batch2/batch2_80-05-7_en.pdf.

[14] Environment Canada & Health Canada. 2008b. *Proposed risk management approach for phenol, 4, 4'-（1-methylethylidene）bis（bisphenol A）.* Retrieved May 24, 2012, from www.ec.gc.ca/ese-ees/ default.asp? lang=En&n=6FA54372-1.

[15] FDA（U.S. Food and Drug Administration）. 2008. *Draft assessment of bisphenol A for use in food contact applications.* Washington, DC.: U.S. Department of Health and Human Services. Retrieved May 25, 2012, from www.fda.gov/ohrms/dockets/AC/08/briefing/2008-0038b1_01_02_FDA%20BPA%20Draft%20 Assessment. pdf.

[16] Geens, T., Goeyens, L. and Covaci, A.. 2011. Are potential sources for human exposure to bisphenol-A overlooked? *International Journal of Hygiene and Environmental Health,* 214（5）: 339-347.

[17] Health Canada. 2008. *Health risk assessment of bisphenol A from food packaging applications.* Ottawa, ON.: Minister of Health. Retrieved May 24, 2012, from www.hc-sc.gc.ca/fn-an/securit/packag-emball/ bpa/bpa_hra-ers-eng.php.

[18] Health Canada. 2010. *Bisphenol A.* Retrieved June 2, 2012, from www.hc-sc.gc.ca/fn-an/securit/packag-emball/ bpa/index-eng.php.

[19] Health Canada. 2011. *List of prohibited and restricted cosmetic ingredients（"hotlist"）.* Retrieved May 25, 2012, from www.hc-sc.gc.ca/cps-spc/cosmet-person/indust/hot-list-critique/index-eng.php.

[20] Health Canada. 2012. *Health Canada's updated assessment of bisphenol A（BPA）exposure from food sources.* Retrieved December 6, 2012, from www.hc-sc.gc.ca/fn-an/securit/packag-emball/bpa/bpa_hra-ers-2012-09-eng.php.

[21] Mielke, H., Partosch, F. and Gundert-Remy, U.. 2011. The contribution of dermal exposure to the internal exposure of bisphenol A in man. *Toxicology Letters,* 204: 190-198.

[22] Newbold, R.R., Padilla-Banks, E. and Jefferson, W.N.. 2009. Environmental estrogens and obesity. *Molecular and Cellular Endocrinology,* 304（1）: 84-89.

[23] NTP（National Toxicology Program）. 2007. *NTPCERHR Expert Panel report on the reproductive and developmental toxicity of bisphenol-A.* Research Triangle Park, NC.: Department of Health and Human Services.

[24] Soto，A.M.，Vandenberg，L.N.，Maffini，M.V.，et al. 2008. Does breast cancer start in the womb？ *Basic & Clinical Pharmacology & Toxicology*，102（2）：125-133.

[25] WHO（World Health Organization）. 2011a. *Toxicological and health aspects of bisphenol A：Report of joint FAO/WHO expert meeting and stakeholder meeting on bisphenol A*. World Health Organization. Retrieved August 2，2012，from http://whqlibdoc.who.int/publications/2011/97892141564274_eng.pdf.

[26] Ye，X.，Kuklenyik，Z.，Needham，L.，et al. 2005. Quantification of urinary conjugates of bisphenol A，2,5-dichlorophenol，and 2-hydroxy-4-methoxybenzophenone in humans by online solid phase extraction-high performance liquid chromatography-tandem mass spectrometry. *Analytical and Bioanalytical Chemistry*，383（4）：638-644.

[27] Zalko，D.，Jacques，C.，Duplan，H.，et al. 2011. Viable skin efficiently absorbs and metabolizes bisphenol A. *Chemosphere*，82：424-430.

11.2　三氯卡班

三氯卡班（CAS 号：101-20-2）是一种高产量的合成化合物，自 20 世纪 50 年代开始，广泛应用于抗菌剂（SCCP，2005）。三氯卡班还广泛应用于消费品和个人护肤品领域，包括肥皂、香波、沐浴露、牙膏、除臭剂、清洁剂和消毒剂（TCC，2002；Ye et al.，2011）。然而截至 2012 年 8 月，在加拿大没有过使用三氯卡班作为有效成分的药品的销售记录；在任何许可的健康药品中也没有三氯卡班这种成分（Health Canada，2012a；Health Canada，2012b）。

自然环境中不存在三氯卡班。地表水中三氯卡班的存在是由于含三氯卡班产品的广泛使用及工业废水排放（Schebb et al.，2011；Ye et al.，2011）。

公众暴露三氯卡班的主要途径是含三氯卡班的个人护肤品的皮肤接触；从食物或者水体摄入三氯卡班的间接接触是最少的（TCC，2002）。

皮肤接触后，人体不易吸收三氯卡班，吸收量从低于 1%到 7%（Scharpf Jr. and Hill，1975；Schebb et al.，2011；Wester et al.，1985）。三氯卡班在人体内的代谢机制主要包括直接葡萄苷酸化（糖脂化作用）或者和葡萄糖醛酸或者硫酸结合的羟基化作用（Hiles & Birch，1978）。三氯卡班主要以结合态的形式在 5 天内通过粪便排出体外；而少量的三氯卡班（主要以结合态的形式）在 80 小时内通过尿液排出（Ahn et al.，2011；Hiles & Birch，1978；Jeffcoat et al.，1977；Ye et al.，2011）。已有的研究资料显示：尿液中三氯卡班的总浓度水平（包括自由态和结合态）可用来作为人体暴露的生物标志物（Ye et al.，2011）。

对人体而言，三氯卡班已被证明最低限度地刺激皮肤，且不显示潜在的敏感性（Maibach et al.，1978；SCCP，2005）。有一些证据表明：三氯卡班能够损害哺乳动物生殖系统，降低仔鼠的出生重量和成活率（Nolen and Dierckman，1979；SCCP，2005）。有些研究资料显示：在老鼠实验和细胞测试中，高浓度的三氯卡班暴露会对内分泌调节产生影响（Ahn et al.，2008；Duleba et al.，2011）。动物模型表明：暴露一定浓度的三氯卡班和老鼠肿瘤发病率增加之间没有关系（TCC，2002）。目前为止，国际癌症研究机构并未对三氯卡班的潜在致癌性进行评价。

作为《加拿大环境保护法》（1999）规定的化学品管理计划中的一部分，三氯卡班被列为将来须优先评估的化学物质，这种评估以环境质量标准为基础，而不是以人类健康为基础（Canada，1999；Environment Canada，2011）。2005 年，欧盟消费者产品科学委员会认为：不以防腐为目的，用于化妆品、沐浴露及个人护肤品中的三氯卡班使用最大浓度为1.5%时，不会对消费者健康产生直接风险（SCCP，2005）。

加拿大第二次（2009—2011）健康调查检测了所有 3～79 岁调查对象尿液中的三氯卡班浓度，检测结果分别用μg/L（表 11-2-1 和表 11-2-2）和μg/g 肌酐（表 11-2-3 和表 11-2-4）表示。调查对象尿液中三氯卡班的检测结果可以作为三氯卡班的暴露标志物，但是并不意味着其对调查对象会产生不利健康效应。本次调查提供了加拿大人群尿液中三氯卡班的基础数据。

表 11-2-1　加拿大第二次（2009—2011）健康调查
3～79 岁居民年龄别 [a] 尿三氯卡班质量浓度　　　　　单位：μg/L

分组（岁）	调查时期	调查人数	<检出限 [a] /%	几何均数（95%置信区间）	P_{10}（95%置信区间）	P_{50}（95%置信区间）	P_{75}（95%置信区间）	P_{95}（95%置信区间）
全体对象3～79	2	2 549	96.23	—	<检出限	<检出限	<检出限	<检出限
3～5	2	524	97.9	—	<检出限	<检出限	<检出限	<检出限
6～11	2	515	97.09	—	<检出限	<检出限	<检出限	<检出限
12～19	2	507	96.06	—	<检出限	<检出限	<检出限	<检出限
20～39	2	356	97.19	—	<检出限	<检出限	<检出限	<检出限
40～59	2	359	93.31	—	<检出限	<检出限	<检出限	F
60～79	2	288	94.44	—	<检出限	<检出限	<检出限	<检出限

a 如果超过 40%的样本检测值低于检出限，则仅报告数据的百分比分布而不报告均值。
F 数据不可靠，不予发布。

表 11-2-2　加拿大第二次（2009—2011）健康调查
3～79 岁居民年龄别 [a]、性别尿三氯卡班的质量浓度　　　　　单位：μg/L

分组（岁）	调查时期	调查人数	<检出限 [b] /%	几何均数（95%置信区间）	P_{10}（95%置信区间）	P_{50}（95%置信区间）	P_{75}（95%置信区间）	P_{95}（95%置信区间）
全体男性3～79	2	1 276	95.85	—	<检出限	<检出限	<检出限	<检出限
男 6～11	2	262	96.95	—	<检出限	<检出限	<检出限	<检出限
男 12～19	2	253	96.05	—	<检出限	<检出限	<检出限	<检出限
男 20～39	2	167	97.6	—	<检出限	<检出限	<检出限	x
男 40～59	2	193	92.75	—	<检出限	<检出限	<检出限	x
男 60～79	2	141	92.91	—	<检出限	<检出限	<检出限	x
全体女性3～79	2	1 273	96.62	—	<检出限	<检出限	<检出限	<检出限
女 6～11	2	253	97.23	—	<检出限	<检出限	<检出限	<检出限
女 12～19	2	254	96.06	—	<检出限	<检出限	<检出限	<检出限
女 20～39	2	189	96.83	—	<检出限	<检出限	<检出限	x
女 40～59	2	166	93.98	—	<检出限	<检出限	<检出限	x
女 60～79	2	147	95.92	—	<检出限	<检出限	<检出限	x

a 3～5 岁年龄组未按照性别分组。
b 如果超过 40%的样本检测值低于检出限，则仅报告数据的百分比分布而不报告均值。
x 根据加拿大《统计法》保密规定，不予发布。

表 11-2-3　加拿大第二次（2009—2011）健康调查

3～79 岁居民年龄别三氯卡班的质量分数　　　　　　单位：μg/g 肌酐

分组（岁）	调查时期	调查人数	<检出限 a /%	几何均数（95%置信区间）	P_{10}（95%置信区间）	P_{50}（95%置信区间）	P_{75}（95%置信区间）	P_{95}（95%置信区间）
全体对象 3～79	2	2 539	96.61	—	<检出限	<检出限	<检出限	<检出限
3～5	2	523	98.09	—	<检出限	<检出限	<检出限	<检出限
6～11	2	513	97.47	—	<检出限	<检出限	<检出限	<检出限
12～19	2	505	96.44	—	<检出限	<检出限	<检出限	<检出限
20～39	2	354	97.74	—	<检出限	<检出限	<检出限	<检出限
40～59	2	357	93.84	—	<检出限	<检出限	<检出限	F
60～79	2	287	94.77	—	<检出限	<检出限	<检出限	<检出限

a 如果超过 40%的样本检测值低于检出限，则仅报告数据的百分比分布而不报告均值。

F 数据不可靠，不予发布。

表 11-2-4　加拿大第二次（2009—2011）健康调查

3～79 岁居民年龄别 a、性别尿三氯卡班质量分数　　　　　　单位：μg/g 肌酐

分组（岁）	调查时期	调查人数	<检出限 b /%	几何均数（95%置信区间）	P_{10}（95%置信区间）	P_{50}（95%置信区间）	P_{75}（95%置信区间）	P_{95}（95%置信区间）
全体男性 3～79	2	1 272	96.15	—	<检出限	<检出限	<检出限	<检出限
男 6～11	2	261	97.32	—	<检出限	<检出限	<检出限	<检出限
男 12～19	2	252	96.43	—	<检出限	<检出限	<检出限	<检出限
男 20～39	2	166	98.19	—	<检出限	<检出限	<检出限	x
男 40～59	2	193	92.75	—	<检出限	<检出限	<检出限	x
男 60～79	2	141	92.91	—	<检出限	<检出限	<检出限	x
全体女性 3～79	2	1 267	97.08	—	<检出限	<检出限	<检出限	<检出限
女 6～11	2	252	97.62	—	<检出限	<检出限	<检出限	<检出限
女 12～19	2	253	96.44	—	<检出限	<检出限	<检出限	<检出限
女 20～39	2	188	97.34	—	<检出限	<检出限	<检出限	x
女 40～59	2	164	95.12	—	<检出限	<检出限	<检出限	x
女 60～79	2	146	96.58	—	<检出限	<检出限	<检出限	x

a 3～5 岁年龄组未按照性别分组。

b 如果超过 40%的样本检测值低于检出限，则仅报告数据的百分比分布而不报告均值。

x 根据加拿大《统计法》保密规定，不予发布。

参考文献

[1] Ahn，K.C.，Kasagami，T.，Tsai，H.-J.，et al. 2011. An immunoassay to evaluate human/environmental exposure to the antimicrobial triclocarban. *Environmental Science & Technology*，46（1）：374-381.

[2] Ahn，K.C.，Zhao，B.，Chen，J.，et al. 2008. In vitro biologic activities of the antimicrobials triclocarban，its analogs and triclosan in bioassay screens：Receptor-based bioassay screens. *Environmental Health Perspectives*，116（9）：1203-1210.

[3] Canada. 1999. *Canadian Environmental Protection Act，1999*. SC 1999，c. 33. Retrieved April 2，2012，from http://laws-lois.justice.gc.ca/eng/acts/C-15.31/index.html.

[4] Duleba，A.J.，Ahmed，M.I.，Sun，M.，et al. 2011. Effects of triclocarban on intact immature male rat. *Reproductive Sciences*，18（2）：119-127.

[5] Environment Canada. 2011. *Status of prioritized substances*. Ottawa，ON.：Minister of the Environment. Retrieved August 9，2012，from www.ec.gc.ca/ese-ees/default.asp？lang=En&n=7CCD1F11-1.

[6] Health Canada. 2012a. *Licensed natural health products database*. Retrieved August 9，2012，from http://webprod3.hc-sc.gc.ca/lnhpd-bdpsnh/start-debuter.do？lang=eng.

[7] Health Canada. 2012b. *Drug product batabase online query*. Retrieved April 20，2012，from http://webprod3.hc-sc.gc.ca/dpd-bdpp/index-eng.jsp.

[8] Hiles，R.A. and Birch，C.G. 1978. The absorption，excretion and biotransformation of 3,4,4'-trichlorocarbanilide in humans. *Drug Metabolism and Disposition*，6（2）：177-183.

[9] Jeffcoat，A.R.，Handy，R.W.，Francis，M.T.，et al. 1977. The metabolism and toxicity of halogenated carbanilides：Biliary metabolites of 3,4,4'-trichlorocarbanilide and 3-trifluoromethyl-4，4'dichlorocarbanilide in the rat. *Drug Metabolism and Disposition*，5：157-166.

[10] Maibach，H.，Bandmann，H.-J.，Calnan，C.D.，et al. 1978. Triclocarban：Evaluation of contact dermatitis potential in man. *Contact Dermatitis*，4（5）：283-288.

[11] Nolen，G.A. and Dierckman，T.A.. 1979. Reproduction and teratogenic studies of a 2：1 mixture of 3,4,4'-trichlorocarbanilide and 3-trifluoromethyl-4,4'-dichlorocarbanilide in rats and rabbits. *Toxicology and Applied Pharmacology*，51（3）：417-425.

[12] SCCP（Scientific Committee on Consumer Products）. 2005. *Opinion on triclocarban for other uses than as a preservative（COLIPA No. P29）*. Brussels：Health & Consumer Protection Directorate-General，European Commission. Retrieved August 24，2012，from www.ec.europa.eu/health/ph_risk/committees/04_sccp/docs/sccp_o_016.pdf.

[13] Scharpf Jr.，L.G. and Hill，I.D.M.H.I.. 1975. Percutaneous penetration and disposition of triclocarban in man：Body showering. *Archives of Environmental Health*，30（1）：7-14.

[14] Schebb，N.H.，Inceoglu，B.，Ahn，K.C.，et al. 2011. Investigation of human exposure to triclocarban after showering and preliminary evaluation of its biological effects. *Environmental Science & Technology*，45（7）：3109-3115.

[15] TCC（Triclocarban Consortium）. 2002. *High production volume（HPV）chemical challenge program data availability and screening level assessment for triclocarban*. TCC. Retrieved August 24，2012，from www.epa.gov/hpv/pubs/summaries/tricloca/c14186tp.pdf.

[16] Wester，R.C.，Maibach，H.I.，Surinchak，J.，et al. 1985. Predictability of in vitro diffusion systems：Effect of skin types and ages on percutaneous absorption of triclocarban. *Dermatology*，6：223-226.

[17] Ye，X.，Zhou，X.，Furr，J.，et al. 2011. Biomarkers of exposure to triclocarban in urine and serum. *Toxicology*，286（13）：69-74.

11.3　三氯生

三氯生（CAS 号：3380-34-5）是一种合成化合物，自从 1972 年以来，广泛应用于抗菌剂和防腐剂（Jones et al.，2000）。该化合物作为药用成分用于非处方药，还作为非药用成分用于化妆品、天然健康产品和药品。据报道，2011 年加拿大商业市场上约有 1 600 种含有三氯生的化妆品和天然健康产品（Environment Canada and Health Canada，2012a）。这些产品包括面霜、面部和眼部化妆品、护手霜、除臭剂和喷雾剂、香水、润肤露、防晒霜、洁肤品、剃须膏和洗发香波等。截至 2012 年 12 月，加拿大政府对 131 种含有三氯生有效药用成分的产品（主要包括牙膏、洁肤品和保湿剂等）作为非处方药物进行了监管（Health Canada，2012a）。三氯生也被应用于控制吸尘器、纺织品、地毯、菜板及医疗设备等物品上的细菌传播（Jones et al.，2000）。作为材料防腐剂，三氯生在《病虫害防治产品法案》中注册使用（Canada，2006）；目前，加拿大国内没有含三氯生的杀虫剂注册使用（Environment Canada and Health Canada，2012b）。

环境中不存在自然来源的三氯生（Environment Canada and Health Canada，2012a）。使用含有三氯生的产品导致三氯生释放到废水处理系统或者地表水中（Environment Canada and Health Canada，2012a）。普通人群的潜在暴露途径包括经口或者皮肤接触含三氯生的产品（例如牙膏和化妆品等）、饮用水或者母乳摄入及室内灰尘摄入（Environment Canada and Health Canada，2012b）。

经口暴露后，三氯生迅速被吸收并在人体内扩散，血清中三氯生的浓度水平在 1～4 h 内迅速增加（Environment Canada and Health Canada，2012b）。经皮肤接触暴露含有三氯生的产品后三氯生在人体内的吸收率为 11%～17%（Maibach，1969；Queckenberg et al.，2010；Stierlin，1972）。在正常使用牙膏的条件下，有限的三氯生（5%～10%）被人体吸收。经过所有的暴露途径，人体吸收的三氯生几乎完全转换为葡萄醛酸和硫酸结合物（Fang et al.，2010）。三氯生在人体内半衰期为 9～32 h，代谢后迅速排出体外（SCCP，2009）。人体吸收的三氯生 24%～83% 以葡糖醛酸结合态的形式通过尿液排出体外（Fang et al.，2010；Sandborgh-Englund et al.，2006）；最终以自由态化合物形式通过粪便排出体外的三氯生占比较小，为 10%～30%（Environment Canada and Health Canada，2012b）。目前，没有证据显示三氯生在人体内具有潜在的生物积累性（SCCP 2009）。尿液中自由态和结合态的三氯生的总浓度水平可以作为暴露标志物（Calafat et al.，2007）。

三氯生对哺乳动物无急性毒性，但是它能与细胞酶和受体相互作用（Calafat et al.，2007）。这种相互作用的潜在影响还不清楚。研究资料显示：三氯生对啮齿类动物肝脏具有毒性，可对甲状腺激素体内平衡产生不利影响；然而，所有调查对象有关体重的数据资料并不支持三氯生对甲状腺功能的影响，这种甲状腺功能是人体健康风险识别的临界效应（Environment Canada and Health Canada，2012b）。在最近的一项人群健康风险评价中，三氯生对肝脏的不利影响作为关注的毒理学终点（Environment Canada and Health Canada，2012b）。直到现在，国际癌症研究机构也没有开展对三氯生潜在致癌性的评价；美国环保局（USEPA）认为三氯生对人类健康不会产生致癌性（EPA，2008）。

加拿大环境部和卫生部共同对三氯生的环境健康风险进行了初步评估，该物质如不在一定量、一定浓度和特定条件下进入环境，就不会对对加拿大人民群众生活或健康构成或者可能构成危险（Environment Canada and Health Canada，2012b）。加拿大卫生部有害生物管理局（PMRA）提出相同的风险评估结论：在加拿大使用含有三氯生的害虫防治产品不会对人体健康造成不可接受的潜在风险（Environment Canada and Health Canada，2012b）。然而，在当前环境水平下，提出三氯生的风险是出于生态方面的考虑。根据《加拿大环境保护法》（1999）第 64 条规定，三氯生被定义为有毒化学物质（Canada，1999）。

加拿大卫生部将三氯生列入禁用或限制使用的化妆品成分清单（化妆品关注清单）。该清单是制造商和其他各方交流和沟通的一种管理工具，如果这些物质在化妆品中使用，很可能对使用者造成健康损伤，并违反《加拿大食品药品法案》中关于禁止销售不安全化妆品的规定（Canada，1985；Health Canada，2011）。化妆品关注清单规定了漱口水、供牙齿和其他部位使用的化妆品中三氯生的浓度限值（Environment Canada and Health Canada，2012b；Health Canada，2012b）。另外，化妆品关注清单规定：含有三氯生的口服美容产品在标签上必须注明禁止 12 岁以下儿童使用；同时，规定漱口水标签上注明"避免吞咽"（Health Canada，2011）。

加拿大第二次健康调查（2009—2011）监测了所有 3～79 岁调查对象尿液中三氯生的质量浓度和质量分数，检测结果分别用 μg/L（表 11-3-1 和表 11-3-2）和 μg/g 肌酐（表 11-3-3 和表 11-3-4）表示。调查对象尿液中三氯生的检测结果可以作为三氯生的暴露标志物，但是并不意味着其对调查对象产生不利健康效应。本次调查提供了加拿大健康调查人群尿液中三氯生的基础数据。

表 11-3-1　加拿大第二次（2009—2011）健康调查

3～79 岁居民年龄别尿三氯生的质量浓度　　　　单位：μg/L

分组（岁）	调查时期	调查人数	<检出限 [a]/%	几何均数（95%置信区间）	P_{10}（95%置信区间）	P_{50}（95%置信区间）	P_{75}（95%置信区间）	P_{95}（95%置信区间）
全体对象3～79	2	2 550	28.20	16（13～20）	<检出限	9.5[E]（5.8～13）	F	710（540～880）
3～5	2	523	29.45	8.9（7.3～11）	<检出限	7.3（4.9～9.6）	20（16～24）	120[E]（68～160）
6～11	2	515	33.98	8.5（6.7～11）	<检出限	3.8[E]（<检出限~5.9）	23[E]（14～31）	250[E]（82～410）
12～19	2	510	19.02	20（14～27）	<检出限	13[E]（7.7～18）	F	640[E]（400～870）
20～39	2	353	19.26	21[E]（13～33）	<检出限	17[E]（9.1～25）	F	910[E]（430～1 400）
40～59	2	359	28.97	19[E]（12～29）	<检出限	12[E]（4.3～20）	F	740[E]（290～1 200）
60～79	2	290	41.72	—	<检出限	4.8[E]（<检出限~6.8）	24[E]（7.3～40）	590（430～750）

a 如果超过 40%的样本检测值低于检出限，则仅报告数据的百分比分布而不报告均值。
E 谨慎引用。
F 数据不可靠，不予发布。

表 11-3-2　加拿大第二次（2009—2011）健康调查

3～79 岁居民年龄别 [a]、性别尿三氯生的质量浓度　　　　单位：μg/L

分组（岁）	调查时期	调查人数	<检出限 [b]/%	几何均数（95%置信区间）	P_{10}（95%置信区间）	P_{50}（95%置信区间）	P_{75}（95%置信区间）	P_{95}（95%置信区间）
全体男性 3～79	2	1 274	26.77	18（13～26）	<检出限	12[E]（5.3～18）	F	790[E]（350～1 200）
男 6～11	2	262	34.35	8.8[E]（5.9～13）	<检出限	F	F	F
男 12～19	2	254	18.11	20[E]（13～31）	<检出限	12[E]（7.0～18）	F	F
男 20～39	2	165	18.18	F	<检出限	F	F	x
男 40～59	2	193	25.91	23[E]（13～41）	<检出限	15[E]（7.3～23）	F	x
男 60～79	2	141	36.88	14[E]（8.0～24）	<检出限	F	F	x
全体女性 3～79	2	1 276	29.62	14（11～18）	<检出限	7.5[E]（3.1～12）	F	680[E]（410～960）
女 6～11	2	253	33.6	8.2[E]（5.6～12）	<检出限	F	22[E]（10～34）	F
女 12～19	2	256	19.92	19[E]（13～29）	<检出限	14[E]（4.9～23）	F	620[E]（370～870）
女 20～39	2	188	20.21	19[E]（11～35）	<检出限	16[E]（6.0～27）	F	x
女 40～59	2	166	32.53	16[E]（8.4～29）	<检出限	F	F	x
女 60～79	2	149	46.31	—	<检出限	F	14[E]（4.4～23）	x

a 3～5 岁年龄组未按照性别分组。
b 如果超过 40% 的样本检测值低于检出限，则仅报告数据的百分比分布而不报告均值。
E 谨慎引用。
F 数据不可靠，不予发布。
x 根据加拿大《统计法》保密规定，不予发布。

表 11-3-3　加拿大第二次（2009—2011）健康调查

3～79 岁居民年龄别尿三氯生的质量分数　　　　单位：μg/g 肌酐

分组（岁）	调查时期	调查人数	<检出限 [a]/%	几何均数（95%置信区间）	P_{10}（95%置信区间）	P_{50}（95%置信区间）	P_{75}（95%置信区间）	P_{95}（95%置信区间）
全体对象 3～79	2	2 540	28.31	15（12～19）	<检出限	9.4（7.2～12）	F	620（400～830）
3～5	2	522	29.5	14（12～17）	<检出限	13（9.3～16）	30（22～39）	190（140～250）
6～11	2	513	34.11	8.7（6.3～12）	<检出限	4.9[E]（<检出限～7.3）	27[E]（7.8～46）	270[E]（79～470）

分组（岁）	调查时期	调查人数	<检出限 [a]/%	几何均数（95%置信区间）	P_{10}（95%置信区间）	P_{50}（95%置信区间）	P_{75}（95%置信区间）	P_{95}（95%置信区间）
12～19	2	508	19.09	14（10～20）	<检出限	9.4[E]（5.1～14）	F	500[E]（290～710）
20～39	2	351	19.37	17[E]（11～28）	<检出限	12[E]（7.6～16）	F	680[E]（290～1 100）
40～59	2	357	29.13	17[E]（11～28）	<检出限	10[E]（3.3～17）	F	830[E]（450～1 200）
60～79	2	289	41.87	—	<检出限	7.2（<检出限～9.4）	F	600[E]（290～910）

a 如果超过40%的样本检测值低于检出限，则仅报告数据的百分比分布而不报告均值。
E 谨慎引用。
F 数据不可靠，不予发布。

表 11-3-4　加拿大第二次（2009—2011）健康调查

3～79 岁居民年龄别 [a]、性别尿三氯生的质量分数　　　　　单位：μg/g 肌酐

分组（岁）	调查时期	调查人数	<检出限 [b]/%	几何均数（95%置信区间）	P_{10}（95%置信区间）	P_{50}（95%置信区间）	P_{75}（95%置信区间）	P_{95}（95%置信区间）
全体男性 3～79	2	1 270	26.85	15（10～21）	<检出限	8.8（5.7～12）	F	700[E]（360～1 000）
男 6～11	2	261	34.48	8.8[E]（5.5～14）	<检出限	4.2[E]（<检出限～6.7）	F	F
男 12～19	2	253	18.18	14[E]（8.9～22）	<检出限	8.7[E]（3.8～13）	F	450[E]（<检出限～690）
男 20～39	2	164	18.29	F	<检出限	F	F	x
男 40～59	2	193	25.91	18[E]（10～33）	<检出限	F	F	x
男 60～79	2	141	36.88	12[E]（7.4～19）	<检出限	F	F	x
全体女性 3～79	2	1 270	29.76	15（11～19）	<检出限	10（8.0～13）	F	570[E]（340～800）
女 6～11	2	252	33.73	8.5[E]（5.6～13）	<检出限	6.2[E]（<检出限～9.5）	22[E]（6.3～38）	F
女 12～19	2	255	20	15[E]（10～22）	<检出限	9.7[E]（4.3～15）	F	610[E]（280～950）
女 20～39	2	187	20.32	19[E]（10～34）	<检出限	12[E]（3.5～21）	F	x
女 40～59	2	164	32.93	17[E]（9.6～30）	<检出限	F	F	x
女 60～79	2	148	46.62	—	<检出限	7.9（<检出限～11）	F	x

a 3～5 岁年龄组未按照性别分组。
b 如果超过40%的样本检测值低于检出限，则仅报告数据的百分比分布而不报告均值。
E 谨慎引用。
F 数据不可靠，不予发布。
x 根据加拿大《统计法》保密规定，不予发布。

参考文献

[1] Calafat, A.M., Ye, X., Wong, L.-Y., et al. 2007. Urinary concentrations of triclosan in the U.S. population: 2003-2004. *Environmental Health Perspectives*, 116 (3): 303-307.

[2] Canada. 1985. *Food and Drugs Act*. RSC 1985, c. F-27. Retrieved June 6, 2012, from http://laws-lois.justice.gc.ca/eng/acts/F-27/Canada. 1999. Canadian Environmental Protection Act, 1999. SC 1999, c. 33. Retrieved April 2, 2012, from http://laws-lois.justice.gc.ca/eng/acts/C-15.31/index.html.

[3] Canada. 2006. *Pest Control Products Act*. SC 2002, c. 28. Retrieved May 30, 2012, from http://laws-lois.justice.gc.ca/eng/acts/P-9.01/.

[4] Environment Canada & Health Canada. 2012a. *Risk management scope for triclosan*. Ottawa, ON. Retrieved May 25, 2012, from www.ec.gc.ca/ese-ees/default.asp? lang=En&n=613BAA27-1.

[5] Environment Canada & Health Canada. 2012b. *Preliminary assessment: Triclosan*. Ottawa, ON. Retrieved May 25, 2012, from www.ec.gc.ca/ese-ees/default.asp? lang=En&n=6EF68BEC-1.

[6] EPA (U.S. Environmental Protection Agency). 2008. *Cancer assessment document: Evaluation of the carcinogenic potential of triclosan*. Washington, DC.: Office of Prevention, Pesticides and Toxic Substances.

[7] Fang, J.-L., Stingley, R.L., Beland, F.A., et al. 2010. Occurrence, efficacy, metabolism, and toxicity of triclosan. *Journal of Environmental Science and Health, Part C*, 28 (3): 147-171.

[8] Health Canada. 2011. *List of prohibited and restricted cosmetic ingredients ("hotlist")*. Retrieved May 25, 2012, from www.hc-sc.gc.ca/cps-spc/cosmet-person/indust/hot-list-critique/index-eng.php.

[9] Health Canada. 2012a. *Drug product database online query*. Retrieved April 20, 2012, from http://webprod3.hc-sc.gc.ca/dpd-bdpp/index-eng.jsp.

[10] Health Canada. 2012b. *Natural health products ingredients database*. Retrieved August 3, 2012, from http://webprod.hc-sc.gc.ca/nhpid-bdipsn/search-rechercheReq.do.

[11] Jones, R.D., Jampani, H.B., Newman, J.L., et al. 2000. Triclosan: A review of effectiveness and safety in health care settings. *American Journal of Infection Control*, 28 (2): 184-196.

[12] Maibach, H.I.. 1969. *Percutaneous penetration of Irgasan® CH 3565 in a soap solution*. San Francisco, CA.: University of California Medical Center, Department of Dermatology.

[13] Queckenberg, C., Meins, J., Wachall, B., et al. 2010. Absorption, pharmacokinetics, and safety of triclosan after dermal administration. *Antimicrobial Agents and Chemotherapy*, 54 (1): 570-572.

[14] Sandborgh-Englund, G., Adolfsson-Erici, M., Odham, G., et al. 2006. Pharmacokinetics of triclosan following oral ingestion in humans. *Journal of Toxicology and Environmental Health, Part A*, 69 (20): 1861-1873.

[15] SCCP (Scientific Committee on Consumer Products). 2009. *Opinion on triclosan (COLIPA No. P.32)*. Brussels: Health & Consumer Protection Directorate-General, European Commission.

[16] Stierlin, H.. 1972. *GP 41 353: Scouting studies to ascertain the cutaneous resorption of GP 41 353 in humans after topical application in a crème excipient*. Basel: Ciba Geigy Ltd..

12 尼古丁代谢物概况与调查结果

12.1 可铁宁

可铁宁（CAS号：486-56-6）是尼古丁的主要代谢物和烟草植物中的天然成分，也存在于香烟、雪茄和无烟烟草产品中。尼古丁也用于尼古丁替代疗法，如尼古丁口香糖、贴片、含片、吸入剂和口腔喷剂。

人群暴露尼古丁的主要途径是吸食烟草产品，接触环境中的烟草烟雾，以及接受尼古丁替代疗法（HSDB，2009）。此外，吸烟妇女的母乳喂养可能使其婴儿摄入尼古丁。

吸入是最主要的尼古丁摄入途径，平均60%～80%的尼古丁是通过肺部吸入（Iwase et al.，1991）。尼古丁也可以通过皮肤及胃肠道吸收，但吸收率较低（Karaconji，2005）。尼古丁一旦进入体内，70%～80%会被代谢转化为可铁宁，其半衰期为10～20 h，进入体内长达4天后仍然可以被检测到（Benowitz and Jacob，1994；Curvall et al.，1990）。可铁宁被认为是烟草制品和烟草烟雾暴露的最佳生物标志物（Brown et al.，2005；CDC，2009）。烟草烟雾是对人体健康有害的气体、液体及可吸入颗粒的混合物。它包含4 000多种化学物质，其中至少有70种物质能引起癌症或促使癌症发生，被国际癌症研究机构（IARC）列入1类致癌物，即对人类致癌（Health Canada，2011；IARC，2004）。暴露于这些化学物质也会直接导致其他疾病如肺气肿和心脏病的发生，增加哮喘病的发病风险（CDC，2004）。这些化学物质中大部分在烟草燃烧过程中形成；其余部分天然存在于烟草中，并在烟草燃烧时释放出来（CDC，2004）。无烟烟草（包括嚼烟和鼻烟），包含28种已知的致癌物质，与香烟、烟斗用烟草和雪茄中的烟草相似，可导致尼古丁依赖和成瘾（Health Canada，2010；IARC，2007）。无烟烟草的使用可导致口腔癌和胰腺癌，已被国际癌症研究机构列为1类致癌物，即对人类致癌（IARC，2007）。它也可以引起严重的牙齿健康问题，包括牙龈萎缩、牙齿脱落及牙齿牙龈的变色（Walsh and Epstein，2000）。非吸烟者血液和尿液中的可铁宁水平与烟草烟雾暴露而导致的不良健康效应之间存在相关关系，而可铁宁本身也会导致吸烟引起的一些神经药理学反应（Benowitz，1996；Crooks and Dwoskin，1997）。

由于烟草使用可导致不良健康效应，加拿大联邦政府以及各省、地区和直辖市已经采取了多项措施来减少烟草的大量使用，降低人群烟草烟雾暴露。这些措施包括禁止对青少年销售烟草、要求烟草包装上标有健康危害警示以及限制烟草制品的广告推广、限制零售商对烟草产品的陈列展示（Health Canada，2006）。其他的措施包括提供戒烟帮助和禁止在公共场所及封闭的公众场所吸烟（Health Canada，2006）。

1992年，一项对安大略省大湖地区两个区域232名钓鱼者的生物监测研究表明：非吸烟者的尿液中可铁宁质量分数中位数为 12.4 μg/g 肌酐,而吸烟者的尿液中可铁宁质量分数中位数为 2 583.7 μg/g 肌酐(Kearney et al.,1995)。研究指出,可将尿液中可铁宁浓度 50 μg/L 作为判定是否为吸烟者的依据,高于该值判定为吸烟者(SRNT Subcommittee on Biochemical Verification,2002)。

加拿大第一次(2007—2009)健康调查中所有 6~79 岁调查对象和加拿大第二次(2009—2011)健康调查中所有 3~79 岁调查对象均对尿液中的可铁宁进行了测定。尿液中可铁宁质量浓度和质量分数分别以μg/L 和μg/g 肌酐表示,其中非吸烟者调查结果见表 12-1-1~表 12-1-6;吸烟者调查结果见表 12-1-7~表 12-1-10。调查中 3~11 岁的参与者被假定为非吸烟者。在这次调查中,目前每日吸烟者或者偶尔吸烟者被定义为吸烟者;目前不吸烟和从未吸烟者,或者从前每日或偶然吸烟但现在不吸烟者被定义为非吸烟者。尿液中检出的可铁宁可作为尼古丁的暴露标志物,但并不意味着一定会发生不良健康效应。

表 12-1-1　加拿大第一次(2007—2009)和第二次(2009—2011)健康调查

6~79 岁[a] 非吸烟者性别尿可铁宁质量浓度　　　　　　　　　单位:μg/L

分组 (岁)	调查 时期	调查人数	<检出 限[b]/%	几何均数 (95%置信 区间)	P_{10} (95%置信 区间)	P_{50} (95%置信 区间)	P_{75} (95%置信 区间)	P_{95} (95%置信 区间)
全体对象 6~79	1	4 711	85.82	—	<检出限	<检出限	<检出限	F
全体对象 6~79	2	4 907	86.90	—	<检出限	<检出限	<检出限	F
全体男性 6~79	1	2 258	82.91	—	<检出限	<检出限	<检出限	F
全体男性 6~79	2	2 312	84.56	—	<检出限	<检出限	<检出限	F
全体女性 6~79	1	2 453	88.50	—	<检出限	<检出限	<检出限	9.9[E] (3.4~1.6)
全体女性 6~79	2	2 595	88.98	—	<检出限	<检出限	<检出限	F

a 为了便于比较第一次调查(2007—2009)数据,6 岁以下儿童数据未收录,表中仅包含 6~79 岁的居民数据。
b 如果超过 40%的样本检测值低于检出限,则仅报告数据的百分比分布而不报告均值。
E 谨慎引用。
F 数据不可靠,不予发布。

表 12-1-2　加拿大第一次（2007—2009）和第二次（2009—2011）健康调查

3～79 岁非吸烟者年龄别尿可铁宁质量浓度　　　　　　单位：μg/L

分组（岁）	调查时期	调查人数	<检出限 [a]/%	几何均数（95%置信区间）	P_{10}（95%置信区间）	P_{50}（95%置信区间）	P_{75}（95%置信区间）	P_{95}（95%置信区间）
全体对象 3～79 [b]	1	—	—	—	—	—	—	—
全体对象 3～79	2	5 480	86.86	—	<检出限	<检出限	<检出限	F
3～5 [b]	1	—	—	—	—	—	—	—
3～5	2	573	86.56	—	<检出限	<检出限	<检出限	F
6～11	1	1 045	83.83	—	<检出限	<检出限	<检出限	10[E]（5.7～14）
6～11	2	1 061	83.79	—	<检出限	<检出限	<检出限	12[E]（6.3～18）
12～19	1	889	80.20	—	<检出限	<检出限	<检出限	19[E]（8.2～30）
12～19	2	940	80.21	—	<检出限	<检出限	<检出限	F
20～39	1	874	85.35	—	<检出限	<检出限	<检出限	F
20～39 [b]	2	1 009	86.22	—	<检出限	<检出限	<检出限	F
40～59	1	947	88.81	—	<检出限	<检出限	<检出限	F
40～59	2	972	91.56	—	<检出限	<检出限	<检出限	F
60～79	1	956	90.69	—	<检出限	<检出限	<检出限	F
60～79	2	925	93.08	—	<检出限	<检出限	<检出限	F

a 如果超过 40%的样本检测值低于检出限，则仅报告数据的百分比分布而不报告均值。

b 6 岁以下儿童未纳入第一次调查（2007—2009），因此该年龄段无统计数据。

E 谨慎引用。

F 数据不可靠，不予发布。

表 12-1-3 加拿大第一次（2007—2009）和第二次（2009—2011）健康调查

3～79 岁非吸烟者年龄别 [a]、性别尿可铁宁质量浓度 单位：μg/L

分组 （岁）	调查 时期	调查 人数	<检出 限 [b]/%	几何均数 （95%置信 区间）	P_{10} （95%置信 区间）	P_{50} （95%置信 区间）	P_{75} （95%置信 区间）	P_{95} （95%置信 区间）
全体男性 3～79 [c]	1	—	—	—	—	—	—	—
全体男性 3～79	2	2 602	84.93	—	<检出限	<检出限	<检出限	F
男 6～11	1	528	82.39	—	<检出限	<检出限	<检出限	9.9 [E] （5.6～14）
男 6～11	2	532	84.77	—	<检出限	<检出限	<检出限	15 [E] （6.5～24）
男 12～19	1	458	77.51	—	<检出限	<检出限	F	F
男 12～19	2	489	77.10	—	<检出限	<检出限	F	F
男 20～39	1	367	82.83	—	<检出限	<检出限	<检出限	F
男 20～39	2	404	80.45	—	<检出限	<检出限	F	F
男 40～59	1	436	83.94	—	<检出限	<检出限	<检出限	F
男 40～59	2	466	89.91	—	<检出限	<检出限	<检出限	F
男 60～79	1	469	87.85	—	<检出限	<检出限	<检出限	F
男 60～79	2	421	90.97	—	<检出限	<检出限	<检出限	F
全体女性 3～79 [c]	1	—	—	—	—	—	—	—
全体女性 3～79	2	2 878	88.60	—	<检出限	<检出限	<检出限	F
女 6～11	1	517	85.30	—	<检出限	<检出限	<检出限	F
女 6～11	2	529	82.80	—	<检出限	<检出限	<检出限	F
女 12～19	1	431	83.06	—	<检出限	<检出限	<检出限	14 [E] （5.3～23）
女 12～19	2	451	83.59	—	<检出限	<检出限	<检出限	F
女 20～39	1	507	87.18	—	<检出限	<检出限	<检出限	F
女 20～39	2	605	90.80	—	<检出限	<检出限		F
女 40～59	1	511	92.95	—	<检出限	<检出限	<检出限	F
女 40～59	2	506	93.08	—	<检出限	<检出限	<检出限	F
女 60～79	1	487	93.43	—	<检出限	<检出限	<检出限	F
女 60～79	2	504	94.84	—	<检出限	<检出限	<检出限	F

a 3～5 岁年龄组未按照性别分组。

b 如果超过 40% 的样本检测值低于检出限，则仅报告数据的百分比分布而不报告均值。

c 6 岁以下儿童未纳入第一次调查（2007—2009），因此该年龄段无统计数据。

E 谨慎引用。

F 数据不可靠，不予发布。

表 12-1-4 加拿大第一次（2007—2009）和第二次（2009—2011）健康调查

6～79 岁非吸烟者性别 [a] 尿可铁宁质量分数　　　　　单位：μg/g 肌酐

分组 （岁）	调查 时期	调查 人数	<检出 限 [b]/%	几何均数 （95%置信 区间）	P_{10} （95%置信 区间）	P_{50} （95%置信 区间）	P_{75} （95%置信 区间）	P_{95} （95%置信 区间）
全体对象 6～79	1	4 701	86.00	—	<检出限	<检出限	<检出限	F
全体对象 6～79	2	4 895	87.11	—	<检出限	<检出限	<检出限	F
全体男性 6～79	1	2 252	83.13	—	<检出限	<检出限	<检出限	F
全体男性 6～79	2	2 307	84.74	—	<检出限	<检出限	<检出限	F
全体女性 6～79	1	2 449	88.65	—	<检出限	<检出限	<检出限	F
全体女性 6～79	2	2 588	89.22	—	<检出限	<检出限	<检出限	F

a 为了便于比较第一次（2007—2009）调查数据，6 岁以下儿童数据未收录，表中仅包含 6～79 岁的居民数据。

b 如果超过 40% 的样本检测值低于检出限，则仅报告数据的百分比分布而不报告均值。

F 数据不可靠，不予发布。

表 12-1-5 加拿大第一次（2007—2009）和第二次（2009—2011）健康调查

3～79 岁非吸烟者年龄别尿可铁宁质量分数　　　　　单位：μg/g 肌酐

分组 （岁）	调查 时期	调查 人数	<检出 限 [a]/%	几何均数 （95%置信 区间）	P_{10} （95%置信 区间）	P_{50} （95%置信 区间）	P_{75} （95%置信 区间）	P_{95} （95%置信 区间）
全体对象 3～79 [b]	1	—	—	—	—	—	—	—
全体对象 3～79	2	5 467	87.07	—	<检出限	<检出限	<检出限	F
3～5 [b]	1	—	—	—	—	—	—	—
3～5	2	572	86.71	—	<检出限	<检出限	<检出限	F
6～11	1	1 042	84.07	—	<检出限	<检出限	<检出限	F
6～11	2	1 059	83.95	—	<检出限	<检出限	<检出限	12 [E] （5.5～19）
12～19	1	888	80.29	—	<检出限	<检出限	<检出限	F
12～19	2	938	80.38	—	<检出限	<检出限	<检出限	F
20～39	1	871	85.65	—	<检出限	<检出限	<检出限	F
20～39	2	1 007	86.40	—	<检出限	<检出限	<检出限	F
40～59	1	944	89.09	—	<检出限	<检出限	<检出限	F
40～59	2	970	91.75	—	<检出限	<检出限	<检出限	F
60～79	1	956	90.69	—	<检出限	<检出限	<检出限	F
60～79	2	921	93.49	—	<检出限	<检出限	<检出限	F

a 如果超过 40% 的样本检测值低于检出限，则仅报告数据的百分比分布而不报告均值。

b 6 岁以下儿童未纳入第一次调查（2007—2009），因此该年龄段无统计数据。

E 谨慎引用。

F 数据不可靠，不予发布。

表 12-1-6　加拿大第一次（2007—2009）和第二次（2009—2011）健康调查
3～79 岁非吸烟者年龄别 [a]、性别尿可铁宁质量分数　　　　单位：μg/g 肌酐

分组（岁）	调查时期	调查人数	<检出限 [b]/%	几何均数（95%置信区间）	P_{10}（95%置信区间）	P_{50}（95%置信区间）	P_{75}（95%置信区间）	P_{95}（95%置信区间）
全体男性 3～79 [c]	1	—	—	—	—	—	—	—
全体男性 3～79	2	2 596	85.13	—	<检出限	<检出限	<检出限	F
男 6～11	1	526	82.70	—	<检出限	<检出限	<检出限	F
男 6～11	2	530	85.09	—	<检出限	<检出限	<检出限	12 [E]（3.4～20）
男 12～19	1	457	77.68	—	<检出限	<检出限	<检出限（<检出限～2.5）	F
男 12～19	2	488	77.25	—	<检出限	<检出限	F	F
男 20～39	1	366	83.06	—	<检出限	<检出限	<检出限	F
男 20～39	2	403	80.65	—	<检出限	<检出限	1.0 [E]（<检出限～1.6）	F
男 40～59	1	434	84.33	—	<检出限	<检出限	<检出限	F
男 40～59	2	466	89.91	—	<检出限	<检出限	<检出限	F
男 60～79	1	469	87.85	—	<检出限	<检出限	<检出限	F
男 60～79	2	420	91.19	—	<检出限	<检出限	<检出限	F
全体女性 3～79 [c]	1	—	—	—	—	—	—	—
全体女性 3～79	2	2 871	88.82	—	<检出限	<检出限	<检出限	F
女 6～11	1	516	85.47	—	<检出限	<检出限	<检出限	F
女 6～11	2	529	82.80	—	<检出限	<检出限	<检出限	14 [E]（5.5～22）
女 12～19	1	431	83.06	—	<检出限	<检出限	<检出限	9.5 [E]（4.1～15）
女 12～19	2	450	83.78	—	<检出限	<检出限	<检出限	F
女 20～39	1	505	87.52	—	<检出限	<检出限	<检出限	F
女 20～39	2	604	90.23	—	<检出限	<检出限	<检出限	F
女 40～59	1	510	93.14	—	<检出限	<检出限	<检出限	F
女 40～59	2	504	93.45	—	<检出限	<检出限	<检出限	5.1（<检出限～6.9）
女 60～79	1	487	93.43	—	<检出限	<检出限	<检出限	F
女 60～79	2	501	95.41	—	<检出限	<检出限	<检出限	F

a　3～5 岁年龄组未按照性别分组。

b　如果超过 40%的样本检测值低于检出限，则仅报告数据的百分比分布而不报告均值。

c　6 岁以下儿童未纳入第一次调查（2007—2009），因此该年龄段无统计数据。

E　谨慎引用。

F　数据不可靠，不予发布。

表 12-1-7　加拿大第一次（2007—2009）和第二次（2009—2011）健康调查

12~79 岁吸烟者年龄别尿可铁宁质量浓度　　　　　　　　　　单位：μg/L

分组（岁）	调查时期	调查人数	<检出限 a/%	几何均数（95%置信区间）	P_{10}（95%置信区间）	P_{50}（95%置信区间）	P_{75}（95%置信区间）	P_{95}（95%置信区间）
全体对象 12~79	1	805	4.22	590（420~820）	F	1 000（810~1 200）	1 600（1 500~1 800）	2 600（2 300~2 900）
全体对象 12~79	2	819	5.74	490（340~700）	F	1 000（810~1 200）	1 700（1 400~1 900）	2 600（2 100~3 100）
12~19	1	102	10.78	160^E（80~330）	F	F	1 200（930~1 500）	x
12~19	2	102	11.76	F	<检出限	F	F	x
20~39	1	300	3.00	500^E（300~850）	F	930（620~1 200）	1 500（1 400~1 700）	2 500（2 100~2 900）
20~39	2	311	9.00	400^E（260~630）	F	850（570~1 100）	1 400（1 100~1 700）	2 900（2 200~3 600）
40~59	1	275	3.27	830^E（610~1 100）	F	1 200（910~1 500）	1 900（1 500~2 200）	2 800（2 400~3 100）
40~59	2	253	1.58	800^E（470~1 300）	F	1 400（1 000~1 700）	1 900（1 700~2 100）	2 600（2 000~3 300）
60~79	1	128	3.91	660^E（440~980）	F	860（600~1 100）	1 600（1 400~1 800）	x
60~79	2	153	1.96	F	F	980（720~1 200）	1 300（1 100~1 500）	x

a 如果超过 40%的样本检测值低于检出限，则仅报告数据的百分比分布而不报告均值。

E 谨慎引用。

F 数据不可靠，不予发布。

x 根据加拿大《统计法》保密规定，不予发布。

表 12-1-8　加拿大第一次（2007—2009）和第二次（2009—2011）健康调查

12~79 岁吸烟者年龄别、性别尿可铁宁质量浓度　　　　　　　　单位：μg/L

分组（岁）	调查时期	调查人数	<检出限 a/%	几何均数（95%置信区间）	P_{10}（95%置信区间）	P_{50}（95%置信区间）	P_{75}（95%置信区间）	P_{95}（95%置信区间）
全体男性 12~79	1	406	4.43	660^E（400~1 100）	F	1 200（920~1 500）	1 800（1 600~2 100）	2 800（2 400~3 300）
全体男性 12~79	2	425	4.47	470^E（280~780）	F	1 000（780~1 200）	1 600（1 300~2 000）	2 900（2 300~3 500）
男 12~19	1	48	12.50	F	x	F	1 330^E（800~1 800）	x
男 12~19	2	54	5.56	F	x	F	1 330^E（420~2 100）	x

分组（岁）	调查时期	调查人数	<检出限 [a]/%	几何均数（95%置信区间）	P_{10}（95%置信区间）	P_{50}（95%置信区间）	P_{75}（95%置信区间）	P_{95}（95%置信区间）
男 20～39	1	149	2.68	F	F	880[E]（440～1 300）	1 600（1 300～1 900）	x
男 20～39	2	146	7.53	530[E]（330～850）	F	1 000[E]（650～1 400）	1 700（1 100～2 300）	x
男 40～59	1	140	3.57	980[E]（620～1 500）	F	1 600（1 200～2 000）	2 100（1 900～2 300）	x
男 40～59	2	147	2.04	F	F	1 000[E]（610～1 400）	1 700（1 300～2 100）	x
男 60～79	1	69	4.35	910[E]（650～1 300）	x	1 300[E]（770～1 900）	1 700（1 300～2 200）	x
男 60～79	2	78	2.56	F	x	990[E]（540～1 400）	1 400（1 100～1 600）	x
全体女性 12～79	1	399	4.01	520（390～700）	F	860（640～1 100）	1 300（1 100～1 500）	2 500（2 300～2 700）
全体女性 12～79[c]	2	394	7.11	510[E]（320～820）	F	1 000（720～1 300）	1 700（1 500～2 000）	2 400（1 900～2 900）
女 12～19	1	54	9.26	F	x	F	F	x
女 12～19	2	48	18.75	F	x	F	570[E]（270～860）	x
女 20～39	1	151	3.31	490[E]（330～710）	F	940[E]（580～1 300）	1 400（1 100～1 700）	x
女 20～39	2	165	10.30	F	<检出限	690[E]（430～950）	1 300（1 100～1 500）	x
女 40～59	1	135	2.96	710（520～960）	F	920（680～1 200）	1 300（940～1 700）	x
女 40～59	2	106	0.94	1 200[E]（850～1 800）	F	1 700（1 400～2 000）	1 900（1 600～2 200）	x
女 60～79	1	59	3.39	480[E]（280～850）	x	660（430～890）	1 100[E]（520～1 800）	x
女 60～79	2	75	1.33	800（650～970）	x	870（600～1 100）	1 300（1 000～1 500）	x

a 如果超过 40%的样本检测值低于检出限，则仅报告数据的百分比分布而不报告均值。

E 谨慎引用。

F 数据不可靠，不予发布。

x 根据加拿大《统计法》保密规定，不予发布。

表 12-1-9　加拿大第一次（2007—2009）和第二次（2009—2011）健康调查

12～79 岁吸烟者年龄别尿可铁宁质量分数　　　　单位：μg/g 肌酐

分组（岁）	调查时期	调查人数	<检出限 [a]/%	几何均数（95%置信区间）	P_{10}（95%置信区间）	P_{50}（95%置信区间）	P_{75}（95%置信区间）	P_{95}（95%置信区间）
全体对象12～79	1	803	4.23	660（480～890）	F	1 000（830～1 200）	1 800（1 500～2 100）	4 400（3 500～5 300）
全体对象12～79	2	816	5.76	430[E]（290～630）	F	840（590～1 100）	1 600（1 300～2 000）	3 800[E]（2 300～5 200）
12～19	1	102	10.78	120[E]（59～250）	F	290[E]（<检出限～470）	670[E]（340～990）	x
12～19	2	102	11.76	F	<检出限	F	800[E]（260～1 300）	x
20～39	1	299	3.01	510[E]（310～840）	F	850（560～1 100）	1 400（1 100～1 700）	2 500（1 900～3 000）
20～39	2	311	9.00	330[E]（200～530）	F	700（460～950）	1 400（910～1 900）	3 200[E]（1 700～4 700）
40～59	1	275	3.27	1 000（810～1 300）	F	1 300（920～1 600）	2 500（1 800～3 200）	5 500（4 400～6 600）
40～59	2	251	1.59	710[E]（400～1 300）	F	1 000[E]（560～1 500）	1 900（1 300～2 600）	4 900[E]（2 800～6 900）
60～79	1	127	3.94	840[E]（530～1 300）	F	1 300（1 000～1 500）	1 800（1 400～2 200）	x
60～79	2	152	1.97	F	F	1 100（720～1 400）	1 900[E]（1 100～2 700）	x

a 如果超过 40% 的样本检测值低于检出限，则仅报告数据的百分比分布而不报告均值。

E 谨慎引用。

F 数据不可靠，不予发布。

x 根据加拿大《统计法》保密规定，不予发布。

表 12-1-10　加拿大第一次（2007—2009）和第二次（2009—2011）健康调查

12～79 岁吸烟者年龄别、性别尿可铁宁质量分数　　　　单位：μg/g 肌酐

分组（岁）	调查时期	调查人数	<检出限 [a]/%	几何均数（95%置信区间）	P_{10}（95%置信区间）	P_{50}（95%置信区间）	P_{75}（95%置信区间）	P_{95}（95%置信区间）
全体男性12～79	1	405	4.44	560[E]（360～880）	F	930（680～1 200）	1 500（1 200～1 700）	3 200（2 300～4 200）
全体男性12～79	2	425	4.47	370[E]（210～630）	F	730（470～990）	1 400（1 000～1 700）	3 700[E]（2 400～5 100）
男12～19	1	48	12.50	F	x	F	F	x

分组（岁）	调查时期	调查人数	<检出限 a/%	几何均数（95%置信区间）	P_{10}（95%置信区间）	P_{50}（95%置信区间）	P_{75}（95%置信区间）	P_{95}（95%置信区间）
男 12~19	2	54	5.56	F	x	F	F	x
男 20~39	1	148	2.70	420^E (220~790)	F	630^E (360~900)	1 200 (970~1 400)	x
男 20~39	2	146	7.53	390^E (220~680)	F	740^E (450~1 000)	1 300 (900~1 800)	x
男 40~59	1	140	3.57	850^E (530~1 400)	F	1 200 (870~1 500)	1 800 (1 400~2 200)	x
男 40~59	2	147	2.04	F	F	F	$1 400^E$ (540~2 200)	x
男 60~79	1	69	4.35	980 (720~1 300)	x	1 300 (970~1 700)	1 800 (1 300~2 300)	x
男 60~79	2	78	2.56	F	x	880^E (440~1 300)	$1 800^E$ (820~2 800)	x
全体女性 12~79	1	398	4.02	780 (590~1 000)	F	1 100 (900~1 400)	2 200 (1 700~2 800)	5 500 (4 300~6 600)
全体女性 12~79	2	391	7.16	520^E (300~900)	F	1 000 (670~1 400)	1 900 (1 300~2 400)	$4 800^E$ (2 300~7 300)
女 12~19	1	54	9.26	99^E (51~190)	x	F	F	x
女 12~19	2	48	18.75	F	x	F	F	x
女 20~39	1	151	3.31	680^E (450~1 000)	F	1 100 (760~1 400)	1 900 (1 400~2 400)	x
女 20~39	2	165	10.30	F	<检出限	700^E (310~1 100)	$1 400^E$ (580~2 200)	x
女 40~59	1	135	2.96	1 300 (950~1 700)	310^E (<检出限~480)	$1 600^E$ (800~2 500)	3 200 (2 400~3 900)	x
女 40~59	2	104	0.96	$1 300^E$ (860~1 900)	F	1 500 (1 100~2 000)	F	x
女 60~79	1	58	3.45	730^E (370~1 400)	x	1 200 (840~1 500)	$1 800^E$ (1 100~2 500)	x
女 60~79	2	74	1.35	1 100 (800~1 600)	x	$1 500^E$ (820~2 100)	$2 200^E$ (1 300~3 000)	x

a 如果超过 40%的样本检测值低于检出限，则仅报告数据的百分比分布而不报告均值。

E 谨慎引用。

F 数据不可靠，不予发布。

x 根据加拿大《统计法》保密规定，不予发布。

参考文献

[1] Benowitz，N.L.. 1996. Cotinine as a biomarker of environmental tobacco smoke exposure. *Epidemiologic Reviews*，18（2）：188-204.

[2] Benowitz，N.L. and Jacob，P.. 1994. 3rd ed.. Metabolism of nicotine to cotinine studied by a dual stable isotope method. *Clinical Pharmacology and Therapeutics*，56（5）：483-493.

[3] Brown，K.M.，von Weymarn，L.B. and Murphy，S.E.. 2005. Identification of N-（hydroxymethyl） norcotinine as a major product of cytochrome P450 2A6，but not cytochrome P450 2A13-catalyzed cotinine metabolism. *Chemical Research in Toxicology*，18（12）：1792-1798.

[4] CDC（Centers for Disease Control）. 2004. *The health consequences of smoking: A report of the Surgeon General.* Washington，DC.：Department of Health and Human Services. Retrieved April 12，2012，from www.cdc.gov/tobacco/data_statistics/sgr/2004/complete_report/index.htm.

[5] CDC（Centers for Disease Control and Prevention）. 2009. *Fourth national report on human exposure to environmental chemicals.* Atlanta，GA.：Department of Health and Human Services. Retrieved July 11，2011，from www.cdc.gov/exposurereport/.

[6] Crooks，P.A. and Dwoskin，L.P.. 1997. Contribution of CNS nicotine metabolites to the neuropharmacological effects of nicotine and tobacco smoking. *Biochemical Pharmacology*，54（7）：743-753.

[7] Curvall，M.，Elwin，C.E.，Kazemi-Vala，E.，et al. 1990. The pharmacokinetics of cotinine in plasma and saliva from non-smoking healthy volunteers. *European Journal of Clinical Pharmacology*，38（3）：281-287.

[8] Health Canada. 2006. *The national strategy: Moving forward - The 2006 progress report on tobacco control.* Ottawa，ON.：Minister of Health. Retrieved August 16，2012，from www.hc-sc.gc.ca/hc-ps/alt_formats/hecs-sesc/pdf/pubs/tobac-tabac/prtc-relct-2006/prtc-relct-2006-eng.pdf.

[9] Health Canada. 2010. *Smokeless tobacco products: A chemical and toxicity analysis.* Ottawa，ON.：Minister of Health. Retrieved August 16，2012，from www.hc-sc.gc.ca/hc-ps/alt_formats/hecs-sesc/pdf/pubs/tobac-tabac/smokeless-sansfumee/smoke- less-sansfumee-eng.pdf.

[10] Health Canada. 2011. *Carcinogens in tobacco smoke.* Ottawa，ON.：Minister of Health. Retrieved August 16，2012，from www.hc-sc.gc.ca/hc-ps/alt_formats/hecs-sesc/pdf/pubs/tobac-tabac/carcinogens-cancerogenes/carcinogens-cancerogenes-eng.pdf.

[11] HSDB（Hazardous Substances Data Bank）. 2009. *Nicotine，HSDB number: 1107.* Bethesda，MD.：National Library of Medicine. Retrieved April 12，2012，from www.toxnet.nlm.nih.gov/cgi-bin/sis/htmlgen？HSDB.

[12] IARC（International Agency for Research on Cancer）. 2004. IARC monographs on the evaluation of carcinogenic risks to humans - Volume 83：Tobacco smoke and involuntary smoking. Geneva：World Health Organization.

[13] IARC（International Agency for Research on Cancer）. 2007. *IARC monographs on the evaluation of carcinogenic risks to humans - Volume 89: Smokeless tobacco and some tobacco-specific N-nitrosamines.* Lyon：World Health Organization.

[14] Iwase，A.，Aiba，M. and Kira，S.. 1991. Respiratory nicotine absorption in non-smoking females during passive smoking. *International Archives of Occupational and Environmental Health*，63（2）：139-143.

[15] Karaconji，I.B.. 2005. Facts about nicotine toxicity. *Archives of Industrial Hygiene and Toxicology*，56（4）：363-371.

[16] Kearney，J.，Cole，D.C. and Haines，D.. 1995. *Report on the Great Lakes Anglers Pilot Exposure Assessment Study*. Ottawa，ON.：Great Lakes Health Effects Program，Health Canada.

[17] SRNT Subcommittee on Biochemical Verification. 2002. Biochemical verification of tobacco use and cessation. *Nicotine & Tobacco Research*，4：149-159.

[18] Walsh，P.M. and Epstein，J.B.. 2000. The oral effects of smokeless tobacco. *Journal of the Canadian Dental Association*，66（1）：22-25.

13 全氟化合物概况与调查结果

全氟化合物（Perfluoroalkyl substances，PFASs）是一类新型持久性有机污染物（Persistent Organic Compounds，POPs）。全氟化合物是一类由 4～14 个碳原子与氟原子组成的有机化合物。在加拿大第二次健康调查（CHMS）中，测定了 9 种全氟化合物，如表 13-1 所示。

表 13-1　加拿大第二次（2009—2011）健康调查全氟化合物基本情况

全氟化合物	CAS 编号	英文缩写
全氟丁酸	375～22～4	PFBA
全氟己酸	307～24～4	PFHxA
全氟辛酸	335～67～1	PFOA
全氟壬酸	375～95～1	PFNA
全氟癸酸	335～76～2	PFDA
全氟十一烷酸	2058～94～8	PFUnDA
全氟丁烷磺酸	45187～15～3	PFBS
全氟己烷磺酸	108427～53～8	PFHxS
全氟辛烷磺酸	45298～90～6	PFOS

目前，在人体生物材料中研究最多的全氟化合物为全氟辛酸（PFOA）和全氟辛烷磺酸（PFOS）（Dallaire et al.，2009；Hölzer et al.，2008；Kato et al.，2011）。PFHxS 是另一类在人体生物材料中检测到的全氟化合物，但是该类物质不像 PFOA 和 PFOS 典型；其他的全氟化合物，例如 PFBA、PFHxA、PFNA、PFDA、PFUnDA 及 PFBS 在人体生物材料中检出频率非常低。全氟化合物是一类合成化学物质，具有优良的热稳定性、化学稳定性及疏水疏油特性（Kissa，2001）。这些化学特性使得该类化合物被广泛应用到工业生产和生活用品中。全氟化合物广泛用于防水剂、防油剂、防污渍保护剂、刀片表面保护剂、自行车润滑剂、电子电线绝缘剂、药品和食品包装材料等生产领域（Kissa，2001）；还被广泛应用于发动机润滑油添加剂、指甲油、卷发直发产品、电镀、阻燃泡沫、油墨、油漆、聚氨酯生产、乙烯聚合等（Kissa，2001）。全氟化合物盐类合成的多氟聚合物也被广泛应用于纺织品和地毯的表面处理剂、个人护理品、不粘锅涂层等工业和民用商品中（Indian and Northern Affairs Canada，2009；Kissa，2001；Prevedouros et al.，2005）。

自 2002 年世界上最大的全氟化合物生产商 3M 公司自愿淘汰生产和使用 PFOS 及其相关产品以来，全球范围内该类化合物的生产和使用量急剧下降（3M，2012）。PFOS 的副产物之一全氟己烷磺酸（PFHxS）也被停止使用。2008 年，因 PFOA 替代品的引入，

PFOA 在氟聚物生产领域停止使用（3M，2012）。潜在的 PFOS 替代品包括新的全氟丁烷磺酸，这种物质在人体内迅速排出，且具有较低的生物累积性及毒性（Chang et al.，2008；Newsted et al.，2008）。

全氟化合物没有自然来源，主要通过工业产品加工、传输转运、消费品使用及全氟化合物物质的处置和分解等途径进入自然环境。因此，全氟化合物在各种环境介质中都有检出（Houde et al.，2006）。

一般人群通过食物、饮用水、消费品、灰尘、土壤及空气等形式暴露接触全氟化合物（Fromme et al.，2009；Fromme et al.，2007；Hölzer et al.，2008；Kubwabo et al.，2005）。加拿大卫生部膳食调查结果显示：市售食品中全氟化合物浓度较低，与其他国家的含量水平相当（Health Canada，2009；Tittlemier et al.，2007；Tittlemier et al.，2006）。人体暴露特征污染物的途径和来源取决于暴露人群年龄、剂量和污染物种类。一般来说，普通成人主要通过食物、饮用水及室内灰尘摄入途径暴露污染物；而儿童或者婴儿主要通过手—口接触地板、衣物及地毯等日常用品暴露污染物（Trudel et al.，2008）。

长链的全氟化合物在人体内易于吸收，但是不易于代谢和排出体外（Harada et al.，2005；Indian and Northern Affairs Canada，2009；Johnson et al.，1984）。PFOS、PFOA 和 PFHxS 在人体内的半衰期为 3～9 年（Olsen et al.，2007）。然而，短链全氟化合物排出体外要快得多，如 PFBA 的半衰期为 72～81 h（ATSDR，2009）。人体血液、血清、肾脏及肝脏中均能检测到 PFOS 和 PFOA（Butenhoff et al.，2006；Fromme et al.，2009；Kärrman et al.，2010）；全氟化合物在母乳和婴儿脐带血中也能检出（Kärrman et al.，2010；Monroy et al.，2008）。全氟化合物对血液中的蛋白质有较强的亲和力，不会在脂肪中积累（Kärrman et al.，2010；Martin et al.，2004）。在人体内吸收的 PFOA 和 PFOS 最后通过尿液排出体外（ATSDR，2009）。血清中全氟化合物，特别是 PFOA 和 PFOS，能反映人体长期累积暴露过程（CDC，2009）。尽管 PFOA 和 PFOS 都是它们自身暴露的生物标志物，但是动物实验显示：血清中的 PFOA 和 PFOS 可能是来自外界暴露和其他全氟化合物的代谢物（ATSDR，2009）。

目前，全氟化合物在环境和人体中的持续存在已经成为广受关注的热点问题（Olsen et al.，2007）。全氟化合物暴露与人群健康损害效应的关系已经在职业人群和饮用受污染水体的暴露人群中被证实。（ATSDR，2009）尽管没有明确的联系，但是近期许多文献资料报道了儿童血清中全氟化合物和甲状腺激素之间存在关系（Lopez-Espinosa et al.，2012）。动物实验表明：无论动物暴露途径如何，肝脏都是 PFASs 毒性作用最主要的靶器官（EPA，2002；Health Canada，2006）。国际癌症研究机构的报告中显示：在小鼠毒性试验中，PFOA 暴露与小鼠肿瘤发病率升高有关；2008 年，PFOA 和其他的全氟化合物被认为是未来优先控制的污染物（IARC，2008）。

2006 年，加拿大卫生部得出结论：就当前普通人群暴露 PFOS 的水平而言，不会对健康产生影响（Health Canada，2006），然而，PFOS 及其盐类物质对环境和生物多样性是有害的。因此，PFOS 被列入《加拿大环境保护法》有毒物质清单 1 中（Canada，1999；Environment Canada，2006 a）。2009 年，PFOS 及其盐类被列入《加拿大环境保护法》下面的"虚拟销毁清单"。加拿大也在通过《远程越界空气污染公约》和《关于持久性有机污染物的斯德哥尔摩公约》来减少生产和使用 PFOS。

2012 年，加拿大卫生部出版了关于 PFOA 和长链全氟羧酸（PFNA、PFDA 和 FUnDA）及其盐类和前体物的评价报告（Environment Canada，2012；Environment Canada and Health Canada，2012a）。这个评价报告结论显示：全氟化合物具有潜在生态风险，但是 PFOA 及其盐类和前体物对人类生命和健康的风险并不明显（Environment Canada，2012；Environment Canada and Health Canada，2012a）。

长链全氟羧酸及其盐类和前体化合物对人类健康并不具有较高潜在风险，因此，未开展人体健康风险评价工作。以评价结论为基础，PFOA 和长链全氟羧酸、盐类及其前体物被列入《加拿大环境保护法》有毒物质清单 1 中（Canada，2012）。

加拿大政府依据 2006 年出版的《全氟羧酸及其前体化合物：风险评价与管理行动计划》采取了一系列措施来控制和管理全氟化合物。这些措施包括：禁止生产、使用、销售、进口以四氟调聚物为基础的物质（因为它是长链全氟羧酸的前体），除非在某些特定的生产项目中使用（Canada，2010b）。2010 年，加拿大 4 家公司自愿签署了《关于全氟羧酸（PFCAs）及其前体物在全氟化合物产品中销售的环境履约》（以下简称《环境履约》），目的是寻找并确认加拿大商业中存在的 PFCAs 来源（Environment Canada，2010）。

在全球范围内，人们倡议主动减少 PFOA 的排放及产品含量。2006 年，美国环保局（US EPA）和 8 家主要公司发起了 2010/15 PFOA 管理程序。在自愿的原则下，这些公司致力于到 2010 年将 PFOA 及其相关化合物的排放量和产品含量降低 95%。这项工作将持续到 2015 年（EPA，2012a）。2012 年，研发出了 150 多种替代品，到 2015 年为止，这些公司将全部停止使用和生产 PFOA 及其相关产品（EPA，2012b）。

2010 年，加拿大的《环境履约》与美国工业界的目标和承诺基本一致（Environment Canada，2010）。欧盟和澳大利亚政府也采取相应措施，禁止使用全氟化合物或者进一步开展毒性测试评价。

加拿大开展了一些人体血液和血清中 PFASs 的生物监测研究（Alberta Health and Wellness，2008；Hamm et al.，2010；Kubwabo et al.，2004；Monroy et al.，2008；Tittlemier et al.，2004；Turgeon O'Brien et al.，2012）。某些全氟化合物在儿童血清中浓度水平高于成人，很可能与这两个年龄段人群不同的污染来源及不同的暴露途径有关（Calafat et al.，2007a；Calafat et al.，2007b；Kato et al.，2009）。Kubwabo 等 2002 年对来自加拿大渥太华、安大略、加蒂诺、魁北克 4 个城市 56 人血清样品中的 PFOS 和 PFOA 浓度水平进行了检测，结果显示：PFOS 在所有样品中均能检出，平均质量浓度为 28.8μg/L，质量浓度范围为 3.7～65.1μg/L（Kubwabo et al.，2004）；PFOA 的浓度水平相对较低，平均浓度为 3.4 μg/L，质量浓度范围为<1.2～7.2μg/L（Kubwabo et al.，2004）。2004 年，对 883 位加拿大北极圈因纽特人的血液样品进行了检测，结果显示所有样品中均能检测到 PFOS，几何均数为 18.68 μg/L（Dallaire et al.，2009）。对来自加拿大因纽特儿童护理中心的 155 位婴儿也进行了 PFASs 检测，结果显示 PFOS 和 PFOA 均能检出，几何均数分别为 3.36μg/L 和 1.61μg/L（Turgeon O'Brien et al.，2012）。

加拿大卫生部在第一次（2007—2009）健康调查中，20～79 岁的所有调查参与者和第二次（2009—2011）健康调查中 12～79 岁的所有调查参与者都进行了血清中 PFOS、PFOA 及 PFHxS 的检测。血清中 PFASs 的质量浓度用μg/L 表示，如表 13-1-1～表 13-9-3 所示。人体血液中检出 PFASs 可作为 PFASs 的暴露标志物，但并不能说明该类化合物一定对人群健康产生不利影响。这些调查数据为加拿大人群血清中 PFBA、PFHxA、PFBS、PFNA、PFDA 及 PFUnDA 污染水平提供了基础数据。

13.1　全氟丁酸

表 13-1-1　加拿大第二次（2009—2011）健康调查

12～79 岁居民年龄别血清全氟丁酸质量浓度　　　　　　　　单位：µg/L

分组（岁）	调查时期	调查人数	<检出限 ª /%	几何均数（95%置信区间）	P_{10}（95%置信区间）	P_{50}（95%置信区间）	P_{75}（95%置信区间）	P_{95}（95%置信区间）
全体对象12～79	2	1 524	99.67	—	<检出限	<检出限	<检出限	<检出限
12～19	2	507	99.41	—	<检出限	<检出限	<检出限	<检出限
20～39	2	362	100	—	<检出限	<检出限	<检出限	<检出限
40～59	2	334	100	—	<检出限	<检出限	<检出限	<检出限
60～79	2	321	99.38	—	<检出限	<检出限	<检出限	<检出限

a 如果超过 40%的样本检测值低于检出限，则仅报告数据的百分比分布而不报告均值。

表 13-1-2　加拿大第二次（2009—2011）健康调查

12～79 岁居民年龄别、性别血清全氟丁酸质量浓度　　　　　　单位：µg/L

分组（岁）	调查时期	调查人数	<检出限 ª /%	几何均数（95%置信区间）	P_{10}（95%置信区间）	P_{50}（95%置信区间）	P_{75}（95%置信区间）	P_{95}（95%置信区间）
全体男性12～79	2	765	100	—	<检出限	<检出限	<检出限	<检出限
男 12～19	2	254	100	—	<检出限	<检出限	<检出限	<检出限
男 20～39	2	170	100	—	<检出限	<检出限	<检出限	x
男 40～59	2	176	100	—	<检出限	<检出限	<检出限	x
男 60～79	2	165	100	—	<检出限	<检出限	<检出限	x
全体女性12～79	2	759	99.34	—	<检出限	<检出限	<检出限	<检出限
女 12～19	2	253	99.81	—	<检出限	<检出限	<检出限	<检出限
女 20～39	2	192	100	—	<检出限	<检出限	<检出限	x
女 40～59	2	158	100	—	<检出限	<检出限	<检出限	x
女 60～79	2	156	98.72	—	<检出限	<检出限	<检出限	x

a 如果超过 40%的样本检测值低于检出限，则仅报告数据的百分比分布而不报告均值。

x 根据加拿大《统计法》保密规定，不予发布。

13.2 全氟己酸

表 13-2-1 加拿大第二次（2009—2011）健康调查
12～79 岁居民年龄别血清全氟己酸质量浓度   单位：μg/L

分组 （岁）	调查 时期	调查 人数	<检出 限 [a] /%	几何均数 （95%置信 区间）	P_{10} （95%置信 区间）	P_{50} （95%置信 区间）	P_{75} （95%置信 区间）	P_{95} （95%置信 区间）
全体对象 12～79	2	1 524	98.10	—	<检出限	<检出限	<检出限	<检出限
12～19	2	507	98.22	—	<检出限	<检出限	<检出限	<检出限
20～39	2	362	98.07	—	<检出限	<检出限	<检出限	<检出限
40～59	2	334	98.20	—	<检出限	<检出限	<检出限	<检出限
60～79	2	321	97.82	—	<检出限	<检出限	<检出限	<检出限

a 如果超过 40%的样本检测值低于检出限，则仅报告数据的百分比分布而不报告均值。

表 13-2-2 加拿大第二次（2009—2011）健康调查
12～79 岁居民年龄别、性别血清全氟己酸质量浓度   单位：μg/L

分组 （岁）	调查 时期	调查 人数	<检出 限 [a] /%	几何均数 （95%置信 区间）	P_{10} （95%置信 区间）	P_{50} （95%置信 区间）	P_{75} （95%置信 区间）	P_{95} （95%置信 区间）
全体男性 12～79	2	765	98.30	—	<检出限	<检出限	<检出限	<检出限
男 12～19	2	254	99.21	—	<检出限	<检出限	<检出限	<检出限
男 20～39	2	170	98.24	—	<检出限	<检出限	<检出限	x
男 40～59	2	176	97.16	—	<检出限	<检出限	<检出限	x
男 60～79	2	165	98.18	—	<检出限	<检出限	<检出限	x
全体女性 12～79	2	759	97.89	—	<检出限	<检出限	<检出限	<检出限
女 12～19	2	253	97.23	—	<检出限	<检出限	<检出限	<检出限
女 20～39	2	192	97.92	—	<检出限	<检出限	<检出限	x
女 40～59	2	158	99.37	—	<检出限	<检出限	<检出限	x
女 60～79	2	156	97.44	—	<检出限	<检出限	<检出限	x

a 如果超过 40%的样本检测值低于检出限，则仅报告数据的百分比分布而不报告均值。
x 根据加拿大《统计法》保密规定，不予发布。

13.3 全氟辛酸

表 13-3-1　加拿大第一次（2007—2009）和第二次（2009—2011）健康调查
20～79 岁居民年龄别[a]、性别血清全氟辛酸质量浓度　　　　　单位：μg/L

分组（岁）	调查时期	调查人数	<检出限[b]/%	几何均数（95%置信区间）	P_{10}（95%置信区间）	P_{50}（95%置信区间）	P_{75}（95%置信区间）	P_{95}（95%置信区间）
全体对象20～79	1	2 880	1.11	2.5（2.4～2.7）	1.3（1.1～1.4）	2.6（2.4～2.8）	3.6（3.4～2.8）	5.5（5.1～5.8）
全体对象20～79	2	1 017	0	2.3（2.1～2.5）	1.1（0.91～1.2）	2.4（2.1～2.6）	3.3（2.9～3.7）	5.3（3.9～6.7）
全体男性20～79	1	1 376	0.51	2.9（2.7～3.2）	1.6（1.4～1.7）	3.1（2.8～3.3）	4.0（3.7～4.3）	5.9（5.4～6.4）
全体男性20～79	2	511	0	2.6（2.4～2.9）	1.3（0.99～1.6）	2.7（2.5～2.9）	3.5（3.2～3.9）	6.0（4.3～7.7）
全体女性20～79	1	1 504	1.66	2.2（2.0～2.4）	1.0（0.92～1.2）	2.2（2.1～2.4）	2.1（2.9～3.3）	5.0（4.4～5.5）
全体女性20～79	2	506	0	2.0（1.8～2.2）	0.92（0.73～1.1）	2.0（1.7～2.3）	2.9（2.2～3.5）	4.4（3.8～5.1）

a 20 岁以下人群未被纳入第一次调查（2007—2009），因此该年龄段无统计数据。
b 如果超过 40% 的样本检测值低于检出限，则仅报告数据的百分比分布而不报告均值。

表 13-3-2　加拿大第一次（2007—2009）和第二次（2009—2011）健康调查
12～79 岁居民年龄别血清全氟辛酸质量浓度　　　　　单位：μg/L

分组（岁）	调查时期	调查人数	<检出限[a]/%	几何均数（95%置信区间）	P_{10}（95%置信区间）	P_{50}（95%置信区间）	P_{75}（95%置信区间）	P_{95}（95%置信区间）
全体对象12～79[b]	1	—	—	—	—	—	—	—
全体对象12～79	2	1 524	0	2.3（2.1～2.5）	1.1（0.91～1.2）	2.3（2.1～2.5）	3.2（2.8～3.6）	5.0（3.6～6.4）
12～19[b]	1	—	—	—	—	—	—	—
12～19	2	507	0	2.1（1.9～2.3）	1.2（1.0～1.4）	2.1（1.9～2.3）	2.6（2.4～2.8）	4.1（3.6～4.5）
20～39	1	979	1.12	2.4（2.2～2.7）	1.1（0.95～1.3）	2.5（2.3～2.8）	3.6（3.3～3.8）	5.4（4.8～5.9）
20～39	2	362	0	2.2（1.9～2.5）	0.88（0.64～1.1）	2.3（1.9～2.8）	3.2（2.8～3.7）	5.8（3.9～7.6）
40～59	1	983	1.02	2.5（2.3～2.7）	1.3（1.2～1.4）	2.5（2.3～2.8）	3.5（3.2～3.7）	5.4（4.6～6.1）
40～59	2	334	0	2.2（2.0～2.4）	1.1（0.87～1.3）	2.1（1.7～2.5）	3.1（2.7～3.6）	4.4（3.9～5.0）
60～79	1	918	1.2	2.8（2.5～3.0）	1.5（1.3～1.7）	2.8（2.6～3.0）	3.9（3.5～4.4）	6.3（5.4～7.1）
60～79	2	321	0	2.8（2.4～3.2）	1.5（1.0～2.0）	2.7（2.1～3.2）	3.7（3.1～4.3）	6.4（4.6～8.1）

a 如果超过 40% 的样本检测值低于检出限，则仅报告数据的百分比分布而不报告均值。
b 20 岁以下人群未被纳入第一次调查（2007—2009），因此该年龄段无统计数据。

表 13-3-3 加拿大第一次（2007—2009）和第二次（2009—2011）健康调查
12～79 岁居民年龄别、性别血清全氟辛酸质量浓度 单位：μg/L

分组（岁）	调查时期	调查人数	<检出限 [a] /%	几何均数（95%置信区间）	P_{10}（95%置信区间）	P_{50}（95%置信区间）	P_{75}（95%置信区间）	P_{95}（95%置信区间）
全体男性 12～79 [b]	1	—	—	—	—	—	—	—
全体男性 12～79	2	765	0	2.6 (2.4～2.8)	1.3 (1.0～1.6)	2.7 (2.5～2.9)	3.4 (3.1～3.7)	5.9 (4.3～7.6)
男 12～19 [b]	1	—	—	—	—	—	—	—
男 12～19	2	254	0	2.2 (2.1～2.3)	1.5 (1.3～1.6)	2.2 (2.0～2.3)	2.7 (2.5～2.9)	4.3 (3.6～4.9)
男 20～39	1	435	0	3.1 (2.8～3.4)	1.7 (1.5～1.9)	3.2 (3.0～3.5)	4.1 (3.7～4.4)	5.8 (5.1～6.5)
男 20～39	2	170	0	2.9 (2.6～3.3)	1.7 (1.1～2.3)	2.8 (2.3～3.3)	3.9 (3.0～4.9)	x
男 40～59	1	480	0.42	2.9 (2.6～3.1)	1.5 (1.3～1.7)	2.9 (2.6～3.2)	3.9 (3.5～4.3)	5.7 (4.9～6.5)
男 40～59	2	176	0	2.3 (2.0～2.5)	1.0 (0.79～1.3)	2.4 (2.0～2.8)	3.3 (2.9～3.7)	x
男 60～79	1	461	1.08	2.8 (2.5～3.2)	1.5 (1.2～1.8)	2.9 (2.6～3.2)	4.1 (3.5～4.7)	6.4 (5.3～7.6)
男 60～79	2	165	0	2.8 (2.5～3.1)	1.7 (1.2～2.2)	2.9 (2.5～3.3)	3.5 (3.1～3.9)	x
全体女性 12～79 [b]	1	—	—	—	—	—	—	—
全体女性 12～79	2	759	0	2.0 (1.8～2.2)	0.99 (0.81～1.2)	2.0 (1.8～2.2)	2.8 (2.3～3.4)	4.4 (3.9～4.9)
女 12～19 [b]	1	—	—	—	—	—	—	—
女 12～19	2	253	0	2.0 (1.7～2.3)	1.1 (0.91～1.2)	2.0 (1.6～2.4)	2.5 (2.2～2.8)	3.9 (3.5～4.4)
女 20～39	1	544	2.02	1.9 (1.7～2.1)	0.95 (0.75～1.1)	2.1 (1.8～2.3)	2.8 (2.5～3.1)	4.3 (3.7～5.0)
女 20～39	2	192	0	1.5 (1.3～1.8)	0.70 (0.59～0.81)	1.5 (1.2～1.9)	2.3 (1.9～2.6)	x
女 40～59	1	503	1.59	2.2 (2.0～2.4)	1.1 (0.90～1.3)	2.2 (2.0～2.4)	3.0 (2.8～3.2)	4.9 (4.1～5.8)
女 40～59	2	158	0	2.1 (1.8～2.4)	1.1 (0.86～1.3)	2.0 (1.5～2.5)	3.0 (2.1～3.8)	x
女 60～79	1	457	1.31	2.7 (2.4～3.0)	1.4 (1.2～1.7)	2.7 (2.5～2.9)	3.7 (3.3～4.1)	5.9 (5.3～6.5)
女 60～79	2	156	0	2.7 (2.2～3.5)	1.4[E] (0.85～2.0)	2.5 (1.7～3.3)	3.9 (3.1～4.8)	x

a 如果超过 40%的样本检测值低于检出限，则仅报告数据的百分比分布而不报告均值。
b 20 岁以下人群未被纳入第一次调查（2007—2009），因此该年龄段无统计数据。
E 谨慎引用。
x 根据加拿大《统计法》保密规定，不予发布。

13.4　全氟壬酸

表 13-4-1　加拿大第二次（2009—2011）健康调查

12～79 岁居民年龄别血清全氟壬酸质量浓度　　　　　　　单位：μg/L

分组（岁）	调查时期	调查人数	<检出限 [a] /%	几何均数（95%置信区间）	P_{10}（95%置信区间）	P_{50}（95%置信区间）	P_{75}（95%置信区间）	P_{95}（95%置信区间）
全体对象 12～79	2	1 524	1.05	0.82（0.75～0.91）	0.39（0.33～0.44）	0.80（0.70～0.90）	1.1（0.96～1.2）	1.9[E]（1.1～2.7）
12～19	2	507	1.18	0.71（0.62～0.81）	0.33（0.27～0.38）	0.69（0.63～0.75）	0.94（0.83～1.0）	1.7[E]（0.47～2.9）
20～39	2	362	2.21	0.79（0.72～0.87）	0.38（0.30～0.46）	0.77（0.62～0.92）	1.1（0.93～1.2）	F
40～59	2	334	0.6	0.79（0.69～0.91）	0.41（0.32～0.50）	0.78（0.65～0.91）	1.0（0.86～1.1）	1.7（1.1～2.2）
60～79	2	321	0	1.10（0.87～1.3）	0.45[E]（0.25～0.65）	1.00（0.86～1.1）	1.5（1.1～1.8）	2.7[E]（1.5～3.8）

a 如果超过 40%的样本检测值低于检出限，则仅报告数据的百分比分布而不报告均值。
E 谨慎引用。
F 数据不可靠，不予发布。

表 13-4-2　加拿大第二次（2009—2011）健康调查

12～79 岁居民年龄别、性别血清全氟壬酸质量浓度　　　　　单位：μg/L

分组（岁）	调查时期	调查人数	<检出限 [a] /%	几何均数（95%置信区间）	P_{10}（95%置信区间）	P_{50}（95%置信区间）	P_{75}（95%置信区间）	P_{95}（95%置信区间）
全体男性 12～79	2	765	0.78	0.84（0.75～0.94）	0.43（0.37～0.48）	0.80（0.69～0.91）	1.1（0.94～1.3）	1.9（1.5～2.2）
男 12～19	2	254	0.79	0.74（0.63～0.86）	0.37（0.29～0.44）	0.70（0.65～0.75）	0.93（0.80～1.1）	F
男 20～39	2	170	1.76	0.84（0.71～1.0）	0.44[E]（0.27～0.61）	0.84（0.64～1.0）	1.1（0.93～1.3）	x
男 40～59	2	176	0.57	0.77（0.65～0.90）	0.40[E]（0.20～0.61）	0.77（0.65～0.89）	0.98（0.81～1.1）	x
男 60～79	2	165	0	1.1（0.90～1.2）	0.49[E]（0.32～0.67）	0.99（0.80～1.2）	1.5（1.1～1.9）	x
全体女性 12～79	2	759	1.32	0.81（0.73～0.90）	0.35（0.30～0.40）	0.79（0.69～0.90）	1.1（0.94～1.2）	2.3[E]（1.2～3.4）
女 12～19	2	253	1.58	0.68（0.57～0.80）	0.29（0.22～0.37）	0.65（0.52～0.78）	0.96（0.76～1.2）	1.6（1.2～2.0）
女 20～39	2	192	2.6	0.73（0.64～0.83）	0.32（0.24～0.39）	0.67（0.53～0.81）	1.0（0.88～1.2）	x
女 40～59	2	158	0.63	0.81（0.69～0.96）	0.41（0.32～0.50）	0.81（0.62～1.0）	1.0（0.81～1.2）	x
女 60～79	2	156	0	1.1（0.81～1.4）	0.38[E]（<检出限～0.64）	1.0（0.82～1.2）	1.5（0.98～1.9）	x

a 如果超过 40%的样本检测值低于检出限，则仅报告数据的百分比分布而不报告均值。
E 谨慎引用。
F 数据不可靠，不予发布。
x 根据加拿大《统计法》保密规定，不予发布。

13.5 全氟癸酸

表 13-5-1　加拿大第二次（2009—2011）健康调查

12～79 岁居民年龄别血清全氟癸酸质量浓度　　　　　　　　单位：μg/L

分组（岁）	调查时期	调查人数	<检出限 [a]/%	几何均数（95%置信区间）	P_{10}（95%置信区间）	P_{50}（95%置信区间）	P_{75}（95%置信区间）	P_{95}（95%置信区间）
全体对象 12～79	2	1 524	21.59	0.20（0.17～0.22）	<检出限	0.17（0.15～0.19）	0.27（0.23～0.30）	0.66（0.45～0.87）
12～19	2	507	26.43	0.15（0.13～0.18）	<检出限	0.14（0.12～0.16）	0.20（0.16～0.23）	0.39[E]（0.22～0.55）
20～39	2	362	20.72	0.22（0.20～0.23）	<检出限	0.17（0.16～0.19）	0.27（0.23～0.32）	F
40～59	2	334	21.56	0.17（0.14～0.21）	<检出限	0.16（0.13～0.19）	0.24（0.20～0.28）	0.51（0.35～0.66）
60～79	2	321	14.95	0.25（0.17～0.36）	<检出限	0.23（0.17～0.29）	0.37[E]（0.15～0.59）	F

a 如果超过 40%的样本检测值低于检出限，则仅报告数据的百分比分布而不报告均值。

E 谨慎引用。

F 数据不可靠，不予发布。

表 13-5-2　加拿大第二次（2009—2011）健康调查

12～79 岁居民年龄别、性别血清全氟癸酸质量浓度　　　　　单位：μg/L

分组（岁）	调查时期	调查人数	<检出限 [a]/%	几何均数（95%置信区间）	P_{10}（95%置信区间）	P_{50}（95%置信区间）	P_{75}（95%置信区间）	P_{95}（95%置信区间）
全体男性 12～79	2	765	20.39	0.20（0.18～0.23）	<检出限	0.18（0.15～0.20）	0.26（0.23～0.30）	0.55（0.41～0.70）
男 12～19	2	254	25.98	0.15（0.13～0.18）	<检出限	0.14（0.12～0.16）	0.20（0.16～0.24）	0.38（0.25～0.50）
男 20～39	2	170	19.41	0.21（0.18～0.24）	<检出限	0.18（0.15～0.21）	0.26（0.21～0.31）	x
男 40～59	2	176	19.89	0.18（0.15～0.23）	<检出限	0.17（0.13～0.20）	0.25（0.21～0.29）	x
男 60～79	2	165	13.33	0.26（0.19～0.34）	<检出限	0.23（0.18～0.29）	0.36[E]（0.14～0.59）	x
全体女性 12～79	2	759	22.79	0.19（0.16～0.23）	<检出限	0.17（0.14～0.19）	0.27（0.22～0.33）	F
女 12～19	2	253	26.88	0.15（0.12～0.20）	<检出限	0.14（0.11～0.17）	0.20（0.15～0.25）	0.40[E]（0.20～0.60）
女 20～39	2	192	21.88	0.22（0.18～0.27）	<检出限	0.17（0.15～0.19）	0.30（0.21～0.40）	x
女 40～59	2	158	23.42	0.16（0.12～0.21）	<检出限	0.15（<检出限～0.21）	0.24（0.18～0.29）	x
女 60～79	2	156	16.67	0.24[E]（0.15～0.39）	<检出限	0.23[E]（0.14～0.31）	0.37[E]（0.13～0.61）	x

a 如果超过 40%的样本检测值低于检出限，则仅报告数据的百分比分布而不报告均值。

E 谨慎引用。

F 数据不可靠，不予发布。

x 根据加拿大《统计法》保密规定，不予发布。

13.6　全氟十一烷酸

表 13-6-1　加拿大第二次（2009—2011）健康调查

12～79 岁居民年龄别血清全氟十一烷酸质量浓度　　　　　单位：μg/L

分组（岁）	调查时期	调查人数	<检出限[a]/%	几何均数（95%置信区间）	P_{10}（95%置信区间）	P_{50}（95%置信区间）	P_{75}（95%置信区间）	P_{95}（95%置信区间）
全体对象 12～79	2	1 522	39.29	0.12（0.098～0.14）	<检出限	0.095（<检出限～0.10）	0.18（0.14～0.22）	0.56[E]（0.30～0.82）
12～19	2	506	58.30	—	<检出限	<检出限	0.098（<检出限～0.12）	0.30（0.21～0.38）
20～39	2	362	37.02	0.13（0.10～0.16）	<检出限	0.098（<检出限～0.12）	0.20（0.15～0.25）	0.64[E]（0.22～1.1）
40～59	2	334	26.35	0.11（0.094～0.14）	<检出限	0.095（<检出限～0.10）	0.16（0.10～0.22）	0.43（0.28～0.58）
60～79	2	320	25.31	0.14[E]（<检出限～0.23）	<检出限	0.11[E]（<检出限～0.17）	0.28[E]（0.14～0.42）	0.84[E]（0.42～1.3）

a 如果超过 40%的样本检测值低于检出限，则仅报告数据的百分比分布而不报告均值。
E 谨慎引用。

表 13-6-2　加拿大第二次（2009—2011）健康调查

12～79 岁居民年龄别、性别血清全氟十一烷酸质量浓度　　　　单位：μg/L

分组（岁）	调查时期	调查人数	<检出限[a]/%	几何均数（95%置信区间）	P_{10}（95%置信区间）	P_{50}（95%置信区间）	P_{75}（95%置信区间）	P_{95}（95%置信区间）
全体男性 12～79	2	765	40.39	—	<检出限	0.094（<检出限～0.11）	0.19（0.13～0.24）	0.47[E]（0.27～0.67）
男 12～19	2	254	60.63	—	<检出限	<检出限	0.098（<检出限～0.13）	0.32（0.23～0.42）
男 20～39	2	170	38.24	0.11（<检出限～0.14）	<检出限	0.092[E]（<检出限～0.13）	0.18（0.11～0.24）	x
男 40～59	2	176	28.98	0.12（0.094～0.16）	<检出限	0.097[E]（<检出限～0.13）	0.19[E]（0.091～0.29）	x
男 60～79	2	165	23.64	0.15[E]（0.10～0.23）	<检出限	0.12[E]（<检出限～0.20）	0.32[E]（0.16～0.48）	x
全体女性 12～79	2	757	38.18	0.12（0.10～0.15）	<检出限	0.096（<检出限～0.11）	0.18（0.13～0.23）	0.63[E]（0.24～1.0）
女 12～19	2	252	55.95	—	<检出限	<检出限	0.098（<检出限～0.12）	0.24（0.16～0.33）
女 20～39	2	192	35.94	0.15（0.12～0.20）	<检出限	0.12（<检出限～0.16）	0.26[E]（0.15～0.37）	x
女 40～59	2	158	23.42	0.11（<检出限～0.13）	<检出限	0.095（<检出限～0.11）	0.12[E]（<检出限～0.18）	x
女 60～79	2	155	27.1	0.14E（<检出限～0.24）	<检出限	0.10[E]（<检出限～0.17）	0.24[E]（<检出限～0.39）	x

a 如果超过 40%的样本检测值低于检出限，则仅报告数据的百分比分布而不报告均值。
E 谨慎引用。
x 根据加拿大《统计法》保密规定，不予发布。

13.7 全氟丁烷磺酸

表 13-7-1 加拿大第二次（2009—2011）健康调查

12～79 岁居民年龄别血清全氟丁烷磺酸质量浓度　　　　单位：μg/L

分组（岁）	调查时期	调查人数	<检出限[a]/%	几何均数（95%置信区间）	P_{10}（95%置信区间）	P_{50}（95%置信区间）	P_{75}（95%置信区间）	P_{95}（95%置信区间）
全体对象 12～79	2	1 524	100	—	<检出限	<检出限	<检出限	<检出限
12～19	2	507	100	—	<检出限	<检出限	<检出限	<检出限
20～39	2	362	100	—	<检出限	<检出限	<检出限	<检出限
40～59	2	334	100	—	<检出限	<检出限	<检出限	<检出限
60～79	2	321	100	—	<检出限	<检出限	<检出限	<检出限

a 如果超过 40%的样本检测值低于检出限，则仅报告数据的百分比分布而不报告均值。

表 13-7-2 加拿大第二次（2009—2011）健康调查

12～79 岁居民年龄别、性别血清全氟丁烷磺酸质量浓度　　　　单位：μg/L

分组（岁）	调查时期	调查人数	<检出限[a]/%	几何均数（95%置信区间）	P_{10}（95%置信区间）	P_{50}（95%置信区间）	P_{75}（95%置信区间）	P_{95}（95%置信区间）
全体男性 12～79	2	765	100	—	<检出限	<检出限	<检出限	<检出限
男 12～19	2	254	100	—	<检出限	<检出限	<检出限	<检出限
男 20～39	2	170	100	—	<检出限	<检出限	<检出限	x
男 40～59	2	176	100	—	<检出限	<检出限	<检出限	x
男 60～79	2	165	100	—	<检出限	<检出限	<检出限	x
全体女性 12～79	2	759	100	—	<检出限	<检出限	<检出限	<检出限
女 12～19	2	253	100	—	<检出限	<检出限	<检出限	<检出限
女 20～39	2	192	100	—	<检出限	<检出限	<检出限	x
女 40～59	2	158	100	—	<检出限	<检出限	<检出限	x
女 60～79	2	156	100	—	<检出限	<检出限	<检出限	x

a 如果超过 40%的样本检测值低于检出限，则仅报告数据的百分比分布而不报告均值。

x 根据加拿大《统计法》保密规定，不予发布。

13.8　全氟己烷磺酸

表 13-8-1　加拿大第一次（2007—2009）和第二次（2009—2011）健康调查
20～79 岁居民年龄别 [a]、性别血清全氟己烷磺酸质量浓度　　　　单位：μg/L

分组（岁）	调查时期	调查人数	<检出限 [b]/%	几何均数（95%置信区间）	P_{10}（95%置信区间）	P_{50}（95%置信区间）	P_{75}（95%置信区间）	P_{95}（95%置信区间）
全体对象20～79	1	2 880	2.05	2.3（2.0～2.6）	0.70（0.50～0.89）	2.2（1.8～2.5）	3.7（3.2～4.1）	12（9.2～15）
全体对象20～79	2	1 015	1.38	1.7（1.6～2.0）	0.55（0.44～0.65）	1.7（1.5～1.9）	2.7（2.0～3.4）	8.9[E]（4.6～13）
全体男性20～79	1	1 376	0.58	3.2（2.8～3.7）	1.3（1.1～1.6）	2.8（2.4～3.2）	4.6（4.0～5.2）	16（11～20）
全体男性20～79	2	510	0.59	2.4（2.0～2.8）	0.94（0.76～1.1）	2.1（1.9～2.4）	3.6（2.7～4.5）	9.4[E]（4.9～14）
全体女性20～79	1	1 504	3.39	1.6（1.4～1.9）	0.50（0.38～0.62）	1.5（1.2～1.7）	2.7（2.3～3.1）	8.5（6.6～10）
全体女性20～79	2	505	2.18	1.3（1.1～1.5）	0.40（0.34～0.45）	1.2（1.0～1.3）	2.0（1.6～2.4）	8.2[E]（3.4～13）

a 20 岁以下人群未被纳入第一次调查（2007—2009），因此该年龄段无统计数据。
b 如果超过 40%的样本检测值低于检出限，则仅报告数据的百分比分布而不报告均值。
E 谨慎引用。

表 13-8-2　加拿大第一次（2007—2009）和第二次（2009—2011）健康调查
12～79 岁居民年龄别血清全氟己烷磺酸质量浓度　　　　单位：μg/L

分组（岁）	调查时期	调查人数	<检出限 [a]/%	几何均数（95%置信区间）	P_{10}（95%置信区间）	P_{50}（95%置信区间）	P_{75}（95%置信区间）	P_{95}（95%置信区间）
全体对象12～79 [b]	1	—	—	—	—	—	—	—
全体对象12～79	2	1 521	1.25	1.8（1.6～2.0）	0.55（0.46～0.64）	1.7（1.5～1.9）	2.8（2.2～3.5）	9.0[E]（4.9～13）
12～19 [b]	1	—	—	—	—	—	—	—
12～19	2	506	0.99	1.9（1.6～2.3）	0.60（0.50～0.70）	1.6（1.3～1.9）	3.4（2.3～4.5）	11[E]（5.7～16）
20～39	1	979	3.06	2.1（1.8～2.4）	0.61（0.49～0.73）	1.9（1.5～2.2）	3.6（3.2～3.9）	16[E]（10～23）
20～39	2	361	1.94	1.5（1.3～1.9）	0.41（0.28～0.54）	1.6（1.1～2.1）	2.5[E]（1.5～3.5）	6.0[E]（2.1～9.9）
40～59	1	983	2.03	2.2（1.9～2.5）	0.79（0.54～1.0）	2.2（1.8～2.5）	3.6（3.0～4.2）	9.2（7.4～11）
40～59	2	333	1.8	1.8（1.4～2.3）	0.58[E]（0.33～0.83）	1.7（1.3～2.0）	2.6[E]（1.5～3.6）	12[E]（3.5～21）
60～79	1	918	0.98	2.8（2.4～3.3）	1.1（0.90～1.3）	2.6（2.1～3.0）	4.3（3.5～5.1）	13（9.0～16）
60～79	2	321	0.31	2.2（1.8～2.7）	0.86（0.64～1.1）	2.0（1.6～2.4）	3.4（2.4～4.4）	9.8（6.7～13）

a 如果超过 40%的样本检测值低于检出限，则仅报告数据的百分比分布而不报告均值。
b 20 岁以下人群未被纳入第一次调查（2007—2009），因此该年龄段无统计数据。
E 谨慎引用。

表 13-8-3　加拿大第一次（2007—2009）和第二次（2009—2011）健康调查

12～79 岁居民年龄别、性别血清全氟己烷磺酸质量浓度　　　　单位：μg/L

分组（岁）	调查时期	调查人数	<检出限[a]/%	几何均数（95%置信区间）	P_{10}（95%置信区间）	P_{50}（95%置信区间）	P_{75}（95%置信区间）	P_{95}（95%置信区间）
全体男性12～79[b]	1	—	—	—	—	—	—	—
全体男性12～79	2	763	0.66	2.4（2.0～2.7）	0.92（0.82～1.0）	2.1（1.9～2.4）	3.6（2.8～4.5）	9.9[E]（5.5～14）
男 12～19[b]	1	—	—	—	—	—	—	—
男 12～19	2	253	0.79	2.2（1.8～2.8）	0.69（0.49～0.90）	1.9（1.3～2.4）	4.1[E]（2.3～5.9）	F
男 20～39	1	435	0.23	3.3（2.7～4.1）	1.2（0.89～1.6）	2.8（2.3～3.2）	4.7（3.3～6.1）	F
男 20～39	2	169	0.59	2.4（1.9～3.1）	0.91（0.72～1.1）	2.1（1.6～2.7）	3.7[E]（2.2～5.3）	x
男 40～59	1	480	0.42	3.3（2.8～3.8）	1.4（1.1～1.7）	2.9（2.4～3.4）	4.7（3.4～6.0）	11[E]（5.3～16）
男 40～59	2	176	1.14	2.2（1.9～2.6）	1.2（0.85～1.5）	2.2（1.9～2.4）	3.0（2.1～3.9）	x
男 60～79	1	461	1.08	3.0（2.5～3.5）	1.2（0.94～1.4）	2.8（2.2～3.3）	4.3（3.6～5.0）	12（8.7～16）
男 60～79	2	165	0	2.4（2.0～3.0）	0.92（0.69～1.2）	2.2（1.7～2.6）	3.8（2.5～5.0）	x
全体女性12～79[b]	1	—	—	—	—	—	—	—
全体女性12～79	2	758	1.85	1.3（1.1～1.5）	0.41（0.36～0.46）	1.2（1.0～1.3）	2.1（1.7～2.4）	8.5[E]（3.7～13）
女 12～19[b]	1	—	—	—	—	—	—	—
女 12～19	2	253	1.19	1.6（1.2～2.0）	0.54（0.41～0.68）	1.2（0.89～1.6）	2.4[E]（1.4～3.4）	9.0[E]（3.5～14）
女 20～39	1	544	5.33	1.3（1.1～1.6）	0.37[E]（<检出限～0.56）	1.2（1.0～1.3）	2.1（1.5～2.8）	8.0[E]（4.2～12）
女 20～39	2	192	3.13	0.86（0.68～1.1）	0.25[E]（<检出限～0.42）	0.99（0.86～1.1）	1.3（0.97～1.7）	x
女 40～59	1	503	3.58	1.5（1.3～1.8）	0.47（0.32～0.62）	1.4（1.1～1.7）	2.5（2.1～2.9）	6.6（4.9～8.4）
女 40～59	2	157	2.55	1.5[E]（0.95～2.3）	0.51（0.34～0.69）	1.1（0.78～1.5）	F	x
女 60～79	1	457	0.88	2.7（2.2～3.3）	1.0（0.78～1.3）	2.3（1.9～2.8）	4.0（2.7～5.2）	13[E]（6.9～19）
女 60～79	2	156	0.64	2.0（1.5～2.6）	0.68[E]（0.27～1.1）	1.9（1.3～2.4）	3.2（2.2～4.3）	x

a 如果超过 40%的样本检测值低于检出限，则仅报告数据的百分比分布而不报告均值。

b 20 岁以下人群未被纳入第一次调查（2007—2009），因此该年龄段无统计数据。

E 谨慎引用。

F 数据不可靠，不予发布。

x 根据加拿大《统计法》保密规定，不予发布。

13.9　全氟辛烷磺酸

表 13-9-1　加拿大第一次（2007—2009）和第二次（2009—2011）健康调查
20～79 岁居民年龄别 [a]、性别血清全氟辛烷磺酸质量浓度　　　　　　单位：μg/L

分组（岁）	调查时期	调查人数	<检出限 [b]/%	几何均数（95%置信区间）	P_{10}（95%置信区间）	P_{50}（95%置信区间）	P_{75}（95%置信区间）	P_{95}（95%置信区间）
全体对象 20～79	1	2 880	0.14	8.9（8.0～9.8）	3.6（3.1～4.1）	9.1（8.1～10）	13（12～15）	27（22～32）
全体对象 20～79	2	1 017	0.39	6.9（6.2～7.6）	2.6（1.9～3.2）	6.8（6.0～7.6）	11（9.5～12）	19（13～25）
全体男性 20～79	1	1 376	0.07	11（10～12）	5.1（4.3～6.0）	11（9.5～12）	16（14～18）	31（23～39）
全体男性 20～79	2	511	0.39	8.3（7.4～9.3）	4.7（3.6～5.8）	8.2（6.6～9.8）	12（9.9～14）	19（14～25）
全体女性 20～79	1	1 504	0.20	7.1（6.3～7.9）	3.0（2.6～3.4）	7.4（6.4～8.4）	11（9.6～12）	20（15～24）
全体女性 20～79	2	506	0.40	5.7（4.9～6.6）	2.0（1.5～2.4）	6.0（5.1～6.9）	9.0（7.1～11）	19[E]（7.8～30）

a　20 岁以下人群未被纳入第一次（2007—2009）调查，因此该年龄段无统计数据。
b　如果超过 40%的样本检测值低于检出限，则仅报告数据的百分比分布而不报告均值。
E　谨慎引用。

表 13-9-2　加拿大第一次（2007—2009）和第二次（2009—2011）健康调查
12～79 岁居民年龄别血清全氟辛烷磺酸质量浓度　　　　　　单位：μg/L

分组（岁）	调查时期	调查人数	<检出限 [a]/%	几何均数（95%置信区间）	P_{10}（95%置信区间）	P_{50}（95%置信区间）	P_{75}（95%置信区间）	P_{95}（95%置信区间）
全体对象 12～79[b]	1	—	—	—	—	—	—	—
全体对象 12～79	2	1 524	0.33	6.5（5.9～7.2）	2.4（2.0～2.8）	6.7（6.1～7.3）	10（9.3～11）	18（13～23）
12～19[b]	1	—	—	—	—	—	—	—
12～19	2	507	0.2	4.6（4.0～5.2）	2.1（1.9～2.4）	4.6（3.9～5.3）	6.6（5.7～7.5）	11（9.2～13）
20～39	1	979	0.1	8.2（7.2～9.3）	3.5（2.8～4.1）	8.6（7.3～9.9）	12（11～14）	21（19～24）
20～39	2	362	0.55	6.2（5.4～7.1）	2.1[E]（0.99～3.2）	6.7（5.8～7.6）	10（7.4～13）	19[E]（9.6～29）
40～59	1	983	0.31	8.6（7.7～9.5）	3.4（2.8～4.0）	8.8（7.9～9.7）	13（11～15）	28（19～37）
40～59	2	334	0.6	6.4（5.7～7.2）	2.3（1.6～3.0）	6.7（5.7～7.7）	10（8.7～11）	16（13～19）
60～79	1	918	0	11（9.6～13）	4.4（3.3～5.5）	11（9.6～13）	17（14～19）	30（24～35）
60～79	2	321	0	9.4（8.3～11）	4.6（3.9～5.3）	9.8（8.1～11）	15（13～16）	21[E]（7.5～35）

a　如果超过 40%的样本检测值低于检出限，则仅报告数据的百分比分布而不报告均值。
b　20 岁以下人群未被纳入第一次（2007—2009）调查，因此该年龄段无统计数据。
E　谨慎引用。

表 13-9-3 加拿大第一次（2007—2009）和第二次（2009—2011）健康调查
12～79 岁居民年龄别、性别血清全氟辛烷磺酸质量浓度 单位：μg/L

分组（岁）	调查时期	调查人数	<检出限 [a]/%	几何均数（95%置信区间）	P_{10}（95%置信区间）	P_{50}（95%置信区间）	P_{75}（95%置信区间）	P_{95}（95%置信区间）
全体男性 12～79 [b]	1	—	—	—	—	—	—	—
全体男性 12～79	2	765	0.26	7.8 (7.1～8.7)	3.8 (2.8～4.8)	7.6 (6.3～9.0)	11 (9.8～13)	19 (14～24)
男 12～19 [b]	1	—	—	—	—	—	—	—
男 12～19	2	254	0	5.1 (4.6～5.7)	2.4 (2.1～2.6)	5.2 (4.6～5.7)	7.1 (6.0～8.3)	13 [E] (7.5～18)
男 20～39	1	435	0	10 (9.2～12)	5.3 (4.3～6.2)	10 (9.2～11)	14 (13～16)	27 (20～35)
男 20～39	2	170	0.59	8.2 (6.8～10)	4.8 (4.1～5.4)	7.6 [E] (4.7～11)	12 (8.9～14)	x
男 40～59	1	480	0.21	11 (10～13)	5.0 (4.0～6.0)	11 (9.1～12)	16 (14～18)	34 (22～46)
男 40～59	2	176	0.57	7.5 (6.7～8.4)	3.2 [E] (1.8～4.7)	7.6 (6.7～8.5)	10 (9.2～12)	x
男 60～79	1	461	0	12 (10～14)	5.0 [E] (3.0～6.9)	12 (9.5～14)	18 (14～22)	35 (23～46)
男 60～79	2	165	0	10 (8.9～12)	4.7 (3.4～6.0)	11 (7.9～14)	15 (13～17)	x
全体女性 12～79 [b]	1	—	—	—	—	—	—	—
全体女性 12～79	2	759	0.4	5.5 (4.8～6.2)	2.0 (1.6～2.3)	5.7 (4.8～6.5)	8.4 (6.8～10)	18 [E] (9.7～27)
女 12～19 [b]	1	—	—	—	—	—	—	—
女 12～19	2	253	0.4	4.1 (3.4～4.8)	2.0 (1.7～2.3)	4.0 (3.2～4.8)	6.1 (5.0～7.3)	9.0 (7.3～11)
女 20～39	1	544	0.18	6.4 (5.4～7.5)	3.0 (2.6～3.4)	6.4 (5.1～7.7)	9.8 (7.7～12)	16 (14～19)
女 20～39	2	192	0.52	4.4 (3.5～5.6)	1.6 [E] (0.97～2.3)	4.3 (2.9～5.8)	6.7 (5.8～7.7)	x
女 40～59	1	503	0.4	6.5 (5.8～7.3)	2.8 (2.2～3.3)	6.9 (6.0～7.9)	9.9 (9.3～11)	17 (12～22)
女 40～59	2	158	0.63	5.6 (4.6～6.8)	2.2 [E] (1.4～3.0)	6.2 (4.5～7.9)	9.3 (6.6～12)	x
女 60～79	1	457	0	10 (8.6～12)	4.1 (3.0～5.1)	10 (8.8～12)	15 (12～17)	27 (22～31)
女 60～79	2	156	0	8.8 (7.2～11)	4.3 (2.9～5.6)	8.4 (5.5～11)	14 (9.9～18)	x

a 如果超过 40%的样本检测值低于检出限，则仅报告数据的百分比分布而不报告均值。

b 20 岁以下人群未被纳入第一次（2007—2009）调查，因此该年龄段无统计数据。

E 谨慎引用。

x 根据加拿大《统计法》保密规定，不予发布。

参考文献

[1] 3M.. 2012. *3M's phase out and new technologies.* Retrieved May 29，2012，from http://solutions. 3m.com/wps/portal/3M/en_US/PFOS/PFOA/Information/phase-out-technologies/.

[2] Alberta Health and Wellness. 2008. *Alberta Biomonitoring Program - Chemicals in serum of pregnant women in Alberta.* Alberta Health and Wellness，Government of Alberta，Edmonton，AB.

[3] ATSDR（Agency for Toxic Substances and Disease Registry）. 2009. *Toxicological profile for perfluoroalkyls.* Atlanta，GA.：U.S. Department of Health and Human Services. Retrieved August 28，2012，from www.atsdr.cdc.gov/toxprofiles/tp200-c5.pdf.

[4] Butenhoff, J.L.，Olsen，G.W. and Pfahles-Hutchens，A. 2006. The applicability of biomonitoring data for perfluorooctanesulfonate to the environmental public health continuum. *Environmental Health Prespectives*，114（11）：1776-1782.

[5] Calafat，A.M.，Kuklenyik，Z.，Reidy，J.A.，et al. 2007a. Serum concentrations of 11 polyfluoroalkyl compounds in the US population：Data from the National Health and Nutrition Examination Survey（NHANES）1999-2000. *Environmental Science & Technology*，41（7）：2237-2242.

[6] Calafat，A.M.，Wong, L.Y.，Kuklenyik，Z.，et al. 2007b. Polyfluoroalkyl chemicals in the U.S. population：Data from the National Health and Nutrition Examination Survey（NHANES）2003-2004 and comparisons with NHANES 1999-2000. *Environmental Health Perspectives*，115（11）：1596-1602.

[7] Canada. 1999. *Canadian Environmental Protection Act，1999.* SC 1999，c. 33. Retrieved April 2，2012，from http://laws-lois.justice.gc.ca/eng/acts/C-15.31/index.html.

[8] Canada. 2009. Regulations adding perfluorooctane sulfonate and its salts to the virtual elimination list. SOR/2009-15. *Canada Gazette，Part II：Official Regulations*，143（3）. Retrieved September 17，2012，from http://canadagazette.gc.ca/rp-pr/p2/2009/2009-02-04/html/sor-dors15-eng.html.

[9] Canada. 2010a. *Chemical substances：Perfluorooctane sulfonate（PFOS）.* Retrieved May 29，2012，from www.chemicalsubstanceschimiques.gc.ca/fact-fait/pfos-eng.php.

[10] Canada. 2010b. Regulations amending the prohibition of certain toxic substances regulations，2005（four new fluorotelomer-based substances），SOR/2010-211. *Canada Gazette，Part II：Official Regulations*，144（21）. Retrieved August 28，2012，from http://canadagazette.gc.ca/rp-pr/p2/2010/2010-10-13/html/ sor-dors211-eng.html.

[11] Canada. 2012. Order adding toxic substances to Schedule 1 to the Canadian Environmental Protection Act，1999. *Canada Gazette，Part I：Notices and Proposed Regulations*，146（39）. Retrieved October 31，2012，from http://gazette.gc.ca/rp-pr/p1/2012/2012-09-29/html/reg1-eng.html.

[12] CDC（Centers for Disease Control and Prevention）. 2009. *Fourth national report on human exposure to environmental chemicals.* Atlanta，GA.：Department of Health and Human Services. Retrieved July 11，2011，from www.cdc.gov/exposurereport/.

[13] Chang，S.-C.，Das，K.，Ehresman，D.J.，et al. 2008. Comparative pharmacokinetics of perfluorobutyrate in rats，mice，monkeys and humans and relevance to human exposure via drinking water. *Toxicological Sciences*，104（1）：40-53.

[14] Dallaire，R.，Ayotte，P.，Pereg，D.，et al. 2009. Determinants of plasma concentrations of perfluorooctanesulfonate

and brominated organic compounds in Nunavik Inuit adults（Canada）. *Environmental Science & Technology*，43（13）：5130-5136.

[15] Environment Canada. 2006a. *Ecological screening assessment report on perfluorooctane sulfonate，its salts and its precursors that contain the C8F17SO2 or C8F17SO3，or C8F17SO2N moiety*. Minister of the Environment，Ottawa，ON. Retrieved May 29，2012，from www.ec.gc.ca/lcpe-cepa/default.asp？lang=En&n=98B1954A-1.

[16] Environment Canada. 2006b. *Perfluorinated carboxylic acids（PFCAs） and precursors：An action plan for assessment and management*. Ottawa，ON.：Minister of the Environment. Retrieved August 8，2012，from www.ec.gc.ca/Publications/default.asp？lang=En&xml=2DC7ADE3-A653-478CAF56-3BE756D81772.

[17] Environment Canada. 2010. *Environmental performance agreement respecting perfluorinated carboxylic acids（PFCAs）and their precursors in perfluochemical products sold in Canada*. Ottawa，ON.：Minister of the Environment. Retrieved May 29，2012，from www.ec.gc.ca/epe-epa/default.asp？lang=En&n=10551A08-1.

[18] Environment Canada. 2012. *Ecological screening assessment report：Long-chain（C9-C20）perfluorocarboxylic acids，their salts and their precursors*. Ottawa，ON.：Minister of the Environment. Retrieved August 29，2012，from www.ec.gc.ca/ese-ees/default.asp？lang=En&n=CA29B043-1.

[19] Environment Canada & Health Canada. 2012a. *Screening assessment：Perfluorooctanoic acid，its salts，and its precursors*. Ottawa，ON. Retrieved August 29，2012，from www.ec.gc.ca/ese-ees/default.asp？lang=En&n=370AB133-1.

[20] Environment Canada & Health Canada. 2012b. *Proposed risk management approach for perfluoroactanoic acid（PFOA），its salts，and its precursors and long-chain（C9-C20） perfluorocarboxylic acids（PFCAs），their salts and their precursors*. Ottawa，ON. Retrieved August 29，2012，from www.ec.gc.ca/ese-ees/default.asp？lang=En&n=451C95ED-1.

[21] EPA（U.S. Environmental Protection Agency）. 2002. *Revised draft hazard assessment of perflourooctanoic acid and its salts*. U.S. Washington DC.：Environmental Protection Agency.

[22] EPA（U.S. Environmental Protection Agency）. 2012a. *Perfluorooctanoic acid（PFOA） and fluorinated telomers*. Washington，DC.：U.S. Environmental Protection Agency. Retrieved May 15，2012，from www.epa.gov/oppt/pfoa/.

[23] EPA（U.S. Environmental Protection Agency）. 2012b. *News release：Industry progressing in voluntary effort to reduce toxic chemicals*. Washington，DC.：Office of Chemical Safety and Pollution Prevention，U.S. Environmental Protection Agency.

[24] Fromme，H.，Tittlemier，S.A.，Volkel，W.，et al. 2009. Perfluorinated compounds - Exposure assessment for the general population in western countries. *International Journal of Hygiene and Environmental Health*，212（3）：239-270.

[25] Fromme，H.，Schlummer，M.，Möller，A.，et al. 2007. Exposure of an adult population to perfluorinated substances using duplicate diet portions and biomonitoring data. *Environmental Science & Technology*，41（22）：7928-7933.

[26] Hamm，M.P.，Cherry，N.M.，Chan，E.，et al. 2010. Maternal exposure to perfluorinated acids and fetal growth. *Journal of Exposure Sciences and Environmental Epidemiology*，20（7）：589-597.

[27] Harada，K.，Inoue，K.，Morikawa，A.，et al. 2005. Renal clearance of perfluorooctane sulfonate and perfluorooctanoate in humans and their species-specific excretion. *Environmental Research*，99（2）：253-261.

[28] Health Canada. 2006. *Perfluorooctane sulfonate，its salts and its percursors that contain the $C_8F_{17}SO_2$ or $C_8F_{17}SO_3$ moiety*. State of the science report for a screening health assessment. Ottawa：Minister of Health. Retrieved September 1，2011，from www.hc-sc.gc.ca/ewh-semt/pubs/contaminants/pfos-spfo/index-eng.php.

[29] Health Canada. 2009. *Questions and answers on perfluorinated chemicals in food*. Ottawa，ON.：Minister of Health. Retrieved August 8，2012，from www.hc-sc.gc.ca/fn-an/securit/chem-chim/environ/pcf-cpa/qr-pcf-qa-eng.php.

[30] Houde，M.，Martin，J.W.，Letcher，R.J.，et al. 2006. Biological monitoring of polyfluoroalkyl substances：A review. *Environmental Science & Technology*，40（11）：3463-3473.

[31] Hölzer，J.，Midasch，O.，Rauchfuss，K.，et al. 2008. Biomonitoring of perfluorinated compounds in children and adults exposed to perfluorooctanoate-contaminated drinking water. *Environmental Health Prespectives*，116（5）：651-657.

[32] IARC（International Agency for Research on Cancer）. 2008. *IARC monographs on the evaluation of carcinogenic risks to humans - Internal report 08/001：Report of the Advisory Group to Recommend Priorities for IARC Monographs during 2010-2014*. Lyon：World Health Organization.

[33] Indian and Northern Affairs Canada. 2009. *Canadian Arctic contaminants and health assessment report*. Ottawa：Indian and Northern Affairs Canada.

[34] Johnson，J.D.，Gibson，S.J. and Ober，R.E.. 1984. Cholestyramine-enhanced fecal elimination of carbon-14 in rats after administration of ammonium [14C]perfluorooctanoate or potassium [14C]perfluorooctanesulfonate. *Fundamental and Applied Toxicology*，4（6）：972-976.

[35] Kärrman，A.，Domingo，J.，Llebaria，X.，et al. 2010. Biomonitoring perfluorinated compounds in Catalonia，Spain：concentrations and trends in human liver and milk samples. *Environmental Science and Pollution Research*，17（3）：750-758.

[36] Kato，K.，Calafat，A.M.，Wong，L.Y.，et al. 2009. Polyfluoroalkyl compounds in pooled sera from children participating in the National Health and Nutrition Examination Survey 2001-2002. *Environmental Science & Technology*，43（7）：2641-2647.

[37] Kato，K.，Wong，L.Y.，Jia，L.T.，et al. 2011. Trends in exposure to polyfluoroalkyl chemicals in the U.S. population：1999-2008. *Environmental Science & Technology*，45（19）：8037-8045.

[38] Kissa，E.. 2001. *Fluorinated Surfactants and Repellents*. New York，NY.：Marcel Dekkaer Inc.

[39] Kubwabo，C.，Stewart，B.，Zhu，J.，et al. 2005. Occurrence of perfluorosulfonates and other perfluorochemicals in dust from selected homes in the city of Ottawa，Canada. *Journal of Environmental Monitoring*，7（11）：1074-1078.

[40] Kubwabo，C.，Vais，N. and Benoit，F.M.. 2004. A pilot study on the determination of perfluorooctanesulfonate and other perfluorinated compounds in blood of Canadians. *Journal of Environmental Monitoring*，6（6）：540-545.

[41] Lopez-Espinosa，M.J.，Mondal，D.，Armstrong，B.，et al. 2012. Thyroid function and perfluoroalkyl acids in children living near a chemical plant. *Environmental Health Perspectives*，120（7）：1036-1041.

[42] Martin，J.W.，Smithwick，M.M.，Braune，B.M.，et al. 2004. Identification of long-chain perfluorinated acids in biota from the Canadian Arctic. *Environmental Science & Technology*，38（2）：373-380.

[43] Monroy，R.，Morrison，K.，Teo，K.，et al. 2008. Serum levels of perfluoroalkyl compounds in human maternal and umbilical cord blood samples. *Environmental Research*，108（1）：56-62.

[44] Newsted，J.，Beach，S.，Gallagher，S.，et al. 2008. Acute and chronic effects of perfluorobutane sulfonate （PFBS） on the mallard and northern bobwhite quail. *Archives of Environmental Contamination and Toxicology*，54（3）：535-545.

[45] Olsen，G.W.，Burris，J.M.，Ehresman，D.J.，et al. 2007. Half-life of serum elimination of perfluorooctanesulfonate，perfluorohexanesulfonate，and perfluorooctanoate in retired fluorochemical production workers. *Environmental Health Perspectives*，115（9）：1298-1305.

[46] Prevedouros，K.，Cousins，I.T.，Buck，R.C.，et al. 2005. Sources，fate and transport of perfluorocarboxylates. *Environmental Science & Technology*，40（1）：32-44.

[47] Tittlemier，S.A.，Pepper，K.，Seymour，C.，et al. 2007. Dietary exposure of Canadians to perfluorinated carboxylates and perfluorooctane sulfonate via consumption of meat，fish，fast foods，and food items prepared in their packaging. *Journal of Agricultural and Food Chemistry*，55（8）：3203-3210.

[48] Tittlemier，S.A.，Ryan，J.J. and Van Oostdam，J.J.. 2004. Presence of anionic perfluorinated organic compounds in serum collected from northern Canadian populations. *Organohalogen Compounds*，66：4009-4014.

[49] Tittlemier，S.A.，Pepper，K. and Edwards，L.. 2006. Concentrations of perfluorooctanesulfonamides in Canadian Total Diet Study composite food samples collected between 1992 and 2004. *Journal of Agricultural and Food Chemistry*，54（21）：8385-8389.

[50] Trudel，D.，Horowitz，L.，Wormuth，M.，et al. 2008. Estimating consumer exposure to PFOS and PFOA. *Risk Analysis*，28（2）：251-269.

[51] Turgeon O'Brien，H.，Blanchet，R.，Gagné，D.，et al. 2012. Exposure to toxic metals and persistent organic pollutants in Inuit children attending childcare centers in Nunavik，Canada. *Environmental Science & Technology*，46（8）：4614-4623.

14 农药概况与调查结果

14.1 阿特拉津代谢物

阿特拉津（CAS 号：1912-24-9）是一种合成的选择性除草剂，在加拿大登记用于玉米地中一年生阔叶杂草和禾本科杂草的防治（Health Canada，2003；Health Canada，2004）。它与西玛津、扑灭津和氰草津同属于三嗪类除草剂（Barr and Needham，2002；IPCS，1997）。三嗪类除草剂于 1958 年开始生产，并在 1960 年被引入加拿大（ATSDR，2003；CCME，1999）。近年来，考虑到对环境的影响，它的使用量大幅减少，为 1983 年的一半（CCME，2009；Health Canada，2003）。此次调查在人体生物材料中测定了二氨基氯三嗪（DACT）、二丁基阿特拉津（DEA）和阿特拉津硫醚氨酸盐（AM）等物质。

阿特拉津通过农业应用被释放到环境中。它能在土壤中迁移，并可能通过渗流和直接径流进入地表水和地下水（ATSDR，2003；Health Canada，2007）。在环境中，阿特拉津经过脱烷基化后形成各种代谢物，包括二丁基阿特拉津和二氨基氯三嗪（Nelson et al.，2001）。在农业上投入使用之后，阿特拉津及其代谢物已经在地表水和地下水中被发现（WHO，2009）。在使用较多的地区，阿特拉津是地表水和井水中最常检出的杀虫剂之一（Health Canada，1993）。一般人群主要通过饮用水、空气（个别情况下也包括食物）等途径暴露阿特拉津（ATSDR，2003）。

阿特拉津容易口服吸收，经代谢并在几天后由尿液排出（CDC，2009）。人体吸收后，阿特拉津经谷胱甘肽解毒途径代谢形成硫醇尿酸的代谢产物，如阿特拉津代谢物；通过简单的脱烷基化成为脱烷基化代谢物，如二丁基阿特拉津和二氨基氯三嗪（Barr and Needham，2002；Barr et al.，2007）。在人体生物监测研究中，二丁基阿特拉津和二氨基氯三嗪已被确定为主要代谢物（Barr et al.，2007；Catenacci et al.，1993；Lucas et al.，1993）。脱烃代谢物不仅可由阿特拉津产生，还可能来自于其他三嗪类除草剂的代谢物如西玛津、扑灭津和氰草津（Barr and Needham，2002；CDC，2009；Mendas et al.，2012）。这些代谢物可在尿液中被检测到，能反映三嗪类除草剂（包括阿特拉津）及其代谢物在环境中的短期暴露（ATSDR，2003）。阿特拉津也可以在尿中直接测定，但只占排泄代谢物的 2%（80% 为脱烃代谢物），因此尿中阿特拉津不是一个良好的生物标志物（Catenacci et al.，1993），而阿特拉津在尿液中的代谢产物阿特拉津硫醚氨酸盐可以作为阿特拉津短期暴露的特异性生物标志物（CDC，2009；Mendas et al.，2012）。

目前获得的毒性数据大部分来自动物长期口服暴露（ATSDR，2003）。已有报道指出动物长期口服阿特拉津及其代谢产物会使其重量减轻、心脏中毒，同时会影响发育系统、生殖系统以及神经内分泌系统（ATSDR，2006；CDC，2009；Health Canada，1993；Health

Canada，2003；WHO，2011）。人类摄入阿特拉津污染的饮用水会产生恶心、头晕等症状（Health Canada，1993）。阿特拉津不具有遗传毒性，未被国际癌症研究机构归入致癌物质清单（CDC，2009；IARC，1999；WHO，2009）。

加拿大卫生部有害生物管理局（PMRA）通过《病虫害防治产品法案》规定了阿特拉津和其他三嗪类除草剂的销售和使用（Canada，2006）。2004 年，有害生物管理局完成了阿特拉津对人类健康风险的重新评估，确定所有阿特拉津及其最终使用产品在采取适当的措施情况下不会影响人类健康（Health Canada，2003；Health Canada，2004）。这些措施包括逐步减少在低矮灌木、耐阿特拉津油菜及工业和住宅家具中的使用（Health Canada，2003）。加拿大卫生部已建立了各种食品中阿特拉津的最高残留限量，并设定了阿特拉津及其氯化代谢产物的日均可接受摄入量（Health Canada，2003；Health Canada，2011）。加拿大卫生部还设立了《加拿大饮用水水质标准》，规定了阿特拉津及其脱烃代谢物的最高可接受总浓度（Health Canada，1993；Health Canada，2007；Health Canada，2012）。直到目前为止，还没有加拿大人群生物材料中阿特拉津浓度水平的监测数据。

加拿大第二次（2009—2011）健康调查检测了所有参与者（3～79 岁）尿液中阿特拉津代谢物（二氨基氯三嗪、二丁基阿特拉津和阿特拉津硫醚氨酸盐）的质量浓度和质量分数，分别用μg/L 和 μg/g 肌酐表示，见表 14-1-1-1～表 14-1-3-4。尿液中可检出阿特拉津代谢物说明其可作为环境中阿特拉津和其他三嗪类除草剂及其代谢物的暴露标志物，但并不意味着一定会对健康产生不利影响。这些数据提供了加拿大人群尿液中阿特拉津代谢物的基准水平。

14.1.1　阿特拉津硫醚氨酸盐

表 14-1-1-1　加拿大第二次（2009—2011）健康调查
3～79 岁居民年龄别尿阿特拉津硫醚氨酸盐质量浓度 　　　　　　　　　　　　　　　　　单位：μg/L

分组（岁）	调查时期	调查人数	<检出限 [a] /%	几何均数（95%置信区间）	P_{10}（95%置信区间）	P_{50}（95%置信区间）	P_{75}（95%置信区间）	P_{95}（95%置信区间）
全体对象 3～79	2	2 526	99.88	—	<检出限	<检出限	<检出限	<检出限
3～5	2	508	99.80	—	<检出限	<检出限	<检出限	<检出限
6～11	2	511	100	—	<检出限	<检出限	<检出限	<检出限
12～19	2	506	100	—	<检出限	<检出限	<检出限	<检出限
20～39	2	355	99.72	—	<检出限	<检出限	<检出限	<检出限
40～59	2	359	99.72	—	<检出限	<检出限	<检出限	<检出限
60～79	2	287	100	—	<检出限	<检出限	<检出限	<检出限

a 如果超过 40%的样本检测值低于检出限，则仅报告数据的百分比分布而不报告均值。

表 14-1-1-2　加拿大第二次（2009—2011）健康调查

3～79 岁居民年龄别 [a]、性别尿阿特拉津硫醚氨酸盐质量浓度　　　　单位：μg/L

分组（岁）	调查时期	调查人数	<检出限 [b] /%	几何均数（95%置信区间）	P_{10}（95%置信区间）	P_{50}（95%置信区间）	P_{75}（95%置信区间）	P_{95}（95%置信区间）
全体男性 3～79	—	—	—	—	—	—	—	—
男 6～11	2	1 268	99.92	—	<检出限	<检出限	<检出限	<检出限
男 12～19	2	261	100	—	<检出限	<检出限	<检出限	<检出限
男 20～39	2	255	100	—	<检出限	<检出限	<检出限	x
男 40～59	2	166	100	—	<检出限	<检出限	<检出限	x
男 60～79	2	193	99.48	—	<检出限	<检出限	<检出限	x
全体女性 3～79	2	142	100	—	<检出限	<检出限	<检出限	<检出限
女 6～11	2	1 258	99.84	—	<检出限	<检出限	<检出限	<检出限
女 12～19	2	250	100	—	<检出限	<检出限	<检出限	<检出限
女 20～39	2	251	100	—	<检出限	<检出限	<检出限	x
女 40～59	2	189	99.47	—	<检出限	<检出限	<检出限	x
女 60～79	2	166	100	—	<检出限	<检出限	<检出限	x

a 3～5 岁年龄组未按照性别分组。

b 如果超过 40%的样本检测值低于检出限，则仅报告数据的百分比分布而不报告均值。

x 根据加拿大《统计法》保密规定，不予发布。

表 14-1-1-3　加拿大第二次（2009—2011）健康调查

3～79 岁居民年龄别尿阿特拉津硫醚氨酸盐质量分数　　　　单位：μg/g 肌酐

分组（岁）	调查时期	调查人数	<检出限 [a] /%	几何均数（95%置信区间）	P_{10}（95%置信区间）	P_{50}（95%置信区间）	P_{75}（95%置信区间）	P_{95}（95%置信区间）
全体对象 3～79	2	2 516	100	—	<检出限	<检出限	<检出限	<检出限
3～5	2	507	100	—	<检出限	<检出限	<检出限	<检出限
6～11	2	509	100	—	<检出限	<检出限	<检出限	<检出限
12～19	2	504	100	—	<检出限	<检出限	<检出限	<检出限
20～39	2	353	100	—	<检出限	<检出限	<检出限	<检出限
40～59	2	357	100	—	<检出限	<检出限	<检出限	<检出限
60～79	2	286	100	—	<检出限	<检出限	<检出限	<检出限

a 如果超过 40%的样本检测值低于检出限，则仅报告数据的百分比分布而不报告均值。

表 14-1-1-4　加拿大第二次（2009—2011）健康调查

3～79 岁居民年龄别 [a]、性别尿阿特拉津硫醚氨酸盐质量分数　　　单位：μg/g 肌酐

分组（岁）	调查时期	调查人数	<检出限 [b]/%	几何均数（95%置信区间）	P_{10}（95%置信区间）	P_{50}（95%置信区间）	P_{75}（95%置信区间）	P_{95}（95%置信区间）
全体男性 3～79	2	1 264	100	—	<检出限	<检出限	<检出限	<检出限
男 6～11	2	260	100	—	<检出限	<检出限	<检出限	<检出限
男 12～19	2	254	100	—	<检出限	<检出限	<检出限	<检出限
男 20～39	2	165	100	—	<检出限	<检出限	<检出限	x
男 40～59	2	193	99.48	—	<检出限	<检出限	<检出限	x
男 60～79	2	142	100	—	<检出限	<检出限	<检出限	x
全体女性 3～79	2	1 252	100	—	<检出限	<检出限	<检出限	<检出限
女 6～11	2	249	100	—	<检出限	<检出限	<检出限	<检出限
女 12～19	2	250	100	—	<检出限	<检出限	<检出限	<检出限
女 20～39	2	188	100	—	<检出限	<检出限	<检出限	x
女 40～59	2	164	100	—	<检出限	<检出限	<检出限	x
女 60～79	2	144	100	—	<检出限	<检出限	<检出限	x

a 3～5 岁年龄组未按照性别分组。

b 如果超过 40%的样本检测值低于检出限，则仅报告数据的百分比分布而不报告均值。

x 根据加拿大《统计法》保密规定，不予发布。

14.1.2　二氨基氯三嗪

表 14-1-2-1　加拿大第二次（2009—2011）健康调查

3～79 岁居民年龄别尿二氨基氯三嗪质量浓度　　　单位：μg/L

分组（岁）	调查时期	调查人数	<检出限 [a]/%	几何均数（95%置信区间）	P_{10}（95%置信区间）	P_{50}（95%置信区间）	P_{75}（95%置信区间）	P_{95}（95%置信区间）
全体对象 3～79	2	2 526	100	—	<检出限	<检出限	<检出限	<检出限
3～5	2	508	100	—	<检出限	<检出限	<检出限	<检出限
6～11	2	511	100	—	<检出限	<检出限	<检出限	<检出限
12～19	2	506	100	—	<检出限	<检出限	<检出限	<检出限
20～39	2	355	100	—	<检出限	<检出限	<检出限	<检出限
40～59	2	359	100	—	<检出限	<检出限	<检出限	<检出限
60～79	2	287	100	—	<检出限	<检出限	<检出限	<检出限

a 如果超过 40%的样本检测值低于检出限，则仅报告数据的百分比分布而不报告均值。

表 14-1-2-2　加拿大第二次（2009—2011）健康调查

3~79 岁居民年龄别 [a]、性别尿二氨基氯三嗪质量浓度　　　　　　单位：μg/L

分组 （岁）	调查 时期	调查 人数	<检出 限 [b] /%	几何均数 （95%置信 区间）	P_{10} （95%置信 区间）	P_{50} （95%置信 区间）	P_{75} （95%置信 区间）	P_{95} （95%置信 区间）
全体男性 3~79	2	1 268	100	—	<检出限	<检出限	<检出限	<检出限
男 6~11	2	261	100	—	<检出限	<检出限	<检出限	<检出限
男 12~19	2	255	100	—	<检出限	<检出限	<检出限	<检出限
男 20~39	2	166	100	—	<检出限	<检出限	<检出限	x
男 40~59	2	193	100	—	<检出限	<检出限	<检出限	x
男 60~79	2	142	100	—	<检出限	<检出限	<检出限	x
全体女性 3~79	2	1 258	100	—	<检出限	<检出限	<检出限	<检出限
女 6~11	2	250	100	—	<检出限	<检出限	<检出限	<检出限
女 12~19	2	251	100	—	<检出限	<检出限	<检出限	<检出限
女 20~39	2	189	100	—	<检出限	<检出限	<检出限	x
女 40~59	2	166	100	—	<检出限	<检出限	<检出限	x
女 60~79	2	145	100	—	<检出限	<检出限	<检出限	x

a　3~5 岁年龄组未按照性别分组。

b　如果超过 40%的样本检测值低于检出限，则仅报告数据的百分比分布而不报告均值。

x　根据加拿大《统计法》保密规定，不予发布。

表 14-1-2-3　加拿大第二次（2009—2011）健康调查

3~79 岁居民年龄别尿二氨基氯三嗪质量分数　　　　　　单位：μg/g 肌酐

分组 （岁）	调查 时期	调查 人数	<检出 限 [a] /%	几何均数 （95%置信 区间）	P_{10} （95%置信 区间）	P_{50} （95%置信 区间）	P_{75} （95%置信 区间）	P_{95} （95%置信 区间）
全体对象 3~79	2	2 516	100	—	<检出限	<检出限	<检出限	<检出限
3~5	2	507	100	—	<检出限	<检出限	<检出限	<检出限
6~11	2	509	100	—	<检出限	<检出限	<检出限	<检出限
12~19	2	504	100	—	<检出限	<检出限	<检出限	<检出限
20~39	2	353	100	—	<检出限	<检出限	<检出限	<检出限
40~59	2	357	100	—	<检出限	<检出限	<检出限	<检出限
60~79	2	286	100	—	<检出限	<检出限	<检出限	<检出限

a　如果超过 40%的样本检测值低于检出限，则仅报告数据的百分比分布而不报告均值。

表 14-1-2-4 加拿大第二次（2009—2011）健康调查

3～79 岁居民年龄别 [a]、性别尿二氨基氯三嗪质量分数 单位：μg/g 肌酐

分组（岁）	调查时期	调查人数	<检出限 [b]/%	几何均数（95%置信区间）	P_{10}（95%置信区间）	P_{50}（95%置信区间）	P_{75}（95%置信区间）	P_{95}（95%置信区间）
全体男性 3～79	2	1 264	100	—	<检出限	<检出限	<检出限	<检出限
男 6～11	2	260	100	—	<检出限	<检出限	<检出限	<检出限
男 12～19	2	254	100	—	<检出限	<检出限	<检出限	<检出限
男 20～39	2	165	100	—	<检出限	<检出限	<检出限	x
男 40～59	2	193	100	—	<检出限	<检出限	<检出限	x
男 60～79	2	142	100	—	<检出限	<检出限	<检出限	x
全体女性 3～79	2	1 252	100	—	<检出限	<检出限	<检出限	<检出限
女 6～11	2	249	100	—	<检出限	<检出限	<检出限	<检出限
女 12～19	2	250	100	—	<检出限	<检出限	<检出限	<检出限
女 20～39	2	188	100	—	<检出限	<检出限	<检出限	x
女 40～59	2	164	100	—	<检出限	<检出限	<检出限	x
女 60～79	2	144	100	—	<检出限	<检出限	<检出限	x

a 3～5 岁年龄组未按照性别分组。

b 如果超过 40%的样本检测值低于检出限，则仅报告数据的百分比分布而不报告均值。

x 根据加拿大《统计法》保密规定，不予发布。

14.1.3 二丁基阿特拉津

表 14-1-3-1 加拿大第二次（2009—2011）健康调查

3～79 岁居民年龄别尿二丁基阿特拉津质量浓度 单位：μg/L

分组（岁）	调查时期	调查人数	<检出限 [a]/%	几何均数（95%置信区间）	P_{10}（95%置信区间）	P_{50}（95%置信区间）	P_{75}（95%置信区间）	P_{95}（95%置信区间）
全体对象 3～79	2	2 526	100	—	<检出限	<检出限	<检出限	<检出限
3～5	2	508	100	—	<检出限	<检出限	<检出限	<检出限
6～11	2	511	100	—	<检出限	<检出限	<检出限	<检出限
12～19	2	506	100	—	<检出限	<检出限	<检出限	<检出限
20～39	2	355	100	—	<检出限	<检出限	<检出限	<检出限
40～59	2	359	100	—	<检出限	<检出限	<检出限	<检出限
60～79	2	287	100	—	<检出限	<检出限	<检出限	<检出限

a 如果超过 40%的样本检测值低于检出限，则仅报告数据的百分比分布而不报告均值。

表 14-1-3-2　加拿大第二次（2009—2011）健康调查

3～79 岁居民年龄别 [a]、性别尿二丁基阿特拉津质量浓度　　　单位：μg/L

分组（岁）	调查时期	调查人数	<检出限 [b]/%	几何均数（95%置信区间）	P_{10}（95%置信区间）	P_{50}（95%置信区间）	P_{75}（95%置信区间）	P_{95}（95%置信区间）
全体男性 3～79	2	1 268	100	—	<检出限	<检出限	<检出限	<检出限
男 6～11	2	261	100	—	<检出限	<检出限	<检出限	<检出限
男 12～19	2	255	100	—	<检出限	<检出限	<检出限	<检出限
男 20～39	2	166	100	—	<检出限	<检出限	<检出限	x
男 40～59	2	193	100	—	<检出限	<检出限	<检出限	x
男 60～79	2	142	100	—	<检出限	<检出限	<检出限	x
全体女性 3～79	2	1 258	100	—	<检出限	<检出限	<检出限	<检出限
女 6～11	2	250	100	—	<检出限	<检出限	<检出限	<检出限
女 12～19	2	251	100	—	<检出限	<检出限	<检出限	<检出限
女 20～39	2	189	100	—	<检出限	<检出限	<检出限	x
女 40～59	2	166	100	—	<检出限	<检出限	<检出限	x
女 60～79	2	145	100	—	<检出限	<检出限	<检出限	x

a 3～5 岁年龄组未按照性别分组。

b 如果超过 40%的样本检测值低于检出限，则仅报告数据的百分比分布而不报告均值。

x 根据加拿大《统计法》保密规定，不予发布。

表 14-1-3-3　加拿大第二次（2009—2011）健康调查

3～79 岁居民年龄别尿二丁基阿特拉津质量分数　　　单位：μg/g 肌酐

分组（岁）	调查时期	调查人数	<检出限 [a]/%	几何均数（95%置信区间）	P_{10}（95%置信区间）	P_{50}（95%置信区间）	P_{75}（95%置信区间）	P_{95}（95%置信区间）
全体对象 3～79	2	2 516	100	—	<检出限	<检出限	<检出限	<检出限
3～5	2	507	100	—	<检出限	<检出限	<检出限	<检出限
6～11	2	509	100	—	<检出限	<检出限	<检出限	<检出限
12～19	2	504	100	—	<检出限	<检出限	<检出限	<检出限
20～39	2	353	100	—	<检出限	<检出限	<检出限	<检出限
40～59	2	357	100	—	<检出限	<检出限	<检出限	<检出限
60～79	2	286	100	—	<检出限	<检出限	<检出限	<检出限

a 如果超过 40%的样本检测值低于检出限，则仅报告数据的百分比分布而不报告均值。

表 14-1-3-4 加拿大第二次（2009—2011）健康调查
3～79 岁居民年龄别 [a]、性别尿二丁基阿特拉津质量分数　单位：μg/g 肌酐

分组 （岁）	调查 时期	调查 人数	<检出 限 [b]/%	几何均数 （95%置信 区间）	P_{10} （95%置信 区间）	P_{50} （95%置信 区间）	P_{75} （95%置信 区间）	P_{95} （95%置信 区间）
全体男性 3～79	2	1 264	100	—	<检出限	<检出限	<检出限	<检出限
男 6～11	2	260	100	—	<检出限	<检出限	<检出限	<检出限
男 12～19	2	254	100	—	<检出限	<检出限	<检出限	<检出限
男 20～39	2	165	100	—	<检出限	<检出限	<检出限	x
男 40～59	2	193	99.48	—	<检出限	<检出限	<检出限	x
男 60～79	2	142	100	—	<检出限	<检出限	<检出限	x
全体女性 3～79	2	1 252	100	—	<检出限	<检出限	<检出限	<检出限
女 6～11	2	249	100	—	<检出限	<检出限	<检出限	<检出限
女 12～19	2	250	100	—	<检出限	<检出限	<检出限	<检出限
女 20～39	2	188	100	—	<检出限	<检出限	<检出限	x
女 40～59	2	164	100	—	<检出限	<检出限	<检出限	x
女 60～79	2	144	100	—	<检出限	<检出限	<检出限	x

a 3～5 岁年龄组未按照性别分组。

b 如果超过 40%的样本检测值低于检出限，则仅报告数据的百分比分布而不报告均值。

x 根据加拿大《统计法》保密规定，不予发布。

参考文献

[1] ATSDR（Agency for Toxic Substances and Disease Registry）. 2003. *Toxicological profile for atrazine.* Atlanta，GA.：U.S. Department of Health and Human Services. Retrieved May 1，2012，from www.atsdr.cdc.gov/toxprofiles/tp153.html.

[2] ATSDR（Agency for Toxic Substances and Disease Registry）. 2006. *Interaction profile for toxic substances. Appendix A：Background information for atrazine and deethylatrazine.* Atlanta，GA.：U.S. Department of Health and Human Services. Retrieved May 14，2012，from www.atsdr.cdc.gov/interactionprofiles/ip10.html.

[3] Barr，D. and Needham，L.. 2002. Analytical methods for biological monitoring of exposure to pesticides：A review. *Journal of Chromatography B*，778：5-29.

[4] Barr，D.B.，Panuwet，P.，Nguyen，J.V.，et al. 2007. Assessing exposure to atrazine and its metabolites using biomonitoring. *Environmental Health Perspectives*，115（10）：1474-1478.

[5] Canada. 2006. *Pest Control Products Act.* SC 2002，c. 28. Retrieved May 30，2012，from http://laws-lois.justice.gc.ca/eng/acts/P-9.01/.

[6] Catenacci，G.，Barbieri，F.，Bersani，M.，et al. 1993. Biological monitoring of human exposure to atrazine. *Toxicology Letters*，69（2）：217-222.

[7]   CCME（Canadian Council of Ministers of the Environment）. 1999. *Canadian water quality guidelines for the protection of aquatic life : Atrazine.* Retrieved March 15，2013，from http://ceqg-rcqe. ccme.ca/download/en/144.

[8]   CCME（Canadian Council of Ministers of the Environment）. 2009. *Source to tap : Atrazine.* Retrieved May 15，2012，from www.ccme.ca/sourcetotap/atrazine.html.

[9]   CDC（Centers for Disease Control and Prevention）. 2009. *Fourth national report on human exposure to environmental chemicals.* Atlanta，GA：Department of Health and Human Services，Retrieved July 11， 2011，from www.cdc.gov/exposurereport/.

[10]   Health Canada. 1993. *Guidelines for Canadian drinking water quality : Guideline technical document-Atrazine.* Ottawa，ON.：Minister of Health. Retrieved May 15，2012，from www.hc-sc.gc.ca/ ewh-semt/alt_formats/hecs-sesc/pdf/pubs/water-eau/atrazine/atrazine-eng.pdf.

[11]   Health Canada. 2003. *Proposed acceptability for continuing registration. Re-evaluation of atrazine.* PACR2003-13. Ottawa，ON.：Minister of Health.

[12]   Health Canada. 2004. *Re-evaluation decision document. Atrazine RRD2004-12.* Ottawa，ON.：Minister of Health.

[13]   Health Canada. 2007. *Re-evaluation decision cocument : Atrazine（environmental assessment）RVD2007-05.* Ottawa，ON.：Minister of Health.

[14]   Health Canada. 2011. *List of maximum residue limits regulated under the Pest Control Products Act.* Ottawa，ON.：Minister of Health. Retrieved May 15，2012，from www.hc-sc.gc.ca/cps-spc/pest/part/ protect-proteger/food-nourriture/mrl-lmr-eng.php.

[15]   Health Canada. 2012. *Guidelines for Canadian drinking water quality - Summary table.* Ottawa，ON.： Minister of Health. Retrieved March 15，2013，from www.hc-sc.gc.ca/ewh-semt/pubs/water-eau/ 2012-sum_guide-res_recom/index-eng.pdf.

[16]   IARC（International Agency for Research on Cancer）. 1999. *IARC monographs on the evaluation of carcinogenic risk to humans - 73 : Some chemicals that cause tumours of the kidney or urinary bladder and some other substances.* Geneva：World Health Organization.

[17]   IPCS（Internation Programme on Chemical Safety）. 1997. *Triazine herbicides.* Retrieved May 15，2012， from www.inchem.org/documents/pims/chemical/pimg013.html.

[18]   Kurt-Karakus，P.B.，Teixeira，C.，Small，J.，et al. 2011. Current use pesticides in inland lake waters， precipitation and air from Ontario，Canada. *Environmental Toxicology and Chemistry*，30（7）：1539-1548.

[19]   Lucas，A.D.，Jones，A.D.，Goodrow，M.H.，et al. 1993. Determination of atrazine metabolites in human urine：Development of a biomarker of exposure. *Chemical Research in Toxicology*，6（1）：107-116.

[20]   Mendas，G.，Vuletic，V.，Galic，N.，et al. 2012. Urinary metabolites as biomarkers of human exposure to atrazine：Atrazine mercapturate in agricultural workers. *Toxicology Letters*，210：174-181.

[21]   Nelson，H.，Lin，J. and Frankenberry，M.. 2001. *Drinking water exposure assessment for atrazine and various chlorotriazine and hydroxy-triazine degradates.* Washington，DC.：U.S. Environmental Protection Agency.

[22]   WHO（World Health Organization）. 2009. Atrazine. In *Pesticide Residues in Food - 2007 Evaluations. Part II. Toxicological.* World Health Organization. Retrieved May 2，2012，from http://whqlibdoc. who.int/publications/2009/9789241665230_eng.pdf.

[23] WHO（World Health Organization）. 2011. *Atrazine and its metabolites in drinking water：Background document of WHO guidelines for drinking water quality*. Retrieved May 2，2012，from www.who.int/ water_sanitation_health/dwq/chemicals/atrazine/en/.

14.2 氨基甲酸酯代谢物

N-甲基氨基甲酸酯类杀虫剂，通常被称为氨基甲酸酯，是一类合成杀虫剂（Health Canada，2010；IPCS，1986）。氨基甲酸酯类杀虫剂在 20 世纪 50 年代首次作为有机氯农药的替代品推出，该类化合物不具有环境持久性和生物累积性（Rawn et al.，2004；WHO，2004）。自 20 世纪 90 年代中期引进拟除虫菊酯类及其他替代杀虫剂以来，氨基甲酸酯杀虫剂使用量有所下降（Rawn et al.，2006）。

本次调查测定了加拿大普通人群尿液中氨基甲酸酯代谢物的含量，包括呋喃酚（CAS号：1563-38-8）、2-异丙氧基苯酚（CAS 号：4812-20-8）和 1-羟基萘（CAS 号：90-15-3）。

呋喃酚是氨基甲酸类杀虫剂克百威及其衍生物（丙硫克百威、丁硫克百威和呋线威）的代谢物（Kawamoto and Makihata，2003）。目前，在加拿大仅有克百威可登记使用，丙硫克百威、呋线威和丁硫克百威从未注册使用（Health Canada，2009a；Health Canada，2012a）。在加拿大，农民、农场工人及专业敷料工用克百威防治田间水果和蔬菜的多种病虫害（Health Canada，2010；Rawn et al.，2004）。

2-异丙氧基苯酚是残杀威的特定代谢物，在疟疾控制中作为滴滴涕（DDT）的替代品被广泛使用（Metcalfe，1995）。在加拿大，根据《病虫害防治产品法案》的要求，残杀威登记使用于各种昆虫和节肢动物害虫的防治（Canada，2006；Health Canada，2011a）。除此之外，该化合物还可用于商业、工业、公共机构、住宅、运输车辆、户外定居点、宠物及人类休闲场所等（Health Canada，2011a）。

氨基甲酸酯类杀虫剂西维因及多环芳烃萘的代谢物都是 1-羟基萘，这使得难以区分它们在普通人群中的暴露（Meeker et al.，2007）。1-羟基萘的有关信息及相关的数据见 16.6（萘的代谢产物）。西维因是一种广谱杀虫剂和植物生长调节剂，目前登记使用于农业、工业、森林和住宅区（Health Canada，2009b）。在加拿大，西维因登记注册用于食物、饲料作物、观赏植物、畜牧业及林业用地、工业用地以及用作商业草皮如高尔夫球场和草场的杀虫剂。它也被用作苹果间苗的生长调节剂（Health Canada，2009b）。

普通人群使用杀虫剂时通过皮肤接触暴露氨基甲酸酯（EPA，2012）。虽然氨基甲酸酯还可通过食物和饮用水的残留物摄入，但通过消化道暴露的途径并不常见，这是因为处理过的作物上的残留量通常都非常低（EPA，2012；Health Canada，2010）。

氨基甲酸酯通常容易通过哺乳动物的皮肤、黏膜、呼吸道和胃肠道吸收（IPCS，1986）。它们在人体内被迅速吸收、代谢并主要从尿液中排出体外（IPCS，1986；WHO，2004）。尿液中呋喃酚、2-异丙氧基苯酚以及 1-羟基萘的含量可反映近期暴露情况（CDC，2009）。

与有机磷类相似，氨基甲酸酯可抑制乙酰胆碱酯酶，该酶通过将神经递质乙酰胆碱降解成非活性产物胆碱和乙酸参与终止神经脉冲（Fukuto，1990；IPCS，1986；Leibson & Lifshitz，2008；Sogorb & Vilanova，2002）。氨基甲酸酯不需要代谢活化，可通过氨基甲酰基团在酶上的沉积来抑制乙酰胆碱酯酶（Fukuto，1990；IPCS，1986；Leibson and

Lifshitz，2008），同时会阻断神经脉冲的传递从而过度刺激神经系统（IPCS，1986）。氨基甲酸酯毒性的一个重要方面是通过抑制乙酰胆碱酯酶及恢复效果而迅速发病（EPA，2007）。高浓度急性暴露氨基甲酸酯能导致动物出现唾液分泌、流泪、瞳孔收缩、排尿、呼吸困难、肌肉抽搐、震颤、痉挛和功能失调等症状（Health Canada，2009a；IPCS，1986；WHO，2004）。

人体短期和长期接触该物质，能导致不良健康效应，主要症状表现为恶心、头晕、呕吐、头痛、多汗、流涎、共济失调及呼吸困难等（Health Canada，2009a；IPCS，1986）。严重情况下，氨基甲酸酯急性暴露可引起致死性呼吸衰竭（IPCS，1986）。氨基甲酸酯代谢产物的毒性通常低于母体化合物（IPCS，1986）。国际癌症研究机构未将西维因列为人类致癌物（第 3 组物质），且未对呋喃丹和残杀威进行分类，而萘对人类可能致癌（2B 组）（IARC，1987；IARC，2002）。

加拿大卫生部有害生物管理局（PMRA）依据《病虫害防治产品法案》制定了氨基甲酸酯类杀虫剂在加拿大的销售和使用规范（Canada，2006）。2002 年，有害生物管理局发起了对加拿大用于克百威、甲萘威及残杀威中的 N-甲基氨基甲酸酯的活性成分（包括呋喃丹、西维因及残杀威）的重新评价（Health Canada，2002）。经过重新评估，有害生物管理局要求逐步淘汰克百威产品，因为在当今的使用条件下，该类化合物对人类健康和环境构成不可接受的风险（Health Canada，2010）。关注人类健康问题包括克百威的职业暴露和膳食暴露（Health Canada，2010）。有害生物管理局最近也提出在加拿大某些领域淘汰残杀威，包括逐步停止其在防蝇用品、宠物项圈和除了饵盘外所有室内物品上的使用（Health Canada，2011a）。残杀威作为商品既可以继续用于室内各个角落，也可以作为家用和商用户外用品，还可以在宠物诱饵托盘中使用。（Health Canada，2011a）。加拿大卫生部也提出了在某些领域淘汰甲萘威，包括其在草皮和住宅以及一些农业上的应用（Health Canada，2009b）。

部分食品中也规定了氨基甲酸酯的最大残留限量（Health Canada，2010；Health Canada，2011b；Rawn et al.，2004；Rawn et al.，2006）。在最近的再评估报告中，有害生物管理局要求对农产品中呋喃丹的最大残留限量进行修订（Health Canada，2010；Health Canada，2012b）。加拿大卫生部也制定了克百威的可接受每日摄入量，同时提出残杀威和甲萘威的可接受每日摄入量（Health Canada，2009b；Health Canada，2010；Health Canada，2011a）。在《加拿大饮用水水质标准》中，加拿大卫生部也规定了克百威和甲萘威的最大可接受浓度，而残杀威的最大可接受浓度尚未建立（Health Canada，2012b）。

加拿大第二次（2009—2011）健康调查监测了所有 3～79 岁参与者尿液中的氨基甲酸酯类代谢物（呋喃酚、2-异丙氧基苯酚和 1-羟基萘）。呋喃酚和 2-异丙氧基苯酚结果用 μg/L 和 μg/g 肌酐表示（表 14-2-1-1～表 14-2-2-4）。1-羟基萘监测结果见 16.6（萘的代谢产物）。人群尿液中氨基甲酸酯类代谢物可以作为氨基甲酸酯类的暴露标志物，但并不能说明该类化合物一定会产生不利健康影响。本次调查数据表明了加拿大人群尿液中呋喃酚、2-异丙氧基苯酚和 1-羟基萘的基准水平。

14.2.1 呋喃酚

表 14-2-1-1 加拿大第二次（2009—2011）健康调查

3～79 岁居民年龄别尿呋喃酚质量浓度 单位：μg/L

分组（岁）	调查时期	调查人数	<检出限[a]/%	几何均数（95%置信区间）	P_{10}（95%置信区间）	P_{50}（95%置信区间）	P_{75}（95%置信区间）	P_{95}（95%置信区间）
全体对象 3～79	2	2 557	99.96	—	<检出限	<检出限	<检出限	<检出限
3～5	2	522	100	—	<检出限	<检出限	<检出限	<检出限
6～11	2	516	100	—	<检出限	<检出限	<检出限	<检出限
12～19	2	511	100	—	<检出限	<检出限	<检出限	<检出限
20～39	2	357	99.72	—	<检出限	<检出限	<检出限	<检出限
40～59	2	360	100	—	<检出限	<检出限	<检出限	<检出限
60～79	2	291	100	—	<检出限	<检出限	<检出限	<检出限

a 如果超过 40%的样本检测值低于检出限，则仅报告数据的百分比分布而不报告均值。

表 14-2-1-2 加拿大第二次（2009—2011）健康调查

3～79 岁居民年龄别[a]、性别尿呋喃酚质量浓度 单位：μg/L

分组（岁）	调查时期	调查人数	<检出限[b]/%	几何均数（95%置信区间）	P_{10}（95%置信区间）	P_{50}（95%置信区间）	P_{75}（95%置信区间）	P_{95}（95%置信区间）
全体男性 3～79	2	1 279	100	—	<检出限	<检出限	<检出限	<检出限
男 6～11	2	262	100	—	<检出限	<检出限	<检出限	<检出限
男 12～19	2	256	100	—	<检出限	<检出限	<检出限	<检出限
男 20～39	2	167	100	—	<检出限	<检出限	<检出限	x
男 40～59	2	194	100	—	<检出限	<检出限	<检出限	x
男 60～79	2	142	100	—	<检出限	<检出限	<检出限	x
全体女性 3～79	2	1 278	99.92	—	<检出限	<检出限	<检出限	<检出限
女 6～11	2	254	100	—	<检出限	<检出限	<检出限	<检出限
女 12～19	2	255	100	—	<检出限	<检出限	<检出限	<检出限
女 20～39	2	190	99.47	—	<检出限	<检出限	<检出限	x
女 40～59	2	166	100	—	<检出限	<检出限	<检出限	x
女 60～79	2	149	100	—	<检出限	<检出限	<检出限	x

a 3～5 岁年龄组未按照性别分组。
b 如果超过 40%的样本检测值低于检出限，则仅报告数据的百分比分布而不报告均值。
x 根据加拿大《统计法》保密规定，不予发布。

表 14-2-1-3   加拿大第二次（2009—2011）健康调查

3～79 岁居民年龄别尿呋喃酚质量分数   单位：μg/g 肌酐

分组 （岁）	调查 时期	调查 人数	<检出 限 a/%	几何均数 （95%置信 区间）	P_{10} （95%置信 区间）	P_{50} （95%置信 区间）	P_{75} （95%置信 区间）	P_{95} （95%置信 区间）
全体对象 3～79	2	2 547	100	—	<检出限	<检出限	<检出限	<检出限
3～5	2	521	100	—	<检出限	<检出限	<检出限	<检出限
6～11	2	514	100	—	<检出限	<检出限	<检出限	<检出限
12～19	2	509	100	—	<检出限	<检出限	<检出限	<检出限
20～39	2	355	100	—	<检出限	<检出限	<检出限	<检出限
40～59	2	358	100	—	<检出限	<检出限	<检出限	<检出限
60～79	2	290	100	—	<检出限	<检出限	<检出限	<检出限

a 如果超过 40%的样本检测值低于检出限，则仅报告数据的百分比分布而不报告均值。

表 14-2-1-4   加拿大第二次（2009—2011）健康调查

3～79 岁居民年龄别 a、性别尿呋喃酚质量分数   单位：μg/g 肌酐

分组 （岁）	调查 时期	调查 人数	<检出 限 b/%	几何均数 （95%置信 区间）	P_{10} （95%置信 区间）	P_{50} （95%置信 区间）	P_{75} （95%置信 区间）	P_{95} （95%置信 区间）
全体男性 3～79	2	1 275	100	—	<检出限	<检出限	<检出限	<检出限
男 6～11	2	261	100	—	<检出限	<检出限	<检出限	<检出限
男 12～19	2	255	100	—	<检出限	<检出限	<检出限	<检出限
男 20～39	2	166	100	—	<检出限	<检出限	<检出限	x
男 40～59	2	194	100	—	<检出限	<检出限	<检出限	x
男 60～79	2	142	100	—	<检出限	<检出限	<检出限	x
全体女性 3～79	2	1 272	100	—	<检出限	<检出限	<检出限	<检出限
女 6～11	2	253	100	—	<检出限	<检出限	<检出限	<检出限
女 12～19	2	254	100	—	<检出限	<检出限	<检出限	<检出限
女 20～39	2	189	100	—	<检出限	<检出限	<检出限	x
女 40～59	2	164	100	—	<检出限	<检出限	<检出限	x
女 60～79	2	148	100	—	<检出限	<检出限	<检出限	x

a 3～5 岁年龄组未按照性别分组。

b 如果超过 40%的样本检测值低于检出限，则仅报告数据的百分比分布而不报告均值。

x 根据加拿大《统计法》保密规定，不予发布。

14.2.2　2-异丙氧基苯酚

表 14-2-2-1　加拿大第二次（2009—2011）健康调查

3～79 岁居民尿 2-异丙氧基苯酚质量浓度　　　　　　　单位：μg/L

分组（岁）	调查时期	调查人数	<检出限[a]/%	几何均数（95%置信区间）	P_{10}（95%置信区间）	P_{50}（95%置信区间）	P_{75}（95%置信区间）	P_{95}（95%置信区间）
全体对象3～79	2	2 560	99.80	—	<检出限	<检出限	<检出限	<检出限
3～5	2	524	100	—	<检出限	<检出限	<检出限	<检出限
6～11	2	516	100	—	<检出限	<检出限	<检出限	<检出限
12～19	2	512	99.41	—	<检出限	<检出限	<检出限	<检出限
20～39	2	357	99.44	—	<检出限	<检出限	<检出限	<检出限
40～59	2	360	100	—	<检出限	<检出限	<检出限	<检出限
60～79	2	291	100	—	<检出限	<检出限	<检出限	<检出限

a 如果超过 40%的样本检测值低于检出限，则仅报告数据的百分比分布而不报告均值。

表 14-2-2-2　加拿大第二次（2009—2011）健康调查

3～79 岁居民年龄别[a]、性别尿 2-异丙氧基苯酚质量浓度　　　单位：μg/L

分组（岁）	调查时期	调查人数	<检出限[b]/%	几何均数（95%置信区间）	P_{10}（95%置信区间）	P_{50}（95%置信区间）	P_{75}（95%置信区间）	P_{95}（95%置信区间）
全体男性3～79	2	1 281	99.69	—	<检出限	<检出限	<检出限	<检出限
男 6～11	2	262	100	—	<检出限	<检出限	<检出限	<检出限
男 12～19	2	256	99.22	—	<检出限	<检出限	<检出限	<检出限
男 20～39	2	167	99.80	—	<检出限	<检出限	<检出限	x
男 40～59	2	194	100	—	<检出限	<检出限	<检出限	x
男 60～79	2	142	100	—	<检出限	<检出限	<检出限	x
全体女性3～79	2	1 279	99.92	—	<检出限	<检出限	<检出限	<检出限
女 6～11	2	254	100	—	<检出限	<检出限	<检出限	<检出限
女 12～19	2	256	99.61	—	<检出限	<检出限	<检出限	<检出限
女 20～39	2	190	100	—	<检出限	<检出限	<检出限	x
女 40～59	2	166	100	—	<检出限	<检出限	<检出限	x
女 60～79	2	149	100	—	<检出限	<检出限	<检出限	x

a 3～5 岁年龄组未按照性别分组。

b 如果超过 40%的样本检测值低于检出限，则仅报告数据的百分比分布而不报告均值。

x 根据加拿大《统计法》保密规定，不予发布。

表 14-2-2-3　加拿大第二次（2009—2011）健康调查

3~79 岁居民年龄别尿 2-异丙氧基苯酚质量分数　　　　单位：μg/g 肌酐

分组（岁）	调查时期	调查人数	<检出限 [a]/%	几何均数（95%置信区间）	P_{10}（95%置信区间）	P_{50}（95%置信区间）	P_{75}（95%置信区间）	P_{95}（95%置信区间）
全体对象 3~79	2	2 550	100	—	<检出限	<检出限	<检出限	<检出限
3~5	2	523	100	—	<检出限	<检出限	<检出限	<检出限
6~11	2	514	100	—	<检出限	<检出限	<检出限	<检出限
12~19	2	510	99.80	—	<检出限	<检出限	<检出限	<检出限
20~39	2	355	100	—	<检出限	<检出限	<检出限	<检出限
40~59	2	358	100	—	<检出限	<检出限	<检出限	<检出限
60~79	2	290	100	—	<检出限	<检出限	<检出限	<检出限

a 如果超过 40%的样本检测值低于检出限，则仅报告数据的百分比分布而不报告均值。

表 14-2-2-4　加拿大第二次（2009—2011）健康调查

3~79 岁居民年龄别 [a]、性别尿 2-异丙氧基苯酚质量分数　　　　单位：μg/g 肌酐

分组（岁）	调查时期	调查人数	<检出限 [b]/%	几何均数（95%置信区间）	P_{10}（95%置信区间）	P_{50}（95%置信区间）	P_{75}（95%置信区间）	P_{95}（95%置信区间）
全体男性 3~79	2	1 277	100	—	<检出限	<检出限	<检出限	<检出限
男 6~11	2	261	100	—	<检出限	<检出限	<检出限	<检出限
男 12~19	2	255	99.61	—	<检出限	<检出限	<检出限	<检出限
男 20~39	2	166	99.40	—	<检出限	<检出限	<检出限	x
男 40~59	2	194	100	—	<检出限	<检出限	<检出限	x
男 60~79	2	142	100	—	<检出限	<检出限	<检出限	x
全体女性 3~79	2	1 273	100	—	<检出限	<检出限	<检出限	<检出限
女 6~11	2	253	100	—	<检出限	<检出限	<检出限	<检出限
女 12~19	2	255	100	—	<检出限	<检出限	<检出限	<检出限
女 20~39	2	189	100	—	<检出限	<检出限	<检出限	x
女 40~59	2	164	100	—	<检出限	<检出限	<检出限	x
女 60~79	2	148	100	—	<检出限	<检出限	<检出限	x

a 3~5 岁年龄组未按照性别分组。

b 如果超过 40%的样本检测值低于检出限，则仅报告数据的百分比分布而不报告均值。

x 根据加拿大《统计法》保密规定，不予发布。

参考文献

[1] Canada. 2006. *Pest Control Products Act*. SC 2002，c. 28. Retrieved May 30，2012，from http://laws-lois. justice.gc.ca/eng/acts/P-9.01/.

[2] CDC（Centers for Disease Control and Prevention）. 2009. *Fourth national report on human exposure to environmental chemicals*. Atlanta，GA.：Department of Health and Human Services. Retrieved July 11，

2011，from www.cdc.gov/exposurereport/.

[3] EPA（U.S. Environmental Protection Agency）. 2007. *Revised N-methyl carbamate cumulative risk assessment*. Retrieved November 7，2012，from www.epa.gov/oppsrrd1/REDs/nmc_revised_cra.pdf.

[4] EPA（U.S. Environmental Protection Agency）. 2012. *Background and summary of N-methyl carbamate revised cumulative risk assessment*. Retrieved June 7，2012，from www.epa.gov/pesticides/cumulative/ carbamate_background.htm.

[5] Fukuto，T.R.. 1990. Mechanism of action of organophosphorus and carbamate insecticides. *Environmental Health Perspectives*，87：245-254.

[6] Health Canada. 2002. *Re-evaluation of selected carbamate pesticides. Re-evaluation note REV2002-06*. Ottawa，ON.：Minister of Health.

[7] Health Canada. 2009a. *Proposed re-evaluation decision：Carbofuran. PRVD2009-11*. Ottawa，ON.：Minister of Health.

[8] Health Canada. 2009b. *Proposed re-evaluation decision：Carbaryl. PRVD2009-14*. Ottawa，ON.：Minister of Health.

[9] Health Canada. 2010. *Re-evaluation decision RVD2010-16：Carbofuran*. Ottawa，ON.：Minister of Health.

[10] Health Canada. 2011a. *Proposed re-evaluation decision PRVD2011-09：Propoxur*. Ottawa，ON.：Minister of Health.

[11] Health Canada. 2011b. *List of maximum residue limits regulated under the Pest Control Products Act*. Ottawa，ON.：Minister of Health. Retrieved May 15，2012，from www.hc-sc.gc.ca/cps-spc/pest/part/ protect-proteger/food-nourriture/mrl-lmr-eng.php.

[12] Health Canada. 2012a. *Pesticide label search database*. Retrieved April 20，2012，from www.pr-rp. hc-sc.gc.ca/ls-re/index-eng.php.

[13] Health Canada. 2012b. *Guidelines for Canadian drinking water quality - Summary table*. Ottawa，ON. ：Minister of Health. Retrieved March 15，2013，from www.hc-sc.gc.ca/ewh-semt/pubs/watereau/ 2012-sum_guide-res_recom/index-eng.pdf.

[14] IARC（International Agency for Research on Cancer）. 1987. *IARC monographs on the evaluation of carcinogenic risks to humans-Volume 12：Some carbamates，thiocarbamates and carbazides*. Geneva：World Health Organization.

[15] IARC（International Agency for Research on Cancer）. 2002. *IARC monographs on the evaluation of carcinogenic risks to humans-Volume 82：Some traditional herbal medicines，some mycotoxins，naphthalene and styrene*. Geneva：World Health Organization.

[16] IPCS（International Programme on Chemical Safety）. 1986. *Carbamate pesticides：A general introduction. Environmental health criteria 64*. Geneva.：World Health Organization. Retrieved June 12，2012，from www.inchem.org/documents/ehc/ehc/ehc64.htm.

[17] Kawamoto，T. and Makihata，N.. 2003. Development of a simultaneous analysis method for carbofuran and its three derivative pesticides in water by GC/MS with temperature programmable inlet on-column injection. *Analytical Sciences*，19：1605-1610.

[18] Leibson，T. and Lifshitz，M.. 2008. Organophosphate and carbamate poisoning：review of the current literature and summary of clinical and laboratory experience in southern Israel. *Israel Medical Association*

Journal，10（11）：767-770.

[19] Meeker，J.D.，Barr，D.B.，Serdar，B.，et al. 2007. Utility of urinary 1-naphthol and 2-naphthol levels to assess environmental carbaryl and naphthalene exposure in an epidemiology study. *Journal of Exposure Science and Environmental Epidemiology*，17：314-320.

[20] Metcalf，R.L.. 1995. Insect control technology// *Kirk-Othmer Encyclopedia of Chemical Technology*. Mississauga，ON.：John Wiley & Sons，Inc..

[21] Rawn，D.F.，Roscoe，V.，Krakalovich，T.，et al. 2004. N-methyl carbamate concentrations and dietary intake estimates for apple and grape juices available on the retail market in Canada. *Food Additives and Contaminants*，21（6）：555-563.

[22] Rawn，D.F.，Roscoe，V.，Trelka，R.，et al. 2006. N-methyl carbamate pesticide residues in conventional and organic infant foods available on the Canadian retail market，2001-03. *Food Additives and Contaminants*，23（7）：651-659.

[23] Sogorb，M.A. and Vilanova，E.. 2002. Enzymes involved in the detoxification of organophosphorus，carbamate and pyrethroid insecticides through hydrolysis. *Toxicology Letters*，128（1-3）：215-228.

[24] WHO（World Health Organization）. 2004. *Carbofuran in drinking water. Background document for development of WHO guidelines for drinking water quality*. Geneva：World Health Organization. Retrieved May 25，2012，from www.who.int/water_sanitation_health/dwq/chemicals/carbofuran.pdf.

14.3　2,4-二氯苯氧乙酸

2,4-二氯苯氧乙酸（2,4-D）是类苯氧基除草剂中最常用的化学物质。它是一种选择性合成除草剂，用于住宅、农业和森林环境中阔叶杂草的防治。2,4-D 于 1946 年首次在加拿大注册，主要用于农业和林业生产，20 世纪 60 年代获准在草坪和草皮中使用。在加拿大，2,4-D 用于 150 多种农产品和住宅用品，并经常与其他除草剂及化肥一起使用（Health Canada，2012）。

2,4-D 在陆地和水生环境中相对不稳定，半衰期小于 2 周，而在厌氧环境中较持久（Health Canada，2007）。这种具有较强迁移性的化合物易从处理区浸出并进入地表径流（Health Canada，2007）。

普通人群暴露 2,4-D 的主要途径包括：食物和饮水摄入，使用含 2,4-D 的产品和在除草剂处理过的区域的外环境暴露（Health Canada，2008）。

2,4-D 进入人体后，被迅速吸收并不经代谢从尿液中直接排出体外（Sauerhoff et al.，1977）。2,4-D 的消除半衰期为 10～33 h，在生物体内积累的量较少（Sauerhoff et al.，1977）。2,4-D 已经成为人群尿液的常规监测指标，其含量水平与短期暴露剂量相关。血浆和精液中也能检出 2,4-D（Arbuckle et al.，1999；Barr and Needham，2002）。

动物实验表明，长期暴露 2,4-D 对动物体重、肾脏及神经系统均有影响；2,4-D 毒性的主要靶器官是肾脏（Health Canada，2007）。职业暴露的研究结果表明：类苯氧基除草剂与肿瘤（非霍奇金淋巴瘤和软组织肉瘤）发生有关。因混杂因素干扰，并没有发现二者明显的关联性（ATSDR，1999；Health Canada，2008；IARC，1987；IARC，1999；WHO，2003a；WHO，2003b）。世界卫生组织、欧盟、美国环保局及加拿大卫生部有害生物管理局对 2,4-D 进行了重新评估，依据评估结果，2,4-D 未被列入人类致癌物名单（EPA，2005；

European Commission，2001；Health Canada，2006；WHO，2003a）。

加拿大卫生部有害生物管理局依据《病虫害防治产品法案》制定了 2,4-D 在加拿大的销售和使用规范（Canada，2006），同时对其毒性效应及潜在暴露风险进行了评估，以确定该农药是否应该作为特定用途农药进行登记使用。2008 年，加拿大卫生部有害生物管理局最新的评估结果显示：公众暴露于含有 2,4-D 的产品不会构成不可接受的健康风险；同时也规定了各种食品中 2,4-D 的最高残留限量（Health Canada，2011）。在加拿大的部分省市强制限制或禁止在草坪杀虫过程中使用 2,4-D，以减轻人们对此农药在化妆品或审美用途上的顾虑。

加拿大卫生部已经建立了 2,4-D 的可接受日摄入量标准，并在《加拿大饮用水水质标准》中暂时规定了 2,4-D 的最高可接受浓度（Health Canada，1993；Health Canada，2007；Health Canada，2008；WHO，2003a）。

1996 年对安大略省农场主及农户成员 24 小时内尿液样中 2,4-D 的含量水平进行了测定，结果显示：农场主尿液中 2,4-D 的平均质量浓度为 26.6 μg/L（Arbuckle et al.，1999）；农场工人尿液中 2,4-D 的质量浓度范围为 0.7～9.9 μg/L，女性的质量浓度范围为 0.55～0.66 μg/L，3～18 岁儿童的质量浓度范围为 0.7～2.9 μg/L（Arbuckle et al.，2004；Arbuckle et al.，2005；Arbuckle and Ritter，2005）。2003 年对魁北克省 123 名 3～7 岁儿童晨尿中的 2,4-D 含量水平进行了测定，结果显示：仅有 6 例检出，几何均数和最大值分别为 13.9μg/g 肌酐和 40μg/g 肌酐（INSPQ，2004）。

加拿大第一次（2007—2009）健康调查中对 6～79 岁的所有参与者和加拿大第二次（2009—2011）健康调查中对 3～79 岁的所有参与者均测定了尿液中的 2,4-D。结果以 μg/L（表 14-3-1～表 14-3-3）和 μg/g 肌酐（表 14-3-4～表 14-3-6）表示。人群尿液中检出的 2,4-D 含量可以作为 2,4-D 的暴露标志物，但不意味着一定会对健康造成不利的影响。

表 14-3-1　加拿大第一次（2007—2009）和第二次（2009—2011）健康调查
6～79 岁居民年龄别 [a] 尿 2,4-二氯苯氧乙酸质量浓度　　　　　　　　单位：μg/L

分组（岁）	调查时期	调查人数	<检出限 [b]/%	几何均数（95%置信区间）	P_{10}（95%置信区间）	P_{50}（95%置信区间）	P_{75}（95%置信区间）	P_{95}（95%置信区间）
全体对象 6～79	1	5 480	58.10	—	<检出限	<检出限	0.29（0.21～0.36）	0.91（0.73～1.1）
全体对象 6～79	2	2 028	43.44	—	<检出限	0.22（<检出限～0.26）	0.40（0.34～0.45）	1.0（0.86～1.2）
全体男性 6～79	1	2 661	55.20	—	<检出限	<检出限	0.33（0.25～0.40）	1.0（0.71～1.3）
全体男性 6～79	2	1 016	37.20	0.26（0.22～0.30）	<检出限	0.24（0.21～0.28）	0.46（0.37～0.55）	1.2（0.96～1.5）
全体女性 6～79	1	2 819	60.84	—	<检出限	<检出限	0.26（<检出限～0.34）	0.75（0.63～0.87）
全体女性 6～79	2	1 012	49.70	—	<检出限	<检出限	0.34（0.28～0.40）	0.80（0.56～1.0）

a 6 岁以下儿童未纳入第一次调查（2007—2009），因此表中仅列出 6～79 岁居民数据以便进行人群总体的数据比较。
b 如果超过 40%的样本检测值低于检出限，则仅报告数据的百分比分布而不报告均值。

表 14-3-2 加拿大第一次（2007—2009）和第二次（2009—2011）健康调查 3~79 岁居民年龄别尿 2,4-二氯苯氧乙酸质量浓度

单位：μg/L

分组（岁）	调查时期	调查人数	<检出限[a]/%	几何均数（95%置信区间）	P_{10}（95%置信区间）	P_{50}（95%置信区间）	P_{75}（95%置信区间）	P_{95}（95%置信区间）
全体对象 3~79[b]	1	—	—	—	—	—	—	—
全体对象 3~79	2	2 551	41.98		<检出限	0.22（<检出限~0.26）	0.40（0.35~0.45）	1.0（0.87~1.2）
3~5[b]	1	—	—	—	—	—	—	—
3~5	2	523	36.33	0.26（0.23~0.30）	<检出限	0.26（0.20~0.31）	0.46（0.37~0.55）	1.1（0.81~1.4）
6~11	1	1 030	57.48		<检出限	<检出限	0.32（0.22~0.42）	0.92（0.66~1.2）
6~11	2	512	42.38		<检出限	0.26（0.22~0.30）	0.45（0.38~0.53）	1.2[E]（0.78~1.7）
12~19	1	981	56.17		<检出限	<检出限	0.30[E]（<检出限~0.41）	0.75（0.66~0.84）
12~19	2	511	41.68		<检出限	0.23（<检出限~0.26）	0.40（0.30~0.50）	0.98（0.73~1.2）
20~39	1	1 166	61.66		<检出限	<检出限	0.26（<检出限~0.33）	0.73（0.55~0.90）
20~39	2	357	46.22		<检出限	0.21（<检出限~0.25）	0.34（0.26~0.41）	0.69[E]（0.34~1.0）
40~59	1	1 222	60.31		<检出限	<检出限	0.28（0.20~0.36）	0.99（0.64~1.3）
40~59	2	357	43.70		<检出限	0.24（<检出限~0.32）	0.42（0.32~0.51）	1.1（0.77~1.4）
60~79	1	1 081	54.12		<检出限	<检出限	0.36（0.30~0.43）	1.1[E]（0.72~1.6）
60~79	2	291	44.67		<检出限	<检出限	0.43（0.29~0.56）	1.2[E]（0.54~1.9）

a 如果超过40%的样本检测值低于检出限，则仅报告数据的百分比分布而不报告均值。

b 6 岁以下儿童未纳入第一次调查（2007—2009），因此该年龄段无统计数据。

E 谨慎引用。

表 14-3-3　加拿大第一次（2007—2009）和第二次（2009—2011）健康调查
3～79 岁居民年龄别 [a]、性别尿 2,4-二氯苯氧乙酸质量浓度　　　　单位：μg/L

分组 （岁）	调查 时期	调查 人数	<检出 限 [b]/%	几何均数 （95%置信 区间）	P_{10} （95%置信 区间）	P_{50} （95%置信 区间）	P_{75} （95%置信 区间）	P_{95} （95%置信 区间）
全体男性 3～79 [c]	1	—	—	—	—	—	—	—
全体男性 3～79	2	1 275	36.16	0.26 （0.22～0.30）	<检出限	0.24 （0.21～0.26）	0.46 （0.37～0.54）	1.2 （0.98～1.5）
男 6～11	1	525	56.57	—	<检出限	<检出限	0.32 （0.22～0.43）	1.0 （0.73～1.3）
男 6～11	2	260	36.54	0.25 （0.21～0.29）	<检出限	0.26 （0.22～0.30）	0.44 （0.35～0.53）	1.2 [E] （0.74～1.7）
男 12～19	1	504	54.76	—	<检出限	<检出限	0.27 （<检出限～0.36）	0.70 （0.48～0.92）
男 12～19	2	255	40.39	—	<检出限	0.24 （<检出限～0.29）	0.40 （0.27～0.53）	0.96 （0.71～1.2）
男 20～39	1	513	57.70	—	<检出限	<检出限	0.28 （0.20～0.36）	0.90 （0.69～1.1）
男 20～39	2	167	33.53	0.24 （0.20～0.29）	<检出限	0.24 （0.21～0.28）	0.38 （0.27～0.50）	x
男 40～59	1	578	57.61	—	<检出限	<检出限	0.33 （0.26～0.40）	1.2 [E] （0.70～1.6）
男 40～59	2	192	33.33	0.29 （0.21～0.39）	<检出限	0.26 [E] （<检出限～0.36）	0.59 [E] （0.31～0.88）	x
男 60～79	1	541	49.35	—	<检出限	F	0.41 （0.30～0.43）	1.3 [E] （0.7～2.0）
男 60～79	2	142	42.25	—	<检出限	0.21 [E] （<检出限～0.30）	0.54 [E] （0.26～0.82）	x
全体女性 3～79 [c]	1	—	—	—	—	—	—	—
全体女性 3～79	2	1 276	47.81	—	<检出限	<检出限	0.35 （0.29～0.40）	0.8 （0.57～1.0）
女 6～11	1	505	58.42	—	<检出限	<检出限	0.31 [E] （<检出限～0.44）	0.89 [E] （0.52～1.3）
女 6～11	2	252	48.41	—	<检出限	0.26 （0.22～0.31）	0.48 （0.35～0.60）	1.2 [E] （0.75～1.7）
女 12～19	1	477	57.65	—	<检出限	<检出限	0.37 [E] （0.20～0.54）	0.79 （0.70～0.87）
女 12～19	2	256	42.97	—	<检出限	0.21 （<检出限～0.26）	0.39 （0.27～0.51）	1.2 [E] （0.63～1.8）

分组（岁）	调查时期	调查人数	<检出限 b/%	几何均数（95%置信区间）	P_{10}（95%置信区间）	P_{50}（95%置信区间）	P_{75}（95%置信区间）	P_{95}（95%置信区间）
女 20～39	1	653	64.78	—	<检出限	<检出限	0.24（<检出限～0.31）	0.57（0.43～0.70）
女 20～39	2	190	57.37	—	<检出限	<检出限	0.32（0.23～0.41）	x
女 40～59	1	644	62.73	—	<检出限	<检出限	0.22^E（<检出限～0.32）	0.72^E（0.46～0.99）
女 40～59	2	165	55.76	—	<检出限	<检出限	0.35（0.25～0.46）	x
女 60～79	1	540	58.89	—	<检出限	<检出限	0.31^E（<检出限～0.43）	0.99（0.82～1.2）
女 60～79	2	149	46.98	—	<检出限	<检出限	0.35^E（0.20～0.50）	x

a 3～5 岁年龄组未按照性别分组。

b 如果超过 40%的样本检测值低于检出限，则仅报告数据的百分比分布而不报告均值。

c 6 岁以下儿童未纳入第一次调查（2007—2009），因此该年龄段无统计数据。

E 谨慎引用。

F 数据不可靠，不予发布。

x 根据加拿大《统计法》保密规定，不予发布。

表 14-3-4　加拿大第一次（2007—2009）和第二次（2009—2011）健康调查
6～79 岁居民年龄别 a 尿 2,4-二氯苯氧乙酸质量分数　　　　　单位：µg/g 肌酐

分组（岁）	调查时期	调查人数	<检出限 b/%	几何均数（95%置信区间）	P_{10}（95%置信区间）	P_{50}（95%置信区间）	P_{75}（95%置信区间）	P_{95}（95%置信区间）
全体对象 6～79	1	5 466	58.25	—	<检出限	<检出限	0.39（0.36～0.42）	1.0（0.93～1.2）
全体对象 6～79	2	2 019	43.64	—	<检出限	0.21（<检出限～0.23）	0.38（0.34～0.42）	1.0（0.82～1.2）
全体男性 6～79	1	2 652	55.39		<检出限	<检出限	0.34（0.29～0.38）	0.95（0.78～1.1）
全体男性 6～79	2	1 013	37.31	0.21（0.19～0.24）	<检出限	0.20（0.15～0.24）	0.38（0.33～0.42）	1.2（0.85～1.5）
全体女性 6～79	1	2 814	60.95	—	<检出限	<检出限	0.45（<检出限～0.49）	1.1（1.0～1.2）
全体女性 6～79	2	1 006	50.00	—	<检出限	<检出限	0.40（0.33～0.47）	0.88（0.65～1.1）

a 6 岁以下儿童未纳入第一次调查（2007—2009），因此表中仅列出 6～79 岁居民数据以便进行人群总体的数据比较。

b 如果超过 40%的样本检测值低于检出限，则仅报告数据的百分比分布而不报告均值。

表 14-3-5　加拿大第一次（2007—2009）和第二次（2009—2011）健康调查 3~79 岁居民年龄别尿 2,4-二氯苯氧乙酸质量分数　　单位：μg/g 肌酐

分组（岁）	调查时期	调查人数	<检出限 [a]/%	几何均数（95%置信区间）	P_{10}（95%置信区间）	P_{50}（95%置信区间）	P_{75}（95%置信区间）	P_{95}（95%置信区间）
全体对象 3~79 [b]	1	—	—	—	—	—	—	—
全体对象 3~79	2	2 541	42.15	—	<检出限	0.21 (<检出限~0.24)	0.40 (0.35~0.45)	1.1 (0.87~1.2)
3~5 [b]	1	—	—	—	—	—	—	—
3~5	2	522	36.40	0.45 (0.39~0.52)	<检出限	0.40 (0.30~0.51)	0.82 (0.68~0.96)	2.2 (1.5~2.9)
6~11	1	1 027	57.64	—	<检出限	<检出限	0.51 (0.44~0.58)	1.5 (1.2~1.8)
6~11	2	510	42.55	—	<检出限	0.28 (0.24~0.31)	0.51 (0.42~0.60)	1.2 (0.79~1.6)
12~19	1	979	56.28	—	<检出限	<检出限	0.29 (<检出限~0.34)	0.67 (0.58~0.76)
12~19	2	509	41.85	—	<检出限	0.16 (<检出限~0.20)	0.30 (0.21~0.40)	0.68 [E] (0.43~0.93)
20~39	1	1 162	61.88	—	<检出限	<检出限	0.33 (<检出限~0.36)	0.91 (0.65~1.2)
20~39	2	355	46.48	—	<检出限	0.16 (<检出限~0.19)	0.32 (0.24~0.40)	0.74 (0.51~0.96)
40~59	1	1 217	60.56	—	<检出限	<检出限	0.41 (0.35~0.47)	1.1 (0.87~1.3)
40~59	2	355	43.94	—	<检出限	0.25 (<检出限~0.32)	0.40 (0.33~0.48)	0.88 [E] (0.54~1.2)
60~79	1	1 081	54.12	—	<检出限	<检出限	0.52 (0.45~0.59)	1.4 (1.1~1.7)
60~79	2	290	44.83	—	<检出限	<检出限	0.49 (0.38~0.60)	1.7 [E] (1.1~2.3)

a 如果超过 40%的样本检测值低于检出限，则仅报告数据的百分比分布而不报告均值。

b 6 岁以下儿童未纳入第一次调查（2007—2009），因此该年龄段无统计数据。

E 谨慎引用。

表 14-3-6　加拿大第一次（2007—2009）和第二次（2009—2011）健康调查
3～79 岁居民年龄别[a]、性别尿 2,4-二氯苯氧乙酸质量分数　　单位：μg/g 肌酐

分组（岁）	调查时期	调查人数	<检出限[b]/%	几何均数（95%置信区间）	P_{10}（95%置信区间）	P_{50}（95%置信区间）	P_{75}（95%置信区间）	P_{95}（95%置信区间）
全体男性 3～79[c]	1	—	—	—	—	—	—	—
全体男性 3～79	2	1 271	36.27	0.22（0.20～0.24）	<检出限	0.20（0.16～0.24）	0.38（0.35～0.42）	1.2（0.94～1.4）
男 6～11	1	523	56.79	—	<检出限	<检出限	0.51（0.39～0.63）	1.5（1.1～1.9）
男 6～11	2	259	36.68	0.28（0.22～0.36）	<检出限	0.28（0.23～0.33）	0.55（0.42～0.68）	1.2（0.78～1.5）
男 12～19	1	503	54.87	—	<检出限	<检出限	0.27（<检出限～0.32）	0.57（0.50～0.63）
男 12～19	2	254	40.55	—	<检出限	0.16（<检出限～0.20）	0.30（0.30～0.50）	0.63（0.43～0.82）
男 20～39	1	511	57.93	—	<检出限	<检出限	0.30（0.22～0.33）	0.78（0.57～0.99）
男 20～39	2	166	33.73	0.18（0.14～0.22）	<检出限	0.15（0.12～0.19）	0.27[E]（0.27～0.50）	x
男 40～59	1	574	58.01	—	<检出限	<检出限	0.33（0.28～0.38）	0.99[E]（0.56～1.4）
男 40～59	2	192	33.33	0.24（0.19～0.31）	<检出限	0.25（<检出限～0.34）	0.39（0.30～0.49）	x
男 60～79	1	541	49.35	—	<检出限	<检出限	0.40（0.28～0.51）	1.2[E]（0.71～1.7）
男 60～79	2	142	42.25	—	<检出限	0.20[E]（<检出限～0.30）	0.44（0.31～0.58）	x
全体女性 3～79[c]	1	—	—	—	—	—	—	—
全体女性 3～79	2	1 270	48.03	—	<检出限	<检出限	0.42（0.35～0.49）	0.91（0.67～1.2）
女 6～11	1	504	58.53	—	<检出限	<检出限	0.51（<检出限～0.61）	1.5[E]（0.88～2.2）
女 6～11	2	251	48.61	—	<检出限	0.26（0.22～0.30）	0.48（0.38～0.53）	1.5[E]（0.80～2.2）
女 12～19	1	476	57.77	—	<检出限	<检出限	0.31（0.20～0.36）	0.71（0.58～0.84）
女 12～19	2	255	43.14	—	<检出限	<检出限	0.31[E]（0.20～0.43）	0.88[E]（0.46～1.3）

分组 （岁）	调查 时期	调查 人数	<检出 限 [b]/%	几何均数 （95%置信 区间）	P_{10} （95%置信 区间）	P_{50} （95%置信 区间）	P_{75} （95%置信 区间）	P_{95} （95%置信 区间）
女 20～39	1	651	64.98	—	<检出限	<检出限	0.38 （<检出限～0.43）	0.98 （0.71～1.3）
女 20～39	2	189	57.67	—	<检出限	<检出限	0.36[E] （0.23～0.49）	x
女 40～59	1	643	62.83	—	<检出限	<检出限	0.47 （<检出限～0.52）	1.2 （0.98～1.3）
女 40～59	2	163	56.44	—	<检出限	<检出限	0.42 （0.31～0.53）	x
女 60～79	1	540	58.89	—	<检出限	<检出限	0.61 （<检出限～0.72）	1.6 （1.3～1.9）
女 60～79	2	148	47.30	—	<检出限	<检出限	0.51 （0.38～0.64）	x

a　3～5 岁年龄组未按照性别分组。

b　如果超过 40%的样本检测值低于检出限，则仅报告数据的百分比分布而不报告均值。

c　6 岁以下儿童未纳入第一次调查（2007—2009），因此该年龄段无统计数据。

E　谨慎引用。

x　根据加拿大《统计法》保密规定，不予发布。

参考文献

[1]　Arbuckle，T.E.，Cole，D.C.，Ritter，L.，et al. 2004. Farm children's exposure to herbicides：Comparison of biomonitoring and questionnaire data. Epidemiology，15（2）：187-194.

[2]　Arbuckle，T.E.，Cole，D.C.，Ritter，L.，et al. 2005. Biomonitoring of herbicides in Ontario farm applicators. Scandinavian Journal of Work，Environment and Health，31（Supplement 1）：90-97.

[3]　Arbuckle，T.E. and Ritter，L.. 2005. Phenoxyacetic acid herbicide exposure for women on Ontario farms. Journal of Toxicology and Environmental Health-Part A，68（15）：1359-1370.

[4]　Arbuckle，T.E.，Schrader，S.M.，Cole，D.，et al. 1999. 2,4-Dichlorophenoxyacetic acid residues in semen of Ontario farmers. Reproductive Toxicology，13（6）：421-429.

[5]　ATSDR（Agency for Toxic Substances and Disease Registry）. 1999. Toxicological profile for chlorophenols. Atlanta，GA.：U.S. Department of Health and Human Services. Retrieved May 2，2012，from www.atsdr.cdc.gov/toxprofiles/tp.asp？id=941&tid=195.

[6]　Barr，D.B. and Needham，L.L.. 2002. Analytical methods for biological monitoring of exposure to pesticides：A review. Journal of Chromatography B：Analytical Technologies in the Biomedical and Life Sciences，778（1-2）：5-29.

[7]　Canada. 2006. Pest Control Products Act. SC 2002，c. 28. Retrieved May 30，2012，from http://laws-lois.justice.gc.ca/eng/acts/P-9.01/.

[8]　EPA（U.S. Environmental Protection Agency）. 2005. Re-registration eligibility decision for 2,4-D. U.S. Environmental Protection Agency. Retrieved June 7，2012，from www.epa.gov/oppsrrd1/REDs/24d_red.pdf.

[9] European Commission. 2001. Review report for the active substance 2,4-D：7599/VI/97-final. European Commission. Retrieved June 7，2012，from http://ec.europa.eu/food/plant/protection/evaluation/existactive/list1_2-4-d_en.pdf.

[10] Health Canada. 1993. Guidelines for Canadian drinking water quality：Guideline technical document - 2,4-dichlorophenoxyacetic acid. Ottawa，ON.：Minister of Health. Retrieved June 11，2012，from www.hc-sc.gc.ca/ewh-semt/alt_formats/hecs-sesc/pdf/pubs/water-eau/dichlorophenoxyacetic_acid/2_4-dichlorophenoxyacetic_acid-eng.pdf.

[11] Health Canada. 2006. Lawn and turf uses of（2,4-dichlorophenoxy）acetic acid [2,4-D]：Interim measures. REV2006-11. Ottawa，ON.：Minister of Health. Retrieved May 15，2012，from www.hc-sc.gc.ca/cps-spc/pubs/pest/_decisions/rev2006-11/index-eng.php.

[12] Health Canada. 2007. Re-evaluation of the agricultural，forestry，aquatic and industrial site uses of（2,4-dichlorophenoxy）acetic acid [2,4-D]. PACR2007-06. Ottawa，ON.：Minister of Health.

[13] Health Canada. 2008. Re-evaluation decision（2,4-dichlorophenoxy）acetic acid [2,4-D]. Re-evaluation document RVD2008-11. Ottawa，ON.：Minister of Health. Retrieved May 15，2012，from www.hc-sc.gc.ca/cps-spc/pubs/pest/_decisions/rvd2008-11/index-eng.php.

[14] Health Canada. 2011. List of maximum residue limits regulated under the Pest Control Products Act. Ottawa，ON.：Minister of Health. Retrieved May 15，2012，from www.hc-sc.gc.ca/cps-spc/pest/part/protect-proteger/food-nourriture/mrl-lmr-eng.php.

[15] Health Canada. 2012. Public registry，pesticide product information database. Retrieved May 2，2012，from http://pr-rp.hc-sc.gc.ca/pi-ip/index-eng.php.

[16] IARC（International Agency for Research on Cancer）. 1987. IARC monographs on the evaluation of carcinogenic risks to humans - Overall evaluations of carcinogenicity：An updating of IARC monographs volumes 1 to 42. Geneva：World Health Organization.

[17] IARC（International Agency for Research on Cancer）. 1999. IARC monographs on the evaluation of carcinogenic risks to humans - Volume 71：Re-evaluation of some organic chemicals，hydrazine and hydrogen peroxide. Geneva：World Health Organization.

[18] INSPQ（Institut national de santé publique du Québec）. 2004. Étude sur l'établissement de valeurs de référence d'éléments traces et de métaux dans le sang，le sérum et l'urine de la population de la grande région de Québec. INSPQ，Québec，QC. Retrieved July 11，2011，from www.inspq.qc.ca/pdf/publications/289-ValcursReferenceMetaux.pdf.

[19] Sauerhoff，M.W.，Braun，W.H.，Blau，G.E.，et al. 1977. The fate of 2,4-dichlorophenoxyacetic acid（2,4-D）following oral administration to man. Toxicology，8：3-11.

[20] WHO（World Health Organization）. 2003a. 2,4-D in drinking-water：Background document for development of WHO guidelines for drinking-water quality. Geneva：WHO. Retrieved May 15，2012，from www.who.int/water_sanitation_health/dwq/chemicals/24d/en/.

[21] WHO（World Health Organization）. 2003b. Chlorophenols in drinking-water：Background document for development of WHO guidelines for drinking-water quality. Geneva：WHO. Retrieved May 15，2012，from www.who.int/water_sanitation_health/dwq/chemicals/chlorophenols/en/.

14.4 有机磷酸酯代谢物

有机磷酸酯类农药（简称有机磷农药）是一类与人类密切相关的化学物质，在加拿大被广泛用于农业、家庭、花园和兽医行当中（Health Canada，2012a；Health Canada，2012b；Health Canada，2012c）。由于有机氯农药在 20 世纪 70 年代被禁止，有机磷酸酯类农药得到普及使用。有机磷酸酯农药与有机氯农药相比，在环境中不具有持久性，且病虫害不易产生抗药性（Wessels et al.，2003）。在本次调查中，18 种有机磷农药已注册使用，见表 14-4-1（Health Canada，2012a）。

表 14-4-1 加拿大第二次（2009—2011）健康调查磷酸二烷基酯代谢物及其母本有机磷农药的注册情况

有机磷农药	磷酸二烷基酯代谢物					
	磷酸二甲酯（813-79-5）	二甲基硫代磷酸酯（1112-38-5）	二甲基二硫代磷酸酯（765-80-9）	磷酸二乙酯（598-02-7）	二乙基硫代磷酸酯（2465-65-8）	二乙基二硫代磷酸酯（298-06-6）
高灭磷	—	—	—	—	—	—
谷硫磷	■	■	■	—	—	—
地散磷	—	—	—	—	—	—
毒死蜱	—	—	—	■	■	—
蝇毒磷	—	—	—	■	■	—
二嗪农	—	—	—	■	■	—
敌敌畏	—	—	—	—	—	—
乐果	■	■	■	—	—	—
马拉松	■	■	■	—	—	—
达马松	■	—	—	—	—	—
二溴磷	■	—	—	—	—	—
甲拌磷	—	—	—	■	■	■
伏杀磷	—	—	—	■	■	■
亚胺硫磷	■	■	■	—	—	—
烯虫磷	—	—	—	—	—	—
特丁硫磷	—	—	—	■	—	—
杀虫畏	■	—	—	—	—	—
敌百虫	■	—	—	—	—	—

（Bravo et al.，2004；CDC，2005；Wessels et al.，2003）

虽然有机磷杀虫剂可通过藻类和细菌自然生成（Neumann and Peter，1987），但它们在环境中存在很大程度上是拜人类所赐。尽管它们能够在环境中迅速降解，但是在食品和饮用水中均能检出（Hao et al.，2010；Health Canada，2003；Health Canada，2004）。

有机磷农药主要用途包括：用作食品、农作物、牲畜和观赏植物的杀虫剂；用于食品储藏区域、温室和园林的病虫害防治及种子处理；也用于宠物寄生虫以及蚊子的防治

（Health Canada，2012a；Health Canada，2012b）。虽然大多数有机磷农药被用作杀虫剂，但也有部分农药（地散磷）被用作控制草皮杂草和黄瓜杂草的选择性除草剂（Health Canada，2012b）。除了用作农药外，敌敌畏和敌百虫还可作为兽药用于防治牲畜体内的寄生虫（Health Canada，2012c）。

普通公众暴露有机磷农药的主要途径包括有机磷农药处理过的食物摄入和农业径流污染的饮用水摄入（ATSDR，1997a；ATSDR，1997b；ATSDR，2003）。其他暴露途径包括在使用含有机磷农药的产品或在有机磷农药处理过的区域活动时的皮肤接触和呼吸吸入。

有机磷农药进入人体后迅速代谢并由尿液排出体外（Barr and Needham，2002）。母体化合物水解产生各种磷酸二烷基酯代谢物。每种代谢物都与多种有机磷农药有关，而且有机磷农药可以代谢形成不同的产物，如表 14-4-1 所示。这些代谢物经过母体化合物的降解后存在于环境中。磷酸二烷基酯代谢物被认为没有毒性，但可作为环境中有机磷农药及其代谢物暴露的生物标志物（CDC，2005；EPA，1999）。除了磷酸二烷基酯代谢物，有机磷母体化合物和其他代谢产物也可在血液和尿液中检出，检出结果通常可反映其近期的暴露情况（CDC，2005；EPA，1999）。某些有机磷杀虫剂，如乙酰甲胺磷和甲胺磷，则不会分解形成磷酸二烷基酯代谢物（Barr & Needham，2002；Wessels et al.，2003）。

表 14-4-1 列出了本次调查中人群尿液中磷酸二烷基酯的代谢产物及其相应的有机磷农药母体化合物，共有 6 种磷酸二烷基酯代谢产物：磷酸二甲酯（DMP）、二甲基硫代磷酸酯（DMTP）、二甲基二硫代磷酸酯（DMDTP）、磷酸二乙酯（DEP）、二乙基硫代磷酸酯（DETP）和二乙基二硫代磷酸酯（DEDTP）。

有机磷农药是胆碱酯酶抑制杀虫剂，通过阻断神经脉冲的传递作用于昆虫和哺乳动物的神经系统（EPA，1999），这将导致对神经系统的过度刺激。高浓度、急性暴露的症状表现为：头痛、头晕、乏力、眼睛或鼻子刺激、恶心、呕吐、流涎、出汗和心率改变等。非常高浓度的暴露可造成偏瘫、癫痫发作、意识丧失甚至死亡（ATSDR，1997a；ATSDR，1997b；ATSDR，2003；EPA，1999）。然而一般情况下，通过食品摄入有机磷农药暴露剂量较低，但是长期低剂量接触也可能会产生潜在毒性作用（Ray and Richards，2001）。毒理资料显示：妊娠缩短，新生儿体重降低及幼儿神经发育受损与产前有机磷暴露有关（Eskenazi et al.，2007；Bouchard et al.，2011；Rauch et al.，2012）。国际癌症研究机构（IARC）对加拿大注册使用的 18 种有机磷农药进行了分类，其中马拉硫磷、杀虫畏、敌百虫未被列入人体致癌物（第 3 组），而敌敌畏被列为可能对人类致癌物（2B 组）（IARC，1987；IARC，1991）。

加拿大卫生部有害生物管理局（PMRA）根据《病虫害防治产品法案》制定了有机磷农药在加拿大的销售和使用规范（Canada，2006）；同时对该类化合物的毒性及其潜在风险进行评估，以确定该种农药是否以特殊用途注册使用。1999 年，有害生物管理局对当时注册使用的 27 种有机磷农药进行了重新评估（Health Canada，1999）。评估的结果是 9 种农药被终止使用；某些农药（谷硫磷）被严格限制用于特殊用途，并计划在逐步研发替代品后彻底淘汰（Health Canada，2007）；其他有机磷农药在其注册使用中未发现对人类健康或环境构成不可接受的风险。另外，作为农药注册过程的一部分，有害生物管理局还规定了食物中有机磷农药的最高残留限量，包括已注册的有机磷农药（Health Canada，2011）。

在《加拿大饮用水水质标准》中，规定了谷硫磷、毒死蜱、二嗪农、乐果、马拉硫磷、甲拌磷及特丁硫磷的最高可接受浓度（Health Canada，1989a；Health Canada，1989b；Health Canada，1989c；Health Canada，1989d；Health Canada，1990；Health Canada，1991；Health Canada，1995）。加拿大卫生部开展的总膳食调查中对部分有机磷杀虫剂进行了分析测试，膳食暴露评价报告提供了不同年龄、性别的加拿大普通人群通过食物摄入有机磷农药的暴露水平（Health Canada，2009）。

2003 年对加拿大魁北克省 89 名 3～7 岁的儿童晨尿中 6 种有机磷农药代谢物进行测定，结果显示：磷酸二甲酯的几何均数和第 95 百分位数分别为 20.0 μg/g 肌酐和 97.0 μg/g 肌酐；二甲基硫代磷酸酯分别为 18.8 μg/g 肌酐和 210.9 μg/g 肌酐；二甲基二硫代磷酸酯分别为 2.8 μg/g 肌酐和 45.9 μg/g 肌酐；磷酸二乙酯分别为 4.8 μg/g 肌酐和 29.0 μg/g 肌酐；二乙基硫代磷酸酯分别为 0.7 μg/g 肌酐和 8 μg/g 肌酐；二乙基二硫代磷酸酯二者均为 0.4 μg/g 肌酐（Valcke et al.，2006）。

加拿大第一次（2007—2009）健康调查中所有 6～79 岁的参与者和加拿大第二次（2009—2011）健康调查中所有 3～79 岁的参与者均进行了尿液中 6 种磷酸二烷基酯代谢物（表 14-4-1）的测定。调查结果以 μg/L 和 μg/g 肌酐表示，见表 14-1-1～表 14-6-6。尿液中检出的有机磷农药代产谢物可以作为有机磷农药暴露的生物标志物，但不意味着一定会对健康造成不利的影响。

14.4.1 磷酸二甲酯

表 14-4-1-1　加拿大第一次（2007—2009）和第二次（2009—2011）健康调查
6～79 岁居民尿磷酸二甲酯质量浓度　　　　　　　　　单位：μg/L

分组（岁）	调查时期	调查人数	<检出限[b]/%	几何均数（95%置信区间）	P_{10}（95%置信区间）	P_{50}（95%置信区间）	P_{75}（95%置信区间）	P_{95}（95%置信区间）
全体对象6～79	1	5 467	20.27	3.0（2.4～3.3）	<检出限	3.0（2.5～3.6）	7.3（6.6～7.9）	25（21～28）
全体对象6～79	2	2 034	15.19	3.2（2.8～3.7）	<检出限	3.4（2.9～4.0）	7.3（6.4～8.2）	25（21～29）
全体男性6～79	1	2 653	19.68	3.0（2.4～3.4）	<检出限	3.1（2.4～3.8）	7.3（6.6～8.1）	25（20～30）
全体男性6～79	2	1 020	15.39	3.2（2.7～3.7）	<检出限	3.3（2.7～4.0）	6.9（5.5～8.2）	26（21～30）
全体女性6～79	1	2 814	20.82	2.9（2.2～3.3）	<检出限	3.0（2.4～3.6）	7.2（6.1～8.2）	25（20～29）
全体女性6～79	2	1 014	14.99	3.3（2.8～3.9）	<检出限	3.6（2.7～4.4）	7.4（6.2～8.7）	24（17～31）

a 6 岁以下儿童未纳入第一次调查（2007—2009），因此表中仅列出 6～79 岁居民数据以便进行人群总体的数据比较。
b 如果超过 40% 的样本检测值低于检出限，则仅报告数据的百分比分布而不报告均值。

表 14-4-1-2　加拿大第一次（2007—2009）和第二次（2009—2011）健康调查
3～79 岁居民年龄别[a]尿磷酸二甲酯质量浓度　　　　　　　单位：μg/L

分组（岁）	调查时期	调查人数	<检出限[b]/%	几何均数（95%置信区间）	P_{10}（95%置信区间）	P_{50}（95%置信区间）	P_{75}（95%置信区间）	P_{95}（95%置信区间）
全体对象 3～79[b]	1	—	—	—	—	—	—	—
全体对象 3～79	2	2 556	13.58	3.3 (2.9～3.8)	<检出限	3.5 (3.0～4.0)	7.4 (6.6～8.2)	26 (22～29)
3～5[b]	1	—	—	—	—	—	—	—
3～5	2	522	7.28	6.7 (5.6～8.1)	1.4 (1.0～1.8)	6.8 (4.9～8.6)	15 (12～17)	F
6～11	1	1 028	17.51	3.9 (3.1～4.4)	<检出限	4.3 (3.9～4.8)	11 (9.3～13)	29 (23～36)
6～11	2	516	10.27	6.1 (5.1～7.2)	1.3[E] (<检出限～2.0)	5.9 (4.6～7.3)	13 (9.5～17)	F
12～19	1	980	15.71	3.9 (3.1～4.6)	<检出限	4.1 (3.3～4.9)	10 (8.7～11)	28 (23～32)
12～19	2	512	10.74	3.8 (3.2～4.5)	<检出限	4.0 (3.2～4.8)	8.2 (6.6～9.7)	30 (19～41)
20～39	1	1 162	23.06	2.7 (2.1～3.1)	<检出限	2.9 (2.2～3.7)	6.2 (5.3～7.0)	23[E] (10～36)
20～39	2	356	22.19	3.1 (2.4～4.0)	<检出限	3.5 (2.6～4.5)	6.5 (4.4～8.5)	29 (20～39)
40～59	1	1 221	26.29	2.7 (2.0～3.2)	<检出限	2.9[E] (1.4～4.4)	6.7 (5.3～8.2)	24 (18～31)
40～59	2	360	19.44	2.8 (2.2～3.7)	<检出限	2.8 (2.1～3.5)	6.3 (4.9～7.6)	20 (12～27)
60～79	1	1 076	17.19	3.1 (2.5～3.4)	<检出限	3.3 (2.7～3.9)	7.7 (6.8～8.5)	20[E] (15～36)
60～79[b]	2	290	17.93	3.1 (2.5～3.8)	<检出限	3.4 (2.7～4.2)	7.1 (5.7～8.5)	19[E] (9.9～28)

a 如果超过 40%的样本检测值低于检出限，则仅报告数据的百分比分布而不报告均值。

b 6 岁以下儿童未纳入第一次调查（2007—2009），因此该年龄段无统计数据。

E 谨慎引用。

F 数据不可靠，不予发布。

表 14-4-1-3　加拿大第一次（2007—2009）和第二次（2009—2011）健康调查

3～79 岁居民年龄别[a]、性别尿磷酸二甲酯质量浓度　　　　单位：μg/L

分组（岁）	调查时期	调查人数	<检出限[b]/%	几何均数（95%置信区间）	P_{10}（95%置信区间）	P_{50}（95%置信区间）	P_{75}（95%置信区间）	P_{95}（95%置信区间）
全体男性 3～79[c]	1	—	—	—	—	—	—	—
全体男性 3～79	2	1 280	13.59	3.3（2.8～3.8）	<检出限	3.4（2.8～4.0）	7.3（6.0～8.6）	26（21～31）
男 6～11	1	524	18.13	3.4（2.7～4.4）	<检出限	3.8（2.6～5.0）	11（9.2～13）	31（22～41）
男 6～11	2	262	13.36	5.8（4.3～7.9）	F	5.6（3.7～7.5）	14（7.3～20）	F
男 12～19	1	503	17.69	3.4（2.6～4.4）	<检出限	3.7（2.7～4.6）	9.9（8.4～11）	25（23～28）
男 12～19	2	256	10.16	3.5（3.0～4.0）	<检出限	3.8（3.0～4.6）	7.4（6.0～8.9）	29[E]（11～48）
男 20～39	1	511	22.70	2.5（2.1～3.0）	<检出限	2.9（1.8～4.1）	6.3（5.4～7.2）	F
男 20～39	2	166	22.29	3.0（2.2～4.2）	<检出限	3.0（1.8～4.1）	F	x
男 40～59	1	577	25.13	2.7（2.0～3.6）	<检出限	3.0（1.7～4.3）	7.1（4.9～9.2）	27[E]（15～38）
男 40～59	2	194	17.01	2.8[E]（1.9～4.3）	<检出限	2.8（1.7～3.9）	6.5（3.9～9.2）	x
男 60～79	1	538	14.31	3.3（2.5～4.3）	<检出限	3.5（2.6～4.3）	8.3（6.7～10）	24（18～31）
男 60～79	2	142	18.31	3.1（2.2～4.3）	<检出限	3.7（2.3～5.0）	6.8（5.3～8.2）	x
全体女性 3～79[c]	1	—	—	—	—	—	—	—
全体女性 3～79	2	1 276	13.56	3.4（2.9～4.0）	<检出限	3.6（2.8～4.5）	7.4（6.0～8.6）	24（17～31）
女 6～11	1	504	16.87	4.0（3.0～5.2）	<检出限	4.7（3.6～5.9）	11（7.7～14）	28（21～36）
女 6～11	2	254	7.09	6.4（5.3～7.6）	1.5[E]（<检出限～2.1）	6.5（4.7～8.3）	13（9.8～16）	41[E]（26～56）
女 12～19	1	477	13.63	4.2（3.3～5.4）	<检出限	4.3（3.2 ～5.4）	10（8.0～12）	38[E]（23～53）
女 12～19	2	256	11.33	4.3（3.1～5.9）	<检出限	4.6（3.0～6.3）	9.5[E]（5.9～13）	31[E]（15～47）

分组 （岁）	调查 时期	调查 人数	<检出 限 [b]/%	几何均数 （95%置信 区间）	P_{10} （95%置信 区间）	P_{50} （95%置信 区间）	P_{75} （95%置信 区间）	P_{95} （95%置信 区间）
女 20～39	1	651	23.35	2.6 （2.1～3.4）	<检出限	3.0 （2.3～3.6）	6.2 （4.8～7.5）	29[E] （17～41）
女 20～39	2	190	22.11	3.2[E] （2.1～4.8）	<检出限	3.9[E] （2.4～5.4）	7.5[E] （4.6～10）	x
女 40～59	1	644	27.33	2.3 （1.7～ 3.1）	<检出限	F	6.5 （4.6～8.3）	21 （16～26）
女 40～59	2	166	22.29	2.9 （2.1～4.0）	<检出限	2.8[E] （1.0～4.5）	5.7 （4.0～7.4）	x
女 60～79	1	538	20.07	2.6 （2.2～3.1）	<检出限	3.0 （2.3～3.6）	6.7 （5.4～7.9）	16[E] （10～23）
女 60～79	2	148	17.57	3.0 （2.4～3.9）	<检出限	3.2 （2.2～4.0）	7.4[E] （4.4～`10）	x

a 3～5 岁年龄组未按照性别分组。

b 如果超过 40%的样本检测值低于检出限，则仅报告数据的百分比分布而不报告均值。

c 6 岁以下儿童未纳入第一次调查（2007—2009），因此该年龄段无统计数据。

E 谨慎引用。

F 数据不可靠，不予发布。

x 根据加拿大《统计法》保密规定，不予发布。

表 14-4-1-4　加拿大第一次（2007—2009）和第二次（2009—2011）健康调查
6～79 岁居民年龄别 [a] 尿磷酸二甲酯质量分数　　　　单位：µg/g 肌酐

分组 （岁）	调查 时期	调查 人数	<检出 限 [b]/%	几何均数 （95%置信 区间）	P_{10} （95%置信 区间）	P_{50} （95%置信 区间）	P_{75} （95%置信 区间）	P_{95} （95%置信 区间）
全体对象 6～79	1	5 453	20.32	3.4 （2.9～ 4.0）	<检出限	3.5 （3.0～ 4.1）	7.6 （6.5～ 8.7）	24 （20～28）
全体对象 6～79	2	2 025	15.26	3.1 （2.8～3.5）	<检出限	3.0 （2.6～3.4）	6.8 （6.1～7.5）	22 （17～27）
全体男性 6～79	1	2 644	19.74	2.9 （2.4～3.4）	<检出限	2.9 （2.4～3.4）	6.4 （5.5～7.3）	19 （15～23）
全体男性 6～79	2	1 017	15.44	2.6 （2.3～3.0）	<检出限	2.5 （2.1～2.8）	5.4 （4.2～6.6）	20 （16～25）
全体女性 6～79	1	2 809	20.86	4.1 （3.5～4.8）	<检出限	4.2 （3.5～5.0）	8.9 （7.6～10）	27 （23～31）
全体女性 6～79	2	1 008	15.08	3.7 （3.1～4.5）	<检出限	3.3 （2.7～4.0）	8.0 （6.8～9.2）	28 （19～37）

a 6 岁以下儿童未纳入第一次调查（2007—2009），因此表中仅列出 6～79 岁居民数据以便进行人群总体的数据比较。

b 如果超过 40%的样本检测值低于检出限，则仅报告数据的百分比分布而不报告均值。

表 14-4-1-5　加拿大第一次（2007—2009）和第二次（2009—2011）健康调查
3～79 岁居民年龄别 [a] 尿磷酸二甲酯质量分数　　　　　单位：µg/g 肌酐

分组（岁）	调查时期	调查人数	<检出限 [b]/%	几何均数（95%置信区间）	P_{10}（95%置信区间）	P_{50}（95%置信区间）	P_{75}（95%置信区间）	P_{95}（95%置信区间）
全体对象 3～79 [b]	1	—	—	—	—	—	—	—
全体对象 3～79	2	2 546	13.63	3.3 (2.9～3.7)	<检出限	3.2 (2.8～3.5)	7.0 (6.3～7.7)	25 (19～31)
3～5 [b]	1	—	—	—	—	—	—	—
3～5	2	521	7.29	12 (9.8～14)	2.6 (1.9～3.3)	12 (8.8～16)	22 (16～28)	100[E] (40～170)
6～11	1	1 025	17.56	5.7 (5.0～6.6)	<检出限	6.3 (5.0～7.5)	14 (13～16)	40 (36～45)
6～11	2	514	10.31	6.9 (6.0～8.0)	1.6 (<检出限～1.9)	7.2 (6.0～8.4)	15 (11～18)	52 (22～83)
12～19	1	978	15.75	3.3 (2.8～4.0)	<检出限	3.7 (2.9～4.4)	7.8 (6.9～8.8)	20 (15～24)
12～19	2	510	10.78	2.9 (2.5～3.4)	<检出限	2.8 (2.3～3.3))	6.0 (4.3～7.7)	18[E] (9.9～27)
20～39	1	1 158	23.14	2.9 (2.5～3.4)	<检出限	2.9 (2.4～3.4)	6.1 (5.1～7.0)	22[E] (13～30)
20～39	2	354	22.32	2.7 (2.1～3.4)	<检出限	2.5 (1.8～3.1)	5.5 (3.8～7.2)	23 (16～31)
40～59	1	1 216	26.40	3.2 (2.6～4.0)	<检出限	3.4 (2.6～4.1)	7.1 (5.8～8.4)	24 (15～32)
40～59	2	358	19.55	2.9 (2.4～3.5)	<检出限	2.8 (2.3～3.2)	5.4[E] (3.3～7.5)	17[E] (7.7～26)
60～79	1	1 076	17.19	4.2 (3.5～5.0)	<检出限	4.3 (3.6～5.0)	9.4 (8.2～11)	23 (18～27)
60～79	2	289	17.99	3.6 (2.9～4.4)	<检出限	3.8 (2.8～4.7)	7.6 (6.2～9.0)	19 (14～24)

a 如果超过 40%的样本检测值低于检出限，则仅报告数据的百分比分布而不报告均值。
b 6 岁以下儿童未纳入第一次调查（2007—2009），因此表中仅列出 6～79 岁居民数据以便进行人群总体的数据比较。
E 谨慎引用。

表 14-4-1-6　加拿大第一次（2007—2009）和第二次（2009—2011）健康调查
3～79 岁居民年龄别 [a]、性别尿磷酸二甲酯质量分数　　　　　单位：μg/g 肌酐

分组（岁）	调查时期	调查人数	<检出限 [b]/%	几何均数（95%置信区间）	P_{10}（95%置信区间）	P_{50}（95%置信区间）	P_{75}（95%置信区间）	P_{95}（95%置信区间）
全体男性3～79 [c]	1	—	—	—	—	—	—	—
全体男性3～79	2	1 276	13.64	2.8（2.5～3.1）	<检出限	2.5（2.2～2.9）	6.0（4.9～7.0）	21（17～25）
男 6～11	1	522	18.20	5.3（4.4～6.3）	<检出限	5.6（3.7～7.6）	13（10～16）	40（33～46）
男 6～11	2	261	13.41	6.6（5.1～8.6）	<检出限（<检出限～2.0）	6.9（5.0～8.7）	16 [E]（9.1～24）	62 [E]（<检出限～99）
男 12～19	1	502	17.73	2.9（2.3～3.6）	<检出限	3.4（2.5～4.3）	7.3（6.0～8.6）	16（12～20）
男 12～19	2	255	10.20	2.5（2.1～2.8）	<检出限	2.4（2.0～2.8）	5.1（3.6～6.7）	16 [E]（9.2～23）
男 20～39	1	509	22.79	2.3（2.0～2.8）	<检出限	2.3（1.9～2.6）	4.7（3.9～5.5）	14 [E]（<检出限～22）
男 20～39	2	165	22.42	2.2（1.7～2.8）	<检出限	2.0（1.4～2.7）	4.8 [E]（<检出限～6.6）	x
男 40～59	1	573	25.31	2.7（2.0～3.5）	<检出限	2.9（1.9～3.9）	5.8（4.5～7.1）	19（13～24）
男 40～59	2	194	17.01	2.4（1.9～3.2）	<检出限	2.4（1.8～3.0）	4.1 [E]（2.0～6.2）	x
男 60～79	1	538	14.31	3.6（2.9～4.4）	<检出限	3.7（2.7～4.7）	8.2（6.6～9.8）	20（14～27）
男 60～79	2	142	18.31	2.9（2.2～3.8）	<检出限	3.5 [E]（2.0～5.0）	6.4（5.3～7.5）	x
全体女性3～79 [c]	1	—	—	—	—	—	—	—
全体女性3～79	2	1 270	13.62	3.8（3.2～4.6）	<检出限	3.4（2.6～4.2）	8.5（7.3～9.7）	28（20～37）
女 6～11	1	503	16.90	6.3（5.2～7.6）	<检出限	7.2（5.1～9.3）	15（13～16）	42（33～50）
女 6～11	2	253	7.11	7.3（6.2～8.6）	1.7 [E]（<检出限～2.5）	7.4（5.4～9.4）	14（11～17）	F
女 12～19	1	476	13.66	3.9（3.2～4.7）	<检出限	4.0（2.8～5.1）	8.6（7.2～9.9）	24（17～31）
女 12～19	2	255	11.37	3.5（2.7～4.6）	<检出限	3.3（2.4～4.3）	7.5（4.8～10）	24 [E]（9.7～39）

分组（岁）	调查时期	调查人数	<检出限 b/%	几何均数（95%置信区间）	P10（95%置信区间）	P50（95%置信区间）	P75（95%置信区间）	P95（95%置信区间）
女 20~39	1	649	23.42	3.6（2.9~4.4）	<检出限	3.9（3.1~4.7）	7.5（6.0~9.0）	26E（15~36）
女 20~39	2	189	22.22	3.2E（2.0~5.1）	<检出限	3.2E（1.9~4.5）	6.7E（3.3~10）	x
女 40~59	1	643	27.37	3.9（3.2~4.8）	<检出限	4.0（<检出限~5.1）	8.4（6.3~10）	28E（18~39）
女 40~59	2	164	22.56	3.5（2.7~4.4）	<检出限	3.2（2.3~4.1）	7.2E（4.3~10）	x
女 60~79	1	538	20.07	4.8（4.0~5.8）	<检出限	4.8（3.9~5.7）	10（9.0~12）	24（19~30）
女 60~79	2	147	17.69	4.3（3.3~5.5）	<检出限	4.4E（1.7~7.0）	8.6（5.8~`11）	x

a 3~5 岁年龄组未按照性别分组。

b 如果超过 40%的样本检测值低于检出限，则仅报告数据的百分比分布而不报告均值。

c 6 岁以下儿童未纳入第一次调查（2007—2009），因此该年龄段无统计数据。

E 谨慎引用。

F 数据不可靠，不予发布。

x 根据加拿大《统计法》保密规定，不予发布。

14.4.2 二甲基硫代磷酸酯

表 14-4-2-1 加拿大第一次（2007—2009）和第二次（2009—2011）健康调查
6~79 岁居民年龄别 a 尿二甲基硫代磷酸酯质量浓度 单位：μg/L

分组（岁）	调查时期	调查人数	<检出限 b/%	几何均数（95%置信区间）	P10（95%置信区间）	P50（95%置信区间）	P75（95%置信区间）	P95（95%置信区间）
全体对象 6~79	1	5 474	30.76	2.0（1.7~2.4）	<检出限	2.0E（1.1~2.8）	6.9（5.6~8.3）	40（37~43）
全体对象 6~79	2	2 035	18.03	2.6（2.2~3.1）	<检出限	2.8（2.1~3.4）	7.4E（4.6~10）	37（27~46）
全体男性 6~79	1	2 659	30.24	2.1（1.8~2.4）	<检出限	2.0（1.5~2.6）	6.6（5.2~7.9）	40（36~44）
全体男性 6~79	2	1 021	18.32	2.4（2.0~2.9）	<检出限	2.3（1.7~2.8）	6.4（4.3~8.4）	36E（17~56））
全体女性 6~79	1	2 815	31.26	2.0（1.5~2.6）	<检出限	1.8E（0.63~3.0）	7.2（5.4~9.0）	39（30~49）
全体女性 6~79	2	1 014	17.75	2.8（2.3~3.6）	<检出限	3.2（2.3~4.1）	9.4E（5.7~13）	37（28~45）

a 6 岁以下儿童未纳入第一次调查（2007—2009），因此表中仅列出 6~79 岁居民数据以便进行人群总体的数据比较。

b 如果超过 40%的样本检测值低于检出限，则仅报告数据的百分比分布而不报告均值。

E 谨慎引用。

表 14-4-2-2　加拿大第一次（2007—2009）和第二次（2009—2011）健康调查
3～79 岁居民年龄别 [a] 尿二甲基硫代磷酸酯质量浓度　　　　单位：μg/L

分组（岁）	调查时期	调查人数	<检出限 [b] /%	几何均数（95%置信区间）	P_{10}（95%置信区间）	P_{50}（95%置信区间）	P_{75}（95%置信区间）	P_{95}（95%置信区间）
全体对象 3～79[b]	1	—	—	—	—	—	—	—
全体对象 3～79	2	2 559	15.87	2.7 (2.3～3.2)	<检出限	2.8 (2.2～3.5)	8.1 (5.4～11)	37 (27～47)
3～5[b]	1	—	—	—	—	—	—	—
3～5	2	524	7.44	6.3 (5.1～7.8)	0.72 (<检出限～0.97)	6.4 (4.5～8.3)	18 (13～23)	89 (60～120)
6～11	1	1 029	27.89	2.5 (1.9～3.2)	<检出限	2.5[E] (1.4～3.5)	10 (7.2～13)	54 (45～64)
6～11	2	516	11.82	5.0 (4.2～6.0)	0.64 (<检出限～0.80)	5.3 (3.7～6.9)	14 (9.8～18)	66[E] (31～100)
12～19	1	980	27.65	2.3 (1.8～2.8)	<检出限	2.1 (1.4～2.8)	8.1 (6.0～10)	44 (30～58)
12～19	2	512	16.21	2.6 (2.1～3.3)	<检出限	2.7 (2.0～3.3)	7.7 (5.0～10)	36[E] (22～50)
20～39	1	1 163	34.48	1.8 (1.3～2.4)	<检出限	1.6[E] (<检出限～2.6)	5.7[E] (3.6～7.7)	36[E] (19～53)
20～39	2	356	23.60	2.4 (1.8～3.2)	<检出限	2.7 (1.8～3.7)	6.2[E] (3.1～9.2)	29[E] (17～41)
40～59	1	1 223	36.22	1.8 (1.5～2.2)	<检出限	1.4[E] (<检出限～2.3)	6.2 (4.5～7.9)	38 (27～49)
40～59	2	360	21.94	2.4 (1.8～3.2)	<检出限	2.2[E] (1.2～3.1)	F	F
60～79	1	1 079	26.14	2.6 (2.2～3.2)	<检出限	3.0 (2.1～3.8)	9.0 (6.6～11)	40 (35～45)
60～79	2	291	20.62	2.8 (2.1～3.8)	<检出限	3.3[E] (2.1～4.6)	8.8[E] (5.5～12)	44[E] (20～68)

a 如果超过 40%的样本检测值低于检出限，则仅报告数据的百分比分布而不报告均值。
b 6 岁以下儿童未纳入第一次调查（2007—2009），因此该年龄段无统计数据。
E 谨慎引用。
F 数据不可靠，不予发布。

表 14-4-2-3　加拿大第一次（2007—2009）和第二次（2009—2011）健康调查
3～79 岁居民年龄别 [a]、性别尿二甲基硫代磷酸酯质量浓度　　单位：μg/L

分组（岁）	调查时期	调查人数	<检出限 [b]/%	几何均数（95%置信区间）	P_{10}（95%置信区间）	P_{50}（95%置信区间）	P_{75}（95%置信区间）	P_{95}（95%置信区间）
全体男性 3～79 [c]	1	—	—	—	—	—	—	—
全体男性 3～79	2	1 281	16.00	2.5（2.1～3.0）	<检出限	2.4（1.8～3.0）	6.7（4.3～9.1）	37 [E]（17～57）
男 6～11	1	525	29.33	2.5（1.8～3.5）	<检出限	2.3 [E]（0.95～3.7）	12 [E]（6.0～18）	55（39～72）
男 6～11	2	262	14.50	4.6（3.4～6.2）	0.62 [E]（<检出限～0.95）	4.3 [E]（2.7～5.9）	10 [E]（4.7～16）	F
男 12～19	1	503	28.03	2.2（1.7～2.7）	<检出限	2.0 [E]（1.1～2.9）	8.1（5.4～11）	39（28～49）
男 12～19	2	256	15.63	2.4（1.8～3.1）	<检出限	2.3 [E]（1.3～3.4）	6.2（4.4～8.0）	22（14～30）
男 20～39	1	512	34.38	1.8（1.4～2.3）	<检出限	1.6 [E]（0.81～2.4）	5.1 [E]（2.7～7.5）	39 [E]（15～63）
男 20～39	2	167	25.75	2.2 [E]（1.4～3.5）	<检出限	1.8 [E]（<检出限～3.1）	F	x
男 40～59	1	578	34.60	1.9（1.5～2.4）	<检出限	1.9 [E]（1.1～2.7）	6.1（4.1～8.0）	33 [E]（19～47）
男 40～59	2	194	19.07	2.4 [E]（1.5～3.7）	<检出限	1.9 [E]（1.7～3.2）	F	x
男 60～79	1	541	24.58	2.7（2.1～3.5）	<检出限	3.0 [E]（1.8～4.1）	9.2 [E]（4.8～13）	43（35～50）
男 60～79	2	142	20.42	2.4 [E]（1.5～3.9）	<检出限	2.7 [E]（1.4～4.1）	6.7 [E]（3.2～10）	x
全体女性 3～79 [c]	1	—	—	—	—	—	—	—
全体女性 3～79	2	1 278	15.73	2.9（2.3～3.6）	<检出限	3.2（2.4～4.1）	9.5 [E]（6.0～13）	37（29～45）
女 6～11	1	504	26.39	2.5（1.9～3.4）	<检出限	2.6 [E]（1.1～4.2）	9.4（6.9～12）	54（43～66）
女 6～11	2	254	9.06	5.5（4.1～7.4）	0.66 [E]（<检出限～0.91）	6.0 [E]（3.2～8.8）	16（13～20）	66 [E]（29～100）
女 12～19	1	477	27.25	2.3（1.6～3.4）	<检出限	2.3 [E]（1.0～3.6）	8.1（5.3～11）	55 [E]（23～86）
女 12～19	2	256	16.80	2.9（2.1～4.1）	<检出限	2.7 [E]（1.6～3.8）	9.6 [E]（5.5～14）	43 [E]（26～59）

分组 （岁）	调查 时期	调查 人数	<检出 限 b /%	几何均数 （95%置信 区间）	P_{10} （95%置信 区间）	P_{50} （95%置信 区间）	P_{75} （95%置信 区间）	P_{95} （95%置信 区间）
女 20~39	1	651	34.56	1.8[E] （1.2~2.6）	<检出限	F	6.1 （3.9~8.4）	34[E] （10~58）
女 20~39	2	189	21.69	2.6[E] （1.7~4.0）	<检出限	3.3[E] （2.1~4.5）	5.9[E] （2.8~9.1）	x
女 40~59	1	645	37.67	1.7 （1.3~2.2）	<检出限	F	6.6[E] （3.8~9.3）	44[E] （21~66）
女 40~59	2	166	25.30	2.5[E] （1.6~3.9）	<检出限	2.6[E] （1.3~3.9）	F	x
女 60~79	1	538	27.70	2.6 （2.0~3.2）	<检出限	3.0 （2.1~3.9）	8.9 （6.0~12）	34 （26~43）
女 60~79	2	149	20.81	3.2 （2.2~4.5）	<检出限	3.6[E] （1.5~5.7）	F	x

a 3~5 岁年龄组未按照性别分组。

b 如果超过 40%的样本检测值低于检出限，则仅报告数据的百分比分布而不报告均值。

c 6 岁以下儿童未纳入第一次调查（2007—2009），因此该年龄段无统计数据。

E 谨慎引用。

F 数据不可靠，不予发布。

x 根据加拿大《统计法》保密规定，不予发布。

表 14-4-2-4　加拿大第一次（2007—2009）和第二次（2009—2011）健康调查
6~79 岁居民年龄别 a 尿二甲基硫代磷酸酯质量分数　　　　单位：μg/g 肌酐

分组 （岁）	调查 时期	调查 人数	<检出 限 b /%	几何均数 （95%置信 区间）	P_{10} （95%置信 区间）	P_{50} （95%置信 区间）	P_{75} （95%置信 区间）	P_{95} （95%置信 区间）
全体对象 6~79	1	5 460	30.84	2.5 （2.1~2.9）	<检出限	2.1 （1.6~2.5）	8.0 （6.6~9.4）	45 （38~52）
全体对象 6~79	2	2 026	18.11	2.6 （2.2~3.0）	<检出限	2.5 （1.9~3.0）	7.5 （6.0~8.9）	34 （29~40）
全体男性 6~79	1	2 650	30.34	2.1 （1.8~2.3）	<检出限	1.8 （1.5~2.2）	6.2 （4.9~7.6）	34 （24~43）
全体男性 6~79	2	1 018	18.37	2.0 （1.7~2.4）	<检出限	1.9 （1.4~2.4）	6.1 （4.7~7.5）	24 （16~32）
全体女性 6~79	1	2 810	31.32	3.0 （2.4~3.7）	<检出限	2.5 （1.8~3.2）	9.5 （7.8~11）	51 （43~60）
全体女性 6~79	2	1 008	17.86	3.2 （2.5~4.0）	<检出限	3.1[E] （2.0~4.2）	9.4 （7.0~12）	35 （27~43）

a 6 岁以下儿童未纳入第一次调查（2007—2009），因此表中仅列出 6~79 岁居民数据以便进行人群总体的数据比较。

b 如果超过 40%的样本检测值低于检出限，则仅报告数据的百分比分布而不报告均值。

E 谨慎引用。

表 14-4-2-5　加拿大第一次（2007—2009）和第二次（2009—2011）健康调查

3～79 岁居民年龄别 [a] 尿二甲基硫代磷酸酯质量分数　　　　　单位：µg/g 肌酐

分组（岁）	调查时期	调查人数	<检出限 [b] /%	几何均数（95%置信区间）	P_{10}（95%置信区间）	P_{50}（95%置信区间）	P_{75}（95%置信区间）	P_{95}（95%置信区间）
全体对象 3～79 [b]	1	—	—	—	—	—	—	—
全体对象 3～79	2	2 549	15.93	2.7（2.3～3.1）	<检出限	2.5（1.9～3.2）	7.8（6.0～9.5）	35（31～38）
3～5 [b]	1	—	—	—	—	—	—	—
3～5	2	523	7.46	11（9.1～13）	1.5（<检出限～1.9）	11（8.2～14）	33（24～41）	110（89～140）
6～11	1	1 026	27.97	3.9（3.2～4.8）	<检出限	3.7（2.7～4.7）	14（10～17）	70（52～88）
6～11	2	514	11.87	5.7（4.7～7.0）	0.84（<检出限～0.99）	5.9 [E]（3.4～8.4）	16 [E]（10～23）	90 [E]（29～150）
12～19	1	978	27.71	2.0（1.6～2.4）	<检出限	2.0（1.6～2.3）	6.2（4.6～7.9）	30（23～36）
12～19	2	510	16.27	2.0（1.6～2.5）	<检出限	1.7（1.1～2.3）	5.7（4.6～6.7）	25 [E]（12～38）
20～39	1	1 159	34.60	2.0（1.6～2.6）	<检出限	1.8（<检出限～2.2）	5.8（3.9～7.6）	34 [E]（18～51）
20～39	2	354	23.73	2.1（1.6～2.7）	<检出限	2.1（1.5～2.7）	6.5（4.2～8.7）	33 [E]（17～49）
40～59	1	1 218	36.37	2.3（2.0～2.7）	<检出限	1.9（<检出限～2.4）	7.5（5.6～9.3）	45（37～54）
40～59	2	358	22.07	2.5（1.9～3.2）	<检出限	2.4 [E]（1.4～3.5）	7.3 [E]（3.7～11）	30 [E]（18～41）
60～79	1	1 079	26.14	3.7（3.1～4.4）	<检出限	3.8（2.7～4.9）	13（10～15）	53（40～67）
60～79	2	290	20.69	3.3（2.4～4.4）	<检出限	3.5 [E]（2.2～4.9）	11 [E]（6.0～17）	F

a 6 岁以下儿童未纳入第一次调查（2007—2009），因此该年龄段无统计数据。

b 如果超过 40%的样本检测值低于检出限，则仅报告数据的百分比分布而不报告均值。

E 谨慎引用。

F 数据不可靠，不予发布。

表 14-4-2-6　加拿大第一次（2007—2009）和第二次（2009—2011）健康调查
3～79 岁居民年龄别 [a]、性别尿二甲基硫代磷酸酯质量分数　　　　单位：μg/g 肌酐

分组（岁）	调查时期	调查人数	<检出限 [b]/%	几何均数（95%置信区间）	P_{10}（95%置信区间）	P_{50}（95%置信区间）	P_{75}（95%置信区间）	P_{95}（95%置信区间）
全体男性 3～79 [c]	1	—	—	—	—	—	—	—
全体男性 3～79	2	1 277	16.05	2.2 (1.8～2.6)	<检出限	2.0 (1.4～2.5)	6.6 (5.3～7.9)	29[E] (19～40)
男 6～11	1	523	29.45	3.8 (2.8～5.2)	<检出限	3.3[E] (1.7～5.0)	15[E] (9.6～21)	63[E] (38～89)
男 6～11	2	261	14.56	5.2 (3.8～7.3)	0.79[E] (<检出限～1.1)	4.7[E] (2.4～7.0)	14[E] (6.9～21)	F
男 12～19	1	502	28.09	1.9 (1.5～2.3)	<检出限	1.8 (1.3～2.3)	5.5 (3.5～7.4)	28 (21～36)
男 12～19	2	255	15.69	1.7 (1.3～2.2)	<检出限	1.6[E] (0.96～2.2)	5.1 (3.7～6.6)	19[E] (9.1～28)
男 20～39	1	510	34.51	1.7 (1.4～2.1)	<检出限	1.5 (1.2～1.8)	4.7[E] (3.0～6.5)	F
男 20～39	2	166	25.90	1.6[E] (1.1～2.4)	<检出限	1.6 (<检出限～1.9)	F	x
男 40～59	1	574	34.84	1.9 (1.5～2.4)	<检出限	1.7 (1.2～2.2)	5.3[E] (2.4～8.2)	23[E] (14～33)
男 40～59	2	194	19.07	2.0 (1.4～2.9)	<检出限	1.9[E] (<检出限～2.9)	5.9[E] (<检出限～9.1)	x
男 60～79	1	541	24.58	2.9 (2.4～3.5)	<检出限	3.1 (2.1～4.0)	10[E] (5.5～15)	41 (26～56)
男 60～79	2	142	20.42	2.3 (1.6～3.3)	<检出限	2.5[E] (1.3～3.7)	6.7[E] (3.2～10)	x
全体女性 3～79 [c]	1	—	—	—	—	—	—	—
全体女性 3～79	2	1 272	15.80	3.3 (2.6～4.2)	<检出限	3.4 (2.3～4.5)	9.5 (7.1～12)	38 (25～50)
女 6～11	1	503	26.44	4.0 (3.2～5.1)	<检出限	4.1 (2.7～5.5)	13 (9.3～17)	80 (53～110)
女 6～11	2	253	9.09	6.4 (4.8～8.4)	0.90 (<检出限～1.2)	6.7[E] (3.3～10)	18 (12～25)	F
女 12～19	1	476	27.31	2.2 (1.6～2.8)	<检出限	2.0 (1.7～2.4)	7.2 (5.3～9.1)	F
女 12～19	2	255	16.86	2.4 (1.8～3.3)	<检出限	2.1[E] (1.2～3.0)	6.2 (4.0～8.3)	38[E] (13～62)
女 20～39	1	649	34.67	2.5 (1.8～3.4)	<检出限	2.0 (<检出限～2.7)	7.0[E] (4.0～10)	F

分组 （岁）	调查 时期	调查 人数	<检出 限^b/%	几何均数 （95%置信 区间）	P_{10} （95%置信 区间）	P_{50} （95%置信 区间）	P_{75} （95%置信 区间）	P_{95} （95%置信 区间）
女 20～39	2	188	21.81	2.6^E （1.7～4.0）	<检出限	2.7^E （1.2～4.3）	6.8 （4.6～9.0）	x
女 40～59	1	644	37.73	2.8 （2.3～3.5）	<检出限	2.2^E （<检出限～3.0）	9.2 （7.2～11）	50^E （19～81）
女 40～59	2	164	25.61	3.0 （2.1～4.3）	<检出限	2.7^E （0.90～4.5）	10^E （3.8～16）	x
女 60～79	1	538	27.70	4.7 （3.8～5.9）	<检出限	4.8^E （2.6～6.9）	14 （9.8～18）	54 （43～66）
女 60～79	2	148	20.95	4.5^E （3.0～6.7）	<检出限	6.1^E （2.9～9.3）	18^E （11～24）	x

a 3～5 岁年龄组未按照性别分组。

b 如果超过 40%的样本检测值低于检出限，则仅报告数据的百分比分布而不报告均值。

c 6 岁以下儿童未纳入第一次调查（2007—2009），因此该年龄段无统计数据。

E 谨慎引用。

F 数据不可靠，不予发布。

x 根据加拿大《统计法》保密规定，不予发布。

14.4.3　二甲基二硫代磷酸酯

表 14-4-3-1　加拿大第一次（2007—2009）和第二次（2009—2011）健康调查

6～79 岁居民年龄别 ^a、性别尿二甲基二硫代磷酸酯质量浓度　　　　　单位：μg/L

分组 （岁）	调查 时期	调查 人数	<检出 限^b/%	几何均数 （95%置信 区间）	P_{10} （95%置信 区间）	P_{50} （95%置信 区间）	P_{75} （95%置信 区间）	P_{95} （95%置信 区间）
全体对象 6～79	1	5 475	61.95	—	<检出限	<检出限	0.63 （0.42～0.85）	5.9 （5.0～6.8）
全体对象 6～79	2	2 014	51.64	—	<检出限	<检出限	0.85 （0.66～1.0）	6.3 （4.8～7.8）
全体男性 6～79	1	2 659	62.24	—	<检出限	<检出限	0.59 （0.39～0.79）	5.5 （4.4～6.7）
全体男性 6～79	2	1 011	54.60	—	<检出限	<检出限	0.70 （0.47～0.93）	5.4^E （3.4～7.4）
全体女性 6～79	1	2 816	61.68	—	<检出限	<检出限	0.67^E （0.40～0.95）	6.6 （4.8～8.4）
全体女性 6～79	2	1 003	48.65	—	<检出限	0.33 （<检出限～0.42）	0.93^E （0.55～1.3）	7.6 （5.0～10）

a 6 岁以下儿童未纳入第一次调查（2007—2009），因此表中仅列出 6～79 岁居民数据以便进行人群总体的数据比较。

b 如果超过 40%的样本检测值低于检出限，则仅报告数据的百分比分布而不报告均值。

E 谨慎引用。

表 14-4-3-2　加拿大第一次（2007—2009）和第二次（2009—2011）健康调查

3～79 岁居民年龄别 [a] 尿二甲基二硫代磷酸酯质量浓度　　　　单位：μg/L

分组（岁）	调查时期	调查人数	<检出限 [b] /%	几何均数（95%置信区间）	P_{10}（95%置信区间）	P_{50}（95%置信区间）	P_{75}（95%置信区间）	P_{95}（95%置信区间）
全体对象 3～79[b]	1	—	—	—	—	—	—	—
全体对象 3～79	2	2 537	49.11	—	<检出限	<检出限	0.87（0.68～1.1）	6.5（5.2～7.8）
3～5[b]	1	—	—	—	—	—	—	—
3～5	2	523	39.39	0.85（0.68～1.1）	<检出限	0.57[E]（0.32～0.83）	2.3[E]（1.1～3.4）	18[E]（9.6～26）
6～11	1	1 029	57.92	—	<检出限	<检出限	0.88（0.61～1.2）	7.2（4.8～9.5）
6～11	2	512	45.12	—	<检出限	0.49[E]（<检出限～0.75）	1.3（0.88～1.7）	9.3[E]（5.6～13）
12～19	1	980	62.04	—	<检出限	<检出限	0.56[E]（0.30～0.82）	7.0（4.9～9.1）
12～19	2	512	50.59	—	<检出限	<检出限	0.68（0.48～0.88）	F
20～39	1	1 163	66.98	—	<检出限	<检出限	0.52[E]（0.29～0.74）	4.6[E]（2.4～6.7）
20～39	2	357	60.22	—	<检出限	<检出限	0.59（0.41～0.77）	4.4[E]（2.3～6.4）
40～59	1	1 223	66.56	—	<检出限	<检出限	0.56[E]（0.33～0.79）	5.8（4.3～7.4）
40～59	2	353	58.64	—	<检出限	<检出限	0.86[E]（0.32～1.4）	6.1[E]（2.7～9.5）
60～79	1	1 080	55.09	—	<检出限	<检出限	1.0（0.67～1.3）	7.5（5.0～9.9）
60～79	2	280	45.71	—	<检出限	F	1.1[E]（0.34～1.9）	9.5[E]（3.7～15）

a 如果超过 40%的样本检测值低于检出限，则仅报告数据的百分比分布而不报告均值。

b 6 岁以下儿童未纳入第一次调查（2007—2009），因此该年龄段无统计数据。

E 谨慎引用。

F 数据不可靠，不予发布。

表 14-4-3-3　加拿大第一次（2007—2009）和第二次（2009—2011）健康调查
3～79 岁居民年龄别 [a]、性别尿二甲基二硫代磷酸酯质量浓度　　　　　单位：μg/L

分组（岁）	调查时期	调查人数	<检出限 [b]/%	几何均数（95%置信区间）	P_{10}（95%置信区间）	P_{50}（95%置信区间）	P_{75}（95%置信区间）	P_{95}（95%置信区间）
全体男性 3～79 [c]	1	—	—	—	—	—	—	—
全体男性 3～79	2	1 271	51.30	—	<检出限	<检出限	0.73（0.49～0.98）	5.7（3.8～7.6）
男 6～11	1	525	59.62	—	<检出限	<检出限	0.82 [E]（0.38～1.3）	8.5 [E]（4.0～13）
男 6～11	2	262	50.38	—	<检出限	F	1.2（0.82～1.7）	F
男 12～19	1	503	62.03	—	<检出限	<检出限	0.53 [E]（0.27～0.79）	F
男 12～19	2	256	53.52	—	<检出限	<检出限	0.54 [E]（0.30～0.78）	F
男 20～39	1	512	67.97	—	<检出限	<检出限	0.50 [E]（0.26～0.74）	4.5 [E]（2.0～7.0）
男 20～39	2	167	67.07	—	<检出限	<检出限	F	x
男 40～59	1	578	66.26	—	<检出限	<检出限	0.60 [E]（0.36～0.84）	5.7（4.4～6.9）
男 40～59	2	189	57.14	—	<检出限	<检出限	F	x
男 60～79	1	541	55.27	—	<检出限	<检出限	0.99（0.71～1.3）	7.4 [E]（2.6～12）
男 60～79	2	137	45.99	—	<检出限	F	0.92（0.34～1.5）	x
全体女性 3～79 [c]	1	—	—	—	—	—	—	—
全体女性 3～79	2	1 266	46.92	—	<检出限	0.33（<检出限～0.42）	0.96 [E]（0.58～1.3）	7.8（5.5～10）
女 6～11	1	504	56.15	—	<检出限	<检出限	0.96 [E]（0.57～1.4）	5.7 [E]（3.2～8.2）
女 6～11	2	250	39.60	0.68（0.50～0.92）	<检出限	0.50 [E]（<检出限～0.75）	1.4 [E]（0.65～2.1）	8.8 [E]（4.8～13）
女 12～19	1	477	62.05	—	<检出限	<检出限	0.66 [E]（0.21～1.1）	7.9 [E]（3.2～13）
女 12～19	2	256	47.66	—	<检出限	<检出限 [E]（<检出限～0.34）	0.86 [E]（0.53～1.2）	7.2 [E]（2.3～12）
女 20～39	1	651	66.21	—	<检出限	<检出限	0.57 [E]（0.33～0.80）	F

分组 （岁）	调查 时期	调查 人数	<检出 限 b /%	几何均数 （95%置信 区间）	P_{10} （95%置信 区间）	P_{50} （95%置信 区间）	P_{75} （95%置信 区间）	P_{95} （95%置信 区间）
女 20～39	2	190	54.21	—	<检出限	0.30 （<检出限～0.40）	0.59^E （0.37～0.81）	x
女 40～59	1	645	66.82	—	<检出限	<检出限	0.51^E （0.15～0.87）	F
女 40～59	2	164	60.37	—	<检出限	F	F	x
女 60～79	1	539	54.92	—	<检出限	<检出限	1.0^E （0.41～1.7）	7.3^E （3.9～11）
女 60～79	2	143	45.45	—	<检出限	0.54^E （<检出限～0.81）	2.0^E （0.79～3.2）	x

a 3～5 岁年龄组未按照性别分组。

b 如果超过 40%的样本检测值低于检出限，则仅报告数据的百分比分布而不报告均值。

c 6 岁以下儿童未纳入第一次调查（2007—2009），因此该年龄段无统计数据。

E 谨慎引用。

F 数据不可靠，不予发布。

x 根据加拿大《统计法》保密规定，不予发布。

表 14-4-3-4　加拿大第一次（2007—2009）和第二次（2009—2011）健康调查

6～79 岁居民年龄别 a、性别尿二甲基二硫代磷酸酯质量分数　　　　单位：μg/g 肌酐

分组 （岁）	调查 时期	调查 人数	<检出 限 b /%	几何均数 （95%置信 区间）	P_{10} （95%置信 区间）	P_{50} （95%置信 区间）	P_{75} （95%置信 区间）	P_{95} （95%置信 区间）
全体对象 6～79	1	5 461	62.11	—	<检出限	<检出限	0.62^E （0.38～0.87）	7.3 （5.6～9.1）
全体对象 6～79	2	2 005	51.87	—	<检出限	<检出限	0.95 （0.76～1.1）	6.8 （4.7～8.9）
全体男性 6～79	1	2 650	62.45	—	<检出限	<检出限	0.47 （0.31～0.64）	5.5^E （2.8～8.3）
全体男性 6～79	2	1 008	54.76	—	<检出限	<检出限	0.58^E （0.37～0.79）	3.8^E （2.4～5.2）
全体女性 6～79	1	2 811	61.79	—	<检出限	<检出限	0.78^E （0.42～1.1）	8.7 （6.4～11）
全体女性 6～79	2	997	48.95	—	<检出限	0.40 （<检出限～0.54）	1.2 （0.82～1.5）	9.1 （7.0～11）

a 6 岁以下儿童未纳入第一次调查（2007—2009），因此表中仅列出 6～79 岁居民数据以便进行人群总体的数据比较。

b 如果超过 40%的样本检测值低于检出限，则仅报告数据的百分比分布而不报告均值。

E 谨慎引用。

表 14-4-3-5　加拿大第一次（2007—2009）和第二次（2009—2011）健康调查

3～79 岁居民年龄别 [a] 尿二甲基二硫代磷酸酯质量分数　　　　单位：μg/g 肌酐

分组（岁）	调查时期	调查人数	<检出限 [b] /%	几何均数（95%置信区间）	P_{10}（95%置信区间）	P_{50}（95%置信区间）	P_{75}（95%置信区间）	P_{95}（95%置信区间）
全体对象 3～79 [b]	1	—	—	—	—	—	—	—
全体对象 3～79	2	2 527	49.31	—	<检出限	<检出限	0.96（0.8～1.1）	7.3（5.3～9.3）
3～5 [b]	1	—	—	—	—	—	—	—
3～5	2	522	39.46	1.3（1.0～1.7）	<检出限	0.96（0.70～1.2）	3.7[E]（1.9～5.5）	27[E]（16～38）
6～11	1	1 026	58.09	—	<检出限	<检出限	1.1[E]（0.63～1.5）	11（8.5～13）
6～11	2	510	45.29	—	<检出限	0.52[E]（<检出限～0.72）	1.5[E]（0.93～2.1）	9.7[E]（5.2～14）
12～19	1	978	62.17	—	<检出限	<检出限	0.43[E]（0.19～0.67）	5.3[E]（3.2～7.4）
12～19	2	510	50.78	—	<检出限	<检出限	0.49（0.33～0.65）	F
20～39	1	1 159	67.21	—	<检出限	<检出限	0.46[E]（0.27～0.64）	4.8[E]（2.6～6.9）
20～39	2	355	60.56	—	<检出限	<检出限	0.55[E]（0.17～0.93）	4.2[E]（1.3～7.0）
40～59	1	1 218	66.83	—	<检出限	<检出限	0.54[E]（0.29～0.79）	8.7（6.1～11）
40～59	2	351	58.97	—	<检出限	<检出限	0.95[E]（0.51～1.4）	6.7[E]（3.1～10）
60～79	1	1 080	55.09	—	<检出限	<检出限	1.4（0.94～1.8）	9.3[E]（3.8～15）
60～79	2	279	45.88	—	<检出限	0.51[E]（<检出限～0.71）	1.8（1.2～2.4）	10[E]（6.0～15）

a 如果超过 40%的样本检测值低于检出限，则仅报告数据的百分比分布而不报告均值。

b 6 岁以下儿童未纳入第一次调查（2007—2009），因此该年龄段无统计数据。

E 谨慎引用。

F 数据不可靠，不予发布。

表 14-4-3-6　加拿大第一次（2007—2009）和第二次（2009—2011）健康调查

3～79 岁居民年龄别[a]、性别尿二甲基二硫代磷酸酯质量分数　　　　单位：μg/g 肌酐

分组（岁）	调查时期	调查人数	<检出限[b]/%	几何均数（95%置信区间）	P_{10}（95%置信区间）	P_{50}（95%置信区间）	P_{75}（95%置信区间）	P_{95}（95%置信区间）
全体男性3～79[c]	1	—	—		—	—	—	—
全体男性3～79	2	1 267	51.46		—	<检出限	<检出限	0.64[E]（0.40～0.88）	4.5（3.0～5.9）
男 6～11	1	523	59.85		—	<检出限	<检出限	F	12[E]（7.1～16）
男 6～11	2	261	50.57		—	<检出限	0.52[E]（<检出限～0.89）	1.5[E]（0.78～2.2）	F
男 12～19	1	502	62.15		—	<检出限	<检出限	0.34（0.14～0.53）	F
男 12～19	2	255	53.73		—	<检出限	<检出限	0.33[E]（0.19～0.48）	F
男 20～39	1	510	68.24		—	<检出限	<检出限	0.42[E]（0.24～0.60）	F
男 20～39	2	166	67.47		—	<检出限	<检出限	F	x
男 40～59	1	574	66.72		—	<检出限	<检出限	0.46[E]（0.27～0.66）	5.1[E]（1.4～8.8）
男 40～59	2	189	57.14		—	<检出限	<检出限	0.57[E]（<检出限～0.80）	x
男 60～79	1	541	55.27		—	<检出限	<检出限	0.95（0.64～1.3）	8.1[E]（3.4～13）
男 60～79	2	137	45.99		—	<检出限	<检出限（<检出限～0.45）	0.95[E]（0.40～1.5）	x
全体女性3～79[c]	1	—	—		—	—	—	—
全体女性3～79	2	1 260	47.14		—	<检出限	0.41（<检出限～0.55）	1.3（0.93～1.7）	9.4（7.3～11）
女 6～11	1	503	56.26		—	<检出限	<检出限	1.2[E]（0.66～1.7）	9.9（7.4～12）
女 6～11	2	249	39.76		—	<检出限	0.52[E]（<检出限～0.74）	1.5[E]（0.70～2.2）	10[E]（5.6～15）
女 12～19	1	476	62.18		—	<检出限	<检出限	0.63[E]（0.22～1.0）	F
女 12～19	2	255	47.84		—	<检出限	<检出限（<检出限～0.40）	0.79[E]（0.42～1.2）	4.3[E]（1.5～7.1）
女 20～39	1	649	66.41		—	<检出限	<检出限	0.57[E]（0.29～0.86）	F

分组 （岁）	调查 时期	调查 人数	<检出 限 [b]/%	几何均数 （95%置信 区间）	P_{10} （95%置信 区间）	P_{50} （95%置信 区间）	P_{75} （95%置信 区间）	P_{95} （95%置信 区间）
女 20～39	2	189	54.50	—	<检出限	0.29 （<检出限～0.38）	0.83[E] （0.50～1.2）	x
女 40～59	1	644	66.93	—	<检出限	<检出限	0.68[E] （0.31～1.0）	11 （<检出限～14）
女 40～59	2	162	61.11	—	<检出限	0.57[E] （<检出限～0.87）	1.3[E] （<检出限～2.0）	x
女 60～79	1	539	54.92	—	<检出限	<检出限	2.0[E] （0.92～3.0）	11[E] （3.2～19）
女 60～79	2	142	45.77	—	<检出限	0.83[E] （<检出限～1.3）	F	x

a 3～5 岁年龄组未按照性别分组。

b 如果超过 40%的样本检测值低于检出限，则仅报告数据的百分比分布而不报告均值。

c 6 岁以下儿童未纳入第一次调查（2007—2009），因此该年龄段无统计数据。

E 谨慎引用。

F 数据不可靠，不予发布。

x 根据加拿大《统计法》保密规定，不予发布。

14.4.4 磷酸二乙酯

表 14-4-4-1 加拿大第一次（2007—2009）和第二次（2009—2011）健康调查

6～79 岁居民年龄别 [a] 尿磷酸二乙酯质量浓度 　　　　　单位：µg/L

分组 （岁）	调查 时期	调查 人数	<检出 限 [b]/%	几何均数 （95%置信 区间）	P_{10} （95%置信 区间）	P_{50} （95%置信 区间）	P_{75} （95%置信 区间）	P_{95} （95%置信 区间）
全体对象 6～79	1	5 475	20.40	2.0 （1.7～2.4）	<检出限	2.3 （2.0～2.6）	4.7 （4.4～5.0）	12 （11～14）
全体对象 6～79	2	2 033	14.85	2.7 （2.5～3.0）	<检出限	2.7 （2.4～3.0）	5.6 （5.0～6.3）	18 （16～21）
全体男性 6～79	1	2 659	19.03	2.1 （1.8～2.5）	<检出限	2.4 （2.0～2.7）	4.8 （4.5～5.1）	13 （11～15）
全体男性 6～79	2	1 019	13.54	2.8 （2.5～3.2）	<检出限	2.9 （2.4～3.4）	5.6 （4.5～6.8）	17[E] （9.8～25）
全体女性 6～79	1	2 816	21.70	2.0 （1.6～2.4）	<检出限	2.2 （1.9～2.5）	4.6 （4.2～5.0）	12 （9.9～14）
全体女性 6～79	2	1 014	16.17	2.7 （2.3～3.1）	<检出限	2.6 （2.2～2.9）	5.6 （4.7～6.6）	19 （15～22）

a 6 岁以下儿童未纳入第一次调查（2007—2009），因此表中仅列出 6～79 岁居民数据以便进行人群总体的数据比较。

b 如果超过 40%的样本检测值低于检出限，则仅报告数据的百分比分布而不报告均值。

E 谨慎引用。

表 14-4-4-2　加拿大第一次（2007—2009）和第二次（2009—2011）健康调查
3～79 岁居民年龄别 [a] 尿磷酸二乙酯质量浓度　　　　　　　　　　单位：μg/L

分组（岁）	调查时期	调查人数	<检出限 [b]/%	几何均数（95%置信区间）	P_{10}（95%置信区间）	P_{50}（95%置信区间）	P_{75}（95%置信区间）	P_{95}（95%置信区间）
全体对象 3～79 [b]	1	—	—	—	—	—	—	—
全体对象 3～79	2	2 556	13.58	2.8（2.6～3.1）	<检出限	2.8（2.5～3.1）	5.7（5.1～6.4）	19（16～21）
3～5 [b]	1	—	—	—	—	—	—	—
3～5	2	523	8.60	4.9（4.1～5.9）	1.2（1.0～1.6）	5.1（4.1～6.1）	9.3（7.2～12）	29[E]（9.9～48）
6～11	1	1 029	17.88	2.6（1.9～3.5）	<检出限	3.0（2.3～3.6）	6.4（5.5～7.3）	17（14～20）
6～11	2	515	11.26	4.1（3.7～4.7）	（<检出限～ 1.3）	4.0（3.5～4.5）	8.1（6.6～9.7）	23[E]（12～33）
12～19	1	980	17.35	2.7（2.1～3.4）	<检出限	3.1（2.4～3.7）	6.2（5.2～7.2）	18（14～22）
12～19	2	512	12.30	3.4（3.0～3.9）	<检出限	3.1（2.6～3.7）	7.4（5.8～8.9）	23[E]（14～31）
20～39	1	1 163	22.96	1.9（1.5～2.4）	<检出限	2.1（1.8～2.5）	4.1（3.6～4.6）	12（8.6～14）
20～39	2	357	16.81	2.7（2.3～3.2）	<检出限	2.6（2.2～3.0）	5.3（4.3～6.2）	20[E]（7.9～32）
40～59	1	1 223	25.35	1.8（1.5～2.2）	<检出限	2.1（1.8～2.4）	4.5（3.8～5.1）	11（8.2～13）
40～59	2	360	19.72	2.5（2.0～3.1）	<检出限	2.5（1.9～3.1）	5.0（3.5～6.4）	16[E]（8.6～23）
60～79	1	1 080	17.22	2.2（1.9～2.5）	<检出限	2.3（2.0～2.7）	4.8（4.3～5.3）	12（9.8～13）
60～79	2	289	17.30	2.6（2.0～3.3）	<检出限	2.6（1.9～3.4）	5.6（3.9～7.4）	16（12～21）

a 如果超过 40%的样本检测值低于检出限，则仅报告数据的百分比分布而不报告均值。
b 6 岁以下儿童未纳入第一次调查（2007—2009），因此该年龄段无统计数据。
E 谨慎引用。

表 14-4-4-3　加拿大第一次（2007—2009）和第二次（2009—2011）健康调查
3～79 岁居民年龄别 [a]、性别尿磷酸二乙酯质量浓度　　单位：μg/L

分组（岁）	调查时期	调查人数	<检出限 [b]/%	几何均数（95%置信区间）	P_{10}（95%置信区间）	P_{50}（95%置信区间）	P_{75}（95%置信区间）	P_{95}（95%置信区间）
全体男性 3～79 [c]	1	—	—	—		—	—	—
全体男性 3～79	2	1 279	12.51	2.9（2.6～3.3）	<检出限	2.9（2.5～3.4）	5.7（4.6～6.9）	18[E]（11～26）
男 6～11	1	525	18.67	2.6（1.8～3.7）	<检出限	2.9（1.9～3.8）	6.5（5.3～7.7）	18（12～24）
男 6～11	2	261	10.73	4.0（3.2～4.9）	1.2（<检出限～1.5）	3.6（2.5～4.7）	7.5（5.1～9.9）	21[E]（7.1～34）
男 12～19	1	503	16.30	2.6（2.1～3.4）	<检出限	2.9（2.1～3.7）	6.1（4.9～7.4）	17（13～21）
男 12～19	2	256	12.50	3.3（2.6～4.2）	<检出限	3.0（1.9～4.0）	7.0（4.8～9.3）	F
男 20～39	1	512	22.66	1.8（1.4～2.4）	<检出限	2.1（1.7～2.6）	4.1（3.9～4.8）	11（7.8～15）
男 20～39	2	167	13.77	2.9（2.1～4.2）	<检出限	2.8（2.1～3.5）	5.6（4.0～7.2）	x
男 40～59	1	578	21.45	2.0（1.6～2.5）	<检出限	2.3（1.8～2.7）	4.6（3.8～5.5）	12（7.6～16）
男 40～59	2	194	18.04	2.3（1.8～3.1）	<检出限	2.6[E]（1.5～3.7）	4.7[E]（2.8～6.6）	x
男 60～79	1	541	15.90	2.4（2.0～3.0）	<检出限	2.6（1.9～3.3）	5.3（4.3～6.3）	13（9.2～16）
男 60～79	2	141	14.18	3.0（2.1～4.3）	<检出限	3.1[E]（1.9～4.3）	5.9[E]（3.1～8.6）	x
全体女性 3～79 [c]	1	—	—	—		—	—	—
全体女性 3～79	2	1 277	14.64	2.7（2.3～3.1）	<检出限	2.6（2.2～2.9）	5.7（4.8～6.7）	19（15～23）
女 6～11	1	504	17.06	2.6（1.9～3.5）	<检出限	3.0（2.4～3.7）	6.3（5.2～7.4）	16（13～20）
女 6～11	2	254	11.81	4.3（3.4～5.6）	<检出限	4.4（3.3～5.4）	9.0（6.8～11）	F
女 12～19	1	477	18.45	2.7（2.1～3.6）	<检出限	3.2（2.4～3.9）	6.4（5.1～7.7）	21（15～28）
女 12～19	2	256	12.11	3.5（2.8～4.4）	1.0[E]（<检出限～1.5）	3.2（2.4～3.9）	7.5（5.3～9.8）	21[E]（13～29）

分组 （岁）	调查 时期	调查 人数	<检出 限 ^b/%	几何均数 （95%置信 区间）	P_{10} （95%置信 区间）	P_{50} （95%置信 区间）	P_{75} （95%置信 区间）	P_{95} （95%置信 区间）
女 20～39	1	651	23.20	2.0 (1.5～2.6)	<检出限	2.1 (1.8～2.5)	4.2 (3.7～4.7)	12^E (7.6～17)
女 20～39	2	190	19.47	2.5 (1.9～3.3)	<检出限	2.5 (1.7～3.3)	5.2 (3.7～6.6)	x
女 40～59	1	645	28.84	1.7 (1.3～2.1)	<检出限	2.0 (1.7～2.3)	4.2 (3.3～5.0)	10 (8.0～12)
女 40～59	2	166	21.69	2.6 (1.9～3.7)	<检出限	2.5 (1.7～3.2)	5.5^E (3.5～7.5)	x
女 60～79	1	539	18.55	1.9 (1.7～2.2)	<检出限	2.1 (1.9～2.3)	4.1 (3.3～4.9)	10 (8.3～13)
女 60～79	2	148	20.27	2.2 (1.6～3.0)	<检出限	2.1^E (1.3～2.8)	5.5^E (2.5～8.5)	x

a 3～5 岁年龄组未按照性别分组。

b 如果超过 40%的样本检测值低于检出限，则仅报告数据的百分比分布而不报告均值。

c 6 岁以下儿童未纳入第一次调查（2007—2009），因此该年龄段无统计数据。

E 谨慎引用。

F 数据不可靠，不予发布。

x 根据加拿大《统计法》保密规定，不予发布。

表 14-4-4-4 加拿大第一次（2007—2009）和第二次（2009—2011）健康调查
6～79 岁居民年龄别 ^a 尿磷酸二乙酯质量分数 单位：μg/g 肌酐

分组 （岁）	调查 时期	调查 人数	<检出 限 ^b/%	几何均数 （95%置信 区间）	P_{10} （95%置信 区间）	P_{50} （95%置信 区间）	P_{75} （95%置信 区间）	P_{95} （95%置信 区间）
全体对象 6～79	1	5 461	20.45	2.4 (2.0～2.8)	<检出限	2.6 (2.3～3.0)	5.2 (4.8～5.5)	12 (11～13)
全体对象 6～79	2	2 024	14.92	2.6 (2.4～2.8)	<检出限	2.5 (2.3～2.8)	4.6 (4.2～5.0)	14 (12～16)
全体男性 6～79	1	2 650	19.09	2.0 (1.7～3.4)	<检出限	2.3 (2.0～2.6)	4.4 (4.1～4.7)	11 (10～12)
全体男性 6～79	2	1 016	13.58	2.3 (2.0～2.6)	<检出限	2.2 (1.9～2.5)	4.2 (3.5～4.9)	14 (9.7～18)
全体女性 6～79	1	2 811	21.74	2.8 (2.4～3.3)	<检出限	3.1 (2.5～3.6)	5.8 (5.3～6.3)	14 (12～16)
全体女性 6～79	2	1 008	16.27	3.0 (2.6～3.4)	<检出限	2.8 (2.4～3.3)	5.0 (4.0～6.0)	14 (10～18)

a 6 岁以下儿童未纳入第一次调查（2007—2009），因此表中仅列出 6～79 岁居民数据以便进行人群总体的数据比较。

b 如果超过 40%的样本检测值低于检出限，则仅报告数据的百分比分布而不报告均值。

表 14-4-4-5　加拿大第一次（2007—2009）和第二次（2009—2011）健康调查
3～79 岁居民年龄别 [a] 尿磷酸二乙酯质量分数　　　　　单位：μg/g 肌酐

分组（岁）	调查时期	调查人数	<检出限 [b] /%	几何均数（95%置信区间）	P_{10}（95%置信区间）	P_{50}（95%置信区间）	P_{75}（95%置信区间）	P_{95}（95%置信区间）
全体对象 3～79 [b]	1	—	—	—	—	—	—	—
全体对象 3～79	2	2 546	13.63	2.7（2.5～3.0）	<检出限	2.6（2.3～2.9）	4.8（4.4～5.2）	15（12～17）
3～5 [b]	1	—	—	—	—	—	—	—
3～5	2	522	8.62	8.5（7.3～9.9）	2.6（<检出限～3.3）	8.6（7.2～10）	15（10～19）	44（33～56）
6～11	1	1 026	17.93	3.9（3.0～5.0）	<检出限	4.0（3.3～4.8）	8.4（7.0～9.8）	24（20～29）
6～11	2	513	11.31	4.8（4.3～5.3）	1.6（<检出限～1.8）	4.6（3.9～5.2）	8.8（7.0～11）	25 [E]（12～38）
12～19	1	978	17.38	2.3（1.8～2.9）	<检出限	2.5（2.0～3.0）	5.1（4.6～5.6）	12（10～13）
12～19	2	510	12.35	2.6（2.3～3.0）	<检出限	2.5（2.0～3.0）	4.7（3.9～5.5）	16 [E]（9.9～21）
20～39	1	1 159	23.04	2.1（1.7～2.6）	<检出限	2.2（1.9～2.6）	4.3（3.6～4.9）	10（8.3～12）
20～39	2	355	16.90	2.2（1.9～2.7）	<检出限	2.1（1.5～2.7）	3.7（3.2～4.3）	F
40～59	1	1 218	25.45	2.3（1.9～2.7）	<检出限	2.5（2.2～2.9）	5.0（4.5～5.5）	11（10～13）
40～59	2	358	19.83	2.5（2.2～2.9）	<检出限	2.4（2.0～2.8）	4.6（3.7～5.5）	11（7.6～15）
60～79	1	1 080	17.22	3.0（2.6～3.4）	<检出限	3.4（3.1～3.8）	6.2（5.5～6.9）	13（11～16）
60～79	2	288	17.36	3.0（2.5～3.7）	<检出限	2.9（2.2～3.6）	5.4（4.0～6.7）	14（10～17）

a 如果超过 40%的样本检测值低于检出限，则仅报告数据的百分比分布而不报告均值。

b 6 岁以下儿童未纳入第一次调查（2007—2009），因此该年龄段无统计数据。

E 谨慎引用。

F 数据不可靠，不予发布。

表 14-4-4-6　加拿大第一次（2007—2009）和第二次（2009—2011）健康调查

3~79 岁居民年龄别[a]、性别尿磷酸二乙酯质量分数　　　单位：μg/g 肌酐

分组（岁）	调查时期	调查人数	<检出限[b]/%	几何均数（95%置信区间）	P_{10}（95%置信区间）	P_{50}（95%置信区间）	P_{75}（95%置信区间）	P_{95}（95%置信区间）
全体男性 3~79[c]	1	—	—	—	—	—	—	—
全体男性 3~79	2	1 275	12.55	2.4（2.1~2.7）	<检出限	2.2（1.8~2.6）	4.6（3.9~5.3）	14（9.6~19）
男 6~11	1	523	18.74	3.8（2.9~5.0）	<检出限	4.1（3.0~5.2）	8.2（7.0~9.4）	25（17~32）
男 6~11	2	260	10.77	4.5（3.7~5.5）	1.5（<检出限~1.9）	4.6（3.2~6.0）	8.2[E]（5.1~11）	22（17~28）
男 12~19	1	502	16.33	2.2（1.8~2.7）	<检出限	2.5（2.0~2.9）	5.1（4.5~5.6）	11（8.4~14）
男 12~19	2	255	12.55	2.3（1.9~2.9）	<检出限	1.9[E]（1.1~2.8）	4.4[E]（2.6~6.2）	17[E]（9.6~25）
男 20~39	1	510	22.75	1.6（1.3~2.1）	<检出限	1.8（1.4~2.1）	3.3（2.7~4.0）	7.6（6.4~8.8）
男 20~39	2	166	13.86	2.0（1.4~2.8）	<检出限	1.7[E]（1.0~2.4）	3.2（2.2~4.3）	x
男 40~59	1	574	21.60	1.9（1.6~2.3）	<检出限	2.2（1.8~2.6）	4.0（3.3~4.7）	11（9.8~12）
男 40~59	2	194	18.04	2.0（1.6~2.5）	<检出限	2.0（1.5~2.4）	3.6（2.6~4.7）	x
男 60~79	1	541	15.90	2.5（2.1~3.0）	<检出限	3.0（2.5~3.4）	5.2（4.5~6.0）	11（8.6~13）
男 60~79	2	141	14.18	2.8（2.3~3.6）	<检出限	2.9（2.3~3.5）	4.9（3.9~5.8）	x
全体女性 3~79[c]	1	—	—	—	—	—	—	—
全体女性 3~79	2	1 271	14.71	3.1（2.7~3.5）	<检出限	2.9（2.5~3.4）	5.4（4.3~6.5）	15（11~19）
女 6~11	1	503	17.10	3.9（3.0~5.1）	<检出限	4.0（3.4~4.6）	8.7（6.4~11）	24（19~30）
女 6~11	2	253	11.86	5.1（4.1~6.2）	<检出限	4.4（3.0~5.8）	9.1（6.8~11）	28[E]（13~44）
女 12~19	1	476	18.49	2.4（1.9~3.1）	<检出限	2.6（1.9~3.3）	5.1（4.3~6.0）	12（11~14）
女 12~19	2	255	12.16	2.9（2.3~3.6）	1.0（<检出限~1.3）	2.9（2.0~3.8）	4.9（4.1~5.7）	13[E]（7.8~18）
女 20~39	1	649	23.27	2.6（2.1~3.3）	<检出限	2.7（2.2~3.2）	5.3（4.5~6.1）	12（9.2~16）

分组 （岁）	调查 时期	调查 人数	<检出 限[b]/%	几何均数 （95%置信 区间）	P_{10} （95%置信 区间）	P_{50} （95%置信 区间）	P_{75} （95%置信 区间）	P_{95} （95%置信 区间）
女 20～39	2	189	19.58	2.5 （1.9～3.3）	<检出限	2.5 （1.6～3.3）	4.0 （3.1～4.9）	x
女 40～59	1	644	28.88	2.7 （2.2～3.2）	<检出限	3.1 （2.4～3.8）	5.5 （4.8～6.1）	12 （9.5～14）
女 40～59	2	164	21.95	3.1 （2.6～3.8）	<检出限	2.8 （2.3～3.3）	5.7 （4.1～7.4）	x
女 60～79	1	539	18.55	3.5 （3.0～4.0）	<检出限	4.0 （3.3～4.7）	7.1 （5.9～8.2）	17[E] （9.3～25）
女 60～79	2	147	20.41	3.2 （2.4～4.2）	<检出限	2.6[E] （1.5～3.7）	6.1[E] （2.6～9.5）	x

a 3～5 岁年龄组未按照性别分组。

b 如果超过 40%的样本检测值低于检出限，则仅报告数据的百分比分布而不报告均值。

c 6 岁以下儿童未纳入第一次调查（2007—2009），因此该年龄段无统计数据。

E 谨慎引用。

x 根据加拿大《统计法》保密规定，不予发布。

14.4.5　二乙基硫代磷酸酯

表 14-4-5-1　加拿大第一次（2007—2009）和第二次（2009—2011）健康调查

6～79 岁居民年龄别[a]尿二乙基硫代磷酸酯质量浓度　　　　　单位：μg/L

分组 （岁）	调查 时期	调查 人数	<检出 限[b]/%	几何均数 （95%置信 区间）	P_{10} （95%置信 区间）	P_{50} （95%置信 区间）	P_{75} （95%置信 区间）	P_{95} （95%置信 区间）
全体对象 6～79	1	5 474	59.77	—	<检出限	<检出限	0.98 （0.82～1.1）	4.0 （3.1～4.8）
全体对象 6～79	2	1 999	25.46	0.65 （0.59～0.71）	<检出限	0.59 （0.49～0.69）	1.1 （1.0～1.3）	5.2[E] （3.0～7.4）
全体男性 6～79	1	2 658	58.50	—	<检出限	<检出限	0.98 （0.82～1.1）	4.0 （2.8～5.2）
全体男性 6～79	2	1 006	25.05	0.62 （0.55～0.70）	<检出限	0.56 （0.46～0.66）	1.1 （0.92～1.3）	3.5[E] （1.7～5.3）
全体女性 6～79	1	2 816	60.97	—	<检出限	<检出限	0.99 （0.81～1.2）	3.8 （2.9～4.8）
全体女性 6～79	2	993	25.88	0.68 （0.58～0.79）	<检出限	0.61 （0.45～0.77）	1.2 （0.96～1.4）	F

a 6 岁以下儿童未纳入第一次调查（2007—2009），因此表中仅列出 6～79 岁居民数据以便进行人群总体的数据比较。

b 如果超过 40%的样本检测值低于检出限，则仅报告数据的百分比分布而不报告均值。

E 谨慎引用。

F 数据不可靠，不予发布。

表 14-4-5-2　加拿大第一次（2007—2009）和第二次（2009—2011）健康调查
3～79 岁居民年龄别[a]尿二乙基硫代磷酸酯质量浓度　　　　　　单位：μg/L

分组（岁）	调查时期	调查人数	<检出限[b]/%	几何均数（95%置信区间）	P_{10}（95%置信区间）	P_{50}（95%置信区间）	P_{75}（95%置信区间）	P_{95}（95%置信区间）
全体对象 3～79[c]	1	—	—	—	—	—	—	—
全体对象 3～79	2	2 511	23.26	0.66（0.60～0.72）	<检出限	0.60（0.51～0.70）	1.2（1.0～1.3）	5.3[E]（3.2～7.4）
3～5[b]	1	—	—	—	—	—	—	—
3～5	2	512	14.65	1.0（0.92～1.2）	<检出限	1.0（0.91～1.1）	1.9（1.5～2.4）	6.7[E]（3.4～10）
6～11	1	1 029	54.71	—	<检出限	<检出限	1.1（0.89～1.3）	4.8（3.9～5.7）
6～11	2	508	22.05	0.85（0.74～0.98）	<检出限	0.78（0.68～0.88）	1.5（1.2～1.9）	F
12～19	1	979	54.55	—	<检出限	<检出限	1.1（0.84～1.4）	4.1（3.1～5.1）
12～19	2	504	22.82	0.67（0.57～0.78）	<检出限	0.59（0.47～0.71）	1.3（1.0～1.6）	4.1[E]（2.5～5.7）
20～39	1	1 163	64.14	—	<检出限	<检出限	0.88（0.69～1.1）	2.9（1.9～3.8）
20～39	2	349	29.23	0.57（0.48～0.69）	<检出限	0.47[E]（<检出限～0.64）	1.0（0.81～1.2）	5.4[E]（1.6～9.1）
40～59	1	1 223	65.74	—	<检出限	<检出限	0.98（0.72～1.2）	4.6[E]（2.8～6.5）
40～59	2	352	28.41	0.66（0.53～0.83）	<检出限	0.65（0.46～0.84）	1.1（0.84～1.5）	F
60～79	1	1 080	57.87	—	<检出限	<检出限	1.1（0.88～1.2）	4.1（3.5～4.7）
60～79	2	286	27.97	0.67（0.55～0.83）	<检出限	0.59（0.41～0.76）	1.2（0.90～1.6）	F

a 如果超过 40%的样本检测值低于检出限，则仅报告数据的百分比分布而不报告均值。
b 6 岁以下儿童未纳入第一次调查（2007—2009），因此该年龄段无统计数据。
E 谨慎引用。
F 数据不可靠，不予发布。

表 14-4-5-3 加拿大第一次（2007—2009）和第二次（2009—2011）健康调查
3～79 岁居民年龄别[a]、性别尿二乙基硫代磷酸酯质量浓度 单位：μg/L

分组（岁）	调查时期	调查人数	<检出限[b]/%	几何均数（95%置信区间）	P_{10}（95%置信区间）	P_{50}（95%置信区间）	P_{75}（95%置信区间）	P_{95}（95%置信区间）
全体男性 3～79[c]	1	—	—	—	—	—	—	—
全体男性 3～79	2	1 261	22.84	0.63（0.56～0.71）	<检出限	0.58（0.49～0.67）	1.1（0.96～1.3）	3.5[E]（1.6～5.5）
男 6～11	1	525	53.90	—	<检出限	<检出限	1.2（0.84～1.5）	5.4[E]（2.5～8.2）
男 6～11	2	260	22.69	0.80（0.68～0.95）	<检出限	0.81（0.65～0.97）	1.5（1.1～2.0）	4.0（3.1～5.0）
男 12～19	1	502	54.38	—	<检出限	<检出限	1.1（0.82～1.3）	4.4[E]（2.2～6.5）
男 12～19	2	250	23.20	0.68（0.56～0.82）	<检出限	0.64（0.45～0.83）	1.3（0.90～1.7）	3.5[E]（2.1～4.9）
男 20～39	1	512	64.06	—	<检出限	<检出限	0.86（0.60～1.1）	2.8[E]（1.4～4.2）
男 20～39	2	164	27.44	0.51（0.38～0.66）	<检出限	0.44[E]（<检出限～0.61）	0.79[E]（0.37～1.2）	x
男 40～59	1	578	65.92	—	<检出限	<检出限	0.96（0.71～1.2）	4.6[E]（2.7～6.5）
男 40～59	2	192	27.60	0.63（0.46～0.87）	<检出限	0.57[E]（0.32～0.81）	1.2[E]（0.57～1.8）	x
男 60～79	1	541	53.60	—	<检出限	<检出限	1.2（0.98～1.5）	4.1[E]（1.9～6.4）
男 60～79	2	140	26.43	0.73（0.51～1.0）	<检出限	0.67（0.48～0.86）	F	x
全体女性 3～79[c]	1	—	—	—	—	—	—	—
全体女性 3～79	2	1 250	23.68	0.68（0.59～0.79）	<检出限	0.61（0.46～0.76）	1.2（0.97～1.4）	5.6[E]（1.6～9.5）
女 6～11	1	504	55.56	—	<检出限	<检出限	1.1（0.69～1.4）	4.3（3.2～5.3）
女 6～11	2	248	21.37	0.91（0.68～1.2）	<检出限	0.77（0.62～0.92）	F	F
女 12～19	1	477	54.72	—	<检出限	<检出限	1.2（0.80～1.6）	4.0（3.2～4.7）
女 12～19	2	254	22.44	0.66（0.52～0.83）	<检出限	0.55（0.39～0.71）	1.3[E]（0.78～1.8）	5.0[E]（1.6～8.5）
女 20～39	1	651	64.21	—	<检出限	<检出限	0.94（0.70～1.2）	3.5[E]（2.0～4.9）

分组（岁）	调查时期	调查人数	<检出限 b/%	几何均数（95%置信区间）	P_{10}（95%置信区间）	P_{50}（95%置信区间）	P_{75}（95%置信区间）	P_{95}（95%置信区间）
女 20～39	2	185	30.81	0.65（0.49～0.86）	<检出限	0.60[E]（0.31～0.90）	1.1[E]（0.39～1.8）	x
女 40～59	1	645	65.58	—	<检出限	<检出限	0.99（0.69～1.3）	5.2[E]（2.5～7.9）
女 40～59	2	160	29.38	0.70（0.51～0.95）	<检出限	0.66（0.43～0.90）	1.1（0.79～1.5）	x
女 60～79	1	539	62.15	—	<检出限	<检出限	0.94（0.77～1.1）	3.6（2.4～4.7）
女 60～79	2	146	29.45	0.63（0.45～0.88）	<检出限	0.49[E]（<检出限～0.72）	1.3[E]（0.73～1.8）	x

a 3～5 岁年龄组未按照性别分组。

b 如果超过 40%的样本检测值低于检出限，则仅报告数据的百分比分布而不报告均值。

c 6 岁以下儿童未纳入第一次调查（2007—2009），因此该年龄段无统计数据。

E 谨慎引用。

F 数据不可靠，不予发布。

x 根据加拿大《统计法》保密规定，不予发布。

表 14-4-5-4　加拿大第一次（2007—2009）和第二次（2009—2011）健康调查
6～79 岁居民年龄别 [a] 尿二乙基硫代磷酸酯质量分数　　　　　　单位：μg/g 肌酐

分组（岁）	调查时期	调查人数	<检出限 b/%	几何均数（95%置信区间）	P_{10}（95%置信区间）	P_{50}（95%置信区间）	P_{75}（95%置信区间）	P_{95}（95%置信区间）
全体对象 6～79	1	5 460	59.93	—	<检出限	<检出限	0.85（0.62～1.1）	4.2（3.4～5.1）
全体对象 6～79	2	1 990	25.58	0.58（0.52～0.65）	<检出限	0.55（0.45～0.65）	1.2（1.1～1.4）	3.9（3.2～4.5）
全体男性 6～79	1	2 649	58.70	—	<检出限	<检出限	0.72（0.53～0.92）	3.5（2.9～4.0）
全体男性 6～79	2	1 003	25.12	0.48（0.42～0.55）	<检出限	0.41（0.31～0.52）	0.96（0.81～1.1）	3.0[E]（1.8～4.2）
全体女性 6～79	1	2 811	61.08	—	<检出限	<检出限	0.99（0.72～1.3）	4.7（3.8～5.7）
全体女性 6～79	2	987	26.04	0.71（0.59～0.86）	<检出限	0.68（0.54～0.83）	1.4（1.1～1.7）	4.8[E]（2.4～7.3）

a 6 岁以下儿童未纳入第一次调查（2007—2009），因此表中仅列出 6～79 岁居民数据以便进行人群总体的数据比较。

b 如果超过 40%的样本检测值低于检出限，则仅报告数据的百分比分布而不报告均值。

E 谨慎引用。

表 14-4-5-5　加拿大第一次（2007—2009）和第二次（2009—2011）健康调查
3～79 岁居民年龄别 [a] 尿二乙基硫代磷酸酯质量分数　　　　　单位：μg/g 肌酐

分组（岁）	调查时期	调查人数	<检出限 [b] /%	几何均数（95%置信区间）	P_{10}（95%置信区间）	P_{50}（95%置信区间）	P_{75}（95%置信区间）	P_{95}（95%置信区间）
全体对象 3～79 [c]	1	—	—	—	—	—	—	—
全体对象 3～79 [c]	2	2 501	23.35	0.61（0.55～0.67）	<检出限	0.59（0.50～0.68）	1.3（1.2～1.4）	4.2（3.6～4.8）
3～5	1	—	—	—	—	—	—	—
3～5	2	511	14.68	1.7（1.5～2.0）	<检出限	1.7（1.4～2.0）	3.5（2.9～4.1）	9.6 [E]（5.1～14）
6～11	1	1 026	54.87	～	<检出限	<检出限	1.3 [E]（0.72～1.8）	6.4（4.3～8.4）
6～11	2	506	22.13	0.93（0.78～1.1）	<检出限	0.89（0.75～1.0）	1.9（1.5～2.3）	F
12～19	1	977	54.66	—	<检出限	<检出限	0.78（0.56～0.99）	3.1（2.1～4.1）
12～19	2	502	22.91	0.47（0.40～0.56）	<检出限	0.48（0.37～0.59）	0.93（0.77～1.1）	2.8 [E]（1.6～4.1）
20～39	1	1 159	64.37	—	<检出限	<检出限	0.67（0.42～0.91）	3.0（1.9～4.1）
20～39	2	347	29.39	0.46（0.40～0.53）	<检出限	0.39（<检出限～0.49）	1.0（0.85～1.2）	3.7 [E]（2.4～5.1）
40～59	1	1 218	66.01	—	<检出限	<检出限	0.77 [E]（0.40～1.1）	5.4 [E]（3.4～7.5）
40～59	2	350	28.57	0.62（0.48～0.80）	<检出限	0.62（0.45～0.80）	1.3 [E]（0.71～1.8）	4.0 [E]（<检出限～6.2）
60～79	1	1 080	57.87	—	<检出限	<检出限	1.2（0.93～1.4）	4.1（2.7～5.4）
60～79	2	285	28.07	0.72（0.58～0.88）	<检出限	0.69（0.54～0.85）	1.4（1.1～1.6）	F

a 如果超过 40%的样本检测值低于检出限，则仅报告数据的百分比分布而不报告均值。

b 6 岁以下儿童未纳入第一次调查（2007—2009），因此该年龄段无统计数据。

E 谨慎引用。

F 数据不可靠，不予发布。

表 14-4-5-6　加拿大第一次（2007—2009）和第二次（2009—2011）健康调查
3～79 岁居民年龄别 [a]、性别尿二乙基硫代磷酸酯质量分数　　　　单位：μg/g 肌酐

分组（岁）	调查时期	调查人数	<检出限[b]/%	几何均数（95%置信区间）	P_{10}（95%置信区间）	P_{50}（95%置信区间）	P_{75}（95%置信区间）	P_{95}（95%置信区间）
全体男性 3～79[c]	1	—		—		—	—	—
全体男性 3～79	2	1 257	22.91	0.50 (0.44～0.57)	<检出限	0.44 (0.33～0.55)	1.0 (0.83～1.2)	3.3 (2.2～4.5)
男 6～11	1	523	54.11		<检出限	<检出限	1.3[E] (0.60～2.0)	6.7[E] (3.8～9.7)
男 6～11	2	259	22.78	0.86 (0.70～1.1)	<检出限	0.90 (0.58～1.2)	1.9 (1.4～2.4)	3.8 (3.3～4.3)
男 12～19	1	501	54.49		<检出限	<检出限	0.67 (0.49～0.85)	3.0[E] (0.91～5.1)
男 12～19	2	249	23.29	0.45 (0.37～0.55)	<检出限	0.48 (0.36～0.61)	0.81 (0.56～1.1)	F
男 20～39	1	510	64.31		<检出限	<检出限	0.55[E] (0.34～0.77)	2.0 (1.5～2.6)
男 20～39	2	163	27.61	0.34 (0.26～0.45)	<检出限	0.32 (<检出限～0.42)	0.65[E] (0.34～0.96)	x
男 40～59	1	574	66.38		<检出限	<检出限	0.64[E] (0.39～0.89)	3.7 (2.5～4.9)
男 40～59	2	192	27.60	0.50 (0.37～0.67)	<检出限	0.44[E] (0.22～0.66)	0.98 (0.65～1.3)	x
男 60～79	1	541	53.60		<检出限	<检出限	1.1 (0.82～1.3)	3.8[E] (1.3～6.3)
男 60～79	2	140	26.43	0.64 (0.47～0.86)	<检出限	0.55 (0.37～0.74)	1.3[E] (<检出限～1.8)	x
全体女性 3～79[c]	1	—		—		—	—	—
全体女性 3～79	2	1 244	23.79	0.73 (0.61～0.88)	<检出限	0.69 (0.56～0.82)	1.5 (1.1～1.9)	5.2[E] (2.9～7.6)
女 6～11	1	503	55.67		<检出限	<检出限	1.3[E] (0.55～2.0)	6.0[E] (3.5～8.5)
女 6～11	2	247	21.46	1.0 (0.76～1.4)	<检出限	0.86 (0.69～1.0)	1.8[E] (0.93～2.6)	F
女 12～19	1	476	54.83		<检出限	<检出限	0.88 (0.59～1.2)	3.3 (2.3～4.2)
女 12～19	2	253	22.53	0.50 (0.40～0.62)	<检出限	0.48 (0.34～0.62)	0.98 (0.80～1.2)	3.0[E] (1.5～4.5)

分组（岁）	调查时期	调查人数	<检出限[b]/%	几何均数（95%置信区间）	P_{10}（95%置信区间）	P_{50}（95%置信区间）	P_{75}（95%置信区间）	P_{95}（95%置信区间）
女 20～39	1	649	64.41	—	<检出限	<检出限	0.92[E]（0.51～1.3）	4.2（2.8～5.6）
女 20～39	2	184	30.98	0.61（0.47～0.80）	<检出限	0.60[E]（0.33～0.87）	1.3[E]（0.69～2.0）	x
女 40～59	1	644	65.68	—	<检出限	<检出限	1.0[E]（0.50～1.5）	7.1[E]（4.0～10）
女 40～59	2	158	29.75	0.78[E]（0.52～1.2）	<检出限	0.69[E]（0.43～0.94）	1.5[E]（0.62～2.5）	x
女 60～79	1	539	62.15	—	<检出限	<检出限	1.2（0.91～1.5）	4.5（3.2～5.8）
女 60～79	2	145	29.66	0.80（0.56～1.1）	<检出限	0.75[E]（<检出限～1.0）	1.4[E]（0.67～2.0）	x

a 3～5 岁年龄组未按照性别分组。

b 如果超过 40%的样本检测值低于检出限，则仅报告数据的百分比分布而不报告均值。

c 6 岁以下儿童未纳入第一次调查（2007—2009），因此该年龄段无统计数据。

E 谨慎引用。

F 数据不可靠，不予发布。

x 根据加拿大《统计法》保密规定，不予发布。

14.4.6　二乙基二硫代磷酸酯

表 14-4-6-1　加拿大第一次（2007—2009）和第二次（2009—2011）健康调查

6～79 岁居民年龄别[a]尿二乙基二硫代磷酸酯质量浓度　　　　　单位：μg/L

分组（岁）	调查时期	调查人数	<检出限[b]/%	几何均数（95%置信区间）	P_{10}（95%置信区间）	P_{50}（95%置信区间）	P_{75}（95%置信区间）	P_{95}（95%置信区间）
全体对象 6～79	1	5 475	96.84	—	<检出限	<检出限	<检出限	<检出限
全体对象 6～79	2	2 033	97.15	—	<检出限	<检出限	<检出限	<检出限
全体男性 6～79	1	2 659	96.35	—	<检出限	<检出限	<检出限	<检出限
全体男性 6～79	2	1 019	96.37	—	<检出限	<检出限	<检出限	F
全体女性 6～79	1	2 816	97.30	—	<检出限	<检出限	<检出限	<检出限
全体女性 6～79	2	1 014	97.93	—	<检出限	<检出限	<检出限	<检出限

a 6 岁以下儿童未纳入第一次调查（2007—2009），因此表中仅列出 6～79 岁居民数据以便进行人群总体的数据比较。

b 如果超过 40%的样本检测值低于检出限，则仅报告数据的百分比分布而不报告均值。

F 数据不可靠，不予发布。

表 14-4-6-2　加拿大第一次（2007—2009）和第二次（2009—2011）健康调查

3~79 岁居民年龄别 [a] 尿二乙基二硫代磷酸酯质量浓度　　　　单位：μg/L

分组 （岁）	调查 时期	调查 人数	<检出 限 [b]/%	几何均数 （95%置信 区间）	P_{10} （95%置信 区间）	P_{50} （95%置信 区间）	P_{75} （95%置信 区间）	P_{95} （95%置信 区间）
全体对象 3~79 [c]	1	—	—	—	—	—	—	—
全体对象 3~79	2	2 557	97.38		<检出限	<检出限	<检出限	<检出限
3~5	1	—	—		—	—	—	—
3~5	2	524	98.28		<检出限	<检出限	<检出限	<检出限
6~11	1	1 029	96.21		<检出限	<检出限	<检出限	<检出限
6~11	2	516	97.48		<检出限	<检出限	<检出限	F
12~19	1	980	96.12		<检出限	<检出限	<检出限	<检出限
12~19	2	511	97.06		<检出限	<检出限	<检出限	<检出限
20~39	1	1 163	97.08		<检出限	<检出限	<检出限	<检出限
20~39	2	356	96.35		<检出限	<检出限	<检出限	<检出限
40~59	1	1 223	97.30		<检出限	<检出限	<检出限	<检出限
40~59	2	360	97.22		<检出限	<检出限	<检出限	<检出限
60~79	1	1 080	97.31		<检出限	<检出限	<检出限	<检出限
60~79	2	290	97.59		<检出限	<检出限	<检出限	<检出限

a 如果超过 40%的样本检测值低于检出限，则仅报告数据的百分比分布而不报告均值。

b 6 岁以下儿童未纳入第一次调查（2007—2009），因此该年龄段无统计数据。

F 数据不可靠，不予发布。

表 14-4-6-3　加拿大第一次（2007—2009）和第二次（2009—2011）健康调查

3~79 岁居民年龄别 [a]、性别尿二乙基二硫代磷酸酯质量浓度　　　　单位：μg/L

分组 （岁）	调查 时期	调查 人数	<检出 限 [b]/%	几何均数 （95%置信 区间）	P_{10} （95%置信 区间）	P_{50} （95%置信 区间）	P_{75} （95%置信 区间）	P_{95} （95%置信 区间）
全体男性 3~79 [c]	1	—	—	—	—	—	—	—
全体男性 3~79	2	1 279	96.79	—	<检出限	<检出限	<检出限	<检出限
男 6~11	1	525	96.19		<检出限	<检出限	<检出限	<检出限
男 6~11	2	262	97.33		<检出限	<检出限	<检出限	F
男 12~19	1	503	95.83		<检出限	<检出限	<检出限	<检出限
男 12~19	2	255	97.25		<检出限	<检出限	<检出限	<检出限
男 20~39	1	512	97.07		<检出限	<检出限	<检出限	<检出限
男 20~39	2	167	94.61		<检出限	<检出限	<检出限	x
男 40~59	1	578	96.89		<检出限	<检出限	<检出限	<检出限
男 40~59	2	194	95.36		<检出限	<检出限	<检出限	x
男 60~79	1	541	95.75		<检出限	<检出限	<检出限	<检出限
男 60~79	2	141	96.45		<检出限	<检出限	<检出限	x

分组 （岁）	调查 时期	调查 人数	<检出 限[b]/%	几何均数 （95%置信 区间）	P_{10} （95%置信 区间）	P_{50} （95%置信 区间）	P_{75} （95%置信 区间）	P_{95} （95%置信 区间）
全体女性 3～79[c]	1	—	—	—	—	—	—	—
全体女性 3～79	2	1 278	97.97	—	<检出限	<检出限	<检出限	<检出限
女 6～11	1	504	96.23	—	<检出限	<检出限	<检出限	<检出限
女 6～11	2	254	97.64	—	<检出限	<检出限	<检出限	<检出限
女 12～19	1	477	96.44	—	<检出限	<检出限	<检出限	<检出限
女 12～19	2	256	96.88	—	<检出限	<检出限	<检出限	<检出限
女 20～39	1	651	97.08	—	<检出限	<检出限	<检出限	<检出限
女 20～39	2	189	97.88	—	<检出限	<检出限	<检出限	x
女 40～59	1	645	97.67	—	<检出限	<检出限	<检出限	<检出限
女 40～59	2	166	99.40	—	<检出限	<检出限	<检出限	x
女 60～79	1	539	98.89	—	<检出限	<检出限	<检出限	<检出限
女 60～79	2	149	98.66		<检出限	<检出限	<检出限	x

a 3～5 岁年龄组未按照性别分组。

b 如果超过 40%的样本检测值低于检出限，则仅报告数据的百分比分布而不报告均值。

c 6 岁以下儿童未纳入第一次调查（2007—2009），因此该年龄段无统计数据。

F 数据不可靠，不予发布。

x 根据加拿大《统计法》保密规定，不予发布。

表 14-4-6-4　加拿大第一次（2007—2009）和第二次（2009—2011）健康调查
6～79 岁居民年龄别[a]、性别尿二乙基二硫代磷酸酯质量分数　　　单位：μg/g 肌酐

分组 （岁）	调查 时期	调查 人数	<检出 限[b]/%	几何均数 （95%置信 区间）	P_{10} （95%置信 区间）	P_{50} （95%置信 区间）	P_{75} （95%置信 区间）	P_{95} （95%置信 区间）
全体对象 6～79	1	5 461	97.09	—	<检出限	<检出限	<检出限	<检出限
全体对象 6～79	2	2 024	97.58	—	<检出限	<检出限	<检出限	<检出限
全体男性 6～79	1	2 650	96.68	—	<检出限	<检出限	<检出限	<检出限
全体男性 6～79	2	1 016	96.65	—	<检出限	<检出限	<检出限	0.55 （<检出限～0.73）
全体女性 6～79	1	2 811	97.47	—	<检出限	<检出限	<检出限	<检出限
全体女性 6～79	2	1 008	98.51		<检出限	<检出限	<检出限	<检出限

a 6 岁以下儿童未纳入第一次调查（2007—2009），因此表中仅列出 6～79 岁居民数据以便进行人群总体的数据比较。

b 如果超过 40%的样本检测值低于检出限，则仅报告数据的百分比分布而不报告均值。

表 14-4-6-5 加拿大第一次（2007—2009）和第二次（2009—2011）健康调查
3～79 岁居民年龄别[a]尿二乙基二硫代磷酸酯质量分数   单位：μg/g 肌酐

分组（岁）	调查时期	调查人数	<检出限[b]/%	几何均数（95%置信区间）	P_{10}（95%置信区间）	P_{50}（95%置信区间）	P_{75}（95%置信区间）	P_{95}（95%置信区间）
全体对象 3～79[c]	1	—	—	—	—	—	—	—
全体对象 3～79	2	2 547	97.76	—	<检出限	<检出限	<检出限	<检出限
3～5[b]	1	—	—	—	—	—	—	—
3～5	2	523	98.47	—	<检出限	<检出限	<检出限	<检出限
6～11	1	1 026	96.49	—	<检出限	<检出限	<检出限	<检出限
6～11	2	514	97.86	—	<检出限	<检出限	<检出限	0.73[E]（<检出限～1.2）
12～19	1	978	96.32	—	<检出限	<检出限	<检出限	<检出限
12～19	2	509	97.45	—	<检出限	<检出限	<检出限	<检出限
20～39	1	1 159	97.41	—	<检出限	<检出限	<检出限	<检出限
20～39	2	354	96.89	—	<检出限	<检出限	<检出限	<检出限
40～59	1	1 218	97.70	—	<检出限	<检出限	<检出限	<检出限
40～59	2	358	97.77	—	<检出限	<检出限	<检出限	<检出限
60～79	1	1 080	97.31	—	<检出限	<检出限	<检出限	<检出限
60～79	2	289	97.92	—	<检出限	<检出限	<检出限	<检出限

a 如果超过 40%的样本检测值低于检出限，则仅报告数据的百分比分布而不报告均值。
b 6 岁以下儿童未纳入第一次调查（2007—2009），因此该年龄段无统计数据。
E 谨慎引用。

表 14-4-6-6 加拿大第一次（2007—2009）和第二次（2009—2011）健康调查
3～79 岁居民年龄别[a]、性别尿二乙基二硫代磷酸酯质量分数   单位：μg/g 肌酐

分组（岁）	调查时期	调查人数	<检出限[b]/%	几何均数（95%置信区间）	P_{10}（95%置信区间）	P_{50}（95%置信区间）	P_{75}（95%置信区间）	P_{95}（95%置信区间）
全体男性 3～79[c]	1	—	—	—	—	—	—	—
全体男性 3～79	2	1 275	97.10	—	<检出限	<检出限	<检出限	<检出限
男 6～11	1	523	96.56	—	<检出限	<检出限	<检出限	<检出限
男 6～11	2	261	97.70	—	<检出限	<检出限	<检出限	0.71[E]（<检出限～1.1）
男 12～19	1	502	96.02	—	<检出限	<检出限	<检出限	<检出限
男 12～19	2	254	97.64	—	<检出限	<检出限	<检出限	<检出限
男 20～39	1	510	97.45	—	<检出限	<检出限	<检出限	<检出限
男 20～39	2	166	95.18	—	<检出限	<检出限	<检出限	x

分组（岁）	调查时期	调查人数	<检出限 [b] /%	几何均数（95%置信区间）	P_{10}（95%置信区间）	P_{50}（95%置信区间）	P_{75}（95%置信区间）	P_{95}（95%置信区间）
男 40～59	1	574	97.56	—	<检出限	<检出限	<检出限	<检出限
男 40～59	2	194	95.36	—	<检出限	<检出限	<检出限	x
男 60～79	1	541	95.75	—	<检出限	<检出限	<检出限	<检出限
男 60～79	2	141	96.45	—	<检出限	<检出限	<检出限	x
全体女性 3～79 [c]	1	—	—	—	—	—	—	—
全体女性 3～79	2	1 272	98.43	—	<检出限	<检出限	<检出限	<检出限
女 6～11	1	503	96.42	—	<检出限	<检出限	<检出限	<检出限
女 6～11	2	253	98.02	—	<检出限	<检出限	<检出限	<检出限
女 12～19	1	476	96.64	—	<检出限	<检出限	<检出限	<检出限
女 12～19	2	255	97.25	—	<检出限	<检出限	<检出限	<检出限
女 20～39	1	649	97.38	—	<检出限	<检出限	<检出限	<检出限
女 20～39	2	188	98.40	—	<检出限	<检出限	<检出限	x
女 40～59	1	644	97.83	—	<检出限	<检出限	<检出限	<检出限
女 40～59	2	164	100	—	<检出限	<检出限	<检出限	x
女 60～79	1	539	98.89	—	<检出限	<检出限	<检出限	<检出限
女 60～79	2	148	99.32	—	<检出限	<检出限	<检出限	x

a 3～5 岁年龄组未按照性别分组。

b 如果超过 40%的样本检测值低于检出限，则仅报告数据的百分比分布而不报告均值。

c 6 岁以下儿童未纳入第一次调查（2007—2009），因此该年龄段无统计数据。

E 谨慎引用。

x 根据加拿大《统计法》保密规定，不予发布。

参考文献

[1] ATSDR（Agency for Toxic Substances and Disease Registry）. 1997a. *Toxicological profile for chlorpyrifos*. Atlanta，GA.：U.S. Department of Health and Human Services. Retrieved April 23，2012，from www.atsdr.cdc.gov/toxprofiles/tp84.pdf.

[2] ATSDR（Agency for Toxic Substances and Disease Registry）. 1997b. *Toxicological profile for dichlorvos*. Atlanta，GA.：U.S. Department of Health and Human Services. Retrieved April 23，2012，from www.atsdr.cdc.gov/toxprofiles/tp88.pdf.

[3] ATSDR（Agency for Toxic Substances and Disease Registry）. 2003. *Toxicological profile for malathion*. Atlanta，GA.：U.S. Department of Health and Human Services. Retrieved April 23，2012，from www.atsdr.cdc.gov/toxprofiles/tp88.pdf.

[4] Barr，D. and Needham，L.. 2002. Analytical methods for biological monitoring of exposure to pesticides：a review. *Journal of Chromatography B*，778：5-29.

[5] Bouchard，M.F.，Chevrier，J.，Harley，K.G.，et al. 2011. Prenatal exposure to organophosphate pesticides and IQ in 7-year-old children. *Environmental Health Perspectives*，119（8）：1189-1195.

[6] Bravo，R.，Caltabioano，L.，Weerasketera，G.，et al. 2004. Measurement of dialkyl phosphate metabolites of organophosphorus pesticides in human urine using lyophilization with gas chromatography-tandem mass spectrometry and isotope dilution quantification. *Journal of Exposure Analysis and Environmental Epidemiology*，14：249-259.

[7] Canada. 2006. *Pest Control Products Act*. SC 2002，c. 28. Retrieved May 30，2012，from http://laws-lois. justice.gc.ca/eng/acts/P-9.01/.

[8] CDC（Centers for Disease Control and Prevention）. 2005. *Third national report on human exposure to environmental chemicals*. Atlanta，GA.：Department of Health and Human Services.

[9] EPA（U.S. Environmental Protection Agency）. 1999. *Organophosphate insecticides. Recognition and management of pesticide poisonings. 5th edition*. Washington，DC.：U.S. Environmental Protection Agency.

[10] Eskenazi，B.，Marks，A.，Bradman，A.，et al. 2007. Organophosphate pesticide exposure and neurodevelopment in young Mexican-American children. *Environmental Health Perspectives*，115（5）：792-798.

[11] Hao，C.，Nguyen，B.，Zhao，X.，et al. 2010. Determination of residual carbamate，organophosphate，and phenyl urea pesticides in drinking and surface water by high-performance liquid chromatography/tandem mass spectrometry. *Journal of AOAC International*，93（2）：400-410.

[12] Health Canada. 1989a. *Guidelines for Canadian drinking water quality：Guideline technical document-Azinphos-methyl*. Ottawa，ON.：Ministry of Health. Retrieved June 7，2012，from www.hc-sc.gc.ca/ewh-semt/alt_formats/hecs-sesc/pdf/pubs/water-eau/azinphos/azinphos-eng.pdf.

[13] Health Canada. 1989b. *Guidelines for Canadian drinking water quality：Guideline technical document-Chlorpyrifos*. Ottawa，ON.：Ministry of Health. Retrieved June 7，2012，from www.hc-sc.gc.ca/ewh-semt/alt_formats/hecs-sesc/pdf/pubs/water-eau/chlorpyrifos/chlorpyrifos-eng.pdf.

[14] Health Canada. 1989c. *Guidelines for Canadian drinking water quality：Guideline technical document-Diazinon*. Ottawa，ON.：Ministry of Health. Retrieved June 7，2012，from www.hc-sc.gc.ca/ewh-semt/alt_formats/hecs-sesc/pdf/pubs/water-eau/diazinon/diazinon-eng.pdf.

[15] Health Canada. 1989d. *Guidelines for Canadian drinking water quality：Guideline technical document-Malathion*. Ottawa，ON.：Ministry of Health. Retrieved June 7，2012，from www.hc-sc.gc.ca/ewh-semt/alt_formats/hecs-sesc/pdf/pubs/water-eau/malathion/malathion-eng.pdf.

[16] Health Canada. 1990. *Guidelines for Canadian drinking water quality：Guideline technical document - Phorate*. Ottawa，ON.：Ministry of Health. Retrieved June 7，2012，from www.hc-sc.gc.ca/ewh-semt/alt_formats/hecs-sesc/pdf/pubs/water-eau/phorate/phorate-eng.pdf.

[17] Health Canada. 1991. *Guidelines for Canadian drinking water quality：Guideline technical document-Dimethoate*. Ottawa，ON.：Ministry of Health. Retrieved June 7，2012，from www.hc-sc.gc.ca/ewh-semt/alt_formats/hecs-sesc/pdf/pubs/water-eau/dimethoate/dimethoate-eng.pdf.

[18] Health Canada. 1995. *Guidelines for Canadian drinking water quality：Guideline technical document-Terbufos*. Ottawa，ON.：Ministry of Health. Retrieved June 7，2012，from www.hc-sc.gc.ca/ewh-semt/alt_formats/hecs-sesc/pdf/pubs/water-eau/terbufos/terbufos-eng.pdf.

[19] Health Canada. 1999. *Re-evaluation of organophosphate pesticides*. Ottawa，ON.：Minister of Health.

Retrieved April 20，2012，from www.hc-sc.gc.ca/cps-spc/pubs/pest/_decisions/rev99-01/index-eng.php.

[20] Health Canada. 2003. *Concentrations of pesticide residues in foods from Total Diet Study in Vancouver，1995*. Ottawa，ON.: Minister of Health. Retrieved May 28，2012，from www.hc-sc.gc.ca/fn-an/surveill/total-diet/concentration/pesticide_conc_vancouver1995-eng.php.

[21] Health Canada. 2004. *Concentrations of pesticide residues in foods from Total Diet Study in Ottawa，1995*. Ottawa，ON.: Minister of Health. Retrieved May 28，2012，from www.hc-sc.gc.ca/fn-an/surveill/total-diet/concentration/pesticide_conc_ottawa1995-eng.php.

[22] Health Canada. 2007. *Update on re-evaluation of azinphos-methyl*. Ottawa，ON.: Minister of Health. Retrieved April 20，2012，from www.hc-sc.gc.ca/cpsspc/pubs/pest/_decisions/rev2007-08/index-eng.php.

[23] Health Canada. 2009. *Canadian Total Diet Study*. Ottawa，ON.: Minister of Health. Retrieved November 29，2012，from www.hc-sc.gc.ca/fn-an/surveill/total-diet/index-eng.php.

[24] Health Canada. 2011. *List of maximum residue limits regulated under the Pest Control Products Act*. Retrieved April 20，2012，from www.hc-sc.gc.ca/cps-spc/alt_formats/pdf/pest/part/protect-proteger/food-nourriture/mrl-lmr-eng.pdf.

[25] Health Canada. 2012a. *Pesticide label search database*. Retrieved April 20，2012，from www.pr-rp.hc-sc.gc.ca/ls-re/index-eng.php.

[26] Health Canada. 2012b. *Pesticide product information database*. Retrieved April 20，2012，from www.pr-rp.hc-sc.gc.ca/pi-ip/index-eng.php.

[27] Health Canada. 2012c. *Drug product database online query*. Retrieved April 20，2012，from www.webprod3.hc-sc.gc.ca/dpd-bdpp/index-eng.jsp.

[28] IARC（International Agency for Research on Cancer）. 1987. *IARC monographs on the evaluation of carcinogenic risks to jumans-Volume 30: Miscellaneous pesticides*. Geneva：World Health Organization.

[29] IARC（International Agency for Research on Cancer）. 1991. *IARC monographs on the evaluation of carcinogenic risks to humans-Volume 53: Occupational exposures in insecticide application，and some pesticides*. Geneva：World Health Organization.

[30] Neumann，R. and Peter，H.H.. 1987. Insecticidal organophosphates：nature made them first. *Cellular and Molecular Life Sciences*，43（11-12）：1235-1237.

[31] Rauch，S.A.，Braun，J.M.，Barr，D.B.，et al. 2012. Associations of prenatal exposure to organophosphate pesticide metabolites with gestational age and birthweight. *Environmental Health Perspectives*，120（7）：1055-1060.

[32] Ray，D. and Richards，P.. 2001. The potential for toxic effects of chronic，low-dose exposure to organophosphates. *Toxicology Letters*，120：343-351.

[33] Valcke，M.，Samuel，O.，Bouchard，M.，et al. 2006. Biological monitoring of exposure to organophosphate pesticides in children living in peri-urban areas of the province of Québec，Canada. *International Archives of Occupational and Environmental Health*，79：568-577.

[34] Wessels，D.，Barr，D. and Mendola，P.. 2003. Use of biomarkers to indicate exposure to children to organophosphate pesticides：Implication for a longitudinal study of children's environmental health. *Environmental Health Perspectives*，111（16）：1939-1946.

14.5 拟除虫菊酯类代谢物

拟除虫菊酯是在某些菊花中发现的天然存在的化合物（ATSDR，2003）。19世纪初在亚洲利用该化合物的杀虫性能防治蜱虫和各种昆虫，如跳蚤和蚊子等（ATSDR，2003）。拟除虫菊酯是通过改变除虫菊酯的结构合成的化合物，用以增加其在环境中的稳定性及高效的杀虫能力（ATSDR，2003；EPA，2012）。加拿大注册使用了一些拟除虫菊酯类农药，见表14-5-1（Health Canada，2012a）。

表 14-5-1　加拿大第二次（2009—2011）健康调查拟除虫菊酯代谢物及其母体杀虫剂化合物

拟除虫菊酯类农药（CAS 号）	代谢物（CAS 号）
氟氯氰菊酯（68359-37-5）	4-F-3-PBA：4-氟-3-苯氧基苯甲酸（77279-89-1）
溴氰菊酯（52918-63-5）	cis-DBCA：顺式-3-(2,2 -二溴乙烯基)-2,2-二甲基环丙烷羧酸（63597-73-9）
氟氯氰菊酯（68359-37-5） 氯菊酯（52645-53-1） 氯氰菊酯（52315-07-8）	cis-DCCA：顺式-3-(2,2 -二氯乙烯基)-2,2-二甲基环丙烷羧酸（55701-05-8）
氟氯氰菊酯（68359-37-5） 氯菊酯（52645-53-1） 氯氰菊酯（52315-07-8）	trans-DCCA：反式-3-(2,2 -二氯乙烯基)-2,2-二甲基环丙烷羧酸（55701-03-6）
氯氰菊酯（52315-07-8） 溴氰菊酯（52918-63-5） 氯菊酯（52645-53-1） 高效氯氟氰菊酯（91465-08-6） 右旋苯醚菊酯（26046-85-5） 氟胺氰菊酯（102851-06-9）	3-PBA：3-苯氧基苯甲酸（3739-38-6）

（Barr and Needham，2002；CDC，2009；Fortin et al.，2008；Starr et al.，2008）

拟除虫菊酯类农药主要作为杀虫剂进入环境，在自然环境中迅速分解。因此该类化合物通常以痕量的形式存在于环境空气、地表水、土壤及食物中（ATSDR，2003）。拟除虫菊酯类农药在环境中降解为羧基和苯氧基苯甲酸代谢物，这些代谢物在居民家里及幼儿园尘土中能够检出（Starr et al.，2008）。拟除虫菊酯类农药具有较强的吸附性，通常附着在土壤颗粒上，因此它们通常不渗入地下水，而是保留在土壤中（ATSDR，2003）。

加拿大拟除虫菊酯类农药主要用于果园、苗圃、温室及农作物和草皮害虫防治；家用室内、室外爬行和飞行害虫防治；畜禽及建筑物周边蚊虫防治；蜂群中的螨虫及宠物身上寄生的跳蚤和蜱虫防治等（Health Canada，2004；Health Canada，2012a）。在疟疾流行区，通常用拟除虫菊酯类农药浸泡蚊帐和衣服来预防疟疾（Health Canada，2004）。随着有机磷农药种类的不断减少，除虫菊酯和拟除虫菊酯类农药在过去10年内的使用量逐年增加，这主要是因为其他有机磷农药比拟除虫菊酯类农药对鸟类和哺乳动物具有更强的急性毒性效应（EPA，2012）。

在加拿大氯菊酯主要应用于生产拟除虫菊酯类农药，另外还应用于250多种登记使用的农药产品（CCME，2006；Health Canada，2012a）。氯菊酯被广泛用于农业、畜牧业、林业及家庭住宅害虫防治。此外，氯菊酯还可作为治疗疥疮的药物（Health Canada，2012b）。氟氯氰菊酯主要用于农业及家庭室内外爬行类和飞行类害虫的防治（Health Canada，2012a）。氯氰菊酯和高效氯氟氰菊酯用于农业和畜牧业。溴氰菊酯用于农业不同领域，如草坪和温室中的害虫防治，同时，还被用来处理受疟疾影响国家的睡眠区及衣物（Health Canada，2004；Health Canada，2009）。右旋苯醚菊酯主要用于住宅设备，而氟胺氰菊酯用来防治蜂群中的螨虫（Health Canada，2009）。

普通人群暴露拟除虫菊酯类农药的主要途径包括皮肤接触及消化道摄入；具体表现为：使用含拟除虫菊酯的产品（如家用杀虫剂和宠物喷雾器）；摄食残留在食物中的拟除虫菊酯类农药（EPA，2009a）。

拟除虫菊酯类农药经过水解、氧化和结合快速代谢并排出体外。口服摄入、吸入或皮肤接触后，拟除虫菊酯代谢成羧酸和苯氧基苯甲酸随尿液排出体外。拟除虫菊酯类农药及其代谢物在血液和尿液中检出可反映母体化合物及其代谢物在环境中的短期暴露（ATSDR，2003；CDC，2009；Kuhn et al.，1999；Starr et al.，2008）。拟除虫菊酯在尿液中可代谢为多种化合物，表14-5-1列出了本次调查的拟除虫菊酯类农药代谢物及对应的母体化合物。

拟除虫菊酯作用类似于天然存在的除虫菊酯，主要影响昆虫和哺乳动物的中枢神经系统（Davies et al.，2007）。它们作用于轴突的外周神经系统和中枢神经系统，通过延长电导钠离子通道的开口时间引起膜去极化和过度兴奋，麻痹害虫并最终导致其死亡。昆虫具有灵敏的钠通道、较小的体型和较低的体温，从而使得拟除虫菊酯对昆虫的毒性比哺乳动物高2 000倍（Bradberry et al.，2005）。哺乳动物能迅速将拟除虫菊酯代谢成无活性的产物排出体外（Health Canada，2009）。

拟除虫菊酯中毒导致的不良反应包括头晕、恶心、头痛、震颤、流涎、不自主运动和癫痫，高暴露情况下可能会导致神志不清（ATSDR，2003；CDC，2005）。动物实验表明：长期低剂量暴露于拟除虫菊酯，对哺乳动物的神经系统没有影响，这主要是由于这些化合物能从哺乳动物体内代谢和消除（ATSDR，2003）。有报道称人类暴露于拟除虫菊酯会产生过敏反应，但是没有明确的数据资料表明拟除虫菊酯暴露与哮喘、过敏症的关联性（EPA，2009b；Moretto，1991；Salome et al.，2000；Vanden Driessche et al.，2010）。国际癌症研究机构（IARC）将氯菊酯列为第3组，即因为缺乏证据，不将其归类为人体致癌物（IARC，1991）。美国环保局将氯菊酯归类为通过口服途径可能对人类致癌（EPA，2009a）。

加拿大卫生部有害生物管理局（PMRA）根据《病虫害防治产品法案》制定了拟除虫菊酯类农药在加拿大的销售和使用规范（Canada，2006），同时对拟除虫菊酯类农药的毒性和潜在风险进行评估，用以确定该类化合物是否可作为特定用途登记使用。作为注册过程的一部分，有害生物管理局制定了食物中拟除虫菊酯类农药的最高残留限量标准，规定了食品中氟氯氰菊酯、氯氰菊酯和氯菊酯的最高残留限量（Health Canada，2011a）。目前，有害生物管理局正在对注册使用的拟除虫菊酯类农药进行重新评估（Health Canada，2011b）。

2005年，对魁北克省89名6～12岁儿童和81名18～64岁成人尿液中的拟除虫菊酯类农药代谢产物进行了检测（Fortin et al.，2008），主要采集了儿童12小时的尿液和成人

24 小时的尿液。对于儿童来说,4-F-3-PBA 的浓度中位数及第 95 百分位数分别为<0.005μg/L 和 0.02μg/L;cis-DBCA 分别为<0.006μg/L 和 0.09μg/L;cis-DCCA 分别为 0.10μg/L 和 0.76μg/L;trans-DCCA 分别为 0.24μg/L 和 4.1μg/L;3-PBA 分别为 0.2μg/L 和 1.54μg/L。对于成人而言,4-F-3-PBA 的浓度中位数和第 95 百分位数分别为<0.005μg/L 和 0.03μg/L;cis-DBCA 分别为<0.006μg/L 和 0.14μg/L;cis-DCCA 分别为 0.10μg/L 和 0.15μg/L;trans-DCCA 分别为 0.25μg/L 和 3.48μg/L;3-PBA 分别为 0.17μg/L 和 4.23μg/L(Fortin et al.,2008)。

　　加拿大第一次(2007—2009)健康调查中所有 6～79 岁的参与者和加拿大第二次(2009—2011)健康调查中所有 3～79 岁的参与者均进行了尿液中 5 种拟除虫菊酯类代谢物的测定。检测结果以 μg/L 和 μg/g 肌酐表示,见表 14-5-1-1～表 14-5-5-6。尿液中检出的拟除虫菊酯类代谢物可以作为拟除虫菊酯类农药的暴露标志物,但并不意味着一定造成不利的健康影响。

14.5.1　4-氟-3-苯氧基苯甲酸

表 14-5-1-1　加拿大第一次(2007—2009)和第二次(2009—2011)健康调查
6～79 岁居民年龄别 [a] 尿 4-氟-3-苯氧基苯甲酸质量浓度　　　　　单位:μg/L

分组(岁)	调查时期	调查人数	<检出限 [b] /%	几何均数(95%置信区间)	P_{10}(95%置信区间)	P_{50}(95%置信区间)	P_{75}(95%置信区间)	P_{95}(95%置信区间)
全体对象6～79	1	5 224	56.45	—	<检出限	<检出限	0.009 9(<检出限～0.013)	0.076(0.054～0.098)
全体对象6～79	2	2 022	43.37	—	<检出限	0.009 1(0.008 0～0.010)	0.018(0.012～0.023)	0.11 [E](0.035～0.18)
全体男性6～79	1	2 529	54.49	—	<检出限	<检出限	0.011(<检出限～0.015)	0.091 [E](0.049～0.13)
全体男性6～79	2	1 012	44.07	—	<检出限	0.009 0(<检出限～0.011)	0.018(0.012～0.024)	0.10 [E](0.039～0.17)
全体女性6～79	1	2 695	58.29	—	<检出限	<检出限	0.009 8(0.008 4～0.011)	0.058(0.045～0.071)
全体女性6～79	2	1 010	42.67	—	<检出限	0.009 2(0.008 3～0.010)	0.018 [E](0.010～0.026)	F

a 6 岁以下儿童未纳入第一次调查(2007—2009),因此表中仅列出 6～79 岁居民数据以便进行人群总体的数据比较。
b 如果超过 40%的样本检测值低于检出限,则仅报告数据的百分比分布而不报告均值。
E 谨慎引用。
F 数据不可靠,不予发布。

表 14-5-1-2 加拿大第一次（2007—2009）和第二次（2009—2011）健康调查
3～79 岁居民年龄别[a]尿 4-氟-3-苯氧基苯甲酸质量浓度 单位：μg/L

分组（岁）	调查时期	调查人数	<检出限[b]/%	几何均数（95%置信区间）	P_{10}（95%置信区间）	P_{50}（95%置信区间）	P_{75}（95%置信区间）	P_{95}（95%置信区间）
全体对象 3～79[c]	1	—	—	—	—	—	—	—
全体对象 3～79	2	2 539	44.70	—	<检出限	0.009 1（<检出限～0.010）	0.018（0.013～0.023）	0.11[E]（0.040～0.17）
3～5[b]	1	—	—	—	—	—	—	—
3～5	2	517	49.90	—	<检出限	<检出限	0.015[E]（<检出限～0.023）	0.050（0.032～0.067）
6～11	1	998	57.52	—	<检出限	<检出限	0.009 6（0.009 3～0.009 8）	F
6～11	2	514	43.77	—	<检出限	0.008 7（<检出限～0.011）	0.015[E]（0.009 1～0.020）	0.056[E]（0.028～0.085）
12～19	1	947	49.10	—	<检出限	F	0.011（<检出限～0.015）	0.060[E]（0.017～0.10）
12～19	2	510	41.76	—	<检出限	0.009 0（<检出限～0.011）	0.015（0.011～0.019）	F
20～39	1	1 100	54.82	—	<检出限	<检出限	0.011[E]（<检出限～0.015）	0.089[E]（0.030～0.15）
20～39	2	352	43.18	—	<检出限	0.009 3（<检出限～0.012）	0.019[E]（<检出限～0.030）	0.11[E]（0.033～0.19）
40～59	1	1 161	59.09	—	<检出限	<检出限	0.010[E]（<检出限～0.014）	0.079[E]（0.048～0.11）
40～59	2	357	41.46	—	<检出限	0.009 4（0.008 3～0.010）	0.026[E]（0.011～0.040）	F
60～79	1	1 018	61.00	—	<检出限	<检出限	0.009 5（<检出限～0.011）	0.069[E]（0.021～0.12）
60～79	2	289	48.10	—	<检出限	<检出限	F	F

a 如果超过 40%的样本检测值低于检出限，则仅报告数据的百分比分布而不报告均值。

b 6 岁以下儿童未纳入第一次调查（2007—2009），因此该年龄段无统计数据。

E 谨慎引用。

F 数据不可靠，不予发布。

表 14-5-1-3 加拿大第一次（2007—2009）和第二次（2009—2011）健康调查
3~79 岁居民年龄别 [a]、性别尿 4-氟-3-苯氧基苯甲酸质量浓度　　　　　单位：μg/L

分组（岁）	调查时期	调查人数	<检出限 [b]/%	几何均数（95%置信区间）	P_{10}（95%置信区间）	P_{50}（95%置信区间）	P_{75}（95%置信区间）	P_{95}（95%置信区间）
全体男性 3~79 [c]	1	—	—	—	—	—	—	—
全体男性 3~79	2	1 268	44.16		<检出限	0.009 0（<检出限~0.012）	0.018（0.012~0.023）	0.10 [E]（0.044~0.16）
男 6~11	1	515	56.31		<检出限	<检出限	0.009 8（0.008 9~0.011）	0.053 [E]（0.022~0.084）
男 6~11	2	261	44.44		<检出限	0.009 2（<检出限~0.011）	0.017 [E]（<检出限~0.026）	F
男 12~19	1	485	47.22		<检出限	0.008 3 [E]（<检出限~0.011）	0.013（0.008 3~0.017）	0.061 [E]（0.032~0.091）
男 12~19	2	255	45.49		<检出限	F	0.011 [E]（<检出限~0.015）	0.040 [E]（0.023~0.056）
男 20~39	1	484	52.89		<检出限	<检出限	0.014 [E]（<检出限~0.021）	F
男 20~39	2	162	43.83		<检出限	0.009 1 [E]（<检出限~0.013）	0.017 [E]（0.009 1~0.024）	x
男 40~59	1	541	57.30		<检出限	<检出限	0.011 [E]（<检出限~0.017）	0.10 [E]（0.047~0.16）
男 40~59	2	192	39.58	0.014（0.009 8~0.020）	<检出限	0.009 4（<检出限~0.011）	0.030 [E]（0.012~0.049）	x
男 60~79	1	504	58.13		<检出限	<检出限	0.009 6（<检出限~0.011）	0.068 [E]（0.030~0.11）
男 60~79	2	142	47.18		<检出限	<检出限	0.012 [E]（<检出限~0.019）	x
全体女性 3~79 [c]	1	—	—	—	—	—	—	—
全体女性 3~79	2	1 271	45.24		<检出限	0.009 2（0.008 3~0.010）	0.018 [E]（0.011~0.025）	F
女 6~11	1	483	58.80		<检出限	<检出限	0.009 4（0.009 0~0.009 8）	F
女 6~11	2	253	43.08		<检出限	F	0.011 [E]（<检出限~0.015）	0.046 [E]（0.029~0.063）
女 12~19	1	462	51.08		<检出限	<检出限	0.009 9（<检出限~0.013）	F
女 12~19	2	255	38.04	0.012（0.000 88~0.017）	<检出限	0.009 4（0.008 5~0.010）	0.018 [E]（<检出限~0.028）	F

分组（岁）	调查时期	调查人数	<检出限[b]/%	几何均数（95%置信区间）	P_{10}（95%置信区间）	P_{50}（95%置信区间）	P_{75}（95%置信区间）	P_{95}（95%置信区间）
女 20～39	1	616	56.33	—	<检出限	<检出限	0.009 8（<检出限～0.012）	0.066[E]（0.035～0.098）
女 20～39	2	190	42.63	—	<检出限	0.009 5（<检出限～0.011）	0.025[E]（0.011～0.040）	x
女 40～59	1	620	60.65	—	<检出限	<检出限	0.009 9（<检出限～0.013）	0.057[E]（0.034～0.079）
女 40～59	2	165	43.64	—	<检出限	0.009 4（<检出限～0.011）	F	x
女 60～79	1	514	63.81	—	<检出限	<检出限	0.009 4（<检出限～0.012）	F
女 60～79	2	147	48.98	—	<检出限	<检出限	F	x

a 3～5 岁年龄组未按照性别分组。

b 如果超过 40%的样本检测值低于检出限，则仅报告数据的百分比分布而不报告均值。

c 6 岁以下儿童未纳入第一次调查（2007—2009），因此该年龄段无统计数据。

E 谨慎引用。

F 数据不可靠，不予发布。

x 根据加拿大《统计法》保密规定，不予发布。

表 14-5-1-4　加拿大第一次（2007—2009）和第二次（2009—2011）健康调查 6～79 岁居民年龄别[a]、性别尿 4-氟-3-苯氧基苯甲酸质量分数　　单位：μg/g 肌酐

分组（岁）	调查时期	调查人数	<检出限[b]/%	几何均数（95%置信区间）	P_{10}（95%置信区间）	P_{50}（95%置信区间）	P_{75}（95%置信区间）	P_{95}（95%置信区间）
全体对象 6～79	1	5 210	56.60	—	<检出限	<检出限	0.017（<检出限～0.020）	0.072[E]（0.038～0.10）
全体对象 6～79	2	2 013	43.57	—	<检出限	0.009 4（0.007 8～0.011）	0.019（0.015～0.022）	F
全体男性 6～79	1	2 520	54.68	—	<检出限	<检出限	0.014（<检出限～0.017）	F
全体男性 6～79	2	1 009	44.20	—	<检出限	0.007 4（<检出限～0.008 9）	0.016（0.012～0.020）	F
全体女性 6～79	1	2 690	58.40	—	<检出限	<检出限	0.020（0.017～0.023）	0.072[E]（0.043～0.10）
全体女性 6～79	2	1 004	42.93	—	<检出限	0.012（0.009 6～0.014）	0.021（0.016～0.025）	F

a 6 岁以下儿童未纳入第一次调查（2007—2009），因此表中仅列出 6～79 岁居民数据以便进行人群总体的数据比较。

b 如果超过 40%的样本检测值低于检出限，则仅报告数据的百分比分布而不报告均值。

E 谨慎引用。

F 数据不可靠，不予发布。

表 14-5-1-5　加拿大第一次（2007—2009）和第二次（2009—2011）健康调查
3～79岁居民年龄别[a]尿4-氟-3-苯氧基苯甲酸质量分数　　　　单位：μg/g 肌酐

分组（岁）	调查时期	调查人数	<检出限[b]/%	几何均数（95%置信区间）	P_{10}（95%置信区间）	P_{50}（95%置信区间）	P_{75}（95%置信区间）	P_{95}（95%置信区间）
全体对象 3～79[c]	1	—	—	—	—	—	—	—
全体对象 3～79	2	2 529	44.88	—	<检出限	0.009 6 (<检出限~0.011)	0.019 (0.016~0.022)	F
3～5[b]	1	—	—	—	—	—	—	—
3～5	2	516	50.00	—	<检出限	<检出限	0.028[E] (<检出限~0.040)	0.090[E] (0.057~0.12)
6～11	1	995	57.69	—	<检出限	<检出限	0.018 (0.015~0.020)	0.070[E] (0.042~0.099)
6～11	2	512	43.95	—	<检出限	0.010 (<检出限~0.012)	0.017 (0.011~0.022)	0.066[E] (0.024~0.11)
12～19	1	945	49.21	—	<检出限	<检出限 (<检出限~0.008 7)	0.013 (<检出限~0.016)	0.045[E] (0.016~0.074)
12～19	2	508	41.93	—	<检出限	0.006 7 (<检出限~0.008 0)	0.012 (0.009 6~0.015)	F
20～39	1	1 096	55.02	—	<检出限	<检出限	0.017 (<检出限~0.021)	F
20～39	2	350	43.43	—	<检出限	0.008 7[E] (<检出限~0.012)	0.018[E] (<检出限~0.027)	F
40～59	1	1 156	59.34	—	<检出限	<检出限	0.018 (<检出限~0.022)	0.079[E] (0.039~0.12)
40～59	2	355	41.69	—	<检出限	0.012 (0.009 6~0.015)	0.022 (0.017~0.027)	F
60～79	1	1 018	61.00	—	<检出限	<检出限	0.018 (<检出限~0.023)	0.095[E] (0.026~0.16)
60～79	2	288	48.26	—	<检出限	<检出限	0.018[E] (<检出限~0.029)	F

a 如果超过40%的样本检测值低于检出限，则仅报告数据的百分比分布而不报告均值。
b 6岁以下儿童未纳入第一次调查（2007—2009），因此该年龄段无统计数据。
E 谨慎引用。
F 数据不可靠，不予发布。

表 14-5-1-6　加拿大第一次（2007—2009）和第二次（2009—2011）健康调查
3～79 岁居民年龄别 [a]、性别尿 4-氟-3-苯氧基苯甲酸质量分数　　单位：μg/g 肌酐

分组（岁）	调查时期	调查人数	<检出限 [b]/%	几何均数（95%置信区间）	P_{10}（95%置信区间）	P_{50}（95%置信区间）	P_{75}（95%置信区间）	P_{95}（95%置信区间）
全体男性3～79 [c]	1	—	—	—	—	—	—	—
全体男性3～79	2	1 264	44.30	—	<检出限	0.007 7（<检出限～0.009 3）	0.017（0.013～0.020）	F
男6～11	1	513	56.53	—	<检出限	<检出限	0.018（0.014～0.022）	0.072[E]（0.036～0.11）
男6～11	2	260	44.62	—	<检出限	0.011（<检出限～0.014）	0.018[E]（<检出限～0.027）	F
男12～19	1	484	47.31	—	<检出限	0.008 0（<检出限～0.009 6）	0.014（0.011～0.018）	0.041（0.031～0.051）
男12～19	2	254	45.67	—	<检出限	<检出限（<检出限～0.006 8）	0.011（<检出限～0.014）	0.024[E]（0.015～0.034）
男20～39	1	482	53.11	—	<检出限	<检出限	0.015[E]（<检出限～0.021）	F
男20～39	2	161	44.10	—	<检出限	0.005 5（<检出限～0.006 7）	F	x
男40～59	1	537	57.73	—	<检出限	<检出限	0.014[E]（<检出限～0.016）	F
男40～59	2	192	39.58	0.012（0.009 5～0.015）	<检出限	0.011（<检出限～0.014）	0.020（0.015～0.026）	x
男60～79	1	504	58.13	—	<检出限	<检出限	0.013（<检出限～0.017）	0.058[E]（0.034～0.082）
男60～79	2	142	47.18	—	<检出限	<检出限	0.016（<检出限～0.019）	x
全体女性3～79 [c]	1	—	—	—	—	—	—	—
全体女性3～79	2	1 265	45.45	—	<检出限	0.012（0.009 7～0.014）	0.021（0.017～0.025）	F
女6～11	1	482	58.92	—	<检出限	<检出限	0.017（0.014～0.020）	0.063[E]（<检出限～0.10）
女6～11	2	252	43.25	—	<检出限	<检出限（<检出限～0.012）	0.015（<检出限～0.020）	0.056[E]（0.034～0.077）
女12～19	1	461	51.19	—	<检出限	<检出限	0.012（<检出限～0.015）	F
女12～19	2	254	38.19	0.010（0.007 9～0.013）	<检出限	0.008 6（0.006 8～0.010）	0.017[E]（<检出限～0.024）	0.099[E]（<检出限～0.17）
女20～39	1	614	56.51	—	<检出限	<检出限	0.001 9（<检出限～0.024）	0.072[E]（0.037～0.11）

分组（岁）	调查时期	调查人数	<检出限 b/%	几何均数（95%置信区间）	P_{10}（95%置信区间）	P_{50}（95%置信区间）	P_{75}（95%置信区间）	P_{95}（95%置信区间）
女 20～39	2	189	42.86	—	<检出限	0.013（<检出限～0.017）	0.021^E（0.006 0～0.036）	x
女 40～59	1	619	60.74	—	<检出限	<检出限	0.022（<检出限～0.026）	0.070（0.048～0.091）
女 40～59	2	163	44.17	—	<检出限	0.013（<检出限～0.016）	0.022^E（<检出限～0.030）	x
女 60～79	1	514	63.81	—	<检出限	<检出限	0.022（<检出限～0.030）	F
女 60～79	2	146	49.32	—	<检出限	<检出限	0.021^E（<检出限～0.030）	x

a 3～5 岁年龄组未按照性别分组。

b 如果超过 40%的样本检测值低于检出限，则仅报告数据的百分比分布而不报告均值。

c 6 岁以下儿童未纳入第一次调查（2007—2009），因此该年龄段无统计数据。

E 谨慎引用。

F 数据不可靠，不予发布。

x 根据加拿大《统计法》保密规定，不予发布。

14.5.2 顺式-3-(2,2-二溴乙烯基)-2,2-二甲基环丙烷羧酸

表 14-5-2-1 加拿大第一次（2007—2009）和第二次（2009—2011）健康调查 6～79 岁居民年龄别 a 尿顺式-3-(2,2-二溴乙烯基)-2,2-二甲基环丙烷羧酸质量浓度 单位：µg/L

分组（岁）	调查时期	调查人数	<检出限 b/%	几何均数（95%置信区间）	P_{10}（95%置信区间）	P_{50}（95%置信区间）	P_{75}（95%置信区间）	P_{95}（95%置信区间）
全体对象 6～79	1	5 022	50.36	—	<检出限	<检出限	0.019（0.014～0.025）	0.073（0.060～0.087）
全体对象 6～79	2	2 013	37.75	0.012（0.010～0.014）	<检出限	0.009 4（0.008 2～0.011）	0.030（0.025～0.036）	0.15^E（0.073～0.23）
全体男性 6～79	1	2 433	49.65	—	<检出限	<检出限	0.020（0.019～0.020）	0.074（0.060～0.089）
全体男性 6～79	2	1 013	36.72	0.012（0.010～0.015）	<检出限	0.009 6（0.007 0～0.012）	0.034^E（0.021～0.046）	0.14^E（0.046～0.24）
全体女性 6～79	1	2 589	51.02	—	<检出限	<检出限	0.019^E（0.006 8～0.031）	0.072（0.052～0.092）
全体女性 6～79	2	1 000	38.80	0.011（0.009 0～0.014）	<检出限	0.009 2（0.006 8～0.012）	0.028（0.020～0.035）	F

a 6 岁以下儿童未纳入第一次调查（2007—2009），因此表中仅列出 6～79 岁居民数据以便进行人群总体的数据比较。

b 如果超过 40%的样本检测值低于检出限，则仅报告数据的百分比分布而不报告均值。

E 谨慎引用。

F 数据不可靠，不予发布。

表 14-5-2-2 加拿大第一次（2007—2009）和第二次（2009—2011）健康调查 3～79 岁居民
年龄别 [a] 尿顺式-3-(2,2-二溴乙烯基)-2,2-二甲基环丙烷羧酸质量浓度 单位：µg/L

分组（岁）	调查时期	调查人数	<检出限 [b]/%	几何均数（95%置信区间）	P_{10}（95%置信区间）	P_{50}（95%置信区间）	P_{75}（95%置信区间）	P_{95}（95%置信区间）
全体对象 3～79[c]	1	—	—	—	—	—	—	—
全体对象 3～79	2	2 535	37.24	0.012（0.010～0.014）	<检出限	0.009 4（0.008 4～0.010）	0.030（0.025～0.036）	0.15[E]（0.076～0.23）
3～5	1	—	—	—	—	—	—	—
3～5	2	522	35.25	0.014（0.010～0.018）	<检出限	F	0.031[E]（0.017～0.044）	F
6～11	1	974	48.67	—	<检出限	<检出限	0.019[E]（0.011～0.028）	0.097（0.064～0.13）
6～11	2	513	33.33	0.015（0.012～0.021）	<检出限	F	0.035（0.024～0.045）	F
12～19	1	927	43.26	—	<检出限	0.007 2[E]（<检出限～0.011）	0.020（0.015～0.025）	0.085（0.069～0.10）
12～19	2	507	34.12	0.014（0.012～0.017）	<检出限	F	0.034（0.027～0.042）	0.19（0.14～0.24）
20～39	1	1 055	52.13	—	<检出限	<检出限	0.017[E]（<检出限～0.028）	0.085[E]（0.051～0.12）
20～39	2	355	39.44	0.012（0.008 6～0.016）	<检出限	F	0.033（0.025～0.042）	F
40～59	1	1 109	54.19	—	<检出限	<检出限	0.019（0.013～0.025）	0.067（0.056～0.077）
40～59	2	352	40.91	—	<检出限	0.009 3（0.006 0～0.013）	0.027[E]（0.012～0.042）	F
60～79	1	957	52.56	—	<检出限	<检出限	0.019（0.015～0.024）	0.071（0.052～0.091）
60～79	2	286	46.15	—	<检出限	0.008 9[E]（<检出限～0.013）	0.025（0.022～0.028）	F

a 如果有 40%的样本低于检出限，则仅报告数据的百分比分布而不报告平均值。
b 6 岁以下儿童未纳入第一次调查（2007—2009），因此该年龄段无统计数据。
E 谨慎引入。
F 数据不可靠，不予发布。

表 14-5-2-3　加拿大第一次（2007—2009）和第二次（2009—2011）健康调查 3～79 岁届民年龄别 [a]、性别尿顺式-3-(2,2-二溴乙烯基)-2,2-二甲基环丙烷羧酸质量浓度　　单位：μg/L

分组（岁）	调查时期	调查人数	<检出限 [b]/%	几何均数（95%置信区间）	P_{10}（95%置信区间）	P_{50}（95%置信区间）	P_{75}（95%置信区间）	P_{95}（95%置信区间）
全体男性 3～79 [c]	1	—	—	—	—	—	—	—
全体男性 3～79	2	1 272	35.77	0.012（0.010～0.015）	<检出限	0.009 6（0.006 8～0.012）	0.033 [E]（0.021～0.045）	0.14 [E]（0.048～0.23）
男 6～11	1	501	50.70	—	<检出限	<检出限	0.019 [E]（0.011～0.028）	0.074（0.055～0.094）
男 6～11	2	261	34.10	0.012（0.010～0.015）	<检出限	F	0.036 [E]（0.015～0.057）	F
男 12～19	1	476	42.44	—	<检出限	0.008 2（<检出限～0.011）	0.022（0.018～0.026）	0.083（0.067～0.098）
男 12～19	2	254	35.83	0.013（0.009 6～0.017）	<检出限	F	0.031 [E]（0.017～0.045）	0.14 [E]（0.070～0.20）
男 20～39	1	463	50.97	—	<检出限	<检出限	F	0.056 [E]（0.023～0.090）
男 20～39	2	167	39.52	0.009 3 [E]（0.006 1～0.014）	<检出限	F	F	x
男 40～59	1	513	52.05	—	<检出限	<检出限	0.020（0.015～0.025）	0.071（0.052～0.089）
男 40～59	2	192	35.42	0.016 [E]（0.011～0.023）	<检出限	0.019 [E]（0.008 7～0.030）	0.048 [E]（0.029～0.068）	x
男 60～79	1	480	51.88	—	<检出限	<检出限	0.020（0.018～0.022）	0.073（0.049～0.097）
男 60～79	2	139	41.73	—	<检出限	0.009 3 [E]（<检出限～0.015）	0.027（0.017～0.036）	x
全体女性 3～79 [c]	1	—	—	—	—	—	—	—
全体女性 3～79	2	1 263	38.72	0.011（0.009 2～0.013）	<检出限	0.009 2（0.006 9～0.011）	0.028（0.021～0.036）	F
女 6～11	1	473	46.51	—	<检出限	<检出限	0.019 [E]（0.008 0～0.031）	0.11 [E]（0.065～0.16）
女 6～11	2	252	32.54	0.014 [E]（0.009 8～0.021）	<检出限	F	0.033 [E]（0.021～0.045）	F
女 12～19	1	451	44.12	—	<检出限	0.006 1 [E]（<检出限～0.011）	0.020 [E]（0.011～0.028）	0.086 [E]（0.052～0.12）
女 12～19	2	253	32.41	0.016（0.011～0.021）	<检出限	0.019 [E]（0.007 2～0.031）	0.037（0.027～0.046）	0.23 [E]（0.13～0.33）

分组（岁）	调查时期	调查人数	<检出限 [b]/%	几何均数（95%置信区间）	P_{10}（95%置信区间）	P_{50}（95%置信区间）	P_{75}（95%置信区间）	P_{95}（95%置信区间）
女 20~39	1	592	53.04	—	<检出限	<检出限	F	0.093[E]（0.056~0.13）
女 20~39	2	188	39.36	0.014（0.010~0.020）	<检出限	0.019[E]（<检出限~0.033）	0.034（0.024~0.045）	x
女 40~59	1	596	56.04	—	<检出限	<检出限	F	0.062（0.046~0.079）
女 40~59	2	160	47.50	—	<检出限	<检出限	0.014[E]（<检出限~0.022）	x
女 60~79	1	477	53.25	—	<检出限	<检出限	0.019[E]（0.009 5~0.029）	0.067（0.046~0.087）
女 60~79	2	147	50.34	—	<检出限	F	0.024（0.019~0.028）	x

a 3~5 岁年龄组未按照性别分组。

b 如果超过 40%的样本检测值低于检出限，则仅报告数据的百分比分布而不报告均值。

c 6 岁以下儿童未纳入第一次调查（2007—2009），因此该年龄段无统计数据。

E 谨慎引用。

F 数据不可靠，不予发布。

x 根据加拿大《统计法》保密规定，不予发布。

表 14-5-2-4　加拿大第一次（2007—2009）和第二次（2009—2011）健康调查 6~79 岁居民年龄别 [a] 尿顺式-3-(2,2-二溴乙烯基)-2,2-二甲基环丙烷羧酸质量分数　　单位：μg/g 肌酐

分组（岁）	调查时期	调查人数	<检出限 [b]/%	几何均数（95%置信区间）	P_{10}（95%置信区间）	P_{50}（95%置信区间）	P_{75}（95%置信区间）	P_{95}（95%置信区间）
全体对象 6~79	1	5 008	50.50	—	<检出限	<检出限	0.019（0.016~0.022）	0.087（0.066~0.11）
全体对象 6~79	2	2 004	37.92	0.011（0.009 6~0.013）	<检出限	0.011（0.008 6~0.013）	0.025（0.020~0.029）	0.12[E]（0.071~0.17）
全体男性 6~79	1	2 424	49.83	—	<检出限	<检出限	0.016（0.013~0.019）	0.070（0.051~0.090）
全体男性 6~79	2	1 010	36.83	0.010（0.008 3~0.012）	<检出限	0.009 5（0.007 3~0.012）	0.024（0.017~0.030）	0.12[E]（0.055~0.18）
全体女性 6~79	1	2 584	51.12	—	<检出限	<检出限	0.024（0.019~0.029）	0.096（0.073~0.12）
全体女性 6~79	2	994	39.03	0.013（0.010~0.015）	<检出限	0.013（0.009 8~0.015）	0.026（0.021~0.030）	0.14[E]（0.059~0.22）

a 6 岁以下儿童未纳入第一次调查（2007—2009），因此表中仅列出 6~79 岁居民数据以便进行人群总体的数据比较。

b 如果超过 40%的样本检测值低于检出限，则仅报告数据的百分比分布而不报告均值。

E 谨慎引用。

表 14-5-2-5　加拿大第一次（2007—2009）和第二次（2009—2011）健康调查 3～79 岁居民
年龄别 [a] 尿顺式-3-(2,2-二溴乙烯基)-2,2-二甲基环丙烷羧酸质量分数　　　单位：μg/g 肌酐

分组（岁）	调查时期	调查人数	<检出限 [b]/%	几何均数（95%置信区间）	P_{10}（95%置信区间）	P_{50}（95%置信区间）	P_{75}（95%置信区间）	P_{95}（95%置信区间）
全体对象 3～79 [c]	1	—	—	—	—	—	—	—
全体对象 3～79	2	2 525	37.39	0.012（0.009 9～0.014）	<检出限	0.011（0.008 8～0.013）	0.025（0.021～0.030）	0.12[E]（0.074～0.18）
3～5 [b]	1							
3～5	2	521	35.32	0.024（0.018～0.032）	<检出限	0.020[E]（<检出限～0.027）	0.052[E]（0.026～0.078）	F
6～11	1	971	48.82	—	<检出限	<检出限	0.025（0.020～0.029）	0.13[E]（0.073～0.19）
6～11	2	511	33.46	0.018（0.013～0.024）	<检出限	0.016[E]（<检出限～0.022）	0.038[E]（0.023～0.052）	F
12～19	1	925	43.35	—	<检出限	0.007 7（<检出限～0.008 8）	0.016（0.014～0.018）	0.071（0.050～0.092）
12～19	2	505	34.26	0.011（0.009 2～0.012）	<检出限	0.010（<检出限～0.012）	0.025（0.020～0.029）	0.13（0.092～0.16）
20～39	1	1 051	52.33	—	<检出限	<检出限	0.017（<检出限～0.021）	0.083[E]（0.046～0.12）
20～39	2	353	39.66	0.009 8（0.007 2～0.013）	<检出限	0.009 3[E]（<检出限～0.013）	0.024（0.016～0.032）	F
40～59	1	1 104	54.44	—	<检出限	<检出限	0.019（0.016～0.023）	0.087（0.058～0.12）
40～59	2	350	41.14	—	<检出限	0.011（0.007 9～0.014）	0.024（0.016～0.031）	0.12[E]（0.047～0.19）
60～79	1	957	52.56	—	<检出限	<检出限	0.024（0.017～0.031）	0.081（0.061～0.10）
60～79	2	285	46.32	—	<检出限	0.013（<检出限～0.016）	0.025（0.019～0.030）	0.18[E]（0.079～0.28）

a 如果超过 40%的样本检测值低于检出限，则仅报告数据的百分比分布而不报告均值。

b 6 岁以下儿童未纳入第一次调查（2007—2009），因此该年龄段无统计数据。

E 谨慎引用。

F 数据不可靠，不予发布。

表 14-5-2-6　加拿大第一次（2007—2009）和第二次（2009—2011）健康调查 3～79 岁居民年龄别[a]、性别尿顺式-3-(2,2-二溴乙烯基)-2,2-二甲基环丙烷羧酸质量分数　单位：µg/g 肌酐

分组（岁）	调查时期	调查人数	<检出限[b]/%	几何均数（95%置信区间）	P_{10}（95%置信区间）	P_{50}（95%置信区间）	P_{75}（95%置信区间）	P_{95}（95%置信区间）
全体男性 3～79[c]	1	—	—	—	—	—	—	—
全体男性 3～79	2	1 268	35.88	0.010 (0.008 6～0.013)	<检出限	0.009 8 (0.007 6～0.012)	0.025 (0.018～0.031)	0.12[E] (0.050～0.19)
男 6～11	1	499	50.90	—	<检出限	<检出限	0.024 (0.017～0.031)	F
男 6～11	2	260	34.23	0.019 (0.013～0.027)	<检出限	0.014[E] (<检出限～0.021)	0.045[E] (0.024～0.065)	F
男 12～19	1	475	42.53	—	<检出限	0.007 3 (<检出限～0.008 3)	0.016 (0.013～0.019)	0.087 (0.058～0.12)
男 12～19	2	253	35.97	0.009 1 (0.006 8～0.012)	<检出限	0.008 6[E] (<检出限～0.012)	0.026[E] (0.017～0.036)	0.090 (0.063～0.12)
男 20～39	1	461	51.19	—	<检出限	<检出限	0.013 (<检出限～0.016)	0.055[E] (0.024～0.087)
男 20～39	2	166	39.76	0.006 5[E] (0.004 3～0.009 7)	<检出限	<检出限 (<检出限～0.008 8)	F	x
男 40～59	1	509	52.46	—	<检出限	<检出限	0.016 (0.012～0.021)	0.067[E] (0.032～0.10)
男 40～59	2	192	35.42	0.013 (0.009 5～0.019)	<检出限	0.014[E] (0.008 4～0.020)	0.027[E] (0.010～0.044)	x
男 60～79	1	480	51.88	—	<检出限	<检出限	0.018 (0.013～0.023)	0.067 (0.050～0.084)
男 60～79	2	139	41.73	—	<检出限	0.009 1[E] (<检出限～0.014)	0.022[E] (0.013～0.032)	x
全体女性 3～79[c]	1	—	—	—	—	—	—	—
全体女性 3～79	2	1 257	38.90	0.013 (0.011～0.015)	<检出限	0.013 (0.010～0.015)	0.026 (0.021～0.030)	0.15[E] (0.072～0.22)
女 6～11	1	472	46.61	—	<检出限	<检出限	0.025 (0.019～0.031)	0.14[E] (0.055～0.23)
女 6～11	2	251	32.67	0.017[E] (0.011～0.025)	1.7 (<检出限～2.1)	0.017 (<检出限～0.022)	0.031[E] (0.018～0.045)	F
女 12～19	1	450	44.22	—	<检出限	0.008 0 (<检出限～0.009 5)	0.016 (0.014～0.019)	0.058 (0.043～0.074)
女 12～19	2	252	32.54	0.013 (0.010～0.016)	<检出限	0.012 (0.007 6～0.016)	0.024 (0.019～0.029)	0.15[E] (0.082～0.22)
女 20～39	1	590	53.22	—	<检出限	<检出限	0.024[E] (<检出限～0.034)	0.099[E] (0.060～0.14)
女 20～39	2	187	39.57	0.014 (0.011～0.020)	<检出限	0.015[E] (<检出限～0.022)	0.028[E] (0.014～0.042)	x

分组（岁）	调查时期	调查人数	<检出限[b]/%	几何均数（95%置信区间）	P_{10}（95%置信区间）	P_{50}（95%置信区间）	P_{75}（95%置信区间）	P_{95}（95%置信区间）
女 40～59	1	595	56.13	—	<检出限	<检出限	0.025（<检出限～0.031）	0.092（0.066～0.12）
女 40～59	2	158	48.10	—	<检出限	<检出限	0.019[E]（<检出限～0.027）	x
女 60～79	1	477	53.25	—	<检出限	<检出限	0.031（0.021～0.041）	0.094（0.068～0.12）
女 60～79	2	146	50.68	—	<检出限	<检出限（<检出限～0.018）	0.026（0.017～0.035）	x

a 3～5 岁年龄组未按照性别分组。

b 如果超过 40%的样本检测值低于检出限，则仅报告数据的百分比分布而不报告均值。

c 6 岁以下儿童未纳入第一次调查（2007—2009），因此该年龄段无统计数据。

E 谨慎引用。

F 数据不可靠，不予发布。

x 根据加拿大《统计法》保密规定，不予发布。

14.5.3　顺-3-(2,2-二氯乙烯)-2,2-二甲基环丙烷羧酸

表 14-5-3-1　加拿大第一次（2007—2009）和第二次（2009—2011）健康调查 6～79 岁居民
年龄别[a] 尿顺-3-(2,2-二氯乙烯)-2,2-二甲基环丙烷羧酸质量浓度　　　　　　　　单位：μg/L

分组（岁）	调查时期	调查人数	<检出限[b]/%	几何均数（95%置信区间）	P_{10}（95%置信区间）	P_{50}（95%置信区间）	P_{75}（95%置信区间）	P_{95}（95%置信区间）
全体对象 6～79	1	5 431	1.57	0.085（0.070～0.10）	0.018（0.014～0.023）	0.071（0.057～0.086）	0.17（0.13～0.21）	0.94（0.72～1.2）
全体对象 6～79	2	2 033	0.74	0.13（0.10～0.16）	0.025（0.021～0.028）	0.096（0.078～0.11）	0.29[E]（0.18～0.39）	2.2[E]（0.68～3.8）
全体男性 6～79	1	2 636	1.37	0.090（0.073～0.11）	0.020（0.015～0.025）	0.072（0.057～0.088）	0.18（0.13～0.22）	1.1（0.78～1.4）
全体男性 6～79	2	1 019	0.88	0.11（0.088～0.13）	0.024（0.019～0.030）	0.089（0.068～0.11）	0.23[E]（0.15～0.31）	1.3[E]（0.39～2.1）
全体女性 6～79	1	2 795	1.75	0.080（0.066～0.098）	0.017（0.012～0.021）	0.071（0.055～0.086）	0.17（0.13～0.21）	0.79（0.63～0.95）
全体女性 6～79	2	1 014	0.59	0.15（0.11～0.20）	0.026（0.020～0.031）	0.10（0.074～0.13）	0.36[E]（0.19～0.53）	F

a 6 岁以下儿童未纳入第一次调查（2007—2009），因此表中仅列出 6～79 岁居民数据以便进行人群总体的数据比较。

b 如果超过 40%的样本检测值低于检出限，则仅报告数据的百分比分布而不报告均值。

E 谨慎引用。

F 数据不可靠，不予发布。

表 14-5-3-2　加拿大第一次（2007—2009）和第二次（2009—2011）健康调查 3～79 岁居民年龄别 [a] 尿顺-3-(2,2-二氯乙烯)-2,2-二甲基环丙烷羧酸质量浓度　　单位：μg/L

分组（岁）	调查时期	调查人数	<检出限 [b] /%	几何均数（95%置信区间）	P_{10}（95%置信区间）	P_{50}（95%置信区间）	P_{75}（95%置信区间）	P_{95}（95%置信区间）
全体对象 3～79 [c]	1	—	—	—	—	—	—	—
全体对象 3～79	2	2 553	0.86	0.12（0.10～0.15）	0.024（0.021～0.028）	0.093（0.076～0.11）	0.27^E（0.17～0.37）	2.2^E（0.78～3.6）
3～5 [b]	1	—	—	—	—	—	—	—
3～5	2	520	1.35	0.067（0.049～0.091）	0.016（0.011～0.022）	0.065（0.047～0.082）	0.12（0.078～0.15）	F
6～11	1	1 026	2.73	0.054（0.043～0.067）	0.014（0.009 9～0.018）	0.049（0.038～0.060）	0.099（0.087～0.11）	0.38^E（0.18～0.57）
6～11	2	514	1.17	0.069（0.059～0.082）	0.018（0.014～0.022）	0.056（0.046～0.065）	0.11（0.082～0.14）	F
12～19	1	970	0.82	0.090（0.067～0.12）	0.019（0.013～0.025）	0.077（0.055～0.099）	0.18（0.13～0.24）	1.0^E（0.44～1.6）
12～19	2	510	0.39	0.10（0.082～0.13）	0.026（0.022～0.030）	0.080（0.065～0.095）	0.18^E（0.10～0.27）	1.7^E（0.90～2.4）
20～39	1	1 151	1.13	0.086（0.070～0.11）	0.020（0.015～0.024）	0.076（0.057～0.094）	0.15（0.12～0.19）	0.75^E（0.35～1.1）
20～39	2	359	0.28	0.18^E（0.12～0.29）	0.027（0.019～0.035）	0.13（0.092～0.17）	0.37^E（0.13～0.61）	F
40～59	1	1 208	2.15	0.092（0.073～0.12）	0.018（0.012～0.024）	0.077（0.054～0.099）	0.21（0.16～0.26）	1.2（0.91～1.5）
40～59	2	359	1.11	0.12（0.089～0.17）	0.024（0.016～0.031）	0.10^E（0.054～0.15）	0.32（0.20～0.43）	1.6^E（0.46～2.7）
60～79	1	1 076	0.93	0.083（0.066～0.10）	0.019（0.015～0.024）	0.067（0.050～0.083）	0.16^E（0.094～0.23）	0.75（0.47～1.0）
60～79	2	291	0.69	0.11^E（0.072～0.16）	0.021（0.014～0.029）	0.086（0.064～0.11）	F	F

a 如果超过 40%的样本检测值低于检出限，则仅报告数据的百分比分布而不报告均值。
b 6 岁以下儿童未纳入第一次调查（2007—2009），因此该年龄段无统计数据。
E 谨慎引用。
F 数据不可靠，不予发布。

表 14-5-3-3　加拿大第一次（2007—2009）和第二次（2009—2011）健康调查 3～79 岁居民年龄别 [a]、性别尿顺-3-(2,2-二氯乙烯)-2,2-二甲基环丙烷羧酸质量浓度　　单位：μg/L

分组（岁）	调查时期	调查人数	<检出限 [b]/%	几何均数（95%置信区间）	P_{10}（95%置信区间）	P_{50}（95%置信区间）	P_{75}（95%置信区间）	P_{95}（95%置信区间）
全体男性3～79 [c]	1	—	—	—	—	—	—	—
全体男性3～79	2	1 277	1.10	0.10（0.086～0.13）	0.024（0.018～0.029）	0.088（0.068～0.11）	0.22^E（0.14～0.31）	1.2^E（0.39～2.1）
男6～11	1	524	2.48	0.052（0.039～0.070）	0.013^E（<检出限～0.021）	0.046（0.035～0.056）	0.092（0.078～0.11）	F
男6～11	2	260	0.77	0.071（0.054～0.093）	0.019（0.014～0.024）	0.055（0.045～0.065）	0.11^E（0.034～0.19）	F
男12～19	1	498	0.20	0.082（0.062～0.11）	0.020（0.017～0.024）	0.069（0.051～0.087）	0.14^E（0.076～0.20）	0.97^E（0.40～1.5）
男12～19	2	255	0.39	0.089（0.071～0.11）	0.026（0.022～0.030）	0.073（0.059～0.088）	0.14^E（0.074～0.20）	0.95^E（0.27～1.6）
男20～39	1	506	1.78	0.089（0.069～0.11）	0.020（0.014～0.026）	0.075（0.054～0.096）	0.16^E（0.10～0.22）	F
男20～39	2	168	0.60	0.11^E（0.073～0.16）	0.027^E（0.017～0.036）	0.11（0.085～0.14）	F	x
男40～59	1	569	1.76	0.10（0.080～0.14）	0.021（0.014～0.027）	0.081（0.056～0.11）	0.23^E（0.14～0.33）	1.3^E（0.42～2.2）
男40～59	2	194	2.06	0.12^E（0.084～0.18）	0.021^E（0.010～0.032）	0.10^E（0.035～0.17）	0.31^E（0.19～0.43）	x
男60～79	1	539	0.56	0.091（0.071～0.12）	0.026（0.019～0.032）	0.076（0.051～0.10）	0.18^E（0.11～0.24）	0.71（0.50～0.93）
男60～79	2	142	0.70	0.10^E（0.067～0.16）	0.025^E（0.016～0.033）	0.081^E（0.051～0.11）	0.19^E（0.069～0.31）	x
全体女性3～79 [c]	1	—	—	—	—	—	—	—
全体女性3～79	2	1 276	0.63	0.15（0.11～0.20）	0.025（0.020～0.030）	0.099（0.077～0.12）	0.36^E（0.20～0.52）	F
女6～11	1	502	2.99	0.055（0.045～0.068）	0.015（0.012～0.017）	0.054（0.039～0.069）	0.11（0.088～0.14）	0.41^E（0.22～0.59）
女6～11	2	254	1.57	0.068（0.054～0.084）	0.016（0.010～0.022）	0.057（0.039～0.076）	0.11（0.076～0.15）	F
女12～19	1	472	1.48	0.10^E（0.070～0.15）	0.017^E（<检出限～0.028）	0.086（0.054～0.12）	0.22^E（0.13～0.30）	F
女12～19	2	255	0.39	0.12（0.086～0.18）	0.026（0.017～0.035）	0.093（0.073～0.11）	F	1.8^E（0.82～2.8）

分组（岁）	调查时期	调查人数	<检出限[b]/%	几何均数（95%置信区间）	P_{10}（95%置信区间）	P_{50}（95%置信区间）	P_{75}（95%置信区间）	P_{95}（95%置信区间）
女 20～39	1	645	0.62	0.084（0.068～0.10）	0.020（0.015～0.025）	0.078（0.059～0.097）	0.15（0.11～0.18）	0.68（0.46～0.90）
女 20～39	2	191	0	0.30[E]（0.15～0.61）	0.027[E]（0.008 8～0.045）	F	F	x
女 40～59	1	639	2.50	0.080（0.063～0.10）	0.014[E]（0.007 0～0.021）	0.072[E]（0.045～0.099）	0.19（0.14～0.24）	0.79（0.55～1.0）
女 40～59	2	165	0	0.12[E]（0.078～0.19）	0.027[E]（0.015～0.039）	0.099[E]（0.042～0.16）	0.33[E]（0.15～0.52）	x
女 60～79	1	537	1.30	0.076（0.059～0.098）	0.017（0.014～0.021）	0.061（0.044～0.077）	0.14[E]（0.064～0.22）	0.86[E]（0.44～1.3）
女 60～79	2	149	0.67	0.11[E]（0.068～0.18）	0.019[E]（0.010～0.027）	F	F	x

a 3～5 岁年龄组未按照性别分组。

b 如果超过 40%的样本检测值低于检出限，则仅报告数据的百分比分布而不报告均值。

c 6 岁以下儿童未纳入第一次调查（2007—2009），因此该年龄段无统计数据。

E 谨慎引用。

F 数据不可靠，不予发布。

x 根据加拿大《统计法》保密规定，不予发布。

表 14-5-3-4　加拿大第一次（2007—2009）和第二次（2009—2011）健康调查 6～79 岁居民年龄别[a]尿顺-3-(2,2-二氯乙烯)-2,2-二甲基环丙烷羧酸质量分数　　　　单位：μg/g 肌酐

分组（岁）	调查时期	调查人数	<检出限[b]/%	几何均数（95%置信区间）	P_{10}（95%置信区间）	P_{50}（95%置信区间）	P_{75}（95%置信区间）	P_{95}（95%置信区间）
全体对象 6～79	1	5 417	1.57	0.10（0.087～0.12）	0.027（0.024～0.031）	0.086（0.072～0.099）	0.18（0.13～0.22）	1.1（0.84～1.3）
全体对象 6～79	2	2 024	0.74	0.12（0.10～0.15）	0.029（0.026～0.032）	0.088（0.071～0.10）	0.23（0.17～0.28）	F
全体男性 6～79	1	2 627	1.37	0.089（0.074～0.11）	0.024（0.021～0.026）	0.071（0.059～0.083）	0.15（0.11～0.20）	0.99（0.66～1.3）
全体男性 6～79	2	1 016	0.89	0.087（0.075～0.10）	0.026（0.023～0.029）	0.069（0.054～0.084）	0.15（0.12～0.18）	0.96[E]（0.42～1.5）
全体女性 6～79	1	2 790	1.76	0.12（0.10～0.14）	0.033（0.028～0.038）	0.099（0.085～0.11）	0.20（0.13～0.26）	1.2（0.96～1.4）
全体女性 6～79	2	1 008	0.60	0.17（0.13～0.22）	0.034（0.029～0.040）	0.11（0.079～0.14）	0.33[E]（0.19～0.48）	F

a 6 岁以下儿童未纳入第一次调查（2007—2009），因此表中仅列出 6～79 岁居民数据以便进行人群总体的数据比较。

b 如果超过 40%的样本检测值低于检出限，则仅报告数据的百分比分布而不报告均值。

E 谨慎引用。

F 数据不可靠，不予发布。

表 14-5-3-5　加拿大第一次（2007—2009）和第二次（2009—2011）健康调查 3～79 岁居民年龄别 [a] 尿顺-3-(2,2-二氯乙烯)-2,2-二甲基环丙烷羧酸质量分数　　单位：μg/g 肌酐

分组（岁）	调查时期	调查人数	<检出限 [b]/%	几何均数（95%置信区间）	P_{10}（95%置信区间）	P_{50}（95%置信区间）	P_{75}（95%置信区间）	P_{95}（95%置信区间）
全体对象 3～79 [c]	1	—	—	—	—	—	—	—
全体对象 3～79	2	2 543	0.87	0.12 (0.10～0.15)	0.029 (0.026～0.032)	0.088 (0.071～0.10)	0.23 (0.17～0.28)	F
3～5 [b]	1	—	—	—	—	—	—	—
3～5	2	519	1.35	0.11 (0.084～0.16)	0.031 (0.022～0.039)	0.091 (0.064～0.12)	0.18 [E] (0.10～0.26)	F
6～11	1	1 023	2.74	0.083 (0.070～0.098)	0.028 (0.022～0.033)	0.071 (0.063～0.079)	0.13 (0.094～0.17)	0.58 [E] (0.21～0.95)
6～11	2	512	1.17	0.080 (0.068～0.094)	0.027 (0.023～0.031)	0.059 (0.052～0.066)	0.13 (0.098～0.16)	0.71 [E] (<检出限～1.2)
12～19	1	968	0.83	0.079 (0.062～0.10)	0.022 (0.020～0.024)	0.061 (0.043～0.080)	0.14 (0.10～0.18)	0.98 [E] (0.55～1.4)
12～19	2	508	0.39	0.079 (0.063～0.10)	0.024 (0.020～0.027)	0.061 (0.047～0.074)	0.12 [E] (0.055～0.19)	0.88 [E] (0.53～1.2)
20～39	1	1 147	1.13	0.096 (0.080～0.12)	0.026 (0.021～0.031)	0.084 (0.069～0.099)	0.16 (0.13～0.20)	0.82 [E] (0.40～1.2)
20～39	2	357	0.28	0.16 [E] (0.10～0.23)	0.029 (0.025～0.034)	0.10 (0.072～0.13)	0.26 [E] (0.084～0.44)	F
40～59	1	1 203	2.16	0.12 (0.097～0.14)	0.029 (0.023～0.035)	0.097 (0.079～0.11)	0.23 (0.15～0.31)	1.2 (0.97～1.5)
40～59	2	357	1.12	0.12 (0.10～0.15)	0.032 (0.023～0.041)	0.084 [E] (0.046～0.12)	0.23 (0.18～0.29)	1.3 [E] (0.50～2.1)
60～79	1	1 076	0.93	0.12 (0.093～0.14)	0.034 (0.031～0.037)	0.093 (0.073～0.11)	0.20 [E] (0.12～0.28)	1.2 [E] (0.61～1.7)
60～79	2	290	0.69	0.13 [E] (0.083～0.19)	0.030 (0.020～0.041)	0.096 (0.067～0.12)	0.23 [E] (<检出限～0.37)	F

a 如果超过 40%的样本检测值低于检出限，则仅报告数据的百分比分布而不报告均值。

b 6 岁以下儿童未纳入第一次调查（2007—2009），因此该年龄段无统计数据。

E 谨慎引用。

F 数据不可靠，不予发布。

表 14-5-3-6　加拿大第一次（2007—2009）和第二次（2009—2011）健康调查 3～79 岁居民年龄别[a]、性别尿顺-3-(2,2-二氯乙烯)-2,2-二甲基环丙烷羧酸质量浓度　　　　　单位：μg/g 肌酐

分组（岁）	调查时期	调查人数	<检出限[b]/%	几何均数（95%置信区间）	P_{10}（95%置信区间）	P_{50}（95%置信区间）	P_{75}（95%置信区间）	P_{95}（95%置信区间）
全体男性 3～79[c]	1	—	—	—	—	—	—	—
全体男性 3～79	2	1 273	1.10	0.088（0.075～0.10）	0.026（0.023～0.029）	0.069（0.054～0.084）	0.15（0.12～0.18）	0.96[E]（0.44～1.5）
男 6～11	1	522	2.49	0.079（0.065～0.095）	0.027（<检出限～0.032）	0.068（0.062～0.074）	0.11（0.078～0.15）	F
男 6～11	2	259	0.77	0.081（0.064～0.10）	0.027（0.020～0.034）	0.059（0.052～0.066）	0.12[E]（0.057～0.19）	F
男 12～19	1	497	0.20	0.070（0.053～0.092）	0.022（0.019～0.024）	0.052（0.036～0.069）	0.12[E]（0.075～0.17）	0.71[E]（0.25～1.2）
男 12～19	2	254	0.39	0.063（0.050～0.079）	0.020（0.017～0.023）	0.051（0.041～0.061）	0.092[E]（0.054～0.13）	0.76[E]（0.25～1.3）
男 20～39	1	504	1.79	0.082（0.065～0.10）	0.022（0.019～0.026）	0.067（0.054～0.081）	0.14（0.090～0.18）	F
男 20～39	2	167	0.60	0.077（0.055～0.11）	0.027（0.021～0.033）	0.068（0.045～0.090）	0.13（0.098～0.17）	x
男 40～59	1	565	1.77	0.10（0.082～0.13）	0.024（0.019～0.029）	0.081（0.061～0.10）	0.21[E]（0.12～0.29）	1.3[E]（0.60～2.0）
男 40～59	2	194	2.06	0.11（0.083～0.13）	0.027（0.018～0.035）	0.076[E]（0.040～0.11）	0.20（0.15～0.25）	x
男 60～79	1	539	0.56	0.096（0.080～0.11）	0.029（0.023～0.035）	0.074（0.054～0.094）	0.16（0.11～0.22）	0.67[E]（0.31～1.0）
男 60～79	2	142	0.70	0.098[E]（0.067～0.14）	0.024[E]（0.009 2～0.039）	0.082[E]（0.052～0.11）	0.16[E]（0.086～0.24）	x
全体女性 3～79[c]	1	—	—	—	—	—	—	—
全体女性 3～79	2	1 270	0.63	0.17（0.13～0.22）	0.035（0.029～0.040）	0.11（0.080～0.14）	0.33[E]（0.19～0.46）	F
女 6～11	1	501	2.99	0.087（0.071～0.11）	0.028（0.021～0.035）	0.077（0.058～0.096）	0.15（0.11～0.19）	0.54（0.34～0.73）
女 6～11	2	253	1.58	0.080（0.064～0.10）	0.025（0.019～0.031）	0.064（0.050～0.078）	0.13[E]（0.083～0.18）	F
女 12～19	1	471	1.49	0.091（0.071～0.12）	0.023（<检出限～0.028）	0.073（0.052～0.095）	0.17（0.12～0.21）	1.6[E]（0.47～2.8）
女 12～19	2	254	0.39	0.10（0.076～0.13）	0.030（0.023～0.037）	0.073（0.059～0.087）	F	1.1[E]（0.41～1.8）

分组（岁）	调查时期	调查人数	<检出限[b]/%	几何均数（95%置信区间）	P_{10}（95%置信区间）	P_{50}（95%置信区间）	P_{75}（95%置信区间）	P_{95}（95%置信区间）
女 20~39	1	643	0.62	0.11 (0.093~0.14)	0.032 (0.025~0.039)	0.099 (0.080~0.12)	0.18 (0.13~0.23)	0.78[E] (0.41~1.2)
女 20~39	2	190	0	0.31[E] (0.16~0.59)	0.040[E] (0.020~0.061)	F	F	x
女 40~59	1	638	2.51	0.13 (0.11~0.16)	0.040 (0.034~0.045)	0.10 (0.087~0.12)	0.24[E] (0.13~0.36)	1.2 (0.98~1.4)
女 40~59	2	163	0	0.14 (0.11~0.20)	0.042 (0.027~0.057)	0.11[E] (0.050~0.17)	0.26[E] (0.12~0.40)	x
女 60~79	1	537	1.30	0.14 (0.10~0.18)	0.036 (0.027~0.045)	0.11 (0.079~0.14)	0.24[E] (0.11~0.38)	1.5[E] (0.81~2.2)
女 60~79	2	148	0.68	0.16[E] (0.087~0.28)	0.034[E] (0.021~0.046)	0.11[E] (0.059~0.17)	0.30[E] (<检出限~0.48)	x

a 3~5 岁年龄组未按照性别分组。
b 如果超过40%的样本检测值低于检出限，则仅报告数据的百分比分布而不报告均值。
c 6 岁以下儿童未纳入第一次调查（2007—2009），因此该年龄段无统计数据。
E 谨慎引用。
F 数据不可靠，不予发布。
x 根据加拿大《统计法》保密规定，不予发布。

14.5.4 反式-3-(2,2-二氯乙烯)-2,2-二甲基环丙烷羧酸

表 14-5-4-1　加拿大第一次（2007—2009）和第二次（2009—2011）健康调查 6~79 岁居民年龄别[a] 尿反式-3-(2,2-二氯乙烯)-2,2-二甲基环丙烷羧酸质量浓度　　　　单位：μg/L

分组（岁）	调查时期	调查人数	<检出限[b]/%	几何均数（95%置信区间）	P_{10}（95%置信区间）	P_{50}（95%置信区间）	P_{75}（95%置信区间）	P_{95}（95%置信区间）
全体对象 6~79	1	5 457	0.40	0.20 (0.17~0.24)	0.040 (0.032~0.049)	0.17 (0.14~0.20)	0.43 (0.33~0.53)	2.5 (1.9~3.1)
全体对象 6~79	2	2 037	0.39	0.29 (0.23~0.37)	0.051 (0.043~0.059)	0.22 (0.17~0.26)	0.68 (0.45~0.91)	6.8[E] (1.9~12)
全体男性 6~79	1	2 650	0.30	0.22 (0.18~0.26)	0.046 (0.036~0.055)	0.18 (0.15~0.20)	0.44 (0.31~0.57)	2.8[E] (1.4~4.2)
全体男性 6~79	2	1 021	0.39	0.25 (0.20~0.31)	0.048 (0.035~0.061)	0.21 (0.17~0.25)	0.55[E] (0.30~0.81)	F
全体女性 6~79	1	2 807	0.50	0.19 (0.16~0.22)	0.036 (0.028~0.043)	0.16 (0.13~0.20)	0.41 (0.32~0.51)	2.1 (1.5~2.7)
全体女性 6~79	2	1 016	0.39	0.34 (0.25~0.47)	0.052 (0.039~0.065)	0.22 (0.16~0.29)	0.77[E] (0.33~1.2)	F

a 6 岁以下儿童未纳入第一次调查（2007—2009），因此表中仅列出 6~79 岁居民数据以便进行人群总体的数据比较。
b 如果超过40%的样本检测值低于检出限，则仅报告数据的百分比分布而不报告均值。
E 谨慎引用。
F 数据不可靠，不予发布。

表 14-5-4-2 加拿大第一次（2007—2009）和第二次（2009—2011）健康调查 3～79 岁居民
年龄别 [a] 尿反式-3-（2,2-二氯乙烯）-2,2-二甲基环丙烷羧酸质量浓度 单位：µg/L

分组（岁）	调查时期	调查人数	<检出限 [b]/%	几何均数（95%置信区间）	P_{10}（95%置信区间）	P_{50}（95%置信区间）	P_{75}（95%置信区间）	P_{95}（95%置信区间）
全体对象 3～79 [c]	1	—	—	—	—	—	—	—
全体对象 3～79	2	2 558	0.35	0.29（0.23～0.37）	0.051（0.043～0.059）	0.22（0.17～0.26）	0.67（0.45～0.90）	6.8 [E]（2.1～11）
3～5 [b]	1	—	—	—	—	—	—	—
3～5	2	521	0.19	0.22（0.16～0.31）	0.055（0.038～0.071）	0.19（0.13～0.25）	0.40 [E]（0.22～0.59）	F
6～11	1	1 027	0.29	0.17（0.15～0.21）	0.041 [E]（0.025～0.057）	0.15（0.12～0.18）	0.34（0.27～0.41）	1.4（1.1～1.8）
6～11	2	516	0.78	0.21（0.18～0.25）	0.048（0.037～0.059）	0.17（0.15～0.19）	0.37（0.24～0.50）	F
12～19	1	978	0.10	0.24（0.18～0.33）	0.048 [E]（0.030～0.066）	0.20（0.16～0.24）	0.49 [E]（0.27～0.70）	3.8 [E]（2.0～5.6）
12～19	2	511	0	0.27（0.21～0.34）	0.057（0.048～0.067）	0.20（0.16～0.25）	0.50 [E]（0.23～0.77）	4.8 [E]（2.1～7.5）
20～39	1	1 158	0.60	0.20（0.16～0.24）	0.042（0.031～0.053）	0.17（0.14～0.21）	0.40（0.30～0.49）	2.0 [E]（1.1～2.8）
20～39	2	359	0	0.41 [E]（0.25～0.66）	0.061（0.040～0.082）	0.28 [E]（0.12～0.43）	0.79 [E]（0.35～1.2）	F
40～59	1	1 216	0.58	0.21（0.17～0.26）	0.037（0.029～0.044）	0.18（0.13～0.22）	0.51（0.33～0.69）	3.2 [E]（1.9～4.5）
40～59	2	360	0.56	0.27（0.20～0.35）	0.041 [E]（0.022～0.060）	0.22（0.15～0.30）	0.69 [E]（0.41～0.96）	F
60～79	1	1 078	0.37	0.18（0.15～0.22）	0.040（0.032～0.047）	0.15（0.12～0.18）	0.35 [E]（0.21～0.49）	1.9 [E]（1.1～2.6）
60～79	2	291	0.69	0.23 [E]（0.14～0.39）	0.041 [E]（0.026～0.056）	0.17 [E]（0.082～0.25）	F	F

a 如果超过 40%的样本检测值低于检出限，则仅报告数据的百分比分布而不报告均值。
b 6 岁以下儿童未纳入第一次调查（2007—2009），因此该年龄段无统计数据。
E 谨慎引用。
F 数据不可靠，不予发布。

表 14-5-4-3　加拿大第一次（2007—2009）和第二次（2009—2011）健康调查 3～79 岁居民年龄别 [a]、性别尿反式-3-(2,2-二氯乙烯)-2,2-二甲基环丙烷羧酸质量浓度　　　单位：μg/L

分组（岁）	调查时期	调查人数	<检出限 [b]/%	几何均数（95%置信区间）	P_{10}（95%置信区间）	P_{50}（95%置信区间）	P_{75}（95%置信区间）	P_{95}（95%置信区间）
全体男性 3～79 [c]	1	—	—	—	—	—	—	—
全体男性 3～79	2	1 279	0.31	0.25（0.20～0.31）	0.048（0.036～0.060）	0.21（0.17～0.25）	0.55 [E]（0.31～0.80）	F
男 6～11	1	524	0.19	0.17（0.13～0.22）	0.040 [E]（0.017～0.064）	0.14（0.11～0.17）	0.30（0.24～0.36）	1.5 [E]（0.81～2.1）
男 6～11	2	262	0.76	0.21（0.16～0.28）	0.047 [E]（0.028～0.066）	0.18（0.15～0.22）	0.39 [E]（0.13～0.65）	F
男 12～19	1	501	0	0.22（0.17～0.30）	0.049（0.033～0.064）	0.19（0.15～0.22）	0.43 [E]（0.24～0.62）	2.4 [E]（0.75～4.0）
男 12～19	2	255	0	0.21（0.16～0.26）	0.058（0.048～0.067）	0.18（0.13～0.23）	0.42 [E]（0.26～0.59）	F
男 20～39	1	510	0.78	0.21（0.16～0.26）	0.045（0.033～0.057）	0.17（0.13～0.21）	0.41 [E]（0.25～0.57）	F
男 20～39	2	168	0	0.27 [E]（0.18～0.39）	0.060 [E]（0.029～0.091）	0.25 [E]（0.15～0.36）	0.53 [E]（0.18～0.88）	x
男 40～59	1	576	0.35	0.25（0.19～0.33）	0.043（0.031～0.056）	0.20（0.15～0.25）	0.60 [E]（0.35～0.84）	F
男 40～59	2	194	1.03	0.27 [E]（0.18～0.40）	0.038 [E]（0.016～0.060）	0.21 [E]（0.085～0.34）	0.76 [E]（0.37～1.1）	x
男 60～79	1	539	0.19	0.20（0.16～0.25）	0.052（0.044～0.060）	0.17（0.13～0.21）	0.39（0.26～0.52）	1.7 [E]（1.1～2.3）
男 60～79	2	142	0	0.22 [E]（0.13～0.38）	0.041 [E]（0.024～0.059）	0.17 [E]（0.074～0.26）	F	x
全体女性 3～79 [c]	1	—	—	—	—	—	—	—
全体女性 3～79	2	1 279	0.39	0.34（0.24～0.46）	0.052（0.040～0.064）	0.22（0.16～0.28）	0.74 [E]（0.33～1.1）	F
女 6～11	1	503	0.40	0.18（0.15～0.22）	0.042（0.029～0.056）	0.16（0.12～0.21）	0.38（0.28～0.49）	1.4（0.98～1.9）
女 6～11	2	254	0.79	0.21（0.16～0.26）	0.048（0.036～0.060）	0.16（0.12～0.20）	0.37 [E]（0.21～0.53）	F
女 12～19	1	477	0.21	0.27（0.19～0.37）	0.045 [E]（0.023～0.067）	0.21（0.16～0.26）	0.66 [E]（0.36～0.96）	F
女 12～19	2	256	0	0.31（0.22～0.44）	0.057 [E]（0.032～0.083）	0.25（0.17～0.32）	F	5.9 [E]（2.9～9.0）
女 20～39	1	648	0.46	0.19（0.16～0.23）	0.037（0.025～0.050）	0.17（0.13～0.22）	0.37（0.29～0.46）	1.7 [E]（1.1～2.4）

分组（岁）	调查时期	调查人数	<检出限[b]/%	几何均数（95%置信区间）	P_{10}（95%置信区间）	P_{50}（95%置信区间）	P_{75}（95%置信区间）	P_{95}（95%置信区间）
女 20～39	2	191	0	F	0.065[E]（0.035～0.095）	F	F	x
女 40～59	1	640	0.78	0.18（0.15～0.23）	0.033（0.025～0.041）	0.16[E]（0.099～0.22）	0.45[E]（0.27～0.63）	2.2（1.4～2.9）
女 40～59	2	166	0	0.27[E]（0.17～0.42）	0.047[E]（0.018～0.077）	0.22[E]（0.13～0.32）	0.60[E]（0.19～1.0）	x
女 60～79	1	539	0.56	0.16（0.13～0.21）	0.034（0.026～0.042）	0.12（0.090～0.16）	0.30[E]（0.11～0.50）	2.0[E]（0.92～3.1）
女 60～79	2	149	1.34	0.24[E]（0.13～0.45）	0.039[E]（0.023～0.056）	F	F	x

a 3～5 岁年龄组未按照性别分组。

b 如果超过 40%的样本检测值低于检出限，则仅报告数据的百分比分布而不报告均值。

c 6 岁以下儿童未纳入第一次调查（2007—2009），因此该年龄段无统计数据。

E 谨慎引用。

F 数据不可靠，不予发布。

x 根据加拿大《统计法》保密规定，不予发布。

表 14-5-4-4　加拿大第一次（2007—2009）和第二次（2009—2011）健康调查 6～79 岁居民年龄别 [a]、性别尿反式-3-(2,2-二氯乙烯)-2,2-二甲基环丙烷羧酸质量分数　　单位：μg/g 肌酐

分组（岁）	调查时期	调查人数	<检出限[b]/%	几何均数（95%置信区间）	P_{10}（95%置信区间）	P_{50}（95%置信区间）	P_{75}（95%置信区间）	P_{95}（95%置信区间）
全体对象 6～79	1	5 443	0.40	0.25（0.21～0.29）	0.062（0.057～0.067）	0.19（0.16～0.22）	0.46（0.35～0.56）	3.0（2.3～3.7）
全体对象 6～79	2	2 028	0.39	0.28（0.23～0.35）	0.062（0.054～0.069）	0.20（0.15～0.24）	0.56（0.42～0.70）	F
全体男性 6～79	1	2 641	0.30	0.22（0.18～0.26）	0.056（0.049～0.063）	0.17（0.14～0.19）	0.39（0.28～0.50）	2.6[E]（1.7～3.6）
全体男性 6～79	2	1 018	0.39	0.21（0.17～0.25）	0.054（0.044～0.064）	0.17（0.13～0.21）	0.36（0.25～0.47）	F
全体女性 6～79	1	2 802	0.50	0.28（0.24～0.32）	0.068（0.060～0.076）	0.22（0.17～0.26）	0.51（0.37～0.65）	3.3（2.8～3.9）
全体女性 6～79	2	1 010	0.40	0.38（0.28～0.52）	0.070（0.058～0.083）	0.24（0.18～0.31）	0.93[E]（0.52～1.3）	F

a 6 岁以下儿童未纳入第一次调查（2007—2009），因此表中仅列出 6～79 岁居民数据以便进行人群总体的数据比较。

b 如果超过 40%的样本检测值低于检出限，则仅报告数据的百分比分布而不报告均值。

E 谨慎引用。

F 数据不可靠，不予发布。

表 14-5-4-5　加拿大第一次（2007—2009）和第二次（2009—2011）健康调查 3～79 岁居民
年龄别 [a] 尿反式-3-(2,2-二氯乙烯)-2,2-二甲基环丙烷羧酸质量分数　　　　　单位：μg/g 肌酐

分组（岁）	调查时期	调查人数	<检出限 [b] /%	几何均数（95%置信区间）	P_{10}（95%置信区间）	P_{50}（95%置信区间）	P_{75}（95%置信区间）	P_{95}（95%置信区间）
全体对象 3～79 [c]	1	—	—	—	—	—	—	—
全体对象 3～79	2	2 548	0.35	0.28（0.23～0.35）	0.063（0.055～0.070）	0.20（0.15～0.24）	0.57（0.43～0.71）	F
3～5 [b]	1	—	—	—	—	—	—	—
3～5	2	520	0.19	0.39（0.27～0.55）	0.097（0.063～0.13）	0.32（0.22～0.42）	0.78[E]（0.48～1.1）	F
6～11	1	1 024	0.29	0.27（0.24～0.31）	0.086（0.078～0.095）	0.21（0.18～0.24）	0.46（0.37～0.54）	2.4[E]（1.3～3.6）
6～11	2	514	0.78	0.24（0.21～0.29）	0.077（0.068～0.087）	0.18（0.16～0.21）	0.43（0.30～0.55）	F
12～19	1	976	0.10	0.21（0.17～0.27）	0.056（0.047～0.065）	0.15（0.11～0.20）	0.42[E]（0.25～0.60）	2.4[E]（1.2～3.5）
12～19	2	509	0	0.21（0.16～0.26）	0.057（0.049～0.065）	0.16（0.12～0.19）	0.32[E]（0.092～0.54）	2.4[E]（1.3～3.5）
20～39	1	1 154	0.61	0.22（0.19～0.26）	0.058（0.050～0.067）	0.17（0.14～0.21）	0.40（0.31～0.49）	2.3[E]（1.4～3.3）
20～39	2	357	0	0.35[E]（0.23～0.54）	0.059（0.039～0.079）	0.22[E]（0.13～0.30）	0.58[E]（0.28～0.89）	F
40～59	1	1 211	0.58	0.27（0.23～0.33）	0.063（0.057～0.069）	0.20（0.17～0.23）	0.50[E]（0.30～0.70）	3.6（2.9～4.4）
40～59	2	358	0.56	0.27（0.23～0.32）	0.065（0.051～0.079）	0.20[E]（0.12～0.27）	0.60（0.43～0.76）	F
60～79	1	1 078	0.37	0.25（0.21～0.31）	0.066（0.060～0.072）	0.20（0.16～0.25）	0.48[E]（0.29～0.66）	2.9[E]（1.7～4.2）
60～79	2	290	0.69	0.27[E]（0.16～0.45）	0.052（0.036～0.069）	0.19[E]（0.10～0.27）	F	F

a 如果超过 40%的样本检测值低于检出限，则仅报告数据的百分比分布而不报告均值。
b 6 岁以下儿童未纳入第一次调查（2007—2009），因此该年龄段无统计数据。
E 谨慎引用。
F 数据不可靠，不予发布。

表 14-5-4-6　加拿大第一次（2007—2009）和第二次（2009—2011）健康调查 3～79 岁居民年龄别[a]、性别尿反式-3-(2,2-二氯乙烯)-2,2-二甲基环丙烷羧酸质量分数　　单位：μg/g 肌酐

分组（岁）	调查时期	调查人数	<检出限[b]/%	几何均数（95%置信区间）	P_{10}（95%置信区间）	P_{50}（95%置信区间）	P_{75}（95%置信区间）	P_{95}（95%置信区间）
全体男性 3～79[c]	1	—	—	—	—	—	—	—
全体男性 3～79	2	1 275	0.31	0.21（0.18～0.25）	0.055（0.045～0.065）	0.17（0.13～0.21）	0.38（0.27～0.49）	F
男 6～11	1	522	0.19	0.26（0.22～0.30）	0.083（0.073～0.092）	0.20（0.17～0.23）	0.39（0.30～0.49）	2.5[E]（0.76～4.3）
男 6～11	2	261	0.77	0.24（0.20～0.30）	0.082（0.065～0.098）	0.19（0.16～0.21）	0.46[E]（0.25～0.66）	F
男 12～19	1	500	0	0.19（0.14～0.25）	0.054（0.045～0.063）	0.15（0.11～0.19）	0.38[E]（0.19～0.58）	1.8[E]（0.90～2.7）
男 12～19	2	254	0	0.17（0.13～0.21）	0.054（0.046～0.063）	0.13（0.097～0.16）	0.24[E]（0.13～0.34）	1.8[E]（<检出限～3.0）
男 20～39	1	508	0.79	0.19（0.16～0.24）	0.053（0.039～0.067）	0.14（0.11～0.17）	0.32（0.22～0.43）	2.5[E]（<检出限～4.3）
男 20～39	2	167	0	0.19（0.14～0.25）	0.059（0.042～0.076）	0.17（0.12～0.22）	0.32（0.23～0.42）	x
男 40～59	1	572	0.35	0.25（0.19～0.31）	0.056（0.044～0.069）	0.19（0.16～0.22）	0.49[E]（0.29～0.69）	3.9[E]（2.0～5.8）
男 40～59	2	194	1.03	0.23（0.18～0.29）	0.050[E]（0.031～0.069）	0.15[E]（0.050～0.24）	0.51[E]（0.28～0.73）	x
男 60～79	1	539	0.19	0.21（0.18～0.25）	0.059（0.053～0.065）	0.16（0.13～0.19）	0.37（0.24～0.51）	1.6[E]（1.95～2.3）
男 60～79	2	142	0	0.21[E]（0.14～0.33）	0.039[E]（0.017～0.060）	0.19[E]（0.11～0.27）	0.38[E]（0.15～0.61）	x
全体女性 3～79[c]	1	—	—	—	—	—	—	—
全体女性 3～79	2	1 273	0.39	0.38（0.29～0.51）	0.071（0.058～0.083）	0.24（0.18～0.31）	0.93[E]（0.53～1.3）	F
女 6～11	1	502	0.40	0.29（0.24～0.34）	0.087（0.075～0.098）	0.22（0.17～0.28）	0.51（0.36～0.67）	2.1[E]（0.66～3.4）
女 6～11	2	253	0.79	0.24（0.19～0.31）	0.077（0.067～0.086）	0.18（0.13～0.22）	0.43[E]（0.26～0.59）	F
女 12～19	1	476	0.21	0.24（0.19～0.30）	0.061（0.052～0.071）	0.17（0.12～0.22）	0.49[E]（0.29～0.69）	F
女 12～19	2	255	0	0.26（0.19～0.34）	0.064（0.047～0.081）	0.19（0.14～0.24）	F	3.1[E]（0.95～5.2）

分组 （岁）	调查 时期	调查 人数	<检出 限[b]/ %	几何均数 （95%置信 区间）	P_{10} （95%置信 区间）	P_{50} （95%置信 区间）	P_{75} （95%置信 区间）	P_{95} （95%置信 区间）
女 20～39	1	646	0.46	0.26 （0.21～0.31）	0.063 （0.052～0.075）	0.20 （0.14～0.27）	0.47 （0.35～0.58）	2.3[E] （1.1～3.5）
女 20～39	2	190	0	0.64[E] （0.31～1.3）	0.067[E] （0.038～0.096）	F	F	x
女 40～59	1	639	0.78	0.30 （0.26～0.36）	0.077 （0.061～0.092）	0.22 （0.16～0.28）	0.53[E] （0.27～0.80）	3.6 （3.0～4.1）
女 40～59	2	164	0	0.32 （0.24～0.44）	0.078[E] （0.050～0.11）	0.24[E] （0.14～0.33）	F	x
女 60～79	1	539	0.56	0.30 （0.22～0.39）	0.073 （0.061～0.085）	0.25 （0.18～0.31）	0.57[E] （0.34～0.80）	3.5[E] （1.6～5.4）
女 60～79	2	148	1.35	F	0.067 （0.051～0.084）	F	F	x

a 3～5 岁年龄组未按照性别分组。
b 如果超过40%的样本检测值低于检出限，则仅报告数据的百分比分布而不报告均值。
c 6 岁以下儿童未纳入第一次调查（2007—2009），因此该年龄段无统计数据。
E 谨慎引用。
F 数据不可靠，不予发布。
x 根据加拿大《统计法》保密规定，不予发布。

14.5.5　3-苯氧基苯甲酸

表 14-5-5-1　加拿大第一次（2007—2009）和第二次（2009—2011）健康调查
6～79 岁居民年龄别[a]尿 3-苯氧基苯甲酸质量浓度　　　　　　　　　单位：μg/L

分组 （岁）	调查 时期	调查 人数	<检出 限[b]/%	几何均数 （95%置信 区间）	P_{10} （95%置信 区间）	P_{50} （95%置信 区间）	P_{75} （95%置信 区间）	P_{95} （95%置信 区间）
全体对象 6～79	1	5 450	0.61	0.25 （0.21～0.31）	0.050 （0.038～0.063）	0.22 （0.17～0.27）	0.55 （0.42～0.68）	2.9 （2.1～3.8）
全体对象 6～79	2	1 994	0	0.43 （0.35～0.54）	0.079 （0.066～0.091）	0.36 （0.29～0.43）	0.99 （0.71～1.3）	5.8[E] （2.0～9.7）
全体男性 6～79	1	2 646	0.42	0.27 （0.22～0.33）	0.055 （0.044～0.065）	0.23 （0.18～0.28）	0.56 （0.43～0.70）	3.3 （2.2～4.4）
全体男性 6～79	2	997	0	0.37 （0.30～0.46）	0.073 （0.053～0.093）	0.33 （0.27～0.39）	0.87 （0.66～1.1）	F
全体女性 6～79	1	2 804	0.78	0.24 （0.19～0.30）	0.045 （0.031～0.059）	0.22 （0.17～0.27）	0.55 （0.40～0.69）	2.6 （1.9～3.3）
全体女性 6～79	2	997	0	0.50 （0.37～0.67）	0.084 （0.068～0.10）	0.38 （0.26～0.50）	1.1[E] （0.64～1.6）	F

a 6 岁以下儿童未纳入第一次调查（2007—2009），因此表中仅列出 6～79 岁居民数据以便进行人群总体的数据比较。
b 如果超过40%的样本检测值低于检出限，则仅报告数据的百分比分布而不报告均值。
E 谨慎引用。
F 数据不可靠，不予发布。

表 14-5-5-2　加拿大第一次（2007—2009）和第二次（2009—2011）健康调查

3～79 岁居民年龄别[a]尿 3-苯氧基苯甲酸质量浓度　　　　　　　　　单位：μg/L

分组（岁）	调查时期	调查人数	<检出限[b]/%	几何均数（95%置信区间）	P_{10}（95%置信区间）	P_{50}（95%置信区间）	P_{75}（95%置信区间）	P_{95}（95%置信区间）
全体对象 3～79[c]	1	—	—	—	—	—	—	—
全体对象 3～79	2	2 516	0.04	0.43 (0.34～0.53)	0.079 (0.066～0.091)	0.36 (0.29～0.43)	0.94 (0.68～1.2)	5.9[E] (2.2～9.5)
3～5	1	—	—	—	—	—	—	—
3～5	2	522	0.19	0.32 (0.23～0.45)	0.078 (0.057～0.099)	0.27 (0.21～0.33)	0.60 (0.41～0.79)	F
6～11	1	1 025	0.68	0.21 (0.16～0.28)	0.047 (0.034～0.060)	0.19 (0.14～0.24)	0.42 (0.33～0.51)	1.7[E] (0.51～2.9)
6～11	2	515	0	0.30 (0.25～0.35)	0.079 (0.063～0.095)	0.24 (0.19～0.30)	0.54 (0.38～0.70)	F
12～19	1	977	0.20	0.28 (0.21～0.38)	0.059[E] (0.030～0.088)	0.25 (0.18～0.32)	0.61 (0.43～0.80)	3.2[E] (2.0～4.5)
12～19	2	509	0	0.36 (0.28～0.45)	0.096 (0.085～0.11)	0.27 (0.20～0.35)	0.64[E] (0.39～0.89)	5.6[E] (2.8～8.3)
20～39	1	1 159	0.35	0.25 (0.20～0.32)	0.051 (0.036～0.067)	0.21 (0.16～0.26)	0.50 (0.38～0.62)	2.5[E] (1.6～3.5)
20～39	2	345	0	0.61[E] (0.41～0.92)	0.094[E] (0.056～0.13)	0.48[E] (0.28～0.67)	1.2[E] (0.70～1.7)	F
40～59	1	1 216	1.07	0.27 (0.21～0.34)	0.046 (0.032～0.060)	0.25 (0.18～0.32)	0.65 (0.48～0.82)	3.5[E] (2.0～5.0)
40～59	2	346	0	0.40 (0.29～0.55)	0.064[E] (0.041～0.088)	0.36 (0.24～0.48)	0.97 (0.63～1.3)	4.2[E] (2.0～6.4)
60～79	1	1 073	0.65	0.24 (0.20～0.29)	0.051 (0.041～0.062)	0.21 (0.17～0.25)	0.52 (0.34～0.70)	2.2 (1.5～2.8)
60～79	2	279	0	0.36[E] (0.24～0.55)	0.074 (0.055～0.093)	0.27[E] (0.14～0.41)	F	F

a 如果超过 40%的样本检测值低于检出限，则仅报告数据的百分比分布而不报告均值。

b 6 岁以下儿童未纳入第一次调查（2007—2009），因此该年龄段无统计数据。

E 谨慎引用。

F 数据不可靠，不予发布。

表 14-5-5-3　加拿大第一次（2007—2009）和第二次（2009—2011）健康调查
3～79 岁居民年龄别 [a]、性别尿 3-苯氧基苯甲酸质量浓度　　　单位：μg/L

分组（岁）	调查时期	调查人数	<检出限 [b]/%	几何均数（95%置信区间）	P_{10}（95%置信区间）	P_{50}（95%置信区间）	P_{75}（95%置信区间）	P_{95}（95%置信区间）
全体男性 3～79 [c]	1	—	—	—	—	—	—	—
全体男性 3～79	2	1 256	0.08	0.37 (0.30～0.46)	0.073 (0.053～0.092)	0.33 (0.27～0.39)	0.87 (0.66～1.1)	F
男 6～11	1	524	0.38	0.20[E] (0.14～0.30)	0.047[E] (0.022～0.071)	0.17 (0.12～0.23)	0.38 (0.27～0.49)	F
男 6～11	2	262	0	0.29 (0.23～0.38)	0.089 (0.059～0.12)	0.25 (0.19～0.31)	0.52 (0.34～0.70)	F
男 12～19	1	501	0	0.26 (0.20～0.35)	0.065[E] (0.038～0.092)	0.23 (0.16～0.30)	0.55[E] (0.31～0.79)	2.5[E] (1.4～3.5)
男 12～19	2	253	0	0.31 (0.24～0.41)	0.10 (0.083～0.12)	0.23 (0.16～0.30)	0.58[E] (0.32～0.84)	F
男 20～39	1	511	0.39	0.26 (0.20～0.34)	0.052[E] (0.032～0.072)	0.21 (0.16～0.27)	0.52 (0.38～0.66)	F
男 20～39	2	161	0	0.41 (0.28～0.58)	F	0.42[E] (0.16～0.69)	0.89 (0.59～1.2)	x
男 40～59	1	575	0.70	0.30 (0.23～0.40)	0.055 (0.043～0.067)	0.27 (0.20～0.35)	0.72[E] (0.40～1.0)	4.1[E] (1.5～6.6)
男 40～59	2	184	0	0.41[E] (0.27～0.62)	0.061[E] (0.024～0.098)	0.35[E] (0.19～0.51)	F	x
男 60～79	1	535	0.56	0.26 (0.21～0.32)	0.058 (0.044～0.072)	0.23 (0.17～0.29)	0.61 (0.41～0.81)	2.2 (1.6～2.9)
男 60～79	2	137	0	0.34[E] (0.21～0.55)	0.075 (0.060～0.091)	0.23[E] (0.084～0.37)	F	x
全体女性 3～79 [c]	1	—	—	—	—	—	—	—
全体女性 3～79	2	1 260	0	0.49 (0.37～0.65)	0.084 (0.069～0.10)	0.38 (0.27～0.48)	1.1[E] (0.65～1.6)	F
女 6～11	1	501	1.00	0.22 (0.17～0.29)	0.048 (0.036～0.060)	0.21 (0.16～0.27)	0.45 (0.33～0.57)	1.7[E] (0.82～2.7)
女 6～11	2	253	0	0.30 (0.23～0.39)	0.061[E] (0.027～0.096)	0.23[E] (0.13～0.33)	0.60[E] (0.34～0.86)	F
女 12～19	1	476	0.42	0.31[E] (0.20～0.47)	0.056[E] (0.020～0.093)	0.28[E] (0.14～0.41)	0.66[E] (0.39～0.94)	4.3[E] (2.7～5.8)
女 12～19	2	256	0	0.41 (0.30～0.55)	0.094[E] (0.054～0.13)	0.34 (0.24～0.44)	0.81[E] (0.31～1.3)	6.0 (3.9～8.1)
女 20～39	1	648	0.31	0.24 (0.18～0.31)	0.051 (0.034～0.068)	0.22 (0.16～0.27)	0.49 (0.34～0.64)	2.6 (1.8～3.3)

分组（岁）	调查时期	调查人数	<检出限[b]/%	几何均数（95%置信区间）	P[10]（95%置信区间）	P[50]（95%置信区间）	P[75]（95%置信区间）	P[95]（95%置信区间）
女 20～39	2	184	0	0.91[E]（0.47～1.8）	0.11[E]（0.067～0.16）	F	F	x
女 40～59	1	641	1.40	0.24（0.18～0.31）	0.039[E]（0.024～0.053）	0.23（0.16～0.31）	0.62（0.49～0.76）	2.4[E]（1.4～3.4）
女 40～59	2	162	0	0.39[E]（0.25～0.61）	0.072[E]（0.031～0.11）	0.37[E]（0.19～0.54）	0.84[E]（0.39～1.3）	x
女 60～79	1	538	0.74	0.22（0.18～0.27）	0.045（0.035～0.056）	0.19（0.14～0.24）	0.48（0.34～0.63）	2.1[E]（1.2～3.1）
女 60～79	2	142	0	0.39[E]（0.24～0.63）	0.066[E]（0.027～0.10）	F	F	x

a 3～5 岁年龄组未按照性别分组。

b 如果超过 40%的样本检测值低于检出限，则仅报告数据的百分比分布而不报告均值。

c 6 岁以下儿童未纳入第一次调查（2007—2009），因此该年龄段无统计数据。

E 谨慎引用。

F 数据不可靠，不予发布。

x 根据加拿大《统计法》保密规定，不予发布。

表 14-5-5-4　加拿大第一次（2007—2009）和第二次（2009—2011）健康调查 6～79 岁居民年龄别[a]、性别尿 3-苯氧基苯甲酸质量分数　　　单位：μg/g 肌酐

分组（岁）	调查时期	调查人数	<检出限[b]/%	几何均数（95%置信区间）	P[10]（95%置信区间）	P[50]（95%置信区间）	P[75]（95%置信区间）	P[95]（95%置信区间）
全体对象 6～79	1	5 436	0.61	0.31（0.25～0.37）	0.078（0.063～0.092）	0.26（0.21～0.31）	0.58（0.44～0.72）	2.8（2.3～3.4）
全体对象 6～79	2	1 985	0	0.42（0.34～0.51）	0.10（0.091～0.11）	0.33（0.26～0.39）	0.77（0.57～0.96）	F
全体男性 6～79	1	2 637	0.42	0.27（0.22～0.32）	0.072（0.065～0.079）	0.22（0.17～0.27）	0.49（0.38～0.61）	2.5（1.9～3.1）
全体男性 6～79	2	994	0	0.31（0.26～0.37）	0.088（0.071～0.10）	0.26（0.21～0.32）	0.52（0.39～0.66）	F
全体女性 6～79	1	2 799	0.79	0.36（0.29～0.44）	0.096（0.080～0.11）	0.30（0.25～0.36）	0.67（0.47～0.86）	3.2（2.5～3.9）
全体女性 6～79	2	991	0	0.56（0.43～0.73）	0.12（0.10～0.14）	0.41（0.30～0.51）	1.0[E]（0.56～1.4）	F

a 6 岁以下儿童未纳入第一次调查（2007—2009），因此表中仅列出 6～79 岁居民数据以便进行人群总体的数据比较。

b 如果超过 40%的样本检测值低于检出限，则仅报告数据的百分比分布而不报告均值。

E 谨慎引用。

F 数据不可靠，不予发布。

表 14-5-5-5　加拿大第一次（2007—2009）和第二次（2009—2011）健康调查
3～79 岁居民年龄别[a]尿 3-苯氧基苯甲酸质量分数　　　　　单位：μg/g 肌酐

分组（岁）	调查时期	调查人数	<检出限[b]/%	几何均数（95%置信区间）	P_{10}（95%置信区间）	P_{50}（95%置信区间）	P_{75}（95%置信区间）	P_{95}（95%置信区间）
全体对象 3～79[c]	1	—	—	—	—	—	—	—
全体对象 3～79	2	2 506	0.04	0.42（0.34～0.51）	0.10（0.092～0.11）	0.33（0.26～0.39）	0.78（0.59～0.97）	F
3～5[b]	1	—	—	—	—	—	—	—
3～5	2	521	0.19	0.56（0.40～0.79）	0.15（0.10～0.19）	0.46（0.35～0.57）	0.92（0.59～1.2）	F
6～11	1	1 022	0.68	0.32（0.26～0.40）	0.098（0.080～0.12）	0.27（0.22～0.33）	0.56（0.42～0.71）	3.0[E]（1.4～4.6）
6～11	2	513	0	0.34（0.29～0.41）	0.12（0.11～0.14）	0.26（0.18～0.34）	0.56（0.36～0.76）	2.7[E]（1.1～4.2）
12～19	1	975	0.21	0.25（0.19～0.32）	0.067（0.052～0.082）	0.19（0.14～0.25）	0.45（0.33～0.57）	2.9[E]（1.7～4.0）
12～19	2	507	0	0.27（0.22～0.34）	0.081（0.070～0.093）	0.21（0.15～0.27）	0.42[E]（0.14～0.69）	2.6（2.1～3.2）
20～39	1	1 155	0.35	0.28（0.22～0.35）	0.073（0.052～0.094）	0.23（0.17～0.29）	0.51（0.38～0.63）	2.4（1.5～3.2）
20～39	2	343	0	0.52[E]（0.35～0.75）	0.11（0.082～0.13）	0.35[E]（0.21～0.49）	0.87[E]（0.48～1.3）	F
40～59	1	1 211	1.07	0.35（0.28～0.43）	0.084（0.068～0.10）	0.30（0.24～0.35）	0.71（0.50～0.93）	2.9（2.2～3.7）
40～59	2	344	0	0.41（0.33～0.51）	0.11（0.093～0.13）	0.35（0.25～0.45）	0.78（0.57～0.99）	3.4[E]（1.2～5.6）
60～79	1	1 073	0.65	0.34（0.28～0.40）	0.090（0.079～0.10）	0.29（0.24～0.34）	0.62（0.42～0.82）	3.0（1.9～4.1）
60～79	2	278	0	0.43[E]（0.29～0.64）	0.092（0.073～0.11）	0.32（0.24～0.41）	F	F

a 如果超过 40%的样本检测值低于检出限，则仅报告数据的百分比分布而不报告均值。
b 6 岁以下儿童未纳入第一次调查（2007—2009），因此该年龄段无统计数据。
E 谨慎引用。
F 数据不可靠，不予发布。

表 14-5-5-6　加拿大第一次（2007—2009）和第二次（2009—2011）健康调查
3～79 岁居民年龄别 [a]、性别尿 3-苯氧基苯甲酸质量分数　　　　单位：μg/g 肌酐

分组（岁）	调查时期	调查人数	<检出限 [b]/%	几何均数（95%置信区间）	P_{10}（95%置信区间）	P_{50}（95%置信区间）	P_{75}（95%置信区间）	P_{95}（95%置信区间）
全体男性3～79 [c]	1	—	—	—	—	—	—	—
全体男性3～79	2	1 252	0.08	0.31（0.26～0.38）	0.088（0.071～0.11）	0.27（0.21～0.33）	0.54（0.41～0.68）	2.7 [E]（0.76～4.7）
男 6～11	1	522	0.38	0.31（0.23～0.40）	0.096（0.080～0.11）	0.24（0.18～0.30）	0.51（0.35～0.67）	3.1 [E]（<检出限～5.2）
男 6～11	2	261	0	0.34（0.27～0.42）	0.14（0.13～0.15）	0.26（0.17～0.34）	0.52 [E]（0.29～0.75）	F
男 12～19	1	500	0	0.22（0.17～0.29）	0.062（0.047～0.077）	0.18（0.11～0.24）	0.41 [E]（0.24～0.58）	1.9 [E]（0.97～2.8）
男 12～19	2	252	0	0.22（0.17～0.29）	0.073（0.064～0.082）	0.17（0.12～0.22）	F	2.4 [E]（0.97～3.8）
男 20～39	1	509	0.39	0.24（0.19～0.31）	0.072（0.056～0.088）	0.19（0.14～0.24）	0.39（0.28～0.50）	2.0 [E]（1.0～3.0）
男 20～39	2	160	0	0.28（0.22～0.36）	0.099（0.067～0.13）	0.29（0.21～0.36）	0.47（0.35～0.59）	x
男 40～59	1	571	0.70	0.30（0.23～0.38）	0.071（0.055～0.086）	0.25（0.18～0.31）	0.64（0.44～0.84）	2.8 [E]（1.2～4.4）
男 40～59	2	184	0	0.36（0.26～0.48）	0.10（0.074～0.13）	0.27 [E]（0.14～0.40）	0.71 [E]（0.43～0.99）	x
男 60～79	1	535	0.56	0.28（0.23～0.33）	0.075（0.064～0.086）	0.24（0.18～0.30）	0.51（0.39～0.64）	2.3（1.5～3.0）
男 60～79	2	137	0	0.32 [E]（0.22～0.47）	0.064 [E]（0.040～0.089）	0.30（0.21～0.39）	0.57 [E]（<检出限～0.86）	x
全体女性3～79 [c]	1	—	—	—	—	—	—	—
全体女性3～79	2	1 254	0	0.56（0.43～0.72）	0.12（0.10～0.14）	0.41（0.31～0.51）	1.0 [E]（0.57～1.4）	F
女 6～11	1	500	1.00	0.35（0.27～0.44）	0.097（0.065～0.13）	0.30（0.24～0.37）	0.60（0.39～0.81）	F
女 6～11	2	252	0	0.35（0.27～0.46）	0.10（0.079～0.13）	0.28（0.19～0.37）	0.61 [E]（0.27～0.94）	3.8 [E]（<检出限～5.5）
女 12～19	1	475	0.42	0.28（0.20～0.38）	0.070（0.050～0.089）	0.21（0.14～0.28）	0.48（0.35～0.60）	3.8 [E]（2.4～5.2）
女 12～19	2	255	0	0.34（0.26～0.43）	0.095（0.068～0.12）	0.26（0.20～0.32）	0.61 [E]（0.18～1.0）	2.6 [E]（1.5～3.8）

分组 （岁）	调查 时期	调查 人数	<检出 限 [b]/ %	几何均数 （95%置信 区间）	P_{10} （95%置信 区间）	P_{50} （95%置信 区间）	P_{75} （95%置信 区间）	P_{95} （95%置信 区间）
女 20～39	1	646	0.31	0.32 （0.25～0.42）	0.085 （0.056～0.11）	0.28 （0.21～0.36）	0.59 （0.45～0.73）	3.1[E] （1.7～4.4）
女 20～39	2	183	0	0.91[E] （0.48～1.7）	0.14[E] （0.071～0.21）	0.56[E] （0.22～0.89）	F	x
女 40～59	1	640	1.41	0.40 （0.32～0.49）	0.11 （0.089～0.12）	0.33 （0.27～0.39）	0.78[E] （0.48～1.1）	3.0 （2.3～3.6）
女 40～59	2	160	0	0.47 （0.35～0.63）	0.12[E] （0.078～0.17）	0.41 （0.28～0.53）	0.88[E] （0.42～1.3）	x
女 60～79	1	538	0.74	0.40 （0.32～0.50）	0.11 （0.093～0.12）	0.33 （0.25～0.42）	0.77 （0.51～1.0）	3.7[E] （1.5～6.0）
女 60～79	2	141	0	0.56[E] （0.31～1.0）	0.11 （0.084～0.14）	F	F	x

a 3～5 岁年龄组未按照性别分组。

b 如果超过 40%的样本检测值低于检出限，则仅报告数据的百分比分布而不报告均值。

c 6 岁以下儿童未纳入第一次调查（2007—2009），因此该年龄段无统计数据。

E 谨慎引用。

F 数据不可靠，不予发布。

x 根据加拿大《统计法》保密规定，不予发布。

参考文献

[1] ATSDR（Agency for Toxic Substances and Disease Registry）. 2003. *Toxicological profile for pyrethrins and pyrethroids*. Atlanta，GA.: U.S. Department of Health and Human Services. Retrieved May 8，2012，from www.atsdr.cdc.gov/toxprofiles/tp155.pdf.

[2] Barr，D. and Needham，L.. 2002. Analytical methods for biological monitoring of exposure to pesticides: A review. *Journal of Chromatography B*，778：5-29.

[3] Bradberry，S.M.，Cage，S.A.，Proudfoot，A.T.，et al. 2005. Poisoning due to pyrethroids. *Toxicological Reviews*，24（2）：93-106.

[4] Canada. 2006. Pest Control Products Act. SC 2002，c. 28. Retrieved May 30，2012，from http://laws-lois. justice.gc.ca/eng/acts/P-9.01/.

[5] CCME（Canadian Council of Ministers of the Environment）. 2006. *Canadian water quality guidelines for the protection of aquatic life-Permethrin*. Retrieved May 8，2012，from www.ccme.ca/assets/pdf/permethrin_ssd_1.0_e.pdf.

[6] CDC（Centers for Disease Control and Prevention）. 2005. *Third national report on human exposure to environmental chemicals*. Atlanta，GA.: Department of Health and Human Services.

[7] CDC（Centers for Disease Control and Prevention）. 2009. *Fourth national report on human exposure to environmental chemicals*. Atlanta，GA.: Department of Health and Human Services. Retrieved July 11，2011，from www.cdc.gov/exposurereport/.

[8] Davies，T.G.E.，Field，L.M.，Usherwood，P.N.R.，et al. 2007. DDT，pyrethrins，pyrethroids and insect sodium channels. *IUBMB Life*，59（3）：151-162.

[9] EPA（U.S. Environmental Protection Agency）. 2009a. *Reregistration eligibility decision（RED） for permethrin: Case no. 2510.* Washington，DC.: Office of Pesticide Programs，EPA. Retrieved May 8，2012，from www.epa.gov/oppsrrd1/REDs/permethrin-redrevised-may2009.pdf.

[10] EPA（U.S. Environmental Protection Agency）. 2009b. *A review of the relationship between pyrethrins, pyrethroid exposure and asthma and allergies.* U.S. Environmental Protection Agency. Retrieved August 22，2012，from www.epa.gov/oppsrrd1/reevaluation/pyrethrins-pyrethroids-asthmaallergy-9-18-09.pdf.

[11] EPA（U.S. Environmental Protection Agency）. 2012. *Pyrethroids and pyrethrins.* U.S. Environmental Protection Agency. Retrieved May 8，2012，from www.epa.gov/oppsrrd1/reevaluation/pyrethroids-pyrethrins.html#epa.

[12] Fortin，M.，Bouchard，M.，Carrier，G.，et al. 2008. Biological monitoring of exposure to pyrethrins and pyrethroids in a metropolitan population of the province of Québec，Canada. *Environmental Research*，107: 343-350.

[13] Health Canada. 2004. Canadian recommendations for the prevention and treatment of malaria among international travellers. *Canadian Communicable Disease Report*，30（S1）: 1-62.

[14] Health Canada. 2009. *Evaluation of pesticide incident report 2008-5998.* Ottawa，ON.: Minister of Health. Retrieved May 21，2012，from www.hc-sc.gc.ca/cps-spc/pubs/pest/_decisions/epir-edirp2008-5998/index-eng.php.

[15] Health Canada. 2011a. *List of maximum residue limits regulated under the Pest Control Products Act.* Ottawa，ON.: Minister of Health. Retrieved April 20，2012，from www.hc-sc.gc.ca/cps-spc/alt_formats/pdf/pest/part/protect-proteger/food-nourriture/mrl-lmr-eng.pdf.

[16] Health Canada. 2011b. *Re-evaluation note REV2011-05: Re-evaluation of pyrethroids, pyrethrins and related active ingredients.* Ottawa，ON.: Minister of Health. Retrieved May 8，2012，from www.hc-sc.gc.ca/cps-spc/alt_formats/pdf/pubs/pest/decisions/rev2011-05/rev2011-05-eng.pdf.

[17] Health Canada. 2012a. *Pesticide label search database.* Ottawa，ON.: Minister of Health. Retrieved April 20，2012，from www.pr-rp.hc-sc.gc.ca/ls-re/index-eng.php.

[18] Health Canada. 2012b. *Pesticide product information database.* Ottawa，ON.: Minister of Health. Retrieved April 20，2012，from www.pr-rp.hc-sc.gc.ca/pi-ip/index-eng.php.

[19] IARC（International Agency for Research on Cancer）. 1991. *Monographs on the evaluation of carcinogenic risks to humans: Occupational exposures in insecticide application, and some pesticides,* vol. 53. Geneva: World Health Organization.

[20] Kuhn，K.，Wieseler，B.，Leng，G.，et al. 1999. Toxicokinetics of pyrethroids in humans: Consequences for biological monitoring. *Bulletin of Environmental Contamination and Toxicology*，62: 101-108.

[21] Moretto，A.. 1991. Indoor spraying with the pyrethroid insecticide lambda-cyhalothrin: Effects on spraymen and inhabitants of sprayed houses. *Bulletin of the World Health Organization*，69（5）: 591-594.

[22] Salome，C.M.，Marks，G.B.，Savides，P.，et al. 2000. The effect of insecticide aerosols on lung function, airway responsiveness and symptoms in asthmatic subjects. *European Respiratory Journal*，16: 38-43.

[23] Starr，J.，Graham，S.，Stout，D.，et al. 2008. Pyrethroid pesticides and their metabolites in vacuum cleaner dust collected from homes and day-care centers. *Environmental Research*，108（3）: 271-279.

[24] Vanden Driessche，K.S.J.，Sow，A.，Van Gompel，A.，et al. 2010. Anaphylaxis in an airplane after insecticide spraying. *Journal of Travel Medicine*，17（6）: 427-429.

15 邻苯二甲酸酯代谢物概况与调查结果

邻苯二甲酸酯又称邻苯二甲酸二酯，它是一类高产量化工原料，广泛应用于各类消费品的生产。表 15-1 列出了加拿大第二次（2009—2011）健康调查中检测到的常见商用邻苯二甲酸酯及其主要代谢物。

表 15-1　加拿大第二次（2009—2011）健康调查邻苯二甲酸酯代谢物及其母体化合物

邻苯二甲酸酯	CAS 编号	代谢物	CAS 编号
邻苯二甲酸丁苄酯（BBP）	85-68-7	邻苯二甲酸单苄酯（MBzP，某些是 MnBP）	2528-16-7
邻苯二甲酸二丁酯（DnBP）	84-74-2	邻苯二甲酸单丁酯（MnBP）	131-70-4
邻苯二甲酸二环己酯（DCHP）	84-61-7	邻苯二甲酸单环己酯（MCHP）	7517-36-4
邻苯二甲酸二乙酯（DEP）	84-66-2	邻苯二甲酸单乙酯（MEP）	2306-33-4
邻苯二甲酸二异丁酯（DiBP）	84-69-5	邻苯二甲酸单异丁酯（MiBP）	30833-53-5
邻苯二甲酸二异壬酯（DiNP）	28553-12-0 68515-48-0	邻苯二甲酸单异壬酯（MiNP）	519056-28-1
邻苯二甲酸二甲酯（DMP）	131-11-3	邻苯二甲酸单甲酯（MMP）	4376-18-5
邻苯二甲酸二正辛酯（DOP）	117-84-0	邻苯二甲酸单辛酯（MOP）	5393-19-1
		邻苯二甲酸单-（3-羧基丙基）酯（MCPP）	66851-46-5
邻苯二甲酸二乙基己酯（DEHP）	117-81-7	邻苯二甲酸单-（2-乙基环己基）酯（MEHP）	4376-20-9
		邻苯二甲酸单-（2-乙基-5-氧基己基）酯（MEOHP）	40321-98-0
		邻苯二甲酸单-（2-乙基-5-羟基己基）酯（MEHHP）	40321-99-1

尽管一些邻苯二甲酸酯天然存在于原油和煤炭中，但绝大多数来源于人类活动。邻苯二甲酸酯主要用作增塑剂来增强塑料的柔韧性和弹性（Frederiksen et al.，2007；Graham，1973）。在加拿大，BBP 用于聚氯乙烯地板和其他材料、油漆、涂料、胶黏剂及印刷油墨等领域（Environment Canada and Health Canada，2000）。DEP 作为最主要的邻苯二甲酸酯物质广泛应用于香水、化妆品及个人护理品等领域（Cosmetic Ingredient Review Expert Panel，2005；Koniecki et al.，2011）。DEHP 添加到聚氯乙烯中用于制造医疗用具，包括静脉气袋、血液袋以及各种类型的管子（NTP-CERHR，2006）。DMP 主要用于生产塑料和消费品（例如杀虫剂等）（Chen et al.，2011）。DnBP 主要用于聚乙烯醇乳胶、黏合剂和涂料等生产领域（Environment Canada and Health Canada，1994a）。DCHP 用作橡胶、树脂和一些高分子聚合物的稳定剂，包括硝化纤维、聚乙酸乙烯酯和聚氯乙烯（CDC，2009）。DiNP 用于聚氯乙烯类消费品、油墨、油漆和密封剂的生产（CDC，2009）。DOP 用于聚合物特别是聚氯乙烯的生产，产品用来生产手套、地板和柔性薄板等（Environment Canada and Health Canada，1993）。在加拿大，BBP、DnBP、DiNP 和 DEHP 等邻苯二甲酸酯也曾用来做儿童柔软塑料玩具和儿童护理用品的增塑剂。

邻苯二甲酸酯可通过其生产和使用过程释放到环境空气中。各种工业废水、市政污水、塑料产品的不完全燃烧及塑料制品的使用和处置都能将邻苯二甲酸酯释放进入自然环境中（Environment Canada and Health Canada，1993；Environment Canada and Health Canada，1994a；Environment Canada and Health Canada，1994b；Environment Canada and Health Canada，2000）。据报道，在食品、水体、环境空气及灰尘中均能检测到邻苯二甲酸酯（Clark，2003）。

膳食暴露及使用聚乙烯塑料制造的消费品是普通公众暴露邻苯二甲酸酯的主要途径（Fromme et al.，2007；Petersen and Breindahl，2000；Tsumura et al.，2001；Wormuth et al.，2006）。因邻苯二甲酸酯与消费品中的塑料并不以化学结合态存在，所以这些产品使用过程中会释放邻苯二甲酸酯。

动物实验表明：口服摄入后邻苯二甲酸酯会被快速吸收，而皮肤接触后一般吸收较慢（ATSDR，1995；ATSDR，1997；ATSDR，2001；ATSDR，2002）。在人体内，邻苯二甲酸酯会被快速代谢，而不在体内积累（CDC，2009）。邻苯二甲酸酯被吸收前经胃肠道或唾液转化为单酯（ATSDR，1995；ATSDR，1997；ATSDR，2001；ATSDR，2002；NRC，2008）。初级代谢物可能在肝脏中通过氧化反应进一步代谢成次生代谢物（Samandar et al.，2009）。邻苯二甲酸酯代谢物可直接排入尿中，也可能与葡萄糖醛酸形成结合物后排泄（Samandar et al.，2009）。尽管邻苯二甲酸单酯化合物的代谢和排泄因为受多种因素影响而有所不同，但普遍具有代谢快、生物半衰期短的特点（ATSDR，1995；ATSDR，1997；ATSDR，2001；ATSDR，2002；Hauser and Calafat，2005）。尿液中邻苯二甲酸酯代谢物的检测已经成为评估人体邻苯二甲酸酯暴露最常用的方法，它可以反映其近期的暴露情况（Blount et al.，2000；Calafat and McKee，2006）。

动物实验表明：某些邻苯二甲酸酯的暴露会对雄性动物的生殖系统产生影响，特别是胎儿阶段 DnBP、BBP 和 DEHP 等邻苯二甲酸酯的暴露会影响雄性动物生殖系统的发育，干扰雄性激素的分泌（David，2006；Foster，2005；Gray et al.，2000；Howdeshell et al.，2007；Main et al.，2006；Wine et al.，1997）。在高剂量暴露下，邻苯二甲酸酯对成年实验动物的睾丸发育有影响（David，2006；Foster，2005）。动物实验已经证实：肝脏和肾脏是邻苯二甲酸酯作用的靶器官（David and Gans，2003；Howdeshell et al.，2007；Main et al.，2006；Wine et al.，1997）。

邻苯二甲酸酯暴露对人体健康影响的数据资料有限。但有多项研究表明人群暴露（包括胎儿阶段暴露）于邻苯二甲酸酯会影响生殖发育（Becker et al.，2009；Blount et al.，2000；Marsee et al.，2006；NTP-CERHR，2003a；NTP-CERHR，2003b；NTP-CERHR，2003c；NTP-CERHR，2003d；NTP-CERHR，2003e；NTP-CERHR，2003f；NTP-CERHR，2006；Silva et al.，2003）。尽管尚无确定的因果关系，但是许多研究表明尿液中邻苯二甲酸酯代谢物浓度与对人体生长发育及生殖系统的不良影响有关，特别是对男性生殖系统而言（Duty et al.，2005；Jensen et al.，2012；Jurewicz and Hanke，2011；Liu et al.，2012；Main et al.，2006；Marsee et al.，2006；Philippat et al.，2011；Snijder et al.，2012；Swan et al.，2005）。国际癌症研究机构（IARC）将 DEHP 列为 3 类致癌物，即无法界定其是否对人类致癌（IARC，2000）。

加拿大环境部和卫生部将包括 DEHP、DnBP、DOP 和 BBP 在内的一些邻苯二甲酸酯列为优先控制污染物（Environment Canada and Health Canada，1994b；Environment Canada and Health Canada，1994a；Environment Canada and Health Canada，1993；Environment Canada and Health Canada，2003；Environment Canada and Health Canada，2000）。基于对现有数据的评估分析，《加拿大环境保护法》未将 DnBP 和 BBP 列入有毒物质清单（Canada，1999；

Environment Canada and Health Canada，1994a；Environment Canada and Health Canada，2000）。同样，DOP 也没有造成生态问题，但是现有数据不足以证明其不会对人体健康造成危害（Environment Canada and Health Canada，1993）。因为 DEHP 现有数据证明其对人体健康造成潜在的威胁，《加拿大环境保护法》(1999)将 DEHP 列为有毒物质（Environment Canada and Health Canada，1994b）。DCHP、DiNP、DiBP 和 DMP 在加拿大被列为高度优先控制物质。根据《加拿大环境保护法》（1999），作为化学品管理计划的一部分，加拿大卫生部和环境部将联合对它们进行风险评估（Canada，2011）。

DEHP 最近被列入加拿大卫生部禁用或限制使用的化妆品成分名录（也称为化妆品成分清单）。该清单是生厂商与各方沟通的管理工具，如果化妆品中使用了清单上所列出的物质，就会对使用者的健康造成危害，违反《加拿大食品药品法案》中禁止出售不安全化妆品的条例（Canada，1985；Health Canada，2011）。最近，加拿大卫生部针对软塑料儿童玩具和儿童护理品，出台了限制 6 种邻苯二甲酸酯（DEHP、DnBP、BBP、DiNP、邻苯二甲酸二异癸酯（DIDP）和 DOP）使用的条例（Canada，2010），该条例与美国、欧盟的做法一致。

对加拿大第一次（2007—2009）健康调查中所有 6～49 岁参与者和第二次（2009—2011）健康调查中所有 3～79 岁参与者均检测了尿液中 11 种邻苯二甲酸酯代谢物（MnBP、MEP、MBzP、MCHP、MEHP、MOP、MiNP、MMP、MCPP、MEHHP 和 MEOHP），第二次（2009—2011）健康调查还检测了所有 3～79 岁调查对象尿液中 MiBP 的含量水平。邻苯二甲酸酯代谢物的检测结果用 µg/L 和 µg/g 肌酐表示，如表 15-1-1～表 15-12-6 所示。尿液中检出邻苯二甲酸酯代谢物可作为邻苯二甲酸酯的暴露标志物，但是这并不意味着一定对健康造成危害。

15.1 邻苯二甲酸单苄酯

表 15-1-1 加拿大第一次（2007—2009）和第二次（2009—2011）健康调查
6～49 岁居民[a]尿邻苯二甲酸单苄酯质量浓度
单位：µg/L

分组（岁）	调查时期	调查人数	<检出限[b]/%	几何均数（95%置信区间）	P_{10}（95%置信区间）	P_{50}（95%置信区间）	P_{75}（95%置信区间）	P_{95}（95%置信区间）
全体对象 6～49	1	3 235	0	12 (9.7～14)	2.2 (1.8～2.7)	12 (9.4～14)	28 (23～33)	81 (67～96)
全体对象 6～49	2	1 608	0	8.8 (7.5～10)	2.2 (1.7～2.7)	8.4 (6.8～10)	18 (15～21)	61 (51～70)
全体男性 6～49	1	1 629	0	12 (10～15)	2.2 (1.6～2.9)	14 (11～18)	30 (25～34)	81 (63～98)
全体男性 6～49	2	809	0	9.2 (7.6～11)	2.4 (1.8～3.0)	9 (6.5～11)	18 (14～22)	60 (46～74)
全体女性 6～49	1	1 606	0	11 (8.9～13)	2.2 (1.7～2.8)	10 (8.0～12)	26 (21～32)	85 (68～100)
全体女性 6～49	2	799	0	8.4 (6.6～11)	2.1[E] (1.3～2.9)	7.7 (5.1～10)	18 (14～22)	61[E] (34～88)

a 为了便于比较第一次调查（2007—2009）数据，6 岁以下儿童和 49 岁以上居民数据未收录，表中仅包含 6～49 岁的居民数据。
b 如果超过 40%的样本检测值低于检出限，则仅报告数据的百分比分布而不报告均值。
E 谨慎引用。

表 15-1-2　加拿大第一次（2007—2009）和第二次（2009—2011）健康调查
3～79 岁居民年龄别尿邻苯二甲酸单苄酯质量浓度　　　　　　　单位：μg/L

分组（岁）	调查时期	调查人数	<检出限[a]/%	几何均数（95%置信区间）	P_{10}（95%置信区间）	P_{50}（95%置信区间）	P_{75}（95%置信区间）	P_{95}（95%置信区间）
全体对象 3～79[b]	1	—	—	—	—	—	—	—
全体对象 3～79	2	2 559	0	7.5 (6.5~8.6)	1.7 (1.3~2.2)	7.1 (6.1~8.1)	16 (13~19)	57 (48~65)
3～5[b]	1	—	—	—	—	—	—	—
3～5	2	522	0	17 (14~20)	4.1[E] (2.6~5.7)	16 (13~18)	33 (23~44)	120 (86~150)
6～11	1	1 037	0	21 (17~25)	4.8 (3.2~6.3)	21 (17~25)	45 (37~53)	120 (98~150)
6～11	2	516	0	19 (15~23)	4.9 (3.5~6.4)	20 (15~24)	35 (28~42)	100 (72~140)
12～19	1	991	0	19 (16~22)	4.4 (3.1~5.7)	20 (16~24)	36 (31~41)	99 (86~110)
12～19	2	512	0	12 (10~15)	3.3 (2.2~4.4)	12 (8.9~15)	25 (21~28)	59 (43~75)
20～39	1	730	0	10 (8.1~13)	2.0 (1.4~2.5)	9.9 (7.0~13)	25 (20~31)	77 (50~100)
20～39	2	359	0	7.3 (5.5~9.7)	1.8[E] (0.78~2.7)	7.0 (5.2~8.7)	14[E] (8.4~19)	60 (39~80)
40～59[b]	1	—	—	—	—	—	—	—
40～59	2	360	0	6 (4.8~7.5)	1.6[E] (0.95~2.2)	5.6[E] (2.9~8.2)	13 (9.4~16)	F
60～79[b]	1	—	—	—	—	—	—	—
60～79	2	290	0	5.2 (4.2~6.4)	1.0[E] (0.55~1.5)	4.7 (3.7~5.8)	11[E] (6.7~15)	36[E] (15~57)

a 如果超过 40%的样本检测值低于检出限，则仅报告数据的百分比分布而不报告均值。

b 6 岁以下和 49 岁以上人群未被纳入第一次调查（2007—2009），因此该年龄段无统计数据。

E 谨慎引用。

F 数据不可靠，不予发布。

表 15-1-3　加拿大第一次（2007—2009）和第二次（2009—2011）健康调查

3～79 岁居民年龄别[a]、性别尿邻苯二甲酸单苄酯质量浓度　　　　　　单位：μg/L

分组（岁）	调查时期	调查人数	<检出限[b]/%	几何均数（95%置信区间）	P_{10}（95%置信区间）	P_{50}（95%置信区间）	P_{75}（95%置信区间）	P_{95}（95%置信区间）
全体男性 3～79[c]	1	—	—	—	—	—	—	—
全体男性 3～79	2	1 281	0	8.0（6.9～9.2）	2.1（1.5～2.7）	7.5（6.2～8.9）	16（13～18）	54（42～65）
男 6～11	1	525	0	21（17～27）	4.9[E]（2.3～7.5）	20（17～24）	46（34～58）	120（100～150）
男 6～11	2	262	0	20（15～26）	4.7[E]（2.5～7.0）	21（14～28）	36（25～48）	120（77～160）
男 12～19	1	506	0	18（15～22）	4.3[E]（2.5～6.0）	19（15～22）	32（27～36）	88（68～110）
男 12～19	2	256	0	13（10～16）	4.1（3.0～5.2）	13（9.0～17）	24（20～29）	60[E]（32～89）
男 20～39	1	366	0	12（8.4～16）	2.0[E]（0.99～3.0）	12[E]（6.9～18）	29（21～37）	80（54～110）
男 20～39	2	168	0	8.2（6.1～11）	2.0[E]（0.86～3.1）	7.6[E]（4.4～11）	16（11～21）	x
男 40～59[c]	1	—	—	—	—	—	—	—
男 40～59	2	194	0	6.0（4.6～7.8）	1.5[E]（0.69～2.4）	5.4[E]（2.4～8.4）	12（8.9～15）	x
男 60～79[c]	1	—	—	—	—	—	—	—
男 60～79	2	141	0	5.3（3.8～7.3）	1.4[E]（0.75～2.1）	4.8（3.3～6.3）	11[E]（4.8～16）	x
全体女性 3～79[c]	1	—	—	—	—	—	—	—
全体女性 3～79	2	1 278	0	7.1（5.7～8.7）	1.5[E]（0.89～2.0）	6.7（4.8～8.6）	16（11～20）	58（41～75）
女 6～11	1	512	0	21（16～27）	4.7[E]（2.6～6.7）	22（14～29）	45（31～58）	100（66～130）
女 6～11	2	254	0	18（14～23）	5.0（3.7～6.3）	18（13～22）	31[E]（19～44）	90[E]（38～140）
女 12～19	1	485	0	20（16～24）	4.4（2.8～6.0）	21（15～27）	41（29～53）	110（78～140）
女 12～19	2	256	0	12（9.2～15）	2.4[E]（1.2～3.6）	11（7.5～15）	26（17～34）	57[E]（34～80）

分组（岁）	调查时期	调查人数	<检出限[b]/%	几何均数（95%置信区间）	P_{10}（95%置信区间）	P_{50}（95%置信区间）	P_{75}（95%置信区间）	P_{95}（95%置信区间）
女 20~39	1	364	0	9.3（7.0~12）	1.9（1.2~2.6）	8.7（6.0~11）	24（16~32）	65[E]（36~93）
女 20~39	2	191	0	6.5[E]（4.4~9.4）	F	5.4[E]（2.6~8.2）	12[E]（7.1~18）	x
女 40~59[c]	1	—	—	—	—	—	—	—
女 40~59	2	166	0	6.0[E]（4.1~8.9）	1.6[E]（0.82~2.5）	6.2[E]（2.6~9.7）	14[E]（6.5~22）	x
女 60~79[c]	1	—	—	—	—	—	—	—
女 60~79	2	149	0	5.1（3.8~7.0）	0.92（0.61~1.2）	4.5[E]（2.9~6.2）	12[E]（5.2~19）	x

a 3~5 岁年龄组未按照性别分组。

b 如果超过 40%的样本检测值低于检出限，则仅报告数据的百分比分布而不报告均值。

c 6 岁以下和 49 岁以上人群未被纳入第一次（2007—2009）调查，因此该年龄段无统计数据。

E 谨慎引用。

F 数据不可靠，不予发布。

x 根据加拿大《统计法》保密规定，不予发布。

表 15-1-4　加拿大第一次（2007—2009）和第二次（2009—2011）健康调查
6~49 岁居民[a]性别尿邻苯二甲酸单苄酯质量分数　　　　单位：μg/g 肌酐

分组（岁）	调查时期	调查人数	<检出限[b]/%	几何均数（95%置信区间）	P_{10}（95%置信区间）	P_{50}（95%置信区间）	P_{75}（95%置信区间）	P_{95}（95%置信区间）
全体对象 6~49	1	3 227	0	13（11~15）	3.7（2.6~4.8）	12（10~14）	24（19~28）	70（59~81）
全体对象 6~49	2	1 600	0	7.7（6.5~9.2）	2.4（1.8~3.0）	7.2（5.7~8.6）	13（9.4~17）	43（36~50）
全体男性 6~49	1	1 623	0	12（9.7~14）	3.0[E]（1.8~4.1）	11（9.4~13）	20（16~24）	61（45~78）
全体男性 6~49	2	806	0	7.3（6.2~8.6）	2.5（1.9~3.0）	6.4（5.1~7.6）	12（9.3~15）	39（26~53）
全体女性 6~49	1	1 604	0	14（12~17）	4.6（3.6~5.6）	13（11~15）	28（23~33）	74
全体女性 6~49	2	794	0	8.2（6.4~11）	2.3[E]（1.2~3.4）	8.2（5.9~10）	16[E]（9.4~22）	46（39~53）

a 为了便于比较第一次调查（2007—2009）数据，6 岁以下儿童和 49 岁以上居民数据未收录，表中仅包含 6~49 岁的居民数据。

b 如果超过 40%的样本检测值低于检出限，则仅报告数据的百分比分布而不报告均值。

E 谨慎引用。

表 15-1-5　加拿大第一次（2007—2009）和第二次（2009—2011）健康调查
3~79 岁居民年龄别尿邻苯二甲酸单苄酯质量分数　　　　　　　单位：μg/g 肌酐

分组（岁）	调查时期	调查人数	<检出限 [a]/%	几何均数（95%置信区间）	P_{10}（95%置信区间）	P_{50}（95%置信区间）	P_{75}（95%置信区间）	P_{95}（95%置信区间）
全体对象 3~79 [b]	1	—	—	—	—	—	—	—
全体对象 3~79	2	2 549	0	7.4（6.4~8.6）	2.2（1.9~2.6）	6.8（5.7~8.0）	13（11~16）	44（37~51）
3~5 [b]	1	—	—	—	—	—	—	—
3~5	2	521	0	29（24~35）	9.4（7.6~11）	26（20~32）	53（39~67）	160（110~200）
6~11	1	1 034	0	32（27~39）	10（8.5~12）	31（25~37）	55（46~65）	140（110~170）
6~11	2	514	0	22（18~26）	6.2（4.3~8.2）	21（17~25）	39（32~47）	98（77~120）
12~19	1	989	0	16（14~19）	5.6（4.1~7.1）	15（13~17）	27（22~33）	70（57~83）
12~19	2	510	0	9.4（7.7~12）	3.2（2.5~3.9）	9.4（7.5~11）	16（13~19）	44（34~54）
20~39	1	728	0	11（8.8~13）	3.0（1.9~4.0）	10（8.1~12）	19（15~23）	54（42~65）
20~39	2	357	0	6.3（4.8~8.4）	2.0 [E]（1.2~2.9）	5.6（4.0~7.3）	11（8.4~14）	36（26~46）
40~59 [b]	1	—	—	—	—	—	—	—
40~59	2	358	0	6.1（5.0~7.3）	2.1（1.7~2.5）	5.5（3.5~7.4）	11（7.8~13）	28 [E]（16~40）
60~79 [b]	1	—	—	—	—	—	—	—
60~79	2	289	0	6.0（5.2~7.1）	2.0（1.5~2.4）	5.8（4.5~7.1）	11（7.7~14）	27 [E]（7.9~46）

a 如果超过 40%的样本检测值低于检出限，则仅报告数据的百分比分布而不报告均值。
b 6 岁以下和 49 岁以上人群未被纳入第一次调查（2007—2009），因此该年龄段无统计数据。
E 谨慎引用。

表 15-1-6　加拿大第一次（2007—2009）和第二次（2009—2011）健康调查
3～79 岁居民年龄别 [a]、性别尿邻苯二甲酸单苄酯质量分数　　　单位：μg/g 肌酐

分组 （岁）	调查 时期	调查 人数	<检出 限 [b]/%	几何均数 （95%置信 区间）	P_{10} （95%置信 区间）	P_{50} （95%置信 区间）	P_{75} （95%置信 区间）	P_{95} （95%置信 区间）
全体男性 3～79 [c]	1	—	—	—	—	—	—	—
全体男性 3～79	2	1 277	0	6.8 （6.0～7.7）	2.2 （1.9～2.5）	5.9 （4.9～6.8）	12 （9.2～14）	39 （28～50）
男 6～11	1	523	0	33 （28～38）	10 （9.1～12）	32 （25～38）	56 （43～70）	140 （110～170）
男 6～11	2	261	0	23 （18～29）	5.8 [E] （3.4～8.2）	23 （16～29）	43 （32～54）	96 （75～120）
男 12～19	1	505	0	15 （13～17）	5.4 （4.2～6.6）	15 （13～17）	23 （19～26）	64 （52～75）
男 12～19	2	255	0	9.2 （7.4～12）	3.1 （2.2～3.9）	9.4 （7.4～11）	15 （11～19）	37 [E] （22～52）
男 20～39	1	364	0	9.7 （7.5～13）	2.7 （1.7～3.6）	9.6 （7.0～12）	18 （14～22）	44 [E] （17～70）
男 20～39	2	167	0	6.1 （4.6～8.2）	2.3 [E] （1.4～3.2）	5.7 （4.3～7.1）	9.5 （6.5～13）	x
男 40～59 [c]	1	—	—	—	—	—	—	—
男 40～59	2	194	0	5.1 （4.4～6.0）	1.9 （1.4～2.4）	4.9 （4.3～5.5）	7.6 （6.7～8.5）	x
男 60～79 [c]	1	—	—	—	—	—	—	—
男 60～79	2	141	0	5.0 （3.9～6.4）	1.6 （1.1～2.1）	4.6 [E] （2.8～6.4）	9.7 [E] （6.2～13）	x
全体女性 3～79 [c]	1	—	—	—	—	—	—	—
全体女性 3～79	2	1 272	0	8.1 （6.5～9.9）	2.2 （1.5～3.0）	7.7 （5.6～9.8）	15 （11～19）	46 （40～52）
女 6～11	1	511	0	32 （26～40）	10 （6.9～13）	30 （23～38）	55 （45～65）	F
女 6～11	2	253	0	21 （17～26）	6.9 （4.5～9.4）	21 （16～26）	34 （26～41）	110 [E] （66～150）
女 12～19	1	484	0	17 （14～21）	5.8 [E] （3.4～8.2）	16 （12～19）	32 （24～40）	77 （60～94）
女 12～19	2	255	0	9.6 （7.5～12）	3.4 （2.7～4.2）	8.9 （6.2～12）	16 （12～20）	45
女 20～39	1	364	0	12 （9.9～15）	4.1 [E] （2.4～5.7）	11 （8.5～14）	21 （15～27）	55 （44～66）

分组 （岁）	调查 时期	调查 人数	<检出 限 b /%	几何均数 （95%置信 区间）	P_{10} （95%置信 区间）	P_{50} （95%置信 区间）	P_{75} （95%置信 区间）	P_{95} （95%置信 区间）
女 20～39	2	190	0	6.5[E] （4.4～9.6）	1.9[E] （0.64～3.1）	5.4[E] （1.8～9.0）	12[E] （5.6～19）	x
女 40～59[c]	1	—	—	—	—	—	—	—
女 40～59	2	164	0	7.2 （5.4～9.6）	2.2[E] （1.4～3.1）	7.6[E] （4.5～11）	13 （8.5～17）	x
女 60～79[c]	1	—	—	—	—	—	—	—
女 60～79	2	148	0	7.2 （5.6～9.3）	2.2[E] （1.2～3.2）	6.4 （4.6～8.2）	12[E] （6.9～18）	x

a 3～5 岁年龄组未按照性别分组。
b 如果超过 40%的样本检测值低于检出限，则仅报告数据的百分比分布而不报告均值。
c 6 岁以下和 49 岁以上人群未被纳入第一次（2007—2009）调查，因此该年龄段无统计数据。
E 谨慎引用。
F 数据不可靠，不予发布。
x 根据加拿大《统计法》保密规定，不予发布。

15.2　邻苯二甲酸单丁酯

表 15-2-1　加拿大第一次（2007—2009）和第二次（2009—2011）健康调查
6～49 岁居民 [a] 尿邻苯二甲酸单丁酯质量浓度　　　　　　　　单位：μg/L

分组 （岁）	调查 时期	调查 人数	<检出 限 b /%	几何均数 （95%置信 区间）	P_{10} （95%置信 区间）	P_{50} （95%置信 区间）	P_{75} （95%置信 区间）	P_{95} （95%置信 区间）
全体对象 6～49	1	3 235	0.03	23 （21～25）	6.1 （4.9～7.2）	23 （20～26）	46 （42～51）	120 （90～150）
全体对象 6～49	2	1 605	0	22 （20～25）	6.9 （5.5～8.3）	22 （19～25）	37 （31～43）	90 （77～100）
全体男性 6～49	1	1 629	0	23 （20～26）	6.4 （4.6～8.2）	24 （21～28）	44 （37～51）	110 （82～150）
全体男性 6～49	2	808	0	23 （19～27）	6.5[E] （4.0～9.0）	23 （18～28）	40 （33～48）	99[E] （55～140）
全体女性 6～49	1	1 606	0.06	23 （21～26）	5.8 （4.6～7.0）	22 （19～25）	48 （43～54）	120 （86～160）
全体女性 6～49	2	797	0	21 （19～24）	7.1 （5.4～8.9）	21 （17～25）	35 （30～41）	86 （67～110）

a 为了便于比较第一次调查（2007—2009）数据，6 岁以下儿童和 49 岁以上居民数据未收录，表中仅包含 6～49 岁的居民数据。
b 如果超过 40%的样本检测值低于检出限，则仅报告数据的百分比分布而不报告均值。
E 谨慎引用。

表 15-2-2　加拿大第一次（2007—2009）和第二次（2009—2011）健康调查
3～79 岁居民年龄别尿邻苯二甲酸单丁酯质量浓度　　　　　　　单位：μg/L

分组（岁）	调查时期	调查人数	<检出限 a / %	几何均数（95%置信区间）	P_{10}（95%置信区间）	P_{50}（95%置信区间）	P_{75}（95%置信区间）	P_{95}（95%置信区间）
全体对象 3～79 b	—	—	—	—	—	—	—	—
全体对象 3～79	2	2 555	0	20（18～22）	5.7（4.3～7.1）	20（18～22）	36（33～39）	87（74～100）
3～5 b	1	—	—	—	—	—	—	—
3～5	2	522	0	32（28～37）	11（8.0～14）	30（26～34）	56（43～69）	130（110～150）
6～11	1	1 037	0	33（29～38）	8.6（6.4～11）	32（27～38）	66（58～75）	160（130～200）
6～11	2	515	0	36（30～44）	9.7（7.7～12）	32（26～37）	58（45～72）	F
12～19	1	991	0	32（29～35）	9.3（7.4～11）	33（29～36）	55（47～63）	140（130～140）
12～19	2	512	0	28（25～33）	9.1（7.0～11）	28（23～33）	50（42～59）	110（81～130）
20～39	1	730	0.14	22（20～25）	6.0（4.2～7.8）	22（18～27）	43（36～50）	100 E（34～170）
20～39	2	358	0	20（16～25）	6.3 E（3.9～8.7）	21（16～26）	36（29～43）	77（56～99）
40～59 b	1	—	—	—	—	—	—	—
40～59	2	357	0	17（14～21）	4.0 E（1.8～6.2）	17（15～20）	29（23～34）	83（57～110）
60～79 b	1	—	—	—	—	—	—	—
60～79	2	291	0	17（14～21）	5.3（3.6～7.0）	16（12～19）	30 E（19～41）	81 E（34～130）

a 如果超过 40%的样本检测值低于检出限，则仅报告数据的百分比分布而不报告均值。
b 6 岁以下和 49 岁以上人群未被纳入第一次调查（2007—2009），因此该年龄段无统计数据。
E 谨慎引用。
F 数据不可靠，不予发布。

表 15-2-3　加拿大第一次（2007—2009）和第二次（2009—2011）健康调查
3～79 岁居民年龄别 [a]、性别尿邻苯二甲酸单丁酯质量浓度　　　　单位：μg/L

分组（岁）	调查时期	调查人数	<检出限 [b] / %	几何均数（95%置信区间）	P_{10}（95%置信区间）	P_{50}（95%置信区间）	P_{75}（95%置信区间）	P_{95}（95%置信区间）
全体男性 3～79 [c]	1	—	—	—	—	—	—	—
全体男性 3～79	2	1 279	0	21（18～24）	6.4（4.7～8.1）	21（18～24）	37（30～44）	96（70～120）
男 6～11	1	525	0	31（24～39）	8.2 [E]（4.8～11）	29（23～35）	62（49～75）	150（99～200）
男 6～11	2	261	0	37（26～52）	9.7（7.7～12）	30（23～38）	65 [E]（26～100）	F
男 12～19	1	506	0	29（26～33）	8.5（6.7～10）	30（27～34）	51（42～60）	110（81～140）
男 12～19	2	256	0	31（25～37）	10（7.2～13）	29（22～36）	51（34～67）	F
男 20～39	1	366	0	23（19～28）	7.0 [E]（3.4～11）	24（19～30）	43（33～53）	110 [E]（54～160）
男 20～39	2	168	0	22（18～27）	5.9 [E]（2.3～9.4）	23（16～30）	44（34～53）	x
男 40～59 [c]	1	—	—	—	—	—	—	—
男 40～59	2	192	0	16（13～21）	F	17（14～20）	29（19～39）	x
男 60～79 [c]	1	—	—	—	—	—	—	—
男 60～79	2	142	0	18（14～23）	6.7（4.7～8.7）	16（13～19）	29（22～36）	x
全体女性 3～79 [c]	1	—	—	—	—	—	—	—
全体女性 3～79	2	1 276	0	19（17～22）	5.2 [E]（3.3～7.2）	19（16～22）	33（27～40）	86（70～100）
女 6～11	1	512	0	36（32～41）	9.4（6.5～12）	36（29～43）	70（57～83）	170（120～210）
女 6～11	2	254	0	35（27～46）	9.8 [E]（5.5～14）	33（25～41）	54（46～63）	F
女 12～19	1	485	0	35（32～38）	10 [E]（6.1～14）	36（31～42）	62（52～73）	140（120～150）
女 12～19	2	256	0	26（22～32）	6.4 [E]（3.2～9.5）	26（18～35）	50（41～59）	100（75～120）

分组（岁）	调查时期	调查人数	<检出限[b]/%	几何均数（95%置信区间）	P_{10}（95%置信区间）	P_{50}（95%置信区间）	P_{75}（95%置信区间）	P_{95}（95%置信区间）
女 20~39	1	364	0.27	22（19~25）	5.6（4.1~7.1）	21（16~25）	42（32~52）	F
女 20~39	2	190	0	18（13~23）	6.5[E]（2.7~10）	19[E]（11~27）	29（19~38）	x
女 40~59[c]	1	—	—	—	—	—	—	—
女 40~59	2	165	0	17（13~23）	F	17（14~21）	29（19~38）	x
女 60~79[c]	1	—	—	—	—	—	—	—
女 60~79	2	149	0	16（12~22）	4.2[E]（2.2~6.2）	15（9.8~20）	34[E]（15~52）	x

a 3~5 岁年龄组未按照性别分组。

b 如果超过 40%的样本检测值低于检出限，则仅报告数据的百分比分布而不报告均值。

c 6 岁以下和 49 岁以上人群未被纳入第一次调查（2007—2009），因此该年龄段无统计数据。

E 谨慎引用。

F 数据不可靠，不予发布。

x 根据加拿大《统计法》保密规定，不予发布。

表 15-2-4　加拿大第一次（2007—2009）和第二次（2009—2011）健康调查

6~49 岁居民[a] 尿邻苯二甲酸单丁酯质量分数　　单位：μg/g 肌酐

分组（岁）	调查时期	调查人数	<检出限[b]/%	几何均数（95%置信区间）	P_{10}（95%置信区间）	P_{50}（95%置信区间）	P_{75}（95%置信区间）	P_{95}（95%置信区间）
全体对象 6~49	1	3 227	0.03	26（24~28）	10（9.6~11）	23（21~24）	38（33~42）	100（78~120）
全体对象 6~49	2	1 597	0	19（18~21）	8.7（7.6~9.9）	17（15~19）	27（22~32）	72（54~91）
全体男性 6~49	1	1 623	0	22（20~23）	9.3（8.3~10）	20（19~21）	31（28~33）	83（60~110）
全体男性 6~49	2	805	0	18（17~20）	7.6（6.5~8.7）	16（14~18）	26（21~30）	78（51~110）
全体女性 6~49	1	1 604	0.06	31（28~34）	13（11~15）	27（23~32）	45（40~49）	120（79~170）
全体女性 6~49	2	792	0	21（18~24）	10（8.5~12）	18（16~21）	29（22~35）	65[E]（37~92）

a 为了便于比较第一次调查（2007—2009）数据，6 岁以下儿童和 49 岁以上居民数据未收录，表中仅包含 6~49 岁的居民数据。

b 如果超过 40%的样本检测值低于检出限，则仅报告数据的百分比分布而不报告均值。

E 谨慎引用。

表 15-2-5　加拿大第一次（2007—2009）和第二次（2009—2011）健康调查
3~79 岁居民年龄别尿邻苯二甲酸单丁酯质量分数　　　　　单位：μg/g 肌酐

分组（岁）	调查时期	调查人数	<检出限[a]/%	几何均数（95%置信区间）	P_{10}（95%置信区间）	P_{50}（95%置信区间）	P_{75}（95%置信区间）	P_{95}（95%置信区间）
全体对象3~79[b]	1	—	—	—	—	—	—	—
全体对象3~79	2	2 545	0	20（18~21）	8.8（7.8~9.8）	18（16~20）	29（25~33）	78（65~92）
3~5[b]	1	—	—	—	—	—	—	—
3~5	2	521	0	56（49~64）	27（23~30）	52（46~59）	79（63~95）	170（110~230）
6~11	1	1 034	0	51（46~56）	22（19~25）	45（40~51）	74（61~86）	210（140~270）
6~11	2	513	0	42（36~48）	17（15~19）	35（30~40）	58（47~70）	F
12~19	1	989	0	27（25~30）	12（11~13）	25（23~27）	36（28~43）	99（89~110）
12~19	2	510	0	22（19~25）	10（9.1~12）	20（17~23）	30（26~35）	62（48~75）
20~39	1	728	0.14	23（21~26）	9.9（8.5~11）	21（19~22）	33（28~38）	F
20~39	2	356	0	17（15~20）	8.5（7.1~9.9）	15（12~17）	23（17~28）	47[E]（15~78）
40~59[b]	1	—	—	—	—	—	—	—
40~59	2	355	0	17（15~19）	7.3（5.9~8.7）	16（14~19）	25（21~28）	55[E]（18~92）
60~79[b]	1	—	—	—	—	—	—	—
60~79	2	290	0	20（17~23）	9.3（7.6~11）	18（14~23）	32（26~38）	72（62~82）

a 如果超过 40%的样本检测值低于检出限，则仅报告数据的百分比分布而不报告均值。

b 6 岁以下和 49 岁以上人群未被纳入第一次调查（2007—2009），因此该年龄段无统计数据。

E 谨慎引用。

F 数据不可靠，不予发布。

表 15-2-6　加拿大第一次（2007—2009）和第二次（2009—2011）健康调查
3～79 岁居民年龄别 [a]、性别尿邻苯二甲酸单丁酯质量分数　　　　单位：μg/g 肌酐

分组（岁）	调查时期	调查人数	<检出限 [b]/%	几何均数（95%置信区间）	P_{10}（95%置信区间）	P_{50}（95%置信区间）	P_{75}（95%置信区间）	P_{95}（95%置信区间）
全体男性 3～79 [c]	1	—	—	—	—	—	—	—
全体男性 3～79	2	1 275	0	18（16～20）	7.6（7.0～8.3）	16（14～18）	27（22～31）	74（61～86）
男 6～11	1	523	0	47（43～50）	21（19～23）	42（38～47）	63（48～79）	140 [E]（71～200）
男 6～11	2	261	0	42（31～58）	17（15～20）	34（26～42）	57 [E]（27～87）	F
男 12～19	1	505	0	24（22～28）	11（9.5～12）	22（20～25）	33（25～40）	99（80～120）
男 12～19	2	255	0	22（18～27）	10（8.7～11）	19（14～23）	32（21～43）	74 [E]（<检出限～120）
男 20～39	1	364	0	19（17～21）	8.2（6.6～9.8）	19（16～22）	26（22～30）	56（39～73）
男 20～39	2	167	0	17（15～18）	8.0（6.2～9.9）	14（12～16）	22（17～27）	x
男 40～59 [c]	1	—	—	—	—	—	—	—
男 40～59	2	192	0	14（12～16）	6.4（5.5～7.3）	13（10～15）	19（13～24）	x
男 60～79 [c]	1	—	—	—	—	—	—	—
男 60～79	2	142	0	17（13～21）	8.0 [E]（4.9～11）	16（12～19）	24 [E]（14～35）	x
全体女性 3～79 [c]	1	—	—	—	—	—	—	—
全体女性 3～79	2	1 270	0	22（19～24）	10（8.7～12）	19（16～23）	31（26～37）	83（64～100）
女 6～11	1	511	0	55（48～64）	22（17～27）	49（43～56）	80（62～97）	220 [E]（110～340）
女 6～11	2	253	0	41（33～50）	16（12～21）	35（29～42）	59（45～72）	160 [E]（72～250）
女 12～19	1	484	0	31（28～34）	15（13～17）	26（23～29）	40（33～47）	99 [E]（60～140）
女 12～19	2	255	0	21（19～24）	11（9.1～13）	21（18～24）	29（25～32）	52（46～58）
女 20～39	1	364	0.27	29（25～32）	12（9.7～14）	25（21～29）	45（39～50）	120 [E]（<检出限～200）

分组 （岁）	调查 时期	调查 人数	<检出 限 [b] /%	几何均数 （95%置信 区间）	P_{10} （95%置信 区间）	P_{50} （95%置信 区间）	P_{75} （95%置信 区间）	P_{95} （95%置信 区间）
女 20~39	2	189	0	17 （14~22）	8.7 （6.0~11）	16 （12~19）	23 （16~29）	x
女 40~59 [c]	1	—	—	—	—	—	—	—
女 40~59	2	163	0	20 （17~25）	10 （6.9~14）	19 （14~24）	25 （21~30）	x
女 60~79 [c]	1	—	—	—	—	—	—	—
女 60~79	2	148	0	23 （18~29）	11 （8.7~13）	23 （15~30）	35 [E] （22~48）	x

a 3~5 岁年龄组未按照性别分组。

b 如果超过40%的样本检测值低于检出限，则仅报告数据的百分比分布而不报告均值。

c 6 岁以下和 49 岁以上人群未被纳入第一次调查（2007—2009），因此该年龄段无统计数据。

E 谨慎引用。

F 数据不可靠，不予发布。

x 根据加拿大《统计法》保密规定，不予发布。

15.3　邻苯二甲酸单环己酯

表 15-3-1　加拿大第一次（2007—2009）和第二次（2009—2011）健康调查
6~49 岁居民 [a] 性别尿邻苯二甲酸单环己酯质量浓度

单位：μg/L

分组 （岁）	调查 时期	调查 人数	<检出 限 [b] /%	几何均数 （95%置信 区间）	P_{10} （95%置信 区间）	P_{50} （95%置信 区间）	P_{75} （95%置信 区间）	P_{95} （95%置信 区间）
全体对象 6~49	1	3 235	87.23	—	<检出限	<检出限	<检出限	0.89[E] （0.46~1.3）
全体对象 6~49	2	1 602	72.41	—	<检出限	<检出限	<检出限	0.45 （0.32~0.58）
全体男性 6~49	1	1 629	88.77	—	<检出限	<检出限	<检出限	0.50[E] （<检出限~0.81）
全体男性 6~49	2	807	73.48	—	<检出限	<检出限	F	F
全体女性 6~49	1	1 606	85.68	—	<检出限	<检出限	<检出限	1.1[E] （0.52~1.7）
全体女性 6~49	2	795	71.32	—	<检出限	<检出限	<检出限	0.44 （0.33~0.55）

a 为了便于比较第一次调查（2007—2009）数据，6 岁以下儿童和 49 岁以上居民数据未收录，表中仅包含 6~49 岁的居民数据。

b 如果超过40%的样本检测值低于检出限，则仅报告数据的百分比分布而不报告均值。

E 谨慎引用。

F 数据不可靠，未公布。

表 15-3-2 加拿大第一次（2007—2009）和第二次（2009—2011）健康调查
3～79 岁居民年龄别尿邻苯二甲酸单环己酯质量浓度

单位：μg/L

分组（岁）	调查时期	调查人数	<检出限 [a]/%	几何均数（95%置信区间）	P_{10}（95%置信区间）	P_{50}（95%置信区间）	P_{75}（95%置信区间）	P_{95}（95%置信区间）
全体对象 3～79 [b]	1	—	—	—	—	—	—	—
全体对象 3～79	2	2 551	71.70	—	<检出限	<检出限	F	0.47[E] (0.28～0.67)
3～5 [b]	1	—	—		<检出限	<检出限	—	
3～5	2	522	68.20	—	<检出限	<检出限	0.13[E] (<检出限～0.22)	F
6～11	1	1 037	85.44	—	<检出限	<检出限	<检出限	1.1[E] (0.48～1.7)
6～11	2	516	67.25	—	<检出限	<检出限	0.15[E] (<检出限～0.23)	1.3[E] (0.46～2.0)
12～19	1	991	87.99	—	<检出限	<检出限	<检出限	1.1[E] (0.59～1.6)
12～19	2	507	73.37	—	<检出限	<检出限	F	F
20～39	1	730	88.77	—	<检出限	<检出限	<检出限	0.86[E] (0.45～1.3)
20～39	2	359	75.49	—	<检出限	<检出限	F	0.33[E] (0.19～0.47)
40～59 [b]	1	—	—		—	—	—	—
40～59	2	358	76.26	—	<检出限	<检出限	<检出限	F
60～79 [b]	1	—	—		<检出限	<检出限	—	
60～79	2	289	72.66	—	<检出限	<检出限	<检出限 [E] (<检出限～0.12)	F

a 如果超过 40%的样本检测值低于检出限，则仅报告数据的百分比分布而不报告均值。
b 6 岁以下和 49 岁以上人群未被纳入第一次调查（2007—2009），因此该年龄段无统计数据。
E 谨慎引用。
F 数据不可靠，不予发布。

表 15-3-3　加拿大第一次（2007—2009）和第二次（2009—2011）健康调查
3～79 岁居民年龄别 [a]、性别尿邻苯二甲酸单环己酯质量浓度　　　单位：μg/L

分组（岁）	调查时期	调查人数	<检出限 [b]/%	几何均数（95%置信区间）	P_{10}（95%置信区间）	P_{50}（95%置信区间）	P_{75}（95%置信区间）	P_{95}（95%置信区间）
全体男性 3～79 [c]	1	—	—	—	—	—	—	—
全体男性 3～79	2	1 278	73.55	—	<检出限	<检出限	F	0.57^E（0.29～0.84）
男 6～11	1	525	86.86	—	<检出限	<检出限	<检出限	F
男 6～11	2	262	69.85	—	<检出限	<检出限	F	1.4^E（0.48～2.4）
男 12～19	1	506	89.72	—	<检出限	<检出限	<检出限	F
男 12～19	2	254	75.59	—	<检出限	<检出限	<检出限	0.57^E（0.35～0.79）
男 20～39	1	366	90.44	—	<检出限	<检出限	<检出限	0.62^E（0.22～1.0）
男 20～39	2	168	72.02	—	<检出限	<检出限	F	x
男 40～59	1	—	—	—	—	—	—	—
男 40～59	2	193	75.13	—	<检出限	<检出限	<检出限	x
男 60～79	1	—						
男 60～79	2	141	77.30	—	<检出限	<检出限	<检出限	x
全体女性 3～79 [c]	1	—	—	—	—	—	—	—
全体女性 3～79	2	1 273	69.84	—	<检出限	<检出限	F	0.44（0.30～0.59）
女 6～11	1	512	83.98	—	<检出限	<检出限	<检出限	1.1（0.87～1.3）
女 6～11	2	254	64.57	—	<检出限	<检出限	0.18^E（0.092～0.26）	F
女 12～19	1	485	86.19	—	<检出限	<检出限	<检出限	1.3^E（0.70～2.0）
女 12～19	2	253	71.15	—	<检出限	<检出限	F	F
女 20～39	1	364	87.09	—	<检出限	<检出限	<检出限	0.96^E（0.46～1.5）
女 20～39	2	191	78.53	—	<检出限	<检出限	<检出限	x
女 40～59 [c]	1	—	—	—	—	—	—	—
女 40～59	2	165	77.58	—	<检出限	<检出限	<检出限	x
女 60～79 [c]	1	—	—	—	—	—	—	—
女 60～79	2	148	68.24	—	<检出限	<检出限	F	x

a 3～5 岁年龄组未按照性别分组。

b 如果超过 40%的样本检测值低于检出限，则仅报告数据的百分比分布而不报告均值。

c 6 岁以下和 49 岁以上人群未被纳入第一次调查（2007—2009），因此该年龄段无统计数据。

E 谨慎引用。

F 数据不可靠，不予发布。

x 根据加拿大《统计法》保密规定，不予发布。

表 15-3-4　加拿大第一次（2007—2009）和第二次（2009—2011）健康调查
6～49 岁居民 [a] 性别尿邻苯二甲酸单环己酯质量分数　　　单位：μg/g 肌酐

分组（岁）	调查时期	调查人数	<检出限 [b]/%	几何均数（95%置信区间）	P_{10}（95%置信区间）	P_{50}（95%置信区间）	P_{75}（95%置信区间）	P_{95}（95%置信区间）
全体对象 6～49	1	3 227	87.46	—	<检出限	<检出限	<检出限	0.94 [E]（0.59～1.3）
全体对象 6～49	2	1 594	71.98	—	<检出限	<检出限	<检出限	0.44 [E]（0.26～0.61）
全体男性 6～49	1	1 623	89.10	—	<检出限	<检出限	<检出限	0.71（<检出限～0.96）
全体男性 6～49	2	804	73.78	—	<检出限	<检出限	<检出限	0.55 [E]（<检出限～0.80）
全体女性 6～49	1	1 604	85.79	—	<检出限	<检出限	<检出限	F
全体女性 6～49	2	790	70.17	—	<检出限	<检出限	<检出限	0.37 [E]（0.22～0.52）

a 为了便于比较第一次调查（2007—2009）数据，6 岁以下儿童和 49 岁以上居民数据未收录，表中仅包含 6～49 岁的居民数据。
b 如果超过 40%的样本检测值低于检出限，则仅报告数据的百分比分布而不报告均值。
E 谨慎引用。
F 数据不可靠，不予发布。

表 15-3-5　加拿大第一次（2007—2009）和第二次（2009—2011）健康调查
3～79 岁居民年龄别尿邻苯二甲酸单环己酯质量分数　　　单位：μg/g 肌酐

分组（岁）	调查时期	调查人数	<检出限 [a]/%	几何均数（95%置信区间）	P_{10}（95%置信区间）	P_{50}（95%置信区间）	P_{75}（95%置信区间）	P_{95}（95%置信区间）
全体对象 3～79 [b]	1	—	—	—	—	—	—	—
全体对象 3～79	2	2 541	71.98		<检出限	<检出限	<检出限（<检出限～0.16）	0.55 [E]（0.33～0.78）
3～5 [b]	1	—	—	—	—	—	—	—
3～5	2	521	68.33		<检出限	<检出限	0.34 [E]（<检出限～0.49）	F
6～11	1	1 034	85.69	—	<检出限	<检出限	<检出限	1.9 [E]（0.92～2.8）
6～11	2	514	67.51	—	<检出限	<检出限	0.21 [E]（<检出限～0.29）	F
12～19	1	989	88.17	—	<检出限	<检出限	<检出限	0.82 [E]（0.39～1.2）
12～19	2	505	73.66	—	<检出限	<检出限	<检出限（<检出限～0.14）	F
20～39	1	728	89.01	—	<检出限	<检出限	<检出限	0.86（0.67～1.0）

分组（岁）	调查时期	调查人数	<检出限[a]/%	几何均数（95%置信区间）	P_{10}（95%置信区间）	P_{50}（95%置信区间）	P_{75}（95%置信区间）	P_{95}（95%置信区间）
20～39	2	357	75.91	—	<检出限	<检出限	<检出限（<检出限～0.15）	0.34[E]（0.11～0.56）
40～59[b]	1	—	—	—	—	—	—	—
40～59	2	356	76.69	—	<检出限	<检出限	<检出限	F
60～79[b]	1	—	—	—	—	—	—	—
60～79	2	288	72.92	—	<检出限	<检出限	<检出限（<检出限～0.25）	0.44[E]（0.26～0.63）

a 如果超过 40%的样本检测值低于检出限，则仅报告数据的百分比分布而不报告均值。

b 6 岁以下和 49 岁以上人群未被纳入第一次调查（2007—2009），因此该年龄段无统计数据。

E 谨慎引用。

F 数据不可靠，未公布。

表 15-3-6　加拿大第一次（2007—2009）和第二次（2009—2011）健康调查
3～79 岁居民年龄别[a]、性别尿邻苯二甲酸单环己基酯质量分数　　　　单位：μg/g 肌酐

分组（岁）	调查时期	调查人数	<检出限[b]/%	几何均数（95%置信区间）	P_{10}（95%置信区间）	P_{50}（95%置信区间）	P_{75}（95%置信区间）	P_{95}（95%置信区间）
全体男性 3～79[c]	1	—	—	—	—	—	—	—
全体男性 3～79	2	1 274	73.78	—	<检出限	<检出限	<检出限（<检出限～0.15）	0.55（0.37～0.73）
男 6～11	1	523	87.19	—	<检出限	<检出限	<检出限	F
男 6～11	2	261	70.11	—	<检出限	<检出限	F	F
男 12～19	1	505	89.90	—	<检出限	<检出限	<检出限	<0.66[E]（<检出限～1.1）
男 12～19	2	253	75.89	—	<检出限	<检出限	<检出限	F
男 20～39	1	364	90.93	—	<检出限	<检出限	<检出限	0.66[E]（0.32～1.0）
男 20～39	2	167	72.46	—	<检出限	<检出限	<检出限（<检出～0.17）	x
男 40～59	1	—	—	—	—	—	—	—
男 40～59	2	193	75.13	—	<检出限	<检出限	<检出限	x
男 60～79	1	—	—	—	—	—	—	—
男 60～79	2	141	77.30	—	<检出限	<检出限	<检出限	x
全体女性 3～79[c]	1	—	—	—	—	—	—	—
全体女性 3～79	2	1 267	70.17	—	<检出限	<检出限	<检出限（<检出限～0.20）	F
女 6～11	1	511	84.15	—	<检出限	<检出限	<检出限	1.8[E]（0.98～2.6）
女 6～11	2	253	64.82	—	<检出限	<检出限	0.23[E]（0.14～0.31）	F

分组（岁）	调查时期	调查人数	<检出限[b]/%	几何均数（95%置信区间）	P_{10}（95%置信区间）	P_{50}（95%置信区间）	P_{75}（95%置信区间）	P_{95}（95%置信区间）
女 12~19	1	484	86.36	—	<检出限	<检出限	<检出限	F
女 12~19	2	252	71.43	—	<检出限	<检出限	<检出限	F
女 20~39	1	364	87.09	—	<检出限	<检出限	<检出限	1.0（0.70~1.4）
女 20~39	2	190	78.95	—	<检出限	<检出限	<检出限	x
女 40~59[c]	1	—	—	—	—	—	—	—
女 40~59	2	163	78.53	—	<检出限	<检出限	<检出限	x
女 60~79[c]	1	—	—	—	—	—	—	—
女 60~79	2	147	68.71	—	<检出限	<检出限	<检出限（<检出限~0.29）	x

a 3~5 岁年龄组未按照性别分组。

b 如果超过 40%的样本检测值低于检出限，则仅报告数据的百分比分布而不报告均值。

c 6 岁以下和 49 岁以上人群未被纳入第一次调查（2007—2009），因此该年龄段无统计数据。

E 谨慎引用。

F 数据不可靠，不予发布。

x 根据加拿大《统计法》保密规定，不予发布。

15.4　邻苯二甲酸单乙酯

表 15-4-1　加拿大第一次（2007—2009）和第二次（2009—2011）健康调查

6~49 岁居民[a]尿邻苯二甲酸单乙酯质量浓度　　　　单位：μg/L

分组（岁）	调查时期	调查人数	<检出限[b]/%	几何均数（95%置信区间）	P_{10}（95%置信区间）	P_{50}（95%置信区间）	P_{75}（95%置信区间）	P_{95}（95%置信区间）
全体对象 6~49	1	3 235	0.03	56（47~66）	9.9（8.3~12）	49（40~57）	140（110~170）	810[E]（340~1300）
全体对象 6~49	2	1 608	0	45（36~56）	7.7（5.8~9.5）	42（33~52）	110（92~130）	460[E]（230~700）
全体男性 6~49	1	1 629	0.06	59（48~72）	10（8.5~11）	49（40~59）	150（100~190）	910[E]（380~1400）
全体男性 6~49	2	809	0	45（34~61）	8.6（6.5~11）	36[E]（23~50）	120[E]（71~160）	F
全体女性 6~49	1	1 606	0	53（44~65）	9.7（7.6~12）	49（36~61）	130（96~160）	F
全体女性 6~49	2	799	0	45（36~56）	7.2（5.2~9.2）	46（35~58）	110（78~140）	380[E]（150~620）

a 为了便于比较第一次调查（2007—2009）数据，6 岁以下儿童和 49 岁以上居民数据未收录，表中仅包含 6~49 岁的居民数据。

b 如果超过 40%的样本检测值低于检出限，则仅报告数据的百分比分布而不报告均值。

E 谨慎引用。

F 数据不可靠，未公布。

表 15-4-2　加拿大第一次（2007—2009）和第二次（2009—2011）健康调查
3～79 岁居民年龄别尿邻苯二甲酸单乙酯质量浓度　　　　　　　单位：μg/L

分组（岁）	调查时期	调查人数	<检出限[a]/%	几何均数（95%置信区间）	P_{10}（95%置信区间）	P_{50}（95%置信区间）	P_{75}（95%置信区间）	P_{95}（95%置信区间）
全体对象 3～79[b]	1	—	—	—	—	—	—	—
全体对象 3～79	2	2 561	0	44（36～54）	7.6（6.0～9.2）	42（35～50）	100（76～130）	F
3～5[b]	1	—	—	—	—	—	—	—
3～5	2	523	0	21（18～24）	6.8（5.4～8.2）	19（16～23）	40（30～51）	120（92～140）
6～11	1	1 037	0.10	26（21～32）	6.3（4.5～8.0）	23（19～28）	53（38～69）	200[E]（120～290）
6～11	2	516	0	29（23～37）	6.6（4.4～8.8）	25[E]（14～36）	65（42～88）	240[E]（110～380）
12～19	1	991	0	65（55～77）	14（9.7～18）	60（47～73）	130（110～150）	550[E]（320～780）
12～19	2	512	0	51（43～61）	10（7.1～14）	47（38～57）	110（95～130）	490[E]（270～710）
20～39	1	730	0	62（51～75）	11（7.3～14）	51（35～68）	150（110～200）	F
20～39	2	359	0	48[E]（31～73）	7.6（4.8～10）	45[E]（25～65）	120[E]（47～190）	F
40～59[b]	1	—	—	—	—	—	—	—
40～59	2	360	0	44[E]（29～69）	6.9[E]（3.1～11）	43[E]（27～60）	110[E]（54～170）	F
60～79[b]	1	—	—	—	—	—	—	—
60～79	2	291	0	49（38～62）	9.1（6.8～11）	44（33～56）	89（71～110）	F

a 如果超过 40%的样本检测值低于检出限，则仅报告数据的百分比分布而不报告均值。
b 6 岁以下和 49 岁以上人群未被纳入第一次调查（2007—2009），因此该年龄段无统计数据。
E 谨慎引用。
F 数据不可靠，不予发布。

表 15-4-3　加拿大第一次（2007—2009）和第二次（2009—2011）健康调查
3～79 岁居民年龄别 [a]、性别尿邻苯二甲酸单乙酯质量浓度　　　　单位：µg/L

分组 （岁）	调查 时期	调查 人数	<检出 限 [b]/ %	几何均数 （95%置信 区间）	P_{10} （95%置信 区间）	P_{50} （95%置信 区间）	P_{75} （95%置信 区间）	P_{95} （95%置信 区间）
全体男性 3～79 [c]	1	—	—	—	—	—	—	—
全体男性 3～79	2	1 282	0	45 （34～60）	8.8 （7.3～10）	38 （25～50）	110 （76～150）	F
男 6～11	1	525	0.19	23 （17～32）	5.8 [E] （3.4～8.1）	20 （14～25）	47 [E] （22～72）	150 [E] （83～210）
男 6～11	2	262	0	25 （18～34）	6.4 （5.2～7.7）	21 [E] （7.9～34）	55 [E] （31～79）	110 （84～140）
男 12～19	1	506	0	57 （47～68）	12 [E] （7.1～18）	49 （42～57）	110 （88～140）	F
男 12～19	2	256	0	45 （37～56）	11 （7.7～13）	39 [E] （20～58）	94 （65～120）	300 [E] （88～520）
男 20～39	1	366	0	75 （53～110）	13 [E] （7.3～19）	67 [E] （33～100）	190 [E] （54～320）	F
男 20～39	2	168	0	53 [E] （29～97）	9.1 [E] （2.7～16）	44 [E] （13～75）	190 [E] （71～310）	x
男 40～59	1	—	—	—	—	—	—	—
男 40～59	2	194	0	48 [E] （28～83）	8.8 [E] （4.6～13）	F	F	x
男 60～79	1	—	—	—	—	—	—	—
男 60～79	2	142	0	46 （36～60）	8.4 [E] （5.1～12）	43 （31～54）	88 （63～110）	x
全体女性 3～79 [c]	1	—	—	—	—	—	—	—
全体女性 3～79	2	1 279	0	43 （36～53）	6.9 （5.0～8.7）	45 （35～54）	92 （67～120）	F
女 6～11	1	512	0	29 （25～34）	6.9 （5.0～8.7）	28 （23～33）	61 （44～78）	260 [E] （140～380）
女 6～11	2	254	0	35 （26～46）	8.2 （6.2～10）	28 [E] （14～41）	70 [E] （24～120）	270 [E] （150～390）
女 12～19	1	485	0	75 （62～89）	16 （11～20）	72 （54～90）	150 （110～190）	500 [E] （260～740）
女 12～19	2	256	0	58 （45～75）	F	52 （40～64）	120 [E] （72～170）	F
女 20～39	1	364	0	50 （41～62）	10 [E] （6.0～14）	45 （30～60）	120 （86～150）	F

分组（岁）	调查时期	调查人数	<检出限[b]/%	几何均数（95%置信区间）	P_{10}（95%置信区间）	P_{50}（95%置信区间）	P_{75}（95%置信区间）	P_{95}（95%置信区间）
女 20～39	2	191	0	43[E]（28～66）	6.8[E]（4.3～9.4）	48[E]（27～69）	110[E]（49～170）	x
女 40～59[c]	1	—	—	—	—	—	—	—
女 40～59	2	166	0	41[E]（24～70）	F	45[E]（24～65）	91[E]（47～130）	x
女 60～79	1	—	—	—	—	—	—	—
女 60～79[c]	2	149	0	51[E]（34～78）	9.2[E]（4.8～14）	45[E]（25～65）	89（59～120）	x

a 3～5 岁年龄组未按照性别分组。

b 如果超过 40%的样本检测值低于检出限，则仅报告数据的百分比分布而不报告均值。

c 6 岁以下和 49 岁以上人群未被纳入第一次调查（2007—2009），因此该年龄段无统计数据。

E 谨慎引用。

F 数据不可靠，不予发布。

x 根据加拿大《统计法》保密规定，不予发布。

表 15-4-4　加拿大第一次（2007—2009）和第二次（2009—2011）健康调查
6～49 岁居民[a]尿邻苯二甲酸单乙酯质量浓度　　　　　　　单位：μg/g 肌酐

分组（岁）	调查时期	调查人数	<检出限[b]/%	几何均数（95%置信区间）	P_{10}（95%置信区间）	P_{50}（95%置信区间）	P_{75}（95%置信区间）	P_{95}（95%置信区间）
全体对象 6～49	1	3 227	0.03	62（54～71）	14（13～16）	53（46～61）	120（100～140）	690[E]（300～1100）
全体对象 6～49	2	1 600	0	40（34～48）	10（7.8～13）	34（26～41）	82（54～110）	F
全体男性 6～49	1	1 623	0.06	55（47～64）	12（10～14）	46（37～55）	110（88～130）	F
全体男性 6～49	2	806	0	37（29～46）	9.3（7.1～12）	26（18～35）	95[E]（57～130）	330[E]（<检出限～540）
全体女性 6～49	1	1 604	0	70（60～83）	17（15～18）	60（54～67）	130（100～160）	F
全体女性 6～49	2	794	0	44（35～56）	13（11～16）	41（32～50）	81（56～110）	F

a 为了便于比较第一次调查（2007—2009）数据，6 岁以下儿童和 49 岁以上居民数据未收录，表中仅包含 6～49 岁的居民数据。

b 如果超过 40%的样本检测值低于检出限，则仅报告数据的百分比分布而不报告均值。

E 谨慎引用。

F 数据不可靠，不予发布。

表 15-4-5 加拿大第一次（2007—2009）和第二次（2009—2011）健康调查
3～79 岁居民年龄别尿邻苯二甲酸单乙酯质量分数 单位：μg/g 肌酐

分组（岁）	调查时期	调查人数	<检出限 [a]/%	几何均数（95%置信区间）	P_{10}（95%置信区间）	P_{50}（95%置信区间）	P_{75}（95%置信区间）	P_{95}（95%置信区间）
全体对象 3～79 [b]	1	—	—	—	—	—	—	—
全体对象 3～79	2	2 551	0	44（37～52）	11（8.9～13）	38（30～45）	88（63～110）	410[E]（<检出限～630）
3～5 [b]	1	—	—	—	—	—	—	—
3～5	2	522	0	36（32～41）	14（12～17）	31（26～36）	54[E]（33～75）	180（130～230）
6～11	1	1 034	0.10	40（33～48）	14（12～16）	33（27～38）	61（48～75）	210[E]（97～320）
6～11	2	514	0	34（27～42）	11（8.7～12）	28（20～36）	64（45～84）	230[E]（130～340）
12～19	1	989	0	55（49～62）	14（13～16）	49（41～57）	100（91～120）	420（350～480）
12～19	2	510	0	39（33～45）	11（9.3～12）	33（27～40）	74（55～93）	310（200～410）
20～39	1	728	0	65（56～75）	14（13～16）	54（45～64）	130（100～160）	F
20～39	2	357	0	42（30～60）	10（6.9～13）	34[E]（16～52）	110[E]（61～160）	F
40～59 [b]	1	—	—	—	—	—	—	—
40～59	2	358	0	45（31～64）	9.7[E]（4.9～15）	39（28～51）	85[E]（33～140）	F
60～79 [b]	1	—	—	—	—	—	—	—
60～79	2	290	0	57（46～70）	14（9.9～18）	47（32～62）	100（77～130）	560[E]（220～900）

a 如果超过 40%的样本检测值低于检出限，则仅报告数据的百分比分布而不报告均值。

b 6 岁以下和 49 岁以上人群未被纳入第一次调查（2007—2009），因此该年龄段无统计数据。

E 谨慎引用。

F 数据不可靠，未公布。

表 15-4-6　加拿大第一次（2007—2009）和第二次（2009—2011）健康调查
3～79 岁居民年龄别 [a]、性别尿邻苯二甲酸单乙酯质量分数　　　单位：μg/g 肌酐

分组（岁）	调查时期	调查人数	<检出限 [b]/%	几何均数（95%置信区间）	P_{10}（95%置信区间）	P_{50}（95%置信区间）	P_{75}（95%置信区间）	P_{95}（95%置信区间）
全体男性 3～79 [c]	1	—	—	—	—	—	—	—
全体男性 3～79	2	1 278	0	39 （31～49）	9.4 （7.7～11）	31 （23～38）	96 （65～130）	390[E] （<检出限～600）
男 6～11	1	523	0.19	35 （28～44）	12 （10～14）	29 （24～34）	55[E] （34～76）	200[E] （120～270）
男 6～11	2	261	0	28 （21～38）	10 （8.7～12）	25[E] （15～34）	60[E] （30～91）	140[E] （78～190）
男 12～19	1	505	0	47 （40～55）	13 （9.3～16）	41 （34～49）	91 （67～120）	420 （270～560）
男 12～19	2	255	0	32 （26～40）	9.5 （8.1～11）	28 （20～37）	56 （38～73）	260[E] （110～410）
男 20～39	1	364	0	63 （50～80）	12 （10～15）	53 （36～71）	140 （90～190）	F
男 20～39	2	167	0	42[E] （26～67）	8.9[E] （4.8～13）	F	130[E] （60～210）	x
男 40～59 [c]	1	—	—	—	—	—	—	—
男 40～59	2	194	0	41[E] （26～65）	9.0[E] （5.2～13）	31[E] （12～50）	100[E] （35～170）	x
男 60～79 [c]	1	—	—	—	—	—	—	—
男 60～79	2	142	0	43 （33～56）	11 （8.3～14）	35[E] （20～49）	86 （56～120）	x
全体女性 3～79 [c]	1	—	—	—	—	—	—	—
全体女性 3～79	2	1 273	0	50 （41～61）	14 （11～17）	44 （38～49）	85 （59～110）	F
女 6～11	1	511	0	45 （38～54）	16 （14～19）	38 （32～43）	70 （56～84）	F
女 6～11	2	253	0	41 （31～54）	12[E] （7.7～17）	34 （24～44）	72[E] （35～110）	260[E] （130～400）
女 12～19	1	484	0	66 （57～76）	17 （15～19）	58 （46～70）	120 （82～160）	420 （300～530）
女 12～19	2	255	0	48 （38～60）	13 （<检出限～17）	39 （29～49）	96 （67～130）	F
女 20～39	1	364	0	66 （53～82）	16 （13～18）	57 （41～74）	130 （95～160）	F

分组（岁）	调查时期	调查人数	<检出限 [b]/%	几何均数（95%置信区间）	P_{10}（95%置信区间）	P_{50}（95%置信区间）	P_{75}（95%置信区间）	P_{95}（95%置信区间）
女 20~39	2	190	0	43[E]（29~65）	13（8.7~16）	41（26~55）	80[E]（31~130）	x
女 40~59[c]	1	—	—	—	—	—	—	—
女 40~59	2	164	0	49[E]（33~74）	14[E]（<检出限~22）	44（33~55）	F	x
女 60~79[c]	1	—	—	—	—	—	—	—
女 60~79	2	148	0	73（52~100）	24（20~29）	61（40~82）	110（81~140）	x

a 3~5 岁年龄组未按照性别分组。

b 如果超过 40%的样本检测值低于检出限，则仅报告数据的百分比分布而不报告均值。

c 6 岁以下和 49 岁以上人群未被纳入第一次调查（2007—2009），因此该年龄段无统计数据。

E 谨慎引用。

F 数据不可靠，不予发布。

x 根据加拿大《统计法》保密规定，不予发布。

15.5　邻苯二甲酸异丁酯

表 15-5-1　加拿大第二次（2009—2011）健康调查
3~79 岁居民年龄别尿邻苯二甲酸异丁酯质量浓度　　　　单位：μg/L

分组（岁）	调查时期	调查人数	<检出限 [a]/%	几何均数（95%置信区间）	P_{10}（95%置信区间）	P_{50}（95%置信区间）	P_{75}（95%置信区间）	P_{95}（95%置信区间）
全体对象 3~79	2	2 547	0.04	14（12~16）	3.5（2.7~4.4）	14（12~16）	25（20~30）	64（50~79）
3~5	2	517	0	22（19~25）	6.9（5.0~8.9）	22（18~26）	39（33~44）	96（68~120）
6~11	2	515	0	22（18~27）	6.6（5.0~8.3）	22（18~26）	39（32~46）	120[E]（67~160）
12~19	2	508	0	18（16~21）	5.6（4.0~7.2）	18（16~20）	31（28~35）	83[E]（38~130）
20~39	2	359	0.28	15（13~18）	3.2[E]（1.7~4.7）	18（15~20）	27（18~36）	65（49~81）
40~59	2	359	0	12（9.6~15）	3.0[E]（1.4~4.7）	12（8.3~15）	21（17~25）	47[E]（18~75）
60~79	2	289	0	9.7（7.6~12）	2.4[E]（1.4~3.4）	9.3（7.5~11）	16（11~20）	42（29~55）

a 如果超过 40%的样本检测值低于检出限，则仅报告数据的百分比分布而不报告均值。

E 谨慎引用。

表 15-5-2　加拿大第二次（2009—2011）健康调查

3～79 岁居民年龄别 [a]、性别尿邻苯二甲酸异丁酯质量浓度　　　　单位：μg/L

分组（岁）	调查时期	调查人数	<检出限 [b]/%	几何均数（95%置信区间）	P_{10}（95%置信区间）	P_{50}（95%置信区间）	P_{75}（95%置信区间）	P_{95}（95%置信区间）
全体男性 3～79	2	1 275	0	14（12～17）	3.7[E]（2.2～5.1）	15（12～17）	26（19～33）	67（43～90）
男 6～11	2	261	0	23（16～32）	6.5（5.0～8.0）	22[E]（13～30）	40[E]（20～60）	130[E]（54～210）
男 12～19	2	256	0	18（16～21）	6.7（4.5～8.8）	17（14～20）	29（25～33）	62（40～84）
男 20～39	2	168	0	16（12～21）	3.7[E]（1.5～6.0）	18（14～21）	34[E]（20～49）	x
男 40～59	2	193	0	12（8.4～17）	2.3[E]（0.69～3.9）	12[E]（7.0～17）	22[E]（14～31）	x
男 60～79	2	141	0	10（7.9～14）	2.9[E]（0.89～4.9）	10（7.7～13）	16（11～21）	x
全体女性 3～79	2	1 272	0.08	13（11～15）	3.5（2.5～4.5）	13（11～16）	23（20～27）	58（42～73）
女 6～11	2	254	0	22（18～27）	6.9[E]（3.5～10）	22（17～27）	36（30～43）	95[E]（56～130）
女 12～19	2	252	0	19（14～25）	4.7[E]（2.7～6.7）	18（14～23）	34（27～40）	F
女 20～39	2	191	0.52	14（11～17）	2.7[E]（1.4～4.0）	18（12～23）	25（18～32）	x
女 40～59	2	166	0	12（9.3～15）	4.0[E]（1.6～6.4）	11（7.7～15）	20（15～25）	x
女 60～79	2	148	0	8.9（6.6～12）	2.1[E]（1.3～3.0）	8.4（6.4～10）	16[E]（8.5～23）	x

a　3～5 岁年龄组未按照性别分组。

b　如果超过 40% 的样本检测值低于检出限，则仅报告数据的百分比分布而不报告均值。

E　谨慎引用。

F　数据不可靠，不予发布。

x　根据加拿大《统计法》保密规定，不予发布。

表 15-5-3　加拿大第二次（2009—2011）健康调查

3～79 岁居民年龄别尿邻苯二甲酸异丁酯质量分数　　　　　单位：μg/g 肌酐

分组（岁）	调查时期	调查人数	<检出限 a/%	几何均数（95%置信区间）	P_{10}（95%置信区间）	P_{50}（95%置信区间）	P_{75}（95%置信区间）	P_{95}（95%置信区间）
全体对象3～79	2	2 537	0.04	13（12～15）	5.4（4.7～6.1）	13（12～14）	21（18～24）	48（38～59）
3～5	2	516	0	37（33～42）	16（13～19）	34（30～38）	55（42～68）	120（89～150）
6～11	2	513	0	25（22～30）	11（8.9～14）	23（20～27）	37（28～45）	94[E]（41～150）
12～19	2	506	0	14（12～16）	7.1（6.1～8.1）	13（11～14）	19（15～23）	41[E]（16～65）
20～39	2	357	0.28	13（12～14）	5.5（4.3～6.6）	13（12～14）	18（14～23）	44[E]（26～62）
40～59	2	357	0	12（11～14）	5.4（4.6～6.2）	12（10～14）	19（15～22）	32（22～42）
60～79	2	288	0	11（8.9～14）	4.5（2.9～6.0）	11（7.8～14）	19（13～24）	37（27～47）

a 如果超过40%的样本检测值低于检出限，则仅报告数据的百分比分布而不报告均值。
E 谨慎引用。

表 15-5-4　加拿大第二次（2009—2011）健康调查

3～79 岁居民年龄别[a]、性别尿邻苯二甲酸异丁酯质量分数　　　单位：μg/g 肌酐

分组（岁）	调查时期	调查人数	<检出限 b/%	几何均数（95%置信区间）	P_{10}（95%置信区间）	P_{50}（95%置信区间）	P_{75}（95%置信区间）	P_{95}（95%置信区间）
全体男性3～79	2	1 271	0	12（11～14）	4.9（3.9～5.9）	11（10～13）	18（14～21）	46（34～58）
男 6～11	2	260	0	26（20～33）	9.9（6.7～13）	22（16～29）	38[E]（21～54）	130[E]（43～210）
男 12～19	2	255	0	13（12～15）	6.2（4.7～7.8）	12（10～14）	18（13～23）	38（30～46）
男 20～39	2	167	0	12（10～14）	5.1（3.3～6.9）	11（9.1～13）	16（11～21）	x
男 40～59	2	193	0	10（8.3～12）	4.7（3.5～5.8）	10（8.0～12）	16（11～20）	x
男 60～79	2	141	0	9.8（7.6～13）	3.8[E]（1.3～6.3）	9.8（7.4～12）	15（12～19）	x
全体女性3～79	2	1 266	0.08	15（13～17）	6.2（5.2～7.3）	14（13～16）	22（19～26）	49（33～65）

分组 （岁）	调查 时期	调查 人数	<检出 限^b/ %	几何均数 （95%置信 区间）	P_{10} （95%置信 区间）	P_{50} （95%置信 区间）	P_{75} （95%置信 区间）	P_{95} （95%置信 区间）
女 6～11	2	253	0	25 （21～30）	12 （9.7～15）	24 （19～30）	33 （26～41）	78 （55～100）
女 12～19	2	251	0	15 （12～19）	7.4 （6.6～8.3）	14 （11～16）	21 （16～26）	F
女 20～39	2	190	0.53	14 （12～17）	5.5 （4.2～6.7）	14 （12～16）	20 （13～27）	x
女 40～59	2	164	0	14 （12～17）	6.3 （4.9～7.8）	14 （11～17）	21 （18～25）	x
女 60～79	2	147	0	13 （9.9～16）	5.4 （3.6～7.3）	12^E （7.7～17）	24 （16～31）	x

a 3～5 岁年龄组未按照性别分组。

b 如果超过 40%的样本检测值低于检出限，则仅报告数据的百分比分布而不报告均值。

E 谨慎引用。

F 数据不可靠，不予发布。

x 根据加拿大《统计法》保密规定，不予发布。

15.6　邻苯二甲酸单异壬酯

表 15-6-1　加拿大第一次（2007—2009）和第二次（2009—2011）健康调查
6～49 岁居民^a性别尿邻苯二甲酸单异壬酯质量浓度　　　　　单位：μg/L

分组 （岁）	调查 时期	调查 人数	<检出 限^b/%	几何均数 （95%置信 区间）	P_{10} （95%置信 区间）	P_{50} （95%置信 区间）	P_{75} （95%置信 区间）	P_{95} （95%置信 区间）
全体对象 6～49	1	3 234	99.35	—	<检出限	<检出限	<检出限	<检出限
全体对象 6～49	2	1 604	99.25	—	<检出限	<检出限	<检出限	<检出限
全体男性 6～49	1	1 628	99.51	—	<检出限	<检出限	<检出限	<检出限
全体男性 6～49	2	807	99.13	—	<检出限	<检出限	<检出限	<检出限
全体女性 6～49	1	1 606	99.19	—	<检出限	<检出限	<检出限	<检出限
全体女性 6～49	2	797	99.37	—	<检出限	<检出限	<检出限	<检出限

a 为了便于比较第一次调查（2007—2009）数据，6 岁以下儿童和 49 岁以上居民数据未收录，表中仅包含 6～49 岁的
居民数据。

b 如果超过 40%的样本检测值低于检出限，则仅报告数据的百分比分布而不报告均值。

表 15-6-2　加拿大第一次（2007—2009）和第二次（2009—2011）健康调查

3～79 岁居民年龄别尿邻苯二甲酸单异壬酯质量浓度　　　　　　单位：μg/L

分组（岁）	调查时期	调查人数	<检出限[a]/%	几何均数（95%置信区间）	P_{10}（95%置信区间）	P_{50}（95%置信区间）	P_{75}（95%置信区间）	P_{95}（95%置信区间）
全体对象3～79[b]	1	—	—	—	—	—	—	—
全体对象3～79	2	2 556	99.30	—	<检出限	<检出限	<检出限	<检出限
3～5[b]	1	—	—	—	—	—	—	—
3～5	2	522	9.04	—	<检出限	<检出限	<检出限	<检出限
6～11	1	1 036	99.42	—	<检出限	<检出限	<检出限	<检出限
6～11	2	514	99.42	—	<检出限	<检出限	<检出限	<检出限
12～19	1	991	99.19	—	<检出限	<检出限	<检出限	<检出限
12～19	2	511	99.41	—	<检出限	<检出限	<检出限	<检出限
20～39	1	730	99.86	—	<检出限	<检出限	<检出限	<检出限
20～39	2	358	98.60	—	<检出限	<检出限	<检出限	<检出限
40～59[b]	1	—	—	—	—	—	—	—
40～59	2	360	99.72	—	<检出限	<检出限	<检出限	<检出限
60～79[b]	1	—	—	—	—	—	—	—
60～79	2	291	99.66	—	<检出限	<检出限	<检出限	<检出限

a 如果超过 40%的样本检测值低于检出限，则仅报告数据的百分比分布而不报告均值。

b 6 岁以下儿童和 49 岁以上人群未纳入第一次调查（2007—2009），因此该年龄段无统计数据。

表 15-6-3　加拿大第一次（2007—2009）和第二次（2009—2011）健康调查

3～79 岁居民年龄别[a]、性别尿邻苯二甲酸单异壬酯质量浓度　　　　　　单位：μg/L

分组（岁）	调查时期	调查人数	<检出限[b]/%	几何均数（95%置信区间）	P_{10}（95%置信区间）	P_{50}（95%置信区间）	P_{75}（95%置信区间）	P_{95}（95%置信区间）
全体男性3～79[c]	1	—	—	—	—	—	—	—
全体男性3～79	2	1 280	99.45	—	<检出限	<检出限	<检出限	<检出限
男 6～11	1	524	99.24	—	<检出限	<检出限	<检出限	<检出限
男 6～11	2	261	98.85	—	<检出限	<检出限	<检出限	<检出限
男 12～19	1	506	99.41	—	<检出限	<检出限	<检出限	<检出限
男 12～19	2	255	99.61	—	<检出限	<检出限	<检出限	<检出限
男 20～39	1	366	100.00	—	<检出限	<检出限	<检出限	<检出限
男 20～39	2	168	98.21	—	<检出限	<检出限	<检出限	x
男 40～59	1	—	—	—	—	—	—	—
男 40～59	2	194	100.00	—	<检出限	<检出限	<检出限	x
男 60～79	1	—	—	—	—	—	—	—
男 60～79	2	142	100.00	—	<检出限	<检出限	<检出限	x

分组（岁）	调查时期	调查人数	<检出限[b]/%	几何均数（95%置信区间）	P_{10}（95%置信区间）	P_{50}（95%置信区间）	P_{75}（95%置信区间）	P_{95}（95%置信区间）
全体女性 3～79[c]	1	—	—	—	—	—	—	—
全体女性 3～79	2	1 276	99.14	—	<检出限	<检出限	<检出限	<检出限
女 6～11	1	512	99.61	—	<检出限	<检出限	<检出限	<检出限
女 6～11	2	253	100.00	—	<检出限	<检出限	<检出限	<检出限
女 12～19	1	485	98.97	—	<检出限	<检出限	<检出限	<检出限
女 12～19	2	256	99.22	—	<检出限	<检出限	<检出限	<检出限
女 20～39	1	364	99.73	—	<检出限	<检出限	<检出限	<检出限
女 20～39	2	190	98.95	—	<检出限	<检出限	<检出限	x
女 40～59	1	—	—	—	—	—	—	—
女 40～59	2	166	99.40	—	<检出限	<检出限	<检出限	x
女 60～79	1	—	—	—	—	—	—	—
女 60～79	2	149	99.33	—	<检出限	<检出限	<检出限	x

a 3～5 岁年龄组未按照性别分组。

b 如果超过 40%的样本检测值低于检出限，则仅报告数据的百分比分布而不报告均值。

c 6 岁以下儿童和 49 岁以上人群未纳入第一次调查（2007—2009），因此该年龄段无统计数据。

x 根据加拿大《统计法》保密规定，不予发布。

表 15-6-4　加拿大第一次（2007—2009）和第二次（2009—2011）健康调查
6～49 岁居民[a]性别尿邻苯二甲酸单异壬酯质量分数　　　　单位：μg/g 肌酐

分组（岁）	调查时期	调查人数	<检出限[b]/%	几何均数（95%置信区间）	P_{10}（95%置信区间）	P_{50}（95%置信区间）	P_{75}（95%置信区间）	P_{95}（95%置信区间）
全体对象 6～49	1	3 226	99.60	—	<检出限	<检出限	<检出限	<检出限
全体对象 6～49	2	1 596	99.69	—	<检出限	<检出限	<检出限	<检出限
全体男性 6～49	1	1 622	99.88	—	<检出限	<检出限	<检出限	<检出限
全体男性 6～49	2	804	99.76	—	<检出限	<检出限	<检出限	<检出限
全体女性 6～49	1	1 604	99.31	—	<检出限	<检出限	<检出限	<检出限
全体女性 6～49	2	792	99.61	—	<检出限	<检出限	<检出限	<检出限

a 为了便于比较第一次调查（2007—2009）数据，6 岁以下儿童和 49 岁以上居民数据未收录，表中仅包含 6～49 岁的居民数据。

b 如果超过 40%的样本检测值低于检出限，则仅报告数据的百分比分布而不报告均值。

表 15-6-5　加拿大第一次（2007—2009）和第二次（2009—2011）健康调查

3～79 岁居民年龄别尿邻苯二甲酸单异壬酯质量分数　　　　　单位：μg/g 肌酐

分组（岁）	调查时期	调查人数	<检出限[a]/%	几何均数（95%置信区间）	P_{10}（95%置信区间）	P_{50}（95%置信区间）	P_{75}（95%置信区间）	P_{95}（95%置信区间）
全体对象 3～7[b]	1	—	—	—	—	—	—	—
全体对象 3～79	2	2 546	99.69	—	<检出限	<检出限	<检出限	<检出限
3～5[b]	1	—	—	—	—	—	—	—
3～5	2	521	99.23	—	<检出限	<检出限	<检出限	<检出限
6～11	1	1 033	99.71	—	<检出限	<检出限	<检出限	<检出限
6～11	2	512	99.80	—	<检出限	<检出限	<检出限	<检出限
12～19	1	989	99.39	—	<检出限	<检出限	<检出限	<检出限
12～19	2	509	99.80	—	<检出限	<检出限	<检出限	<检出限
20～39	1	728	100	—	<检出限	<检出限	<检出限	<检出限
20～39	2	356	99.16	—	<检出限	<检出限	<检出限	<检出限
40～59[b]	1	—	—	—	—	—	—	—
40～59	2	358	100	—	<检出限	<检出限	<检出限	<检出限
60～79[b]	1	—	—	—	—	—	—	—
60～79	2	290	100	—	<检出限	<检出限	<检出限	<检出限

a 如果超过 40%的样本检测值低于检出限，则仅报告数据的百分比分布而不报告均值。

b 6 岁以下和 49 岁以上人群未被纳入第一次调查（2007—2009），因此该年龄段无统计数据。

表 15-6-6　加拿大第一次（2007—2009）和第二次（2009—2011）健康调查

3～79 岁居民年龄别[a]、性别尿邻苯二甲酸单异壬酯质量分数　　　　　单位：μg/g 肌酐

分组（岁）	调查时期	调查人数	<检出限[b]/%	几何均数（95%置信区间）	P_{10}（95%置信区间）	P_{50}（95%置信区间）	P_{75}（95%置信区间）	P_{95}（95%置信区间）
全体男性 3～79[c]	1	—	—	—	—	—	—	—
全体男性 3～79	2	1 276	99.76	—	<检出限	<检出限	<检出限	<检出限
男 6～11	1	522	99.62	—	<检出限	<检出限	<检出限	<检出限
男 6～11	2	260	99.23	—	<检出限	<检出限	<检出限	<检出限
男 12～19	1	505	99.60	—	<检出限	<检出限	<检出限	<检出限
男 12～19	2	254	100	—	<检出限	<检出限	<检出限	<检出限
男 20～39	1	364	100	—	<检出限	<检出限	<检出限	<检出限
男 20～39	2	167	98.80	—	<检出限	<检出限	<检出限	<检出限
男 40～59[c]	1	—	—	—	—	—	—	—
男 40～59	2	194	100	—	<检出限	<检出限	<检出限	x
男 60～79[c]	1	—	—	—	—	—	—	—
男 60～79	2	142	100	—	<检出限	<检出限	<检出限	x
全体女性 3～79[c]	1	—	—	—	—	—	—	—

分组（岁）	调查时期	调查人数	<检出限 b/%	几何均数（95%置信区间）	P_{10}（95%置信区间）	P_{50}（95%置信区间）	P_{75}（95%置信区间）	P_{95}（95%置信区间）
全体女性 3~79	2	1 270	99.61	—	<检出限	<检出限	<检出限	<检出限
女 6~11	1	511	99.80	—	<检出限	<检出限	<检出限	<检出限
女 6~11	2	252	100	—	<检出限	<检出限	<检出限	<检出限
女 12~19	1	484	99.17	—	<检出限	<检出限	<检出限	<检出限
女 12~19	2	255	99.61	—	<检出限	<检出限	<检出限	<检出限
女 20~39	1	364	99.73	—	<检出限	<检出限	<检出限	<检出限
女 20~39	2	189	99.47	—	<检出限	<检出限	<检出限	x
女 40~59[c]	1	—	—	—	—	—	—	—
女 40~59	2	164	100	—	<检出限	<检出限	<检出限	x
女 60~79[c]	1	—	—	—	—	—	—	—
女 60~79	2	148	100	—	<检出限	<检出限	<检出限	x

a 3~5 岁年龄组未按照性别分组。

b 如果超过 40%的样本检测值低于检出限，则仅报告数据的百分比分布而不报告均值。

c 6 岁以下和 49 岁以上人群未被纳入第一次调查（2007—2009），因此该年龄段无统计数据。

x 根据加拿大《统计法》保密规定，不予发布。

15.7 邻苯二甲酸单甲酯

表 15-7-1　加拿大第一次（2007—2009）和第二次（2009—2011）健康调查

6~49 岁居民 [a]性别尿邻苯二甲酸单甲酯质量浓度　　　　单位：μg/L

分组（岁）	调查时期	调查人数	<检出限 b/%	几何均数（95%置信区间）	P_{10}（95%置信区间）	P_{50}（95%置信区间）	P_{75}（95%置信区间）	P_{95}（95%置信区间）
全体对象 6~49	1	3 235	73.42	—	<检出限	<检出限	<检出限	9.7（8.2~11）
全体对象 6~49	2	1 607	56.94	—	<检出限	<检出限	<检出限（<检出限~5.6）	17（14~21）
全体男性 6~49	1	1 629	71.15	—	<检出限	<检出限	<检出限	9.8[E]（<检出限~15）
全体男性 6~49	2	808	55.45	—	<检出限	<检出限	5.6（<检出限~7.1）	17（11~24）
全体女性 6~49	1	1 606	75.72	—	<检出限	<检出限	<检出限	9.6（8.9~10）
全体女性 6~49	2	799	58.45	—	<检出限	<检出限	<检出限	17[E]（7.4~27）

a 为了便于比较第一次调查（2007—2009）数据，6 岁以下儿童和 49 岁以上居民数据未收录，表中仅包含 6~49 岁的居民数据。

b 如果超过 40%的样本检测值低于检出限，则仅报告数据的百分比分布而不报告均值。

E 谨慎引用。

表 15-7-2   加拿大第一次（2007—2009）和第二次（2009—2011）健康调查

3～79 岁居民年龄别尿邻苯二甲酸单甲酯质量浓度   单位：μg/L

分组（岁）	调查时期	调查人数	<检出限[a]/%	几何均数（95%置信区间）	P_{10}（95%置信区间）	P_{50}（95%置信区间）	P_{75}（95%置信区间）	P_{95}（95%置信区间）
全体对象 3～79[b]	1	—	—	—	—	—	—	—
全体对象 3～79	2	2 559	58.38	—	<检出限	<检出限	<检出限	17[E]（9.3～25）
3～5[b]	1	—	—	—	—	—	—	—
3～5	2	523	43.98	—	<检出限	<检出限（<检出限～5.9）	8.4（7.5～9.3）	F
6～11	1	1 037	64.90	—	<检出限	<检出限	7.0（<检出限～9.2）	25（17～32）
6～11	2	515	42.33	—	<检出限	<检出限（<检出限～6.5）	8.7[E]（<检出限～14）	34[E]（19～49）
12～19	1	991	67.81	—	<检出限	<检出限	5.9（<检出限～7.3）	11[E]（<检出限～18）
12～19	2	512	53.91	—	<检出限	<检出限	6.4（5.5～7.3）	18（12～24）
20～39	1	730	83.97	—	<检出限	<检出限	<检出限	9.4（8.1～11）
20～39	2	359	70.75	—	<检出限	<检出限	<检出限	F
40～59[b]	1	—	—	—	—	—	—	—
40～59	2	360	78.33		<检出限	<检出限	<检出限	F
60～79[b]	1	—	—	—	—	—	—	—
60～79	2	290	80.69	—	<检出限	<检出限	<检出限	8.5（7.1～9.8）

a 如果超过 40%的样本检测值低于检出限，则仅报告数据的百分比分布而不报告均值。

b 6 岁以下和 49 岁以上人群未被纳入第一次调查（2007—2009），因此该年龄段无统计数据。

E 谨慎引用。

F 数据不可靠，不予发布。

表 15-7-3   加拿大第一次（2007—2009）和第二次（2009—2011）健康调查

3～79 岁居民年龄别[a]、性别尿邻苯二甲酸单甲酯质量浓度   单位：μg/L

分组（岁）	调查时期	调查人数	<检出限[b]/%	几何均数（95%置信区间）	P_{10}（95%置信区间）	P_{50}（95%置信区间）	P_{75}（95%置信区间）	P_{95}（95%置信区间）
全体男性 3～79[c]	1	—	—	—	—	—	—	—
全体男性 3～79	2	1 278	56.02	—	<检出限	<检出限	5.3（<检出限～7.0）	F
男 6～11	1	525	63.81	—	<检出限	<检出限	6.9[E]（<检出限～10）	27[E]（17～37）
男 6～11	2	261	44.83	—	<检出限	5.0（<检出限～6.7）	F	31[E]（19～43）

分组（岁）	调查时期	调查人数	<检出限 [b]/%	几何均数（95%置信区间）	P_{10}（95%置信区间）	P_{50}（95%置信区间）	P_{75}（95%置信区间）	P_{95}（95%置信区间）
男 12～19	1	506	65.61	—	<检出限	<检出限	5.6（<检出限～7.6）	9.7（9.4～10）
男 12～19	2	256	53.13	—	<检出限	<检出限	6.4（5.5～7.3）	F
男 20～39	1	366	80.60	—	<检出限	<检出限	<检出限	9.6[E]（5.9～13）
男 20～39	2	168	64.29	—	<检出限	<检出限	<检出限[E]（<检出限～6.6）	x
男 40～59[c]	1	—	—	—	—	—	—	—
男 40～59	2	194	73.20	—	<检出限	<检出限	<检出限	x
男 60～79[c]	1	—	—	—	—	—	—	—
男 60～79	2	141	73.05	—	<检出限	<检出限	F	x
全体女性 3～79[c]	1	—	—	—	—	—	—	—
全体女性 3～79	2	1 279	60.75	—	<检出限	<检出限	<检出限	F
女 6～11	1	512	66.02	—	<检出限	<检出限	7.1（5.0～9.3）	23[E]（13～32）
女 6～11	2	254	39.76	7.7[E]（5.2～12）	<检出限	<检出限[E]（<检出限～6.9）	F	F
女 12～19	1	485	70.10	—	<检出限	<检出限	6.2（<检出限～8.0）	18[E]（8.8～27）
女 12～19	2	256	54.69	—	<检出限	<检出限	6.3（<检出限～8.1）	19[E]（12～26）
女 20～39	1	364	89.36	—	<检出限	<检出限	<检出限	9.2[E]（5.3～13）
女 20～39	2	191	76.44	—	<检出限	<检出限	<检出限	x
女 40～59[c]	1	—	—	—	—	—	—	—
女 40～59	2	166	84.34	—	<检出限	<检出限	<检出限	x
女 60～79[c]	1	—	—	—	—	—	—	—
女 60～79	2	149	87.92	—	<检出限	<检出限	<检出限	x

a 3～5 岁年龄组未按照性别分组。

b 如果超过 40%的样本检测值低于检出限，则仅报告数据的百分比分布而不报告均值。

c 6 岁以下和 49 岁以上人群未被纳入第一次调查（2007—2009），因此该年龄段无统计数据。

E 谨慎引用。

F 数据不可靠，不予发布。

x 根据加拿大《统计法》保密规定，不予发布。

表 15-7-4　加拿大第一次（2007—2009）和第二次（2009—2011）健康调查
6～49 岁居民 [a] 性别尿邻苯二甲酸单甲酯质量分数　　　　　　单位：μg/g 肌酐

分组（岁）	调查时期	调查人数	<检出限 [b] /%	几何均数（95%置信区间）	P_{10}（95%置信区间）	P_{50}（95%置信区间）	P_{75}（95%置信区间）	P_{95}（95%置信区间）
全体对象6～49	1	3 227	73.58	—	<检出限	<检出限	<检出限	18（16～20）
全体对象6～49	2	1 599	58.61	—	<检出限	<检出限	<检出限（<检出限～5.9）	16（11～20）
全体男性6～49	1	1 623	71.37	—	<检出限	<检出限	<检出限	16（<检出限～19）
全体男性6～49	2	805	56.19	—	<检出限	<检出限	5.1（<检出限～6.0）	15[E]（7.9～23）
全体女性6～49	1	1 604	75.83	—	<检出限	<检出限	<检出限	20（17～22）
全体女性6～49	2	794	61.04	—	<检出限	<检出限	<检出限	17[E]（9.7～24）

a 为了便于比较第一次调查（2007—2009）数据，6 岁以下儿童和 49 岁以上居民数据未收录，表中仅包含 6～49 岁的居民数据。
b 如果超过 40%的样本检测值低于检出限，则仅报告数据的百分比分布而不报告均值。
E 谨慎引用。

表 15-7-5　加拿大第一次（2007—2009）和第二次（2009—2011）健康调查
3～79 岁居民年龄别尿邻苯二甲酸单甲酯质量分数　　　　　　单位：μg/g 肌酐

分组（岁）	调查时期	调查人数	<检出限 [a] /%	几何均数（95%置信区间）	P_{10}（95%置信区间）	P_{50}（95%置信区间）	P_{75}（95%置信区间）	P_{95}（95%置信区间）
全体对象3～79 [b]	1	—	—	—	—	—	—	—
全体对象3～79	2	2 549	58.61	—	<检出限	<检出限	<检出限	17（12～22）
3～5 [b]	1	—	—	—	—	—	—	—
3～5	2	522	44.06	—	<检出限	<检出限（<检出限～9.8）	15（12～19）	51[E]（22～80）
6～11	1	1 034	65.09	—	<检出限	<检出限	11（<检出限～13）	37（25～49）
6～11	2	513	42.50	—	<检出限	<检出限（<检出限～7.7）	12（<检出限～16）	34[E]（16～52）
12～19	1	989	67.95	—	<检出限	<检出限	5.9（<检出限～6.6）	13（<检出限～15）

分组 （岁）	调查 时期	调查 人数	<检出 限 ª/%	几何均数 （95%置信 区间）	P_{10} （95%置信 区间）	P_{50} （95%置信 区间）	P_{75} （95%置信 区间）	P_{95} （95%置信 区间）
12～19	2	510	54.12	—	<检出限	<检出限	5.1 （4.0～6.1）	13 （10～15）
20～39	1	728	84.20	—	<检出限	<检出限	<检出限	17 （13～22）
20～39	2	357	71.15	—	<检出限	<检出限	<检出限	F
40～59 ᵇ	1	—	—	—	—	—	—	—
40～59	2	358	78.77	—	<检出限	<检出限	<检出限	F
60～79 ᵇ	1	—	—	—	—	—	—	—
60～79	2	289	80.97	—	<检出限	<检出限	<检出限	16 （12～21）

a 如果超过 40%的样本检测值低于检出限，则仅报告数据的百分比分布而不报告均值。

b 6 岁以下和 49 岁以上人群未被纳入第一次调查（2007—2009），因此该年龄段无统计数据。

E 谨慎引用。

F 数据不可靠，未公布。

表 15-7-6　加拿大第一次（2007—2009）和第二次（2009—2011）健康调查

3～79 岁居民年龄别 ª、性别尿邻苯二甲酸单甲酯质量分数　　　单位：μg/g 肌酐

分组 （岁）	调查 时期	调查 人数	<检出 限 ᵇ/%	几何均数 （95%置信 区间）	P_{10} （95%置信 区间）	P_{50} （95%置信 区间）	P_{75} （95%置信 区间）	P_{95} （95%置信 区间）
全体 男性 3～79ᶜ	1	—	—	—	—	—	—	—
全体 男性 3～79	2	1 276	56.19	—	<检出限	<检出限	5.4 （<检出限～6.4）	17ᴱ （<检出限～28）
男 6～11	1	523	64.05	—	<检出限	<检出限	11 （<检出限～14）	39ᴱ （21～57）
男 6～11	2	260	45.00	—	<检出限	6.3 （<检出限～7.8）	12 （<检出限～15）	31ᴱ （19～43）
男 12～19	1	505	65.74	—	<检出限	<检出限	5.1 （<检出限～5.7）	12 （11～14）
男 12～19	2	255	53.33	—	<检出限	<检出限	4.2ᴱ （2.7～5.7）	13 （<检出限～17）
男 20～39	1	364	81.04	—	<检出限	<检出限	<检出限	13ᴱ （7.6～19）
男 20～39	2	167	64.67	—	<检出限	<检出限	<检出限 （<检出限～5.5）	x

分组（岁）	调查时期	调查人数	<检出限 [b]/%	几何均数（95%置信区间）	P_{10}（95%置信区间）	P_{50}（95%置信区间）	P_{75}（95%置信区间）	P_{95}（95%置信区间）
男 40～59 [c]	1	—	—	—	—	—	—	—
男 40～59	2	194	73.20	—	<检出限	<检出限	<检出限	x
男 60～79 [c]	1	—	—	—	—	—	—	—
男 60～79	2	141	73.05	—	<检出限	<检出限	<检出限（<检出限～6.5）	x
全体女性 3～79 [c]	1	—	—	—	—	—	—	—
全体女性 3～79	2	1 273	61.04	—	<检出限	<检出限	<检出限	17（<检出限～21）
女 6～11	1	511	66.14	—	<检出限	<检出限	11（8.7～13）	32（22～43）
女 6～11	2	253	39.92	8.6 [E]（5.9～12）	<检出限	<检出限（<检出限～7.9）	14 [E]（<检出限～22）	F
女 12～19	1	484	70.25	—	<检出限	<检出限	6.8（<检出限～8.2）	16（12～19）
女 12～19	2	255	54.90	—	<检出限	<检出限	5.5（<检出限～6.6）	13（8.6～17）
女 20～39	1	364	87.36	—	<检出限	<检出限	<检出限	19（13～24）
女 20～39	2	190	76.94	—	<检出限	<检出限	<检出限	x
女 40～59 [c]	1	—	—	—	—	—	—	—
女 40～59	2	164	85.37	—	<检出限	<检出限	<检出限	x
女 60～79 [c]	1	—	—	—	—	—	—	—
女 60～79	2	148	88.51	—	<检出限	<检出限	<检出限	x

a 3～5 岁年龄组未按照性别分组。

b 如果超过 40%的样本检测值低于检出限，则仅报告数据的百分比分布而不报告均值。

c 6 岁以下和 49 岁以上人群未被纳入第一次调查（2007—2009），因此该年龄段无统计数据。

E 谨慎引用。

F 数据不可靠，不予发布。

x 根据加拿大《统计法》保密规定，不予发布。

15.8 邻苯二甲酸单辛酯

表 15-8-1　加拿大第一次（2007—2009）和第二次（2009—2011）健康调查

6～49 岁居民 [a] 尿邻苯二甲酸单辛酯质量浓度　　　　　　　　　　　单位：μg/L

分组（岁）	调查时期	调查人数	<检出限 [b] /%	几何均数（95%置信区间）	P_{10}（95%置信区间）	P_{50}（95%置信区间）	P_{75}（95%置信区间）	P_{95}（95%置信区间）
全体对象 6～49	1	3 235	94.90	—	<检出限	<检出限	<检出限	<检出限 [E]（<检出限～0.89）
全体对象 6～49	2	1 606	98.88	—	<检出限	<检出限	<检出限	<检出限
全体男性 6～49	1	1 629	94.84	—	<检出限	<检出限	<检出限	0.72 [E]（<检出限～1.0）
全体男性 6～49	2	808	98.64	—	<检出限	<检出限	<检出限	<检出限
全体女性 6～49	1	1 606	94.96	—	<检出限	<检出限	<检出限	<检出限
全体女性 6～49	2	798	99.12	—	<检出限	<检出限	<检出限	<检出限

a 为了便于比较第一次调查（2007—2009）数据，6 岁以下儿童和 49 岁以上居民数据未收录，表中仅包含 6～49 岁的居民数据。

b 如果超过 40%的样本检测值低于检出限，则仅报告数据的百分比分布而不报告均值。

E 谨慎引用。

表 15-8-2　加拿大第一次（2007—2009）和第二次（2009—2011）健康调查

3～79 岁居民年龄别尿邻苯二甲酸单辛酯质量浓度　　　　　　　　　　单位：μg/L

分组（岁）	调查时期	调查人数	<检出限 [a] /%	几何均数（95%置信区间）	P_{10}（95%置信区间）	P_{50}（95%置信区间）	P_{75}（95%置信区间）	P_{95}（95%置信区间）
全体对象 3～79 [b]	1	—	—	—	—	—	—	—
全体对象 3～79	2	2 558	98.51	—	<检出限	<检出限	<检出限	<检出限
3～5 [b]	1	—	—	—	—	—	—	—
3～5	2	523	97.13	—	<检出限	<检出限	<检出限	<检出限
6～11	1	1 037	95.08	—	<检出限	<检出限	<检出限	<检出限
6～11	2	516	99.61	—	<检出限	<检出限	<检出限	<检出限
12～19	1	991	94.45	—	<检出限	<检出限	<检出限	<检出限
12～19	2	511	98.04	—	<检出限	<检出限	<检出限	<检出限
20～39	1	730	95.21	—	<检出限	<检出限	<检出限	0.71（<检出限～0.95）
20～39	2	358	98.88	—	<检出限	<检出限	<检出限	<检出限
40～59 [b]	1	—	—	—	—	—	—	—
40～59	2	360	99.17	—	<检出限	<检出限	<检出限	<检出限
60～79 [b]	1	—	—	—	—	—	—	—
60～79	2	290	98.62	—	<检出限	<检出限	<检出限	<检出限

a 如果超过 40%的样本检测值低于检出限，则仅报告数据的百分比分布而不报告均值。

b 6 岁以下和 49 岁以上人群未被纳入第一次调查（2007—2009），因此该年龄段无统计数据。

表 15-8-3　加拿大第一次（2007—2009）和第二次（2009—2011）健康调查
3～79 岁居民年龄别 [a]、性别尿邻苯二甲酸单辛酯质量浓度　　　　　　　单位：μg/L

分组（岁）	调查时期	调查人数	<检出限 [b]/%	几何均数（95%置信区间）	P_{10}（95%置信区间）	P_{50}（95%置信区间）	P_{75}（95%置信区间）	P_{95}（95%置信区间）
全体男性3～79 [c]	1	—	—	—	—	—	—	—
全体男性3～79	2	1 280	98.36	—	<检出限	<检出限	<检出限	<检出限
男 6～11	1	525	94.67	—	<检出限	<检出限	<检出限	F
男 6～11	2	262	99.24	—	<检出限	<检出限	<检出限	<检出限
男 12～19	1	506	94.66	—	<检出限	<检出限	<检出限	<检出限
男 12～19	2	255	97.65	—	<检出限	<检出限	<检出限	<检出限
男 20～39	1	366	94.26	—	<检出限	<检出限	<检出限	0.93 [E]（<检出限～1.3）
男 20～39	2	168	98.81	—	<检出限	<检出限	<检出限	x
男 40～59 [c]	1	—	—	—	—	—	—	—
男 40～59	2	194	98.97	—	<检出限	<检出限	<检出限	x
男 60～79 [c]	1	—	—	—	—	—	—	—
男 60～79	2	141	98.58	—	<检出限	<检出限	<检出限	x
全体女性3～79 [c]	1	—	—	—	—	—	—	—
全体女性3～79	2	1 278	98.67	—	<检出限	<检出限	<检出限	<检出限
女 6～11	1	512	95.51	—	<检出限	<检出限	<检出限	<检出限
女 6～11	2	254	100	—	<检出限	<检出限	<检出限	<检出限
女 12～19	1	485	94.23	—	<检出限	<检出限	<检出限	<检出限
女 12～19	2	256	98.44	—	<检出限	<检出限	<检出限	<检出限
女 20～39	1	364	96.15	—	<检出限	<检出限	<检出限	<检出限
女 20～39	2	190	98.95	—	<检出限	<检出限	<检出限	x
女 40～59 [c]	1	—	—	—	—	—	—	—
女 40～59	2	166	99.40	—	<检出限	<检出限	<检出限	x
女 60～79 [c]	1	—	—	—	—	—	—	—
女 60～79	2	149	98.66	—	<检出限	<检出限	<检出限	x

a 3～5 岁年龄组未按照性别分组。

b 如果超过 40%的样本检测值低于检出限，则仅报告数据的百分比分布而不报告均值。

c 6 岁以下和 49 岁以上人群未被纳入第一次调查（2007—2009），因此这两个年龄段无统计数据。

E 谨慎引用。

F 数据不可靠，不予发布。

x 根据加拿大《统计法》保密规定，不予发布。

表 15-8-4　加拿大第一次（2007—2009）和第二次（2009—2011）健康调查
6～49 岁居民[a]性别尿邻苯二甲酸单辛酯质量分数　　　　单位：μg/g 肌酐

分组（岁）	调查时期	调查人数	<检出限[b]/%	几何均数（95%置信区间）	P_{10}（95%置信区间）	P_{50}（95%置信区间）	P_{75}（95%置信区间）	P_{95}（95%置信区间）
全体对象 6～49	1	3 227	95.14	—	<检出限	<检出限	<检出限	<检出限（<检出限～2.3）
全体对象 6～49	2	1 598	98.90	—	<检出限	<检出限	<检出限	<检出限
全体男性 6～49	1	1 623	95.20	—	<检出限	<检出限	<检出限	1.6（<检出限～2.0）
全体男性 6～49	2	805	98.67	—	<检出限	<检出限	<检出限	<检出限
全体女性 6～49	1	1 604	95.08	—	<检出限	<检出限	<检出限	<检出限
全体女性 6～49	2	793	99.14	—	<检出限	<检出限	<检出限	<检出限

a 为了便于比较第一次调查（2007—2009）数据，6 岁以下儿童和 49 岁以上居民数据未收录，表中仅包含 6～49 岁的居民数据。
b 如果超过 40%的样本检测值低于检出限，则仅报告数据的百分比分布而不报告均值。

表 15-8-5　加拿大第一次（2007—2009）和第二次（2009—2011）健康调查
3～79 岁居民年龄别尿邻苯二甲酸单辛酯质量分数　　　　单位：μg/g 肌酐

分组（岁）	调查时期	调查人数	<检出限[a]/%	几何均数（95%置信区间）	P_{10}（95%置信区间）	P_{50}（95%置信区间）	P_{75}（95%置信区间）	P_{95}（95%置信区间）
全体对象 3～79[b]	1	—	—	—	—	—	—	—
全体对象 3～79	2	2 548	98.90	—	<检出限	<检出限	<检出限	<检出限
3～5[b]	1	—	—	—	—	—	—	—
3～5	2	522	97.32	—	<检出限	<检出限	<检出限	<检出限
6～11	1	1 034	95.36	—	<检出限	<检出限	<检出限	<检出限
6～11	2	514	100	—	<检出限	<检出限	<检出限	<检出限
12～19	1	989	94.64	—	<检出限	<检出限	<检出限	<检出限
12～19	2	509	98.43	—	<检出限	<检出限	<检出限	<检出限
20～39	1	728	95.47	—	<检出限	<检出限	<检出限	1.9（<检出限～2.3）
20～39	2	356	99.44	—	<检出限	<检出限	<检出限	<检出限
40～59[b]	1	—	—	—	—	—	—	—
40～59	2	358	99.72	—	<检出限	<检出限	<检出限	<检出限
60～79[b]	1	—	—	—	—	—	—	—
60～79	2	289	98.96	—	<检出限	<检出限	<检出限	<检出限

a 如果超过 40%的样本检测值低于检出限，则仅报告数据的百分比分布而不报告均值。
b 6 岁以下和 49 岁以上人群未被纳入第一次调查（2007—2009），因此该年龄段无统计数据。

表 15-8-6　加拿大第一次（2007—2009）和第二次（2009—2011）健康调查

3～79 岁居民年龄别 [a]、性别尿邻苯二甲酸单辛酯质量分数　　　　单位：μg/g 肌酐

分组（岁）	调查时期	调查人数	<检出限 [b] /%	几何均数（95%置信区间）	P_{10}（95%置信区间）	P_{50}（95%置信区间）	P_{75}（95%置信区间）	P_{95}（95%置信区间）
全体男性3～79 [c]	1	—	—	—	—	—	—	—
全体男性3～79	2	1 276	98.67	—	<检出限	<检出限	<检出限	<检出限
男 6～11	1	523	95.03	—	<检出限	<检出限	<检出限	<检出限（<检出限～4.9）
男 6～11	2	261	99.62	—	<检出限	<检出限	<检出限	<检出限
男 12～19	1	505	94.85	—	<检出限	<检出限	<检出限	<检出限
男 12～19	2	254	98.03	—	<检出限	<检出限	<检出限	<检出限
男 20～39	1	364	94.78	—	<检出限	<检出限	<检出限	1.6 [E]（<检出限～2.2）
男 20～39	2	167	99.40	—	<检出限	<检出限	<检出限	x
男 40～59 [c]	1	—	—	—	—	—	—	—
男 40～59	2	194	98.97	—	<检出限	<检出限	<检出限	x
男 60～79 [c]	1	—	—	—	—	—	—	—
男 60～79	2	141	98.58	—	<检出限	<检出限	<检出限	x
全体女性3～79 [c]	1	—	—	—	—	—	—	—
全体女性3～79	2	1 272	99.14	—	<检出限	<检出限	<检出限	<检出限
女 6～11	1	511	95.69	—	<检出限	<检出限	<检出限	<检出限
女 6～11	2	253	100	—	<检出限	<检出限	<检出限	<检出限
女 12～19	1	484	94.42	—	<检出限	<检出限	<检出限	<检出限
女 12～19	2	255	98.82	—	<检出限	<检出限	<检出限	<检出限
女 20～39	1	364	96.15	—	<检出限	<检出限	<检出限	<检出限
女 20～39	2	189	99.47	—	<检出限	<检出限	<检出限	x
女 40～59 [c]	1	—	—	—	—	—	—	—
女 40～59	2	164	100	—	<检出限	<检出限	<检出限	x
女 60～79 [c]	1	—	—	—	—	—	—	—
女 60～79	2	148	99.32	—	<检出限	<检出限	<检出限	x

a 3～5 岁年龄组未按照性别分组。

b 如果超过 40%的样本检测值低于检出限，则仅报告数据的百分比分布而不报告均值。

c 6 岁以下和 49 岁以上人群未被纳入第一次调查（2007—2009），因此该年龄段无统计数据。

E 谨慎引用。

x 根据加拿大《统计法》保密规定，不予发布。

15.9　邻苯二甲酸单-(3-羧基丙基)酯

表 15-9-1　加拿大第一次（2007—2009）和第二次（2009—2011）健康调查

6~49 岁居民 [a] 尿邻苯二甲酸单-(3-羧基丙基)酯质量浓度　　　　单位：μg/L

分组（岁）	调查时期	调查人数	<检出限 [b] /%	几何均数（95%置信区间）	P_{10}（95%置信区间）	P_{50}（95%置信区间）	P_{75}（95%置信区间）	P_{95}（95%置信区间）
全体对象 6~49	1	3 235	7.36	1.5（1.3~1.6）	F	1.7（1.4~1.9）	3.5（3.2~3.9）	9.7（8.2~11）
全体对象 6~49	2	1 603	1.43	2.1（1.8~2.4）	0.52（0.35~0.70）	2.3（1.9~2.7）	4.4（3.9~4.9）	12（9.1~14）
全体男性 6~49	1	1 629	6.02	1.6（1.4~1.9）	F	1.9（1.6~2.3）	3.8（3.5~4.1）	9.9（7.7~12）
全体男性 6~49	2	808	0.62	2.2（1.8~2.8）	0.56[E]（0.24~0.88）	2.3（1.8~2.9）	4.6（4.1~5.2）	13（9.2~16）
全体女性 6~49	1	1 606	8.72	1.3（1.2~1.5）	<检出限	1.5（1.3~1.7）	3.2（2.9~3.5）	9.2（7.1~11）
全体女性 6~49	2	795	2.26	2.0（1.7~2.3）	0.51[E]（0.31~0.71）	2.2（1.8~2.7）	4.0（3.2~4.9）	9.0[E]（3.7~14）

a 为了便于比较第一次调查（2007—2009）数据，6 岁以下儿童和 49 岁以上居民数据未收录，表中仅包含 6~49 岁的居民数据。

b 如果超过 40%的样本检测值低于检出限，则仅报告数据的百分比分布而不报告均值。

E 谨慎引用。

F 数据不可靠，未公布。

表 15-9-2　加拿大第一次（2007—2009）和第二次（2009—2011）健康调查

3~79 岁居民年龄别尿邻苯二甲酸单-(3-羧基丙基)酯质量浓度　　　　单位：μg/L

分组（岁）	调查时期	调查人数	<检出限 [a] /%	几何均数（95%置信区间）	P_{10}（95%置信区间）	P_{50}（95%置信区间）	P_{75}（95%置信区间）	P_{95}（95%置信区间）
全体对象 3~79 [b]	1	—	—	—	—	—	—	—
全体对象 3~79	2	2 543	1.22	1.9（1.7~2.1）	0.47（0.38~0.57）	2.0（1.7~2.2）	3.8（3.5~4.2）	11（9.0~12）
3~5 [b]	1	—	—	—	—	—	—	—
3~5	2	517	0.39	3.2（2.8~3.7）	0.94（0.63~1.2）	3.1（2.6~3.6）	5.6（4.3~6.8）	14[E]（8.5~19）
6~11	1	1 037	3.18	2.7（2.2~3.2）	0.69[E]（0.42~0.95）	3.1（2.5~3.7）	5.4（4.6~6.3）	12（9.8~15）

分组 （岁）	调查 时期	调查 人数	<检出 限[a]/%	几何均数 （95%置信 区间）	P_{10} （95%置信 区间）	P_{50} （95%置信 区间）	P_{75} （95%置信 区间）	P_{95} （95%置信 区间）
6～11	2	515	0.78	3.3 (2.8～4.0)	1.0 (0.80～1.2)	3.4 (2.9～3.9)	5.5 (4.3～6.8)	15 (11～19)
12～19	1	991	5.25	2.2 (1.9～2.6)	0.40[E] (<检出限～0.63)	2.6 (2.3～2.9)	4.2 (3.7～4.8)	11[E] (6.5～15)
12～19	2	509	0.79	2.6 (2.2～3.1)	0.65[E] (0.34～0.97)	2.5 (2.2～2.8)	4.7 (3.6～5.8)	16[E] (8.0～24)
20～39	1	730	11.37	1.3 (1.1～1.6)	F	1.5 (1.2～1.8)	3.1 (2.4～3.8)	8.4 (5.8～11)
20～39	2	359	1.95	1.9 (1.5～2.5)	0.49[E] (0.25～0.72)	2 (1.3～2.7)	4.4 (3.3～5.6)	10 (6.9～13)
40～59[b]	1	—	—	—	—	—	—	—
40～59	2	359	3.06	1.6 (1.4～1.9)	0.45[E] (0.24～0.66)	1.8 (1.4～2.1)	2.9 (2.3～3.4)	8.7[E] (3.4～14)
60～79[b]	1	—	—	—	—	—	—	—
60～79	2	284	1.06	1.5 (1.2～1.7)	0.41[E] (0.26～0.57)	1.5 (1.3～1.7)	2.7 (2.0～3.4)	8.7[E] (5.5～12)

a 如果超过40%的样本检测值低于检出限，则仅报告数据的百分比分布而不报告均值。

b 6岁以下和49岁以上人群未被纳入第一次调查（2007—2009），因此该年龄段无统计数据。

E 谨慎引用。

F 数据不可靠，不予发布。

表 15-9-3　加拿大第一次（2007—2009）和第二次（2009—2011）健康调查3～79岁居民

年龄别[a]、性别尿邻苯二甲酸单-(3-羧基丙基)酯质量浓度　　　　　单位：µg/L

分组 （岁）	调查 时期	调查 人数	<检出 限[b]/%	几何均数 （95%置信 区间）	P_{10} （95%置信 区间）	P_{50} （95%置信 区间）	P_{75} （95%置信 区间）	P_{95} （95%置信 区间）
全体男性 3～79[c]	1	—	—	—	—	—	—	—
全体男性 3～79	2	1 273	0.63	2.1 (1.8～2.5)	0.56 (0.38～0.73)	2.0 (1.6～2.4)	4.3 (3.7～5.0)	12 (9.0～15)
男 6～11	1	525	2.29	2.7 (2.0～3.6)	0.69[E] (0.25～1.1)	3.0 (2.1～3.9)	5.0 (3.5～6.5)	13 (9.3～16)
男 6～11	2	262	0.76	3.9 (3.1～4.9)	1.1 (0.80～1.4)	3.9 (2.7～5.1)	6.8[E] (3.9～9.8)	16 (12～20)
男 12～19	1	506	3.75	2.1 (1.7～2.7)	F	2.5 (1.9～3.1)	4.0 (3.4～4.6)	12[E] (5.5～18)
男 12～19	2	255	0	3.0 (2.5～3.7)	0.96[E] (0.47～1.5)	2.6 (2.2～3.0)	4.8 (3.6～6.0)	15 (11～19)

分组（岁）	调查时期	调查人数	<检出限 [b]/%	几何均数（95%置信区间）	P_{10}（95%置信区间）	P_{50}（95%置信区间）	P_{75}（95%置信区间）	P_{95}（95%置信区间）
男 20~39	1	366	10.93	1.6（1.3~2.0）	F	1.8（1.3~2.3）	3.7（3.1~4.4）	9.8[E]（5.4~14）
男 20~39	2	168	0.60	2.2（1.6~3.0）	0.56[E]（0.24~0.87）	2.4[E]（1.3~3.5）	4.6（3.5~5.6）	x
男 40~59[c]	1	—	—	—	—	—	—	—
男 40~59	2	194	1.55	1.7（1.3~2.2）	F	1.6（1.2~2.1）	2.9[E]（1.8~3.9）	x
男 60~79[c]	1	—	—	—	—	—	—	—
男 60~79	2	137	0.73	1.7（1.2~2.3）	0.54（0.39~0.69）	1.5（1.0~2.0）	2.9[E]（1.2~4.6）	x
全体女性 3~79[c]	1	—	—	—	—	—	—	—
全体女性 3~79	2	1 270	1.81	1.7（1.5~2.0）	0.41（0.28~0.55）	1.9（1.6~2.2）	3.5（3.0~4.0）	8.6（6.4~11）
女 6~11	1	512	4.10	2.6（2.3~3.1）	0.69（0.48~0.89）	3.1（2.4~3.7）	5.5（4.7~6.3）	12（9.4~15）
女 6~11	2	253	0.79	2.9（2.2~3.6）	0.89[E]（0.49~1.3）	3.0（2.2~3.7）	4.8（4.0~5.6）	F
女 12~19	1	485	6.80	2.3（1.9~2.7）	0.44[E]（<检出限~0.71）	2.6（2.3~3.0）	4.7（3.4~6.0）	11（6.9~14）
女 12~19	2	254	1.57	2.3（1.7~3.1）	F	2.4（1.8~3.0）	4.5（3.0~6.0）	F
女 20~39	1	364	11.81	1.1（0.89~1.4）	<检出限	1.2[E]（0.71~1.6）	2.5（1.8~3.3）	7.7[E]（4.2~11）
女 20~39	2	191	3.14	1.7（1.2~2.4）	0.32[E]（0.11~0.52）	1.7[E]（1.0~2.4）	4.1[E]（2.0~6.2）	x
女 40~59[c]	1	—	—	—	—	—	—	—
女 40~59	2	165	4.85	1.6（1.3~2.0）	0.46[E]（0.23~0.69）	1.9（1.5~2.2）	2.9（2.2~3.6）	x
女 60~79[c]	1	—	—	—	—	—	—	—
女 60~79	2	147	1.36	1.3（0.93~1.8）	0.25[E]（0.083~0.42）	1.5（1.0~1.9）	2.5（1.6~3.4）	x

a 3~5 岁年龄组未按照性别分组。

b 如果超过 40%的样本检测值低于检出限，则仅报告数据的百分比分布而不报告均值。

c 6 岁以下和 49 岁以上人群未被纳入第一次调查（2007—2009），因此该年龄段无统计数据。

E 谨慎引用。

F 数据不可靠，不予发布。

x 根据加拿大《统计法》保密规定，不予发布。

表 15-9-4　加拿大第一次（2007—2009）和第二次（2009—2011）健康调查

6～49 岁居民[a] 尿邻苯二甲酸单-(3-羧基丙基)酯质量分数　　　　单位：μg/g 肌酐

分组 （岁）	调查 时期	调查 人数	<检出 限[b] /%	几何均数 （95%置信 区间）	P_{10} （95%置信 区间）	P_{50} （95%置信 区间）	P_{75} （95%置信 区间）	P_{95} （95%置信 区间）
全体对象 6～49	1	3 227	7.37	1.6 (1.5～1.7)	<检出限 (<检出限～0.53)	1.6 (1.5～1.7)	3.0 (2.8～3.2)	8.3 (6.5～10)
全体对象 6～49	2	1 595	1.22	1.8 (1.7～2.0)	0.64 (0.54～0.74)	1.8 (1.6～2.0)	3.4 (2.9～3.9)	9.9 (6.9～13)
全体男性 6～49	1	1 623	6.03	1.5 (1.4～1.6)	<检出限 (<检出限～0.53)	1.4 (1.3～1.6)	3.0 (2.5～3.5)	7.6 (5.4～9.8)
全体男性 6～49	2	805	0.63	1.7 (1.5～2.1)	0.57（0.46～0.68）	1.6 (1.3～1.9)	3.0 (2.3～3.7)	12[E] (6.4～17)
全体女性 6～49	1	1 604	8.72	1.7 (1.6～1.9)	<检出限	1.7 (1.5～1.8)	3.0 (2.7～3.2)	8.9 (6.2～12)
全体女性 6～49	2	790	1.82	1.9 (1.7～2.2)	0.71 (0.58～0.83)	1.9 (1.7～2.1)	3.5 (3.0～4.0)	8.6 (6.0～11)

a 为了便于比较第一次调查（2007—2009）数据，6 岁以下儿童和 49 岁以上居民数据未收录，表中仅包含 6～49 岁的居民数据。
b 如果超过 40%的样本检测值低于检出限，则仅报告数据的百分比分布而不报告均值。
E 谨慎引用。

表 15-9-5　加拿大第一次（2007—2009）和第二次（2009—2011）健康调查

3～79 岁居民年龄别尿邻苯二甲酸单-(3-羧基丙基)酯质量分数　　　　单位：μg/g 肌酐

分组 （岁）	调查 时期	调查 人数	<检出 限[a] /%	几何均数 （95%置信 区间）	P_{10} （95%置信 区间）	P_{50} （95%置信 区间）	P_{75} （95%置信 区间）	P_{95} （95%置信 区间）
全体对象 3～79[b]	1	—	—	—	—	—	—	—
全体对象 3～79	2	2 533	1.22	1.9 (1.8～2.0)	0.66 (0.58～0.74)	1.8 (1.6～1.9)	3.4 (3.0～3.7)	9.2 (7.2～11)
3～5[b]	1	—	—	—	—	—	—	—
3～5	2	516	0.39	5.6 (4.8～6.4)	2.5 (2.1～2.8)	5.5 (4.6～6.5)	7.7 (6.5～8.8)	21[E] (12～30)
6～11	1	1 034	3.19	4.1 (3.6～4.6)	1.5 (1.2～1.7)	3.8 (3.4～4.3)	6.6 (5.7～7.5)	16 (11～20)
6～11	2	513	0.78	3.8 (3.4～4.3)	1.5 (1.1～1.9)	3.7 (3.3～4.1)	6.2 (5.2～7.2)	16 (11～20)
12～19	1	989	5.26	1.9 (1.7～2.1)	0.69 (<检出限～0.81)	1.7 (1.6～1.9)	3.2 (2.6～3.8)	8.3 (5.3～11)
12～19	2	507	0.79	2.0 (1.8～2.3)	0.78 (0.59～0.98)	1.7 (1.5～2.0)	3.1 (2.6～3.5)	11[E] (4.2～18)
20～39	1	728	11.40	1.4 (1.3～1.6)	<检出限 (<检出限～0.55)	1.3 (1.1～1.5)	2.4 (2.0～2.8)	5.5[E] (3.5～7.5)
20～39	2	357	1.96	1.6 (1.4～1.9)	0.58 (0.43～0.73)	1.5 (1.2～1.9)	3.2 (2.2～4.1)	7.8[E] (3.4～12)
40～59[b]	1	—	—	—	—	—	—	—
40～59	2	357	3.08	1.6 (1.5～1.8)	0.62 (0.50～0.74)	1.7 (1.4～2.0)	2.5 (2.0～3.0)	7.0[E] (3.6～10)
60～79[b]	1	—	—	—	—	—	—	—
60～79	2	283	1.06	1.7 (1.5～1.9)	0.66[E] (0.38～0.95)	1.6 (1.4～1.9)	2.7 (2.1～3.3)	6.1[E] (3.2～9.0)

a 如果超过 40%的样本检测值低于检出限，则仅报告数据的百分比分布而不报告均值。
b 6 岁以下和 49 岁以上人群未被纳入第一次（2007—2009）调查，因此该年龄段无统计数据。
E 谨慎引用。

表 15-9-6　加拿大第一次（2007—2009）和第二次（2009—2011）健康调查 3～79 岁居民
年龄别 [a]、性别尿邻苯二甲酸单-(3-羧基丙基)酯质量分数　　　　　　　单位：μg/g 肌酐

分组（岁）	调查时期	调查人数	<检出限[b]/%	几何均数（95%置信区间）	P_{10}（95%置信区间）	P_{50}（95%置信区间）	P_{75}（95%置信区间）	P_{95}（95%置信区间）
全体男性 3～79[c]	1	—	—	—	—	—	—	—
全体男性 3～79	2	1 269	0.63	1.8 (1.6～2.0)	0.59 (0.47～0.70)	1.7 (1.4～2.0)	3.0 (2.5～3.6)	10 (6.4～14)
男 6～11	1	523	2.29	4.1 (3.5～4.7)	1.6 (1.3～1.8)	3.8 (3.1～4.4)	6.2 (4.9～7.5)	15 (11～18)
男 6～11	2	261	0.77	4.4 (3.8～5.1)	1.8 (1.5～2.2)	4.6 (3.9～5.4)	6.6 (4.8～8.3)	16 (11～20)
男 12～19	1	505	3.76	1.8 (1.5～2.1)	0.63 (<检出限～0.77)	1.6 (1.3～1.9)	3.1 2.3～4.0)	8.4[E] (4.6～12)
男 12～19	2	254	0	2.1 (1.8～2.6)	0.88 (0.66～1.1)	1.9 (1.5～2.4)	3.1 (2.6～3.7)	14[E] (6.1～22)
男 20～39	1	364	10.99	1.3 (1.2～1.5)	<检出限 (<检出限～0.53)	1.2 (1.1～1.3)	2.5 (1.8～3.2)	5.5[E] (3.1～7.9)
男 20～39	2	167	0.6	1.5 (1.2～2.0)	0.55[E] (0.35～0.75)	1.3 (0.94～1.6)	2.4[E] (1.5～3.3)	x
男 40～59[c]	1	—	—	—	—	—	—	—
男 40～59	2	194	1.55	1.4 (1.2～1.7)	0.53 (<检出限～0.66)	1.4 (1.0～1.8)	2.2 (1.8～2.7)	x
男 60～79[c]	1	—	—	—	—	—	—	—
男 60～79	2	137	0.73	1.6 (1.2～2.0)	0.66[E] (0.26～1.1)	1.5 (1.0～2.0)	2.4[E] (1.4～3.4)	x
全体女性 3～79[c]	1							
全体女性 3～79	2	1 264	1.82	2.0 (1.7～2.2)	0.72 (0.61～0.83)	1.9 (1.7～2.2)	3.6 (3.1～4.1)	8.4 (6.9～10)
女 6～11	1	511	4.11	4.1 (3.6～4.6)	1.4 (1.1～1.6)	3.9 (3.4～4.4)	6.8 (6.0～7.7)	16[E] (6.4～26)
女 6～11	2	252	0.79	3.3 (2.8～3.9)	1.3[E] (0.81～1.8)	3.2 (2.9～3.5)	4.8 (3.6～5.9)	14[E] (<检出限～23)
女 12～19	1	484	6.82	2.0 (1.8～2.2)	0.78 (<检出限～0.89)	1.8 (1.6～2.0)	3.3 (2.5～4.1)	8.2[E] (4.0～12)
女 12～19	2	253	1.58	1.9 (1.5～2.3)	0.68 (0.48～0.88)	1.5 (1.3～1.8)	3.1 (2.2～3.9)	F
女 20～39	1	364	11.81	1.5 (1.2～1.7)	<检出限	1.4 (1.1～1.7)	2.4 (1.9～2.9)	F
女 20～39	2	190	3.16	1.7 (1.4～2.1)	0.66 (0.43～0.89)	1.7 (1.3～2.0)	3.5 (2.5～4.5)	x
女 40～59[c]	1	—	—	—	—	—	—	—
女 40～59	2	163	4.91	1.9 (1.5～2.3)	0.81 (0.64～0.98)	2.0 (1.6～2.5)	3.2[E] (1.8～4.5)	x
女 60～79[c]	1							
女 60～79	2	146	1.37	1.8 (1.4～2.3)	0.65[E] (0.40～0.90)	1.7 (1.2～2.2)	2.9[E] (1.6～4.2)	x

a 3～5 岁年龄组未按照性别分组。
b 如果超过 40% 的样本检测值低于检出限，则仅报告数据的百分比分布而不报告均值。
c 6 岁以下和 49 岁以上人群未被纳入第一次调查（2007—2009），因此该年龄段无统计数据。
E 谨慎引用。
F 数据不可靠，不予发布。
x 根据加拿大《统计法》保密规定，不予发布。

15.10 邻苯二甲酸单-(2-乙基环己基)酯

表 15-10-1　加拿大第一次（2007—2009）和第二次（2009—2011）健康调查

6～49 岁居民 [a] 尿邻苯二甲酸单-(2-乙基环己基)酯质量浓度　　　　　单位：μg/L

分组 （岁）	调查 时期	调查 人数	<检出 限 [b] /%	几何均数 （95%置信 区间）	P_{10} （95%置信 区间）	P_{50} （95%置信 区间）	P_{75} （95%置信 区间）	P_{95} （95%置信 区间）
全体对象 6～49	1	3 235	0.34	3.6 （3.2～4.0）	0.85 （0.72～0.97）	3.4 （2.9～4.0）	7.1 （6.2～7.9）	24 [E] （15～33）
全体对象 6～49	2	1 570	0.32	2.1 （1.9～2.4）	0.58 （0.43～0.73）	2.2 （1.9～2.4）	4.0 （3.4～4.7）	9.3 （7.5～11）
全体女性 6～49	1	1 629	0.18	4.1 （3.5～4.7）	0.88 （0.67～1.1）	3.9 （3.4～4.4）	7.8 （6.5～9.2）	F
全体女性 6～49	2	792	0.25	2.3 （1.9～2.8）	0.65 [E] （0.40～0.89）	2.4 （2.0～2.8）	4.4 （3.8～5.0）	11 [E] （6.2～16）
全体男性 6～49	1	1 606	0.5	3.2 （2.8～3.7）	0.80 （0.57～1.0）	2.9 （2.6～3.3）	6.5 （5.5～7.5）	21 [E] （13～30）
全体男性 6～49	2	778	0.39	1.9 （1.7～2.1）	0.56 （0.39～0.73）	1.9 （1.5～2.4）	3.4 （2.7～4.2）	8.8 （7.2～10）

a 为了便于比较第一次（2007—2009）调查数据，6 岁以下儿童和 49 岁以上居民数据未收录，表中仅包含 6～49 岁的
居民数据。
b 如果超过 40%的样本检测值低于检出限，则仅报告数据的百分比分布而不报告均值。
E 谨慎引用。
F 数据不可靠，未公布。

表 15-10-2　加拿大第一次（2007—2009）和第二次（2009—2011）健康调查

3～79 岁居民年龄别尿邻苯二甲酸单-(2-乙基环己基)酯质量浓度　　　　　单位：μg/L

分组 （岁）	调查 时期	调查 人数	<检出 限 [a] /%	几何均数 （95%置信 区间）	P_{10} （95%置信 区间）	P_{50} （95%置信 区间）	P_{75} （95%置信 区间）	P_{95} （95%置信 区间）
全体对象 3～79 [b]	1	—		—	—	—	—	—
全体对象 3～79	2	2 498	0.6	1.9 （1.7～2.1）	0.55 （0.44～0.66）	1.9 （1.6～2.1）	3.4 （2.8～4.0）	9.0 （7.8～10）
3～5 [b]	1	—		—	—	—	—	—
3～5	2	512	0.39	2.7 （2.4～3.2）	0.94 （0.77～1.1）	2.7 （2.3～3.1）	4.7 （3.9～5.5）	F
6～11	1	1 037	0	3.3 （2.9～3.8）	0.90 （0.74～1.1）	3.3 （2.7～3.8）	6.3 （5.6～7.0）	18 （14～21）

分组 （岁）	调查 时期	调查 人数	<检出 限 [a]/%	几何均数 （95%置信 区间）	P_{10} （95%置信 区间）	P_{50} （95%置信 区间）	P_{75} （95%置信 区间）	P_{95} （95%置信 区间）
6～11	2	508	0	2.7 （2.3～3.1）	0.85[E] （0.53～1.2）	2.5 （2.1～2.9）	4.8 （4.1～5.4）	11 （8.3～14）
12～19	1	991	0.81	3.5 （2.8～4.3）	0.84 （0.64～1.0）	3.2 （2.5～3.9）	7.0 （5.7～8.2）	23[E] （6.6～40）
12～19	2	501	0.6	2.4 （2.0～2.8）	0.64 （0.52～0.76）	2.4 （2.0～2.8）	4.3 （3.6～4.9）	13[E] （7.7～18）
20～39	1	730	0.14	4.0 （3.5～4.5）	0.99 （0.79～1.2）	3.9 （3.2～4.6）	7.7 （6.3～9.0）	23[E] （12～34）
20～39	2	349	0.29	1.9 （1.6～2.3）	0.44[E] （0.19～0.70）	1.9 （1.5～2.4）	3.4 （2.3～4.6）	8.8[E] （4.9～13）
40～59[b]	1	—	—	—	—	—	—	—
40～59	2	349	1.15	1.9 （1.5～2.2）	0.63 （0.55～0.72）	1.9 （1.4～2.3）	3.1 （2.1～4.0）	9.0[E] （4.8～13）
60～79[b]	1	—	—	—	—	—	—	—
60～79	2	279	1.79	1.3 （1.1～1.5）	0.44 （0.30～0.59）	1.2 （0.96～1.5）	2.2 （1.6～2.8）	7.1[E] （4.2～9.9）

a 如果超过 40%的样本检测值低于检出限，则仅报告数据的百分比分布而不报告均值。

b 6 岁以下和 49 岁以上人群未被纳入第一次调查（2007—2009），因此该年龄段无统计数据。

E 谨慎引用。

F 数据不可靠，不予发布。

表 15-10-3　加拿大第一次（2007—2009）和第二次（2009—2011）健康调查 3～79 岁居民
年龄别 [a]、性别尿邻苯二甲酸单-(2-乙基环己基)酯质量浓度　　　　　单位：µg/L

分组 （岁）	调查 时期	调查 人数	<检出 限 [b]/%	几何均数 （95%置信 区间）	P_{10} （95%置信 区间）	P_{50} （95%置信 区间）	P_{75} （95%置信 区间）	P_{95} （95%置信 区间）
全体男性 3～79[c]	1	—	—	—	—	—	—	—
全体男性 3～79	2	1 253	0.56	2.1 （1.7～2.5）	0.58 （0.39～0.76）	2.2 （1.8～2.5）	4.1 （3.3～4.8）	11 （7.6～14）
男 6～11	1	525	0	3.5 （3.0～4.2）	0.89[E] （0.55～1.2）	3.8 （3.1～4.6）	6.7 （5.7～7.7）	17 （12～22）
男 6～11	2	257	0	2.9 （2.4～3.6）	0.83[E] （0.32～1.3）	2.6[E] （1.7～3.6）	5.3 （3.5～7.1）	12 （8.7～14）
男 12～19	1	506	0.59	3.2 （2.7～3.9）	0.84 （0.58～1.1）	2.9 （2.3～3.6）	5.9 （4.7～7.2）	F
男 12～19	2	250	0.4	2.4 （2.1～2.9）	0.64[E] （0.39～0.88）	2.4 （2.0～2.8）	4.2 （3.3～5.2）	13[E] （5.5～20）

分组 （岁）	调查 时期	调查 人数	<检出 限 [b] /%	几何均数 （95%置信 区间）	P_{10} （95%置信 区间）	P_{50} （95%置信 区间）	P_{75} （95%置信 区间）	P_{95} （95%置信 区间）
男 20～39	1	366	0	4.7 （4.0～5.5）	1.2 （0.87～1.5）	4.7 （3.7～5.7）	9.1 （7.4～11）	22[E] （13～32）
男 20～39	2	165	0	2.4 （1.8～3.2）	F	2.7 （2.2～3.2）	4.5[E] （2.5～6.4）	x
男 40～59[c]	1	—	—	—	—	—	—	—
男 40～59	2	189	1.59	1.9 （1.5～2.5）	0.64 （0.52～0.76）	1.8 （1.2～2.4）	4.0[E] （2.3～5.6）	x
男 60～79[c]	1	—	—	—	—	—	—	—
男 60～79	2	137	2.19	1.3 （1.0～1.8）	0.37 （0.26～0.47）	1.2 （0.83～1.6）	2.4 （1.7～3.2）	x
全体女性 3～79[c]	1	—	—	—	—	—	—	—
全体女性 3～79	2	1 245	0.64	1.7 （1.5～1.9）	0.55 （0.41～0.69）	1.7 （1.3～2.1）	2.9 （2.5～3.2）	7.9 （6.5～9.3）
女 6～11	1	512	0	3.1 （2.7～3.6）	0.91 （0.72～1.1）	2.9 （2.3～3.5）	5.6 （4.7～6.5）	18 （13～22）
女 6～11	2	251	0	2.5 （2.1～2.9）	0.86[E] （0.51～1.2）	2.3 （1.8～2.8）	4.6 （3.7～5.5）	8.9[E] （3.4～14）
女 12～19	1	485	1.03	3.8 （2.7～5.2）	0.83[E] （0.52～1.1）	3.6 （2.5～4.7）	7.7 （5.9～9.6）	30[E] （11～49）
女 12～19	2	251	0.8	2.3 （1.8～2.9）	0.63[E] （0.39～0.86）	2.5 （1.9～3.1）	4.4 （3.7～5.2）	11[E] （6.8～15）
女 20～39	1	364	0.27	3.4 （2.9～3.9）	0.89 （0.60～1.2）	3.0 （2.1～4.0）	6.1 （4.3～7.8）	26[E] （11～42）
女 20～39	2	184	0.54	1.5 （1.2～1.9）	0.42[E] （0.22～0.61）	1.4[E] （0.84～1.9）	2.6 （1.9～3.3）	x
女 40～59[c]	1	—	—	—	—	—	—	—
女 40～59	2	160	0.63	1.8 （1.5～2.1）	0.63 （0.47～0.80）	1.9 （1.3～2.5）	2.7 （2.3～3.1）	x
女 60～79[c]	1	—	—	—	—	—	—	—
女 60～79	2	142	1.41	1.2 （1.0～1.5）	0.45[E] （0.23～0.67）	1.2 （0.92～1.5）	2.1 （1.5～2.7）	x

a 3～5 岁年龄组未按照性别分组。

b 如果超过40%的样本检测值低于检出限，则仅报告数据的百分比分布而不报告均值。

c 6岁以下和49岁以上人群未被纳入第一次调查（2007—2009），因此这两个年龄段无统计数据。

E 谨慎引用。

F 数据不可靠，不予发布。

x 根据加拿大《统计法》保密规定，不予发布。

表 15-10-4　加拿大第一次（2007—2009）和第二次（2009—2011）健康调查
3～79 岁居民 [a] 性别尿邻苯二甲酸单-(2-乙基环己基)酯质量分数　　　　单位：μg/g 肌酐

分组（岁）	调查时期	调查人数	<检出限 [b]/%	几何均数（95%置信区间）	P_{10}（95%置信区间）	P_{50}（95%置信区间）	P_{75}（95%置信区间）	P_{95}（95%置信区间）
全体对象 6～49	1	3 227	0.34	4.0 (3.5～4.5)	1.1 (0.95～1.3)	3.5 (3.2～3.9)	6.9 (6.0～7.7)	22 (14～29)
全体对象 6～49	2	1 563	0.6	1.8 (1.6～2.0)	0.68 (0.52～0.85)	1.7 (1.4～1.9)	2.9 (2.4～3.3)	8.3 (6.2～10)
全体男性 6～49	1	1 623	0.18	3.8 (3.4～4.3)	1.1 (0.90～1.3)	3.4 (3.0～3.8)	6.4 (5.3～7.6)	21[E] (9.9～31)
全体男性 6～49	2	789	0.56	1.8 (1.5～2.1)	0.66 (0.50～0.82)	1.7 (1.4～2.0)	2.8 (2.3～3.3)	9.2[E] (5.5～13)
全体女性 6～49	1	1 604	0.5	4.2 (3.6～5.0)	1.3 (0.88～1.6)	3.7 (2.9～4.4)	7.2 (6.0～8.5)	23 (15～31)
全体女性 6～49	2	774	0.65	1.8 (1.6～2.1)	0.75 (0.51～0.99)	1.7 (1.3～2.1)	2.9 (2.3～3.5)	7.6 (5.3～9.9)

a 为了便于比较第一次调查（2007—2009）数据，6 岁以下儿童和 49 岁以上居民数据未收录，表中仅包含 6～49 岁的居民数据。
b 如果超过 40%的样本检测值低于检出限，则仅报告数据的百分比分布而不报告均值。
E 谨慎引用。

表 15-10-5　加拿大第一次（2007—2009）和第二次（2009—2011）健康调查
3～79 岁居民年龄别尿邻苯二甲酸单-(2-乙基环己基)酯质量分数　　　　单位：μg/g 肌酐

分组（岁）	调查时期	调查人数	<检出限 [a]/%	几何均数（95%置信区间）	P_{10}（95%置信区间）	P_{50}（95%置信区间）	P_{75}（95%置信区间）	P_{95}（95%置信区间）
全体对象 3～79 [b]	1	—	—	—	—	—	—	—
全体对象 3～79	2	2 489	0.6	1.8 (1.7～2.0)	0.65 (0.52～0.77)	1.8 (1.6～1.9)	3.0 (2.6～3.4)	8.8 (7.3～10)
3～5 [b]	1	—	—	—	—	—	—	—
3～5	2	511	0.39	4.7 (4.1～5.4)	1.8 (1.4～2.3)	4.5 (4.0～5.0)	7.3 (5.3～9.2)	19[E] (12～26)
6～11	1	1 034	0	5.1 (4.5～5.7)	1.8 (1.5～2.0)	4.7 (4.3～5.2)	8.0 (6.9～9.0)	22 (18～25)
6～11	2	506	0	3.1 (2.7～3.6)	1.2 (0.94～1.4)	2.9 (2.4～3.3)	5.4 (4.1～6.6)	11 (8.6～14)
12～19	1	989	0.81	3.0 (2.4～3.8)	0.82 (0.62～1.0)	2.7 (2.3～3.1)	5.5 (3.9～7.0)	F

分组 （岁）	调查 时期	调查 人数	<检出 限 [a]/%	几何均数 （95%置信 区间）	P_{10} （95%置信 区间）	P_{50} （95%置信 区间）	P_{75} （95%置信 区间）	P_{95} （95%置信 区间）
12～19	2	499	0.6	1.8 (1.6～2.0)	0.64 (0.56～0.72)	1.8 (1.6～2.1)	2.9 (2.5～3.4)	6.4[E] (3.0～9.7)
20～39	1	728	0.14	4.2 (3.7～4.8)	1.3 (0.93～1.6)	3.7 (3.0～4.3)	6.9 (5.7～8.0)	21[E] (13～30)
20～39	2	347	0.29	1.6 (1.3～1.9)	0.65[E] (0.40～0.90)	1.5 (1.2～1.8)	2.5 (2.0～3.1)	6.7[E] (3.5～10)
40～59 [b]	1	—	—	—	—	—	—	—
40～59	2	348	1.15	1.8 (1.6～2.1)	0.58[E] (0.33～0.83)	1.8 (1.5～2.1)	2.8 (2.2～3.3)	7.6[E] (3.7～11)
60～79 [b]	1	—	—	—	—	—	—	—
60～79	2	278	1.8	1.5 (1.3～1.7)	0.49[E] (0.30～0.68)	1.4 (1.2～1.6)	2.4 (1.6～3.2)	7.3[E] (4.4～10)

a 如果超过40%的样本检测值低于检出限，则仅报告数据的百分比分布而不报告均值。

b 6岁以下和49岁以上人群未被纳入第一次（2007—2009）调查，因此该年龄段无统计数据。

E 谨慎引用。

F 数据不可靠，未公布。

表15-10-6　加拿大第一次（2007—2009）和第二次（2009—2011）健康调查3～79岁居民
年龄别、性别 [a] 尿邻苯二甲酸单-(2-乙基环己基)酯质量分数　　　　单位：μg/g 肌酐

分组 （岁）	调查 时期	调查 人数	<检出 限 [b]/%	几何均数 （95%置信 区间）	P_{10} （95%置信 区间）	P_{50} （95%置信 区间）	P_{75} （95%置信 区间）	P_{95} （95%置信 区间）
全体男性 3～79 [c]	1	—	—	—	—	—	—	—
全体男性 3～79	2	1 249	0.56	1.7 (1.5～2.0)	0.58 (0.45～0.70)	1.6 (1.4～1.9)	2.9 (2.4～3.3)	9.3 (6.2～12)
男 6～11	1	523	0	5.4 (4.9～5.9)	1.9 (1.7～2.1)	4.9 (4.3～5.5)	9.0 (7.2～11)	22 (18～26)
男 6～11	2	256	0	3.3 (2.7～4.1)	1.1 (0.74～1.5)	2.9 (1.9～3.9)	5.9 (4.1～7.7)	11 (8.6～14)
男 12～19	1	505	0.59	2.7 (2.1～3.4)	0.69 (0.51～0.88)	2.6 (2.2～3.0)	4.8 (3.6～6.1)	F
男 12～19	2	249	0.4	1.7 (1.5～2.0)	0.64 (0.55～0.72)	1.8 (1.4～2.1)	2.9 (2.4～3.4)	8.1[E] (4.5～12)
男 20～39	1	364	0	4.0 (3.5～4.6)	1.1 (0.75～1.5)	3.7 (3.1～4.3)	6.4 (5.2～7.7)	16[E] (9.1～24)
男 20～39	2	164	0	1.7 (1.3～2.2)	0.67[E] (<检出限～1.0)	1.6 (1.2～1.9)	2.5 (1.8～3.3)	x

分组（岁）	调查时期	调查人数	<检出限[b]/%	几何均数（95%置信区间）	P_{10}（95%置信区间）	P_{50}（95%置信区间）	P_{75}（95%置信区间）	P_{95}（95%置信区间）
男 40~59[c]	1	—	—	—	—	—	—	—
男 40~59	2	189	1.59	1.6 (1.3~2.0)	0.53 (0.42~0.63)	1.7 (1.3~2.2)	2.4 (1.9~3.0)	x
男 60~79[c]	1	—	—	—	—	—	—	—
男 60~79	2	137	2.19	1.2 (0.98~1.6)	0.40[E] (0.17~0.63)	1.2 (0.99~1.4)	2.0[E] (0.97~3.0)	x
全体女性 3~79[c]	1	—	—	—	—	—	—	—
全体女性 3~79	2	1 240	0.65	1.9 (1.7~2.2)	0.75 (0.59~0.91)	1.9 (1.6~2.1)	3.2 (2.6~3.8)	7.9 (6.3~9.6)
女 6~11	1	511	0	4.8 (4.0~5.7)	1.6 (1.3~1.9)	4.5 (3.8~5.2)	7.6 (6.6~8.6)	22 (15~28)
女 6~11	2	250	0	2.9 (2.5~3.3)	1.2 (0.99~1.4)	2.8 (2.4~3.3)	4.5 (3.5~5.5)	9.3 (7.5~11)
女 12~19	1	484	1.03	3.3 (2.5~4.5)	1.0 (0.86~1.2)	2.8[E] (1.8~3.9)	6.1 (4.0~8.1)	F
女 12~19	2	250	0.8	1.9 (1.6~2.2)	0.73 (0.54~0.91)	1.9 (1.6~2.2)	2.9 (2.4~3.4)	5.9 (4.1~7.6)
女 20~39	1	364	0.27	4.4 (3.6~5.4)	1.5 (1.0~2.0)	3.6[E] (2.3~5.0)	7.3[E] (4.6~10)	26[E] (11~41)
女 20~39	2	183	0.55	1.5 (1.2~1.9)	0.52[E] (0.21~0.83)	1.3[E] (0.77~1.9)	2.3[E] (1.4~3.3)	x
女 40~59[c]	1	—	—	—	—	—	—	—
女 40~59	2	159	0.63	2.1 (1.7~2.6)	0.91 (0.60~1.2)	1.9 (1.3~2.5)	2.9[E] (1.8~3.9)	x
女 60~79[c]	1	—	—	—	—	—	—	—
女 60~79	2	141	1.42	1.8 1.5~2.1	0.71[E] (0.44~0.98)	1.6 (1.3~2.0)	2.9 (1.9~4.0)	x

a 3~5 岁年龄组未按照性别分组。

b 如果超过 40%的样本检测值低于检出限，则仅报告数据的百分比分布而不报告均值。

c 6 岁以下和 49 岁以上人群未被纳入第一次调查（2007—2009），因此该年龄段无统计数据。

E 谨慎引用。

F 数据不可靠，不予发布。

x 根据加拿大《统计法》保密规定，不予发布。

15.11 邻苯二甲酸单-(2-乙基-5-氧己基)酯

表 15-11-1　加拿大第一次（2007—2009）和第二次（2009—2011）健康调查

3～79 岁居民 [a] 尿邻苯二甲酸单-(2-乙基-5-氧己基)酯质量浓度　　　　　　　单位：μg/L

分组（岁）	调查时期	调查人数	<检出限 [b] /%	几何均数（95%置信区间）	P_{10}（95%置信区间）	P_{50}（95%置信区间）	P_{75}（95%置信区间）	P_{95}（95%置信区间）
全体对象 6～49	1	3 235	0	14（13～16）	3.4（2.7～4.0）	13（12～15）	28（26～31）	110（74～140）
全体对象 6～49	2	1 608	0	7.8（7.1～8.6）	2.5（2.1～2.8）	7.9（7.2～8.6）	15（14～16）	34（25～43）
全体男性 6～49	1	1 629	0	15（13～17）	3.8（2.9～4.7）	14（11～16）	29（25～33）	110[E]（56～160）
全体男性 6～49	2	809	0	8.2（7.0～9.7）	2.5[E]（1.5～3.5）	8.1（7.2～8.9）	15（13～18）	42[E]（23～61）
全体女性 6～49	1	1 606	0	13（12～15）	3.2（2.4～4.0）	13（11～15）	28（25～31）	110[E]（62～150）
全体女性 6～49	2	799	0	7.5（6.8～8.2）	2.5（2.1～2.9）	7.1（5.4～8.8）	15（12～17）	28（20～35）

a 为了便于比较第一次调查（2007—2009）数据，6 岁以下儿童和 49 岁以上居民数据未收录，表中仅包含 6～49 岁的居民数据。

b 如果超过 40% 的样本检测值低于检出限，则仅报告数据的百分比分布而不报告均值。

E 谨慎引用。

表 15-11-2　加拿大第一次（2007—2009）和第二次（2009—2011）健康调查

3～79 岁居民年龄别尿邻苯二甲酸单-(2-乙基-5-氧己基)酯质量浓度　　　　　单位：μg/L

分组（岁）	调查时期	调查人数	<检出限 [a] /%	几何均数（95%置信区间）	P_{10}（95%置信区间）	P_{50}（95%置信区间）	P_{75}（95%置信区间）	P_{95}（95%置信区间）
全体对象 3～79 [b]	1	—	—	—	—	—	—	—
全体对象 3～79	2	2 561	0	7.4（6.9～8.0）	2.3（2.1～2.5）	7.4（6.7～8.1）	14（12～15）	34（30～39）
3～5 [b]	1	—	—	—	—	—	—	—
3～5	2	523	0	17（15～19）	6.0（4.7～7.2）	17（15～20）	29（23～35）	67[E]（38～95）
6～11	1	1 037	0	20（18～22）	5.5（4.7～6.4）	20（17～22）	38（32～43）	100（84～120）
6～11	2	516	0	15（13～18）	4.7（3.4～6.1）	16（12～20）	27（22～31）	57（50～65）
12～19	1	991	0	18（15～21）	4.5（3.6～5.5）	17（15～20）	33（29～37）	99[E]（43～150）
12～19	2	512	0	10（8.6～12）	3.2[E]（1.7～4.7）	9.9（8.6～11）	19（16～22）	44（30～59）

分组（岁）	调查时期	调查人数	<检出限 [a]/%	几何均数（95%置信区间）	P_{10}（95%置信区间）	P_{50}（95%置信区间）	P_{75}（95%置信区间）	P_{95}（95%置信区间）
20～39	1	730	0	13（11～15）	3.5（2.6～4.4）	13（10～15）	25（21～29）	75[E]（32～120）
20～39	2	359	0	6.6（5.6～7.8）	2.4（1.9～2.9）	6.7（5.4～8.0）	12（8.0～15）	24[E]（14～35）
40～59 [b]	1	—	—	—	—	—	—	—
40～59	2	360	0	6.6（5.5～7.9）	2.3（1.7～2.8）	6.2（5.1～7.2）	11（8.9～13）	26[E]（16～36）
60～79 [b]	1	—	—	—	—	—	—	—
60～79	2	291	0	6.0（5.1～7.0）	2.0（1.5～2.5）	6.0（4.7～7.4）	10（8.4～12）	F

a 如果超过40%的样本检测值低于检出限，则仅报告数据的百分比分布而不报告均值。
b 6岁以下和49岁以上人群未被纳入第一次调查（2007—2009），因此该年龄段无统计数据。
E 谨慎引用。
F 数据不可靠，不予发布。

表 15-11-3 加拿大第一次（2007—2009）和第二次（2009—2011）健康调查 3～79 岁居民年龄别 [a]、性别尿邻苯二甲酸单-(2-乙基-5-氧己基)酯质量浓度　　　单位：μg/L

分组（岁）	调查时期	调查人数	<检出限 [b]/%	几何均数（95%置信区间）	P_{10}（95%置信区间）	P_{50}（95%置信区间）	P_{75}（95%置信区间）	P_{95}（95%置信区间）
全体男性 3～79 [c]	1	—	—	—	—	—	—	—
全体男性 3～79	2	1 282	0	7.9（6.8～9.2）	2.4（2.0～2.8）	7.8（7.0～8.7）	15（12～17）	37[E]（22～52）
男 6～11	1	525	0	20（17～24）	5.8（4.2～7.5）	20（17～23）	37（33～41）	100（70～130）
男 6～11	2	262	0	16（13～20）	4.6[E]（2.3～6.8）	17（11～22）	30（22～37）	58（47～68）
男 12～19	1	506	0	16（14～19）	4.3（3.2～5.5）	16（14～18）	30（27～34）	90[E]（42～140）
男 12～19	2	256	0	11（8.8～13）	4.1[E]（2.3～6.0）	9.9（8.8～11）	18（16～21）	44[E]（20～68）
男 20～39	1	366	0	14（12～17）	4.1（2.7～5.4）	13（9.7～16）	25（20～30）	79[E]（49～110）
男 20～39	2	168	0	7.5（5.7～9.8）	2.7（1.7～3.6）	7.8（6.6～9.0）	14（11～18）	x
男 40～59 [c]	1	—	—	—	—	—	—	—
男 40～59	2	194	0	6.6（5.0～8.7）	2.1[E]（1.0～3.2）	7.0（5.0～9.0）	11[E]（4.7～17）	x
男 60～79 [c]	1	—	—	—	—	—	—	—
男 60～79	2	142	0	6.3（5.0～7.8）	2.1[E]（1.3～2.8）	6.4（5.2～7.5）	9.9（7.4～12）	x
全体女性 3～79 [c]	1	—	—	—	—	—	—	—

分组（岁）	调查时期	调查人数	<检出限 b/%	几何均数（95%置信区间）	P_{10}（95%置信区间）	P_{50}（95%置信区间）	P_{75}（95%置信区间）	P_{95}（95%置信区间）
全体女性 3～79	2	1 279	0	7.0（6.5～7.6）	2.3（2.0～2.6）	6.7（5.7～7.8）	12（9.7～15）	29（23～36）
女 6～11	1	512	0	19（16～23）	5.3（4.1～6.6）	19（16～22）	40（30～49）	100（81～120）
女 6～11	2	254	0	14（12～17）	4.8（3.4～6.3）	15（11～19）	24（19～29）	53（34～71）
女 12～19	1	485	0	19（15～25）	4.8E（2.9～6.6）	20（16～24）	36（29～42）	F
女 12～19	2	256	0	9.9（7.6～13）	F	10（6.9～13）	20（15～25）	44（31～57）
女 20～39	1	364	0	13（11～15）	3.3（2.5～4.0）	12（9.6～15）	25（19～32）	F
女 20～39	2	191	0	5.8（4.9～7.0）	2.3（1.5～3.1）	6.0（4.9～7.1）	9.9（7.6～12）	x
女 40～59c	1	—	—	—	—	—	—	—
女 40～59	2	166	0	6.6（5.5～7.9）	2.4（1.8～3.0）	6.0（5.3～6.8）	11（8.7～14）	x
女 60～79c	1	—	—	—	—	—	—	—
女 60～79	2	149	0	5.7（4.6～7.2）	1.6E（0.63～2.7）	5.7E（3.6～7.8）	10（7.7～12）	x

a 3～5 岁年龄组未按照性别分组。
b 如果超过 40%的样本检测值低于检出限，则仅报告数据的百分比分布而不报告均值。
c 6 岁以下和 49 岁以上人群未被纳入第一次调查（2007—2009），因此该年龄段无统计数据。
E 谨慎引用。
F 数据不可靠，不予发布。
x 根据加拿大《统计法》保密规定，不予发布。

表 15-11-4　加拿大第一次（2007—2009）和第二次（2009—2011）健康调查
6～49 岁居民 a 尿邻苯二甲酸单-(2-乙基-5-氧己基)酯质量分数　　　单位：μg/g 肌酐

分组（岁）	调查时期	调查人数	<检出限 b/%	几何均数（95%置信区间）	P_{10}（95%置信区间）	P_{50}（95%置信区间）	P_{75}（95%置信区间）	P_{95}（95%置信区间）
全体对象 6～49	1	3 227	0	16（14～17）	5.3（4.7～5.9）	14（12～15）	25（21～28）	96（72～120）
全体对象 6～49	2	1 600	0	6.9（6.3～7.5）	2.6（2.2～3.0）	6.3（5.3～7.3）	11（9.8～12）	27（20～33）
全体男性 6～49	1	1 623	0	14（13～15）	4.8（4.3～5.2）	12（10～13）	22（17～26）	84（55～110）
全体男性 6～49	2	806	0	6.4（5.7～7.3）	2.4（1.9～3.0）	5.8（4.8～6.8）	11（9.2～13）	31（24～39）
全体女性 6～49	1	1 604	0	18（16～20）	6.7（5.2～8.1）	15（13～16）	27（21～32）	100（72～130）
全体女性 6～49	2	794	0	7.3（6.6～8.2）	3.0（2.0～3.9）	7.1（5.8～8.4）	11（9.6～13）	22（19～26）

a 为了便于比较第一次调查（2007—2009）数据，6 岁以下儿童和 49 岁以上居民数据未收录，表中仅包含 6～49 岁的居民数据。
b 如果超过 40%的样本检测值低于检出限，则仅报告数据的百分比分布而不报告均值。

表 15-11-5　加拿大第一次（2007—2009）和第二次（2009—2011）健康调查 3～79 岁居民年龄别尿邻苯二甲酸单-(2-乙基-5-氧己基)酯质量分数　　　　　　单位：μg/g 肌酐

分组（岁）	调查时期	调查人数	<检出限 [a]/%	几何均数（95%置信区间）	P10（95%置信区间）	P50（95%置信区间）	P75（95%置信区间）	P95（95%置信区间）
全体对象 3～79 [b]	1	—	—	—	—	—	—	—
全体对象 3～79	2	2 551	0	7.3 (6.9～7.7)	2.9 (2.5～3.2)	7.0 (6.4～7.6)	11 (10～12)	31 (28～35)
3～5 [b]	1	—	—	—	—	—	—	—
3～5	2	522	0	30 (27～33)	13 (11～16)	28 (25～31)	43 (35～50)	90 [E] (55～130)
6～11	1	1 034	0	30 (27～34)	12 (9.7～14)	28 (24～31)	48 (43～52)	120 (95～140)
6～11	2	514	0	17 (16～19)	7.7 (6.6～8.9)	17 (15～19)	25 (20～30)	53 (41～65)
12～19	1	989	0	15 (13～18)	5.5 (4.5～6.4)	13 (11～15)	23 (20～26)	F
12～19	2	510	0	7.8 (6.9～8.9)	3.3 (2.9～3.7)	7.7 (6.6～8.8)	12 (10～13)	25 [E] (15～36)
20～39	1	728	0	14 (12～16)	5.2 (4.3～6.1)	12 (10～13)	20 16～23)	84 (56～110)
20～39	2	357	0	5.7 (4.8～6.7)	2.4 (1.9～2.9)	5.0 (4.0～6.0)	9.4 (6.7～12)	20 (14～26)
40～59 [b]	1	—	—	—	—	—	—	—
40～59	2	358	0	6.6 (5.9～7.4)	2.8 (2.3～3.2)	6.6 (5.8～7.5)	9.9 (8.7～11)	22 (14～30)
60～79 [b]	1	—	—	—	—	—	—	—
60～79	2	290	0	6.9 (6.3～7.6)	3.1 (2.5～3.8)	7.0 (6.3～7.7)	10 (8.6～12)	18 [E] (12～25)

a 如果超过 40%的样本检测值低于检出限，则仅报告数据的百分比分布而不报告均值。

b 6 岁以下和 49 岁以上人群未被纳入第一次调查（2007—2009），因此该年龄段无统计数据。

E 谨慎引用。

F 数据不可靠，未公布。

表 15-11-6　加拿大第一次（2007—2009）和第二次（2009—2011）健康调查 3～79 岁居民年龄别[a]、性别尿邻苯二甲酸单-(2-乙基-5-氧己基)酯质量分数　　　单位：μg/g 肌酐

分组（岁）	调查时期	调查人数	<检出限[b]/%	几何均数（95%置信区间）	P_{10}（95%置信区间）	P_{50}（95%置信区间）	P_{75}（95%置信区间）	P_{95}（95%置信区间）
全体男性 3～79[c]	1	—	—	—	—	—	—	—
全体男性 3～79	2	1 278	0	6.7（6.0～7.5）	2.6（2.2～3.0）	6.2（5.3～7.0）	11（9.2～12）	32（27～37）
男 6～11	1	523	0	31（28～34）	12（10～14）	29（26～32）	47（42～53）	130（88～160）
男 6～11	2	261	0	18（16～21）	7.4（5.8～8.9）	18（16～21）	30（22～37）	52（42～63）
男 12～19	1	505	0	14（12～16）	4.9（3.6～6.1）	12（10～14）	22（18～26）	F
男 12～19	2	255	0	7.5（6.5～8.7）	3.2（2.8～3.7）	7.2（5.9～8.4）	11（9.1～14）	F
男 20～39	1	364	0	12（10～14）	4.7（3.8～5.6）	9.9（8.3～12）	17（14～20）	63[E]（33～92）
男 20～39	2	167	0	5.4（4.4～6.7）	2.3（1.6～3.0）	4.7（3.3～6.1）	8.4[E]（5.1～12）	x
男 40～59[c]	1	—	—	—	—	—	—	—
男 40～59	2	194	0	5.6（4.5～7.0）	2.3（1.6～3.1）	5.0（3.4～6.7）	8.9（6.4～11）	x
男 60～79[c]	1	—	—	—	—	—	—	—
男 60～79	2	142	0	5.9（5.0～7.0）	2.7（2.0～3.4）	6.1（4.9～7.2）	8.4（6.5～10）	x
全体女性 3～79[c]	1	—	—	—	—	—	—	—
全体女性 3～79	2	1 273	0	8.0（7.3～8.8）	3.2（2.5～3.9）	7.8（6.9～8.8）	12（11～13）	26（20～33）
女 6～11	1	511	0	30（26～35）	11（8.8～14）	26（22～31）	48（40～56）	110（80～140）
女 6～11	2	253	0	16（14～19）	8.0（6.5～9.4）	16（14～18）	21（18～25）	51[E]（27～75）
女 12～19	1	484	0	17（14～21）	6.9（5.5～8.4）	14（11～17）	23（18～28）	F
女 12～19	2	255	0	8.1（7.0～9.5）	3.3（<检出限～4.2）	8.1（6.4～9.9）	12（11～14）	25（18～31）
女 20～39	1	364	0	16（14～20）	6.7[E]（3.9～9.4）	14（12～16）	22[E]（13～31）	100[E]（<检出限～140）

分组 （岁）	调查 时期	调查 人数	<检出 限 b/%	几何均数 （95%置信 区间）	P_{10} （95%置信 区间）	P_{50} （95%置信 区间）	P_{75} （95%置信 区间）	P_{95} （95%置信 区间）
女 20～39	2	190	0	5.9 （4.8～7.3）	2.4 （1.1～3.7）	5.0 （3.6～6.4）	11 （7.6～14）	x
女 40～59c	1	—	—	—	—	—	—	—
女 40～59	2	164	0	7.8 （6.6～9.3）	3.2E （1.8～4.5）	7.7 （6.0～9.5）	11 （8.8～13）	x
女 60～79c	1	—	—	—	—	—	—	—
女 60～79	2	148	0	8.1 （7.3～9.0）	3.6 （2.9～4.3）	8.2 （7.3～9.0）	11 （9.9～13）	x

a 3～5 岁年龄组未按照性别分组。

b 如果超过 40%的样本检测值低于检出限，则仅报告数据的百分比分布而不报告均值。

c 6 岁以下和 49 岁以上人群未被纳入第一次调查（2007—2009），因此该年龄段无统计数据。

E 谨慎引用。

F 数据不可靠，不予发布。

x 根据加拿大《统计法》保密规定，不予发布。

15.12　邻苯二甲酸单-(2-乙基-5-羟基己基)酯

表 15-12-1　加拿大第一次（2007—2009）和第二次（2009—2011）健康调查

6～49 岁居民 a 性别尿邻苯二甲酸单-(2-乙基-5-羟基己基)酯质量浓度　　　　单位：μg/L

分组 （岁）	调查 时期	调查 人数	<检出 限 b/%	几何均数 （95%置信 区间）	P_{10} （95%置信 区间）	P_{50} （95%置信 区间）	P_{75} （95%置信 区间）	P_{95} （95%置信 区间）
全体对象 6～49	1	3 235	0	23 （21～26）	5.3 （4.3～6.3）	23 （20～26）	47 （44～50）	180 （120～240）
全体对象 6～49	2	1 608	0.06	13 （12～15）	4.0 （3.3～4.7）	13 （12～14）	24 （22～27）	59 （46～72）
全体男性 6～49	1	1 629	0	26 （23～29）	6.2 （4.6～7.9）	25 （21～28）	50 （45～54）	180E （99～270）
全体男性 6～49	2	809	0.12	14 （12～17）	4.1E （2.3～5.9）	14 （12～16）	25 （21～29）	71 （50～93）
全体女性 6～49	1	1 606	0	21 （19～25）	4.9 （3.4～6.3）	21 （18～23）	45 （40～50）	170E （89～250）
全体女性 6～49	2	799	0	12 （11～13）	4.0 （3.2～4.7）	12 （10～13）	23 （20～27）	47 （41～52）

a 为了便于比较第一次调查（2007—2009）数据，6 岁以下儿童和 49 岁以上居民数据未收录，表中仅包含 6～49 岁的居民数据。

b 如果超过 40%的样本检测值低于检出限，则仅报告数据的百分比分布而不报告均值。

E 谨慎引用。

表 15-12-2　加拿大第一次（2007—2009）和第二次（2009—2011）健康调查
3～79 岁居民年龄别尿邻苯二甲酸单-(2-乙基-5-羟基己基)酯质量浓度　　　单位：μg/L

分组（岁）	调查时期	调查人数	<检出限 a/%	几何均数（95%置信区间）	P_{10}（95%置信区间）	P_{50}（95%置信区间）	P_{75}（95%置信区间）	P_{95}（95%置信区间）
全体对象 3～79 b	1	—	—	—	—	—	—	—
全体对象 3～79	2	2 561	0.08	13（12～14）	3.9（3.4～4.4）	12（12～13）	24（22～25）	59（48～70）
3～5 b	1	—	—	—	—	—	—	—
3～5	2	523	0	27（23～30）	8.6（6.4～11）	25（21～30）	48（36～61）	99E（59～140）
6～11	1	1 037	0	31（28～35）	8.8（7.6～10）	31（27～35）	60（50～70）	180（130～230）
6～11	2	516	0	24（20～28）	7.0（5.4～8.7）	24（19～29）	43（34～52）	97（73～120）
12～19	1	991	0	29（24～34）	7.5（5.8～9.3）	29（25～32）	56（46～65）	160E（64～260）
12～19	2	512	0	16（14～20）	4.6E（2.4～6.8）	16（13～20）	32（26～39）	68（49～87）
20～39	1	730	0	22（19～26）	5.7（4.5～6.9）	21（16～26）	45（38～51）	150E（83～220）
20～39	2	359	0.28	11（9.1～13）	3.8（3.0～4.6）	12（10～13）	21（16～25）	40E（20～60）
40～59 b	1	—	—	—	—	—	—	—
40～59	2	360	0.28	12（9.7～14）	4.1E（2.6～5.5）	11（8.7～13）	21（15～26）	44E（21～67）
60～79 b	1	—	—	—	—	—	—	—
60～79	2	291	—	10（8.8～12）	3.4（2.5～4.3）	10（7.4～13）	19（15～24）	44E（23～66）

a 如果超过 40%的样本检测值低于检出限，则仅报告数据的百分比分布而不报告均值。
b 6 岁以下和 49 岁以上人群未被纳入第一次调查（2007—2009），因此该年龄段无统计数据。
E 谨慎引用。

表 15-12-3　加拿大第一次（2007—2009）和第二次（2009—2011）健康调查 3～79 岁居民
年龄别 a、性别尿邻苯二甲酸单-(2-乙基-5-羟基己基)酯质量浓度　　　单位：μg/L

分组（岁）	调查时期	调查人数	<检出限 b/%	几何均数（95%置信区间）	P_{10}（95%置信区间）	P_{50}（95%置信区间）	P_{75}（95%置信区间）	P_{95}（95%置信区间）
全体男性 3～79 c	1	—	—	—	—	—	—	—
全体男性 3～79	2	1 282	0.08	14（12～16）	4.2（3.1～5.2）	13（12～15）	25（20～29）	69（53～84）
男 6～11	1	525	0	32（28～37）	9.2（6.9～12）	33（28～38）	60（50～71）	170（120～230）

分组（岁）	调查时期	调查人数	<检出限 [b]/%	几何均数（95%置信区间）	P_{10}（95%置信区间）	P_{50}（95%置信区间）	P_{75}（95%置信区间）	P_{95}（95%置信区间）
男 6～11	2	262	0	26（21～32）	6.9[E]（4.2～9.5）	25（18～33）	47[E]（30～65）	98（72～120）
男 12～19	1	506	0	27（24～32）	7.6（4.9～10）	27（24～31）	50（41～59）	150[E]（68～230）
男 12～19	2	256	0	17（14～21）	6.0[E]（3.6～8.5）	16（13～20）	34（27～40）	71[E]（38～100）
男 20～39	1	366	0	25（21～29）	7.4[E]（4.3～10）	24（19～29）	46（36～55）	160（110～210）
男 20～39	2	168	0.6	13（9.6～17）	4.4[E]（2.5～6.4）	13（9.6～16）	24（20～28）	x
男 40～59 [c]	1	—	—	—	—	—	—	—
男 40～59	2	194	0	12（9.2～16）	3.4[E]（1.8～5.0）	12（9.2～16）	20[E]（10～30）	x
男 60～79 [c]	1	—	—	—	—	—	—	—
男 60～79	2	142	0	11（8.6～14）	3.8（2.7～4.9）	11（7.5～14）	17[E]（11～23）	x
全体女性 3～79 [c]	1	—	—	—	—	—	—	—
全体女性 3～79	2	1 279	0.08	12（11～12）	3.8（3.2～4.4）	11（9.4～13）	23（20～26）	47（39～56）
女 6～11	1	512	0	30（26～36）	8.1（5.9～10）	30（24～35）	61（48～73）	180（120～240）
女 6～11	2	254	0	22（18～27）	7.3（5.5～9.1）	23（18～28）	35（23～47）	84[E]（45～120）
女 12～19	1	485	0	30（23～41）	7.5[E]（4.7～10）	32（27～37）	61（47～74）	F
女 12～19	2	256	0	16（12～20）	F	16（12～21）	31（22～39）	67（44～90）
女 20～39	1	364	0	20（17～24）	5.4（4.1～6.8）	18（13～23）	40（28～53）	F
女 20～39	2	191	0	9.5（7.8～11）	3.7（2.5～5.0）	9.6（6.6～13）	17（13～21）	x
女 40～59 [c]	1	—	—	—	—	—	—	—
女 40～59	2	166	0.6	11（9.4～13）	4.8（4.1～5.4）	10（8.4～12）	22（14～29）	x
女 60～79 [c]	1	—	—	—	—	—	—	—
女 60～79	2	149	0	9.9（8.0～12）	2.8[E]（1.3～4.4）	9.9（6.8～13）	21（16～26）	x

a 3～5 岁年龄组未按照性别分组。

b 如果超过 40%的样本检测值低于检出限，则仅报告数据的百分比分布而不报告均值。

c 6 岁以下和 49 岁以上人群未被纳入第一次调查（2007—2009），因此该年龄段无统计数据。

E 谨慎引用。

F 数据不可靠，不予发布。

x 根据加拿大《统计法》保密规定，不予发布。

表 15-12-4　加拿大第一次（2007—2009）和第二次（2009—2011）健康调查

6～49 岁居民 [a] 尿邻苯二甲酸单-(2-乙基-5-羟基己基)酯质量分数　　单位：μg/g 肌酐

分组（岁）	调查时期	调查人数	<检出限 [b] /%	几何均数（95%置信区间）	P_{10}（95%置信区间）	P_{50}（95%置信区间）	P_{75}（95%置信区间）	P_{95}（95%置信区间）
全体对象 6～49	1	3 227	0	26（24～29）	8.6（7.5～9.7）	22（21～24）	42（36～48）	160（110～200）
全体对象 6～49	2	1 600	0.08	12（10～13）	4.7（3.9～5.6）	11（9.6～12）	19（16～22）	48（37～59）
全体男性 6～49	1	1 623	0	24（22～26）	7.8（7.0～8.7）	20（18～22）	39（31～47）	140 [E]（81～200）
全体男性 6～49	2	806	0.08	11（9.7～13）	4.1（2.7～5.4）	10（8.9～12）	19（16～23）	54（41～68）
全体女性 6～49	1	1 604	0	28（25～32）	9.9（8.4～12）	24（22～26）	44（35～53）	170（120～220）
全体女性 6～49	2	794	0.08	12（11～13）	5.2（4.6～5.9）	12（10～14）	19（16～22）	35（28～42）

a 为了便于比较第一次调查（2007—2009）数据，6 岁以下儿童和 49 岁以上居民数据未收录，表中仅包含 6～49 岁的居民数据。

b 如果超过 40% 的样本检测值低于检出限，则仅报告数据的百分比分布而不报告均值。

E 谨慎引用。

表 15-12-5　加拿大第一次（2007—2009）和第二次（2009—2011）健康调查 3～79 岁居民

年龄别尿邻苯二甲酸单-(2-乙基-5-羟基己基)酯质量分数　　单位：μg/g 肌酐

分组（岁）	调查时期	调查人数	<检出限 [a] /%	几何均数（95%置信区间）	P_{10}（95%置信区间）	P_{50}（95%置信区间）	P_{75}（95%置信区间）	P_{95}（95%置信区间）
全体对象 3～79 [b]	1	—	—	—	—	—	—	—
全体对象 3～79	2	2 551	0.08	12（12～13）	5.1（4.5～5.6）	12（11～13）	20（18～21）	52（44～60）
3～5 [b]	1	—	—	—	—	—	—	—
3～5	2	522	0	46（41～51）	21（18～24）	42（37～47）	67（54～80）	130 [E]（66～190）
6～11	1	1 034	0	48（44～53）	19（16～22）	44（39～48）	75（65～85）	190（150～240）
6～11	2	514	0	27（24～30）	12（10～14）	25（23～28）	40（33～47）	90（66～110）
12～19	1	989	0	25（21～29）	9.0（7.9～10）	22（18～25）	39（32～46）	F

分组 （岁）	调查 时期	调查 人数	<检出 限[a]/%	几何均数 （95%置信 区间）	P_{10} （95%置信 区间）	P_{50} （95%置信 区间）	P_{75} （95%置信 区间）	P_{95} （95%置信 区间）
12～19	2	510	0	13 （11～14）	5.1 （4.2～6.0）	12 （11～14）	19 （16～23）	37[E] （15～60）
20～39	1	728	0	23 （21～26）	8.5 （6.7～10）	20 （18～22）	35 （29～40）	140 （93～190）
20～39	2	357	0.28	9.4 （7.9～11）	4.0 （2.7～5.3）	8.5 （6.0～11）	14 （9.7～19）	29[E] （15～44）
40～59[b]	1	—	—	—	—	—	—	—
40～59	2	358	0.28	12 （11～13）	5.1 （4.3～6.0）	12 （11～13）	17 （14～19）	36[E] （18～54）
60～79[b]	1	—	—	—	—	—	—	—
60～79	2	290	0	12 （11～13）	5.3 （4.4～6.2）	13 （11～14）	18 （16～19）	35 （26～43）

a 如果超过 40%的样本检测值低于检出限，则仅报告数据的百分比分布而不报告均值。
b 6 岁以下和 49 岁以上人群未被纳入第一次（2007—2009）调查，因此这两个年龄段无统计数据。
E 谨慎引用。
F 数据不可靠，未公布。

表 15-12-6　加拿大第一次（2007—2009）和第二次（2009—2011）健康调查 3～79 岁居民
年龄别[a]、性别尿邻苯二甲酸单-(2-乙基-5-羟基己基)酯质量分数　　　单位：μg/g 肌酐

分组 （岁）	调查 时期	调查 人数	<检出 限[b]/%	几何均数 （95%置信 区间）	P_{10} （95%置信 区间）	P_{50} （95%置信 区间）	P_{75} （95%置信 区间）	P_{95} （95%置信 区间）
全体男性 3～79[c]	1	—	—	—	—	—	—	—
全体男性 3～79	2	1 278	0.08	12 （10～13）	4.3 （3.3～5.3）	11 （9.5～12）	19 （16～22）	59 （45～72）
男 6～11	1	523	0	49 （46～53）	20 （17～22）	45 （41～50）	74 （63～85）	200[E] （120～280）
男 6～11	2	261	0	29 （25～34）	12 （9.3～15）	29 （23～35）	48 （34～61）	91 （69～110）
男 12～19	1	505	0	23 （20～27）	8.4 （6.2～11）	21 （18～23）	39 （33～45）	F
男 12～19	2	255	0	12 （10～14）	5.0 （3.9～6.0）	12 （10～15）	19 （14～23）	F
男 20～39	1	364	0	21 （18～24）	7.3 （5.7～8.9）	18 （16～20）	30 （23～36）	120[E] （67～170）
男 20～39	2	167	0.6	9.3 （7.5～12）	3.3[E] （1.7～4.9）	9.8 （6.9～13）	13[E] （7.2～19）	x

分组（岁）	调查时期	调查人数	<检出限 b/%	几何均数（95%置信区间）	P_{10}（95%置信区间）	P_{50}（95%置信区间）	P_{75}（95%置信区间）	P_{95}（95%置信区间）
男 40~59 c	1	—	—	—	—	—	—	—
男 40~59	2	194	0	10（8.3~13）	4.2（2.8~5.6）	9.5（6.6~12）	16（11~21）	x
男 60~79 c	1	—	—	—	—	—	—	—
男 60~79	2	142	0	10（8.4~12）	4.8（3.4~6.1）	9.4（7.1~12）	16（12~19）	x
全体女性 3~79 c	1	—	—	—	—	—	—	—
全体女性 3~79	2	1 273	0.08	13（12~14）	5.4（4.9~6.0）	13（12~14）	21（19~22）	43（35~52）
女 6~11	1	511	0	47（41~54）	17（14~21）	42（36~49）	76（63~89）	190 E（110~260）
女 6~11	2	253	0	25（22~29）	12（9.5~14）	23（20~27）	34（29~40）	81 E（46~120）
女 12~19	1	484	0	27（21~34）	10（8.5~12）	23（18~27）	39（28~50）	F
女 12~19	2	255	0	13（11~15）	5.1（3.9~6.3）	12（10~15）	20（16~24）	37（28~46）
女 20~39	1	364	0	26（22~32）	9.8（6.7~13）	22（19~25）	37 E（20~54）	180 E（<检出限~260）
女 20~39	2	190	0	9.6（7.7~12）	4.5（2.9~6.1）	8.5 E（5.3~12）	14 E（8.7~20）	x
女 40~59 c	1	—	—	—	—	—	—	—
女 40~59	2	164	0.61	13（11~15）	5.7（4.1~7.3）	13（11~15）	19（15~22）	x
女 60~79 c	1	—	—	—	—	—	—	—
女 60~79	2	148	0	14（13~15）	5.7（4.3~7.0）	15（13~17）	19（16~22）	x

a 3~5 岁年龄组未按照性别分组。
b 如果超过 40%的样本检测值低于检出限，则仅报告数据的百分比分布而不报告均值。
c 6 岁以下和 49 岁以上人群未被纳入第一次（2007—2009）调查，因此该年龄段无统计数据。
E 谨慎引用。
F 数据不可靠，不予发布。
x 根据加拿大《统计法》保密规定，不予发布。

参考文献

[1] ATSDR（Agency for Toxic Substances and Disease Registry）. 1995. *Toxicological profile for diethyl phthalate（DEP）*. Atlanta，GA.：U.S. Department of Health and Human Services. Retrieved January 12，2012，from www.atsdr.cdc.gov/toxprofiles/index.asp.

[2] ATSDR（Agency for Toxic Substances and Disease Registry）. 1997. *Toxicological profile for di-n-octyl dhthalate（DNOP）*. Atlanta，GA.：U.S. Department of Health and Human Services. Retrieved January 12，2012，from www.atsdr.cdc.gov/toxprofiles/index.asp.

[3] ATSDR（Agency for Toxic Substances and Disease Registry）. 2001. *Toxicological profile for di-n-butyl phthalate（DBP）*. Atlanta，GA.：U.S. Department of Health and Human Services. Retrieved January 12，2012，from www.atsdr.cdc.gov/toxprofiles/index.asp.

[4] ATSDR（Agency for Toxic Substances and Disease Registry）. 2002. *Toxicological profile for di（2-ethylhexyl）phthalate（DEHP）*. Atlanta，GA.：U.S. Department of Health and Human Services. Retrieved January 12，2012，from www.atsdr.cdc.gov/toxprofiles/index.asp.

[5] Becker，K.，Güen，T.，Seiwert，M.，et al. 2009. GerES IV：Phthalate metabolites and bisphenol A in urine of German children. *International Journal of Hygiene and Environmental Health*，212（6）：685-692.

[6] Blount，B.C.，Silva，M.J.，Caudill，S.P.，et al. 2000. Levels of seven urinary phthalate metabolites in a human reference population. *Environmental Health Perspectives*，108（10）：979-982.

[7] Calafat，A.M. and McKee，R.H.. 2006. Integrating biomonitoring exposure data into the risk assessment process：Phthalates（diethyl phthalate and di（2-ethylhexyl）phthalate）as a case study. *Environmental Health Perspectives*，114（11）：1783-1789.

[8] Canada. 1985. *Food and Drugs Act*. RSC 1985，c. F-27. Retrieved June 6，2012，from http://laws-lois.justice.gc.ca/eng/acts/F-27/.

[9] Canada. 1999. *Canadian Environmental Protection Act*，1999. SC 1999，c. 33. Retrieved April 2，2012，from http://laws-lois.justice.gc.ca/eng/acts/C-15.31/index.html.

[10] Canada. 2010. *Phthalates Regulations*. SOR/2010-298 December 10，2010. Retrieved June 6，2012，from http://gazette.gc.ca/rp-pr/p2/2010/2010-12-22/html/sor-dors298-eng.html.

[11] Canada. 2011. *Group profile for phthalates*. Retrieved August 13，2012，from www.chemicalsubstan ceschimiques.gc.ca/group/phthalates-eng.php.

[12] CDC（Centers for Disease Control and Prevention）. 2009. *Fourth national report on human exposure to environmental chemicals*.Atlanta，GA.：Department of Health and Human Services. Retrieved July 11，2011，from www.cdc.gov/exposurereport/.

[13] Chen，Y.H.，Hsieh，D.C. and Shang，N.C.. 2011. Efficient mineralization of dimethyl phthalate by catalytic ozonation using TiO_2/Al_2O_3catalyst. *Journal of Hazardous Materials*，192：1017-1025.

[14] Clark，K.. 2003. Assessment of critical exposure pathways. *Phtalate Esters：Series Anthropogenic Compounds*. Berlin：Springer.

[15] Cosmetic Ingredient Review Expert Panel. 2005. Annual review of cosmetic ingredient safety assessment - 2002/2003. *International Journal of Toxicology*，24（Supplement 1）（1-2）：1-102.

[16] David，R.M.. 2006. Proposed mode of action for in utero effects of some phthalate esters on the developing

male reproductive tract. *Toxicologic Pathology*，34（3）：209-219.

[17] David，R.M. and Gans，G. 2003. Summary of mammalian toxicology and health effects of phthalate esters. *Phtalate Esters：Series Anthropogenic Compounds*.Berlin：Springer.

[18] Duty，S.M.，Calafat，A.M.，Silva，M.J.，et al. 2005. Phthalate exposure and reproductive hormones in adult men. *Human Reproduction*，20（3）：604-610.

[19] Environment Canada & Health Canada. 1993. *Priority substances list assessment report：Di-n-octyl phthalate*. Ottawa，ON.：Minister of Supply and Services Canada. Retrieved March 7，2012，from www.hc-sc.gc.ca/ ewh-semt/pubs/contaminants/psl1-lsp1/dinoctylphthalate_phtalatedioctyle/index-eng.php.

[20] Environment Canada & Health Canada. 1994a. *Priority substances list assessment report：Dibutyl phthalate*. Ottawa，ON.：Minister of Supply and Services Canada. Retrieved March 7，2012，from www.hc-sc.gc.ca/ewh-semt/pubs/contaminants/psl1-lsp1/phthalate_dibutyl_phtalate/index-eng.php.

[21] Environment Canada & Health Canada. 1994b. *Priority substances list assessment report：Bis （2-ethylhexyl） phthalate*. Ottawa，ON.：Minister of Supply and Services Canada. Retrieved March 7，2012，from www.hc-sc.gc.ca/ewh-semt/pubs/contaminants/psl1-lsp1/bis_2_ethylhexyl/index-eng.php.

[22] Environment Canada & Health Canada. 2000. *Priority substances list assessment report：Butylbenzyl phthalate*. Ottawa，ON.：Minister of Supply and Services Canada. Retrieved March 7，2012，from www.hc-sc.gc.ca/ewh-semt/pubs/contaminants/psl2-lsp2/butylbenzylphthalate/index-eng.php.

[23] Environment Canada & Health Canada. 2003. *Follow-up report on a PSL1 substance for which data were insufficient to conclude whether the substance was "toxic" to human health：Di-n-octyl phthalate*. Ottawa，ON.：Minister of Supply and Services Canada，Retrieved March 7，2012，from www.ec.gc.ca/substances/ ese/eng/psap/assessment/PSL1_di_n_octyl_phthalate_followup.pdf.

[24] Foster，P.M.. 2005. Mode of action：Impaired fetal leydig cell function - Effects on male reproductive development produced by certain phthalate esters. *Critical Reviews in Toxicology*，35（8-9）：713-719.

[25] Frederiksen，H.，Skakkebaek，N.E. and Andersson，A.M.. 2007. Metabolism of phthalates in humans. *Molecular Nutrition and Food Research*，51：899 -911.

[26] Fromme，H.，Bolte，G.，Koch，H.M.，et al. 2007. Occurrence and daily variation of phthalate metabolites in the urine of an adult population. *International Journal of Hygiene and Environmental Health*，210（1）：21-33.

[27] Graham，P.R.. 1973. Phthalate ester plasticizers：Why and how they are used. *Environmental Health Perspectives*，3：3-12.

[28] Gray，L.E. Jr，Ostby，J.，Furr，J.，et al. 2000. Perinatal exposure to the phthalates DEHP，BBP，and DINP，but not DEP，DMP，or DOTP，alters sexual differentiation of the male rat. *Toxicological Sciences*，58（2）：350-365.

[29] Hauser，R. and Calafat，A.M.. 2005. Phthalates and human health. *Occupational and Environmental Medicine*，62（11）：806-818.

[30] Health Canada. 2011. *Cosmetics and personal care - Consumer product safety*. Retrieved March 7，2012，from www.hc-sc.gc.ca/cps-spc/cosmet-person/index-eng.php.

[31] Howdeshell，K.L.，Furr，J.，Lambright，C.R.，et al. 2007. Cumulative effects of dibutyl phthalate and diethylhexyl phthalate on male rat reproductive tract development：Altered fetal steroid hormones and

genes. *Toxicological Sciences*，99（1）：190-202.

[32] IARC（International Agency for Research on Cancer）. 2000. *IARC monographs on the evaluation of carcinogenic risks to humans - Volume 77: Some industrial chemicals. Summary of data reported and evaluation.* Geneva：World Health Organization.

[33] Jensen，M.S.，Nörgaard-Pedersen，B.，Toft，G.，et al. 2012. Phthalates and perfluorooctanesulfonic acid in human amniotic fluid: Temporal trends and timing of amniocentesis in pregnancy. *Environmental Health Perspectives*，120（6）：897-903.

[34] Jurewicz，J. and Hanke，W.. 2011. Exposure to phthalates：Reproductive outcome and children health. A review of epidemiological studies. *International Journal of Occupational Medicine and Environmental Health*，24（2）：115-141.

[35] Koniecki，D.，Wang，R.，Moody，R.P.，et al. 2011. Phthalates in cosmetic and personal care products：Concentrations and possible dermal exposure. *Environmental Research*，111（3）：329-336.

[36] Liu，S.-B.，Ma，Z.，Sun，W.-L.，et al. 2012. The role of androgen-induced growth factor（FGF8） on genital tubercle development in a hypospadiac male rat model of prenatal exposure to di-n-butyl phthalate. *Toxicology*，293（1-3）：53-58.

[37] Main，K.M.，Mortensen，G.K.，Kaleva，M.M.，et al. 2006. Human breast milk contamination with phthalates and alterations of endogenous reproductive hormones in infants three months of age. *Environmental Health Perspectives*，114（2）：270-276.

[38] Marsee，K.，Woodruff，T.J.，Axelrad，D.A.，et al. 2006. Estimated daily phthalate exposures in a population of mothers of male infants exhibiting reduced anogenital distance. *Environmental Health Perspectives*，114（6）：805-809.

[39] NRC（National Research Council）. 2008. *Phthalates and cumulative risk assessment: The tasks ahead.* Washington，DC.：Committee on the Health Risks of Phthalates，The National Academies Press.

[40] NTP-CERHR（National Toxicology Program - Center for the Evaluation of Risks to Human Reproduction）. 2003a. *NTP-CERHR monograph on the potential human reproductive and developmental effects of di-isononyl phthalate（DINP）.* Research Triangle Park，NC.：National Institutes of Health.

[41] NTP-CERHR（National Toxicology Program - Center for the Evaluation of Risks to Human Reproduction）. 2003b. *NTP-CERHR monograph on the potential human reproductive and developmental effects of di-isodecyl phthalate（DIDP）.* Research Triangle Park，NC.：National Institutes of Health.

[42] NTP-CERHR（National Toxicology Program - Center for the Evaluation of Risks to Human Reproduction）. 2003c. *NTP-CERHR monograph on the potential human reproductive and developmental effects of di-n-butyl phthalate（DBP）.* Research Triangle Park，NC.：National Institutes of Health.

[43] NTP-CERHR（National Toxicology Program - Center for the Evaluation of Risks to Human Reproduction）. 2003d. *NTP-CERHR monograph on the potential human reproductive and developmental effects of butyl benzyl phthalate（BBP）.* Research Triangle Park，NC.：National Institutes of Health.

[44] NTP-CERHR（National Toxicology Program - Center for the Evaluation of Risks to Human Reproduction）. 2003e. *NTP-CERHR monograph on the potential human reproductive and developmental effects of di-n-octyl phthalate（DnOP）.* Research Triangle Park，NC.：National Institutes of Health.

[45] NTP-CERHR（National Toxicology Program - Center for the Evaluation of Risks to Human Reproduction）.

2003f. *NTP-CERHR monograph on the potential human reproductive and developmental effects of di-n-hexyl phthalate（DnHP）*. Research Triangle Park，NC.：National Institutes of Health.

[46] NTP-CERHR（National Toxicology Program - Center for the Evaluation of Risks to Human Reproduction）. 2006. *NTP-CERHR monograph on the potential human reproductive and developmental effects of di（2-ethylhexyl）phthalate（DEHP）*. Research Triangle Park，NC.：National Institutes of Health.

[47] Petersen，J.H. and Breindahl，T.. 2000. Plasticizers in total diet samples，baby food and infant formulae：Food additives and contaminants. *Food Additives and Contaminants*，17（2）：133-141.

[48] Philippat，C.，Mortamais，M.，Chevrier，C.，et al. 2011. Exposure to phthalates and phenols during pregnancy and offspring size at birth. *Environmental Health Perspectives*，120（3）：464-470.

[49] Samandar，E.，Silva，M.J.，Reidy，J.A.，et al. 2009. Temporal stability of eight phthalate metabolites and their glucuronide conjugates in human urine. *Environmental Research*，109（5）：641-646.

[50] Silva，M.J.，Barr，D.B.，Reidy，J.A.，et al. 2003. Urinary levels of seven phthalate metabolites in the U.S. population from the National Health and Nutrition Examination Survey（NHANES）1999-2000. *Environmental Health Perspectives*，112（3）：331-338.

[51] Snijder，C.A.，Roeleveld，N.，te Velde，E.，et al. 2012. Occupational exposure to chemicals and fetal growth：The Generation R Study. *Human Reproduction*，27（3）：910-920.

[52] Swan，S.H.，Main，K.M.，Liu，F.，et al. 2005. Decrease in anogenital distance among male infants with prenatal phthalate exposure. *Environmental Health Perspectives*，113（8）：1056-1061.

[53] Tsumura，Y.，Ishimitsu，S.，Saito，I.，et al. 2001. Eleven phthalate esters and di（2-ethylhexyl）adipate in one-week duplicate diet samples obtained from hospitals and their estimated daily intake. *Food Additives and Contaminants*，18（5）：449-460.

[54] Wine，R.N.，Li，L.H.，Barnes，L.H.，et al. 1997. Reproductive toxicity of di-n-butylphthalate in a continuous breeding protocol in Sprague-Dawley rats. *Environmental Health Perspectives*，105（1）：102-107.

[55] Wormuth，M.，Scheringer，M.，Vollenweider，M.，et al. 2006. What are the sources of exposure to eight frequently used phthalic acid esters in Europeans？ *Risk Analysis*，26（3）：803-824.

16 多环芳烃代谢物概况与调查结果

16.1 概述

多环芳烃（PAHs）是一组超过一百种的由两个或多个芳香环稠化而成的有机化合物。世界卫生组织和美国环境保护局根据化合物的毒性列出了 16 种多环芳烃化合物。表 16-1 列出了本次调查中优先控制的 7 种多环芳烃及其代谢物。

表 16-1-1　加拿大第二次（2009—2011）健康调查检测的多环芳烃代谢物及其母体化合物

邻苯二甲酸酯	登记号	代谢物	登记号
苯并[a]芘	50-32-8	3-羟基苯并[a]芘	13345-21-6
蒀	218-01-9	2-羟基蒀	65945-06-4
		3-羟基蒀	63019-39-6
		4-羟基蒀	63019-40-9
		6-羟基蒀	37515-51-8
芴	86-73-7	2-羟基芴	2443-58-5
		3-羟基芴	6344-67-8
		9-羟基芴	484-17-3
荧蒽	206-44-0	3-羟基荧蒽	206-44-0
萘	91-20-3	1-羟基萘	90-15-3
		2-羟基萘	135-19-3
菲	31055	1-羟基菲	2443-56-9
		2-羟基菲	605-55-0
		3-羟基菲	605-87-8
		4-羟基菲	7651-86-7
		9-羟基菲	484-17-3
芘	129-00-0	1-羟基芘	5315-79-7

多环芳烃化合物主要通过天然释放和人为污染释放到环境中，其中人为污染更加严重（ATSDR，1995）。在加拿大，森林火灾是多环芳烃释放到环境中的主要天然来源（Environment Canada，2010），其他的一些天然来源包括原油、煤的燃烧以及火山喷发等。人为排放多环芳烃主要通过垃圾焚烧过程中有机物质的不完全燃烧、吸烟、厨房烹饪、汽车尾气排放、炼油以及采矿、石油泄漏和杂酚油制品的使用等（ATSDR，1995；ATSDR，2005；Environment Canada and Health Canada，1994）。

普通公众主要通过食物摄入、吸烟以及室内外空气暴露多环芳烃化合物（IARC，

2010；WHO，2011）。食品中多环芳烃的含量主要取决于食品来源和烹饪方法（ATSDR，1995）。当食物被烧烤或油炸时就会产生多环芳烃，而加拿大饮用水中多环芳烃的浓度几乎可以忽略不计（Environment Canada and Health Canada，1994）。汽车尾气、吸烟、木材和煤燃烧所释放的气体、室内积尘以及环境空气都是人体呼吸摄入多环芳烃的主要来源。同时，人体还可以通过皮肤接触煤烟和焦油而暴露多环芳烃（ATSDR，1995）。

　　多环芳烃可以通过呼吸道、消化道及皮肤接触进入人体。它们在体内经过多级代谢生成不同类型的代谢物，主要包括羟基化多环芳烃（Strickland et al.，1996）。多环芳烃可以通过尿液和粪便排出体外，尿液中羟基化多环芳烃的检出可以反映人体短期内多环芳烃的暴露情况（Viau et al.，1995）。羟基化代谢产物以自由态或者葡糖醛酸、硫酸盐结合态的形式排出体外（Castano-Vinyals et al.，2004）。

　　目前，人们已经建立了一些方法来评估人体内多环芳烃的暴露水平。分析人体尿液中羟基多环芳烃是常用的方法，且已被广泛用于生物监测的研究（Becker et al.，2003；CDC，2009）。本次调查中监测的多环芳烃及其代谢物见表16-1-1。

　　通常情况下，由于人体同时暴露于多种多环芳烃，因此对单一多环芳烃暴露的健康效应进行评估比较困难。动物实验表明：部分多环芳烃具有潜在致癌、致畸和致突变能力（IARC，2010；IARC，2012）。多环芳烃的致癌性根据暴露途径不同而表现出很大的差异（ATSDR，1995）。人体内代谢激活多环芳烃形成环氧化物在某种程度上被认为是诱发致癌性的重要步骤（D'Mello et al.，2003）。近年来，苯并[a]芘、含有多环芳烃的混合物如煤烟和煤焦油，以及与多环芳烃有关的行业（如煤焦油蒸馏、煤的汽化、焦炭生产、铝生产）生产过程中所释放物质都被国际癌症研究机构认定为人体致癌物（IARC）（IARC，2012）。基于目前的数据资料，国际癌症研究机构（IARC）已经把一些多环芳烃列为人体潜在致癌物，例如菲和萘。其他的多环芳烃化合物如荧蒽、芴、菲、芘等未被列为潜在致癌物（IARC，2010）。动物实验表明：多环芳烃对动物免疫系统、肝脏以及生殖系统都会产生影响，但是实验室暴露浓度远远高于引起致癌效应的浓度（ATSDR，1995）。

　　基于多环芳烃（如苯并[a]芘等）对环境及人体健康影响的评估，《加拿大环境保护法》将其列入有毒物质名单1中（Canada，1999；Canada，2000；Environment Canada and Health Canada，1994）。为了减少铝及钢铁制造业及木材防腐行业向环境中排放多环芳烃，相关部门已经制定了一些环境绩效协议、实施规则及建议（Environment Canada，2010）。为了尽量减少来自橄榄油的多环芳烃暴露，加拿大卫生部制定了食用油中多环芳烃的最大污染浓度（Health Canada，2012）。

　　接下来的章节将讨论一些常见的多环芳烃（见表16-1-1），并提供加拿大普通人群尿液中多环芳烃代谢物基准浓度水平。

参考文献

[1]　ATSDR（Agency for Toxic Substances and Disease Registry）. 1995. *Toxicological profile for polycyclic aromatic hydrocarbons*. Atlanta，GA.：U.S. Department of Health and Human Services. Retrieved February 17，2012，from www.atsdr.cdc.gov/toxprofiles/tp.asp？id=122&tid=25.

[2]　ATSDR（Agency for Toxic Substances and Disease Registry）. 2005. *Toxicological profile for aphthalene，1-methylnaphthalene，and 2-methylnaphthalene*. Atlanta，GA.：U.S. Department of Health and Human

Services. Retrieved May 8，2012，from www.atsdr.cdc. gov/ToxProfiles/tp67.pdf.

[3] Becker，K.，Schulz，C.，Kaus，S.，et al. 2003. German Environmental Survey 1998（GerES III）: Environmental pollutants in the urine of the German population. *International Journal of Hygiene and Environmental Health*，206（1）: 15-24.

[4] Canada. 1999. *Canadian Environmental Protection Act*，1999. SC 1999，c. 33. Retrieved April 2，2012，from http://laws-lois.justice.gc.ca/eng/acts/C-15.31/index.html.

[5] Canada. 2000. *Order adding a toxic substance to Schedule 1 to the Canadian Environmental Protection Act，1999*. Canada Gazette，Part II: Official Regulations，134（7）. Retrieved June 11，2012，from www.gazette.gc.ca/archives/p2/2000/2000-03-29/html/sor-d.

[6] Castaño-Vinyals，G.，D'Errico，A.，Malats，N.，et al. 2004. Biomarkers of exposure to polycyclic aromatic hydrocarbons from environmental air pollution. *Occupational and Environmental Medicine*，61（4）: e12.

[7] CDC（Centers for Disease Control and Prevention）. 2009. *Fourth national report on human exposure to environmental chemicals.* Atlanta，GA.: Department of Health and Human Services. Retrieved July 11，2011，from www.cdc.gov/exposurereport/.

[8] D'Mello，J.P.F.，Guillén，M.D. and Sopelana，P.. 2003. Polycyclic aromatic hydrocarbons in diverse foods//*Food Safety: Contaminants and Toxins*. Oxon，UK.: CAB International.

[9] Environment Canada. 2010. *Polycyclic aromatic hydrocarbons*. Ottawa，ON.: Minister of the Environment. Retrieved June 11，2012，from www.ec.gc.ca/toxiques-toxics/Default.asp？lang=En&n=98E80CC6-1&xml=9C252383-7DB8-4FDB-B811 50FA3C9CE42D.

[10] Environment Canada & Health Canada. 1994. *Priority substances list assessment report: Polycyclic aromatic hydrocarbons*. Ottawa，ON.: Minister of Supply and Services Canada. Retrieved February 17，2012，from www.hc-sc.gc.ca/ewh-semt/pubs/contaminants/psl1-lsp1/hydrocarb_aromat_polycycl/index-eng.php.

[11] Health Canada. 2012. *Canadian standards（maximum levels）for various chemical contaminants in foods*. Ottawa，ON.: Minister of Health. Retrieved November 29，2012，from www.hc-sc.gc.ca/fn-an/securit/chem-chim/contaminants-guide-lines-directives-eng.php.

[12] IARC（International Agency for Research on Cancer）. 2010. *IARC monographs on the evaluation of carcinogenic risks to humans-Volume 92: Some non-heterocyclic polycyclic aromatic hydrocarbons and some related exposures*. Lyon: World Health Organization.

[13] IARC（International Agency for Research on Cancer）. 2012. *IARC monographs on the evaluation of carcinogenic risks to humans-Volume 100C: Arsenic，metals，fibres，and dusts*. Geneva: World Health Organization.

[14] Strickland，P.，Kang，D. and Sithisarankul，P.. 1996. Polycyclic aromatic hydrocarbon metabolites in urine as biomarkers of exposure and effect. *Environmental Health Prespectives*，104（Supplement 5）: 927-932.

[15] Viau，C.，Carrier，G.，Vyskocil，A.，et al. 1995. Urinary excretion kinetics of 1-hydroxypyrene in volunteers exposed to pyrene by the oral and dermal route. *Science of the Total Environment*，163（1-3）: 179-186.

[16] WHO（World Health Organization）. 2011. *Guidelines for drinking-water quality. 4th edition*. Geneva: WHO. Retrieved March 9，2012，from www.who.int/water_sanitation_health/publications/2011/dwq_guidelines/en/index.html.

16.2 苯并[a]芘代谢物

苯并[a]芘是由五个苯环组成的多环芳烃化合物。加拿大并不生产这种物质，且不用于工业领域（Health Canada，1988）。

大鼠暴露实验显示：通过强饲法或饮食法摄入苯并[a]芘后，40%～60%被吸收（Faust，1994）。基于实验室研究，24 小时后大约 3% 的苯并[a]芘通过皮肤吸收（Kao et al.，1985）。在暴露于含多环芳烃空气的工人尿液中发现多环芳烃代谢物，说明苯并[a]芘可以通过空气吸入而吸收（ATSDR，1995）。进入机体后苯并[a]芘的吸收量在很大程度上取决于它吸附的颗粒物类型。人体吸收苯并[a]芘后，扩散到不同器官，包括肺部、肝脏和肠道（Faust，1994）。和其他多环芳烃一样，苯并[a]芘可降解为不同的芳烃环氧化合物，再通过重新组合排列生成羟基化多环芳烃和二氢二醇（Bouchard and Viau，1996）。通常将人体尿液中的3-羟基苯并[a]芘作为苯并[a]芘暴露的生物标志物（Chien and Yeh，2012）。

动物实验表明：通过吸入、口服和皮肤接触暴露苯并[a]芘会对健康产生不利影响。已有研究表明：非致癌效应的剂量水平至少要比致癌效应的水平高一个数量级以上（ATSDR，1995；Health Canada，1988；Jules et al.，2012）。苯并[a]芘代谢过程中形成的二醇环氧化物被认为是主要的致癌剂（IARC，2012）。虽然还没有直接的证据表明苯并[a]芘对人体的致癌性，但许多癌症的起因都与苯并[a]芘混合物的职业暴露有关（IARC，2012）。基于苯并[a]芘对动物致癌的强有力证据，以及来自实验室和人类的研究成果，国际癌症研究机构将苯并[a]芘列为第 1 组物质，即对人体确定的致癌物（IARC，2012）。

加拿大卫生部已经制定了《加拿大饮用水水质标准》，规定了苯并[a]芘的最大可接受浓度（Health Canada，1988）；目前该标准正在审查中。

加拿大第二次（2009—2011）健康调查中测定了所有 3～79 岁参与者尿液中苯并[a]芘的的代谢物 3-羟基苯并[a]芘的质量浓度和质量分数，结果分别用 μg/L 和 μg/g 肌酐表示（表 16-2-1-1～表 16-2-1-4）。尿液中检出 3-羟基苯并[a]芘可作为苯并[a]芘暴露的生物标志物，但这并不意味着一定会产生不良健康效应。这些数据表明了加拿大人尿液中 3-羟基苯并[a]芘的基准水平。

表 16-2-1-1　加拿大第二次（2009—2011）健康调查
3～79 岁居民年龄别尿 3-羟基苯并[a]芘质量浓度　　　　　　单位：μg/L

分组（岁）	调查时期	调查人数	<检出限 [a]/%	几何均数（95%置信区间）	P_{10}（95%置信区间）	P_{50}（95%置信区间）	P_{75}（95%置信区间）	P_{95}（95%置信区间）
全体对象 3～79	2	2 294	99.91	—	<检出限	<检出限	<检出限	<检出限
3～5	2	420	99.76	—	<检出限	<检出限	<检出限	<检出限
6～11	2	466	99.79	—	<检出限	<检出限	<检出限	<检出限
12～19	2	473	100	—	<检出限	<检出限	<检出限	<检出限
20～39	2	328	100	—	<检出限	<检出限	<检出限	<检出限
40～59	2	340	100	—	<检出限	<检出限	<检出限	<检出限
60～79	2	267	100	—	<检出限	<检出限	<检出限	<检出限

a 如果超过40%的样本检测值低于检出限，则仅报告数据的百分比分布而不报告均值。

表 16-2-1-2　加拿大第二次（2009—2011）健康调查

3～79 岁居民年龄别 [a]、性别尿 3-羟基苯并[a]芘质量浓度　　　　　单位：μg/L

分组（岁）	调查时期	调查人数	<检出限 [b]/%	几何均数（95%置信区间）	P_{10}（95%置信区间）	P_{50}（95%置信区间）	P_{75}（95%置信区间）	P_{95}（95%置信区间）
全体男性 3～79	2	1 163	100	—	<检出限	<检出限	<检出限	<检出限
男 6～11	2	240	100		<检出限	<检出限	<检出限	<检出限
男 12～19	2	236	100		<检出限	<检出限	<检出限	<检出限
男 20～39	2	160	100		<检出限	<检出限	<检出限	x
男 40～59	2	188	100		<检出限	<检出限	<检出限	x
男 60～79	2	135	100		<检出限	<检出限	<检出限	x
全体女性 3～79	2	1 131	99.82	—	<检出限	<检出限	<检出限	<检出限
女 6～11	2	226	99.56		<检出限	<检出限	<检出限	<检出限
女 12～19	2	237	100		<检出限	<检出限	<检出限	<检出限
女 20～39	2	168	100		<检出限	<检出限	<检出限	x
女 40～59	2	152	100		<检出限	<检出限	<检出限	x
女 60～79	2	132	100		<检出限	<检出限	<检出限	x

a 3～5 岁年龄组未按照性别分组。

b 如果超过 40%的样本检测值低于检出限，则仅报告数据的百分比分布而不报告均值。

x 根据加拿大《统计法》保密规定，不予发布。

表 16-2-1-3　加拿大第二次（2009—2011）健康调查

3～79 岁居民年龄别尿 3-羟基苯并[a]芘质量分数　　　　　单位：μg/g 肌酐

分组（岁）	调查时期	调查人数	<检出限 [a]/%	几何均数（95%置信区间）	P_{10}（95%置信区间）	P_{50}（95%置信区间）	P_{75}（95%置信区间）	P_{95}（95%置信区间）
全体对象 3～79	2	2 284	100		<检出限	<检出限	<检出限	<检出限
3～5	2	419	100	—	<检出限	<检出限	<检出限	<检出限
6～11	2	464	100	—	<检出限	<检出限	<检出限	<检出限
12～19	2	471	100	—	<检出限	<检出限	<检出限	<检出限
20～39	2	326	100	—	<检出限	<检出限	<检出限	<检出限
40～59	2	338	100	—	<检出限	<检出限	<检出限	<检出限
60～79	2	266	100	—	<检出限	<检出限	<检出限	<检出限

a 如果超过 40%的样本检测值低于检出限，则仅报告数据的百分比分布而不报告均值。

表 16-2-1-4　加拿大第二次（2009—2011）健康调查
3～79 岁居民年龄 [a]、性别尿 3-羟基苯并[a]芘质量分数　　　　　单位：μg/g 肌酐

分组（岁）	调查时期	调查人数	<检出限 [b]/%	几何均数（95%置信区间）	P_{10}（95%置信区间）	P_{50}（95%置信区间）	P_{75}（95%置信区间）	P_{95}（95%置信区间）
全体男性 3～79	2	1 159	100	—	<检出限	<检出限	<检出限	<检出限
男 6～11	2	239	100	—	<检出限	<检出限	<检出限	<检出限
男 12～19	2	235	100	—	<检出限	<检出限	<检出限	<检出限
男 20～39	2	159	100	—	<检出限	<检出限	<检出限	x
男 40～59	2	188	100	—	<检出限	<检出限	<检出限	x
男 60～79	2	135	100	—	<检出限	<检出限	<检出限	x
全体女性 3～79	2	1 125	100	—	<检出限	<检出限	<检出限	<检出限
女 6～11	2	225	100	—	<检出限	<检出限	<检出限	<检出限
女 12～19	2	236	100	—	<检出限	<检出限	<检出限	<检出限
女 20～39	2	167	100	—	<检出限	<检出限	<检出限	x
女 40～59	2	150	100	—	<检出限	<检出限	<检出限	x
女 60～79	2	131	100	—	<检出限	<检出限	<检出限	x

a 3～5 岁年龄组未按照性别分组。
b 如果超过 40% 的样本检测值低于检出限，则仅报告数据的百分比分布而不报告均值。
x 根据加拿大《统计法》保密规定，不予发布。

参考文献

[1] ATSDR（Agency for Toxic Substances and Disease Registry）. 1995. *Toxicological profile for polycyclic aromatic hydrocarbons*. Atlanta，GA.：U.S. Department of Health and Human Services. Retrieved February 17，2012，from www.atsdr.cdc.gov/toxprofiles/tp.asp？id=122&tid=25.

[2] Bouchard，M. and Viau，C.. 1996. Urinary excretion kinetics of pyrene and benzo（*a*）pyrene metabolites following intravenous administration of the parent compounds or the metabolites. *Toxicology and Applied Pharmacology*，139（2）：301-309.

[3] Chien，Y.-C. and Yeh，C.-T.. 2012. Excretion kinetics of urinary 3-hydroxybenzo（*a*）pyrene following dietary exposure to benzo[a]pyrene in humans. *Archives of Toxicology*，86（1）：45-53.

[4] Faust，R.. 1994. *Toxicity profile for benzo[a]pyrene*. Oak Ridge，TN.：Oak Ridge National Laboratory.

[5] Health Canada. 1988. Guidelines for Canadian drinking water quality：Guideline technical document-Benzo[*a*]pyrene. Ottawa，ON.：Minister of Health. Retrieved June 11，2012，from www.hc-sc.gc.ca/ewh-semt/pubs/water-eau/benzo_a_pyrene/index-eng.php.

[6] IARC（International Agency for Research on Cancer）. 2010. *IARC monographs on the evaluation of carcinoge- nic risks to humans-Volume 92：Some non-heterocyclic polycyclic aromatic hydrocarbons and some related exposures*. Lyon：World Health Organization.

[7]　IARC（International Agency for Research on Cancer）. 2012. IARC monographs on the evaluation of carcinogenic risks to humans-Volume 100F：Chemical agents and related occupations. Lyon：World Health Organization.

[8]　Jules，G.E.，Pratap，S.，Ramesh，A.，et al. 2012. In utero exposure to benzo（*a*）pyrene predisposes offspring to cardiovascular dysfunction in later-life. *Toxicology*，295（1-3）：56-67.

[9]　Kao，J.，Patterson，F.K. and Hall，J.. 1985. Skin penetration and metabolism of topically applied chemicals in six mammalian species，including man：An in vitro study with benzo[*a*]pyrene and testosterone. *Toxicology and Applied Pharmacology*，81（3，Part 1）：502-516.

16.3　䓛代谢物

䓛是由四个苯环组成的多环芳烃化合物。䓛除了在化学实验中应用，还没发现在其他方面的使用（ATSDR，1995）。

䓛具有高度亲脂性。在动物药物代谢动力学研究中，大约 75%的䓛通过口服、吸入和皮肤接触途径被吸收，吸收后它将会优先分布到脂肪组织中（Borges，1994）。䓛会代谢生成一些单羟基和二羟基䓛代谢物（CDC，2009）。䓛的代谢物主要通过粪便排出体外。然而，多环芳烃的生物监测研究尝试测定人体尿液中的 1-羟基、2-羟基、3-羟基、4-羟基和6-羟基䓛的浓度，目前已经可以在少量样本中测出 3-羟基䓛和 6-羟基䓛（Nethery et al.，2012）。

䓛在动物和人类中的毒性数据很有限（Borges，1994）。䓛暴露的小鼠会出现皮肤乳头状瘤、肝脏和肺部肿瘤发病率增加等症状（Chang et al.，1983；Wislocki et al.，1986）。基于䓛致癌性的有限数据，国际癌症研究机构把䓛归于 2B 组，即可能对人体致癌（IARC，2010）。

Bouchard 等人对居住在魁北克科莫海湾某铝厂附近约 1 千米范围内的 73 名 16～64 岁的不吸烟非职业暴露者尿液中的 3-羧基䓛和 6-羟基䓛进行了检测。䓛的代谢物检测是众多多环芳烃代谢物检测调查工作的一部分。结果显示：尽管调查组人群尿液中其他多环芳烃代谢物浓度高于对照组（居住地距离工厂至少 11 千米的 71 位居民），然而䓛的代谢物在大多数样本中低于检出限（3-羟基䓛：0.032 μg/L；6-羟基䓛：0.019 μg/L）（Bouchard et al.，2009）。

加拿大第二次（2009—2011）健康调查测定了所有 3～79 岁参与者尿液中䓛的代谢物 2-羟基䓛、3-羟基䓛、4-羟基䓛和 6-羟基䓛的质量浓度和质量分数，结果以μg/L 和μg/g 肌酐表示（表 16-3-1-1～表 16-4-4）。考虑到䓛的代谢物主要是通过粪便排出，所以尿液中没有检测到䓛的代谢物并不意味着没有䓛的暴露。尿液中䓛的代谢物的检出可作为人体䓛暴露的生物标志物，但并不意味着一定会产生不良的健康效应。这些数据表明了加拿大普通人群尿液中䓛的代谢物的基准水平。

16.3.1 2-羟基菲

表 16-3-1-1 加拿大第二次（2009—2011）健康调查

3~79 岁居民年龄别尿 2-羟基菲质量浓度

单位：μg/L

分组 （岁）	调查 时期	调查 人数	<检出 限[a]/%	几何均数 （95%置信 区间）	P_{10} （95%置信 区间）	P_{50} （95%置信 区间）	P_{75} （95%置信 区间）	P_{95} （95%置信 区间）
全体对象 3~79	2	2 497	99.84	—	<检出限	<检出限	<检出限	<检出限
3~5	2	499	99.60	—	<检出限	<检出限	<检出限	<检出限
6~11	2	508	99.80	—	<检出限	<检出限	<检出限	<检出限
12~19	2	498	99.80	—	<检出限	<检出限	<检出限	<检出限
20~39	2	352	100	—	<检出限	<检出限	<检出限	<检出限
40~59	2	357	100	—	<检出限	<检出限	<检出限	<检出限
60~79	2	283	100	—	<检出限	<检出限	<检出限	<检出限

a 如果超过 40%的样本检测值低于检出限，则仅报告数据的百分比分布而不报告均值。

表 16-3-1-2 加拿大第二次（2009—2011）健康调查

3~79 岁居民年龄别[a]、性别尿 2-羟基菲质量浓度

单位：μg/L

分组 （岁）	调查 时期	调查 人数	<检出 限[b]/%	几何均数 （95%置信 区间）	P_{10} （95%置信 区间）	P_{50} （95%置信 区间）	P_{75} （95%置信 区间）	P_{95} （95%置信 区间）
全体男性 3~79	2	1 254	99.92	—	<检出限	<检出限	<检出限	<检出限
男 6~11	2	259	100	—	<检出限	<检出限	<检出限	<检出限
男 12~19	2	235	100	—	<检出限	<检出限	<检出限	<检出限
男 20~39	2	165	100	—	<检出限	<检出限	<检出限	x
男 40~59	2	192	100	—	<检出限	<检出限	<检出限	x
男 60~79	2	139	100	—	<检出限	<检出限	<检出限	x
全体女性 3~79	2	1 243	99.76	—	<检出限	<检出限	<检出限	<检出限
女 6~11	2	249	99.60	—	<检出限	<检出限	<检出限	<检出限
女 12~19	2	245	99.59	—	<检出限	<检出限	<检出限	<检出限
女 20~39	2	187	100	—	<检出限	<检出限	<检出限	x
女 40~59	2	165	100	—	<检出限	<检出限	<检出限	x
女 60~79	2	144	100	—	<检出限	<检出限	<检出限	x

a 3~5 岁年龄组未按照性别分组。

b 如果超过 40%的样本检测值低于检出限，则仅报告数据的百分比分布而不报告均值。

x 根据加拿大《统计法》保密规定，不予发布。

表 16-3-1-3   加拿大第二次（2009—2011）健康调查

3～79 岁居民年龄别尿 2-羟基菲质量分数 单位：μg/g 肌酐

分组（岁）	调查时期	调查人数	<检出限 [a]/%	几何均数（95%置信区间）	P_{10}（95%置信区间）	P_{50}（95%置信区间）	P_{75}（95%置信区间）	P_{95}（95%置信区间）
全体对象 3～79	2	2 487	100	—	<检出限	<检出限	<检出限	<检出限
3～5	2	498	99.80	—	<检出限	<检出限	<检出限	<检出限
6～11	2	506	100	—	<检出限	<检出限	<检出限	<检出限
12～19	2	496	100	—	<检出限	<检出限	<检出限	<检出限
20～39	2	350	100	—	<检出限	<检出限	<检出限	<检出限
40～59	2	355	100	—	<检出限	<检出限	<检出限	<检出限
60～79	2	282	100	—	<检出限	<检出限	<检出限	<检出限

a 如果超过 40%的样本检测值低于检出限，则仅报告数据的百分比分布而不报告均值。

表 16-3-1-4   加拿大第二次（2009—2011）健康调查

3～79 岁不同性别 [a] 人群尿液中 2-羟基菲的质量分数 单位：μg/g 肌酐

分组（岁）	调查时期	调查人数	<检出限 [b]/%	几何均数（95%置信区间）	P_{10}（95%置信区间）	P_{50}（95%置信区间）	P_{75}（95%置信区间）	P_{95}（95%置信区间）
全体男性 3～79	2	1 250	100	—	<检出限	<检出限	<检出限	<检出限
男 6～11	2	258	100	—	<检出限	<检出限	<检出限	<检出限
男 12～19	2	252	100	—	<检出限	<检出限	<检出限	<检出限
男 20～39	2	164	100	—	<检出限	<检出限	<检出限	x
男 40～59	2	192	100	—	<检出限	<检出限	<检出限	x
男 60～79	2	139	100	—	<检出限	<检出限	<检出限	x
全体女性 3～79	2	1 237	100	—	<检出限	<检出限	<检出限	<检出限
女 6～11	2	248	100	—	<检出限	<检出限	<检出限	<检出限
女 12～19	2	244	100	—	<检出限	<检出限	<检出限	<检出限
女 20～39	2	186	100	—	<检出限	<检出限	<检出限	x
女 40～59	2	163	100	—	<检出限	<检出限	<检出限	x
女 60～79	2	143	100	—	<检出限	<检出限	<检出限	x

a 3～5 岁年龄组未按照性别分组。

b 如果超过 40%的样本检测值低于检出限，则仅报告数据的百分比分布而不报告均值。

x 根据加拿大《统计法》保密规定，不予发布。

16.3.2 3-羟基䓛

表 16-3-2-1　加拿大第二次（2009—2011）健康调查

3～79 岁居民年龄别尿 3-羟基䓛质量浓度　　　　　　　　　单位：μg/L

分组（岁）	调查时期	调查人数	<检出限 a/%	几何均数（95%置信区间）	P_{10}（95%置信区间）	P_{50}（95%置信区间）	P_{75}（95%置信区间）	P_{95}（95%置信区间）
全体对象 3～79	2	2 495	99.76	—	<检出限	<检出限	<检出限	<检出限
3～5	2	499	99.60	—	<检出限	<检出限	<检出限	<检出限
6～11	2	506	99.41	—	<检出限	<检出限	<检出限	<检出限
12～19	2	498	100	—	<检出限	<检出限	<检出限	<检出限
20～39	2	351	99.72	—	<检出限	<检出限	<检出限	<检出限
40～59	2	358	100	—	<检出限	<检出限	<检出限	<检出限
60～79	2	283	100	—	<检出限	<检出限	<检出限	<检出限

a 如果超过 40%的样本检测值低于检出限，则仅报告数据的百分比分布而不报告均值。

表 16-3-2-2　加拿大第二次（2009—2011）健康调查

3～79 岁居民年龄别 a、性别尿 3-羟基䓛质量浓度　　　　　　　单位：μg/L

分组（岁）	调查时期	调查人数	<检出限 b/%	几何均数（95%置信区间）	P_{10}（95%置信区间）	P_{50}（95%置信区间）	P_{75}（95%置信区间）	P_{95}（95%置信区间）
全体男性 3～79	2	1 255	99.92	—	<检出限	<检出限	<检出限	<检出限
男 6～11	2	258	100	—	<检出限	<检出限	<检出限	<检出限
男 12～19	2	254	100	—	<检出限	<检出限	<检出限	<检出限
男 20～39	2	164	100	—	<检出限	<检出限	<检出限	x
男 40～59	2	193	100	—	<检出限	<检出限	<检出限	x
男 60～79	2	140	100	—	<检出限	<检出限	<检出限	x
全体女性 3～79	2	1 240	99.60	—	<检出限	<检出限	<检出限	<检出限
女 6～11	2	248	98.79	—	<检出限	<检出限	<检出限	<检出限
女 12～19	2	244	100	—	<检出限	<检出限	<检出限	<检出限
女 20～39	2	187	99.47	—	<检出限	<检出限	<检出限	x
女 40～59	2	165	100	—	<检出限	<检出限	<检出限	x
女 60～79	2	143	100	—	<检出限	<检出限	<检出限	x

a 3～5 岁年龄组未按照性别分组。

b 如果超过 40%的样本检测值低于检出限，则仅报告数据的百分比分布而不报告均值。

x 根据加拿大《统计法》保密规定，不予发布。

表 16-3-2-3　加拿大第二次（2009—2011）健康调查

3～79 岁居民年龄别尿 3-羟基菲质量分数　　　单位：μg/g 肌酐

分组（岁）	调查时期	调查人数	<检出限 [a]/%	几何均数（95%置信区间）	P_{10}（95%置信区间）	P_{50}（95%置信区间）	P_{75}（95%置信区间）	P_{95}（95%置信区间）
全体对象 3～79	2	2 485	100	—	<检出限	<检出限	<检出限	<检出限
3～5	2	498	99.80	—	<检出限	<检出限	<检出限	<检出限
6～11	2	504	99.80	—	<检出限	<检出限	<检出限	<检出限
12～19	2	496	100	—	<检出限	<检出限	<检出限	<检出限
20～39	2	349	100	—	<检出限	<检出限	<检出限	<检出限
40～59	2	356	100	—	<检出限	<检出限	<检出限	<检出限
60～79	2	282	100	—	<检出限	<检出限	<检出限	<检出限

a 如果超过 40%的样本检测值低于检出限，则仅报告数据的百分比分布而不报告均值。

表 16-3-2-4　加拿大第二次（2009—2011）健康调查

3～79 岁居民年龄别 [a]、性别尿 3-羟基菲质量分数　　　单位：μg/g 肌酐

分组（岁）	调查时期	调查人数	<检出限 [b]/%	几何均数（95%置信区间）	P_{10}（95%置信区间）	P_{50}（95%置信区间）	P_{75}（95%置信区间）	P_{95}（95%置信区间）
全体男性 3～79	2	1 251	100	—	<检出限	<检出限	<检出限	<检出限
男 6～11	2	257	100	—	<检出限	<检出限	<检出限	<检出限
男 12～19	2	253	100	—	<检出限	<检出限	<检出限	<检出限
男 20～39	2	163	100	—	<检出限	<检出限	<检出限	x
男 40～59	2	193	100	—	<检出限	<检出限	<检出限	x
男 60～79	2	140	100	—	<检出限	<检出限	<检出限	x
全体女性 3～79	2	1 234	100	—	<检出限	<检出限	<检出限	<检出限
女 6～11	2	247	99.19	—	<检出限	<检出限	<检出限	<检出限
女 12～19	2	243	100	—	<检出限	<检出限	<检出限	<检出限
女 20～39	2	186	100	—	<检出限	<检出限	<检出限	x
女 40～59	2	163	100	—	<检出限	<检出限	<检出限	x
女 60～79	2	142	100	—	<检出限	<检出限	<检出限	x

a 3～5 岁年龄组未按照性别分组。

b 如果超过 40%的样本检测值低于检出限，则仅报告数据的百分比分布而不报告均值。

x 根据加拿大《统计法》保密规定，不予发布。

16.3.3 4-羟基蒄

表 16-3-3-1 加拿大第二次（2009—2011）健康调查

3～79 岁居民年龄别尿 4-羟基蒄质量浓度 单位：µg/L

分组（岁）	调查时期	调查人数	<检出限[a]/%	几何均数（95%置信区间）	P_{10}（95%置信区间）	P_{50}（95%置信区间）	P_{75}（95%置信区间）	P_{95}（95%置信区间）
全体对象 3～79	2	2 498	99.76	—	<检出限	<检出限	<检出限	<检出限
3～5	2	498	99.80	—	<检出限	<检出限	<检出限	<检出限
6～11	2	508	99.61	—	<检出限	<检出限	<检出限	<检出限
12～19	2	499	99.80	—	<检出限	<检出限	<检出限	<检出限
20～39	2	352	99.72	—	<检出限	<检出限	<检出限	<检出限
40～59	2	358	100	—	<检出限	<检出限	<检出限	<检出限
60～79	2	283	99.65	—	<检出限	<检出限	<检出限	<检出限

a 如果超过 40%的样本检测值低于检出限，则仅报告数据的百分比分布而不报告均值。

表 16-3-3-2 加拿大第二次（2009—2011）健康调查

3～79 岁居民年龄别[a]、性别尿 4-羟基蒄质量浓度 单位：µg/L

分组（岁）	调查时期	调查人数	<检出限[b]/%	几何均数（95%置信区间）	P_{10}（95%置信区间）	P_{50}（95%置信区间）	P_{75}（95%置信区间）	P_{95}（95%置信区间）
全体男性 3～79	2	1 257	99.76	—	<检出限	<检出限	<检出限	<检出限
男 6～11	2	260	99.62	—	<检出限	<检出限	<检出限	<检出限
男 12～19	2	254	99.61	—	<检出限	<检出限	<检出限	<检出限
男 20～39	2	165	99.39	—	<检出限	<检出限	<检出限	x
男 40～59	2	193	100	—	<检出限	<检出限	<检出限	x
男 60～79	2	140	100	—	<检出限	<检出限	<检出限	x
全体女性 3～79	2	1 241	99.76	—	<检出限	<检出限	<检出限	<检出限
女 6～11	2	248	99.19	—	<检出限	<检出限	<检出限	<检出限
女 12～19	2	245	99.60	—	<检出限	<检出限	<检出限	<检出限
女 20～39	2	187	100	—	<检出限	<检出限	<检出限	x
女 40～59	2	165	100	—	<检出限	<检出限	<检出限	x
女 60～79	2	143	99.30	—	<检出限	<检出限	<检出限	x

a 3～5 岁年龄组未按照性别分组。

b 如果超过 40%的样本检测值低于检出限，则仅报告数据的百分比分布而不报告均值。

x 根据加拿大《统计法》保密规定，不予发布。

表 16-3-3-3　加拿大第二次（2009—2011）健康调查

3~79 岁居民年龄别尿 4-羟基菲质量分数　　　　单位：μg/g 肌酐

分组（岁）	调查时期	调查人数	<检出限 [a]/%	几何均数（95%置信区间）	P_{10}（95%置信区间）	P_{50}（95%置信区间）	P_{75}（95%置信区间）	P_{95}（95%置信区间）
全体对象 3~79	2	2 488	100	—	<检出限	<检出限	<检出限	<检出限
3~5	2	497	100	—	<检出限	<检出限	<检出限	<检出限
6~11	2	506	100	—	<检出限	<检出限	<检出限	<检出限
12~19	2	497	100	—	<检出限	<检出限	<检出限	<检出限
20~39	2	350	100	—	<检出限	<检出限	<检出限	<检出限
40~59	2	356	100	—	<检出限	<检出限	<检出限	<检出限
60~79	2	282	100	—	<检出限	<检出限	<检出限	<检出限

a 如果超过 40%的样本检测值低于检出限，则仅报告数据的百分比分布而不报告均值。

表 16-3-3-4　加拿大第二次（2009—2011）健康调查

3~79 岁居民年龄别 [a]、性别尿 4-羟基菲质量分数　　　　单位：μg/g 肌酐

分组（岁）	调查时期	调查人数	<检出限 [b]/%	几何均数（95%置信区间）	P_{10}（95%置信区间）	P_{50}（95%置信区间）	P_{75}（95%置信区间）	P_{95}（95%置信区间）
全体男性 3~79	2	1 253	100	—	<检出限	<检出限	<检出限	<检出限
男 6~11	2	259	100	—	<检出限	<检出限	<检出限	<检出限
男 12~19	2	253	100	—	<检出限	<检出限	<检出限	<检出限
男 20~39	2	164	100	—	<检出限	<检出限	<检出限	x
男 40~59	2	193	100	—	<检出限	<检出限	<检出限	x
男 60~79	2	140	100	—	<检出限	<检出限	<检出限	x
全体女性 3~79	2	1 235	100	—	<检出限	<检出限	<检出限	<检出限
女 6~11	2	247	100	—	<检出限	<检出限	<检出限	<检出限
女 12~19	2	244	100	—	<检出限	<检出限	<检出限	<检出限
女 20~39	2	186	100	—	<检出限	<检出限	<检出限	x
女 40~59	2	163	100	—	<检出限	<检出限	<检出限	x
女 60~79	2	142	100	—	<检出限	<检出限	<检出限	x

a 3~5 岁年龄组未按照性别分组。

b 如果超过 40%的样本检测值低于检出限，则仅报告数据的百分比分布而不报告均值。

x 根据加拿大《统计法》保密规定，不予发布。

16.3.4 6-羟基䓛

表 16-3-4-1 加拿大第二次（2009—2011）健康调查

3～79 岁居民年龄别尿 6-羟基䓛质量浓度 单位：μg/L

分组（岁）	调查时期	调查人数	<检出限[a]/%	几何均数（95%置信区间）	P_{10}（95%置信区间）	P_{50}（95%置信区间）	P_{75}（95%置信区间）	P_{95}（95%置信区间）
全体对象 3～79	2	2 459	96.87	—	<检出限	<检出限	<检出限	<检出限
3～5	2	494	97.37	—	<检出限	<检出限	<检出限	<检出限
6～11	2	499	95.79	—	<检出限	<检出限	<检出限	<检出限
12～19	2	489	97.55	—	<检出限	<检出限	<检出限	<检出限
20～39	2	344	96.80	—	<检出限	<检出限	<检出限	<检出限
40～59	2	354	96.33	—	<检出限	<检出限	<检出限	<检出限
60～79	2	279	97.49	—	<检出限	<检出限	<检出限	<检出限

a 如果超过 40%的样本检测值低于检出限，则仅报告数据的百分比分布而不报告均值。

表 16-3-4-2 加拿大第二次（2009—2011）健康调查

3～79 岁居民年龄别[a]、性别尿 6-羟基䓛质量浓度 单位：μg/L

分组（岁）	调查时期	调查人数	<检出限[b]/%	几何均数（95%置信区间）	P_{10}（95%置信区间）	P_{50}（95%置信区间）	P_{75}（95%置信区间）	P_{95}（95%置信区间）
全体男性 3～79	2	1 239	96.37	—	<检出限	<检出限	<检出限	<检出限
男 6～11	2	255	95.69	—	<检出限	<检出限	<检出限	<检出限
男 12～19	2	250	97.20	—	<检出限	<检出限	<检出限	<检出限
男 20～39	2	162	96.91	—	<检出限	<检出限	<检出限	x
男 40～59	2	191	95.81	—	<检出限	<检出限	<检出限	x
男 60～79	2	136	97.06	—	<检出限	<检出限	<检出限	x
全体女性 3～79	2	1 220	97.38	—	<检出限	<检出限	<检出限	<检出限
女 6～11	2	244	95.90	—	<检出限	<检出限	<检出限	<检出限
女 12～19	2	239	97.91	—	<检出限	<检出限	<检出限	<检出限
女 20～39	2	182	96.70	—	<检出限	<检出限	<检出限	x
女 40～59	2	163	96.93	—	<检出限	<检出限	<检出限	x
女 60～79	2	143	97.90	—	<检出限	<检出限	<检出限	x

a 3～5 岁年龄组未按照性别分组。

b 如果超过 40%的样本检测值低于检出限，则仅报告数据的百分比分布而不报告均值。

x 根据加拿大《统计法》保密规定，不予发布。

表 16-3-4-3　加拿大第二次（2009—2011）健康调查

3～79 岁居民年龄别尿 6-羟基蒄质量分数　　　　　单位：μg/g 肌酐

分组 （岁）	调查 时期	调查 人数	<检出 限[a]/%	几何均数 （95%置信 区间）	P_{10} （95%置信 区间）	P_{50} （95%置信 区间）	P_{75} （95%置信 区间）	P_{95} （95%置信 区间）
全体对象 3～79	2	2 449	97.26	—	<检出限	<检出限	<检出限	<检出限
3～5	2	493	97.57	—	<检出限	<检出限	<检出限	<检出限
6～11	2	497	96.18	—	<检出限	<检出限	<检出限	<检出限
12～19	2	487	97.95	—	<检出限	<检出限	<检出限	<检出限
20～39	2	342	97.37	—	<检出限	<检出限	<检出限	<检出限
40～59	2	352	96.88	—	<检出限	<检出限	<检出限	<检出限
60～79	2	278	97.84	—	<检出限	<检出限	<检出限	<检出限

a 如果超过 40% 的样本检测值低于检出限，则仅报告数据的百分比分布而不报告均值。

表 16-3-4-4　加拿大第二次（2009—2011）健康调查

3～79 岁居民年龄别[a]、性别尿 6-羟基蒄质量分数　　　　　单位：μg/g 肌酐

分组 （岁）	调查 时期	调查 人数	<检出 限[b]/%	几何均数 （95%置信 区间）	P_{10} （95%置信 区间）	P_{50} （95%置信 区间）	P_{75} （95%置信 区间）	P_{95} （95%置信 区间）
全体男性 3～79	2	1 235	96.68	—	<检出限	<检出限	<检出限	<检出限
男 6～11	2	254	96.06	—	<检出限	<检出限	<检出限	<检出限
男 12～19	2	249	97.59	—	<检出限	<检出限	<检出限	<检出限
男 20～39	2	161	97.52	—	<检出限	<检出限	<检出限	x
男 40～59	2	191	95.81	—	<检出限	<检出限	<检出限	x
男 60～79	2	136	97.06	—	<检出限	<检出限	<检出限	x
全体女性 3～79	2	1 214	97.86	—	<检出限	<检出限	<检出限	<检出限
女 6～11	2	243	96.30	—	<检出限	<检出限	<检出限	<检山限
女 12～19	2	238	98.32	—	<检出限	<检出限	<检出限	<检出限
女 20～39	2	181	97.24	—	<检出限	<检出限	<检出限	x
女 40～59	2	161	98.14	—	<检出限	<检出限	<检出限	x
女 60～79	2	142	98.59	—	<检出限	<检出限	<检出限	x

a 3～5 岁年龄组未按照性别分组。

b 如果超过 40% 的样本检测值低于检出限，则仅报告数据的百分比分布而不报告均值。

x 根据加拿大《统计法》保密规定，不予发布。

参考文献

[1] ATSDR（Agency for Toxic Substances and Disease Registry）. 1995. *Toxicological profile for polycyclic aromatic hydrocarbons*. Atlanta，GA.：U.S. Department of Health and Human Services. Retrieved February 17，2012，from www.atsdr.cdc.gov/toxprofiles/tp.asp？id=122&tid=25.

[2] Borges，H.T.. 1994. *Toxicity summary for chrysene*. Oak Ridge，TN.：Oak Ridge Reservation and Environmental Restoration Program.

[3] Bouchard，M.，Normandin，L.，Gagnon，F.，et al. 2009. Repeated measures of validated and novel biomarkers of exposure to polycyclic aromatic hydrocarbons in individuals living near an aluminum plant in Québec，Canada. *Journal of Toxicology and Environmental Health，Part A*，72（23）：1534-1549.

[4] CDC（Centers for Disease Control and Prevention）. 2009. *Fourth national report on human exposure to environmental chemicals*. Atlanta，GA.：Department of Health and Human Services. Retrieved July 11，2011，from www.cdc.gov/exposurereport/.

[5] Chang，R.L.，Levin，W.，Wood，A.W.，et al. 1983. Tumorigenicity of enantiomers of chrysene 1，2-dihydrodiol and of the diastereomeric bay-region chrysene 1，2-diol-3，4-epoxides on mouse skin and in newborn mice. *Cancer Research*，43（1）：192-196.

[6] IARC（International Agency for Research on Cancer）. 2010. *IARC monographs on the evaluation of carcinoge nic risks to humans-Volume 92：Some non-heterocyclic polycyclic aromatic hydrocarbons and some related exposures*. Lyon：World Health Organization.

[7] Nethery，E.，Wheeler，A.J.，Fisher，M.，et al. 2012. Urinary polycyclic aromatic hydrocarbons as a biomarker of exposure to PAHs in air：A pilot study among pregnant women. *Journal of Exposure Sciences and Environmental Epidemiology*，22（1）：70-81.

[8] Wislocki，P.G，Bagan，E.S.，Lu，A.Y.H.，et al. 1986. Tumorigenicity of nitrated derivatives of pyrene，benz[a]anthracene，chrysene and benzo[*a*] pyrene in the newborn mouse assay. *Carcinogenesis*，7（8）：1317-1322.

16.4 荧蒽代谢物

荧蒽，也称做苯并[*j, k*]芴，是由五个苯环组成的多环芳烃类化合物。荧蒽通常存在于某些细菌、藻类、植物体等自然环境中，也可以通过有机物质的不完全燃烧等人为因素释放到环境中去（EPA，1980）。荧蒽用于染料的合成和生物医学研究（Wu et al.，2010）。

目前荧蒽的药物代谢动力学数据还很缺乏。和其他一些结构相似的多环芳烃一样，荧蒽可以通过口服、呼吸或皮肤接触而进入体内（Faust，1993；Storer et al.，1984）。荧蒽具有很强的亲脂性，因此它可以扩散到机体的脂肪组织中（EPA，1980）。荧蒽代谢生成羟基化的代谢物，尿液中的 3-羟基荧蒽可以反映荧蒽的近期暴露。

大鼠口服荧蒽后会对肾脏和肝脏产生影响（Faust，1993）。小鼠暴露于荧蒽中导致肺部出现肿瘤（BusbyJr. et al.，1989；IARC，2010）。小鼠皮肤接触苯并[*a*]芘和荧蒽的混合物后，皮肤肿瘤的发病率显著增加（IARC，2010）。由于有关荧蒽致癌性的数据缺乏，国际癌症研究机构（IARC）把荧蒽归为第 3 组物质，即不被列为人体致癌性物质（IARC，2010）。

Bouchard 等人对居住在魁北克科莫海湾某铝厂附近约 1 km 范围内 16～64 岁 73 名不

吸烟非职业暴露者的尿液中 3-羟基荧蒽进行了检测。荧蒽的代谢物检测是众多多环芳烃代谢物检测调查工作的一部分。结果显示：尽管调查组人群尿液中其他多环芳烃代谢物浓度高于对照组（居住地距离工厂至少 11 km 的 71 位居民），但 3-羟基荧蒽在大多数样本中却低于检出限（0.030 μg/L）（Bouchard et al.，2009）。

　　加拿大第二次（2009—2011）健康调查测定了所有 3～79 岁参与者尿液中的荧蒽代谢物 3-羟基荧蒽的质量浓度和质量分数，结果以 μg/L 和 μg/g 肌酐表示（表 16-4-1-1～表 16-4-1-4）。尿液中检出 3-羟基荧蒽可作为人体荧蒽暴露的生物标志物，但并不意味着一定会产生不良的健康效应。这些数据表明了加拿大普通人群尿液中荧蒽代谢物的基准水平。

表 16-4-1-1　加拿大第二次（2009—2011）健康调查

3～79 岁居民年龄别尿 3-羟基荧蒽的质量浓度　　　　　　　　单位：μg/L

分组（岁）	调查时期	调查人数	<检出限 [a]/%	几何均数（95%置信区间）	P_{10}（95%置信区间）	P_{50}（95%置信区间）	P_{75}（95%置信区间）	P_{95}（95%置信区间）
全体对象 3～79	2	2 265	98.23	—	<检出限	<检出限	<检出限	<检出限
3～5	2	428	97.20	—	<检出限	<检出限	<检出限	<检出限
6～11	2	463	97.41	—	<检出限	<检出限	<检出限	<检出限
12～19	2	460	99.57	—	<检出限	<检出限	<检出限	<检出限
20～39	2	319	99.69	—	<检出限	<检出限	<检出限	<检出限
40～59	2	329	97.87	—	<检出限	<检出限	<检出限	<检出限
60～79	2	266	97.74	—	<检出限	<检出限	<检出限	<检出限

a 如果超过 40%的样本检测值低于检出限，则仅报告数据的百分比分布而不报告均值。

表 16-4-1-2　加拿大第二次（2009—2011）健康调查

3～79 岁居民年龄别 [a]、性别尿 3-羟基荧蒽的质量浓度　　　　　　单位：μg/L

分组（岁）	调查时期	调查人数	<检出限 [b]/%	几何均数（95%置信区间）	P_{10}（95%置信区间）	P_{50}（95%置信区间）	P_{75}（95%置信区间）	P_{95}（95%置信区间）
全体男性 3～79	2	1 145	98.25	—	<检出限	<检出限	<检出限	<检出限
男 6～11	2	237	98.31	—	<检出限	<检出限	<检出限	<检出限
男 12～19	2	240	99.58	—	<检出限	<检出限	<检出限	<检出限
男 20～39	2	154	99.35	—	<检出限	<检出限	<检出限	x
男 40～59	2	177	97.74	—	<检出限	<检出限	<检出限	x
男 60～79	2	130	96.92	—	<检出限	<检出限	<检出限	x
全体女性 3～79	2	1 120	98.21	—	<检出限	<检出限	<检出限	<检出限
女 6～11	2	226	96.46	—	<检出限	<检出限	<检出限	<检出限
女 12～19	2	220	99.55	—	<检出限	<检出限	<检出限	<检出限
女 20～39	2	165	100	—	<检出限	<检出限	<检出限	x
女 40～59	2	152	98.03	—	<检出限	<检出限	<检出限	x
女 60～79	2	136	98.53	—	<检出限	<检出限	<检出限	x

a 3～5 岁年龄组未按照性别分组。

b 如果超过 40%的样本检测值低于检出限，则仅报告数据的百分比分布而不报告均值。

x 根据加拿大《统计法》保密规定，不予发布。

表 16-4-1-3　加拿大第二次（2009—2011）健康调查

3～79 岁居民年龄别尿 3-羟基荧蒽的质量分数　　　　单位：μg/g 肌酐

分组（岁）	调查时期	调查人数	<检出限 a/%	几何均数（95%置信区间）	P_{10}（95%置信区间）	P_{50}（95%置信区间）	P_{75}（95%置信区间）	P_{95}（95%置信区间）
全体对象3～79	2	2 257	98.58	—	<检出限	<检出限	<检出限	<检出限
3～5	2	428	97.20	—	<检出限	<检出限	<检出限	<检出限
6～11	2	462	97.62	—	<检出限	<检出限	<检出限	<检出限
12～19	2	458	100	—	<检出限	<检出限	<检出限	<检出限
20～39	2	317	100	—	<检出限	<检出限	<检出限	<检出限
40～59	2	327	98.47	—	<检出限	<检出限	<检出限	<检出限
60～79	2	265	98.11	—	<检出限	<检出限	<检出限	<检出限

a 如果超过 40%的样本检测值低于检出限，则仅报告数据的百分比分布而不报告均值。

表 16-4-1-4　加拿大第二次（2009—2011）健康调查

3～79 岁居民年龄别 a、性别尿 3-羟基荧蒽的质量分数　　　　单位：μg/g 肌酐

分组（岁）	调查时期	调查人数	<检出限 b/%	几何均数（95%置信区间）	P_{10}（95%置信区间）	P_{50}（95%置信区间）	P_{75}（95%置信区间）	P_{95}（95%置信区间）
全体男性3～79	2	1 142	98.51	—	<检出限	<检出限	<检出限	<检出限
男 6～11	2	236	98.73	—	<检出限	<检出限	<检出限	<检出限
男 12～19	2	239	100	—	<检出限	<检出限	<检出限	<检出限
男 20～39	2	153	100	—	<检出限	<检出限	<检出限	x
男 40～59	2	177	97.74	—	<检出限	<检出限	<检出限	x
男 60～79	2	130	96.92	—	<检出限	<检出限	<检出限	x
全体女性3～79	2	1 115	98.65	—	<检出限	<检出限	<检出限	<检出限
女 6～11	2	226	96.46	—	<检出限	<检出限	<检出限	<检出限
女 12～19	2	219	100	—	<检出限	<检出限	<检出限	<检出限
女 20～39	2	164	100	—	<检出限	<检出限	<检出限	x
女 40～59	2	150	99.33	—	<检出限	<检出限	<检出限	x
女 60～79	2	135	99.26	—	<检出限	<检出限	<检出限	x

a 3～5 岁年龄组未按照性别分组。

b 如果超过 40%的样本检测值低于检出限，则仅报告数据的百分比分布而不报告均值。

x 根据加拿大《统计法》保密规定，不予发布。

参考文献

[1] Bouchard，M.，Normandin，L.，Gagnon，F.，et al. 2009. Repeated measures of validated and novel biomarkers of exposure to polycyclic aromatic hydrocarbons in individuals living near an aluminum plant in Québec，Canada. *Journal of Toxicology and Environmental Health，Part A*，72（23）：1534-1549.

[2] Busby Jr.，W.F.，Stevens，E.K.，Martin，C.N.，et al. 1989. Comparative lung tumorigenicity of parent and mononitro-poly- nuclear aromatic hydrocarbons in the BLU：Ha newborn mouse assay. *Toxicology and Applied Pharmacology*，99（3）：555-563.

[3] EPA（U.S. Environmental Protection Agency）. 1980. *Ambient water quality criteria for fluoranthene*. Washington DC.：U.S. Environmental Protection Agency. Faust，R. 1993. Toxicity profile for fluoranthene. Oak Ridge National Laboratory，Oak Ridge，TN.

[4] IARC（International Agency for Research on Cancer）. 2010. *IARC monographs on the evaluation of carcinogenic risks to humans-Volume 92：Some non-heterocyclic polycyclic aromatic hydrocarbons and some related exposures*. Lyon：World Health Organization.

[5] Storer，J.S.，DeLeon，I.，Millikan，L.E.，et al. 1984. Human absorption of crude coal tar products. *Archives of Dermatology*，120（7）：874-877.

[6] Wu，W.，Guo，F.，Li，J.，et al. 2010. New fluoranthene-based cyanine dye for dye-sensitized solar cells. *Synthetic Metals*，160（9-10）：1008-1014.

16.5　芴代谢物

芴是由三个苯环组成的多环芳烃化合物。芴及其衍生物通常用于染料、医药、聚合物材料的生产以及光子学和基础研究中（Belfield et al.，1999；Bernius et al.，2000；Mondal et al.，2009）。

动物研究表明：芴可以通过口服、呼吸摄入和皮肤接触而被吸收（ATSDR，1995）。芴代谢会产生一些羟基化的代谢物，这些代谢物可以进一步与葡萄醛或磺酸结合并迅速通过尿液排出体外（Faust，1994）。芴在尿液中的代谢物包括 2-羟基芴、3-羟基芴和 9-羟基芴，上述 3 种代谢物已经在人体尿液中检出并作为多环芳烃近期暴露的指示物（Becker et al.，2003；CDC，2009；Nethery et al.，2012）。研究资料显示：尿液中的 3-羟基芴可能是专门评估芴暴露的良好的生物标志物（Nethery et al.，2012）。

动物实验表明：通过口服的方式暴露芴后，会对血液和肝脏产生影响（ATSDR，1995）。目前芴对人体的致癌性尚不能确定，所以国际癌症研究机构（IARC）将芴归为第 3 组物质，即不列为人体致癌物。

加拿大第二次（2009—2011）健康调查测定了所有 3～79 岁参与者尿液中芴的代谢物 2-羟基芴、3-羟基芴和 9-羟基芴的质量浓度和质量分数，结果以μg/L 和μg/g 肌酐表示（表 16-5-1-1～表 16-5-3-4）。尿液中检出羟基芴可作为人体芴暴露的生物标志物，但并不意味着一定会产生不良的健康效应。这些数据表明了加拿大普通人群尿液中芴的代谢物的基准水平。

16.5.1 2-羟基芴

表 16-5-1-1 加拿大第二次（2009—2011）健康调查

3～79 岁居民年龄别尿 2-羟基芴质量浓度　　　　　　　　　　　单位：μg/L

分组（岁）	调查时期	调查人数	<检出限 [a]/%	几何均数（95%置信区间）	P_{10}（95%置信区间）	P_{50}（95%置信区间）	P_{75}（95%置信区间）	P_{95}（95%置信区间）
全体对象3～79	2	2 524	0	0.27（0.24～0.30）	0.069（0.058～0.080）	0.24（0.21～0.27）	0.47（0.38～0.57）	2.3（1.7～2.8）
3～5	2	506	0	0.17（0.16～0.19）	0.069（0.061～0.077）	0.18（0.16～0.20）	0.27（0.21～0.32）	0.47（0.32～0.62）
6～11	2	511	0	0.22（0.18～0.25）	0.088（0.077～0.10）	0.24（0.19～0.29）	0.33（0.29～0.38）	0.57（0.38～0.76）
12～19	2	506	0	0.26（0.24～0.29）	0.098（0.073～0.12）	0.26（0.22～0.30）	0.42（0.35～0.50）	1.1（0.87～1.3）
20～39	2	355	0	0.30（0.25～0.35）	0.085（0.061～0.11）	0.28（0.22～0.33）	0.58（0.42～0.74）	2.2（1.5～3.0）
40～59	2	359	0	0.30（0.25～0.37）	0.066[E]（0.037～0.095）	0.25（0.18～0.31）	0.57[E]（0.19～0.95）	3.3（2.4～4.2）
60～79	2	287	0	0.21（0.18～0.25）	0.054（0.043～0.064）	0.18（0.15～0.20）	0.40（0.27～0.53）	2.3[E]（1.2～3.3）

a 如果超过 40%的样本检测值低于检出限，则仅报告数据的百分比分布而不报告均值。

E 谨慎引用。

表 16-5-1-2 加拿大第二次（2009—2011）健康调查

3～79 岁居民年龄别 [a]、性别尿 2-羟基芴质量浓度　　　　　　　　单位：μg/L

分组（岁）	调查时期	调查人数	<检出限 [b]/%	几何均数（95%置信区间）	P_{10}（95%置信区间）	P_{50}（95%置信区间）	P_{75}（95%置信区间）	P_{95}（95%置信区间）
全体男性3～79	2	1 268	0	0.32（0.27～0.38）	0.087（0.071～0.10）	0.27（0.23～0.32）	0.59（0.42～0.76）	3.0（2.1～4.0）
男 6～11	2	261	0	0.22（0.18～0.27）	0.089（0.071～0.11）	0.24（0.19～0.29）	0.32（0.23～0.42）	0.50（0.42～0.58）
男 12～19	2	255	0	0.27（0.23～0.32）	0.099（0.078～0.12）	0.26（0.22～0.30）	0.41（0.32～0.50）	1.2（0.84～1.5）
男 20～39	2	166	0	0.35（0.27～0.45）	0.091（0.059～0.12）	0.33[E]（0.17～0.49）	0.66（0.46～0.86）	x
男 40～59	2	193	0	0.41（0.29～0.57）	F	0.32[E]（0.11～0.53）	1.1[E]（0.45～1.7）	x
男 60～79	2	142	0	0.25（0.19～0.32）	0.080（0.054～0.11）	0.20（0.17～0.22）	0.39[E]（0.23～0.56）	x
全体女性3～79	2	1 256	0	0.22（0.21～0.25）	0.064（0.051～0.076）	0.21（0.17～0.26）	0.38（0.33～0.43）	1.8（1.3～2.3）

分组 （岁）	调查 时期	调查 人数	<检出 限 b/%	几何均数 （95%置信 区间）	P_{10} （95%置信 区间）	P_{50} （95%置信 区间）	P_{75} （95%置信 区间）	P_{95} （95%置信 区间）
女 6～11	2	250	0	0.21 （0.18～0.25）	0.086 （0.065～0.11）	0.23 （0.16～0.30）	0.34 （0.31～0.38）	0.74[E] （0.43～1.1）
女 12～19	2	251	0	0.25 （0.21～0.30）	0.083[E] （0.046～0.12）	0.26 （0.20～0.32）	0.45 （0.32～0.58）	0.80[E] （0.50～1.1）
女 20～39	2	189	0	0.26 （0.21～0.32）	0.074[E] （0.035～0.11）	0.26 （0.20～0.32）	0.43 （0.31～0.54）	x
女 40～59	2	166	0	0.22 （0.17～0.30）	0.066[E] （0.033 ～0.099）	0.18[E] （0.10～0.25）	0.35 （0.24～0.45）	x
女 60～79	2	145	0	0.18 （0.14～0.24）	0.041[E] （0.023 ～0.059）	0.14 （0.098～0.19）	0.43[E] （0.14～0.71）	x

a 3～5 岁年龄组未按照性别分组。

b 如果超过 40%的样本检测值低于检出限，则仅报告数据的百分比分布而不报告均值。

E 谨慎引用。

F 数据不可靠，不予发布。

x 根据加拿大《统计法》保密规定，不予发布。

表 16-5-1-3　加拿大第二次（2009—2011）健康调查
3～79 岁居民年龄别尿 2-羟基芴质量分数　　　单位：µg/g 肌酐

分组 （岁）	调查 时期	调查 人数	<检出 限 a/%	几何均数 （95%置信 区间）	P_{10} （95%置信 区间）	P_{50} （95%置信 区间）	P_{75} （95%置信 区间）	P_{95} （95%置信 区间）
全体对象 3～79	2	2 514	0	0.27 （0.24～0.29）	0.11 （0.094～0.12）	0.21 （0.20～0.23）	0.37 （0.31～0.42）	2.0 （1.5～2.5）
3～5	2	505	0	0.31 （0.27～0.34）	0.16 （0.14～0.18）	0.30 （0.27～0.34）	0.42 （0.35～0.48）	0.75 （0.63～0.88）
6～11	2	509	0	0.25 （0.22～0.28）	0.15 （0.13～0.16）	0.23 （0.19～0.26）	0.33 （0.27～0.40）	0.59 （0.41～0.77）
12～19	2	504	0	0.20 （0.18～0.22）	0.10 （0.089～0.11）	0.18 （0.16～0.19）	0.27 （0.22～0.31）	F
20～39	2	353	0	0.27 （0.22～0.33）	0.11 （0.082～0.13）	0.21 （0.17～0.24）	0.38 （0.26～0.50）	2.3[E] （1.0～3.7）
40～59	2	357	0	0.30 （0.26～0.36）	0.11 （0.084～0.13）	0.22 （0.18～0.26）	0.43[E] （0.16～0.70）	2.4 （1.6～3.3）
60～79	2	286	0	0.25 （0.22～0.28）	0.099 （0.090～0.11）	0.19 （0.17～0.21）	0.30[E] （0.17～0.43）	1.8 （1.3～2.2）

a 如果超过 40%的样本检测值低于检出限，则仅报告数据的百分比分布而不报告均值。

E 谨慎引用。

F 数据不可靠，不予发布。

表 16-5-1-4　加拿大第二次（2009—2011）健康调查
3～79 岁居民年龄别[a]、性别尿 2-羟基芴质量分数　　　　　单位：μg/g 肌酐

分组（岁）	调查时期	调查人数	<检出限[b]/%	几何均数（95%置信区间）	P_{10}（95%置信区间）	P_{50}（95%置信区间）	P_{75}（95%置信区间）	P_{95}（95%置信区间）
全体男性 3～79	2	1 264	0	0.27 (0.23～0.32)	0.097 (0.086～0.11)	0.21 (0.18～0.24)	0.40 (0.29～0.51)	2.4[E] (1.3～3.5)
男 6～11	2	260	0	0.25 (0.21～0.30)	0.14 (0.11～0.17)	0.24 (0.19～0.28)	0.32 (0.24～0.40)	0.51[E] (0.28～0.75)
男 12～19	2	254	0	0.19 (0.17～0.22)	0.096 (0.084～0.11)	0.17 (0.15～0.19)	0.26 (0.19～0.34)	0.58[E] (0.24～0.92)
男 20～39	2	165	0	0.27 (0.19～0.37)	0.088 (0.064～0.11)	0.20 (0.14～0.25)	F	x
男 40～59	2	193	0	0.35 (0.27～0.45)	0.099 (0.080～0.12)	0.25[E] (0.11～0.39)	F	x
男 60～79	2	142	0	0.23 (0.18～0.30)	0.097 (0.082～0.11)	0.18 (0.14～0.21)	0.27[E] (0.13～0.41)	x
全体女性 3～79	2	1 250	0	0.26 (0.24～0.28)	0.12 (0.11～0.13)	0.21 (0.20～0.23)	0.35 (0.29～0.40)	1.7 (1.3～2.1)
女 6～11	2	249	0	0.25 (0.23～0.28)	0.15 (0.13～0.17)	0.22 (0.20～0.25)	0.33 (0.28～0.38)	0.65 (0.46～0.85)
女 12～19	2	250	0	0.21 (0.17～0.25)	0.11 (0.099～0.13)	0.18 (0.15～0.20)	0.27 (0.21～0.33)	F
女 20～39	2	188	0	0.27 (0.23～0.31)	0.12 (0.11～0.14)	0.21 (0.17～0.25)	0.38 (0.26～0.50)	x
女 40～59	2	164	0	0.26 (0.21～0.33)	0.12 (0.086～0.16)	0.21 (0.19～0.23)	0.30 (0.22～0.37)	x
女 60～79	2	144	0	0.27 (0.22～0.32)	0.10 (0.093～0.11)	0.19 (0.16～0.22)	0.44[E] (0.19～0.70)	x

a 3～5 岁年龄组未按照性别分组。

b 如果超过 40%的样本检测值低于检出限，则仅报告数据的百分比分布而不报告均值。

E 谨慎引用。

F 数据不可靠，不予发布。

x 根据加拿大《统计法》保密规定，不予发布。

16.5.2　3-羟基芴

表 16-5-2-1　加拿大第二次（2009—2011）健康调查

3～79 岁居民年龄别尿 3-羟基芴质量浓度　　　　　单位：μg/L

分组（岁）	调查时期	调查人数	<检出限 a/%	几何均数（95%置信区间）	P_{10}（95%置信区间）	P_{50}（95%置信区间）	P_{75}（95%置信区间）	P_{95}（95%置信区间）
全体对象 3～79	2	2 523	0.04	0.096 (0.086～0.11)	0.022 (0.020～0.025)	0.081 (0.072～0.089)	0.18 (0.15～0.21)	1.3 (0.96～1.7)
3～5	2	507	0	0.069 (0.063～0.077)	0.025 (0.020～0.030)	0.071 (0.061～0.080)	0.10 (0.091～0.12)	0.23E (0.099～0.37)
6～11	2	511	0	0.084 (0.069～0.10)	0.033 (0.028～0.038)	0.087 (0.066～0.11)	0.14 (0.099～0.19)	0.26 (0.19～0.32)
12～19	2	506	0.20	0.093 (0.082～0.11)	0.029 (0.022～0.036)	0.093 (0.081～0.11)	0.16 (0.14～0.18)	0.53E (0.33～0.73)
20～39	2	354	0	0.11 (0.092～0.13)	0.025 (0.018～0.032)	0.10 (0.079～0.12)	0.19 (0.15～0.24)	1.1E (0.70～1.5)
40～59	2	358	0	0.11 (0.089～0.14)	0.020E (0.011～0.030)	0.080 (0.062～0.099)	F	2.2 (1.5～3.0)
60～79	2	287	0	0.067 (0.056～0.080)	0.018 (0.014～0.022)	0.050 (0.043～0.057)	0.12E (0.068～0.17)	1.1E (0.58～1.7)

a 如果超过 40%的样本检测值低于检出限，则仅报告数据的百分比分布而不报告均值。
E 谨慎引用。
F 数据不可靠，不予发布。

表 16-5-2-2　加拿大第二次（2009—2011）健康调查

3～79 岁居民年龄别 a、性别尿 3-羟基芴质量浓度　　　　　单位：μg/L

分组（岁）	调查时期	调查人数	<检出限 b/%	几何均数（95%置信区间）	P_{10}（95%置信区间）	P_{50}（95%置信区间）	P_{75}（95%置信区间）	P_{95}（95%置信区间）
全体男性 3～79	2	1 266	0	0.12 (0.098～0.14)	0.028 (0.024～0.032)	0.096 (0.080～0.11)	0.22E (0.10～0.34)	1.7E (1.1～2.3)
男 6～11	2	261	0	0.088 (0.069～0.11)	0.035 (0.027～0.044)	0.087 (0.062～0.11)	0.15E (0.096～0.20)	0.23 (0.18～0.27)
男 12～19	2	255	0	0.10 (0.087～0.12)	0.032 (0.023～0.041)	0.099 (0.081～0.12)	0.16 (0.14～0.19)	0.62 (0.40～0.83)
男 20～39	2	165	0	0.13 (0.10～0.18)	0.031E (0.018～0.043)	0.11E (0.064～0.15)	0.26E (0.096～0.43)	x
男 40～59	2	192	0	0.16E (0.11～0.24)	F	0.12E (0.036～0.19)	0.50E (0.16～0.85)	x

分组（岁）	调查时期	调查人数	<检出限 b/%	几何均数（95%置信区间）	P_{10}（95%置信区间）	P_{50}（95%置信区间）	P_{75}（95%置信区间）	P_{95}（95%置信区间）
男 60～79	2	142	0	0.078（0.058～0.10）	0.023（0.017～0.028）	0.060（0.045～0.074）	0.11^E（0.035～0.19）	x
全体女性 3～79	2	1 257	0.08	0.078（0.070～0.086）	0.019（0.015～0.023）	0.071（0.058～0.083）	0.14（0.10～0.18）	0.99^E（0.59～1.4）
女 6～11	2	250	0	0.080（0.065～0.098）	0.029（0.023～0.036）	0.085（0.062～0.11）	0.12^E（0.078～0.17）	0.30（0.20～0.39）
女 12～19	2	251	0.40	0.084（0.067～0.10）	0.023^E（0.013～0.034）	0.088（0.072～0.10）	0.16（0.11～0.21）	0.37^E（0.17～0.56）
女 20～39	2	189		0.091（0.071～0.12）	0.023^E（0.011～0.035）	0.097（0.065～0.13）	0.17（0.12～0.22）	x
女 40～59	2	166	0	0.078（0.057～0.11）	0.020^E（0.007 6～0.033）	0.062（0.044～0.081）	0.12^E（0.056～0.18）	x
女 60～79	2	145	0	0.058（0.043～0.077）	0.014^E（0.007 6～0.019）	0.048（0.031～0.064）	F	x

a 3～5 岁年龄组未按照性别分组。

b 如果超过 40% 的样本检测值低于检出限，则仅报告数据的百分比分布而不报告均值。

E 谨慎引用。

F 数据不可靠，不予发布。

x 根据加拿大《统计法》保密规定，不予发布。

表 16-5-2-3　加拿大第二次（2009—2011）健康调查

3～79 岁居民年龄别尿 3-羟基芴质量分数　　　　　　　　　　单位：μg/g 肌酐

分组（岁）	调查时期	调查人数	<检出限 a/%	几何均数（95%置信区间）	P_{10}（95%置信区间）	P_{50}（95%置信区间）	P_{75}（95%置信区间）	P_{95}（95%置信区间）
全体对象 3～79	2	2 513	0.04	0.096（0.087～0.11）	0.032（0.031～0.034）	0.070（0.063～0.077）	0.14（0.12～0.16）	1.1（0.90～1.4）
3～5	2	506	0	0.12（0.11～0.14）	0.062（0.057～0.066）	0.11（0.096～0.13）	0.17（0.14～0.20）	0.32^E（0.16～0.49）
6～11	2	509	0	0.098（0.085～0.11）	0.050（0.043～0.057）	0.094（0.079～0.11）	0.14（0.11～0.16）	0.26（0.20～0.32）
12～19	2	504	0.20	0.072（0.062～0.083）	0.031（0.027～0.036）	0.063（0.055～0.070）	0.10（0.082～0.12）	F
20～39	2	352	0	0.099（0.080～0.12）	0.033（0.027～0.039）	0.070（0.057～0.083）	0.15（0.096～0.20）	1.1^E（0.49～1.7）
40～59	2	356	0	0.11（0.091～0.14）	0.033（0.028～0.038）	0.073（0.052～0.094）	F	1.6（1.2～2.1）
60～79	2	286	0	0.078（0.067～0.091）	0.028（0.025～0.031）	0.056（0.047～0.064）	0.098^E（0.059～0.14）	0.97（0.80～1.1）

a 如果超过 40% 的样本检测值低于检出限，则仅报告数据的百分比分布而不报告均值。

E 谨慎引用。

F 数据不可靠，不予发布。

表 16-5-2-4　加拿大第二次（2009—2011）健康调查
3～79 岁居民年龄别 [a]、性别尿 3-羟基芴质量分数　　　单位：μg/g 肌酐

分组（岁）	调查时期	调查人数	<检出限 [b]/%	几何均数（95%置信区间）	P_{10}（95%置信区间）	P_{50}（95%置信区间）	P_{75}（95%置信区间）	P_{95}（95%置信区间）
全体男性 3～79	2	1 262	0	0.10 (0.086～0.12)	0.032 (0.029～0.034)	0.075 (0.060～0.089)	0.16^E (0.085～0.23)	1.4^E (0.89～2.0)
男 6～11	2	260	0	0.10 (0.082～0.12)	0.049 (0.034～0.063)	0.096 (0.074～0.12)	0.14 (0.11～0.17)	0.25^E (0.13～0.37)
男 12～19	2	254	0	0.074 (0.064～0.085)	0.029 (0.023～0.035)	0.063 (0.054～0.071)	0.11 (0.081～0.13)	0.33^E (0.20～0.45)
男 20～39	2	164	0	0.10^E (0.072～0.15)	0.031 (0.026～0.035)	0.068^E (0.039～0.096)	F	x
男 40～59	2	192	0	0.14 (0.097～0.19)	0.032 (0.028～0.037)	0.095^E (0.049～0.14)	F	x
男 60～79	2	142	0	0.073 (0.054～0.098)	0.028 (0.024～0.032)	0.051 (0.043～0.060)	F	x
全体女性 3～79	2	1 251	0.08	0.089 (0.081～0.099)	0.035 (0.032～0.039)	0.069 (0.063～0.075)	0.13 (0.11～0.15)	0.99 (0.71～1.3)
女 6～11	2	249	0	0.096 (0.084～0.11)	0.052 (0.043～0.061)	0.088 (0.071～0.11)	0.13 (0.11～0.15)	0.26 (0.18～0.34)
女 12～19	2	250	0.40	0.069 (0.055～0.088)	0.033 (0.028～0.038)	0.063 (0.051～0.075)	0.091 (0.066～0.12)	F
女 20～39	2	188	0	0.094 (0.079～0.11)	0.039 (0.030～0.049)	0.070 (0.057～0.083)	0.15 (0.098～0.20)	x
女 40～59	2	164	0	0.092 (0.072～0.12)	0.038 (0.029～0.046)	0.068 (0.061～0.076)	0.12 (0.087～0.15)	x
女 60～79	2	144	0	0.083 (0.067～0.10)	0.031 (0.025～0.038)	0.060 (0.046～0.075)	0.12^E (0.058～0.19)	x

a 3～5 岁年龄组未按照性别分组。

b 如果超过 40%的样本检测值低于检出限，则仅报告数据的百分比分布而不报告均值。

E 谨慎引用。

F 数据不可靠，不予发布。

x 根据加拿大《统计法》保密规定，不予发布。

16.5.3　9-羟基芴

表 16-5-3-1　加拿大第二次（2009—2011）健康调查

3~79 岁居民年龄别尿 9-羟基芴质量浓度　　单位：μg/L

分组（岁）	调查时期	调查人数	<检出限 [a]/%	几何均数（95%置信区间）	P_{10}（95%置信区间）	P_{50}（95%置信区间）	P_{75}（95%置信区间）	P_{95}（95%置信区间）
全体对象 3~79	2	2 514	0	0.16（0.15~0.17）	0.051（0.045~0.058）	0.16（0.14~0.17）	0.26（0.22~0.29）	0.66（0.57~0.76）
3~5	2	505	0	0.098（0.088~0.11）	0.040（0.032~0.048）	0.098（0.086~0.11）	0.15（0.13~0.18）	0.30（0.25~0.34）
6~11	2	509	0	0.11（0.091~0.13）	0.042（0.032~0.051）	0.11（0.086~0.13）	0.17（0.12~0.22）	0.38（0.28~0.47）
12~19	2	501	0	0.15（0.13~0.17）	0.060（0.047~0.073）	0.14（0.12~0.17）	0.23（0.19~0.28）	0.49（0.35~0.62）
20~39	2	355	0	0.17（0.15~0.20）	0.058（0.041~0.076）	0.18（0.15~0.21）	0.27（0.19~0.35）	0.66（0.53~0.79）
40~59	2	358	0	0.17（0.15~0.20）	0.048[E]（0.029~0.066）	0.17（0.13~0.20）	0.30（0.24~0.35）	0.80（0.55~1.1）
60~79	2	286	0	0.16（0.14~0.18）	0.052（0.046~0.058）	0.15（0.13~0.17）	0.27（0.20~0.34）	0.73[E]（0.46~1.0）

a 如果超过 40%的样本检测值低于检出限，则仅报告数据的百分比分布而不报告均值。

E 谨慎引用。

表 16-5-3-2　加拿大第二次（2009—2011）健康调查

3~79 岁居民年龄别 [a]、性别尿 9-羟基芴质量浓度　　单位：μg/L

分组（岁）	调查时期	调查人数	<检出限 [b]/%	几何均数（95%置信区间）	P_{10}（95%置信区间）	P_{50}（95%置信区间）	P_{75}（95%置信区间）	P_{95}（95%置信区间）
全体男性 3~79	2	1 260	0	0.17（0.15~0.20）	0.057（0.048~0.066）	0.17（0.13~0.20）	0.29（0.22~0.37）	0.73（0.61~0.85）
男 6~11	2	259	0	0.11（0.087~0.14）	0.041（0.034~0.048）	0.11（0.074~0.14）	0.18[E]（0.12~0.25）	0.37（0.27~0.48）
男 12~19	2	251	0	0.15（0.13~0.17）	0.059（0.041~0.077）	0.14（0.12~0.17）	0.22（0.18~0.26）	0.58（0.39~0.77）
男 20~39	2	166	0	0.19（0.15~0.24）	0.057[E]（0.016~0.097）	0.19（0.16~0.23）	F	x
男 40~59	2	193	0	0.20（0.16~0.25）	0.065（0.046~0.083）	0.20（0.14~0.27）	0.37（0.27~0.46）	x
男 60~79	2	141	0	0.18（0.15~0.23）	0.064[E]（0.038~0.091）	0.16（0.12~0.20）	0.30（0.20~0.41）	x

分组（岁）	调查时期	调查人数	<检出限[b]/%	几何均数（95%置信区间）	P_{10}（95%置信区间）	P_{50}（95%置信区间）	P_{75}（95%置信区间）	P_{95}（95%置信区间）
全体女性 3~79	2	1 254	0	0.15 (0.13~0.16)	0.048 (0.040~0.055)	0.14 (0.13~0.16)	0.24 (0.22~0.27)	0.49 (0.32~0.66)
女 6~11	2	250	0	0.11 (0.092~0.13)	0.047 (0.033~0.060)	0.11 (0.088~0.13)	0.16 (0.11~0.20)	0.40[E] (0.21~0.60)
女 12~19	2	250	0	0.14 (0.12~0.17)	0.060 (0.041~0.079)	0.14 (0.12~0.17)	0.25 (0.19~0.30)	0.45 (0.38~0.51)
女 20~39	2	189	0	0.16 (0.14~0.19)	0.058[E] (0.031~0.086)	0.16 (0.12~0.21)	0.27 (0.20~0.34)	x
女 40~59	2	165	0	0.15 (0.11~0.20)	0.045[E] (0.023~0.066)	0.15 (0.11~0.19)	0.24 (0.19~0.29)	x
女 60~79	2	145	0	0.14 (0.11~0.17)	0.048 (0.039~0.057)	0.13[E] (0.074~0.18)	0.24 (0.18~0.30)	x

a 3~5 岁年龄组未按照性别分组。

b 如果超过 40% 的样本检测值低于检出限，则仅报告数据的百分比分布而不报告均值。

E 谨慎引用。

F 数据不可靠，不予发布。

x 根据加拿大《统计法》保密规定，不予发布。

表 16-5-3-3　加拿大第二次（2009—2011）健康调查

3~79 岁居民年龄别尿 9-羟基芴质量分数　　　　单位：μg/g 肌酐

分组（岁）	调查时期	调查人数	<检出限[a]/%	几何均数（95%置信区间）	P_{10}（95%置信区间）	P_{50}（95%置信区间）	P_{75}（95%置信区间）	P_{95}（95%置信区间）
全体对象 3~79	2	2 504	0	0.16 (0.15~0.17)	0.060 (0.053~0.066)	0.15 (0.14~0.16)	0.26 (0.22~0.29)	0.62 (0.52~0.73)
3~5	2	504	0	0.17 (0.15~0.19)	0.068 (0.053~0.083)	0.18 (0.15~0.20)	0.26 (0.22~0.31)	0.62 (0.42~0.81)
6~11	2	507	0	0.13 (0.11~0.15)	0.057 (0.050~0.065)	0.12 (0.095~0.14)	0.20 (0.16~0.25)	0.43[E] (0.21~0.65)
12~19	2	499	0	0.11 (0.097~0.13)	0.048 (0.039~0.057)	0.11 (0.086~0.13)	0.17 (0.14~0.20)	0.37[E] (0.16~0.58)
20~39	2	353	0	0.15 (0.13~0.18)	0.059 (0.049~0.070)	0.14 (0.12~0.16)	0.24 (0.17~0.31)	0.56 (0.39~0.73)
40~59	2	356	0	0.17 (0.16~0.19)	0.064 (0.055~0.073)	0.16 (0.14~0.19)	0.29 (0.22~0.35)	0.64[E] (0.39~0.88)
60~79	2	285	0	0.19 (0.16~0.22)	0.065 (0.043~0.087)	0.17 (0.13~0.20)	0.30 (0.23~0.37)	0.77 (0.56~0.99)

a 如果超过 40% 的样本检测值低于检出限，则仅报告数据的百分比分布而不报告均值。

E 谨慎引用。

表 16-5-3-4 加拿大第二次（2009—2011）健康调查

3～79 岁居民年龄别 [a]、性别尿 9-羟基芴质量分数　　　　　单位：μg/g 肌酐

分组（岁）	调查时期	调查人数	<检出限 [b]/%	几何均数（95%置信区间）	P_{10}（95%置信区间）	P_{50}（95%置信区间）	P_{75}（95%置信区间）	P_{95}（95%置信区间）
全体男性 3～79	2	1 256	0	0.15（0.13～0.17）	0.055（0.046～0.065）	0.13（0.12～0.15）	0.25（0.19～0.31）	0.62（0.50～0.74）
男 6～11	2	258	0	0.12（0.099～0.16）	0.057（0.045～0.069）	0.11（0.077～0.14）	0.20（0.14～0.26）	0.43（0.30～0.55）
男 12～19	2	250	0	0.11（0.093～0.12）	0.043（0.033～0.053）	0.10（0.086～0.12）	0.15（0.13～0.18）	0.31[E]（0.13～0.49）
男 20～39	2	165	0	0.14（0.11～0.17）	0.055（0.041～0.070）	0.11（0.078～0.14）	0.24[E]（0.11～0.37）	x
男 40～59	2	193	0	0.17（0.15～0.20）	0.058（0.043～0.074）	0.16（0.11～0.20）	0.29（0.21～0.37）	x
男 60～79	2	141	0	0.17（0.13～0.22）	0.060[E]（0.020～0.10）	0.15（0.12～0.17）	0.28（0.19～0.37）	x
全体女性 3～79	2	1 248	0	0.17（0.15～0.19）	0.065（0.058～0.072）	0.16（0.14～0.18）	0.26（0.22～0.30）	0.62（0.45～0.80）
女 6～11	2	249	0	0.13（0.12～0.15）	0.057（0.048～0.067）	0.12（0.10～0.14）	0.22（0.17～0.26）	F
女 12～19	2	249	0	0.12（0.098～0.15）	0.052（0.045～0.060）	0.12（0.084～0.16）	0.20（0.16～0.23）	0.51[E]（0.28～0.74）
女 20～39	2	188	0	0.17（0.14～0.20）	0.077（0.055～0.10）	0.15（0.12～0.19）	0.24（0.18～0.31）	x
女 40～59	2	163	0	0.18（0.14～0.23）	0.062（0.045～0.079）	0.17（0.14～0.21）	0.28[E]（0.17～0.39）	x
女 60～79	2	144	0	0.20（0.17～0.24）	0.066（0.046～0.086）	0.19（0.15～0.23）	0.34（0.24～0.44）	x

a 3～5 岁年龄组未按照性别分组。

b 如果超过 40%的样本检测值低于检出限，则仅报告数据的百分比分布而不报告均值。

E 谨慎引用。

F 数据不可靠，不予发布。

x 根据加拿大《统计法》保密规定，不予发布。

参考文献

[1] ATSDR（Agency for Toxic Substances and Disease Registry）. 1995. *Toxicological profile for polycyclic aromatic hydrocarbons*. Atlanta, GA.: U.S. Department of Health and Human Services. Retrieved February 17, 2012, from www.atsdr.cdc.gov/toxprofiles/tp.asp？id=122&tid=25.

[2] Becker, K., Schulz, C., Kaus, S., et al. 2003. German Environmental Survey 1998（GerES III）: Environmental pollutants in the urine of the German population. *International Journal of Hygiene and Environmental Health*, 206（1）: 15-24.

[3] Belfield, K.D., Hagan, D.J., Van Stryland, E.W., et al. 1999. New two-photon absorbing fluorene derivatives: Synthesis and nonlinear optical characterization. *Organic Letters*, 1（10）: 1575-1578.

[4] Bernius, M., Inbasekaran, M., Woo, E., et al. 2000. Light-emitting diodes based on fluorene polymers. *Thin Solid Films*, 363（1-2）: 55-57.

[5] CDC（Centers for Disease Control and Prevention）. 2009. *Fourth national report on human exposure to environmental chemicals*. Atlanta, GA.: Department of Health and Human Services. Retrieved July 11, 2011, from www.cdc.gov/exposurereport/.

[6] Faust, R.A.. 1994. *Toxicity summary for fluorene*. Oak Ridge, TN.: Oak Ridge Reservation and Environmental Restoration Program.

[7] IARC（International Agency for Research on Cancer）. 2010. *IARC monographs on the evaluation of carcinogenic risks to humans-Volume 92: Some non-heterocyclic polycyclic aromatic hydrocarbons and some related exposures*. Lyon: World Health Organization.

[8] Mondal, R., Miyaki, N., Becerril, H.A., et al. 2009. Synthesis of acenaphthyl and phenanthrene based fused-aroma- tic thienopyrazine co-polymers for photovoltaic and thin film transistor applications. *Chemistry of Materials*, 21（15）: 3618-3628.

[9] Nethery, E., Wheeler, A.J., Fisher, M., et al. 2012. Urinary polycyclic aromatic hydrocarbons as a biomarker of exposure to PAHs in air: A pilot study among pregnant women. *Journal of Exposure Sciences and Environmental Epidemiology*, 22（1）: 70-81.

16.6   萘代谢物

萘是由两个苯环组成的多环芳烃化合物。萘经过生产进口到加拿大，广泛应用于各工业领域（Environment Canada and Health Canada，2008）。萘作为原料生产的主要产品是驱蛀虫剂，包括樟脑球、卫生间除臭块等。其他萘的商业产品还包括聚氯乙烯中的邻苯二甲酸酯增塑剂、染料、树脂、皮革鞣剂和杀虫剂西维因等（EPA，2008；IARC，2002）。

萘易挥发，通常以气态形式存在于环境空气中（WHO，2010）。虽然饮食摄入和吸烟是人体摄入多环芳烃最重要的来源，但环境空气和室内空气吸入是普通人群萘暴露的主要来源。在加拿大，人群通过室内空气暴露的萘占总暴露量的 95%（Environment Canada and Health Canada，2008）。最近的一项研究发现樟脑球和一些建筑材料及陈设（木制家具、油漆墙壁和天花板）是加拿大室内萘的主要来源（Kang et al.，2012）。室内环境空气中萘的其他来源还包括附属车库、烹饪过程、煤油供暖器和木炉中挥发性有机化合物的迁移等

（Battermanetal.，2007；Environment Canada and Health Canada，2008）。食物和饮用水是萘暴露的次要来源（NTP，2002）。

动物实验表明口服和暴露吸入萘后，萘可被快速吸收和代谢（Bagchi et al.，2002；NTP，2002）。人和动物实验还发现萘可以通过皮肤吸收（Storer et al.，1984；Turkall et al.，1994）。同其他的多环芳烃一样，萘也会经过多步代谢，生成 1-羟基萘和 2-羟基萘（WHO，2010）。尿液中羟基萘的浓度可以反映人群萘的近期暴露，多项研究表明在人体尿液中能检测出羟基萘（Bouchard et al.，2009；CDC，2009；Nethery et al.，2012）。尿液中的 2-羟基萘是萘新陈代谢的标记物（CDC，2009）。1-羟基萘既是萘的代谢物，又是西维因（有机磷农药）的代谢物，所以很难区别两者在普通人群体内的暴露。更多关于西维因（氨基甲酸酯代谢物）的信息见 14.2。

据报道，当人体急性暴露萘后，最严重的影响是葡萄糖-6-磷酸脱氢酶的缺乏，其中溶血性贫血是其最主要的不利影响（WHO，2010）。职业暴露和动物实验研究表明长期暴露于萘的环境中可能导致晶状混浊体出现，如白内障等疾病（WHO，2010）。动物研究还表明急性和慢性暴露于萘环境中会导致呼吸道病变（WHO，2010）；同时萘还会诱导气道肿瘤（NTP，2002）。由于细胞毒性（细胞损伤）所导致的细胞增殖加快被认为是气道肿瘤形成的一个关键因素（WHO，2010），因此国际癌症研究机构将萘归为 2B 组，即可能对人体致癌（IARC，2002）。萘的致癌性涉及非遗传毒性机制（IARC，2002）。考虑到萘明显的非遗传毒性，世界卫生组织认为萘应该存在一个临界值，并由此推导出产生室内空气萘的标准值（WHO，2010）。该标准可用来预防萘暴露引起的呼吸道的致癌和非致癌效应。

由于萘具有致癌性以及非致癌性，加拿大卫生部和环境部认为萘与人类健康密切相关（Environment Canada and Health Canada，2008）。因此，《加拿大环境保护法》将萘列入有毒物质目录 1 中（Canada，1999；Canada，2010a）。为了减少人们对萘的暴露，加拿大政府已经采取了一系列风险管理措施（Canada，2010b）。2010 年，加拿大病虫害管理机构（PMRA）重新评估了萘作为杀虫剂的使用情况，评估结果显示：如果根据标签说明使用含萘除虫剂就不会对人类健康产生不可接受的风险，因此这些含萘的产品可以继续注册使用（Health Canada，2010）。

加拿大卫生部为了减少人体对于萘的暴露，对含萘消费品（樟脑球和精萘）的包装和标签提出了新的要求（Health Canada，2012）。萘、1-羟基萘及其盐和 2-羟基萘被列入加拿大卫生部颁布的禁用或限制化妆品成分清单（也称为化妆品关注清单）。该清单是制造商和各方交流沟通的一种管理工具，如果使用了清单中所列出的物质，将损害消费者的健康，同时也违反了《加拿大食品药品法案》中禁止出售不安全化妆品的相关规定（Canada，1985；Health Canada，2011）。同时，加拿大政府也正在研究室内空气中萘的标准值（Canada，2010b）。

在一些研究中，尿液中的 1-羟基萘和 2-羟基萘通常作为萘暴露的生物标志物。1999年，研究人员对居住在德尔森、魁北克油厂周围的人群进行了研究，检测了 60 名年龄在 18～60 岁的不吸烟非职业暴露成年人（30 名为暴露组人群，30 名为对照组人群）尿液中羟基萘代谢物的质量分数（Bouchard et al.，2001）。结果发现，居住在工厂附近居民尿液中 1-羟基萘和 2-羟基萘的几何均数分别为 3.17 μg/g 肌酐和 2.47 μg/g 肌酐。对照组中二者分别为 1.49 μg/g 肌酐和 1.38 g/g 肌酐（Bouchard et al.，2001）。对居住在魁北克某铝厂附近的 144 名 16～64 岁居民尿液中的羟基萘进行监测，结果显示：1-羟基萘和 2-羟基萘的质量分数范围分别为 0.80～2.17 μg/g 肌酐和 1.75～3.26 μg/g 肌酐（Bouchard et al.，2009）。

　　加拿大第二次（2009—2011）健康调查测定了所有 3～79 岁参与者尿液中的羟基萘浓度，结果以 μg/L 和 μg/g 肌酐表示（表 16-6-1-1～表 16-6-2-4）。尿液中萘的代谢物可作为人体萘暴露的生物标志物，但并不意味着一定会产生不良的健康效应。这些数据表明了加拿大普通人群尿液中羟基萘的基准水平。

16.6.1　1-羟基萘

表 16-6-1-1　加拿大第二次（2009—2011）健康调查
3～79 岁居民年龄别尿 1-羟基萘质量浓度　　　　　单位：μg/L

分组（岁）	调查时期	调查人数	<检出限 [a]/%	几何均数（95%置信区间）	P_{10}（95%置信区间）	P_{50}（95%置信区间）	P_{75}（95%置信区间）	P_{95}（95%置信区间）
全体对象 3～79	2	2 522	0.79	1.5（1.3～1.7）	0.27（0.18～0.37）	1.3（1.1～1.5）	2.9（2.4～3.4）	15（12～19）
3～5	2	506	0.40	1.4（1.2～1.6）	0.43（0.35～0.50）	1.2（1.0～1.4）	2.8（2.3～3.4）	F
6～11	2	511	0.39	0.95（0.78～1.2）	0.25[E]（<检出限～0.40）	0.92（0.73～1.1）	1.6（1.2～2.1）	4.0（2.9～5.2）
12～19	2	505	1.39	1.2（0.97～1.4）	0.28[E]（0.14～0.41）	1.0（0.83～1.2）	2.1（1.8～2.5）	F
20～39	2	354	1.13	1.4（1.1～1.7）	0.29[E]（0.14～0.43）	1.4（1.0～1.7）	2.8（2.0～3.6）	13（9.9～15）
40～59	2	359	1.11	1.7（1.3～2.2）	0.28[E]（0.11～0.44）	1.3（0.97～1.7）	3.9[E]（1.6～6.3）	19[E]（11～27）
60～79	2	287	0.35	1.7（1.3～2.2）	0.25[E]（0.12～0.39）	1.6（1.2～1.9）	3.3（2.2～4.4）	F

a 如果超过 40%的样本检测值低于检出限，则仅报告数据的百分比分布而不报告均值。
E 谨慎引用。
F 数据不可靠，不予发布。

表 16-6-1-2　加拿大第二次（2009—2011）健康调查

3～79 岁居民年龄别 [a]、性别尿 1-羟基萘质量浓度　　　　　　单位：μg/L

分组（岁）	调查时期	调查人数	<检出限 [b]/%	几何均数（95%置信区间）	P_{10}（95%置信区间）	P_{50}（95%置信区间）	P_{75}（95%置信区间）	P_{95}（95%置信区间）
全体男性 3～79	2	1 267	0.39	1.6（1.3～2.0）	0.29[E]（0.16～0.42）	1.3（1.0～1.7）	3.7（2.4～5.0）	17（13～21）
男 6～11	2	261	0.38	0.98（0.78～1.2）	0.28[E]（<检出限～0.48）	0.89（0.63～1.2）	1.6[E]（1.0～2.2）	3.7[E]（1.8～5.6）
男 12～19	2	255	0.78	1.1（0.90～1.4）	0.29[E]（0.13～0.44）	0.98（0.75～1.2）	2.0（1.5～2.5）	F
男 20～39	2	166	0	1.6（1.2～2.0）	0.37[E]（0.22～0.52）	1.4（0.95～1.9）	4.0[E]（1.6～6.3）	x
男 40～59	2	193	0	2.0[E]（1.3～2.9）	0.29[E]（0.14～0.43）	F	F	x
男 60～79	2	142	0.70	1.8（1.3～2.6）	F	1.6[E]（0.83～2.4）	3.7[E]（1.5～6.0）	x
全体女性 3～79	2	1 255	1.20	1.4（1.2～1.6）	0.26[E]（0.14～0.37）	1.2（1.1～1.4）	2.5（2.0～2.9）	F
女 6～11	2	250	0.40	0.92（0.72～1.2）	F	0.94（0.70～1.2）	1.5（1.2～1.9）	4.4（3.3～5.6）
女 12～19	2	250	2.00	1.2（0.97～1.5）	0.26[E]（<检出限～0.43）	1.1（0.86～1.3）	2.2[E]（1.4～3.0）	F
女 20～39	2	188	2.13	1.3（0.97～1.6）	F	1.2[E]（0.71～1.7）	2.6（2.2～3.1）	x
女 40～59	2	166	2.41	1.5[E]（0.99～2.1）	F	1.3（0.94～1.6）	2.5[E]（0.90～4.1）	x
女 60～79	2	145	0	1.6[E]（0.98～2.7）	0.24[E]（<检出限～0.41）	1.5（0.97～2.0）	F	x

a 3～5 岁年龄组未按照性别分组。

b 如果超过 40%的样本检测值低于检出限，则仅报告数据的百分比分布而不报告均值。

E 谨慎引用。

F 数据不可靠，不予发布。

x 根据加拿大《统计法》保密规定，不予发布。

表 16-6-1-3 加拿大第二次（2009—2011）健康调查

3～79 岁居民年龄别尿 1-羟基萘质量分数 单位：μg/g 肌酐

分组（岁）	调查时期	调查人数	<检出限 b /%	几何均数（95%置信区间）	P_{10}（95%置信区间）	P_{50}（95%置信区间）	P_{75}（95%置信区间）	P_{95}（95%置信区间）
全体对象 3～79	2	2 512	0.80	1.5 (1.3～1.7)	0.33 (0.23～0.42)	1.3 (1.1～1.5)	2.8 (2.3～3.3)	15 (12～19)
3～5	2	505	0.40	2.5 (2.2～2.9)	0.75 (0.54～0.95)	2.2 (1.9～2.6)	4.6 (3.9～5.4)	15^E (5.8～25)
6～11	2	509	0.39	1.1 (0.91～1.3)	0.36^E (<检出限～0.49)	1.0 (0.84～1.2)	1.9 (1.3～2.5)	4.9 (3.4～6.5)
12～19	2	503	1.39	0.90 (0.75～1.1)	0.27 (0.18～0.35)	0.84 (0.72～0.95)	1.5 (1.2～1.8)	F
20～39	2	352	1.14	1.3 (0.96～1.7)	0.24^E (0.15～0.33)	1.3^E (0.79～1.8)	2.6^E (1.6～3.6)	13^E (7.1～19)
40～59	2	357	1.12	1.7 (1.3～2.2)	0.37^E (0.19～0.55)	1.4^E (0.80～1.9)	3.2^E (1.0～5.4)	19^E (9.8～27)
60～79	2	286	0.35	2.0 (1.6～2.6)	0.50 (0.36～0.65)	1.5 (1.2～1.8)	3.4^E (2.1～4.7)	F

a 如果超过 40%的样本检测值低于检出限，则仅报告数据的百分比分布而不报告均值。

E 谨慎引用。

F 数据不可靠，不予发布。

表 16-6-1-4 加拿大第二次（2009—2011）健康调查

3～79 岁居民年龄别 ^{a}、性别尿 1-羟基萘质量分数 单位：μg/g 肌酐

分组（岁）	调查时期	调查人数	<检出限 b /%	几何均数（95%置信区间）	P_{10}（95%置信区间）	P_{50}（95%置信区间）	P_{75}（95%置信区间）	P_{95}（95%置信区间）
全体男性 3～79	2	1 263	0.40	1.4 (1.1～1.7)	0.27 (0.17～0.36)	1.1 (0.89～1.4)	3.0^E (1.7～4.2)	16 (12～20)
男 6～11	2	260	0.38	1.1 (0.85～1.5)	0.36^E (<检出限～0.56)	1.1 (0.89～1.3)	2.0^E (1.2～2.7)	4.8^E (1.9～7.7)
男 12～19	2	254	0.79	0.81 (0.66～1.0)	0.24^E (0.14～0.34)	0.77 (0.60～0.95)	1.4 (1.0～1.7)	5.3^E (2.1～8.6)
男 20～39	2	165	0	1.2 (0.88～1.7)	0.24^E (0.15～0.32)	0.90^E (0.57～1.2)	F	x
男 40～59	2	193	0	1.7^E (1.2～2.4)	0.28^E (0.13～0.43)	F	F	x
男 60～79	2	142	0.70	1.7 (1.3～2.3)	0.40^E (<检出限～ 0.62)	1.5 (1.1～1.9)	3.3^E (1.2～5.4)	x
全体女性 3～79	2	1 249	1.20	1.6 (1.4～1.8)	0.40 (0.31～0.50)	1.4 (1.2～1.6)	2.7 (2.2～3.1)	F

分组（岁）	调查时期	调查人数	<检出限 [b] /%	几何均数（95%置信区间）	P_{10}（95%置信区间）	P_{50}（95%置信区间）	P_{75}（95%置信区间）	P_{95}（95%置信区间）
女 6~11	2	249	0.40	1.1（0.88~1.4）	0.34[E]（<检出限~0.51）	0.96（0.78~1.2）	1.8[E]（1.1~2.5）	5.2（3.7~6.7）
女 12~19	2	249	2.01	1.0（0.78~1.3）	0.31（<检出限~0.42）	0.88（0.71~1.1）	1.8（1.3~2.4）	F
女 20~39	2	187	2.14	1.3（0.97~1.8）	0.28[E]（<检出限~0.46）	1.4（1.1~1.7）	2.7（1.8~3.6）	x
女 40~59	2	164	2.44	1.7（1.3~2.3）	0.46[E]（<检出限~0.71）	1.5[E]（0.94~2.0）	2.6[E]（0.91~4.2）	x
女 60~79	2	144	0	2.4[E]（1.5~3.8）	0.71（<检出限~0.96）	1.5[E]（0.90~2.1）	F	x

a 3~5 岁年龄组未按照性别分组。

b 如果超过 40%的样本检测值低于检出限，则仅报告数据的百分比分布而不报告均值。

E 谨慎引用。

F 数据不可靠，不予发布。

x 根据加拿大《统计法》保密规定，不予发布。

16.6.2　2-羟基萘

表 16-6-2-1　加拿大第二次（2009—2011）健康调查

3~79 岁居民年龄别尿 2-羟基萘质量浓度　　　　　　　　单位：μg/L

分组（岁）	调查时期	调查人数	<检出限 [a] /%	几何均数（95%置信区间）	P_{10}（95%置信区间）	P_{50}（95%置信区间）	P_{75}（95%置信区间）	P_{95}（95%置信区间）
全体对象 3~79	2	2 503	0	3.8（3.3~4.4）	0.84（0.68~1.0）	3.8（3.2~4.4）	8.9（7.2~11）	24（18~30）
3~5	2	499	0	3.3（2.8~3.8）	1.1（0.91~1.2）	3.0（2.4~3.6）	6.0（4.3~7.6）	17[E]（8.9~24）
6~11	2	509	0	3.2（2.6~4.0）	1.1（0.82~1.3）	3.0（2.3~3.8）	5.8（4.4~7.2）	F
12~19	2	503	0	4.4（3.8~5.1）	1.1（0.93~1.3）	4.4（3.5~5.3）	8.8（7.1~11）	24（19~29）
20~39	2	352	0	4.4（3.5~5.5）	0.88[E]（0.53~1.2）	4.8（3.8~5.9）	9.9（7.7~12）	22（18~27）
40~59	2	354	0	4.1（3.0~5.5）	0.75[E]（0.27~1.2）	3.7[E]（2.1~5.2）	10（8.0~13）	31（20~42）
60~79	2	286	0	2.8（2.4~3.3）	0.58[E]（0.31~0.86）	2.5（1.9~3.2）	5.5（3.8~7.2）	22（19~26）

a 如果超过 40%的样本检测值低于检出限，则仅报告数据的百分比分布而不报告均值。

E 谨慎引用。

F 数据不可靠，不予发布。

表 16-6-2-2　加拿大第二次（2009—2011）健康调查

3～79 岁居民年龄别 [a]、性别尿 2-羟基萘质量浓度　　　　单位：μg/L

分组（岁）	调查时期	调查人数	<检出限 [b]/%	几何均数（95%置信区间）	P_{10}（95%置信区间）	P_{50}（95%置信区间）	P_{75}（95%置信区间）	P_{95}（95%置信区间）
全体男性3～79	2	1 251	0	4.0（3.3～4.9）	0.99（0.81～1.2）	3.9（3.1～4.8）	8.7（6.4～11）	26（19～32）
男 6～11	2	260	0	3.3（2.5～4.4）	1.0（0.76～1.3）	3.5[E]（2.1～4.9）	5.9[E]（3.5～8.4）	F
男 12～19	2	252	0	4.1（3.2～5.2）	1.2（0.74～1.6）	4.1（3.2～5.1）	6.7[E]（3.6～9.9）	21[E]（13～29）
男 20～39	2	164	0	4.1（3.0～5.5）	1.1[E]（0.52～1.6）	4.2（2.7～5.6）	8.3（5.4～11）	x
男 40～59	2	189	0	4.6[E]（3.1～6.6）	0.95（0.62～1.3）	4.2[E]（1.8～6.6）	11[E]（4.1～18）	x
男 60～79	2	141	0	3.3（2.7～4.1）	0.81[E]（0.41～1.2）	2.8（2.0～3.5）	6.3[E]（3.6～9.1）	x
全体女性3～79	2	1 252	0	3.7（3.2～4.3）	0.63[E]（0.40～0.87）	3.5（3.0～4.1）	9.2（6.6～12）	23[E]（13～32）
女 6～11	2	249	0	3.1（2.5～3.9）	1.2（0.91～1.4）	2.9（2.2～3.6）	5.1（3.4～6.9）	14[E]（7.8～20）
女 12～19	2	251	0	4.7（3.8～6.0）	1.1[E]（0.66～1.6）	5.1（3.8～6.3）	9.9（8.6～11）	29[E]（17～41）
女 20～39	2	188	0	4.8（3.5～6.4）	0.76[E]（0.42～1.1）	5.4（4.0～6.9）	11（7.5～15）	x
女 40～59	2	165	0	3.6[E]（2.4～5.5）	F	3.4[E]（2.0～4.8）	9.4[E]（5.8～13）	x
女 60～79	2	145	0	2.4（1.7～3.3）	F	2.3（1.5～3.0）	4.3[E]（2.3～6.2）	x

a 3～5 岁年龄组未按照性别分组。

b 如果超过 40%的样本检测值低于检出限，则仅报告数据的百分比分布而不报告均值。

E 谨慎引用。

F 数据不可靠，不予发布。

x 根据加拿大《统计法》保密规定，不予发布。

表 16-6-2-3 加拿大第二次（2009—2011）健康调查

3～79 岁居民年龄别尿 2-羟基萘质量分数　　　单位：μg/g 肌酐

分组（岁）	调查时期	调查人数	<检出限 [b]/%	几何均数（95%置信区间）	P_{10}（95%置信区间）	P_{50}（95%置信区间）	P_{75}（95%置信区间）	P_{95}（95%置信区间）
全体对象 3～79	2	2 493	0	3.8 (3.4～4.3)	1.2 (1.1～1.3)	3.5 (2.9～4.0)	7.2 (5.8～8.6)	20 (17～22)
3～5	2	498	0	5.9 (5.1～6.8)	2.1 (2.0～2.3)	5.1 (4.2～5.9)	10 (6.8～14)	23[E] (13～33)
6～11	2	507	0	3.8 (3.1～4.5)	1.6 (1.3～1.8)	3.7 (2.7～4.6)	6.0 (4.6～7.5)	12[E] (5.5～19)
12～19	2	501	0	3.4 (3.0～3.9)	1.2 (1.1～1.3)	3.1 (2.6～3.6)	5.5 (4.6～6.4)	13 (11～16)
20～39	2	350	0	3.9 (3.3～4.7)	1.2 (1.0～1.4)	3.5 (2.5～4.4)	7.5 (5.7～9.4)	20 (15～24)
40～59	2	352	0	4.1 (3.3～5.2)	1.1[E] (0.66～1.5)	3.8 (2.8～4.7)	8.2[E] (3.9～13)	25 (19～31)
60～79	2	285	0	3.3 (2.9～3.7)	1.2 (1.1～1.3)	2.6 (2.2～3.1)	5.2 (4.2～6.2)	18 (15～20)

a 3～5 岁年龄组未按照性别分组。

E 谨慎引用。

表 16-6-2-4 加拿大第二次（2009—2011）健康调查

3～79 岁居民年龄别 [a]、性别尿 2-羟基萘质量分数　　　单位：μg/g 肌酐

分组（岁）	调查时期	调查人数	<检出限 [b]/%	几何均数（95%置信区间）	P_{10}（95%置信区间）	P_{50}（95%置信区间）	P_{75}（95%置信区间）	P_{95}（95%置信区间）
全体男性 3～79	2	1 247	0	3.5 (2.9～4.1)	1.1 (0.98～1.2)	2.9 (2.3～3.5)	6.2 (4.1～8.4)	20 (14～25)
男 6～11	2	259	0	3.8 (3.0～4.7)	1.5 (1.1～1.8)	3.9 (2.6～5.2)	6.0 (3.8～8.1)	F
男 12～19	2	251	0	2.9 (2.4～3.6)	1.2 (1.0～1.3)	2.9 (2.6～3.2)	4.6 (3.2～6.1)	11 (8.5～13)
男 20～39	2	163	0	3.1 (2.3～4.2)	1.1 (0.90～1.3)	2.4 (1.8～3.0)	5.6[E] (2.6～8.6)	x
男 40～59	2	189	0	3.9 (2.9～5.3)	1.0 (0.78～1.3)	3.5[E] (1.8～5.3)	9.6[E] (4.7～15)	x
男 60～79	2	141	0	3.1 (2.6～3.7)	1.1 (0.99～1.2)	2.6 (2.1～3.0)	5.3 (3.7～6.9)	x
全体女性 3～79	2	1 246	0	4.3 (3.9～4.6)	1.5 (1.2～1.7)	3.8 (3.3～4.3)	7.3 (6.0～8.7)	20 (17～24)
女 6～11	2	248	0	3.7 (3.1～4.5)	1.7 (1.4～2.1)	3.6 (2.4～4.8)	6.2 (4.6～7.8)	12[E] (5.6～18)

分组（岁）	调查时期	调查人数	<检出限 b/%	几何均数（95%置信区间）	P_{10}（95%置信区间）	P_{50}（95%置信区间）	P_{75}（95%置信区间）	P_{95}（95%置信区间）
女 12~19	2	250	0	3.9（3.2~4.8）	1.3（0.95~1.6）	3.9（3.1~4.6）	6.4（4.6~8.3）	F
女 20~39	2	187	0	4.9（4.0~6.0）	1.5（0.98~1.9）	5.0^E（2.8~7.2）	9.4^E（6.0~13）	x
女 40~59	2	163	0	4.3（3.3~5.6）	1.6^E（<检出限~2.4）	3.8（3.0~4.5）	F	x
女 60~79	2	144	0	3.4（2.8~4.3）	1.3（0.99~1.6）	3.0（2.2~3.8）	5.0^E（2.8~7.3）	x

a 3~5 岁年龄组未按照性别分组。

b 如果超过 40%的样本检测值低于检出限，则仅报告数据的百分比分布而不报告均值。

E 谨慎引用。

F 数据不可靠，不予发布。

x 根据加拿大《统计法》保密规定，不予发布。

参考文献

[1]   Bagchi，D.，Balmoori，J.，Bagchi，M.，et al. 2002. Comparative effects of TCDD，endrin，naphthalene and chromium（VI） on oxidative stress and tissue damage in the liver and brain tissues of mice. *Toxicology*，175（13）：73-82.

[2]   Batterman，S.，Jia，C. and Hatzivasilis，G. 2007. Migration of volatile organic compounds from attached garages to residences：A major exposure source. *Environmental Research*，104（2）：224-240.

[3]   Bouchard，M.，Pinsonneault，L.，Tremblay，C.，et al. 2001. Biological monitoring of environmental exposure to polycyclic aromatic hydrocarbons in subjects living in the vicinity of a creosote impregna-tion plant. *International Archives of Occupational and Environmental Health*，74（7）：505-513.

[4]   Bouchard，M.，Normandin，L.，Gagnon，F.，et al. 2009. Repeated measures of validated and novel biomarkers of exposure to polycyclic aromatic hydrocarbons in individuals living near an aluminum plant in Québec，Canada. *Journal of Toxicology and Environmental Health，Part A*，72（23）：1534-1549.

[5]   Canada. 1985. *Food and Drugs Act*. RSC 1985，c.F-27. Retrieved June 6，2012，from http://laws-lois. justice.gc.ca/eng/acts/F-27/.

[6]   Canada. 1999. *Canadian Environmental Protection Act，1999*. SC 1999，c. 33. Retrieved April 2，2012，from http://laws-lois.justice.gc.ca/eng/acts/C-15.31/index.html.

[7]   Canada. 2010a. Order adding a toxic substance to Schedule 1 to the Canadian Environmental Protection Act，1999. *Canada Gazette，Part II：Official Regulations*，144（10）. Retrieved August 29，2012，from www.gazette.gc.ca/rp-pr/p2/2010/2010-05-12/html/sor-dors98-eng.html.

[8]   Canada. 2010b. *Chemical substances：Naphthalene*. Retrieved June 11，2012，from www. chemicalsubs-tanceschimiques.gc.ca/challenge-defi/summary-sommaire/batch-lot-1/91-20-3-eng.php.

[9]   CDC（Centers for Disease Control and Prevention）. 2009. *Fourth national report on human exposure to environmental chemicals*. Atlanta，GA.：Department of Health and Human Services. Retrieved July 11，2011，from www.cdc.gov/exposurereport/.

[10] Environment Canada &Health Canada. 2008. *Screening assessment for the challenge*：*Naphthalene (chemical abstracts service registry number 91-20-3)*．Retrieved May 14，2012，from www.ec.gc.ca/subs-tances/ese/eng/challenge/batch1/batch1_91-20-3.cfm.

[11] EPA（U.S. Environmental Protection Agency）．2008. *Reregistration eligibility decision（RED）for naph-thalene*：*List C case no 3058*. Retrieved May 14，2012，from www.epa.gov/oppsrrd1/REDs/naphthalene-red.pdf.

[12] Health Canada. 2010. *Re-evaluation decision RVD2010-04*，*Naphthalene*. Minister of Health，Ottawa，ON. Retrieved May 8，2012，from www.hc-sc.gc.ca/cps-spc/pubs/pest/_decisions/rvd2010-04/index-eng.php.

[13] Health Canada. 2011. *List of prohibited and restricted cosmetic ingredients（"hotlist"）*. Retrieved May 25，2012，from www.hc-sc.gc.ca/cps-spc/cosmet-per-son/indust/hot-list-critique/index-eng.php.

[14] Health Canada. 2012. *New labelling and oackaging requirements for naphthalene-containing mothballs*. Retrieved June 11，2012，from www.hc-sc.gc.ca/ahc-asc/media/advisories-avis/_2012/2012_46-eng.php.

[15] IARC（International Agency for Research on Cancer）．2002. *IARC monographs on the evaluation of carcinogenic risks to humans-Volume 82*：*Some traditional herbal medicines*，*some mycotoxins*，*naphthalene and styrene*. Lyon：World Health Organization.

[16] Kang，D.H.，Choi，D.H.，Won，D.，et al. 2012. Household materials as emission sources of naphthalene in Canadian homes and their contribution to indoor air. *Atmospheric Environment*，50（0）：79-87.

[17] Nethery，E.，Wheeler，A.J.，Fisher，M.，et al. 2012. Urinary polycyclic aromatic hydrocarbons as a biomarker of exposure to PAHs in air：A pilot study among pregnant women. *Journal of Exposure Sciences and Environmental Epidemiology*，22（1）：70-81.

[18] NTP（Natoinal Toxicology Program）．2002. *Report on carcinogens background document for naphthalene*. US Department of Health and Human Services，Research Triangle Park，NC.

[19] Storer，J.S.，DeLeon，I.，Millikan，L.E.，et al. 1984. Human absorption of crude coal tar products. *Archives of Dermatology*，120（7）：874-877.

[20] Turkall，R.M.，Skowronski，G.A.，Kadry，A.M.，et al. 1994. A comparative study of the kinetics and bioavailability of pure and soil-adsorbed naphthalene in dermally exposed male rats. *Archives of Environmental Contamination and Toxicology*，26（4）：504-509.

[21] WHO（World Health Organization）．2010. *WHO guidelines for indoor air quality*：*Selected pollutants*. Bonn，Germany：The WHO European Center for Environment and Health. Retrieved May 14，2012，from www.euro.who.int/data/assets/pdf_file/0009/128169/e94535.pdf.

16.7 菲代谢物

菲是由三个苯环组成的多环芳烃化合物。菲主要应用于染料和高分子材料的生产和生物医学研究（Mondal et al.，2009）。

大鼠口服菲后，菲被胃肠道吸收（Faust，1993）。皮肤暴露后菲也可以通过皮肤被人类吸收（Storer et al.，1984）。菲是通过形成环氧化合物后重新排列形成羟基和二氢二醇代谢物而完成代谢（Jacob & Seidel，2002）。菲的代谢物主要通过尿液排出体外（Faust，1993）。

尿液中菲的羟基代谢物包括 1-羟基菲、2-羟基菲、3-羟基菲、4-羟基菲和 9-羟基菲，已经用于生物监测评估中，并作为多环芳烃近期暴露的指示物（Becker et al.，2003；CDC，2009；Jacob and Seidel，2002；Nethery et al.，2012）。由于羟基菲在尿液中含量较高且检测和定量方法已经证实可用，因此它们成为菲暴露评估良好的生物标志物。另外，尿液中羟基菲受吸烟的影响比其他多环芳烃代谢物小，所以羟基菲既适用于吸烟也适用于非吸烟人群的多环芳烃暴露评估（Jacob et al.，1999；Rihs et al.，2005）。尿液中 3-羟基菲可能成为专门用于评估菲吸入暴露的生物标志物（Nethery et al.，2012）。

在动物实验中，菲并没有引起系统的或是致癌的效应（ATSDR，1995）。国际癌症研究机构将菲归为第 3 组物质，即不列为人体致癌物（IARC，2010）。

加拿大第二次（2009—2011）健康调查测定了所有 3～79 岁参与者尿液中的羟基菲质量浓度和质量分数，结果分别以μg/L 和μg/g 肌酐表示（表 16-7-1-1～表 16-7-5-4）。尿液中菲的代谢物可作为人体菲暴露的生物标志物，但并不意味着一定会产生不良的健康效应。这些数据表明了加拿大普通人群尿液中羟基菲的基准水平。

16.7.1　1-羟基菲

表 16-7-1-1　加拿大第二次（2009—2011）健康调查
3～79 岁居民年龄别尿 1-羟基菲质量浓度　　　　　　　单位：μg/L

分组（岁）	调查时期	调查人数	<检出限[a]/%	几何均数（95%置信区间）	P_{10}（95%置信区间）	P_{50}（95%置信区间）	P_{75}（95%置信区间）	P_{95}（95%置信区间）
全体对象 3～79	2	2 522	0.04	0.15（0.14～0.17）	0.049（0.042～0.056）	0.15（0.14～0.17）	0.27（0.23～0.30）	0.69（0.53～0.84）
3～5	2	505	0	0.11（0.097～0.13）	0.044（0.037～0.051）	0.10（0.094～0.12）	0.16（0.13～0.20）	0.34（0.26～0.42）
6～11	2	510	0	0.12（0.11～0.14）	0.046（0.039～0.054）	0.12（0.097～0.14）	0.20（0.16～0.24）	0.42（0.32～0.51）
12～19	2	506	0	0.15（0.14～0.17）	0.058（0.044～0.073）	0.15（0.13～0.18）	0.25（0.22～0.28）	0.55（0.43～0.67）
20～39	2	355	0	0.16（0.13～0.19）	0.049（0.033～0.066）	0.17（0.15～0.19）	0.27（0.19～0.36）	0.64[E]（0.41～0.87）
40～59	2	359	0	0.16（0.14～0.19）	0.052[E]（0.031～0.073）	0.16（0.12～0.19）	0.29（0.24～0.33）	0.77（0.58～0.97）
60～79	2	287	0.35	0.15（0.13～0.17）	0.038（0.026～0.050）	0.16（0.13～0.18）	0.29（0.22～0.35）	0.81（0.53～1.1）

a 如果超过 40%的样本检测值低于检出限，则仅报告数据的百分比分布而不报告均值。
E 谨慎引用。

表 16-7-1-2 加拿大第二次（2009—2011）健康调查
3～79 岁居民年龄别 [a]、性别尿 1-羟基菲质量浓度 单位：μg/L

分组（岁）	调查时期	调查人数	<检出限 [b]/%	几何均数（95%置信区间）	P_{10}（95%置信区间）	P_{50}（95%置信区间）	P_{75}（95%置信区间）	P_{95}（95%置信区间）
全体男性 3～79	2	1 268	0	0.16 (0.14～0.19)	0.054 (0.046～0.062)	0.16 (0.14～0.19)	0.28 (0.23～0.33)	0.73 (0.57～0.90)
男 6～11	2	261	0	0.12 (0.10～0.15)	0.046 (0.038～0.054)	0.12 (0.090～0.14)	0.18 (0.13～0.24)	0.39 (0.26～0.52)
男 12～19	2	255	0	0.15 (0.13～0.17)	0.059 (0.043～0.075)	0.15 (0.12～0.18)	0.24 (0.19～0.29)	0.47 (0.32～0.63)
男 20～39	2	166	0	0.16 (0.13～0.20)	0.051[E] (0.027～0.075)	0.17 (0.14～0.20)	0.29 (0.19～0.38)	x
男 40～59	2	193	0	0.19 (0.14～0.24)	0.060 (0.042～0.079)	0.19 (0.12～0.25)	0.30 (0.20～0.40)	x
男 60～79	2	142	0	0.17 (0.14～0.21)	0.055 (0.038～0.072)	0.15 (0.12～0.19)	0.28 (0.20～0.37)	x
全体女性 3～79	2	1 254	0.08	0.14 (0.13～0.16)	0.041 (0.032～0.049)	0.14 (0.12～0.16)	0.26 (0.21～0.30)	0.66[E] (0.40～0.92)
女 6～11	2	249	0	0.13 (0.11～0.15)	0.044 (0.031～0.058)	0.12 (0.095～0.14)	0.22 (0.17～0.27)	0.50[E] (0.22～0.78)
女 12～19	2	251	0	0.16 (0.13～0.19)	0.058[E] (0.036～0.081)	0.16 (0.11～0.20)	0.27 (0.21～0.32)	0.68[E] (0.43～0.94)
女 20～39	2	189	0	0.15 (0.13～0.18)	0.045[E] (0.023～0.067)	0.15 (0.11～0.20)	0.27[E] (0.15～0.39)	x
女 40～59	2	166	0	0.14 (0.11～0.19)	F	0.14 (0.10～0.17)	0.22[E] (0.12～0.32)	x
女 60～79	2	145	0.69	0.14 (0.11～0.17)	0.030 (0.021～0.040)	0.16[E] (0.099～0.22)	0.29 (0.20～0.39)	x

a 3～5 岁年龄组未按照性别分组。

b 如果超过 40%的样本检测值低于检出限，则仅报告数据的百分比分布而不报告均值。

E 谨慎引用。

F 数据不可靠，不予发布。

x 根据加拿大《统计法》保密规定，不予发布。

表 16-7-1-3　加拿大第二次（2009—2011）健康调查

3～79 岁居民年龄别尿 1-羟基菲质量分数　　　　单位：μg/g 肌酐

分组（岁）	调查时期	调查人数	<检出限[a]/%	几何均数（95%置信区间）	P_{10}（95%置信区间）	P_{50}（95%置信区间）	P_{75}（95%置信区间）	P_{95}（95%置信区间）
全体对象 3～79	2	2 512	0.04	0.15（0.14～0.16）	0.070（0.064～0.075）	0.14（0.13～0.16）	0.23（0.21～0.26）	0.52（0.42～0.63）
3～5	2	504	0	0.20（0.17～0.22）	0.094（0.074～0.11）	0.19（0.16～0.21）	0.28（0.23～0.33）	0.57（0.38～0.75）
6～11	2	508	0	0.14（0.13～0.16）	0.079（0.071～0.087）	0.13（0.11～0.14）	0.20（0.17～0.23）	0.45[E]（0.25～0.64）
12～19	2	504	0	0.12（0.11～0.13）	0.060（0.056～0.064）	0.11（0.099～0.12）	0.15（0.13～0.18）	0.32（0.25～0.40）
20～39	2	353	0	0.14（0.12～0.16）	0.057（0.043～0.071）	0.13（0.093～0.16）	0.22（0.17～0.26）	0.49（0.36～0.62）
40～59	2	357	0	0.17（0.15～0.18）	0.078（0.067～0.089）	0.15（0.13～0.18）	0.24（0.21～0.27）	0.58（0.45～0.70）
60～79	2	286	0.35	0.18（0.16～0.20）	0.075（0.060～0.090）	0.16（0.15～0.18）	0.27（0.25～0.29）	0.63（0.47～0.78）

a 如果超过 40%的样本检测值低于检出限，则仅报告数据的百分比分布而不报告均值。

E 谨慎引用。

表 16-7-1-4　加拿大第二次（2009—2011）健康调查

3～79 岁居民年龄别[a]、性别尿 1-羟基菲质量分数　　　　单位：μg/g 肌酐

分组（岁）	调查时期	调查人数	<检出限[b]/%	几何均数（95%置信区间）	P_{10}（95%置信区间）	P_{50}（95%置信区间）	P_{75}（95%置信区间）	P_{95}（95%置信区间）
全体男性 3～79	2	1 264	0	0.14（0.13～0.16）	0.061（0.052～0.069）	0.13（0.11～0.15）	0.22（0.18～0.25）	0.52（0.40～0.64）
男 6～11	2	260	0	0.14（0.12～0.16）	0.076（0.065～0.087）	0.13（0.097～0.15）	0.20（0.16～0.24）	0.33[E]（0.13～0.53）
男 12～19	2	254	0	0.10（0.094～0.12）	0.058（0.052～0.063）	0.10（0.093～0.12）	0.14（0.12～0.16）	0.25（0.19～0.31）
男 20～39	2	165	0	0.12（0.098～0.15）	0.047（0.034～0.060）	0.12（0.083～0.15）	0.20[E]（0.12～0.28）	x
男 40～59	2	193	0	0.16（0.13～0.19）	0.074（0.054～0.094）	0.15[E]（0.095～0.21）	0.25（0.19～0.30）	x
男 60～79	2	142	0	0.16（0.13～0.19）	0.067（0.052～0.083）	0.15（0.12～0.17）	0.25（0.20～0.29）	x
全体女性 3～79	2	1 248	0.08	0.17（0.15～0.18）	0.078（0.065～0.091）	0.15（0.14～0.17）	0.24（0.22～0.27）	0.56（0.41～0.71）
女 6～11	2	248	0	0.15（0.13～0.17）	0.082（0.072～0.092）	0.13（0.11～0.14）	0.19（0.14～0.24）	0.55[E]（0.27～0.83）

分组（岁）	调查时期	调查人数	<检出限 b/%	几何均数（95%置信区间）	P_{10}（95%置信区间）	P_{50}（95%置信区间）	P_{75}（95%置信区间）	P_{95}（95%置信区间）
女 12～19	2	250	0	0.13 (0.12～0.15)	0.061 (0.047～0.075)	0.12 (0.099～0.15)	0.18 (0.12～0.24)	0.39 (0.28～0.51)
女 20～39	2	188	0	0.15 (0.13～0.18)	0.076 (0.058～0.094)	0.15 (0.11～0.20)	0.23 (0.19～0.28)	x
女 40～59	2	164	0	0.17 (0.14～0.20)	0.088 (0.067～0.11)	0.15 (0.12～0.18)	0.23 (0.18～0.28)	x
女 60～79	2	144	0.69	0.19 (0.17～0.22)	0.10 (0.085～0.12)	0.18 (0.13～0.22)	0.28 (0.22～0.33)	x

a 3～5 岁年龄组未按照性别分组。

b 如果超过 40%的样本检测值低于检出限，则仅报告数据的百分比分布而不报告均值。

E 谨慎引用。

x 根据加拿大《统计法》保密规定，不予发布。

16.7.2 2-羟基菲

表 16-7-2-1 加拿大第二次（2009—2011）健康调查

3～79 岁居民年龄别尿 2-羟基菲质量浓度   单位：µg/L

分组（岁）	调查时期	调查人数	<检出限 a/%	几何均数（95%置信区间）	P_{10}（95%置信区间）	P_{50}（95%置信区间）	P_{75}（95%置信区间）	P_{95}（95%置信区间）
全体对象 3～79	2	2 520	0	0.067 (0.062～0.071)	0.027 (0.024～0.031)	0.065 (0.060～0.069)	0.099 (0.093～0.11)	0.23 (0.18～0.29)
3～5	2	506	0	0.043 (0.037～0.050)	0.023 (0.019～0.027)	0.040 (0.033～0.046)	0.057 (0.047～0.068)	0.11 (0.077～0.15)
6～11	2	510	0	0.052 (0.046～0.059)	0.025 (0.021～0.030)	0.050 (0.045～0.056)	0.073 (0.064～0.082)	0.14 (0.11～0.17)
12～19	2	506	0	0.067 (0.061～0.074)	0.033 (0.024～0.042)	0.064 (0.058～0.069)	0.098 (0.092～0.10)	0.19 (0.15～0.24)
20～39	2	354	0	0.069 (0.060～0.078)	0.028 (0.023～0.033)	0.067 (0.059～0.074)	0.10 (0.082～0.12)	0.23[E] (0.13～0.32)
40～59	2	359	0	0.073 (0.064～0.083)	0.027 (0.018～0.036)	0.071 (0.062～0.081)	0.11 (0.093～0.13)	0.27 (0.20～0.35)
60～79	2	285	0	0.064 (0.057～0.071)	0.026 (0.018～0.034)	0.062 (0.055～0.070)	0.095 (0.084～0.10)	F

a 如果超过 40%的样本检测值低于检出限，则仅报告数据的百分比分布而不报告均值。

E 谨慎引用。

F 数据不可靠，不予发布。

表 16-7-2-2　加拿大第二次（2009—2011）健康调查
3～79 岁居民年龄别 [a]、性别尿 2-羟基菲质量浓度　　　　单位：μg/L

分组（岁）	调查时期	调查人数	<检出限 [b]/%	几何均数（95%置信区间）	P_{10}（95%置信区间）	P_{50}（95%置信区间）	P_{75}（95%置信区间）	P_{95}（95%置信区间）
全体男性 3～79	2	1 265	0	0.074 (0.066～0.083)	0.029 (0.025～0.033)	0.070 (0.062～0.078)	0.11 (0.086～0.12)	0.26 (0.19～0.33)
男 6～11	2	261	0	0.054 (0.045～0.064)	0.026 (0.022～0.029)	0.052 (0.042～0.061)	0.075 (0.057～0.093)	0.14 (0.092～0.19)
男 12～19	2	255	0	0.069 (0.063～0.075)	0.037 (0.029～0.045)	0.064 (0.056～0.072)	0.099 (0.091～0.11)	0.19[E] (0.12～0.26)
男 20～39	2	165	0	0.079 (0.065～0.097)	0.030 (0.019～0.041)	0.087 (0.060～0.11)	0.12 (0.084～0.16)	x
男 40～59	2	193	0	0.084 (0.068～0.10)	0.027[E] (0.015～0.039)	0.078 (0.060～0.096)	0.12[E] (0.052～0.20)	x
男 60～79	2	140	0	0.068 (0.060～0.078)	0.033 (0.026～0.040)	0.065 (0.057～0.072)	0.091 (0.078～0.10)	x
全体女性 3～79	2	1 255	0	0.060 (0.056～0.065)	0.024 (0.020～0.029)	0.058 (0.052～0.064)	0.088 (0.078～0.098)	0.19[E] (0.12～0.26)
女 6～11	2	249	0	0.051 (0.046～0.057)	0.024 (0.017～0.031)	0.049 (0.044～0.055)	0.072 (0.062～0.082)	0.13 (0.11～0.16)
女 12～19	2	251	0	0.065 (0.055～0.077)	0.029[E] (0.017～0.041)	0.063 (0.051～0.074)	0.097 (0.084～0.11)	0.21 (0.17～0.25)
女 20～39	2	189	0	0.060 (0.052～0.069)	0.025 (0.021～0.029)	0.059 (0.050～0.068)	0.087 (0.067～0.11)	x
女 40～59	2	166	0	0.063 (0.052～0.078)	0.027[E] (0.014～0.040)	0.065 (0.050～0.081)	0.093 (0.065～0.12)	x
女 60～79	2	145	0	0.060 (0.048～0.075)	0.017[E] (0.008 6～0.025)	0.053 (0.035～0.072)	0.096 (0.076～0.12)	x

a 3～5 岁年龄组未按照性别分组。

b 如果超过 40%的样本检测值低于检出限，则仅报告数据的百分比分布而不报告均值。

E 谨慎引用。

x 根据加拿大《统计法》保密规定，不予发布。

表 16-7-2-3　加拿大第二次（2009—2011）健康调查

3～79 岁居民年龄别尿 2-羟基菲质量分数　　　　　单位：μg/g 肌酐

分组（岁）	调查时期	调查人数	<检出限 [a]/%	几何均数（95%置信区间）	P_{10}（95%置信区间）	P_{50}（95%置信区间）	P_{75}（95%置信区间）	P_{95}（95%置信区间）
全体对象 3～79	2	2 510	0	0.067（0.062～0.072）	0.031（0.028～0.034）	0.063（0.058～0.068）	0.093（0.081～0.10）	0.19（0.16～0.21）
3～5	2	505	0	0.076（0.066～0.089）	0.040（0.032～0.048）	0.076（0.064～0.088）	0.10（0.080～0.12）	0.18[E]（0.092～0.27）
6～11	2	508	0	0.061（0.055～0.068）	0.035（0.030～0.040）	0.057（0.053～0.062）	0.078（0.066～0.090）	0.18（0.13～0.23）
12～19	2	504	0	0.051（0.046～0.057）	0.028（0.026～0.030）	0.048（0.043～0.053）	0.066（0.054～0.079）	0.13[E]（0.074～0.18）
20～39	2	352	0	0.061（0.052～0.071）	0.030（0.027～0.033）	0.058（0.049～0.067）	0.086（0.065～0.11）	0.19（0.14～0.23）
40～59	2	357	0	0.074（0.067～0.081）	0.034（0.029～0.039）	0.071（0.063～0.078）	0.11（0.090～0.13）	0.19（0.15～0.23）
60～79	2	284	0	0.075（0.067～0.084）	0.037（0.030～0.044）	0.067（0.061～0.072）	0.098（0.084～0.11）	F

a 如果超过 40%的样本检测值低于检出限，则仅报告数据的百分比分布而不报告均值。
E 谨慎引用。
F 数据不可靠，不予发布。

表 16-7-2-4　加拿大第二次（2009—2011）健康调查

3～79 岁居民年龄别 [a]、性别尿 2-羟基菲质量分数　　　　　单位：μg/g 肌酐

分组（岁）	调查时期	调查人数	<检出限 [b]/%	几何均数（95%置信区间）	P_{10}（95%置信区间）	P_{50}（95%置信区间）	P_{75}（95%置信区间）	P_{95}（95%置信区间）
全体男性 3～79	2	1 261	0	0.064（0.058～0.070）	0.030（0.028～0.032）	0.059（0.053～0.066）	0.088（0.072～0.10）	0.19（0.15～0.23）
男 6～11	2	260	0	0.061（0.052～0.072）	0.036（0.028～0.044）	0.057（0.049～0.065）	0.076（0.057～0.096）	0.18（0.12～0.24）
男 12～19	2	254	0	0.049（0.045～0.054）	0.029（0.026～0.032）	0.047（0.042～0.051）	0.059（0.049～0.069）	0.11[E]（0.063～0.16）
男 20～39	2	164	0	0.060（0.049～0.075）	0.029（0.024～0.034）	0.052（0.038～0.065）	0.080[E]（0.043～0.12）	x
男 40～59	2	193	0	0.072（0.062～0.083）	0.030（0.024～0.036）	0.071（0.058～0.085）	0.11（0.079～0.15）	x
男 60～79	2	140	0	0.064（0.055～0.075）	0.032（0.023～0.041）	0.061（0.052～0.069）	0.085（0.068～0.10）	x

分组 （岁）	调查 时期	调查 人数	<检出 限 b/%	几何均数 （95%置信 区间）	P_{10} （95%置信 区间）	P_{50} （95%置信 区间）	P_{75} （95%置信 区间）	P_{95} （95%置信 区间）
全体 女性 3~79	2	1 249	0	0.070 （0.062~0.078）	0.034 （0.028~0.040）	0.067 （0.061~0.073）	0.098 （0.084~0.11）	0.18 （0.12~0.24）
女 6~11	2	248	0	0.061 （0.055~0.068）	0.034 （0.028~0.039）	0.058 （0.052~0.063）	0.078 （0.068~0.089）	0.15[E] （0.086~0.21）
女 12~19	2	250	0	0.054 （0.046~0.064）	0.027 （0.024~0.030）	0.049 （0.039~0.060）	0.075 （0.054~0.096）	0.16 （0.11~0.22）
女 20~39	2	188	0	0.062 （0.050~0.076）	0.030 （0.024~0.037）	0.059 （0.049~0.070）	0.088 （0.060~0.12）	x
女 40~59	2	164	0	0.076 （0.064~0.090）	0.037 （0.028~0.047）	0.070 （0.060~0.081）	0.11 （0.082~0.13）	x
女 60~79	2	144	0	0.086 （0.071~0.11）	0.040 （0.032~0.047）	0.074 （0.062~0.086）	0.12 （0.095~0.14）	x

a 3~5 岁年龄组未按照性别分组。

b 如果超过 40% 的样本检测值低于检出限，则仅报告数据的百分比分布而不报告均值。

E 谨慎引用。

x 根据加拿大《统计法》保密规定，不予发布。

16.7.3　3-羟基菲

表 16-7-3-1　加拿大第二次（2009—2011）健康调查

3~79 岁居民年龄别尿 3-羟基菲质量浓度　　　　　单位：μg/L

分组 （岁）	调查 时期	调查 人数	<检出 限 a/ %	几何均数 （95%置信 区间）	P_{10} （95%置信 区间）	P_{50} （95%置信 区间）	P_{75} （95%置信 区间）	P_{95} （95%置信 区间）
全体 对象 3~79	2	2 515	0	0.087 （0.080~0.095）	0.026 （0.023~0.029）	0.089 （0.080~0.098）	0.15 （0.13~0.17）	0.39 （0.31~0.46）
3~5	2	501	0	0.077 （0.068~0.086）	0.030 （0.026~0.034）	0.076 （0.064~0.088）	0.12 （0.097~0.15）	0.28 （0.20~0.35）
6~11	2	509	0	0.084 （0.070~0.10）	0.029 （0.023~0.035）	0.092 （0.072~0.11）	0.13 （0.099~0.17）	0.28 （0.21~0.34）
12~19	2	506	0	0.094 （0.083~0.11）	0.033 （0.025~0.042）	0.091 （0.077~0.10）	0.15 （0.13~0.17）	0.35[E] （0.20~0.50）
20~39	2	355	0	0.091 （0.078~0.11）	0.027 （0.020~0.034）	0.099 （0.070~0.13）	0.17 （0.14~0.19）	0.38 （0.27~0.49）
40~59	2	358	0	0.091 （0.078~0.11）	0.023[E] （0.014~0.032）	0.093 （0.082~0.10）	0.17 （0.13~0.21）	0.44[E] （0.27~0.60）
60~79	2	286	0	0.073 （0.063~0.085）	0.020 （0.016~0.025）	0.073 （0.059~0.086）	0.13 （0.096~0.16）	0.33[E] （0.12~0.54）

a 如果超过 40% 的样本检测值低于检出限，则仅报告数据的百分比分布而不报告均值。

E 谨慎引用。

表 16-7-3-2　加拿大第二次（2009—2011）健康调查

3～79 岁居民年龄别 [a]、性别尿 3-羟基菲质量浓度　　　单位：μg/L

分组（岁）	调查时期	调查人数	<检出限 [b]/%	几何均数（95%置信区间）	P_{10}（95%置信区间）	P_{50}（95%置信区间）	P_{75}（95%置信区间）	P_{95}（95%置信区间）
全体男性3～79	2	1 265	0	0.10（0.087～0.12）	0.030（0.026～0.035）	0.099（0.085～0.11）	0.17（0.14～0.21）	0.45（0.30～0.60）
男 6～11	2	261	0	0.086（0.068～0.11）	0.031（0.026～0.036）	0.097（0.065～0.13）	0.14[E]（0.069～0.22）	0.27（0.20～0.35）
男 12～19	2	255	0	0.10（0.088～0.12）	0.040（0.029～0.052）	0.092（0.075～0.11）	0.16（0.13～0.19）	F
男 20～39	2	166	0	0.11（0.087～0.14）	0.033[E]（0.021～0.045）	0.12（0.080～0.17）	0.18[E]（0.11～0.25）	x
男 40～59	2	193	0	0.11（0.082～0.14）	0.027[E]（0.017～0.036）	0.099[E]（0.060～0.14）	0.19[E]（0.092～0.29）	x
男 60～79	2	142	0	0.085（0.068～0.11）	0.028（0.021～0.035）	0.087（0.069～0.10）	0.13（0.10～0.17）	x
全体女性3～79	2	1 250	0	0.075（0.069～0.082）	0.022（0.018～0.026）	0.078（0.066～0.090）	0.13（0.11～0.15）	0.35（0.26～0.44）
女 6～11	2	248	0	0.081（0.070～0.095）	0.027（0.018～0.035）	0.091（0.075～0.11）	0.13（0.11～0.15）	0.31（0.21～0.40）
女 12～19	2	251	0	0.087（0.073～0.10）	0.028[E]（0.015～0.041）	0.091（0.075～0.11）	0.15（0.12～0.17）	0.31[E]（0.17～0.45）
女 20～39	2	189	0	0.077（0.064～0.093）	0.026[E]（0.013～0.039）	0.081（0.056～0.11）	0.14（0.12～0.17）	x
女 40～59	2	165	0	0.076（0.059～0.098）	0.022[E]（0.011～0.033）	0.079（0.055～0.10）	0.11（0.077～0.15）	x
女 60～79	2	144	0	0.064（0.051～0.080）	0.016（0.010～0.022）	0.061（0.042～0.080）	0.11[E]（0.069～0.16）	x

a　3～5 岁年龄组未按照性别分组。

b　如果超过 40%的样本检测值低于检出限，则仅报告数据的百分比分布而不报告均值。

E　谨慎引用。

F　数据不可靠，不予发布。

x　根据加拿大《统计法》保密规定，不予发布。

表 16-7-3-3　加拿大第二次（2009—2011）健康调查

3～79 岁居民年龄别尿 3-羟基菲质量分数　　　　　　单位：µg/g 肌酐

分组（岁）	调查时期	调查人数	<检出限 b/%	几何均数（95%置信区间）	P10（95%置信区间）	P50（95%置信区间）	P75（95%置信区间）	P95（95%置信区间）
全体对象 3～79	2	2 505	0	0.087（0.080～0.094）	0.038（0.035～0.042）	0.079（0.073～0.086）	0.12（0.11～0.14）	0.38（0.29～0.47）
3～5	2	500	0	0.14（0.12～0.15）	0.068（0.059～0.076）	0.13（0.11～0.15）	0.19（0.14～0.23）	0.36（0.28～0.44）
6～11	2	507	0	0.098（0.086～0.11）	0.049（0.039～0.059）	0.088（0.075～0.10）	0.14（0.12～0.16）	0.27[E]（0.10～0.44）
12～19	2	504	0	0.072（0.064～0.081）	0.037（0.034～0.040）	0.068（0.062～0.074）	0.095（0.079～0.11）	0.23[E]（0.13～0.32）
20～39	2	353	0	0.081（0.071～0.093）	0.038（0.033～0.043）	0.069（0.055～0.082）	0.12（0.11～0.14）	0.38[E]（0.23～0.52）
40～59	2	356	0	0.092（0.083～0.10）	0.037（0.032～0.043）	0.086（0.073～0.10）	0.13（0.10～0.16）	0.46（0.32～0.59）
60～79	2	285	0	0.085（0.075～0.097）	0.039（0.032～0.046）	0.078（0.071～0.084）	0.13（0.11～0.15）	0.30[E]（0.12～0.47）

a 如果超过 40%的样本检测值低于检出限，则仅报告数据的百分比分布而不报告均值。

E 谨慎引用。

表 16-7-3-4　加拿大第二次（2009—2011）健康调查

3～79 岁居民年龄别 a、性别尿 3-羟基菲质量分数　　　　　　单位：µg/g 肌酐

分组（岁）	调查时期	调查人数	<检出限 b/%	几何均数（95%置信区间）	P10（95%置信区间）	P50（95%置信区间）	P75（95%置信区间）	P95（95%置信区间）
全体男性 3～79	2	1 261	0	0.086（0.076～0.098）	0.035（0.031～0.039）	0.080（0.069～0.090）	0.13（0.11～0.15）	0.42（0.29～0.56）
男 6～11	2	260	0	0.098（0.080～0.12）	0.047（0.034～0.060）	0.088（0.061～0.12）	0.14（0.11～0.17）	0.26[E]（0.12～0.41）
男 12～19	2	254	0	0.072（0.063～0.082）	0.037（0.033～0.040）	0.070（0.061～0.079）	0.094（0.078～0.11）	0.22[E]（0.080～0.37）
男 20～39	2	165	0	0.083（0.064～0.11）	0.031（0.022～0.041）	0.066[E]（0.041～0.091）	0.14（0.092～0.18）	x
男 40～59	2	193	0	0.093（0.077～0.11）	0.032（0.021～0.044）	0.084（0.064～0.10）	0.15[E]（0.078～0.23）	x
男 60～79	2	142	0	0.079（0.065～0.097）	0.035[E]（0.019～0.052）	0.074（0.063～0.084）	0.12（0.092～0.14）	x
全体女性 3～79	2	1 244	0	0.087（0.079～0.095）	0.042（0.037～0.047）	0.079（0.072～0.086）	0.12（0.11～0.13）	0.31[E]（0.15～0.47）

分组（岁）	调查时期	调查人数	<检出限 b/ %	几何均数（95%置信区间）	P_{10}（95%置信区间）	P_{50}（95%置信区间）	P_{75}（95%置信区间）	P_{95}（95%置信区间）
女 6～11	2	247	0	0.098（0.089～0.11）	0.055（0.047～0.062）	0.088（0.079～0.097）	0.13（0.11～0.16）	F
女 12～19	2	250	0	0.072（0.062～0.084）	0.037（0.030～0.044）	0.065（0.056～0.075）	0.095（0.073～0.12）	0.24[E]（0.15～0.33）
女 20～39	2	188	0	0.080（0.072～0.089）	0.044（0.037～0.050）	0.075（0.061～0.089）	0.11（0.091～0.13）	x
女 40～59	2	163	0	0.091（0.075～0.11）	0.040（0.031～0.050）	0.088（0.069～0.11）	0.12（0.094～0.16）	x
女 60～79	2	143	0	0.091（0.079～0.10）	0.044（0.036～0.051）	0.079（0.072～0.086）	0.15（0.11～0.18）	x

a 3～5 岁年龄组未按照性别分组。

b 如果超过 40%的样本检测值低于检出限，则仅报告数据的百分比分布而不报告均值。

E 谨慎引用。

F 数据不可靠，不予发布。

x 根据加拿大《统计法》保密规定，不予发布。

16.7.4　4-羟基菲

表 16-7-4-1　加拿大第二次（2009—2011）健康调查
3～79 岁居民年龄别尿 4-羟基菲质量浓度　　　　单位：μg/L

分组（岁）	调查时期	调查人数	<检出限 a/%	几何均数（95%置信区间）	P_{10}（95%置信区间）	P_{50}（95%置信区间）	P_{75}（95%置信区间）	P_{95}（95%置信区间）
全体对象 3～79	2	2 519	0.08	0.025（0.022～0.027）	0.007 0（0.005 9～0.008 1）	0.023（0.020～0.026）	0.047（0.039～0.054）	0.13（0.11～0.15）
3～5	2	505	0	0.017（0.015～0.020）	0.006 0（0.004 7～0.007 2）	0.017（0.014～0.020）	0.028（0.023～0.034）	0.063[E]（0.032～0.093）
6～11	2	510	0	0.019（0.016～0.023）	0.006 7（0.005 7～0.007 7）	0.019（0.014～0.023）	0.030（0.023～0.037）	0.074（0.049～0.099）
12～19	2	505	0.20	0.023（0.020～0.025）	0.007 9（0.005 7～0.010）	0.022（0.020～0.044）	0.037（0.030～0.044）	0.094（0.062～0.120）
20～39	2	355	0	0.026（0.022～0.031）	0.007 0（0.005 0～0.009 0）	0.027（0.019～0.035）	0.054（0.043～0.065）	0.13（0.086～0.180）
40～59	2	357	0	0.027（0.023～0.032）	0.008 2（0.005 6～0.011）	0.024（0.018～0.029）	0.050（0.036～0.063）	0.15[E]（0.097～0.21）
60～79	2	287	0.35	0.023（0.020～0.027）	0.006 0（0.004 7～0.007 4）	0.021（0.017～0.026）	0.043（0.037～0.049）	0.14[E]（0.075～0.21）

a 如果超过 40%的样本检测值低于检出限，则仅报告数据的百分比分布而不报告均值。

E 谨慎引用。

表 16-7-4-2　加拿大第二次（2009—2011）健康调查
3～79 岁居民年龄别 [a]、性别尿 4-羟基菲质量浓度　　　　　　单位：μg/L

分组（岁）	调查时期	调查人数	<检出限 [b]/%	几何均数（95%置信区间）	P_{10}（95%置信区间）	P_{50}（95%置信区间）	P_{75}（95%置信区间）	P_{95}（95%置信区间）
全体男性 3～79	2	1 266	0	0.027 (0.023～0.032)	0.007 5 (0.005 7～0.009 4)	0.026 (0.020～0.031)	0.051 (0.039～0.062)	0.15 (0.10～0.20)
男 6～11	2	261	0	0.020 (0.016～0.025)	0.006 8 (0.005 4～0.008 2)	0.020 (0.013～0.026)	0.032 (0.023～0.042)	0.074 (0.056～0.092)
男 12～19	2	254	0	0.023 (0.019～0.026)	0.009 2 (0.006 8～0.012)	0.022 (0.018～0.026)	0.037 (0.028～0.045)	0.073[E] (0.032～0.11)
男 20～39	2	166	0	0.029 (0.022～0.039)	0.006 7[E] (0.002 8～0.011)	0.034 (0.022～0.047)	0.054 (0.035～0.073)	x
男 40～59	2	192	0	0.031 (0.024～0.041)	0.008 8[E] (0.005 5～0.012)	0.026[E] (0.015～0.037)	0.073[E] (0.034～0.11)	x
男 60～79	2	142	0	0.025 (0.020～0.031)	0.008 0 (0.006 1～0.010)	0.021[E] (0.011～0.030)	0.046 (0.032～0.059)	x
全体女性 3～79	2	1 253	0.16	0.023 (0.021～0.025)	0.006 1 (0.004 9～0.007 3)	0.022 (0.019～0.024)	0.043 (0.037～0.048)	0.13 (0.095～0.16)
女 6～11	2	249	0	0.019 (0.015～0.022)	0.006 3 (0.005 0～0.007 6)	0.018 (0.013～0.022)	0.029 (0.022～0.036)	0.10[E] (0.056～0.15)
女 12～19	2	251	0.40	0.023 (0.019～0.028)	0.007 1[E] (0.004 3～0.009 8)	0.023 (0.020～0.027)	0.039 (0.028～0.051)	0.11[E] (0.059～0.15)
女 20～39	2	189	0	0.024 (0.020～0.028)	0.006 4[E] (0.003 3～0.009 5)	0.022 (0.016～0.027)	0.047 (0.031～0.063)	x
女 40～59	2	165	0	0.024 (0.018～0.031)	0.007 9[E] (0.004 5～0.011)	0.023 (0.017～0.028)	0.041 (0.028～0.054)	x
女 60～79	2	145	0.69	0.021 (0.016～0.027)	0.004 5[E] (0.002 6～0.006 3)	0.022[E] (0.013～0.030)	0.043 (0.031～0.054)	x

a 3～5 岁年龄组未按照性别分组。

b 如果超过 40%的样本检测值低于检出限，则仅报告数据的百分比分布而不报告均值。

E 谨慎引用。

x 根据加拿大《统计法》保密规定，不予发布。

表 16-7-4-3　加拿大第二次（2009—2011）健康调查

3～79 岁居民年龄别尿 4-羟基菲质量分数　　　　　　单位：μg/g 肌酐

分组（岁）	调查时期	调查人数	<检出限 [a]/%	几何均数（95%置信区间）	P_{10}（95%置信区间）	P_{50}（95%置信区间）	P_{75}（95%置信区间）	P_{95}（95%置信区间）
全体对象 3～79	2	2 509	0.08	0.025 (0.022～0.027)	0.009 5 (0.008 5～0.010)	0.023 (0.020～0.026)	0.040 (0.035～0.044)	0.12 (0.085～0.15)
3～5	2	504	0	0.031 (0.027～0.035)	0.012 (0.008 5～0.015)	0.028 (0.024～0.032)	0.050 (0.039～0.060)	0.10 (0.077～0.13)
6～11	2	508	0	0.023 (0.019～0.026)	0.011 (0.008 8～0.012)	0.019 (0.016～0.023)	0.034 (0.027～0.040)	0.080 (0.061～0.10)
12～19	2	503	0.20	0.017 (0.016～0.020)	0.008 1 (0.007 3～0.008 9)	0.016 (0.014～0.017)	0.024 (0.019～0.029)	0.059 (0.040～0.079)
20～39	2	353	0	0.023 (0.019～0.028)	0.008 2 (0.006 7～0.009 8)	0.021 (0.016～0.025)	0.038 (0.030～0.046)	0.12[E] (0.063～0.17)
40～59	2	355	0	0.027 (0.024～0.031)	0.009 8 (0.008 3～0.011)	0.025 (0.020～0.031)	0.044 (0.034～0.053)	0.14 (0.094～0.19)
60～79	2	286	0.35	0.027 (0.023～0.031)	0.009 5 (0.007 5～0.012)	0.027 (0.022～0.032)	0.042 (0.037～0.047)	0.14[E] (0.075～0.20)

a 如果超过 40%的样本检测值低于检出限，则仅报告数据的百分比分布而不报告均值。

E 谨慎引用。

表 16-7-4-4　加拿大第二次（2009—2011）健康调查

3～79 岁居民年龄别 [a]、性别尿 4-羟基菲质量分数　　　　单位：μg/g 肌酐

分组（岁）	调查时期	调查人数	<检出限 [b]/%	几何均数（95%置信区间）	P_{10}（95%置信区间）	P_{50}（95%置信区间）	P_{75}（95%置信区间）	P_{95}（95%置信区间）
全体男性 3～79	2	1 262	0	0.023 (0.020～0.027)	0.008 2 (0.007 3～0.009 2)	0.020 (0.016～0.024)	0.039 (0.031～0.047)	0.14 (0.088～0.18)
男 6～11	2	260	0	0.023 (0.019～0.028)	0.011 (0.009 1～0.013)	0.020 (0.014～0.027)	0.034 (0.024～0.043)	0.078 (0.059～0.098)
男 12～19	2	253	0	0.016 (0.014～0.018)	0.008 0 (0.007 0～0.008 9)	0.015 (0.012～0.017)	0.022 (0.017～0.026)	0.047 (0.034～0.060)
男 20～39	2	165	0	0.022 (0.016～0.029)	0.007 6 (0.006 5～0.008 8)	0.018 (0.013～0.024)	0.034[E] (0.017～0.050)	x
男 40～59	2	192	0	0.027 (0.021～0.033)	0.009 3 (0.006 1～0.013)	0.023[E] (0.012～0.033)	0.046[E] (0.020～0.071)	x
男 60～79	2	142	0	0.024 (0.019～0.030)	0.008 8 (0.006 5～0.011)	0.022 (0.015～0.029)	0.034 (0.026～0.042)	x
全体女性 3～79	2	1 247	0.16	0.026 (0.023～0.029)	0.010 (0.009 0～0.012)	0.025 (0.021～0.030)	0.040 (0.035～0.045)	0.11 (0.075～0.14)

分组（岁）	调查时期	调查人数	<检出限 b/%	几何均数（95%置信区间）	P_{10}（95%置信区间）	P_{50}（95%置信区间）	P_{75}（95%置信区间）	P_{95}（95%置信区间）
女 6~11	2	248	0	0.022 (0.019~0.026)	0.009 5 (0.007 4~0.012)	0.019 (0.016~0.022)	0.033 (0.024~0.041)	0.096 (0.062~0.13)
女 12~19	2	250	0.40	0.019 (0.016~0.023)	0.008 2 (0.006 0~0.010)	0.017 (0.015~0.019)	0.027E (0.016~0.039)	0.082E (0.050~0.11)
女 20~39	2	188	0	0.025 (0.021~0.030)	0.010 (0.008 0~0.012)	0.023 (0.015~0.031)	0.039 (0.033~0.046)	x
女 40~59	2	163	0	0.028 (0.023~0.034)	0.009 9E (0.006 3~0.014)	0.028 (0.021~0.034)	0.036 (0.024~0.048)	x
女 60~79	2	144	0.69	0.030 (0.025~0.036)	0.013 (0.009 2~0.018)	0.030 (0.025~0.035)	0.044 (0.038~0.050)	x

a 3~5 岁年龄组未按照性别分组。
b 如果超过 40%的样本检测值低于检出限，则仅报告数据的百分比分布而不报告均值。
E 谨慎引用。
x 根据加拿大《统计法》保密规定，不予发布。

16.7.5　9-羟基菲

表 16-7-5-1　加拿大第二次（2009—2011）健康调查

3~79 岁居民年龄别尿 9-羟基菲质量浓度　　　　　单位：μg/L

分组（岁）	调查时期	调查人数	<检出限 a/%	几何均数（95%置信区间）	P_{10}（95%置信区间）	P_{50}（95%置信区间）	P_{75}（95%置信区间）	P_{95}（95%置信区间）
全体对象 3~79	2	2 474	5.86	0.039 (0.034~0.044)	0.007 5 (0.006 6~0.008 4)	0.036 (0.029~0.043)	0.075 (0.058~0.092)	0.41 (0.33~0.49)
3~5	2	490	11.43	0.018 (0.015~0.022)	<检出限	0.020 (0.017~0.023)	0.036 (0.026~0.046)	0.095E (0.041~0.15)
6~11	2	502	5.78	0.019 (0.015~0.023)	0.004 4E (<检出限~0.007 5)	0.022 (0.017~0.026)	0.035 (0.030~0.040)	0.076 (0.055~0.097)
12~19	2	499	5.41	0.027 (0.023~0.032)	0.007 3 (0.005 8~0.008 9)	0.029 (0.023~0.035)	0.052 (0.043~0.061)	0.15F (0.092~0.20)
20~39	2	348	3.45	0.041 (0.034~0.050)	0.008 8E (0.005 5~0.012)	0.040 (0.030~0.050)	0.071 (0.054~0.089)	0.39E (0.20~0.58)
40~59	2	350	3.14	0.049 (0.040~0.059)	0.008 9 (0.007 1~0.011)	0.045 (0.034~0.056)	0.11E (0.061~0.17)	0.48 (0.40~0.56)
60~79	2	285	3.51	0.043 (0.033~0.057)	0.006 5E (<检出限~0.009 2)	0.035 (0.024~0.045)	0.12E (0.071~0.16)	0.60E (0.34~0.85)

a 如果超过 40%的样本检测值低于检出限，则仅报告数据的百分比分布而不报告均值。
E 谨慎引用。

表 16-7-5-2　加拿大第二次（2009—2011）健康调查

3～79 岁居民年龄别 [a]、性别尿 9-羟基菲质量浓度　　　　　　　　　　单位：μg/L

分组（岁）	调查时期	调查人数	<检出限[b]/%	几何均数（95%置信区间）	P_{10}（95%置信区间）	P_{50}（95%置信区间）	P_{75}（95%置信区间）	P_{95}（95%置信区间）
全体男性 3～79	2	1 249	5.44	0.043 (0.035～0.052)	0.008 0 (0.006 5～0.009 4)	0.043 (0.033～0.053)	0.086[E] (0.043～0.13)	0.49 (0.32～0.65)
男 6～11	2	257	6.23	0.018 (0.013～0.025)	F	0.022 (0.015～0.028)	0.034 (0.027～0.042)	0.059 (0.041～0.078)
男 12～19	2	254	3.94	0.027 (0.022～0.033)	0.008 0 (0.006 7～0.009 4)	0.026 (0.018～0.035)	0.050 (0.036～0.063)	0.12 (0.083～0.17)
男 20～39	2	165	3.03	0.041 (0.030～0.055)	F	0.049 (0.035～0.064)	0.074[E] (0.033～0.11)	x
男 40～59	2	189	2.65	0.061 (0.045～0.083)	0.009 1[E] (<检出限～0.015)	0.057[E] (0.033～0.081)	0.15[E] (0.087～0.22)	x
男 60～79	2	141	1.42	0.054[E] (0.037～0.079)	0.009 7[E] (<检出限～0.016)	0.039[E] (0.019～0.058)	F	x
全体女性 3～79	2	1225	6.29	0.035 (0.030～0.040)	0.007 0 (0.005 3～0.008 6)	0.032 (0.028～0.036)	0.067 (0.053～0.082)	0.38 (0.26～0.50)
女 6～11	2	245	5.31	0.019 (0.015～0.025)	F	0.021 (0.015～0.028)	0.037 (0.028～0.046)	F
女 12～19	2	245	6.94	0.028 (0.022～0.036)	F	0.031 (0.023～0.039)	0.057 (0.041～0.072)	0.20[E] (0.058～0.34)
女 20～39	2	183	3.83	0.042 (0.032～0.054)	0.009 5 (0.006 1～0.013)	0.032 (0.026～0.039)	0.069[E] (0.029～0.11)	x
女 40～59	2	161	3.73	0.039 (0.028～0.054)	0.008 3 (0.006 4～0.010)	0.036 (0.025～0.046)	F	x
女 60～79	2	144	5.56	0.035[E] (0.023～0.052)	0.004 8[E] (<检出限～0.007 8)	0.031 (0.024～0.039)	0.11[E] (0.064～0.15)	x

a　3～5 岁年龄组未按照性别分组。

b　如果超过 40%的样本检测值低于检出限，则仅报告数据的百分比分布而不报告均值。

E　谨慎引用。

F　数据不可靠，不予发布。

x　根据加拿大《统计法》保密规定，不予发布。

表 16-7-5-3　加拿大第二次（2009—2011）健康调查

3～79 岁居民年龄别尿 9-羟基菲质量分数　　　　　单位：μg/g 肌酐

分组（岁）	调查时期	调查人数	<检出限ᵃ/%	几何均数（95%置信区间）	P_{10}（95%置信区间）	P_{50}（95%置信区间）	P_{75}（95%置信区间）	P_{95}（95%置信区间）
全体对象 3～79	2	2 464	5.88	0.039 (0.034～0.045)	0.011 (0.009 6～0.013)	0.033 (0.027～0.038)	0.075 (0.051～0.099)	0.34 (0.27～0.42)
3～5	2	489	11.45	0.032 (0.028～0.038)	<检出限	0.037 (0.031～0.043)	0.059 (0.044～0.073)	0.14ᴱ (0.090～0.20)
6～11	2	500	5.80	0.023 (0.019～0.027)	0.007 4ᴱ (<检出限～0.011)	0.025 (0.022～0.029)	0.038 (0.031～0.044)	0.071 (0.050～0.093)
12～19	2	497	5.43	0.021 (0.018～0.024)	0.008 0 (0.006 7～0.009 4)	0.020 (0.017～0.023)	0.033 (0.027～0.040)	0.088ᴱ (0.042～0.13)
20～39	2	346	3.47	0.037 (0.029～0.047)	0.012ᴱ (0.006 3～0.017)	0.028 (0.021～0.035)	0.065ᴱ (0.029～0.10)	0.36ᴱ (0.22～0.50)
40～59	2	348	3.16	0.049 (0.040～0.061)	0.013 (0.008 8～0.017)	0.043 (0.030～0.056)	0.098ᴱ (0.044～0.15)	0.41 (0.26～0.55)
60～79	2	284	3.52	0.051 (0.040～0.065)	0.015 (<检出限～0.019)	0.038ᴱ (0.020～0.056)	0.12 (0.078～0.15)	F

a 如果超过 40%的样本检测值低于检出限，则仅报告数据的百分比分布而不报告均值。

E 谨慎引用。

F 数据不可靠，不予发布。

表 16-7-5-4　加拿大第二次（2009—2011）健康调查

3～79 岁居民年龄别ᵃ、性别尿 9-羟基菲质量分数　　　　　单位：μg/g 肌酐

分组（岁）	调查时期	调查人数	<检出限ᵇ/%	几何均数（95%置信区间）	P_{10}（95%置信区间）	P_{50}（95%置信区间）	P_{75}（95%置信区间）	P_{95}（95%置信区间）
全体男性 3～79	2	1 245	5.46	0.037 (0.030～0.045)	0.009 8 (0.007 0～0.013)	0.029 (0.022～0.036)	0.072ᴱ (0.039～0.11)	0.38 (0.27～0.48)
男 6～11	2	256	6.25	0.021 (0.016～0.028)	F	0.025 (0.019～0.030)	0.038 (0.030～0.046)	0.057 (0.043～0.070)
男 12～19	2	253	3.95	0.019 (0.016～0.024)	0.007 9 (0.006 2～0.009 5)	0.020 (0.016～0.023)	0.031 (0.023～0.040)	0.070ᴱ (0.044～0.095)
男 20～39	2	164	3.05	0.031 (0.021～0.044)	F	0.024 (0.018～0.031)	F	x
男 40～59	2	189	2.65	0.053 (0.039～0.073)	0.012ᴱ (<检出限～0.019)	0.046ᴱ (0.024～0.069)	0.12ᴱ (0.053～0.20)	x
男 60～79	2	141	1.42	0.051 (0.036～0.071)	0.013 (<检出限～0.017)	0.037ᴱ (0.020～0.053)	0.13ᴱ (0.059～0.21)	x
全体女性 3～79	2	1 219	6.32	0.041 (0.035～0.048)	0.013 (0.010～0.016)	0.035 (0.028～0.043)	0.081 (0.056～0.11)	0.29ᴱ (0.18～0.40)

分组（岁）	调查时期	调查人数	<检出限[b]/%	几何均数（95%置信区间）	P_{10}（95%置信区间）	P_{50}（95%置信区间）	P_{75}（95%置信区间）	P_{95}（95%置信区间）
女 6~11	2	244	5.33	0.024（0.019~0.030）	0.007 4[E]（<检出限~0.013）	0.027（0.023~0.031）	0.037（0.030~0.045）	0.094[E]（<检出限~0.16）
女 12~19	2	244	6.97	0.023（0.018~0.029）	0.008 4[E]（<检出限~0.013）	0.024（0.019~0.029）	0.034（0.022~0.046）	0.12[E]（0.038~0.21）
女 20~39	2	182	3.85	0.044（0.032~0.060）	0.016（0.011~0.021）	0.034[E]（0.020~0.048）	F	x
女 40~59	2	159	3.77	0.046（0.034~0.062）	0.015[E]（0.008 7~0.021）	0.042（0.027~0.056）	0.096[E]（<检出限~0.14）	x
女 60~79	2	143	5.59	0.051（0.038~0.069）	0.017[E]（<检出限~0.023）	0.046[E]（0.024~0.069）	0.10（0.069~0.14）	x

a 3~5 岁年龄组未按照性别分组。

b 如果超过 40%的样本检测值低于检出限，则仅报告数据的百分比分布而不报告均值。

E 谨慎引用。

F 数据不可靠，不予发布。

x 根据加拿大《统计法》保密规定，不予发布。

参考文献

[1] ATSDR（Agency for Toxic Substances and Disease Registry）. 1995. *Toxicological profile for polycyclic aromatic hydrocarbons*. U.S. Department of Health and Human Services，Atlanta，GA. Retrieved February 17，2012，from www.atsdr.cdc.gov/tox-profiles/tp.asp? id=122&tid=25.

[2] Becker，K.，Schulz，C.，Kaus，S.，et al. 2003. German Environmental Survey 1998（GerES III）: Environmental pollutants in the urine of the German population. *International Journal of Hygiene and Environmental Health*，206（1）：15-24.

[3] CDC（Centers for Disease Control and Prevention）. 2009. *Fourth national report on human exposure to environmental chemicals*. Atlanta，GA.：Department of Health and Human Services. Retrieved July 11，2011，from www.cdc.gov/exposurereport/.

[4] Faust，R.A.. 1993. *Toxicity summary for phenanthrene*. Oak Ridge，TN：Oak Ridge Reservation and Environmental Restoration Program.

[5] IARC（International Agency for Research on Cancer）. 2010. *IARC monographs on the evaluation of carcinogenic risks to humans-Volume 92：Some non-heterocyclic polycyclic aromatic hydrocarbons and some related exposures*. Lyon：World Health Organization.

[6] Jacob，J.，Grimmer，G. and Dettbarn，G.. 1999. Profile of urinary phenanthrene metabolites in smokers and non-smokers：Biomarkers. *Biomarkers*，4（5）：319-327.

[7] Jacob，J. and Seidel，A.. 2002. Biomonitoring of polycyclic aromatic hydrocarbons in human urine. *Journal of Chromatography B*，778（1-2）：31-47.

[8] Mondal，R.，Miyaki，N.，Becerril，H.A.，et al. 2009. Synthesis of acenaphthyl and phenanthrene based fused-aromatic thienopyrazine co-polymers for photovoltaic and thin film transistor applications.

Chemistry of Materials，21（15）：3618-3628.

[9]　Nethery，E.，Wheeler，A.J.，Fisher，M.，et al. 2012. Urinary polycyclic aromatic hydrocarbons as a biomarker of exposure to PAHs in air: A pilot study among pregnant women. *Journal of Exposure Sciences and Environmental Epidemiology*，22（1）：70-81.

[10]　Rihs，H.，Pesch，B.，Kappler，M.，et al. 2005. Occupational exposure to polycyclic aromatic hydrocarbons in German industries：Association between exogenous exposure and urinary metabo-lites and its modulation by enzyme polymorphisms. *Toxicology Letters*，157（3）：241-255.

[11]　Storer，J.S.，DeLeon，I.，Millikan，L.E.，et al. 1984. Human absorption of crude coal tar products. *Archives of Dermatology*，120（7）：874-877.

16.8　芘代谢物

芘是由四个苯环组成的多环芳烃化合物。它用于合成染料的中间产物和制造生物医学研究中的荧光分子探针（WHO，1998）。

芘在呼吸道中迅速吸收，但在胃肠道和皮肤中吸收缓慢（Faust，1993）。芘被大鼠口服后，主要分布在胃肠道中（Mitchell and Tu，1979）。1-羟基芘是芘的主要代谢物（IARC，2010）。人类尿液中 1-羟基芘的去除分为三个阶段，半衰期分别为 5 h，22 h 和 408 h（ACGIH，2005）。可通过尿液中 1-羟基芘的测定来进行芘的近期和长期暴露研究（Becker et al.，2003；CDC，2009；Hopf et al.，2009；Jongeneelen et al.，1985）。假如大多数多环芳烃混合物中都有芘的存在，那么尿液中的 1-羟基芘可作为总多环芳烃暴露的有效标志物（Hopf et al.，2009；WHO，1998）。

实验室动物通过口服方式亚慢性暴露于芘后会引起肾脏和肝脏的变化，且肝脏被认为是毒性效应的主要靶器官（Faust，1993；TRL，1989）。目前尚未发现芘对动物具有致癌性，因此国际癌症研究机构（IARC）将芘归为第 3 组物质，即不列为人体致癌物（IARC，2010）。

对居住在魁北克某铝厂附近 1 千米远的 73 名 16～64 岁不吸烟的非职业暴露居民尿液中的 1-羟基芘进行了监测，结果显示：暴露组和对照组人群（居住地离工厂至少 11 千米的另外 71 位居民）尿液中 1-羟基芘的几何均数范围分别为 0.09～0.11 µg/g 肌酐和 0.048～0.077 µg/g 肌酐（Bouchard et al.，2009）。对安大略省多伦多的消防队员由于穿着防护设备进行消防操作而导致的多环芳烃暴露进行了监测，结果显示：43 名消防员暴露 20 h 后尿液中 1-羟基芘的质量分数范围是 0.043～7.00 µg/g 肌酐（Caux et al.，2002）。

加拿大第二次（2009—2011）健康调查测定了所有 3～79 岁参与者尿液中的 1-羟基芘的质量浓度和质量分数，结果分别以 µg/L 和 µg/g 肌酐表示（表 16-8-1-1、表 16-8-1-2、表 16-8-1-3 和表 16-8-1-4）。尿液中 1-羟基芘的检出可作为人体芘暴露的指示物，但并不意味着一定会产生不良的健康效应。这些数据表明了加拿大普通人群尿液中 1-羟基芘的基准水平。

16.8.1 1-羟基芘[①]

表 16-8-1-1 加拿大第二次（2009—2011）健康调查

3～79 岁居民年龄别尿 1-羟基芘质量浓度

单位：μg/L

分组（岁）	调查时期	调查人数	<检出限[a]/%	几何均数（95%置信区间）	P_{10}（95%置信区间）	P_{50}（95%置信区间）	P_{75}（95%置信区间）	P_{95}（95%置信区间）
全体对象 3～79	2	2 422	0.04	0.11（0.099～0.12）	0.031（0.027～0.034）	0.10（0.092～0.11）	0.19（0.17～0.22）	0.57（0.47～0.68）
3～5	2	504	0	0.12（0.11～0.13）	0.050（0.041～0.059）	0.11（0.10～0.12）	0.19（0.16～0.23）	0.40（0.30～0.51）
6～11	2	507	0	0.13（0.11～0.15）	0.049（0.039～0.058）	0.12（0.096～0.14）	0.20（0.15～0.25）	0.47（0.34～0.60）
12～19	2	480	0	0.15（0.14～0.17）	0.050[E]（0.031～0.069）	0.15（0.13～0.17）	0.25（0.21～0.28）	0.62（0.45～0.79）
20～39	2	327	0	0.13（0.11～0.15）	0.041（0.027～0.054）	0.12（0.10～0.14）	0.23（0.19～0.28）	0.48[E]（0.27～0.69）
40～59	2	329	0.30	0.10（0.084～0.12）	0.026[E]（0.012～0.039）	0.094（0.076～0.11）	0.17[E]（0.080～0.26）	0.58（0.47～0.69）
60～79	2	275	0	0.067（0.057～0.079）	0.024（0.018～0.030）	0.062（0.048～0.076）	0.11（0.078～0.15）	F

a 如果超过 40%的样本检测值低于检出限，则仅报告数据的百分比分布而不报告均值。

E 谨慎引用。

F 数据不可靠，不予发布。

表 16-8-1-2 加拿大第二次（2009—2011）健康调查

3～79 岁居民年龄别[a]、性别尿 1-羟基芘质量浓度

单位：μg/L

分组（岁）	调查时期	调查人数	<检出限[b]/%	几何均数（95%置信区间）	P_{10}（95%置信区间）	P_{50}（95%置信区间）	P_{75}（95%置信区间）	P_{95}（95%置信区间）
全体男性 3～79	2	1 206	0	0.12（0.11～0.14）	0.040（0.034～0.045）	0.12（0.10～0.13）	0.21（0.17～0.25）	0.59（0.46～0.73）
男 6～11	2	259	0	0.12（0.10～0.15）	0.055（0.043～0.068）	0.12（0.090～0.15）	0.19（0.14～0.25）	0.35（0.24～0.47）
男 12～19	2	243	0	0.15（0.13～0.17）	0.054[E]（0.033～0.075）	0.13（0.11～0.16）	0.24（0.21～0.28）	0.60（0.40～0.81）
男 20～39	2	149	0	0.14（0.11～0.18）	0.042[E]（0.023～0.061）	0.14（0.094～0.19）	0.25（0.20～0.30）	x
男 40～59	2	173	0	0.12（0.092～0.17）	0.034[E]（0.012～0.056）	0.11（0.082～0.15）	0.23[E]（0.12～0.35）	x

① 英文原稿仅有一序，译文未作调整。

分组（岁）	调查时期	调查人数	<检出限 b/%	几何均数（95%置信区间）	P_{10}（95%置信区间）	P_{50}（95%置信区间）	P_{75}（95%置信区间）	P_{95}（95%置信区间）
男 60～79	2	133	0	0.079（0.061～0.10）	0.025^E（0.013～0.038）	0.078（0.060～0.097）	0.14（0.10～0.18）	x
全体女性 3～79	2	1 216	0.08	0.095（0.088～0.10）	0.026（0.021～0.031）	0.095（0.085～0.10）	0.17（0.15～0.19）	0.48（0.34～0.62）
女 6～11	2	248	0	0.13（0.11～0.15）	0.048（0.034～0.062）	0.11（0.089～0.13）	0.22（0.15～0.29）	0.55^E（0.29～0.81）
女 12～19	2	237	0	0.16（0.13～0.18）	0.042^E（0.017～0.067）	0.17（0.14～0.20）	0.25（0.20～0.30）	0.65^E（0.42～0.89）
女 20～39	2	178	0	0.11（0.096～0.14）	0.039^E（0.018～0.061）	0.11（0.093～0.14）	0.22（0.15～0.28）	x
女 40～59	2	156	0.64	0.083（0.063～0.11）	0.022^E（0.009 1～0.034）	0.071^E（0.045～0.096）	0.16^E（0.094～0.22）	x
女 60～79	2	142	0	0.058（0.047～0.072）	0.017^E（0.009 0～0.025）	0.052（0.039～0.064）	0.089（0.061～0.12）	x

a 3～5 岁年龄组未按照性别分组。

b 如果超过 40%的样本检测值低于检出限，则仅报告数据的百分比分布而不报告均值。

E 谨慎引用。

x 根据加拿大《统计法》保密规定，不予发布。

表 16-8-1-3　加拿大第二次（2009—2011）健康调查

3～79 岁居民年龄别尿 1-羟基芘质量分数　　　　　　　单位：μg/g 肌酐

分组（岁）	调查时期	调查人数	<检出限 a/%	几何均数（95%置信区间）	P_{10}（95%置信区间）	P_{50}（95%置信区间）	P_{75}（95%置信区间）	P_{95}（95%置信区间）
全体对象 3～79	2	2 412	0.04	0.11（0.10～0.12）	0.046（0.043～0.049）	0.10（0.094～0.11）	0.16（0.14～0.19）	0.41（0.31～0.50）
3～5	2	503	0	0.21（0.20～0.23）	0.11（0.092～0.13）	0.21（0.18～0.23）	0.30（0.27～0.33）	0.52（0.43～0.61）
6～11	2	505	0	0.15（0.13～0.16）	0.074（0.062～0.086）	0.14（0.13～0.16）	0.21（0.18～0.25）	0.37（0.26～0.49）
12～19	2	478	0	0.12（0.10～0.13）	0.056（0.051～0.062）	0.11（0.096～0.12）	0.16（0.13～0.19）	0.39^E（0.21～0.56）
20～39	2	325	0	0.12（0.096～0.14）	0.051（0.035～0.066）	0.10（0.087～0.12）	0.16（0.12～0.21）	0.41（0.27～0.55）
40～59	2	327	0.31	0.10（0.090～0.12）	0.044（0.039～0.048）	0.094（0.084～0.10）	0.17（0.12～0.22）	0.59^E（0.24～0.94）
60～79	2	274	0	0.079（0.069～0.092）	0.035（0.029～0.042）	0.079（0.073～0.085）	0.12（0.091～0.14）	0.23^E（<检出限～0.36）

a 如果超过 40%的样本检测值低于检出限，则仅报告数据的百分比分布而不报告均值。

E 谨慎引用。

表 16-8-1-4 加拿大第二次（2009—2011）健康调查

3～79 岁居民年龄别[a]、性别尿 1-羟基芘质量分数　　　单位：μg/g 肌酐

分组（岁）	调查时期	调查人数	<检出限[b]/%	几何均数（95%置信区间）	P_{10}（95%置信区间）	P_{50}（95%置信区间）	P_{75}（95%置信区间）	P_{95}（95%置信区间）
全体男性3～79	2	1 202	0	0.11（0.093～0.12）	0.042（0.036～0.048）	0.098（0.089～0.11）	0.17（0.14～0.20）	0.45[E]（0.29～0.62）
男 6～11	2	258	0	0.14（0.12～0.17）	0.078（0.065～0.090）	0.13（0.10～0.16）	0.21（0.17～0.26）	0.32（0.24～0.40）
男 12～19	2	242	0	0.11（0.098～0.12）	0.051（0.042～0.061）	0.094（0.081～0.11）	0.15（0.13～0.17）	0.43[E]（0.18～0.68）
男 20～39	2	148	0	0.11（0.080～0.16）	0.049[E]（0.030～0.067）	0.097（0.071～0.12）	0.18[E]（0.085～0.27）	x
男 40～59	2	173	0	0.11（0.081～0.14）	0.041（0.031～0.052）	0.098（0.068～0.13）	0.17（0.12～0.23）	x
男 60～79	2	133	0	0.074（0.058～0.095）	0.033[E]（0.019～0.046）	0.074（0.058～0.089）	0.11（0.080～0.13）	x
全体女性3～79	2	1 210	0.08	0.11（0.10～0.12）	0.049（0.045～0.052）	0.10（0.093～0.11）	0.16（0.14～0.18）	0.39（0.28～0.49）
女 6～11	2	247	0	0.15（0.14～0.17）	0.069（0.054～0.085）	0.15（0.13～0.16）	0.21（0.17～0.24）	0.49[E]（0.24～0.74）
女 12～19	2	236	0	0.13（0.11～0.15）	0.061（0.046～0.075）	0.12（0.099～0.14）	0.16[E]（0.10～0.22）	0.38[E]（0.24～0.52）
女 20～39	2	177	0	0.12（0.10～0.14）	0.066（0.049～0.084）	0.12（0.10～0.14）	0.15（0.10～0.20）	x
女 40～59	2	154	0.65	0.10（0.085～0.13）	0.046（0.038～0.055）	0.090（0.083～0.097）	0.14[E]（0.067～0.21）	x
女 60～79	2	141	0	0.084（0.075～0.094）	0.038（0.030～0.046）	0.079（0.074～0.085）	0.13（0.094～0.16）	x

a 3～5 岁年龄组未按照性别分组。

b 如果超过 40%的样本检测值低于检出限，则仅报告数据的百分比分布而不报告均值。

E 谨慎引用。

x 根据加拿大《统计法》保密规定，不予发布。

参考文献

[1] ACGIH（American Conference of Industrial Hygienists）. 2005. *Biological exposure indice（BEI）: Polycyclic aromatic hydrocarbons（PAHs）*. Cincinnati，OH.：ACGIH.

[2] Becker，K.，Schulz，C.，Kaus，S.，et al. 2003. German Environmental Survey 1998（GerES III）: Environmental pollutants in the urine of the German population. *International Journal of Hygiene and Environmental Health*，206（1）：15-24.

[3] Bouchard，M.，Normandin，L.，Gagnon，F.，et al. 2009. Repeated measures of validated and novel biomarkers of exposure to polycyclic aromatic hydrocarbons in individuals living near an aluminum plant in Québec，Canada. *Journal of Toxicology and Environmental Health，Part A*，72（23）：1534-1549.

[4] Caux，C.，O'Brien，C. and Viau，C.. 2002. Determination of firefighter exposure to polycyclic aromatic hydrocarbons and benzene during fire fighting using measurement of biological indica-tors. *Applied Occupational and Environmental Hygiene*，17（5）：379-386.

[5] CDC（Centers for Disease Control and Prevention）. 2009. *Fourth national report on human exposure to environmental chemicals*. Atlanta，GA.：Department of Health and Human Services. Retrieved July 11，2011，from www.cdc.gov/exposurereport/.

[6] Faust，R.A.. 1993. *Toxicity summary for pyrene*. Oak Ridge，TN.：Oak Ridge Reservation and Environmental Restoration Program.

[7] Hopf，N.B.，Carreón，T. and Talaska，G. 2009. Biological markers of carcinogenic exposure in the aluminum smelter industry：A systematic review. Journal of Occupational and Environmental *Hygiene*，6（9）：562-581.

[8] IARC（International Agency for Research on Cancer）. 2010. *IARC monographs on the evaluation of carcinogenic risks to humans -Volume 92：Some non-heterocyclic polycyclic aromatic hydrocarbons and some related exposures*. Lyon：World Health Organization.

[9] Jongeneelen，F.J.，Anzion，R.B.M.，Leijdekkers，C.M.，et al. 1985. 1-Hydroxypyrene in human urine after exposure to coal tar and a coal tar derived product. *International Archives of Occupational and Environmental Health*，57（1）：47-55.

[10] Mitchell，C.E. and Tu，K.W.. 1979. Distribution，retention，and elimination of pyrene in rats after inhalation. *Journal of Toxicology and Environmental Health*，5（6）：1171-1179.

[11] TRL（Toxicity Research Laboratories）. 1989. *13-week Mouse Oral Subchronic Toxicity Study on Pyrene*. Muskegon，MI.：Toxicity Research Laboratories，Ltd..

[12] WHO（World Health Organization）. 1998. *Environmental health criteria 202：Selected non-heterocyclic policyclic aromatic hydrocarbons*. Geneva：WHO. Retrieved June 11，2012，from www.inchem.org/documents/ehc/ehc/ehc202.htm.

附录 A 缩略语

序号	缩略语	英文	中文名称
1	2,4,5-T	2,4,5-trichlorophenoxyacetic acid	2,4,5-三氯苯氧乙酸
2	2,4,5-TCP	2,4,5-trichlorophenol	2,4,5-三氯苯酚
3	2,4,6-TCP	2,4,6-trichlorophenol	2,4,6-三氯苯酚
4	2,4-D	2,4-dichlorophenoxyacetic acid	2,4-二氯苯氧乙酸
5	2,4-DCP	2,4-dichlorophenol	2,4-二氯苯酚
6	2,5-DCP	2,5-dichlorophenol	2,5 -二氯苯酚
7	3-PBA	3-phenoxybenzoic acid	3-苯氧基苯甲酸
8	4-F-3-PBA	4-fluoro-3-phenoxybenzoic acid	4-氟-3-苯氧基苯甲酸
9	AM	atrazine mercapturate	阿特拉津硫醚氨酸盐
10	BBP	benzyl butyl phthalate	邻苯二甲酸丁苄酯
11	BPA	bisphenol A	双酚 A
12	CASRN	Chemical Abstract Services Registry Number	化学文摘服务注册号
13	CEPA 1999	Canadian Environmental Protection Act,1999	《加拿大环境保护法》（1999）
14	CHMS	Canadian Health Measures Survey	加拿大健康调查
15	CI	Confidence interval	置信区间
16	cis-DBCA	cis-3-(2,2-dibromovinyl)-2,2-dimethylcyclo propane-1-carboxylic acid	顺式-3-(2,2-二溴乙烯基)-2,2-二甲基环丙烷羧酸
17	cis-DCCA	cis-3-(2,2-dichlorovinyl)-2,2-dimethylcyclo propane carboxylic acid	顺式-3-(2,2 -二氯乙烯基)-2,2-二甲基环丙烷羧酸
19	CV	coefficient of variation	变异系数
20	DACT	diamino-chlo-rotriazine	二氨基氯三嗪
21	DnBP	di-n-butyl phthalate	邻苯二甲酸二丁酯
22	DCHP	dicyclohexyl phthalate	邻苯二甲酸二环己酯
23	DDT	dichlorodiphenyltrichloroethane	滴滴涕
24	DEA	desethyl-atrazine	二丁基阿特拉津
25	DEDTP	diethyldithiophosphate	二乙基二硫代磷酸酯
26	DEHP	di-2-ethylhexyl phthalate	邻苯二甲酸二乙基己酯
27	DEP	diethyl phthalate	邻苯二甲酸二乙酯
28	DEP	diethyl-phosphate	磷酸二乙酯
29	DETP	diethylthiophosphate	二乙基硫代磷酸酯
30	DiBP	di-isobutyl phthalate	邻苯二甲酸二异丁酯
31	DiNP	di-isononyl phthalate	邻苯二甲酸二异壬酯
32	DMA	dimethylarsinic acid	二甲基胂酸
33	DMDTP	dimethyldithiophosphate	二甲基二硫代磷酸酯
34	DMP	dimethyl phthalate	邻苯二甲酸二甲酯
35	DMP	dimethyl-phosphate	磷酸二甲酯
36	DMTP	dimethylthiophosphate	二甲基硫代磷酸酯
37	DOP	di-n-octyl phthalate	邻苯二甲酸二正辛酯

序号	缩略语	英文	中文名称
38	EDTA	ethylenediaminetetraacetic acid	乙二胺四乙酸
39	EPA	United States Environmental Protection Agency	美国环境保护局
40	GM	geometric mean	几何平均数
41	IARC	International Agency for Research on Cancer	国际癌症研究机构
42	ICP-MS	inductively coupled plasma - mass spectrometry	电感耦合等离子体质谱
43	INSPQ	Institute national de santé publique du Québec	魁北克公共医疗保健委员会
44	IOM	Institute of Medicine	美国国家科学院医学研究所
45	LOD	limit of detection	仪器检出限
46	MnBP	mono-n-butyl phthalate	邻苯二甲酸单丁酯
47	MBzP	mono-benzyl phthalatc	邻苯二甲酸单苄酯
48	MCHP	mono-cyclohexyl phthalate	邻苯二甲酸单环己酯
49	MCPP	mono-3-carboxypropyl phthalate	邻苯二甲酸单(3-羧基丙基)酯
50	MEC	mobile examination center	移动检测中心
51	MEHHP	mono-（2-ethyl-5-hydroxyhexyl）phthalate	邻苯二甲酸单-(2-乙基-5-羟基己基)酯
52	MEHP	mono-2-ethylhexyl phthalate	邻苯二甲酸单-(2-乙基环己基)酯
53	MEOHP	mono-（2-ethyl-5-oxohexyl）　phthalate	邻苯二甲酸单(2-乙基-5-氧己基)酯
54	MEP	mono-ethyl phthalate	邻苯二甲酸单乙酯
55	MiBP	mono-isobutyl phthalate	邻苯二甲酸异丁酯
56	MiNP	mono-isononyl phthalate	邻苯二甲酸单异壬酯
57	MMA	monomethylarsonic acid	甲基胂酸
58	MMP	mono-methyl phthalate	邻苯二甲酸单甲酯
59	MMT	methylcyclopentadienyl manganese tricarbonyl	甲基环戊二烯三羰基锰
60	MOP	mono-n-octyl phthalate	邻苯二甲酸单辛酯
61	MRM	multiple reaction monitoring	多反应监测
62	PAH	polycyclic aromatic hydrocarbon	多环芳烃
63	PCP	pentachlorophenol	五氯苯酚
64	PFAS	perfluoroalky substance	全氟化合物
65	PFBA	perfluorobutanoic acid	全氟丁酸
66	PFBS	perfluorobutane sulfonate	全氟丁基磺酸盐
67	PFDA	perfluorodecanoic acid	全氟癸酸
68	PFHxA	perfluorohexanoic acid	全氟己酸
69	PFHxS	perfluorohexane sulfonate	全氟己基磺酸
70	PFNA	perfluorononanoic acid	全氟壬酸
71	PFOA	perfluorooctanoic acid	全氟辛酸
72	PFOS	perfluorooctane sulfonate	全氟辛基磺酸
73	PFUnDA	perfluoroundecanoic acid	全氟十一烷酸
74	PMRA	Pest Management Regulatory Agency	加拿大卫生部有害生物管理局
75	PVC	polyvinyl chloride	聚氯乙烯
76	S-PMA	S-phenylmercapturic acid	苯巯基尿酸
77	t,t-MA	trans,trans-muconic acid	反式,反式-黏康酸
78	trans-DCCA	trans-3-（2,2-dichlorovinyl)-2,2-dimethyl cyclo propane carboxylic acid	反式-(2,2-二氯乙烯基)-2,2-二甲基环丙烷羧酸
79	UNEP	United Nations Environment Programme	联合国环境规划署
80	UPLC	ultra performance liquid chromatography	超高效液相色谱法

附录 B　仪器检出限

　　人群生物材料中特征污染物及肌酐的检测由 INSPQ 人类毒理学实验室完成。该实验室按照已经建立的标准技术方法进行分析测试。该实验室通过了 ISO17 025 认可。本报告中检出限定义为：污染物高于零的最小浓度，且在 99% 置信区间内能检出，以美国环保局的技术文件（EPA 40CFR 136）为基础。

污染物种类	第一次调查	第二次调查
血液中重金属及微量元素		
镉	0.04 μg/L	0.04 μg/L
钴	—	0.04 μg/L
铜	0.6 μg/L	20 μg/L
铅	0.02 μg/dL	0.1 μg/dL
锰	0.05 μg/L	0.5 μg/L
汞	0.1 μg/L	0.1 μg/L
钼	0.1 μg/L	0.1 μg/L
镍	0.4 μg/L	0.3 μg/L
硒	8 μg/L	20 μg/L
银	—	0.05 μg/L
铀	0.005 μg/L	0.007 μg/L
锌	0.000 7 mg/L	100 mg/L
污染物种类	第一次调查	第二次调查
尿液中重金属及微量元素		
锑	0.02 μg/L	0.02 μg/L
总砷	0.5 μg/L	0.7 μg/L
亚砷酸盐	—	1 μg/L
砷酸盐	—	1 μg/L
甲基胂酸	—	1 μg/L
二甲基胂酸	—	1 μg/L
砷胆碱和砷甜菜碱		2 μg/L
镉	0.09 μg/L	0.07 μg/L
铯	—	0.1 μg/L
钴	—	0.06 μg/L
铜	0.3 μg/L	0.6 μg/L
氟化物	—	20 μg/L
铅	0.1 μg/L	0.2 μg/L
锰	0.05 μg/L	0.2 μg/L
钼	0.1 μg/L	1 μg/L
镍	0.2 μg/L	0.3 μg/L
硒	6 μg/L	4 μg/L

污染物种类	第一次调查	第二次调查
尿液中重金属及微量元素		
银	—	0.1 µg/L
铊	—	0.02 µg/L
钨	—	0.2 µg/L
铀	0.01 µg/L	0.01 µg/L
钒	0.1 µg/L	0.1 µg/L
锌	10 µg/L	10 µg/L
苯的代谢物		
苯酚	—	0.1 mg/L
反式，反式-黏康酸	—	0.8 µg/L
苯巯基尿酸	—	0.08 µg/L
氯酚		
2,4-二氯苯酚	0.3 µg/L	0.3 µg/L
2,5-二氯苯酚	—	0.3 µg/L
2,4,5-三氯苯酚	—	0.5 µg/L
2,4,6-三氯苯酚	—	1 µg/L
五氯苯酚	—	0.7 µg/L
环境苯酚和三氯卡班		
双酚 A	0.2 µg/L	0.2 µg/L
三氯卡班	—	1 µg/L
三氯生	—	3 µg/L
尼古丁代谢物		
可铁宁	1 µg/L	1 µg/L
全氟化合物		
全氟丁酸	—	0.5 µg/L
全氟己酸	—	0.1 µg/L
全氟辛酸	0.3 µg/L	0.1 µg/L
全氟壬酸	—	0.2 µg/L
全氟癸酸	—	0.1 µg/L
全氟十一烷酸	—	0.09 µg/L
全氟丁基磺酸	—	0.4 µg/L
全氟己烷磺酸	0.3 µg/L	0.2 µg/L
全氟磺酸	0.3 µg/L	0.3 µg/L
农药		
阿特拉津代谢物		
阿特拉津硫醚氨酸盐	—	0.03 µg/L
二丁基阿特拉津	—	1 µg/L
二氨基氯三嗪	—	0.2 µg/L
氨基甲酸酯代谢物		
克百威	—	0.1 µg/L
2-异丙氧基苯酚	—	0.05 µg/L
2,4-二氯苯氧乙酸		
2,4-二氯苯氧乙酸	0.2 µg/L	0.2 µg/L
有机磷农药代谢物 [a]		
磷酸二甲酯	0.8 µg/L	1 µg/L
二甲基硫代磷酸酯	0.6 µg/L	0.6 µg/L
二甲基二硫代磷酸酯	0.09 µg/L	0.3 µg/L

磷酸二乙酯	0.5 μg/L	1 μg/L
二乙基硫代磷酸酯	0.08 μg/L	0.3 μg/L
二乙基二硫代磷酸酯	0.06 μg/L	0.3 μg/L
拟除虫菊酯类农药代谢物		
4-氟-3-苯氧基苯甲酸	0.008 μg/L	0.008 μg/L
顺式-3-(2,2-二氯乙烯基)二甲基环丙烷羧酸	0.006 μg/L	0.006 μg/L
顺式-3-(2,2-二氯乙烯基)-2,2-二甲基环丙烷羧酸	0.007 μg/L	0.007 μg/L
反式-3-(2,2-二氯乙烯基)-2,2-二甲基环丙烷羧酸	0.01 μg/L	0.01 μg/L
3-苯氧基苯甲酸	0.01 μg/L	0.01 μg/L
邻苯二甲酸酯代谢物		
邻苯二甲酸单苄酯	0.2 μg/L	0.05 μg/L
邻苯二甲酸单丁酯	0.2 μg/L	0.2 μg/L
邻苯二甲酸单环己酯	0.2 μg/L	0.09 μg/L
邻苯二甲酸单乙酯	0.5 μg/L	0.3 μg/L
邻苯二甲酸异丁酯	—	0.1 μg/L
邻苯二甲酸单异壬酯	0.4 μg/L	0.3 μg/L
邻苯二甲酸单甲酯	5 μg/L	5 μg/L
邻苯二甲酸单辛酯	0.7 μg/L	0.3 μg/L
邻苯二甲酸单-(3-羧基丙基)酯	0.2 μg/L	0.06 μg/L
邻苯二甲酸单-(2-乙基环己基)酯	0.2 μg/L	0.08 μg/L
邻苯二甲酸单-(2-乙基-5-氧己基)酯	0.2 μg/L	0.1 μg/L
邻苯二甲酸单-(2-乙基-5-羟基己基)酯	0.4 μg/L	0.4 μg/L
多环芳烃代谢物		
3-羟基苯并[a]芘	—	0.002 μg/L
2-羟基菌	—	0.004 μg/L
3-羟基菌	—	0.003 μg/L
4-羟基菌	—	0.003 μg/L
6-羟基菌	—	0.006 μg/L
3-羟基荧蒽	—	0.008 μg/L
2-羟基芴	—	0.003 μg/L
3-羟基芴	—	0.001 μg/L
9-羟基芴	—	0.003 μg/L
1-羟基萘	—	0.1 μg/L
2-羟基萘	—	0.05 μg/L
1-羟基菲	—	0.005 μg/L
2-羟基菲	—	0.003 μg/L
3-羟基菲	—	0.003 μg/L
4-羟基菲	—	0.001 μg/L
9-羟基菲	—	0.004 μg/L
1-羟基芘	—	0.002 μg/L
肌酐换算系数		
肌酐	0.3 mmol/L （4 mg/dL）	0.4 mmol/L （5 mg/dL）

a 有机磷农药代谢物的仪器检出限在《加拿大第一次环境污染物生物监测报告》中已经更新。

附录 C 单位换算系数

本报告中监测数据的单位非常重要。本报告中的监测数据均使用标准单位。为了便于和其他文献资料进行比较，可用下表中的换算系数进行转换。

利用摩尔分子量（MW）转换 μg/L 和 μmol/L，计算公式如下：

X μmol/L $= X$ μg/L×转换系数；

转换系数为 1/摩尔分子量（MW）。

单位	缩写	转换值
升	L	—
分升	dL	10^{-1}L
毫升	mL	10^{-3}L
微升	μL	10^{-6}L
克	g	—
毫克	mg	10^{-3}g
微克	μg	10^{-6}g
纳克	ng	10^{-9}g
皮克	pg	10^{-12}g

	摩尔分子量/ （g/mol）	转换系数 （μg/L ⟶ μmol/L）
金属和微量元素		
锑	121.76	0.008 21
总砷	74.92	0.013 35
亚砷酸盐	125.94	0.007 94
砷酸盐	141.94	0.007 05
甲基胂酸	139.97	0.007 14
二甲基胂酸	138	0.007 25
砷胆碱和砷甜菜碱	178.06	0.005 62
镉	112.41	0.008 9
铯	132.91	0.007 52
钴	58.93	0.017
铜	63.55	0.015 74
氟化物	19	0.052 6

	摩尔分子量/ （g/mol）	转换系数 （μg/L ⟶ μmol/L）
血铅	207.2	0.048 3 [a]
尿铅	207.2	0.004 83
锰	54.94	0.018 2
汞	200.59	0.004 99
钼	95.94	0.010 4
镍	58.69	0.017
硒	78.96	0.012 7
银	107.87	0.009 27
铊	204.38	0.004 89
钨	183.84	0.005 44
铀	238.03	0.004 2
钒	50.94	0.019 6
血锌	65.39	15.3 [b]
尿锌	65.39	0.015 3
苯的代谢物		
反式,反式-黏康酸	142.11	0.007 04
苯酚	94.11	10.6 [c]
苯巯基尿酸	239.29	0.004 18
氯酚		
2,4-二氯苯酚	163	0.006 13
2,5-二氯苯酚	163	0.006 13
2,4,5-三氯苯酚	197.45	0.005 06
2,4,6-三氯苯酚	197.45	0.005 06
五氯苯酚	266.34	0.003 75
环境苯酚和三氯卡班		
双酚 A	228.29	0.004 38
三氯卡班	315.58	0.003 17
三氯生	289.54	0.003 45
尼古丁代谢物		
可铁宁	176.22	0.005 67
全氟化合物		
全氟丁酸	214.04	0.004 67
全氟己酸	314.05	0.003 18
全氟辛酸	414.07	0.002 42
全氟壬酸	464.08	0.002 15
全氟癸酸	514.08	0.001 95
全氟十一烷酸	564.09	0.001 77

	摩尔分子量/ （g/mol）	转换系数 （μg/L ⟶ μmol/L）
全氟丁基磺酸	300.1	0.003 33
农药		
阿特拉津代谢物		
阿特拉津硫醚氨酸盐	342.42	0.002 92
二丁基阿特拉津	145.55	0.006 87
二氨基氯三嗪	187.63	0.005 33
氨基甲酸酯代谢物		
克百威	164.20	0.006 09
2-异丙氧基苯酚	152.19	0.006 57
2,4-二氯苯氧乙酸		
2,4-二氯苯氧乙酸	221.04	0.004 52
有机磷农药代谢物		
磷酸二甲酯	126.05	0.007 93
二甲基硫代磷酸酯	142.11	0.007 04
二甲基二硫代磷酸酯	158.18	0.006 32
磷酸二乙酯	154.1	0.006 49
二乙基硫代磷酸酯	170.17	0.005 88
二乙基二硫代磷酸酯	186.24	0.005 37
拟除虫菊酯类农药代谢物		
4-氟-3-苯氧基苯甲酸	232.21	0.004 31
顺式-3-(2,2-二氯乙烯基)二甲基环丙烷羧酸	297.97	0.003 36
顺式-3-(2,2-二氯乙烯基)-2,2-二甲基环丙烷羧酸	209.07	0.004 78
反式-3-(2,2-二氯乙烯基)-2,2-二甲基环丙烷羧酸	209.07	0.004 78
3-苯氧基苯甲酸	214.22	0.004 67
邻苯二甲酸酯代谢物		
邻苯二甲酸单苄酯	256.25	0.003 9
邻苯二甲酸单丁酯	222.24	0.004 5
邻苯二甲酸单环己酯	248.27	0.004 03
邻苯二甲酸单乙酯	194.18	0.005 15
邻苯二甲酸异丁酯	222.24	0.004 5
邻苯二甲酸单异壬酯	292.37	0.003 42
邻苯二甲酸单甲酯	180.16	0.005 55
邻苯二甲酸单辛酯	278.34	0.003 59
邻苯二甲酸单-(3-羧基丙基)酯	252.22	0.003 96
邻苯二甲酸单-(2-乙基环己基)酯	278.34	0.003 59
邻苯二甲酸单-(2-乙基-5-氧己基)酯	292.33	0.003 42
邻苯二甲酸单-(2-乙基-5-羟基己基)酯	294.34	0.003 4

	摩尔分子量/ （g/mol）	转换系数 （μg/L ⟶ μmol/L）
多环芳烃代谢物		
3-羟基苯并[*a*]芘	268.31	0.003 73
2-羟基菌	244.29	0.004 09
3-羟基菌	244.29	0.004 09
4-羟基菌	244.29	0.004 09
6-羟基菌	244.29	0.004 09
3-羟基荧蒽	218.25	0.004 58
2-羟基芴	182.22	0.005 49
3-羟基芴	182.22	0.005 49
9-羟基芴	182.22	0.005 49
1-羟基萘	144.17	0.006 94
2-羟基萘	144.17	0.006 94
1-羟基菲	194.23	0.005 15
2-羟基菲	194.23	0.005 15
3-羟基菲	194.23	0.005 15
4-羟基菲	194.23	0.005 15
9-羟基菲	194.23	0.005 15
1-羟基芘	218.25	0.004 58
肌酐校正系数		
	113.18	88.4 [d]

a 血铅转换系数从 μg/dL→ μmol/L；

b 血锌转换系数从 mg/L→ μmol/L；

c 苯酚转换系数从 mg/L→ μmol/L；

d 肌酐转换系数从 mg/L→ μmol/L。

附录 D 肌酐含量水平

表 1 加拿大第一次（2007—2009）健康调查不同人群尿肌酐含量分布情况　　　单位：mg/dL

年龄组	样本量	检出限[a]/%	几何均数（95%置信区间）	10%位数（95%置信区间）	50%位数（95%置信区间）	75%位数（95%置信区间）	95%位数（95%置信区间）
6～79	5 515	0.22	83（78～89）	27（23～30）	93（86～99）	140（140～150）	250（240～260）
6～11	1 042	0.29	66（60～72）	24（18～29）	74（67～81）	110（98～110）	170（160～180）
12～19	992	0.1	120（110～130）	39（30～47）	130（120～140）	190（170～200）	300（260～330）
20～39	1 172	0.34	90（81～100）	29（22～36）	99（91～110）	160（150～170）	280（250～300）
40～59	1 221	0.25	78（73～84）	24（19～28）	86（76～96）	140（130～150）	240（230～250）
60～79	1 088	0.09	72（68～75）	26（22～31）	81（77～84）	120（110～120）	190（170～220）
男性							
6～79	2 663	0.26	100（96～110）	36（28～43）	110（100～110）	160（150～170）	260（250～280）
6～11	526	0.38	66（57～78）	24[E]（15～34）	73（64～82）	100（96～110）	170（160～180）
12～19	505	0.2	120（110～130）	44（31～58）	130（120～140）	180（170～200）	280（250～310）
20～39	515	0.39	110（95～120）	33[E]（17～50）	120（100～140）	190（170～210）	290（270～310）
40～59	575	0.35	100（96～110）	36（27～44）	110（97～120）	170（140～200）	250（240～260）
60～79	542	0	95（88～100）	43（37～48）	100（89～110）	140（130～150）	210（190～220）
女性							
6～79	2 852	0.18	68（62～74）	22（18～25）	75（66～84）	120（110～130）	210（200～230）
6～11	516	0.19	65（59～71）	22（17～28）	76（65～87）	110（97～120）	170（150～190）
12～19	487	0	110（98～130）	36（23～49）	130（120～140）	190（170～210）	320（260～380）
20～39	657	0.3	74（67～83）	25（19～31）	80（68～92）	130（110～140）	220（200～240）
40～59	646	0.15	60（54～67）	19（15～23）	66（54～78）	110（100～120）	190（170～210）
60～79	546	0.18	55（49～62）	20（15～25）	55（47～64）	93（86～100）	150（140～170）

a 如果超过 40%的样本检测值低于检出限，则仅报告数据的百分比分布而不报告均值。

E 谨慎引用。

表 2 加拿大第二次（2009—2011）健康调查不同人群尿肌酐含量分布情况 [a] 　　单位：mg/dL

年龄组	样本量	检出限[b]/%	几何均数（95%置信区间）	10%位数（95%置信区间）	50%位数（95%置信区间）	75%位数（95%置信区间）	95%位数（95%置信区间）
3～79	6 299	0.1	100（100～110）	35（33～38）	110（110～120）	170（160～180）	290（270～300）
3～5	572	0	59（55～63）	27（24～29）	61（55～67）	86（78～94）	130（110～150）
6～11	1 059	0.19	88（83～94）	37（33～42）	100（93～110）	130（120～130）	190（170～210）
12～19	1 042	0.1	130（120～150）	52（36～68）	150（140～160）	210（190～220）	300（270～330）
20～39	1 322	0.08	120（110～130）	37（26～48）	140（130～150）	200（190～210）	320（270～380）
40～59	1 223	0.16	100（96～110）	33（26～40）	110（110～120）	180（160～190）	280（260～310）
60～79	1 081	0	85（80～89）	31（26～36）	97（89～100）	140（130～150）	230（200～250）
男性							
6～11	3 031	0.13	120（120～130）	47（42～52）	130（120～140）	200（180～210）	310（280～330）
12～19	530	0.38	92（84～100）	43（34～53）	100（95～110）	130（120～130）	180（160～200）
20～39	542	0.18	150（130～160）	69（57～82）	150（140～170）	210（190～240）	300（270～340）
40～59	551	0.18	140（130～160）	52（40～65）	160（150～170）	220（200～250）	400（330～470）
60～79	615	0	120（110～140）	43（29～56）	140（120～160）	210（190～230）	300（280～330）
6～11	504	0	100（95～110）	44（36～51）	110（110～120）	150（140～160）	250（220～290）
女性							
6～11	3 268	0.06	90（85～94）	30（28～32）	100（96～110）	150（140～160）	250（230～270）
12～19	529	0	85（79～91）	34（31～37）	97（88～100）	130（120～130）	210（180～230）
20～39	500	0	120（110～130）	41（30～52）	140（130～150）	200（180～220）	290（270～320）
40～59	771	0	100（90～120）	30（22～39）	120（110～130）	170（150～190）	270（220～320）
60～79	608	0.33	87（79～96）	29（24～34）	98（90～110）	140（130～150）	220（200～250）
6～11	577	0	71（65～77）	24（18～30）	78（69～87）	120（110～130）	200（170～220）

a 3～5 岁年龄组未按照性别分组。

b 如果超过 40% 的样本检测值低于检出限，则仅报告数据的百分比分布而不报告均值。